高职高专"十二五"规划教材

炼钢工艺及设备

郑金星　王振光　王庆春　编著

北　京
冶金工业出版社
2011

内 容 提 要

　　本书首先介绍了炼钢生产的基本任务、基础知识和工艺流程,然后讲述炼钢车间工艺布置与炉体系统构成,并按任务驱动的方式分别讲述了完成炼钢装料、供氧、造渣、脱碳、脱磷、脱硫、脱氧等任务所涉及的原理、设备与工艺操作技术,将炼钢原理、工艺、操作和设备融为一体,有利于学生对炼钢技术的掌握。

　　本书可作为高等职业技术院校冶金专业的教材,也可供从事钢铁生产行业的技术人员及管理人员参考。

图书在版编目(CIP)数据

　　炼钢工艺及设备/郑金星、王振光、王庆春编著. —北京:冶金工业出版社,2011. 1

　　高职高专"十二五"规划教材
　　ISBN 978-7-5024-5407-4

　　Ⅰ. ①炼… Ⅱ. ①郑… ②王… ③王… Ⅲ. ①炼钢–高等学校:技术学校–教材 ②炼钢设备–高等学校:技术学校–教材
Ⅳ. ①TF7 ②TF34

　　中国版本图书馆 CIP 数据核字(2010)第 214564 号

出 版 人　曹胜利
地　　址　北京北河沿大街嵩祝院北巷 39 号,邮编 100009
电　　话　(010)64027926　电子信箱　yjcbs@cnmip.com.cn
责任编辑　王　优　宋　良　美术编辑　李　新　版式设计　葛新霞
责任校对　王贺兰　责任印制　张祺鑫
ISBN 978-7-5024-5407-4
北京兴华印刷厂印刷;冶金工业出版社发行;各地新华书店经销
2011 年 1 月第 1 版,2011 年 1 月第 1 次印刷
787 mm×1092 mm　1/16;26 印张;628 千字;399 页
49.00 元

冶金工业出版社发行部　电话:(010)64044283　传真:(010)64027893
冶金书店　地址:北京东四西大街 46 号(100010)　电话:(010)65289081(兼传真)
　　　　(本书如有印装质量问题,本社发行部负责退换)

前　言

本书是为了适应高等职业教育发展的需要，按照教育部高职高专人才培养目标和规格应具有的知识结构、能力结构和素质要求，根据高职高专冶金技术专业的教学要求，在总结近年来的教学经验，并征求相关企业工程技术人员意见的基础上编写而成的。在编写过程中，吸收了国内外有关先进的技术成果和生产经验，充实了必要的基础知识和基本操作技能；叙述上由浅入深，理论联系实践，内容充实，实用性强。

进入新世纪以来，我国钢铁生产持续快速发展。全国粗钢产量从 2000 年的1.285 亿吨增加到 2009 年的 5.678 亿吨，占全球钢产量的比例也从 2000 年的15.2% 增加到 2009 年的 46.54%。钢铁行业的发展迫切需要大批钢铁冶金专业人才。

本书从炼钢基础知识展开，然后按照任务驱动的教学模式分别讲述炼钢的基本任务，将炼钢原理、工艺、设备、操作融为一体，符合现代职业教育教学规律，便于学生对炼钢生产知识和技能的掌握。

本书由山东工业职业学院郑金星、王振光、王庆春共同编著。其中，第 1~7章由郑金星编写，第 8~14 章由王振光编写，第 15~16 章由王庆春编写。编写本书时参阅了炼钢方面的相关文献，在此向有关作者、出版社表示衷心感谢。

由于时间仓促和编者水平有限，书中不足之处，欢迎读者批评指正。

编　者
2010 年 9 月

目　录

绪　论

0.1　钢铁工业在国民经济中的地位和作用

钢铁工业是国民经济的基础工业,钢铁产品在各类原材料中用途最广,地位最为重要,对国家工业化和国防现代化具有举足轻重的作用。钢铁工业和能源、交通一样,在当前甚至今后相当长的时期内,都是制约国民经济发展的重要因素。对钢铁工业依赖性较强的产业,如机械、建筑、煤炭、建材、石油、化工、交通等的发展,更加与钢铁工业的发展(品种、质量、数量)密不可分。同样,发展钢铁工业,也需要其他部门的支持与配合。可以认为,钢铁工业水平的高低,是衡量一个国家工业化程度高低和国力强弱的重要标志之一。

新技术革命的浪潮,对材料工业特别是新材料的发展,提出了更高的要求。发展包括钢铁在内的原材料工业,已成为一个国家中长期经济发展规划的重要内容。至于新型材料的发明研制,需要一定的技术基础;其广泛应用,更需要其他各种技术的协调,即使研制出具有钢铁某些性能的新材料,要完全取代钢铁也是很难做到的。事实上,当今世界还没有任何一个国家发展到完全用新材料取代钢铁材料的程度,其主要原因是钢铁材料具有很好的物理和化学性能。铁虽然硬而脆,其应用受到一定限制,但将铁炼成钢后就具有十分广泛的用途。钢除有高的强度与韧性外,还能获得特殊的性能(如不锈、耐酸、抗磁、耐高温等);除可铸造外,还具有优良的加工性能(如锻造、轧制、冲压、挤压、冷拔、焊接等),可以满足现代机械设备制造的各种要求。总之,钢铁作为基础材料,迄今为止还没有任何材料可以取而代之。

0.2　中国钢铁工业发展状况

新中国钢铁工业的发展可大致划分为以下两个阶段:

第一个阶段是 1949~1978 年,经过 30 年艰苦创业,钢产量由 1949 年的 16 万吨增加到 3178 万吨,年均增加 105 万吨。

第二阶段是 1978 年至现在,是持续、快速发展的阶段,取得了举世瞩目的辉煌成就,其主要标志是 1995 年我国生铁产量超过 1 亿吨。我国钢产量自 1996 年首次突破 1 亿吨以来,一直位居世界产钢国排名的第一位。2008 年,全国粗钢年产量为 50048.8 万吨,同比增长 1.13%。2009 年,国际钢铁协会最新发布的统计数据显示,当年全球粗钢产量总计 12.2 亿吨,同比下滑了 8%;但是中国却一枝独秀,粗钢产量不降反升,出现大幅增长,达到 5.678 亿吨,同比增长 13.5%,创下了单个国家粗钢年产量的新记录。

0.3　钢与生铁的区别

钢是现代工业中应用最广、用量最大和综合性能最好的金属材料,因此人们认为钢是一切工业的基础。

钢和生铁都是铁基合金,都含有碳、硅、锰、磷、硫 5 种元素,其主要区别见表 0 - 1。

表 0 - 1 钢和生铁的主要区别

项　目	钢	生 铁
碳含量(质量分数)/%	≤2.11,一般为 0.04 ~ 1.7	>2.11,一般为 2.5 ~ 4.3
硅、锰、磷、硫含量	较 少	较 多
熔点/℃	1450 ~ 1530	1100 ~ 1150
力学性能	强度高,塑性、韧性好	硬而脆,耐磨性好
可锻性	好	差
焊接性	好	差
热处理性能	好	差
铸造性	好	更 好

钢和生铁最根本的区别是碳含量不同,钢中碳含量不大于 2.11%,生铁碳含量大于 2.11%。碳含量的变化会引起铁碳合金质的变化。钢的综合性能,特别是力学性能(抗拉强度、韧性、塑性)比生铁好得多,从而用途也比生铁广泛得多。因此,除约占生铁总量 10% 的铸造生铁用于生产铸件外,约占生铁总量 90% 的炼钢生铁要进一步冶炼成钢,以满足国民经济各产业的需要。

0.4 炼钢的基本任务

钢是由生铁炼成的,炼钢的基本任务可归纳如下:

(1)脱碳,即在高温熔融状态下进行氧化熔炼,把生铁中的碳氧化降低到所炼钢号的规格范围内,是炼钢过程中的一项主要任务。

(2)脱硫和脱磷,即把生铁中的有害杂质硫和磷降低到所炼钢号的规格范围内。

(3)去除钢中气体和非金属夹杂物,即把熔炼过程中进入和产生的有害气体和非金属夹杂物去除。

(4)脱氧及合金化,即把氧化熔炼过程中生成的对钢质量有害的过量氧从钢液中排除掉;同时,加入合金元素,将钢液中各种合金元素的含量调整到所炼钢号的规格范围内。

(5)升温。铁水温度一般仅有 1300℃ 左右,而出钢温度应达到 1600℃ 以上,所以炼钢是一个升温的过程。

(6)浇注,即将炼好的合格钢液浇注成一定尺寸和形状的钢锭或钢坯,以便下一步轧制成材。浇注有模铸和连续铸钢两种方法,现在一般采用连续铸钢。

0.5 现代炼钢方法

从 1855 年英国冶金学家亨利·贝塞麦发明酸性底吹空气转炉炼钢方法至今,现代炼钢生产在不断探索中发展了一个半世纪。设备的不断更新和工艺的不断改进,使钢的产量大幅提高、质量日益改善。目前主要的炼钢方法有氧气转炉炼钢法、电弧炉炼钢法以及炉外精炼技术,炼钢的生产流程主要有以下两种:

(1)铁水→铁水预处理→ 氧气转炉 →初炼钢水→ 炉外精炼 →精炼钢水→ 连铸机 → 连铸坯;

（2）废钢→ 电 弧 炉 →初炼钢水→ 炉外精炼 →精炼钢水→ 连铸机 →连铸坯。

0.5.1 氧气转炉炼钢法

氧气转炉包括氧气顶吹转炉、氧气底吹转炉、氧气侧吹转炉及顶底复吹转炉等。氧气顶吹转炉最早是由奥地利钢铁联合公司于 1952 年和 1953 年分别在 Linz 和 Donawitz 两地建成并投入生产，故常简称为 LD。其主要原料是铁水，同时可配加 10% ~ 30% 的废钢；生产中不需要外来热源，依靠吹入的氧气与铁水中的碳、硅、锰、磷等元素反应放出的热量使熔池获得所需的冶炼温度。LD 的突出优点是生产周期短、产量高，不足的是生产的钢种有限，主要冶炼低碳钢和部分合金钢。此外，20 世纪 70 年代初诞生的顶底复吹转炉近年来已有长足的发展，其中，顶吹氧气底吹惰性气体搅拌法已是目前的主要炼钢方法。

0.5.2 电弧炉炼钢法

电弧炉炼钢法是以电能为主要能源、废钢为主要原料的炼钢方法，1897 年产生于德国。其显著的优点是，熔池温度易于控制和炉内气氛可以调整，故而常用来生产优质钢和高合金钢。此外，它不像氧气转炉那样需配建一套庞大的炼铁生产系统，同时本身的设备也比较简单，因而投资小、建厂快。20 世纪 60 年代以来，电弧炉在向大型化发展的同时，采用了高功率（400 ~ 700 kV · A/t）、超高功率（700 ~ 1000 kV · A/t）的供电系统，以及水冷炉壁、助熔、自动化操作和炉底出钢、炉外精炼等技术，使其"电能耗高、生产率低"的状况得到了明显的改善，一些大型电弧炉已大量用于冶炼碳素钢，电炉钢的产量占世界钢产量的比例也在逐年增加。

0.5.3 炉外精炼

炉外精炼是指从初炼炉，即氧气转炉或电弧炉中出来的初炼钢水，在另一个冶金容器中进行精炼的工艺过程。精炼的目的是：进一步去气、脱硫、脱氧、排除夹杂物、调整及均匀钢液的成分和温度等，提高钢水质量；同时，缩短初炼炉的冶炼时间，使炼钢和连铸的作业周期能协调起来。精炼的手段有真空、吹氩、搅拌、加热、喷粉等。近三十年来，炉外精炼技术得到了迅速发展，具体方法多达 30 余种，常见的有钢包吹氩法（即 CAS 法）、真空脱气法（如 RH 法和 DH 法）、钢包炉精炼法（如 LF 法和 ASEA-SKF 法）、真空氧气脱碳法（即 VOD 法）、氩氧混合脱碳法（即 AOD 法）以及喷粉、喂线等。实际生产中可根据生产条件选配合适的精炼方法，例如，小型转炉可选用钢包吹氩、喂线等，大型转炉可选用 RH 法、CAS 法等，电弧炉则可选用 LF 法等。

0.5.4 氧气转炉和电弧炉炼钢法的比较

在炼钢生产技术的发展过程中，各种炼钢方法凭借各自的优势进行竞争和发展。20 世纪 50 年代，氧气顶吹转炉以其优质、高产、低成本的优点击败了曾经垄断炼钢生产长达大半个世纪的平炉，成为最主要的炼钢方法。炉外精炼技术出现后，"氧气转炉→炉外精炼"的炼钢工艺得到了迅速的发展，使其"品种少"的状况明显改善；而且，钢的质量进一步提高，已能代替电弧炉生产大部分优质钢和合金钢。尽管电炉钢的比例不断增大，但目前世界上氧气转炉钢的产量仍占总产量的 60% 以上。

电弧炉炼钢法是生产优质钢、高合金钢的传统方法,但近年来大部分优质钢已由"氧气转炉→炉外精炼"的工艺流程生产。所以除少数高合金钢外,电弧炉炼钢的传统模式,即熔化→氧化→还原已不再固定不变,将有碍于高功率输入的还原熔炼分解到钢包二次精炼中进行,电弧炉则仅作为熔化、脱磷的容器(即初炼炉)。目前,电弧炉的合理容量已达80 t左右;为了和连铸生产配合,每炉钢的生产周期已从传统工艺的5 h左右缩短到1 h左右;每吨钢的电耗也相应的从800 kW·h左右降低到了400 kW·h左右;加之水电工业的发展,电价下降,以及铁的再生资源——废钢的充分再循环利用,使得电弧炉炼钢得以稳步发展,电炉钢产量已达总产量的30%以上。

0.6　炼钢的生产过程

不同的炼钢方法,其冶炼过程各不相同。即使是同一炼钢方法,对于不同的钢种,其生产过程也不尽相同。炉外精炼的方法更是多达几十种。这里仅将氧气顶吹转炉、电弧炉及钢包精炼炉的基本冶炼过程分别简述如下。

0.6.1　氧气顶吹转炉的炼钢过程

氧气顶吹转炉炼钢的基本过程是:装料(即加废钢、兑铁水)→摇正炉体→降枪开始吹炼并加入第一批渣料→(吹炼中期)加入第二批渣料→(终点前)测温、取样→(碳、磷及温度合格后)倾炉出钢并进行脱氧合金化。

起初,氧气顶吹转炉炼钢中的冷却剂加入量及供氧量等全凭操作者的经验确定,因此很难一次同时命中终点碳和终点温度。一般都是在终点前测温、取样,根据检测到的信息再凭经验进行相应的修正操作,使冶炼过程到达终点。这种传统的操作方法既费时、费力,又增加了原材料消耗。1959年,美国的琼斯·劳夫林钢铁公司首次对转炉炼钢过程进行计算机静态控制,即根据原材料条件、所炼钢种吹炼终点的温度和碳含量要求,利用计算机求出冷却剂的加入量、供氧量及各种造渣材料的用量,并按计算结果进行装料和吹炼;冶炼中则同传统的做法一样,凭操作者的经验进行修正操作。随着电子计算机技术和检测技术的迅速发展,目前已能利用计算机对炼钢过程进行动态控制,即在利用计算机进行装料计算的基础上,凭借吹炼过程中计算机检测系统提供的钢液成分、熔池温度及炉渣状况等相关量随时间变化的动态信息,及时对吹炼参数(如枪位、氧压等)进行修正,使冶炼过程顺利地到达终点。应用电子计算机控制转炉炼钢过程,可显著提高和稳定钢的质量、降低原材料消耗、提高劳动生产率和改善劳动条件。

为了改善吹炼末期因金属碳含量低而使脱碳速度下降、熔池搅拌功率不足的状况,现在顶吹转炉都采用了底部吹氮、氩等气体搅拌。

0.6.2　电弧炉的炼钢过程

电弧炉炼钢按照生产工艺的不同,可分为氧化法、不氧化法和返回吹氧法三种。

0.6.2.1　氧化法冶炼

氧化法冶炼是电弧炉炼钢的传统方法,其生产过程主要由补炉、装料、熔化期、氧化期、还原期和出钢六个阶段组成。它的最大特点是有一个氧化期,通过向熔池吹氧、加矿进行脱碳、脱磷,同时使熔池沸腾以去除钢中的气体和非金属夹杂物。因此,氧化法冶炼可以普通废钢为原料,获得磷、气体和夹杂物含量都较低的钢,这就是一般钢种大多采用氧化法冶炼的原因。其缺点是如果炉料中配有合金钢返回料,则其中的一些合金元素会被氧化而损失于炉渣之中。现代超高功率电弧炉都采用去掉还原期的氧化法生产。

0.6.2.2　不氧化法

不氧化法是用合金钢返回料,如切头、切尾、废锭、注余及汤道等冶炼合金钢的一种生产工艺,目的是回收利用原料中的合金元素。与氧化法相比,其冶炼过程中无氧化期,炉料熔化完毕经还原脱氧、调整成分和温度后即可出钢,因此冶炼时间比氧化法短,生产率较高。此外,由于回收利用了炉料中的合金元素,可减少铁合金的用量,生产成本也比氧化法低。低合金钢、不锈钢、高速工具钢等都可以用该法冶炼。其不足之处在于冶炼中不能去除钢中的磷、气体及夹杂物,因此对炉料的质量要求十分严格时,只能使用清洁、无锈、含磷低的返回废钢,有时还不得不配用工业纯铁;同时,钢液成分基本上取决于配料成分,这就要求配料计算十分精确、装料称量绝对准确。为此,该种炼钢方法用得较少。

0.6.2.3　返回吹氧法

返回吹氧法也是利用合金钢返回料冶炼合金钢。与不氧化法不同的是,返回吹氧法根据碳与氧的亲和力在一定温度下比某些合金元素(如铬等)与氧的亲和力大的原理,在冶炼中当钢液温度上升到一定值时开始吹氧脱碳,不仅可以防止合金元素大量氧化,而且达到了强化冶炼过程和去除钢中气体和夹杂物的目的。其基本生产过程是:装料→熔化并升温→吹氧脱碳→预还原→脱氧及调整成分与温度→出钢。返回吹氧法常用于冶炼含有钨、铬、镍等不易氧化元素的高合金钢,如不锈钢、高速工具钢等。由于可以吹氧脱碳,其炉料中不需配用价格很高的软铁,生产成本较低。同时,钢中的气体及夹杂物少,从而质量较高。必须指出的是,与不氧化法一样,返回吹氧法也不能有效地去磷。

0.6.3　钢包精炼炉的基本精炼过程

钢包精炼炉的精炼方法因所生产钢种和精炼目的的不同而不同,多达近十种。但是,精炼的工艺手段不外乎真空脱气、电弧加热、吹氩或电磁搅拌、吹氧脱碳、加合金脱氧及调成分等。例如,ASEA-SKF 法配有真空脱气、电弧加热、电磁搅拌和添加合金等装置;LF 真空精炼法(有的 LF 炉为非真空精炼)则配备了真空脱气、电弧加热、吹氩搅拌、添加合金等装置;MVOD 法及 VOD 法还增加了吹氧脱碳装置。他们的精炼过程大同小异,较为常用的 LF 法的基本精炼过程为:盛接初炼钢水并除渣→吹氩搅拌、真空脱气的同时还原脱氧→吹氩搅拌、电弧加热并调成分→连铸。

应指出的是,在现代炼钢生产中,除极少数炉外精炼可以离线作业外,绝大多数都是在线进行,因此精炼时间必须与炼钢和连铸的作业时间协调。

0.7　炼钢生产的技术经济指标

炼钢生产的主要技术经济指标有如下几个:

(1) 年产量。

$$年产量(t) = \frac{24nga}{t}$$

式中　n——年内的工作天数,d;

g——每炉金属料重量,t;

a——钢坯收得率,%;

t——每炉平均冶炼时间,h。

（2）每炉钢产量。

$$每炉钢产量(t/炉) = \frac{合格钢产量(t)}{出钢炉数(炉)}$$

（3）作业率。

$$作业率(\%) = \frac{年工作时间(d)}{日历时间(d)} \times 100\%$$

（4）利用系数。

1）转炉利用系数指每公称吨位的容量每昼夜所生产的合格钢坯量：

$$转炉利用系数(t/(t \cdot d)) = \frac{合格钢产量(t)}{转炉公称容量(t) \times 日历时间(d)}$$

2）电炉利用系数指每兆伏安变压器容量每昼夜所生产的合格钢坯量。

$$电炉利用系数(t/(MV \cdot A \cdot d)) = \frac{合格钢坯(锭)量(t)}{日历天数(d) \times 变压器容量(MV \cdot A)}$$

（5）冶炼时间。冶炼时间指冶炼每炉钢所需要的时间。

$$冶炼时间(min/炉) = \frac{炼钢作业总时间(min)}{出钢总炉数(炉)}$$

（6）炉龄。炉衬寿命也称炉龄,指炼钢炉新砌内衬后,从开始炼钢起直到更换炉衬止一个炉役所炼钢的炉数。

$$炉龄(炉) = \frac{炼钢总炉数(炉)}{炉衬更换次数}$$

（7）按计划出钢率。

$$按计划出钢率(\%) = \frac{按计划出钢炉数(炉)}{出钢总炉数(炉)} \times 100\%$$

（8）钢坯合格率。

$$钢坯(锭)合格率(\%) = \frac{合格钢坯(锭)量(t)}{全部钢坯(锭)量(t)} \times 100\%$$

（9）钢坯(锭)收得率。

$$钢坯(锭)收得率(\%) = \frac{合格钢坯(锭)量(t)}{金属炉料总量(t)} \times 100\%$$

（10）产品成本。

$$产品成本(元/t) = \frac{各种费用综合(元)}{合格钢坯(锭)量(t)}$$

（11）原材料消耗。

$$某种原材料消耗(kg/t) = \frac{某种原材料用量(kg)}{合格钢坯(锭)量(t)}$$

（12）电耗。

$$电耗(kW \cdot h/t) = \frac{炼钢用电总量(kW \cdot h)}{合格钢坯(锭)量(t)}$$

（13）品种完成率。

$$品种完成率(\%) = \frac{完成品种}{计划品种} \times 100\%$$

（14）（高）合金比。

$$（高）合金比(\%) = \frac{合格的(高)合金钢坯(锭)量(t)}{全部合格钢锭量(t)} \times 100\%$$

1 炼 钢 基 础

1.1 物理化学基础

1.1.1 热力学定律

热力学是研究能量互相转换所遵循规律的科学。它的主要内容是,利用热力学第一定律计算化学反应的热效应,利用热力学第二定律解决化学反应的方向与限度以及与平衡有关的问题。热力学两个定律在化学过程以及与化学有关的物理过程中的应用,就形成了化学热力学。

1.1.1.1 基本概念

(1) 系统和环境。为研究问题的方便,需先确定研究对象的范围和界限,亦即人为地将某一部分物体或空间与自然界的其余部分分开来,作为研究的重点。被划出来作为研究对象的这部分物体或空间,称为系统。系统以外的其他部分,则称为环境。但实际上,环境通常是指与系统相互影响的有限部分。系统与环境间可以存在真实界面,也可以不存在界面。根据系统与环境间是否有物质交换与能量传递,可将系统分类如下:

1) 敞开系统。与环境之间既有物质交换也有能量传递的系统,称为敞开系统。

2) 封闭系统。与环境之间只有能量传递而没有物质交换的系统,称为封闭系统。

3) 隔离系统。与环境之间既无物质交换也无能量传递的系统,称为隔离系统。

系统还可分为单相系统(或均匀系统),多相系统(或不均匀系统)。一个系统中,任何具有相同物理、化学性质的均匀部分,称为相。在不同的相之间有明显的界面,一般可用机械方法将它们分开。只有一个相的系统,称单相系统;具有两个或两个以上相的系统,称多相系统。

(2) 状态和状态函数。系统的性质取决于状态。这里所说的状态指的是平衡状态,即平衡态。所谓平衡态应是在一定条件下,系统的各种性质均不随时间的推移而变化的状态,即系统处于热平衡、力平衡、相平衡和化学平衡四种平衡时的状态。系统的宏观性质,如温度 T 和压力 p 等均取决于状态,它们的数值均随状态的改变而改变,故称这些物理量为状态函数,即状态函数就是指描述系统状态的宏观物理量。

(3) 内能。任意系统在状态一定时,系统的能量是定值,即系统内部的能量是一状态函数。系统内部的能量称为内能,其符号为 U,单位是焦耳(J)或千焦(kJ)。内能包括系统中一切形式的能量,如分子的移动能、转动能、振动能,电子运动能及原子核内的能等,但不涉及系统整体的位能与动能。内能是系统内部能量的总和,是系统本身的性质,在一定状态下内能具有一定的数值,且与物质的量成正比关系,所以内能是容量函数。一个系统的内能的绝对值目前还无法测定,在热力学研究问题时,只考虑内能的差值 ΔU。热力学上规定:系统发生变化后,如果其内能增加,ΔU 为正值;如果其内能减少，ΔU 为负值。

（4）焓。在同一状态下，$U + pV$ 也应是状态函数，用符号 H 表示，称为焓，即：

$$H = U + pV \tag{1-1}$$

则有

$$Q_p = H_2 - H_1 = \Delta H \tag{1-2}$$

即在恒压过程中，交换的热量 Q_p 与系统的焓的变化量 ΔH 相等。

（5）热。由于系统与环境间存在温差而造成的能量交换，称为热。热与过程有关，不是状态函数，而是一个过程函数。热的符号为 Q，单位为焦耳（J）或千焦（kJ）。热力学上规定：在某一个过程中，若系统从环境中吸收热量，Q 为正值；反之，系统向环境中放出热量，Q 为负值。

（6）功。除了热以外，系统与环境之间能量交换的所有形式统称为功。功与热一样，不属于系统本身的性质，也是一个过程函数。功用 W 表示，并规定：系统对环境做功，W 为正值；环境对系统做功，W 为负值。在热力学中，由于体积膨胀或者压缩所做的功具有特殊的意义，常把这种功称为体积功。

（7）热容。在不发生相变化与化学变化的条件下，一定量的均相物质温度升高 1 K 所需的热量称为该物质的热容，通常以符号 C 表示，单位用 J/K。

（8）化学反应热效应。化学反应系统在不做非体积功的等温等压过程中所吸收或放出的热量，称为等压热效应，即化学反应焓，用 ΔH 表示，即：

$$\Delta H = \sum H_{生成物} - \sum H_{反应物} \tag{1-3}$$

1840 年，黑斯（Hess）在大量实验事实的基础上总结出黑斯定律：在等容或等压条件下，任一化学反应，不管是一步完成还是分几步完成，其反应热效应总是相同的。

（9）可逆过程。可逆过程就是系统可以沿着原过程的逆方向进行恢复原来状态，而不给环境带来任何改变的过程。

1.1.1.2　理想气体状态方程

不同的气体具有共同的规律，这些规律反映了气体的共性。为了更确切地概括气体的共性，人们设想了理想气体。理想气体是指分子本身没有体积、分子之间没有相互作用力的假想气体。虽然自然界中并不存在理想气体，但对低压下的真实气体，可以将其近似看成理想气体，这时就可以利用理想气体概念导出的有关公式，计算真实气体的物理量。

根据气体实验定律，可得到低压下气体的物质的量 n、压力 p、体积 V 与温度 T 之间的关系，即理想气体状态方程：

$$pV = nRT \tag{1-4}$$

式中　R——摩尔气体常数，$R = 8.314510$ J/（mol·K），其大小与 n、p、V、T 以及气体的种类无关。

现实中没有理想气体，理想气体是一种科学的抽象物质，只是在低温或高压下的真实气体比较接近理想气体，可当作理想气体来处理。常见的氧气、氮气、氩气都接近于理想气体；把混合气体当作一种气体看待时，也可以应用理想气体状态方程。

1.1.1.3　热力学第一定律

能量守恒与转化定律应用于热力学领域内，称为热力学第一定律。即在任何过程中，能量既不能自然的产生，也不能自然的消失，只能从一种形式的能量转化为另一种形式的能量,而不同形式的能量在相互转化时永远是数量守恒的。系统与环境间交换能量的形式只有两种,即功与热。根据热力学第一定律,能量的总量是不变的,即:

$$\Delta U = Q - W \tag{1-5}$$

假设有一封闭系统在某一有限过程中吸热为 Q,对外做功为 W,因为吸收热量使系统的内能增加,而做功又会消耗系统的能量,这样系统终态的能量就应为系统的始态能量加上增加的能量,再减去消耗的能量。

1.1.1.4　热力学第二定律

热力学第一定律指出,宏观系统发生的任何过程都必须服从能量守恒与转化定律,所以热力学第一定律是宏观系统发生过程的必要条件。但是不违背热力学第一定律的过程并不是都能够自动进行的,热力学第二定律正是要解决在一定条件下,如何判断过程进行的方向和限度问题。

热力学第二定律的表述方法有很多种,常见的经典表述有两种:

(1) 克劳修斯说法,即不可能把热从低温物体传到高温物体而不引起其他变化。

(2) 开尔文说法,即不可能从单一热源吸收热,使之完全变成功而不发生其他变化。从单一热源吸热做功的循环热机称为第二类永动机,所以开尔文说法的意思是"第二类永动机无法实现"。

一切自发过程的方向和限度问题,最终均可由热力学第二定律来判断;但是若均按上面两个说法来判断,则多有不便。人们希望能找到一种像热力学第一定律中内能 U 那样的状态函数,通过计算就能判断过程的方向和限度。这个状态函数就是熵,用符号 S 表示,其单位为 J/K。从微观角度来讲,熵的定义为:

$$S = k\ln\Omega \tag{1-6}$$

式中　　k——玻耳兹曼常数;

　　　　Ω——混乱度,即微观状态数。

即熵值较大的状态对应于比较混乱的状态,熵值较小的状态对应于比较有序的状态。平衡态就是混乱度最大的状态。一切自发过程都是从混乱程度较小的状态变到混乱程度较大的状态。也就是说,在隔离系统中熵值会自发增大直至达到最大值,这时系统达到平衡态。这就是熵增加原理的微观解释,也是熵的物理意义。

在隔离系统中,系统与外界不再有热量交换,$\mathrm{d}Q = 0$,克劳修斯不等式变成:

$$\mathrm{d}S \geq 0 \tag{1-7}$$

式(1-7)表明,隔离系统内发生的一切过程均使熵增大,隔离系统内绝对不可能发生熵减小的过程,这就是熵增加原理。

1.1.1.5　吉布斯自由能

冶金过程大多发生在恒温恒压的条件下,且系统通常只做膨胀功。对这类过程,定义了一个新的函数——吉布斯自由能(或吉布斯函数),简称自由能,用字母 G 表示。

$$G = U + pV - TS = H - TS \tag{1-8}$$

$$\Delta G = \Delta H - T\Delta S \tag{1-9}$$

在恒温恒压下:　　　　　　　　$$\Delta G_{T,p} \underset{\text{平衡}}{\overset{\text{自发}}{\leq}} 0 \tag{1-10}$$

由上式可以看出:在恒温恒压、无非体积功的系统中,自动过程总是向着自由能减少的方向进行,达到平衡时自由能最小,这就是最小自由能原理。

1.1.2 溶液

1.1.2.1 理想溶液

任一组分在全部浓度范围内都符合拉乌尔定律的溶液,称为理想液态混合物,又称理想溶液。拉乌尔定律是:在温度恒定的条件下,溶液中某组元的蒸气压等于纯组元的蒸气压乘以组元在此溶液中的摩尔分数,其数学表达式为:

$$p_i = p_i^* x_i \tag{1-11}$$

式中 p_i^*——纯组元的蒸气压;

x_i——组元的摩尔分数。

拉乌尔定律一般只适用于各组分的分子体积非常接近、异名分子间的相互作用力和同名分子间的相互作用力基本相同,而且在形成溶液时也没有缔合、离解等现象发生的情况。

正因为理想溶液有上述特点,所以当几种纯物质混合形成理想溶液时,体积具有加和性且没有热效应。另外,在等温等压下形成溶液时,$\Delta G = RT \sum x_i \ln x_i$,由于 $x_i < 1$,则 $\Delta G < 0$,过程自发进行。

一般溶液大都不符合理想溶液的定义。但是如果实际溶液和理想溶液偏差不大,如 Fe 和 Mn 所形成的溶液,则可用理想溶液的规律去处理以简化问题。

1.1.2.2 稀溶液

溶剂服从拉乌尔定律、溶质服从亨利定律的溶液,称为理想稀溶液。理想稀溶液并不是稀的理想溶液。应该指出,只有无限稀的溶液才为理想稀溶液。不过,常把较稀的溶液近似作为理想稀溶液来处理,如 H、N、O 等溶于钢液中或 S、P 等溶于钢液中所形成的溶液均属于此类。亨利定律是指在一定温度和平衡状态下,气体在液体中的溶解度与该气体的分压成正比,其数学表达式为:

$$p_i = KC_i \tag{1-12}$$

式中 p_i——溶解过程达平衡时气体在液面上的分压;

K——亨利常数,其值与温度、溶质和溶剂的性质有关;

C_i——溶解过程达到平衡时气体在溶液中的浓度。

H 在气相中呈分子状态,溶解在金属中则离解成离子,即:

$$\frac{1}{2}H_2 \Longrightarrow [H]$$

定温下溶解过程达到平衡时,溶解度与分压间的关系为:

$$w[H] = K\sqrt{p_{H_2}} \tag{1-13}$$

式(1-13)称为平方根定律或西华特定律。

1.1.2.3 真实溶液和活度

接近理想溶液的溶液毕竟只是少数,大多数溶液由于不同分子之间的引力和同种分子之间的引力有明显区别,或由于溶质和溶剂分子之间发生化学作用,溶液中各物质分子的情况与其纯态时很不相同,所以在形成溶液时伴随有体积变化和热效应,此种溶液称为"非理想溶液",即实际溶液。显然,非理想溶液不遵守拉乌尔定律,它对理想溶液的偏差一般有两种情况,即实际溶液对拉乌尔定律呈现或大或小的偏差;也就是说,其蒸气压往往大于或者小于拉乌尔定律的计算值,称为对拉乌尔定律有正偏差或者负偏差。

产生正偏差的原因,往往是由于 A 和 B 分子间的吸引力大于 A 和 A 及 B 和 B 分子间的吸引力。此外,若 A 分子原为缔合分子,形成溶液时发生解离,也易产生正偏差。产生负偏差的原因,往往是由于 A 和 B 分子间的吸引力小于 A 和 A 及 B 和 B 分子间的吸引力。此外,若分子间发生化学作用,形成缔合分子或化合物,也易产生负偏差。

缔合分子解离可使单位体积中分子数增多,而蒸气压数值正比于单位体积内的分子个数,故蒸气压将产生正偏差。通常缔合分子解离时 $\Delta H > 0$,故可认为,形成溶液时如果 $\Delta H > 0$ 将有正偏差。与此相反,如果形成溶液时组元之间形成化合物,则使单位体积内的分子个数减少,而且分子越复杂就越不容易挥发。这时溶液蒸气压将会产生负偏差。这种情况常在 $\Delta H < 0$ 时发生。

拉乌尔定律和亨利定律是讨论理想溶液和稀溶液的热力学性质的基础,其他定律都是在这两个基本定律的基础上建立起来的。如果溶液蒸气压的数值不服从这两个基本定律,那么,其他定律也就都不成立了。

拉乌尔定律和亨利定律的形式简单,物理含义明确,应用起来非常方便。人们希望对实际溶液的参量加以校正,从而保留两个定律的原来形式,使之对实际溶液也能适用。

对于理想溶液组元 i,其蒸气压值服从拉乌尔定律,即:

$$p_i = p_i^* x_i$$

而对于实际溶液中的组元 i,其蒸气压的值不服从拉乌尔定律,即:

$$p_i \neq p_i^* x_i$$

式中,p_i^* 是 i 在纯态时的饱和蒸气压,对于一定的 i,在恒温下 p_i^* 为一恒量,所以上述蒸气压值的变化取决于 x_i,要对实际溶液组元 i 的浓度 x_i 进行修正。

把实际溶液组元 i 的浓度 x_i 乘上一个校正系数 γ_i,可以得到式(1-14):

$$p_i = p_i^* \gamma_i x_i \tag{1-14}$$

式中,γ_i 称为组元 i 的活度系数,其值一般由实验得出。令:

$$\gamma_i x_i = a_i \tag{1-15}$$

a_i 称为组元 i 的活度,则可得:

$$p_i = p_i^* a_i \tag{1-16}$$

由式(1-15)、式(1-16)可以看到,活度实际上是经过校正的浓度,也称为有效浓度。显然,经过上述校正,溶液组元蒸气压公式保留了拉乌尔定律的原来形式。应该注意,如果已知某一组成的实际溶液中某一组元在某温度下的活度,则在应用拉乌尔定律或者其他由此导出的各定律数学式时,都必须用活度来代替浓度。

显然,对于理想溶液有:

$$\gamma_i = 1, a_i = x_i, p_i = p_i^* x_i$$

当溶液对拉乌尔定律有正偏差时,

$$\gamma_i > 1, a_i > x_i, p_i > p_i^* x_i$$

当溶液对拉乌尔定律有负偏差时,

$$\gamma_i < 1, a_i < x_i, p_i < p_i^* x_i$$

在亨利定律中,溶质的蒸气压值在定温时也应是个常量。但是对于稀溶液,如果溶质的浓度不十分低,则其蒸气压对于亨利定律也有偏差。采用同样的处理方法,将 C_i 乘上一个校正系数(活度系数),可以得到:

$$p_i = Kf_iC_i \tag{1-17}$$

令
$$f_iC_i = a_i \tag{1-18}$$

则
$$p_i = Ka_i \tag{1-19}$$

式中,f_i 为溶质 i(不太稀的溶液中的溶质)的活度系数。对于理想的稀溶液,由于溶质服从亨利定律,对其浓度没有必要进行校正,所以 $f_i = 1$,$a_i = 1$。

由以上讨论可知,活度系数 γ 和 f 可以用来衡量实际溶液和理想溶液的偏差程度。但偏差是一个相对的概念,要比较偏差的大小必须选择一个标准状态,而标准状态的选定则是人为的,选定时要考虑应用是否方便。通常规定某组元活度等于 1 的状态是该组元的标准状态,而所选定的标准状态应该使理想溶液中的组元或理想稀溶液里的溶质活度等于其浓度。

对于理想溶液中的组元和理想稀溶液里的溶剂,以拉乌尔定律为基础,选择纯物质为标准状态,则:

$$x_i = p_i/p_i^*$$

对于实际溶液,以 a_i 代替 x_i,可得:

$$a_i = p_i/p_i^*$$

对于纯物质 i,因为 $p_i = p_i^*$,活度 $a_i = 1$,所以纯物质 i 就是组元 i 的标准状态;即对于纯物质 i,$x_i = 1$,$a_i = 1$,因此 $\gamma_i = 1$,$a_i = x_i$。

对于稀溶液里的溶质,选定标准状态时一般以亨利定律为基础。在火法冶金中,浓度常用质量百分数 $w(i)_\%$ 表示,以浓度为 1% 而又服从亨利定律的假想状态为标准状态,此时亨利定律写为:

$$p_i = Kw(i)_\%$$

对于实际稀溶液:

$$a_i = p_i/K$$
$$f_iw(i)_\% = a_i$$

在标准状态时,$a_i = w(i)_\% = 1$,$f = a_i/w(i)_\% = 1$。

把式(1-16)、式(1-18)写成通式,可得:

$$a = p/p^\ominus \tag{1-20}$$

由此可以认为,活度是两个蒸气压的比值,其中分母是标准状态下的蒸气压。于是活度可以定义为,组元在溶液中的实际蒸气压与它在标准状态时的蒸气压之比。当溶液组成一定时,测得的 p 一定,但如选定的 $p^\ominus$ 不同,则算出的活度值也不相同。

1.1.3 化学反应的方向和限度

1.1.3.1 化学反应平衡常数的表示法

(1) 单一气相反应的化学反应平衡常数

$$a\mathrm{A} + b\mathrm{B} \longrightarrow c\mathrm{C} + d\mathrm{D} \tag{1-21}$$

由质量作用定律有:

$$K_p = \frac{p_C^c p_D^d}{p_A^a p_B^b} \qquad\qquad (1-22)$$

K_p 称为反应(1-21)在温度 T 时的平衡常数。在数值上等于一定温度下,可逆反应达到平衡时,生成物浓度的幂次方乘积与反应物浓度的幂次方乘积的比值。

(2)有溶液参加的化学反应平衡常数

对于实际溶液中的反应,一般均采用活度 a 计算。

当化学反应在近似理想溶液中进行时,质量作用定律应该用各组元的摩尔分数表示。例如 Fe-Mn 熔体与 FeO-MnO 系熔渣间进行下列反应:

$$[Mn] + (FeO) \Longleftrightarrow (MnO) + [Fe]$$

式中,方括号代表金属相,圆括号代表渣相。

反应的平衡常数表示为:

$$K_x = \frac{a_{(MnO)} a_{[Fe]}}{a_{(FeO)} a_{[Mn]}} \approx \frac{x_{(MnO)} x_{[Fe]}}{x_{(FeO)} x_{[Mn]}} \qquad\qquad (1-23)$$

类似地,当有稀溶液中的组元参与反应时,质量作用定律应该用各组元的摩尔分数表示。溶质近似用质量百分数表示。设有反应:

$$a[A] + b[B] \Longleftrightarrow dD_{(g)}$$

设 A 为稀溶液中的溶剂,B 为稀溶液中的溶质,D 为气体,则在恒温恒压下质量作用定律应表示为:

$$K = \frac{p_D^d}{a_A^a a_B^b} \approx \frac{p_D^d}{x_A^a c_B^b} \qquad\qquad (1-24)$$

对于实际溶液中的组元,当以拉乌尔定律为基础时,浓度采用活度,并选定纯物质为标准状态,而标准状态的活度值为 1。这样,当一个化学反应中有纯物质参加时,在书写化学反应的平衡常数时,该物质的活度应写作 1。设有反应:

$$bB + dD \Longleftrightarrow gG + rR \qquad\qquad (1-25)$$

参与上述化学反应的 B 为实际溶液中的组元,D 为纯物质,R 为非理想稀溶液中的溶质,G 为气体,则上述反应的平衡常数应该写成:

$$K = \frac{a_R^r p_G^g}{a_B^b} \qquad\qquad (1-26)$$

1.1.3.2　外在因素对化学平衡的影响及平衡移动原理

一切平衡都是相对的、暂时的,化学平衡是在一定条件下的动态平衡。当条件发生变化时,系统原有的平衡遭到破坏,反应物和生成物又相互转换,直到建立起与新条件相适应的新平衡状态,一般来说,影响化学平衡的因素有温度、压力和浓度(或分压)。

(1)温度的影响。温度升高时,平衡向着吸热反应方向移动;温度降低时,平衡向着放热反应方向移动。例如,炼钢中磷的氧化反应是放热反应,因此温度降低有利于脱磷反应,而冶炼后期温度升高,若操作不当容易发生回磷现象;而脱硫是吸热反应,温度升高利于脱硫反应,所以冶炼前期硫的去除率很低。

(2)压力的影响。对于有气态物质参与的反应,增大外压时,平衡向气体总体积减小方向移动;减小外压时,平衡向气体总体积增大方向移动 。例如,对于反应:

$$[C] + [O] \Longleftrightarrow \{CO\} \qquad\qquad (1-27)$$

减小压力将促使反应向气体总体积增大的方向进行,即向生成{CO}方向进行。

(3) 浓度的影响。若反应物浓度增加、生成物浓度减少,平衡向正反应方向移动;若反应物浓度减少、生成物浓度增加,平衡向逆反应方向移动。例如,对于反应:

$$[FeS] + (CaO) \Longrightarrow (CaS) + (FeO) \tag{1-28}$$

增加渣中 CaO 的浓度、减少渣中 FeO 的浓度,平衡向正反应方向移动。

总结上述各种因素对于平衡的影响,可以得出一个普遍的规律,即平衡移动原理:如果改变影响平衡的因素,原平衡将发生移动,移动的方向总是朝着抵消这些因素改变的方向进行,直到建立起新的平衡为止。这就是著名的吕·查特里平衡移动原理。

1.1.4 化合物的稳定性

在炼钢过程中,经常遇到各种金属氧化物和硫化物等,它们的热力学稳定性与炼钢反应进行的可能性和平衡性等问题有很大关系。各种同类型化合物的稳定性,可以利用它们的标准生成自由能数值来加以比较。

已知化学反应的等温方程为:

$$\Delta G = -RT\ln K_p + RT\ln \frac{p_C'^c p_D'^d}{p_A'^a p_B'^b} \tag{1-29}$$

如果式(1-29)中 $p_A' = p_B' = p_C' = p_D' = 1$ atm,则此时的 ΔG 称为标准状态下化学反应的自由能变化,用符号 $\Delta G^\ominus$ 表示。

标准状态下,由单质生成 1 mol 化合物的自由能变化称为该化合物的标准生成自由能,用符号 $\Delta_f G^\ominus$ 表示。单质的标准生成自由能为零。

对于氧化物的生成反应,可用下列通式表示:

$$x\mathrm{Me} + \frac{y}{2}\mathrm{O_2} \Longrightarrow 2\mathrm{Me}_x\mathrm{O}_y \tag{1-30}$$

$$\Delta_f G^\ominus = -RT\ln K_p = RT\ln p_{O_2}^{\frac{y}{2}} \tag{1-31}$$

式中,p_{O_2} 称为氧化物 $\mathrm{Me}_x\mathrm{O}_y$ 的分解压力。式(1-31)可以作为氧化物 $\mathrm{Me}_x\mathrm{O}_y$ 稳定性的量度,即金属对氧亲和力的量度。$\Delta_f G^\ominus$ 的值越负,p_{O_2} 的值越小,金属对氧的亲和力越大,氧化物的稳定性也越大。

将各种氧化物生成反应的 $\Delta G^\ominus$ 随温度的变化作图,得到图 1-1,称为氧势图。由图可见,不同元素对氧的亲和力在高温下大致按 Ag、Cu、Ni、Co、P、Fe、W、Mo、Cr、Mn、V、Si、Ti、Al、Mg、Ca 的顺序依次增大。

有些元素如 Fe、Mn、C 等能够形成多价氧化物,如 FeO、Fe_2O_3、Fe_3O_4、MnO、MnO_2、CO、CO_2 等。一般规律是,低价氧化物在高温较稳定,而高价氧化物在低温较稳定,如在高温下 FeO、MnO、Cu_2O、CO 就比相对的高价氧化物 Fe_2O_3、MnO_2、CuO、CO_2 稳定。

在指定的温度下,可由氧势图比较各种氧化物的稳定顺序;如果还知道气相中氧的压力,则可由氧势图确定某一元素在指定的条件下是否会被氧化。

与氧化物相比,各种硫化物的稳定性也可以用它们的标准生成自由能来加以比较,并可作出硫化物标准生成能随温度而变化的图形。各种元素与硫的结合能力按照如下顺序依次增大:Pt、Ag、Pb、Co、Fe、Cu、Zn、Mn、Al、Na、Mg、Ba、Sr、Ca、Ce。

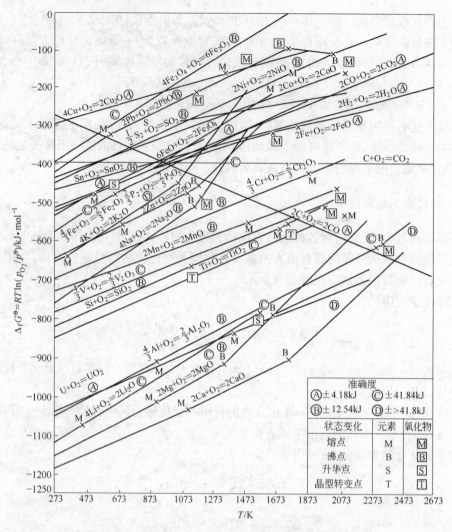

图 1-1　金属氧化物的标准生成自由能与温度的关系图

可见,Mg、Ca 与硫有很强的结合能力,当形成 MgS 与 CuS 时能够稳定存在,而且不溶于金属中。在生产中,Mg 可以用作铁水炉外脱硫剂,石灰中 CaO 具有脱硫能力正是由于其能够与硫形成稳定的 CaS 入渣。

1.1.5　化学反应动力学

化学反应动力学是研究单相反应和多相反应的机理和速度的科学。单相反应,是指系统中参加反应的各种物质均处在同一个相中的反应。多相反应也称复相反应或非均相反应,是指系统中各反应物处于不同的相中的反应。

1.1.5.1　反应速率

反应速率的定义是反应进度随时间的变化率。

如果用 c 表示产物的浓度,则反应的平均速率可表示为:

$$v = \frac{\Delta c}{\Delta t} = \frac{c_{末} - c_{始}}{t_{末} - t_{始}}\tag{1-32}$$

1.1.5.2 多相反应和扩散

在高温冶金过程中,绝大多数反应是多相反应。多相反应的特征是反应在相界面上进行,或者物质通过相界面进入到相的内部进行。一般多相反应由以下步骤串联组成:

(1) 反应分子扩散到界面;

(2) 反应分子在界面上吸附(化学吸附);

(3) 反应分子在界面上进行化学反应,得到产物;

(4) 产物分子从界面脱附;

(5) 产物分子通过扩散离开界面。

整个多相反应的速率由上述步骤中最慢的一步决定,即该步骤是反应速率的控制步骤。在冶金过程中,吸附和化学反应的速率是比较快的,扩散是最慢的一步,称为扩散控制。

1855 年,菲克提出第一扩散定律用以计算扩散速度,其内容为:在一定的温度下,物质通过垂直于扩散方向截面的扩散速度,与扩散物质浓度在 x 方向单位长度上的变化量和截面积成正比。

1.1.6 表面现象

物质表面层的分子与内部分子周围的环境不同。内部任何一个分子受四周邻近相同分子的作用力是对称的,各个方向的力彼此抵消,合力为零,分子在内部移动不需要做功;但表面层的分子下方受到邻近液体分子的引力,上方受到气体分子的引力,合力指向内部,所以表面都有自动缩成最小的趋势。如果要把一个分子从内部移到表面,则会因克服内部的拉力而做功。这种以可逆方式形成新表面时所消耗的表面功,将转变为表面层分子比内部分子多余的吉布斯自由能,这种多余的吉布斯自由能称为表面自由能,简称为表面能。

观察表面的一些现象可知,表面上处处存在着一种张力,即表面上总是存在一种力图使表面收缩的力,称为表面张力,用 σ 表示。表面张力和表面自由能虽然意义不同,但两者的数值相同、量纲相同,实际上是同一现象的两种不同表达方式。

表面张力用来表示相界面的能量,只有当一个系统中至少有两个相互接触的相存在时才有意义,它的大小随相互接触物质的不同而不同。在冶金过程中,具有意义的表面张力只有 $\sigma_{固-液}$、$\sigma_{液-液}$ 和 $\sigma_{气-液}$ 三种。

由热力学第二定律可知,降低表面张力的过程是自发过程。如果某一溶质能降低溶质的表面张力,这种溶质就会被吸附到表面上,直到与浓度均匀化的趋向达到平衡为止,这种现象称为吸附现象,降低表面张力的物质称为表面活性物质。例如,炉渣中 FeO 含量越高其表面张力越小;对钢液而言,C、O、P、S 都是降低其表面张力的物质。溶液表面张力的大小除受成分影响外,还与温度等因素有关。

表面张力的增大和减小不仅对新相的生成有影响,还对相间反应(如非金属夹杂物和气体从钢中的排除、泡沫渣的形成、炉衬的侵蚀等)有直接影响。

1.2 炼钢熔体

1.2.1 炼钢金属熔体

1.2.1.1 炼钢金属熔体的结构

金属能够以三种状态存在,即气态、液态和固态,纯铁和钢也不例外。

铁在固态时有三种同素异形结构。温度在 1053 K 以下时为 α-Fe,是体心立方晶体;当加热至 1053 K 时转变为无磁性体,但仍保持体心立方晶格,为 β-Fe;当加热到 1183 K 时转变为 γ-Fe,为面心立方晶体;继续加热到 1665 K 时重新转变为体心立方晶体结构的 δ-Fe。

在冶金过程中,金属熔体的温度一般只比其熔点高出 100 ~ 150℃,其结构与固态金属近似而远异于气态。在不大的距离内,熔融金属的原子排列仍然保持着一定的晶格秩序,即为近程有序排列;而在较大的距离内,有的地方晶格变得不整齐甚至脱离结点位置,并形成空穴和空隙,使体积有所增加,即为远程无序排列。

1.2.1.2 炼钢金属熔体的物理性质

A 密度

密度是纯铁或钢的重要物理性质之一。由于高温下测定熔融铁合金的密度很困难,各研究者测定的数据有较大出入。但最近的研究结果一致认为,在 1550℃ 附近,纯铁的密度为 7000 kg/m³ 左右。

B 熔点

纯铁的熔点约为 1538℃,当某元素溶入后,纯铁原子之间的作用力减弱,铁的熔点就降低。钢的熔点计算公式为:

$$t_{熔} = 1538 - \sum (w[i]_\% \Delta t_i) - 7 \tag{1-33}$$

式中 $w[i]_\%$——钢水中元素 i 的质量百分数;

Δt_i——1% 的元素 i 使纯铁熔点降低的值,℃,其数据见表 1-1。

表 1-1   1% 的元素 i 使纯铁熔点降低的值

元　素	适用范围/%	Δt_i/℃	元　素	适用范围/%	Δt_i/℃
C	<1.0	65	V	<1.0	2
Si	<3.0	8	Ti		18
Mn	<1.5	5	Cu	<0.3	5
P	<0.7	30	H_2	<0.003	1300
S	<0.08	25	N_2	<0.03	80
Al	<1.0	3	O_2	<0.03	90

【例 1-1】   40Cr 的化学成分见表 1-2,试计算其熔点。

表 1-2   40Cr 的化学成分

化学元素	C	Mn	Si	P	S	Cr
$w[i]_\%$	0.40	0.65	0.20	0.02	0.03	0.90

解:由表 1-1 查得,每加入 1% 元素时铁熔点降低值如下:

元素	C	Mn	Si	P	S	Cr
Δt_i/℃	65	5	8	30	25	1.5

则 40Cr 的熔点为:

$$\begin{aligned} t_{熔} &= 1538 - (65 \times 0.40 + 5 \times 0.65 + 8 \times 0.20 + 30 \times 0.02 + 25 \times 0.03 + 1.5 \times 0.90) - 7 \\ &= 1538 - 34 - 7 \\ &= 1497℃ \end{aligned}$$

C 黏度

黏度是衡量流体黏性大小的物理量。黏性是指实际流体流动时流体分子之间产生内摩擦力的特性。常用流动性来表示钢液的黏稠状况,流动性与黏度的值互为倒数。黏性越大,流动性越差,流动阻力越大。黏度是钢液的重要性质之一,钢液的黏度比正常熔渣要小得多,1600℃时其值在 0.002 ~ 0.003 Pa·s 之间;纯铁液 1600℃时,黏度为 0.0005 Pa·s。

影响钢液黏度的因素主要是温度、成分和夹杂物。温度升高,黏度降低。钢液中的碳对黏度的影响非常大,这主要是因为碳含量使钢的密度和熔点发生变化,从而引起黏度的变化;Mn、Si、P、Al、S 使钢液黏度降低,尤其当 P、Al、S 含量很高时,降低得更明显;Ni、Co、Cr 对黏度无影响;V、Nb、Ti、W、Mo 含量增加则使钢液的黏度增加,这些元素易生成高熔点、体积大的各种碳化物。钢液中非金属夹杂物含量增加,使钢液黏度增加,流动性变差。脱氧剂刚加入时,产物迅速生成,夹杂物含量高,黏度增大;随着夹杂物不断上浮或形成低熔点夹杂物,黏度又下降。脱氧不良时,钢液流动性一般不好。

D 表面张力

熔融铁合金的表面张力,是阐明钢铁冶炼过程中各种界面现象所不可缺少的重要性质。液体内部质点间的作用力越大,则对表面层质点的吸引力越强,所以表面张力也就越大。表面张力在一定程度上反映了液体内部质点间作用力的大小。液态纯铁的表面张力数值很大,大大超过了炉渣的表面张力。

温度对液体的表面张力有较大的影响,单组元液体的表面张力一般随着温度的升高而减小,在达到沸点时,液相和气相之间的界面消失,则表面张力为零。熔融铁合金的表面张力也随着温度的升高而减小。

溶质元素对熔融铁合金表面张力的影响程度取决于其与铁的性质差别,如果溶质元素的性质和铁相近,则溶质原子与铁原子之间的作用力与铁原子本身之间的作用力大体相似,对熔融铁合金的表面张力影响较小;反之,熔质元素的性质与铁差别越大,则对熔融铁合金表面张力的影响就越大。一般来说,金属元素对熔融铁合金表面张力的影响较小,而非金属元素的影响就较大。S 和 O 是很强的表面活性物质,含有很少量的 S 和 O 就可使熔融铁合金的表面张力大大下降。

E 扩散系数

通常认为,金属熔体中各种元素的扩散性质是与反应速度控制环节有关的重要物理性质,它也是阐明金属熔体结构的重要性质。

扩散通常有自扩散和互扩散之分。在纯物质中质点的迁移称为自扩散,这时得到的扩散系数称为自扩散系数。在溶液中各组元的质点进行相对的扩散称为互扩散,这时得到的扩散系数称为互扩散系数。通常所说的扩散系数在没有特别说明时,一般是指互扩散系数。碳饱和的熔融铁合金中,各种元素的扩散系数比其在熔渣中的扩散系数大 10 ~ 100 倍。

F 蒸气压

根据研究,不同温度下固态和液态铁的蒸气压数值如下:

温度/℃	1094	1195	1310	1447	1538	1602	1783	2000	2877
铁的状态	固态				固态|液态			液态|气态	
蒸气压力/Pa	0.00133	0.0133	0.133	1.33	4.921	13.3	133	1333	101325

在炼钢温度(1550~1650℃)下,铁的蒸气压并不大,一般为 13 Pa 左右;但在氧气顶吹转炉中,反应区的温度高达 2100~2300℃,在这样的高温下,会使钢液中部分铁和其他元素被蒸发成金属蒸气,从而造成金属损失。

1.2.2　炼钢熔渣

1.2.2.1　熔渣的来源和组成

(1) 熔渣的主要来源有:

1) 生铁、废钢和铁合金所含的各种元素(如 Al、Si、Mn、P、V、Cr、Fe 等)氧化所生成的氧化物;

2) 加入的氧化剂或造渣材料,如铁矿、烧结矿、石灰、萤石和氧化铁皮等;

3) 被侵蚀下来的耐火材料;

4) 各种原材料带入的泥砂或铁锈。

(2) 炼钢氧化渣的组成有:CaO、MgO、MnO、SiO_2、FeO、Fe_2O_3、P_2O_5、Al_2O_3、CaS、CaC_2(至少 9 种)。

1.2.2.2　熔渣的作用

炼钢过程中熔渣的主要作用可归纳成如下几点:

(1) 通过调整熔渣成分来氧化或还原钢液(例如使钢液中的 Si、Mn、Cr 等氧化或还原),并去除钢液中的有害元素,如 S、P、O 等;

(2) 覆盖钢液,减少散热和防止吸收 H、N 等气体;

(3) 吸收钢液中的非金属夹杂物;

(4) 防止炉衬的过分侵蚀。

另外,在氧气顶吹转炉中,熔渣、金属液滴和气泡形成高度弥散的乳化相,增大了接触面积,加速了吹炼过程。

熔渣也有不利的作用,例如强氧化性渣会严重侵蚀炉衬;黏稠渣常含有小的钢珠,降低钢的收得率;微小的渣粒混入钢中会成为外来夹杂等。所以,应该选择适当的熔渣组成并控制其性质和数量,以取得良好的技术经济指标。

1.2.2.3　熔渣的物理性质

A　密度

熔渣的密度决定熔渣所占据的体积大小及钢液液滴在渣中的沉降速度。一般液体碱性渣的密度为 3000 kg/m³,固态碱性渣的密度为 3500 kg/m³,$w(FeO) > 40\%$ 的强氧化性渣的密度为 4000 kg/m³,酸性渣的密度为 3000 kg/m³。

B　熔点

炼钢过程要求渣的熔点低于所炼钢的熔点 50~200℃。除 FeO 和 CaF_2 外,其他简单氧化物的熔点都很高,它们在炼钢温度下难以单独形成熔渣,实际上它们是形成多种低熔点的复杂化合物,如表 1-3 所示。渣的熔化温度是固态渣完全转化为均匀液态时的温度;同理,液态熔渣开始析出固体成分时的温度为熔渣的凝固温度。渣的熔化温度与其成分有关,一般来说,熔渣中高熔点组元越多,熔化温度越高。

表1-3 熔渣中常见的氧化物的熔点

化 合 物	熔点/℃	化 合 物	熔点/℃
CaO	2600	$MgO \cdot SiO_2$	1557
MgO	2800	$2MgO \cdot SiO_2$	1890
SiO_2	1713	$CaO \cdot MgO \cdot SiO_2$	1390
FeO	1370	$3CaO \cdot MgO \cdot 2SiO_2$	1550
Fe_2O_3	1457	$2CaO \cdot MgO \cdot 2SiO_2$	1450
MnO	1783	$2FeO \cdot SiO_2$	1205
Al_2O_3	2050	$MnO \cdot SiO_2$	1285
CaF_2	1418	$2MnO \cdot SiO_2$	1345
$CaO \cdot SiO_2$	1550	$CaO \cdot MnO \cdot SiO_2$	>1700
$2CaO \cdot SiO_2$	2130	$3CaO \cdot P_2O_5$	1800
$3CaO \cdot SiO_2$	>2065	$CaO \cdot Fe_2O_3$	1220
$3CaO \cdot 2SiO_2$	1485	$2CaO \cdot Fe_2O_3$	1420
$CaO \cdot FeO \cdot SiO_2$	1205	$CaO \cdot 2Fe_2O_3$	1240
$Fe_2O_3 \cdot SiO_2$	1217	$CaO \cdot 2FeO \cdot SiO_2$	1205
$MgO \cdot Al_2O_3$	2135	$CaO \cdot CaF_2$	1400

C 黏度

黏度是熔渣重要的物理性质,其对元素的扩散、渣钢间反应、气体逸出、热量传递、铁损及炉衬寿命等均有很大的影响。影响熔渣黏度的因素主要有熔渣的成分、熔渣中的固体质点和温度。

一般来讲,在一定的温度下,凡是能降低渣熔点的成分,在一定范围内增加其浓度,可使熔渣黏度降低;反之,则使熔渣黏度增大。碱性渣中,CaO 含量超过 40% 后,黏度随 CaO 含量的增加而增加。SiO_2 含量在一定范围内增加,能降低碱性渣的黏度;但 SiO_2 含量超过一定值而形成 $2CaO \cdot SiO_2$ 时,则使熔渣变稠,原因是 $2CaO \cdot SiO_2$ 的熔点高达 2130℃。FeO(熔点 1370℃)和 Fe_2O_3(熔点 1457℃)有明显降低渣熔点的作用,增加两者含量,渣黏度显著降低。MgO 在碱性渣中对其黏度影响很大,当 MgO 含量超过 10% 时,会破坏渣的均匀性,使熔渣变黏。Al_2O_3 能降低渣的熔点,具有稀释碱性渣的作用。CaF_2 本身熔点较低,所以它也能降低熔渣的黏度。

炼钢过程中,希望造渣材料完全溶解,形成具有均匀相的熔渣;但实际炉渣中往往悬浮着石灰颗粒、MgO 质颗粒、熔渣自身析出的 $2CaO \cdot SiO_2$ 和 $3CaO \cdot P_2O_5$ 固体颗粒以及 Cr_2O_3 颗粒等。这些固体颗粒的状态对熔渣的黏度产生不同影响。少量尺寸大的颗粒(直径达几毫米)对熔渣黏度影响不大;尺寸较小、数量较多的固体颗粒呈乳浊液状态,使熔渣黏度增加。

温度升高,熔渣的黏度降低。1600℃炼钢温度下,熔渣黏度在 0.02~0.1 Pa·s 之间。熔渣黏度与温度的关系如表1-4 所示。

表1-4 熔渣黏度与温度的关系

物 质	温度/℃	黏度/Pa·s
稀熔渣	1595	0.002
中等黏度渣	1595	0.02
稠熔渣	1595	0.2
FeO	1400	0.03
CaO	接近熔点	<0.050
SiO_2	1942	1.5×10^4
Al_2O_3	2100	0.05

D 表面张力

熔渣的表面张力主要影响渣钢间的物理化学反应及熔渣对夹杂物的吸附等。熔渣的表面张力普遍低于钢液。影响熔渣表面张力的因素有温度和成分。熔渣的表面张力一般是随着温度的升高而降低,但高温冶炼时,温度的变化范围较小,因而影响也就不明显。FeO、SiO_2 和 P_2O_5 具有降低熔体表面张力的功能,而 Al_2O_3 则相反。CaO 一开始能降低熔渣的表面张力,但后来则是起到提高的作用,原因是复合阴离子在相界面上的吸附量发生了变化。MnO 的作用与 CaO 类似。

1.2.2.4 熔渣的化学性质

A 碱度

熔渣中碱性氧化物总含量与酸性氧化物总含量之比,称为熔渣碱度,常用符号 R(或 B)表示。熔渣碱度的大小直接对渣钢间的物理化学反应,如脱磷、脱硫、去气等产生影响。

(1)当炉料中磷含量较低(铁水磷含量小于 0.30%)时,碱度为:

$$R = \frac{w(CaO)}{w(SiO_2)} \tag{1-34}$$

式中 $w(CaO)$,$w(SiO_2)$——分别为 CaO、SiO_2 在熔渣中的质量分数,% 。

(2)当炉料磷含量较高时,碱度为:

$$R = \frac{w(CaO)}{w(SiO_2) + w(P_2O_5)} \tag{1-35}$$

式中 $w(P_2O_5)$——P_2O_5 在熔渣中的质量分数,% 。

(3)当加入白云石造渣、渣中 MgO 含量较高时,碱度为:

$$R = \frac{w(CaO) + w(MgO)}{w(SiO_2)} \tag{1-36}$$

式中 $w(MgO)$——MgO 在熔渣中的质量分数,% 。

B 氧化性

a 炉渣氧化性的定义

熔渣的氧化性是指熔渣向金属相的供氧能力,也可以认为是熔渣氧化金属熔池中杂质的能力。它是熔渣的一个重要的化学性质。

b 炉渣氧化性的表示方法

熔渣的氧化性通常用 $\sum w(FeO)$ 表示,包括本身的 FeO 和 Fe_2O_3 折合成的 FeO 两部分。将 Fe_2O_3 折合成 FeO 有两种方法:

(1)全氧法。认为 1 mol 的 Fe_2O_3 可以生成 3 mol 的 FeO,于是有:

$$\sum w(FeO) = w(FeO) + 1.35w(Fe_2O_3) \tag{1-37}$$

式中   1.35——1.35 = 3 × 72/160,表示熔渣中 Fe_2O_3 折合成 FeO 时的折合系数;

$w(FeO)$——FeO 在熔渣中的质量,% ;

$w(Fe_2O_3)$——Fe_2O_3 在熔渣中的质量分数,% 。

(2)全铁法。认为 1 mol 的 Fe_2O_3 可以生成 2 mol 的 FeO,于是有:

$$\sum w(FeO) = w(FeO) + 0.9w(Fe_2O_3) \tag{1-38}$$

式中   0.9——0.9 = 2 × 72/160,表示熔渣中 Fe_2O_3 折合成 FeO 时的折合系数。

目前,普遍采用全氧法表示熔渣氧化性

c　影响炉渣氧化性的主要因素

影响炉渣氧化性的主要因素有渣中 FeO 含量和碱度。

氧在钢、渣两相中的溶解符合分配定律,即在定温下平衡时,两者之比为一常数:

$$(FeO) = [O] + Fe \tag{1-39}$$

$$\lg K = \lg \frac{a_{[O]}}{a_{(FeO)}} = -\frac{6320}{T} + 2.734 \tag{1-40}$$

式中　$a_{[O]}$——钢液中氧的活度;

　　　$a_{(FeO)}$——渣中氧化铁的活度。

所以,渣中 FeO 含量越高,炉渣氧化能力越强。

在渣中 FeO 含量一定时,随着炉渣碱度的增大,炉渣的氧化性先增大后减小。1600℃下,当碱度等于 1.87 左右时,炉渣氧化性最强,如图 1-2 所示。

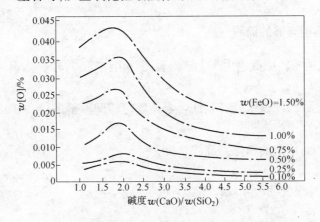

图 1-2　1600℃时炉渣碱度、渣中 FeO 含量与钢液中氧含量的关系

C　还原性

熔渣的还原性是指熔渣从金属相夺取氧的能力,也可以认为是熔渣还原钢液的能力。它也是熔渣的一个重要的化学性质。影响炉渣还原性的主要因素有渣中 FeO 含量和碱度。

复习思考题

1-1　什么是最小自由能原理?

1-2　什么是理想溶液?

1-3　什么是稀溶液?

1-4　活度和浓度的关系是什么?

1-5　外在因素如何影响化学平衡移动?

1-6　多相反应的步骤有哪些,其限制性环节是什么?

1-7　炼钢熔渣的作用有哪些?

2 炼钢车间与炉体系统

炼钢车间是钢铁联合企业的中间环节。它从上道工序炼铁车间接收铁水,以其为主要原料,产出铸坯或钢锭供给轧钢车间。所以炼钢车间的生产直接影响到前、后车间的生产乃至整个钢铁联合企业的生产和经济效益。

2.1 氧气转炉炼钢车间

2.1.1 氧气转炉炼钢车间的流程

图 2-1 是氧气顶吹转炉炼钢生产工艺流程图。由图可知,转炉炼钢生产主要由以下四个系统构成:

(1) 原料供应系统,即铁水、废钢、铁合金及各种辅助原料的储备和运输系统以及铁水的预处理系统;

(2) 转炉的吹炼、钢水的精炼与浇注系统;

(3) 供氧系统;

(4) 烟气净化与煤气回收系统。

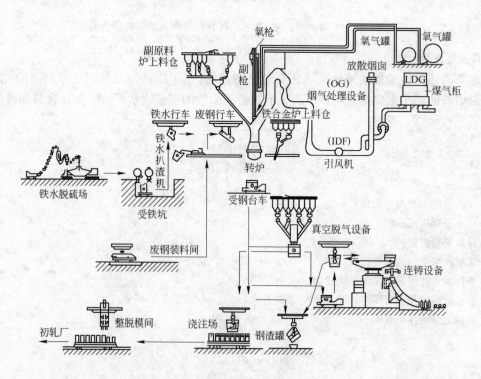

图 2-1　氧气顶吹转炉炼钢生产工艺流程图

完成这些工序要有专用的设备和运输系统,并应合理地布置于车间内。一个转炉车间就是由完成上述工序的专用设备、运输系统和厂房所组成的。它们在车间内的布置方式并非固定不变,每个车间都有各自的布置特点,大部分中小型转炉车间都是把这些工序紧凑地布置在一个厂房内;大型车间还把某个工序布置于单独的跨间内,如混铁炉跨、废钢跨、连铸跨等。现在国内几乎所有的转炉厂都是把加料、吹炼、浇注三个工序置于一个厂房内进行,构成炼钢车间的核心——主厂房。由于各工序在车间内的布置方式不同,构成了各种类型的车间。

2.1.2 氧气转炉炼钢车间的类型

转炉炼钢的历史不是很长,近三四十年发展较快,建成了几百座转炉车间,取得了一些经验,形成了一定的趋势;但最合理的车间布置方案还未形成,现在仍处在发展阶段。各车间有不同的特点,需要对现有的车间进行充分地分析和比较,研究发展趋势,以便选择合理的布置方案。

车间类型主要根据生产规模、转炉容量、主厂房跨间布置、厂房结构等来划分,归纳起来有以下几种类型:

(1)按照生产规模划分。按照生产规模的不同,转炉车间可分为大型转炉炼钢车间、中型转炉炼钢车间和小型转炉炼钢车间。目前,年产钢100万吨以下的为小型转炉炼钢车间,年产钢100~200万吨的为中型转炉炼钢车间,年产钢200万吨以上的为大型转炉炼钢车间。

(2)按照转炉容量划分。按照转炉容量的不同,转炉车间也可分为大型转炉炼钢车间、中型转炉炼钢车间和小型转炉炼钢车间。大型转炉炼钢车间的转炉公称容量不小于100 t。中型转炉炼钢车间的转炉公称容量为50~80 t,小型转炉炼钢车间的转炉公称容量不大于30 t。

(3)按照主厂房跨间布置划分。

1)三跨式车间。三跨式车间包括:①炉子跨,布置转炉及其倾动机构、散状料供应系统、氧枪及其升降系统和烟气净化系统等;②加料跨,布置铁水和废钢的储存及供应系统,进行转炉的吹炼操作;③浇注跨,布置连铸机,进行浇注作业等。该类型车间各跨间作业的专业化程度比较高,天车作业的互相干扰大大减少,比较适用于操作频繁、运输量大的车间。

2)多跨式车间(四跨以上)。多跨式车间的核心是上述三跨,为了适应连铸的需要,在三跨基础上加设精炼及钢水接收跨、过渡跨、出坯精整跨等。浇注出坯能力往往是车间生产能力提高的限制性环节,所以有的厂房采用一跨浇注、双跨出坯的布置形式。

(4)按照厂房结构划分。按照厂房结构的不同,主厂房可分为地坑式和高架式两种。

1)地坑式车间。转炉布置在地面上,钢包放入地坑内出钢。此类车间劳动条件差、清渣时间长、转炉作业率低,所以已被淘汰。

2)高架式车间。在转炉周围建有专门的高架式操作平台,钢包和渣罐置于地面的平车上。新建车间都采用高架式布置,这种布置形式主要解决了出钢、出渣困难的问题,改善了清渣的劳动条件,从而缩短了清渣时间,提高了炉座利用率,减少了天车的负担和互相干扰,缩短了冶炼周期,提高了生产率。

2.2　炼钢车间主厂房的布置形式

2.2.1　转炉跨的布置形式

转炉跨是主厂房的中心,其他两跨的布置都与转炉跨的布置有直接关系。转炉跨需要布置的主要设备有:转炉及其倾动机构,氧枪和副枪的升降及更换系统,散状材料的储存、称量和加料设备,烟罩和除尘设备,铁合金的供应和烘烤系统,出钢和出渣及转炉内衬拆修设备等。

转炉一般都集中布置在转炉跨纵向的中央位置,沿厂房柱子纵向排成一行。这样可以使加料跨的两端分别布置混铁炉工段或混铁车倒罐站和废钢工段。这种布置方案使向转炉供应铁水、废钢及钢水浇注吊运钢包的距离较短,可减少车间设备的相互干扰,如图 2-2 所示。

转炉跨中,有氧枪和副枪的升降及更换系统,散状材料的储存、称量和加料设备,烟罩和除尘设备、铁合金的供应设备等,见图 2-3。

从炉下钢包车行走线的轨面起,要布置转炉、氧枪、副枪、供料系统、除尘系统等有关设备。为了布置、操作和检修这些设备,需要在不同的标高上设置工作平台。按照作业系统和工艺操作的要求,一般需要设置转炉操作平台、散状材料系统平台、氧枪系统平台、副枪工作平台、除尘系统平台、以及有其他特殊需要的平台等,如图 2-4 所示。

(1) 转炉操作平台。转炉操作平台包括炉前与炉后操作平台,供取样、测温、开堵出钢口、挡渣出钢、补炉和进行脱氧加合金料等冶炼操作使用。

(2) 散状材料系统平台。散状材料系统平台的布置与供料方式有关。对于大、中型氧气转炉车间,一般应有以下三层平台:

1) 加料溜槽平台,用来检修加料溜槽。

2) 称量漏斗平台,供检修称量漏斗、阀门或给料器用。

3) 高位料仓平台,供检查高位料仓存料情况及检修运料设备用。

(3) 氧枪系统平台。对大、中型车间,一般应有以下三层平台:

1) 氧枪口平台,用来检修氧枪口密封装置或清除氧枪粘钢,其标高与烟罩上的氧枪插入口标高相同。

2) 氧枪传动机构安装平台。

3) 氧枪软管平台,用于安装氧枪的氧气管、给排水管道与软管的接头阀门。

(4) 副枪工作平台。副枪的升降传动机构以及副枪检修、探头储备和更换、杯样风动输送等作业都应设有相应的平台。

(5) 除尘系统平台。除尘系统应有供清灰、检修设备用的平台;汽化冷却汽水分离器、蒸汽包应设有相应的平台。采用未燃法净化回收系统时,应有供安装、检修活动烟罩传动设备及密封设施的作业平台以及供活动烟罩移出停位的平台。

从以上来看,在转炉跨的不同标高上需要设置许多平台,但实际上有不少平台可以共用,也可采用局部平台。

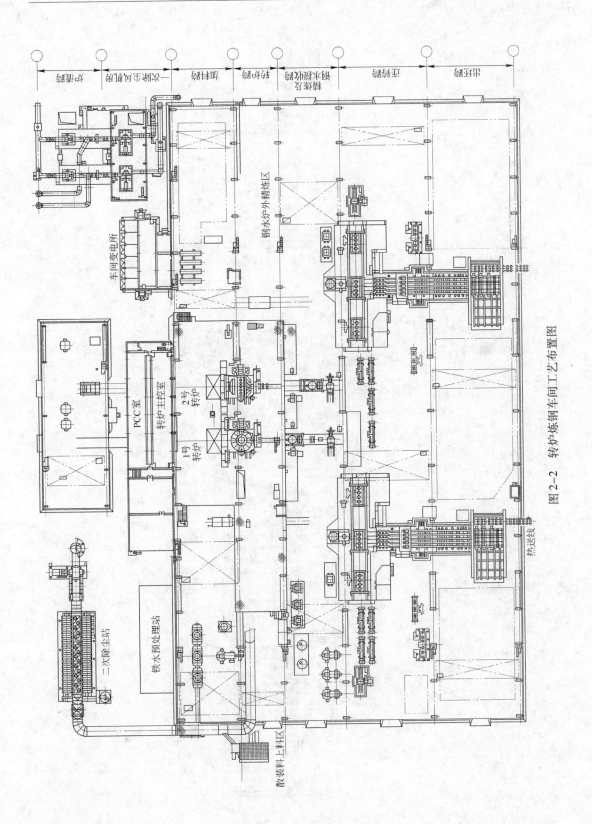

图 2-2　转炉炼钢车间工艺布置图

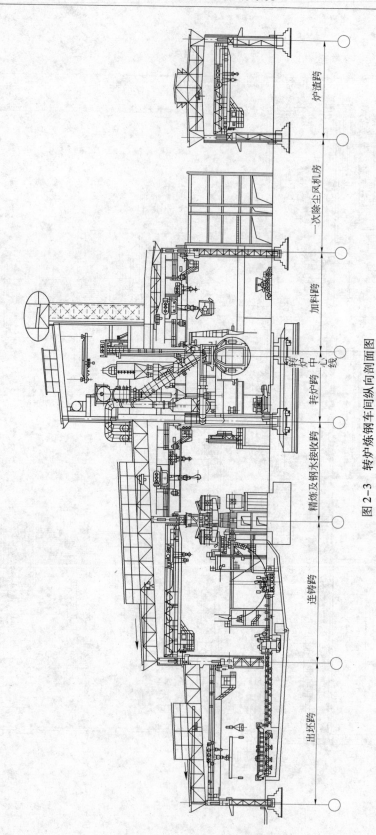

图 2-3　转炉炼钢车间纵向剖面图

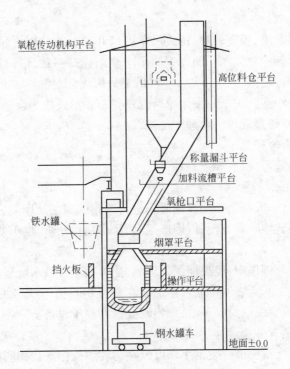

图2-4　转炉跨主要平台示意图

2.2.2　加料跨的布置形式

加料跨的任务是保证及时、快速地向转炉提供铁水和废钢,以及供应铁合金和补炉用的耐火材料。

在氧气转炉车间里,加料跨采用较多的是将混铁炉和废钢间分别布置在加料跨两端的布置形式。

2.2.2.1　混铁炉在加料跨中的位置

混铁炉在加料跨中的布置有两种形式,即双跨布置(见图2-5)和单跨布置(见图2-6)。

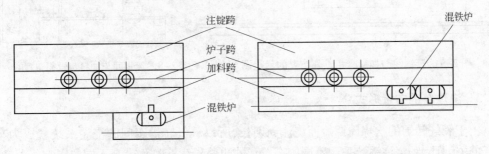

图2-5　混铁炉双跨布置　　　　　　图2-6　混铁炉单跨布置

A　双跨布置

双跨布置将混铁炉放在两跨之间,使出铁水和进铁水分别在两跨进行。其优点是比单跨布置减少了石墨片的飞扬,减轻了加料跨内桥式起重机作业时的相互干扰。其缺点是需增设向混铁炉兑铁水的吊车,另外厂房的投资也将增加。

　　B　单跨布置

　　单跨布置的厂房紧凑,投资较省,桥式吊车可以和加料跨共用;但要求向混铁炉兑铁水的吊车轨道标高与向转炉兑铁水和加废钢的吊车轨面标高一致,以使这些作业都能顺利进行。其缺点是劳动条件较差,在"三吹二"时,吊车的作业会发生一些干扰。

　　一般情况下,中、小型转炉车间采用单跨混铁炉布置形式较为合适;在炉子容量较大、炉座较多的车间,采用双跨布置较为合理。

　　2.2.2.2　废钢间的布置

　　关于废钢间的布置形式,有如下三种:

　　A　废钢间布置在加料跨的一端

　　采用这种形式时,一般都是储存废钢而不进行废钢的加工处理。它布置紧凑,占地面积少,可以共用吊车,与转炉联系方便;但因房架高,厂房造价较贵,也不便于处理大量废钢。

　　B　独立废钢间

　　企业内将回收的废钢集中,经过加工处理后,用平板车经铁水线运送废钢料槽。这样废钢间的厂房可以简化,而转炉车间里只需铺设存放废钢料槽的铁路线或料槽架就可以了。但该形式占地较多,改变废钢需要量时,加料跨要设有称量设备。

　　C　废钢间与加料跨相毗邻布置

　　用横向渡车运送废钢料槽。废钢小车可以在与转炉操作平台相同标高的平台上或地平面上横向行走,将料槽送入加料跨。这种布置形式被新建转炉车间广泛采用,如图2-7、图2-8所示。

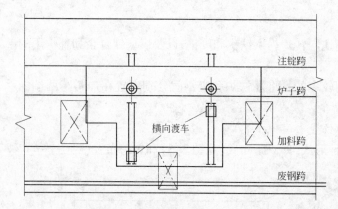

图2-7　废钢间与加料跨相毗邻布置的示意图　　　图2-8　废钢间与加料跨毗邻布置的断面图

2.2.3　浇注跨的布置形式

　　由于氧气转炉的吹炼周期短而浇注周期长,所以氧气转炉车间的浇注系统就成为车间生产的关键环节,浇注系统采用不同的布置形式也将给生产过程带来不同的影响。

　　2.2.3.1　连铸机在主厂房内的平面布置

　　连铸机在主厂房内的平面布置有横向布置、纵向布置及靠近轧钢车间布置等几种形式。

　　A　横向布置

　　横向布置是指连铸机的中心线与主厂房纵向柱列线相垂直的布置形式,如图2-9所示。例如我国某厂3×210t氧气顶吹转炉车间,有八流小方坯连铸机5台和板坯连铸机1

台,主厂房由废钢间及铁水倒罐站、原料跨、转炉跨、钢水及炉外精炼跨、浇注跨、出坯跨、冷却跨及堆坯跨 8 个跨间组成;又如日本新日铁大分厂 3×300 t 氧气顶吹转炉炼钢车间,有宽板坯连铸机 6 台,年产钢量约 800 万吨,主厂房均是采用这种布置形式。

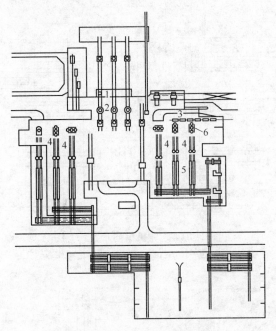

图 2-9　连铸机横向布置示意图
1—操作台;2—转炉;3—铸锭设备;4—连铸机;5—铸坯运行辊道;6—大包转台

横向布置方式的钢包运输距离短,物料流向合理,便于增建和扩大连铸机的生产能力。它把不同的作业分散在多个跨间内进行,各项操作的相互干扰少,适用于全连铸车间的布置和多台连铸机的成组布置。

B　纵向布置

纵向布置是指连铸机的中心线与主厂房纵向柱列线相平行的布置形式,如图 2-10 所示。前苏联新利别克厂 3×300 t 氧气顶吹转炉车间有 6 台连铸机,采用纵向布置,年产钢约 800 万吨。

纵向布置的连铸机,转炉跨与连铸跨之间用钢包运输线分开,钢水可分别用吊车供给各台连铸机,比较方便;但车间一般较长,再新建连铸机比较困难。

C　靠近轧钢车间布置

这种布置方式是将连铸机由炼钢车间主厂房移至靠近轧钢车间处,以保证得到高温铸坯,为实现铸坯的热送或直接轧制创造条件。

图 2-11 所示是日本某厂为实现连铸坯的直接轧制而进行改造后的情况,它将连铸机布置在远离转炉车间 600 m 的地方,紧靠轧钢车间。用内燃机车牵引钢包车,将钢包由炼钢车间送到连铸机旁,途中历时 6 min。连铸机出来的铸坯温度在 1000℃ 以上,送入轧钢车间进行直接轧制或热装。

显然,对于新建的车间,最好将炼钢、连铸、轧钢三道工序尽量靠近,以保证钢水和铸坯的高温运送。

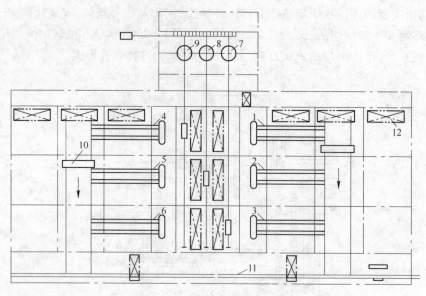

图 2-10　连铸机纵向布置示意图

1~6—连铸机;7~9—转炉;10—过跨车;11—精整作业线;12—吊车

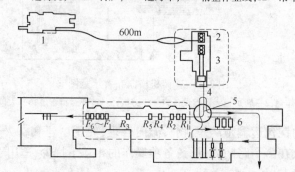

图 2-11　连铸机靠近轧钢车间布置

1—转炉车间;2—RH真空处理;3—连铸机;4—直接轧制线;5—旋转台;6—均热炉

2.2.3.2　连铸机在主厂房内的立面布置

连铸机在主厂房内的立面布置有高架式、地坑式和半地坑式。

A　高架式

高架式布置是指整台连铸机设备基本上置于车间地平面以上,可直接由地面出连铸坯。这种形式操作空间大,设备检修和处理事故较方便;由于是地面出坯,不需要专门的连铸坯出坑设备,连铸坯运输方便;同时,通风良好,污水排出方便。但厂房高度稍高,投资费用较大;若钢水回炉或改为模铸时,需用较长时间。

B　地坑式

地坑式布置是指连铸机设备有2/3以上置于车间地平面以下。这种布置形式的厂房高度可以降低,投资省,并可以布置在铸锭跨的任意位置。但地坑深,铸坯运出地面必须设专用设备;通风及排水设备也不方便;此外,设备检修条件差。建设初期多为此种布置形式。

C　半地坑式

半地坑式布置是指整台连铸机设备大约有一半置于车间地平面以上,一半置于地坑中。

这种形式尽管投资费用稍有减少,但仍具有地坑式的特点,属于地坑式。

2.3 转炉炉体系统

氧气顶吹转炉总体结构如图 2-12 所示,它由炉体、支撑系统及倾动机构组成。

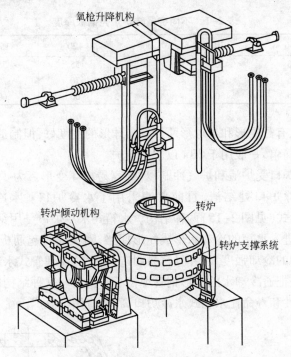

图 2-12 氧气顶吹转炉总图

2.3.1 转炉炉体

转炉炉体结构如图 2-13 所示,其炉壳为钢板焊接结构,内部砌有耐火材料炉衬。

2.3.1.1 炉壳

炉壳由炉帽、炉身和炉底三部分组成。各部分用钢板加工成型后焊接或用销钉连接成整体。

炉壳的作用主要是承受炉衬、钢液和炉渣的全部重量,保持炉子有固定的形状,并承受转炉倾动时巨大的扭矩。炉壳在工作时还要受到加料,特别是加废钢和清理炉口结渣时的冲击,受到炉子受热时产生的热应力和炉衬的膨胀应力。所以,要求炉壳必须有足够的强度和刚度,避免因产生裂纹和变形造成炉壳的损坏。

炉壳的材质应有良好的焊接性能和抗蠕

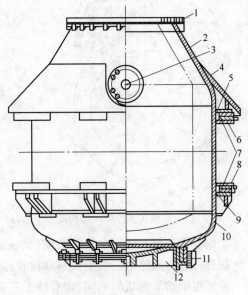

图 2-13 转炉炉壳
1—水冷炉口;2—锥形炉帽;3—出钢口;4—护板;
5,9—上、下卡板;6,8—上下卡板槽;7—斜块;
10—圆柱形炉身;11—销钉和斜楔;12—活动炉底

变性能,一般使用普通锅炉钢板(如 20 g)或低合金钢板(如 16Mn 等)。

钢板厚度多按经验确定,如表 2-1 所示。由于炉帽、炉身和炉底三部分受力不同,应使用不同厚度的钢板,其中炉身受力最大,使用钢板最厚。小炉子为了简化取材,使用相同厚度的钢板。

表 2-1　不同容量转炉炉壳钢板厚度　　　　　　　　（mm）

转炉容量/t	<6	30	50	120	150	300
炉帽	16	30	45	55	55	70
炉身	16	30	55	70	70	85
炉底	16	30	50	60	60	75

炉帽部分的形状有截锥形和半球形两种。半球形的刚度好,但制造时需要做胎膜,加工困难;而截锥形制造简单,一般用于 30 t 以下的转炉。

在吹炼过程中,炉口受炉渣和炉气冲刷侵蚀,容易损坏变形。为了保持炉口形状、提高炉帽寿命和便于清除炉口处结渣,目前普遍采用了水冷炉口。水冷炉口有水箱式(见图 2-14)和铸铁埋管式(见图 2-15)两种结构。水箱式水冷炉口是用钢板焊成的,在水箱内焊有若干块隔板,使进入水箱的冷却水形成蛇形回路,隔板同时起筋板作用,增加了水冷炉口的刚度。这种结构的冷却强度大,并且容易制造,但比铸铁埋管式水冷炉口容易烧穿。铸铁埋管式水冷炉口是把通冷却水的蛇形钢管埋铸于铸铁内。这种结构冷却效果稍逊于水箱式水冷炉口,但安全性和寿命比水箱式水冷炉口高,故应用十分广泛。

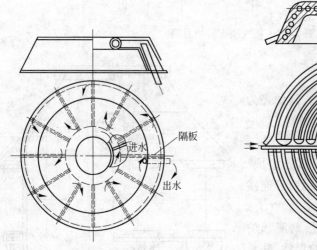 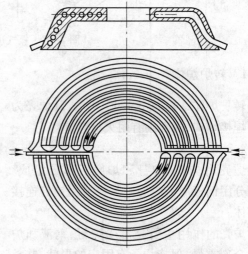

图 2-14　水箱式水冷炉口结构简图　　　　图 2-15　铸铁埋管式水冷炉口结构简图

炉帽通常还焊有环形伞状挡渣板(裙板),用于防止喷溅物烧损炉体及其支撑装置。

炉身一般为圆筒形。出钢口通常设置在炉帽和炉身耐火炉衬的交接处。

炉底根据熔池形状的不同,也有球形和截锥形之分。截锥形炉底制造和砌砖都较为简便,但其强度不如球形好,故只适用于中、小型转炉;大型转炉均采用球形炉底。

炉帽、炉身和炉底三部分的连接方式因修炉方式不同而异,有所谓的"死炉帽、活炉底","活炉帽、死炉底"和整体炉壳等结构形式。小型转炉的炉帽和炉身为可拆卸式,用楔形销钉连接,这种结构采用上修法。大、中型转炉炉帽和炉身是焊死的,而炉底和炉身是采用可拆卸式的,这种结构适用于下修法,炉底和炉身多采用吊架、T字形销钉和斜楔连接。有的大型转炉则是采用焊接的整体炉壳。

2.3.1.2 炉衬与炉型

转炉炉衬由永久层、填充层和工作层组成。

转炉炉型是指用耐火材料砌成的炉衬内形,其直接影响着工艺操作、炉衬寿命、钢的产量与质量以及转炉的生产率。

合理的炉型应满足以下要求:

(1) 要满足炼钢的物理化学反应和流体力学的要求,使熔池有强烈而均匀的搅拌;

(2) 符合炉衬被侵蚀的形状,以利于提高炉龄;

(3) 减少喷溅和炉口结渣,改善劳动条件;

(4) 炉壳易于制造,炉衬的砌筑和维修方便。

最早的氧气顶吹转炉炉型基本上是从底吹转炉发展而来的,炉子容量小,炉型呈高瘦形,炉口为偏口。以后随着炉容量的增大,炉型向矮胖形发展而趋近于球形。

按金属熔池形状的不同,转炉炉型可分为筒球形、锥球形和截锥形三种,如图2-16所示。

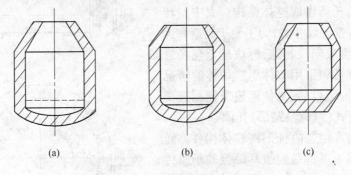

图 2-16 顶吹转炉常用炉型示意图

(a) 筒球形;(b) 锥球形;(c) 截锥形

(1) 筒球形。这种熔池形状由一个球缺体和一个圆筒体组成。它的优点是形状简单,砌筑方便,炉壳制造容易;熔池内型比较接近金属液循环流动的轨迹,在熔池直径足够大时,能保证在较大的供氧强度下吹炼而喷溅最小,也能保证有足够的熔池深度,使炉衬有较高的寿命。大型转炉多采用这种炉型。

(2) 锥球形。锥球形熔池由一个锥台体和一个球缺体组成。这种炉型与同容量的筒球形转炉相比,若熔池深度相同,则熔池面积比筒球形大,有利于冶金反应的进行;同时,随着炉衬的侵蚀,熔池变化较小,对炼钢操作有利。欧洲的生铁磷含量相对偏高采用此种炉型较多,我国20~80 t的转炉多采用锥球形。

对筒球形与锥球形的适用性,看法尚不一致。有人认为锥球形适用于大转炉(奥地利),有人却认为其适用于小转炉。但世界上已有的大型转炉多采用筒球形。

(3) 截锥形。截锥形熔池为上大下小的圆锥台。其特点是构造简单,且平底熔池便于修砌。这种炉型基本上能满足炼钢反应的要求,适用于小型转炉。我国30 t以下的转炉多用这种炉型。国外转炉容量普遍较大,故极少采用此种形式。

此外,有些国家(如法国、比利时、卢森堡等)的转炉为了吹炼高磷铁水,在吹炼过程中用氧气向炉内喷入石灰粉。为此,他们采用了所谓的大炉膛炉型(这种转炉称为 OLP 型转炉),这种炉型的特点是:炉膛内壁倾斜,上大下小,炉帽的倾角较小(约为 50°)。因为炉膛上部的反应空间增大,故可解决吹炼高磷铁水时渣量大和泡沫化严重的问题。这种炉型的砌砖工艺比较复杂,炉衬寿命也比其他炉型低,故一般很少采用。

2.3.2　转炉支撑系统

转炉支撑系统包括托圈与耳轴、耳轴轴承座等。托圈与耳轴连接,并通过耳轴坐落在轴承座上,转炉则坐落在托圈上,炉体的全部重量通过支撑系统传递到基础上,如图 2-12 所示。

2.3.2.1　托圈与耳轴

托圈和耳轴是用来支撑炉体并使之倾动的构件。它在工作中除承受炉壳、炉衬、钢水和炉渣以及自身的重量外,还要承受由于频繁启动、制动和兑铁水、加废钢等操作产生的突然冲击的应力。因此,托圈结构必须具有足够的强度、刚度和冲击韧性。

托圈的断面形状有开口形和闭口形之分。一般中等容量以上的转炉都采用重量较轻的钢板焊接结构。其断面为箱形框架,因为封闭的箱形断面受力好,托圈中切应力均匀,还可以直接通入冷却水冷却托圈,加工制造也较方便。小型转炉的托圈做成整体结构。大中型转炉的托圈由于重量和尺寸大,为了便于制造和运输,通常分成两段或四段制造,分块运至现场进行组装。在大型转炉采用整体更换炉体的情况下,为了使炉体拆装容易,又使运输车辆制造简单、便宜,采用开式(或称马蹄形)托圈。

转炉两侧的耳轴是阶梯形圆柱体构件。转炉和托圈的全部重量都是通过耳轴经轴承座传递给基础的,倾动机构的扭矩又通过一侧耳轴传递给托圈和炉体。为使耳轴有足够的强度和刚度,一般用合金钢锻造或铸造加工而成。为通水冷却托圈、炉帽和耳轴本身,将耳轴制成空心的。大型转炉剖分式焊接托圈的结构如图 2-17 所示。

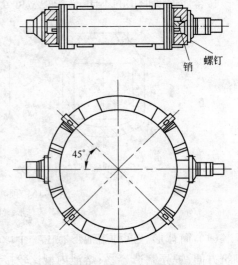

图 2-17　大型转炉剖分式焊接托圈

耳轴与托圈的连接一般有三种方式:法兰螺栓连接、静配合连接和耳轴与托圈直接焊接。直接焊接结构简单,重量轻,机械加工量小,安装方便。

2.3.2.2　炉体与托圈连接装置的基本形式

A　支撑夹持器

支撑夹持器的基本结构是沿炉壳圆周固接若干组上、下托架,托架和托圈之间有支撑斜块。炉体通过上、下托架和斜块夹住托圈,借以支撑其重量,如图 2-18 所示。炉壳与托圈膨胀或收缩的量差由斜块的自动滑移来补偿,并不会出现间隙。

B　吊挂式连接装置

吊挂式连接装置的结构通常是由若干组拉杆或螺栓将炉体吊挂在托圈上。

(1) 法兰螺栓连接装置。如图 2-19 所示,这种连接装置是早期小型转炉所采用的。

在炉壳上部周边焊接两个法兰,在两法兰之间加垂直筋板组成加强箍,以增强炉体刚度。在下法兰均匀分布着 8~12 个长圆形螺栓孔,通过螺栓(或圆销)将托圈与法兰连接。此种结构简单,便于活炉座的炉体更换,但解决径向膨胀问题不够理想。

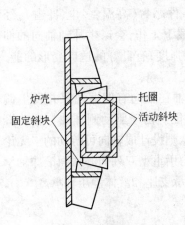

图 2-18 支撑夹持器

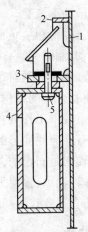

图 2-19 法兰螺栓连接装置

1—炉壳;2,3—法兰;4—托圈;5—螺栓

(2) 自调螺栓连接装置,也称三点球面支撑装置。图 2-20 所示是我国某厂 300 t 转炉

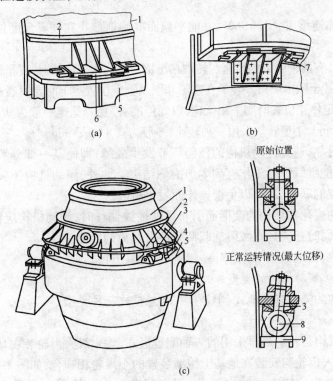

(a)　　　　　　　　　　(b)

(c)

图 2-20 我国某厂 300t 转炉自调螺栓连接装置

(a) 上托架;(b) 下托架;(c) 结构原理

1—炉壳;2—加强圈;3—自调螺栓装置;4—托架装置;

5—托圈;6—上托架;7—下托架;8—销轴;9—支座

自调螺栓连接装置的结构原理。在炉壳上部焊接2个加强圈,炉体通过加强圈和3个带球面垫圈的自调螺栓与托圈连接在一起。这种结构工作性能好,能适应炉壳和托圈的不等量变形,载荷分布均匀,结构简单,制造方便,维修量小。

2.3.2.3　耳轴轴承装置

耳轴轴承的工作特点是:负荷大,转速低,工作条件恶劣(高温、多尘、冲击);经常处于局部工作状态,起动、制动频繁;由于托圈在高温、重载下工作,会产生耳轴轴向的伸长和挠曲变形。因此,耳轴轴承必须有足够的刚度和抗疲劳强度,有良好的适应变形的能力,并要求轴承外壳和支座有合理的结构,安装、更换容易,而且经济。

托圈在高温、重载下工作要发生挠曲变形,使耳轴在轴向有伸缩现象并发生偏转。因此,耳轴轴承必须有适应此变形的自位调心和游动性能。由于驱动侧耳轴与倾动机构直接相连,耳轴轴承的轴向是固定的,而非驱动侧耳轴轴承则设计成轴向可游动的。无论是驱动侧还是非驱动侧耳轴轴承,普遍采用滚动轴承,一般均用重型双列向心球面滚珠轴承。其他形式的轴承装置还有复合式滚动轴承装置、铰链式轴承支座和液体静压轴承。

2.3.3　转炉倾动机构

2.3.3.1　对转炉倾动机构的要求

倾动机构用于转动炉体,以完成兑铁水、加废钢、取样、出钢、倒渣和修炉等操作,它应具有如下性能:

(1)能使炉体连续正、反转360°,并能平稳而准确地停止在任意角度位置上,以满足工艺操作的要求。

(2)一般应具有两种以上的转速。转炉在出钢、倒渣、人工取样时,要平稳缓慢地倾动,避免钢、渣猛烈摇晃甚至溅出炉口。转炉在空炉和刚从垂直位置摇下时要用高速倾动,以减少辅助时间;在接近预定停止位置时则采用低速,以便停准、停稳。低速一般为0.1~0.3 r/min,高速为0.7~1.5 r/min。小型转炉采用一种转速,一般为0.8~1 r/min。

(3)应安全可靠,避免传动机构的任何环节发生故障;即使某一部分环节发生故障,也要具有备用能力,能继续进行工作直到本炉冶炼结束。此外,倾动机构还应与氧枪、烟罩升降机构等保持一定的联锁关系,以免误操作而发生事故。

(4)因载荷的变化和结构的变形而引起耳轴轴线偏移时,倾动机构应仍能保持各传动齿轮的正常啮合,同时还应具有减缓动载荷和冲击载荷的性能。

(5)结构紧凑,占地面积小,效率高,投资少,维修方便。

2.3.3.2　转炉倾动机构的类型

转炉倾动机构的类型有落地式、半悬挂式和悬挂式三种类型。

A　落地式

落地式倾动机构是转炉最早采用的一种配置形式,除末级大齿轮装在耳轴上外,其余全部安装在地基上,大齿轮与安装在地基上传动装置的小齿轮相啮合,如图2-21所示。

落地式倾动机构的特点是结构简单,便于制造和安装维修。但是当托圈挠曲严重而引起耳轴轴线产生较大偏差时,该形式倾动机构的大小齿轮的正常啮合会受影响;另外,其还没有满意地解决由于启动、制动引起的动载荷的缓冲问题。对于小型转炉,只要托圈刚性好,该形式尚有可取之处;对于大、中型转炉,其存在设备占地面积和重量较大的缺点。

落地式倾动机构又分为全齿轮传动、蜗轮蜗杆－齿轮传动和行星齿轮传动三种形式。

B　半悬挂式

半悬挂式倾动机构是在落地式的基础上发展起来的,如图2-22所示。它的特点是把末级大、小齿轮通过减速器箱体悬挂在转炉耳轴上,其他传动部件仍安装在地基上,所以称为半悬挂式。悬挂减速器的小齿轮通过万向联轴器或齿式联轴器与主减速器连接。当托圈变形使耳轴偏移时,不影响大、小齿轮间的正常啮合。其重量和占地面积比落地式倾动机构有所减少,但占地面积仍然比较大,适用于中型转炉。

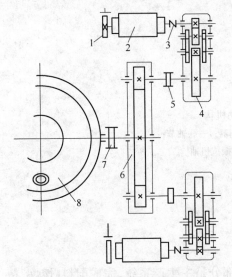

图2-21　落地式倾动装置

1—制动器;2—电动机;3—弹性联轴器;
4—初级减速机;5,7—齿轮联轴器;
6—末级减速机;8—转炉

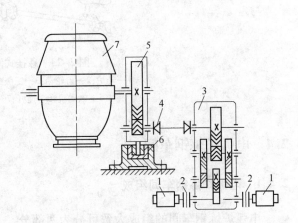

图2-22　半悬挂式倾动机构

1—电动机;2—齿轮联轴器;3—初级减速机;
4—弹性联轴器;5—悬挂式末级减速机;
6—制动器;7—转炉

C　悬挂式

悬挂式倾动机构是将整个传动机构全部悬挂在耳轴的外伸端上,末级大齿轮悬挂在耳轴上,电动机、制动器、一级减速器都悬挂在大齿轮的箱体上,如图2-23所示。为了减少传动机构的尺寸和重量,使工作安全可靠,目前大型悬挂式倾动机构均采用多点啮合柔性支承传动,即末级传动是由数个(4个、6个或8个)各自带有传动结构的小齿轮驱动同一个末级大齿轮,整个悬挂减速器用两端铰接的两根立杆通过曲柄与水平扭力杆连接,从而支承在基础上。

悬挂式倾动机构的特点是:结构紧凑,重量轻,占地面积小,运转安全可靠,工作性能好。多点啮合由于采用两套以上传动装置,当其中1~2套损坏时,仍可维持操作,安全性好。由于整套传动装置都悬挂在耳轴上,托圈的扭曲变形不会影响齿轮副的正常啮合。柔性抗扭缓冲装置的采用,使传动平稳,有效地减小了机构的动载荷和冲击力。但是全悬挂机构进一步增加了耳轴轴承的负担,啮合点增加,结构复杂,加工和调整要求也较高。新建大、中型转炉采用悬挂式的比较多。

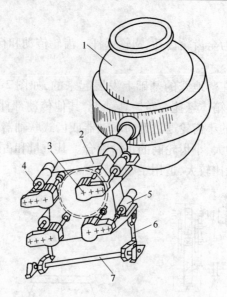

图 2-23　悬挂式倾动机构

1—转炉;2—齿轮箱;3—三级减速器;4—联轴节;
5—电动机;6—连杆;7—缓振抗扭轴

2.4　电弧炉炼钢车间

2.4.1　电弧炉炼钢车间组成

　　电弧炉炼钢车间的组成大致可分为两部分。一部分是主生产系统,完成配料、熔炼、精炼、浇注与钢锭(坯)精整等工艺流程上的主要工序;另一部分是辅助生产系统,为保障主生产系统的顺利进行,完成原材料与备品、备件的存储、炉衬和炉盖耐火材料的修砌、炉渣的处理以及其他辅助工序。这两个部分不是截然分开,而是有机地结合在一起,协调组成一个完整的车间。上述各工序都是在车间内各跨间进行的,不一定每一个工序单独设立一个跨间,设计时可以根据工艺流程的具体要求,将几个工序合并在一个跨间内进行。设计原则应是:工艺流程合理,原料和成品运输通畅,运输线路短,布置紧凑,生产方便。一般应设原料跨、炉子跨、精炼与浇注跨、出坯精整跨等。

　　完整的电弧炉炼钢车间应包括:

　　(1)炼钢主厂房(炉子跨、原料跨、精炼及浇注跨等);

　　(2)废钢料堆场及配料间(包括废钢处理设施);

　　(3)铁合金与散状料间;

　　(4)钢锭(坯)检验与精整跨间;

　　(5)合格钢锭(坯)存放场地;

　　(6)中间渣场;

　　(7)机电维修间;

　　(8)快速分析室;

　　(9)炉衬制作与修理场地;

（10）车间变、配电室；

（11）耐火材料库；

（12）备品、备件库；

（13）水处理设施；

（14）烟气净化设施

（15）车间管理及生活服务设施；

（16）各种气体(氧、氮、氩、压缩空气、蒸汽)和燃料(燃气)的供给与生产间(一般应由全厂统一管理)。

2.4.2 电弧炉炼钢车间的工艺布置

2.4.2.1 原料跨

在原料跨内布置炼钢用的各种原料，如废钢块，铁合金，各种造渣材料，石灰，萤石等。通常把原料跨单独布置在一个跨间内，与炉子跨毗邻，平行布置或垂直布置，其大小应能保证储存冶炼所需的各种原料以及留出运输所需的空间。各种原料应分类放置。

2.4.2.2 炉子跨

在炉子跨内安装炉子设备和进行冶炼操作。

A 电弧炉在车间的平面布置

（1）电弧炉纵向布置。电弧炉的出钢方向与车间纵向柱列线相平行，见图2-24(a)。这种形式一般是把冶炼和浇注布置在同一跨间内。

（2）电弧炉横向布置。电弧炉的出钢方向与车间纵向柱列线相垂直，见图2-24(b)。当冶炼和浇注分别在两跨进行时，宜采用横向布置。

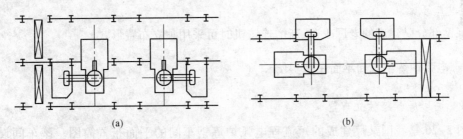

(a)   (b)

图2-24 电弧炉在车间的平面布置类型

(a) 横向布置；(b) 纵向布置

B 电弧炉在车间的立面布置

（1）低架式布置。电弧炉布置在地平面，出钢在出钢坑内进行，操作在地平面上进行，如图2-25所示。其优点为简单、厂房标高低，但出钢条件差。这种布置是较早的小型电弧炉的布置形式，新建厂极少采用。

（2）高架式布置。电弧炉布置在高架操作平台上，出钢采用炉底出钢车在地面出钢。其优点是劳动条件好，厂房标高高。大型炉子和新建炉子采用较多。

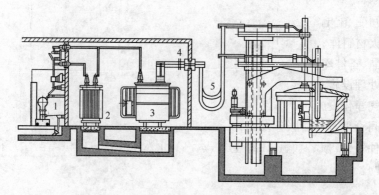

图 2-25　低架式布置的小型电弧炉变压器室
1—高压控制柜(包括高压断路器、初级电流互感器与隔离开关);
2—电抗器;3—电弧炉变压器;4—次级电流互感器;5—短网

2.4.2.3　浇注跨

现代电炉车间一般都采用连铸,所以这里只讨论连铸在跨间的布置。连铸机在电弧炉车间的布置一般有以下三种形式。

A　纵向布置

纵向布置是指连铸机布置在电弧炉车间内的浇注跨内、出坯方向与车间平行的布置形式。这种布置跨间少,钢水运输距离短,周转环节少,适用于连铸机较少的车间。

B　横向布置

横向布置方式,连铸机与电弧炉布置在多跨的厂房内,连铸部分通常由钢水接收跨、浇注跨、出坯跨、精整跨组成,出坯方向与跨间垂直。横向布置方式可容纳多台电弧炉和连铸机,车间生产能力大。

C　独立设置

炼钢部分已建成的老厂改造、新增连铸机时可采用独立布置形式。

2.4.3　电弧炉炼钢车间平面布置实例

A　主厂房各跨独立布置

图 2-26 是我国某厂建成的短流程电弧炉炼钢车间的平面布置简图。该车间设置有 150 t 超高功率、偏心炉底出钢的电弧炉一台,电弧炉初炼钢水经 LF 炉精炼、VD 处理和喂线处理等手段,最后连铸(圆坯连铸),设计年生产能力为 60 万吨管坯。

该车间电弧炉、精炼、连铸分别占有单独的跨间,连铸成品入管坯库并与轧管车间毗邻,直接转入下一道工序。炉子跨间与精炼跨间相垂直,在电弧炉区采取隔音措施以减小其他工作区的噪声。

电弧炉为 UHP 功率水平(变压器容量为 90/100 MV·A),此外还采用如下技术:第四孔烟气直接排出,用于废钢预热;油-氧枪助熔;渣料、合金料均储存于高位料仓,通过炉顶第五孔入炉或在出钢过程中加入钢包;炉体为管式水冷炉盖、水冷炉壁,炉壁与炉体下部为分离式,便于炉壁与炉底分别吊装。

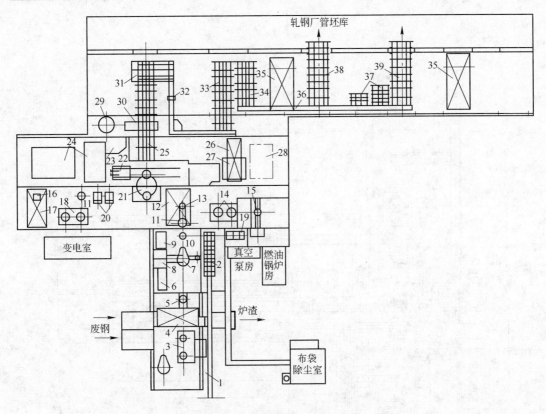

图 2-26　主厂房各跨独立布置图

1—斜桥皮带机;2—散状原料高位料仓;3—废钢预热装置;4—210/22-9-5 t 吊车;5—50 t 渣罐车;6—电炉操作室;
7—150 t 超高功率电炉;8—电炉变压器室;9—电极接长室;10—炉后附加合金漏斗;11—立式钢包烘烤;
12—260/60 t 吊车;13—260 t 钢包车;14—150 t VD 真空处理装置;15—150 t 钢包炉;16—钢包拆衬装置;
17—100/32 t 吊车;18—钢包修砌坑;19—铁合金高位料仓;20—卧式钢包烘烤器;21—钢包回转台;
22—中间包小车;23—连铸操作室;24—中间包修砌区;25—拉矫机;26—50/10 t 吊车;27—结晶器及
扇形段对中存放区;28—结晶器及扇形段维修区;29—铁皮沉淀池;30—火焰切割装置;
31—横移输送台;32—高压水除鳞装置;33—1 号步进式冷床;34—2 号步进式冷床;
35—25 t 磁盘吊车;36,37—冷检线Ⅰ和Ⅱ;38,39—输送台

B　主厂房同跨布置

图 2-27 所示也是一座短流程电弧炉车间的工艺布置。与图 2-26 所不同的是,电弧炉、精炼、连铸不是分别占有单独跨间,而是三者同处于一个跨间。这种布置便于重型吊车集中布置。电弧炉在跨间内纵向布置,其他设备按生产流程依次布置。散状料加料系统需另设与电弧炉靠近的建筑物。

C　主厂房多跨并列布置

图 2-28 所示是又一种短流程电弧炉车间的工艺布置,即多跨并列布置。炉子跨、原料跨、精炼与钢包转运跨、连铸及以后各跨间,依次并列布置且毗邻。炉子横向布置,炉下钢水罐车从炉子下面经原料跨开入精炼跨。这种布置形式物料流互不干扰,生产条件好,且便于以后发展,故采用较多。

而前两种布置只适用于设置一座 HP 或 UHP 电弧炉。它们的优点是布置紧凑,厂房面积小,投资省,许多情况下并不需要考虑以后增设炉子。

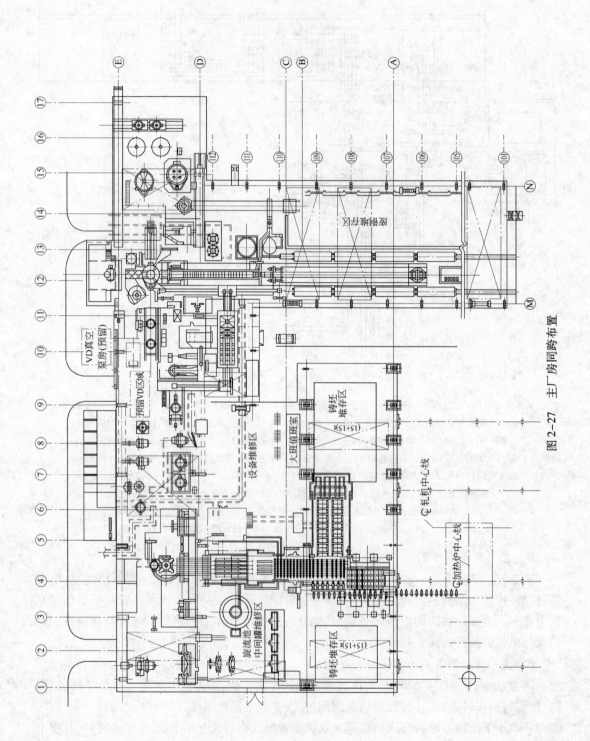

图 2-27　主厂房同跨布置

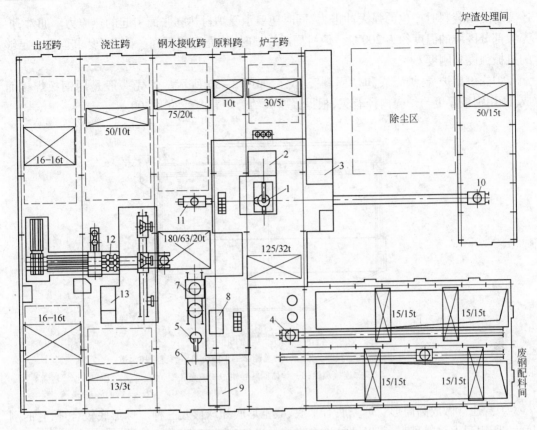

图 2-28　主厂房多跨并列布置

1—100 t 电弧炉;2—电炉变压器;3—电炉操作室;4—料篮车;5—LF 钢包加热精炼装置;6—LF 变压器室;
7—VD 钢包真空脱气装置;8—VD 操作室;9—LF 操作室;10—渣罐车;11—钢包车;
12—四机四流方坯连铸;13—主控室

2.5　电弧炉炉体系统

2.5.1　电弧炉的炉体构造

电弧炉的炉体构造主要是由冶炼工艺决定的,同时又与电弧炉的容量、功率水平和装备水平有关,基本结构如图 2-29 所示。

炉体是电弧炉最主要的装置。它用来熔化炉料和进行各种冶金反应。电弧炉炉体由金属构件和耐火材料砌筑成的炉衬两部分组成。

2.5.1.1　炉体的金属构件

炉体的金属构件包括炉壳、炉门、炉盖圈、出钢口和出钢槽、电极密封圈等。

A　炉壳

炉壳是由不同厚度的钢板焊接而成的金属壳体。炉壳除了承受炉衬和炉料的全部重量外,

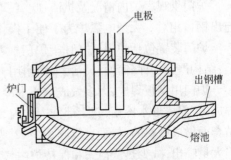

图 2-29　电弧炉炉体构造

还要承受顶装料时产生的强大冲击力,同时还要承受炉衬热膨胀而引起的热应力。通常,炉壳大部分区域的温度约为 200℃。炉衬局部烧损时,炉壳温度更高。因此,要求炉壳有足够的机械强度和刚度。

炉壳包括炉身、炉壳底和加固圈三部分,如图 2-30 所示。炉壳一般是用钢板焊接而成,所用钢板厚度与炉壳内径有关,根据经验大约为炉壳内径的 1/200。

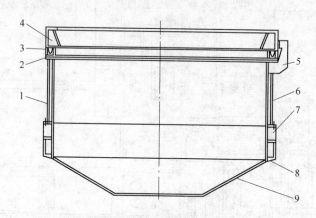

图 2-30　炉壳、炉盖圈简图

1—炉身;2—加固圈;3—凸圈;4—炉盖圈;5—止挡块;6—炉身冷却水道;
7—连接螺栓;8—炉体回转导轨;9—炉壳底

炉身通常做成圆筒形。炉壳底有平底、截锥形底和球形底三种。球形底较合理,它的刚度大,所用耐火材料最少,所以国外许多大型电弧炉都采用球形底;但球形底制造比较困难,成本高。截锥形底虽然刚度比球形底差,但较易制造,所以目前应用仍较普遍。平底最易制造,但刚度较差、易变形,砌筑时耐火材料消耗较大,已很少采用。炉壳上沿的加固圈用钢板或型钢焊成,在大、中型电弧炉上都采用中间通水冷却的加固圈。有的电弧炉在渣线以上的炉壳均通水冷却,使炉壳变成一个夹层水冷却壳。在加固圈上部有一个砂封槽,使炉盖圈插入槽内,并填以镁砂使之密封。为了防止炉子倾动时炉盖滑落,炉壳上安装阻挡用的螺栓或挡板。

当炉底装有电磁搅拌装置时,炉壳底部钢板应采用非磁性耐热不锈钢或弱磁性钢。

在炉壳钢板上钻有许多分布均匀的透气小孔,以排除烘烤时的水分。

B　炉门

炉门供观察炉内情况及扒渣、吹氧、取样、测温、加料等操作使用。通常只设一个炉门,与出钢口相对。大型电弧炉为了便于操作,常增设一个侧门,两个炉门的位置互成 90°。

炉门装置包括炉门、炉门框、炉门槛及炉门升降机构,如图 2-31 所示。对炉门的要求是:结构严密,升降简便、灵活、牢固耐用,各部件便于装卸。

炉门用钢板焊成,大多做成空心水冷式,这样可以改善炉前工作环境。炉门框是用钢板焊成的"∏"形水冷箱,其上部伸入炉内,用以支承炉门上部的炉墙。炉门框的前壁与炉门贴合面做成倾斜的,与垂直线成 8°~12°夹角,以保证炉门与炉门框贴紧,防止高温炉气、火焰大量喷出,减少热量损失和保持炉内气氛;同时,在炉门升降时还可起到导向作用,防止炉门摆动。炉门槛固定在炉壳上,上面砌有耐火材料,供出渣使用。

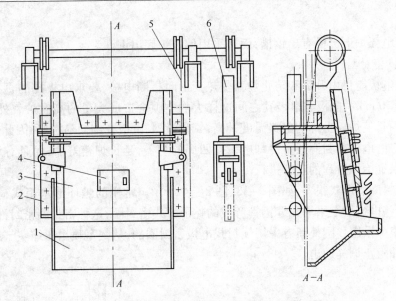

图 2-31 炉门结构
1—炉门槛;2—"Π"形焊接水冷炉门框;3—炉门;4—窥视孔;5—链条;6—升降机构

炉门升降机构有手动、气动、电动和液压传动等几种方式。3 t 以下的小炉子一般采用手动升降机构,它是利用杠杆原理进行工作的。气动的炉门升降机构,其炉门悬挂在链轮上,压缩空气通入气缸带动链轮转动而打开炉门,在要关闭时将压缩空气放出,炉门依靠自重下降而关闭。电动和液压传动的炉门升降机构比气动的炉门构造复杂,但能使炉门停在任一中间位置,而不限于全开、全闭两个极限位置,有利于操作并可减少热损失。

C 炉盖圈

炉盖圈用钢板焊成,用来支承炉盖耐火材料。为了防止变形,炉盖圈应通水冷却。水冷炉盖圈的截面形状通常分为垂直形和倾斜形两种。倾斜形内壁的倾斜角为 22.5°,这样可以不用拱脚砖,如图 2-32 所示。

炉盖圈的外径尺寸应比炉壳外径稍大些,以使炉盖全部重量支承在炉壳上部的加固圈上,而不是压在炉墙上。炉盖圈与炉壳之间必须有良好的密封,否则高温炉气会逸出,不仅增加炉子的热损失,使冶炼时造渣困难,而且容易烧坏炉壳上部和炉盖圈。在炉盖圈外沿下部设有刀口,使炉盖圈能很好地插入到加固圈的砂封槽内。

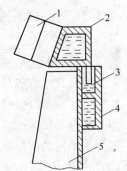

图 2-32 倾斜形炉盖圈图
1—炉盖;2—炉盖圈;3—砂封槽;
4—水冷加固圈;5—炉壁

D 出钢口和出钢槽

出钢口正对炉门,位于液面上方。出钢口直径约为 120~200 mm,冶炼过程中用镁砂或碎石灰块堵塞,出钢时用钢钎将口打开。

出钢槽由钢板和角钢焊成,固定在炉壳上,槽内砌有大块耐火砖。目前大多数炼钢厂的出钢槽采用预制整块的流钢槽砖砌成,使用寿命长,拆装也方便。出钢槽的长度在保证顺利出钢的情况下,应尽可能短些,以减少出钢时钢液的二次氧化和气体的吸收。为了防止出钢口打开后钢水自动流出及减少出钢时对钢包衬壁的冲刷作用,出钢槽与水平面成 8°~12°

的倾角。

在现代电弧炉上已没有出钢槽,而是采用偏心炉底出钢。

E　电极密封圈

为了使电极能自由升降和防止炉盖受热变形时折断电极,要求电极孔的直径比电极的直径大 40 ~ 50 mm。电极与电极孔之间这样大的空隙会造成大量的高温炉气外逸,不仅增加热损失,而且使炉盖上部的电极温度升高,氧化激烈,电极变细而易折断,因此应采用电极密封圈。此外,电极密封圈还可冷却电极孔四周的炉盖,延长炉盖寿命,而且有利于保持炉内的气氛,保证冶炼过程的正常进行。

电极密封圈的形式很多,如图 2-33、图 2-34 所示。常用的是环形水箱式,它是由钢板焊成的。有些电弧炉上采用无缝钢管弯成的蛇形管式密封圈,这种密封圈密封性差、易被烧坏,现在已很少采用。国外尚有采用气封式电极密封圈的,从气室喷出压缩空气或惰性气体冷却电极,并阻止烟气逸出。

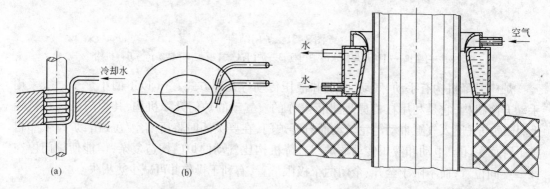

图 2-33　蛇形管式和环形水箱式电极密封圈　　　　　图 2-34　气封式电极密封圈
(a) 蛇形管式;(b) 环形水箱式

为避免密封圈内形成闭合磁路而产生涡流,大型电弧炉的密封圈用无磁性耐热钢板制作。密封圈及其水管应与炉盖圈或金属水冷却盖绝缘,以免导电起弧使密封圈击穿。

2.5.1.2　电弧炉炉衬

炉衬指电弧炉熔炼室的内衬,包括炉底、炉壁和炉盖三部分。炉衬的质量和寿命直接影响电弧炉的生产率、钢的质量和成本。

炉衬所用的耐火材料有碱性和酸性两种。目前绝大多数电弧炉采用碱性炉衬,其结构如图 2-35 所示。

2.5.2　电弧炉的机械设备

2.5.2.1　电极夹持器

电极夹持器的作用是夹紧电极,并将电流传导给电极,在需要接放电极时可方便地松开。电极夹持器由夹头、横臂和夹紧与松放机构等组成。

电极夹头可用钢和铜制作,制造方法可以采用铸

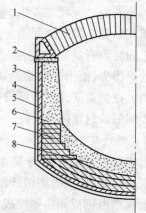

图 2-35　碱性电弧炉炉衬
1—高铝砖;2—填充物(镁砂);3—钢板;
4—石棉板;5—黏土砖;6—镁砂打结炉壁;
7—镁砖永久层;8—镁砂打结炉底

造法,也可以采用焊接法。大部分夹头是铜铸件,中间铸有钢管通水冷却。有些夹头用无磁性钢制作,以得到较高的强度。普通钢板焊接的夹头虽然成本低,但电损增高。铬青铜因其强度高而电导率又可达纯铜的70%,已被广泛地用作制造电极夹头。电极夹头和电极接触表面需加工良好,接触不良或有凹坑可能引起打弧而使夹头烧坏。

电极夹头固定在横臂上,横臂用钢管制成,或用型钢和钢板焊成矩形断面梁,并附有加强筋。在较大的炉子上,横臂采用水冷。在传送极大电流的超高功率电炉上,中间相的横臂(包括立柱的上半部分)有时用奥氏体不锈钢制作,其目的是为了减少电磁感应发热。横臂上还设置了与夹头相连的导电铜管,铜管内部通以冷却水,对导电铜管和电极夹头进行冷却。导电铜管和电极夹头必须与横臂中不带电的机械结构部分保持良好的绝缘。横臂的结构还要保证电极和夹头位置在水平方向能做一定的调整。近年来,在超高功率电弧炉上出现了一种新型横臂,称为导电横臂。它是由铜钢复合板或铝钢复合板制成的,断面形状为矩形,内部通水冷却,取消了水冷导电铜管、电极夹头与横臂之间众多的绝缘环节,使横臂结构大为简化,减少了维修工作量,并减少了电能损耗,向炉内输送的功率也可增加。

电极在夹头中靠夹紧机构夹住。夹紧机构有钳式、楔式、螺旋压紧式和气动弹簧式多种形式,现在广泛采用的是气动弹簧式。它利用受压缩螺旋弹簧的张力夹紧电极,利用压缩空气通过杠杆机构将弹簧反方向压缩而松开电极。也可利用液压传动代替气动传动,其工作原理与气动相同。弹簧夹紧式的特点是操作简便,劳动强度小。

2.5.2.2 电极升降机构

A 电极升降的类型

电极升降机构按横臂与立柱结构的不同,可分为固定立柱式(也称升降小车式)和活动立柱式两种类型,如图2-36所示。

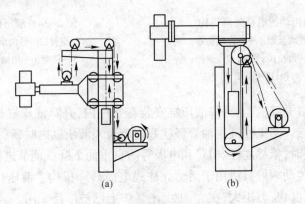

图2-36 电极升降机构类型
(a)固定立柱式;(b)活动立柱式

a 固定立柱式

三根立柱下端固定于旋转平台或摇架上,顶端用横梁连接以增加刚性,横臂一端装有4个或8个滚轮,相当于一个升降小车,沿立柱上下升降,滚轮沿立柱上导轨滚动。其特点是结构简单,升降重量轻,适用于小吨位电炉。

b 活动立柱式

横臂和立柱连接成一个"┌"形支架,立柱插入在固定的框架内,框架固定在炉体的摇架上,框架内装有2组导向滚轮,活动立柱沿滚轮上下升降。这种形式的特点是,有相同的电极升降行程,整个炉子的高度较小,便于电极夹持器的合理布置,适合采用各种传动方式。其缺点是活动立柱升降的重量大,所需的升降功率及惯性也大。

　　B　电极升降机构的传动方式

　　电极升降机构有电动和液压传动两种方式,如图2-37和图2-38所示。电动传动的电极升降机构,通常用电动机通过减速机拖动齿轮条或卷扬筒、钢丝绳,从而驱动立柱、横臂和电极升降。为减少电动机的功率,常用平衡锤来平衡电极横臂和立柱自重。电动传动既可用于固定立柱式,也可用于活动立柱式。目前,国内采用交流电动机调节器取代直流电动机调节器,交流变频调速的应用也日趋广泛。

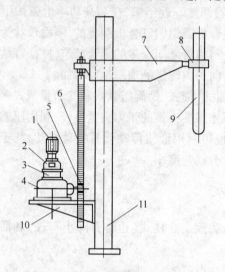

图2-37　电动传动的电极升降机构

1—电动机;2—转差离合器;3—电磁制动器;
4—齿轮减速箱;5—齿轮;6—齿条;7—横臂;
8—电极夹持器;9—电极;10—支架;11—立柱

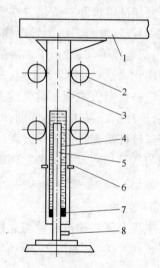

图2-38　液压传动的电极升降机构

1—横臂;2—导向滚轮;3—立柱;4—液压缸;
5—柱塞;6—销轴;7—密封装置;8—油管

　　液压传动的电极升降机构,升降液压缸安装在立柱内,升降液压缸是一柱塞缸,缸的顶端用柱销与立柱铰接。当工作液由油管经柱塞内腔通入液压缸内时,就将立柱、横臂和电极一起升起;油管放液时,依靠立柱、横臂和电极等的自重而下降。调节进出油的流速,就可调节升降速度。液压传动一般只适用于活动立柱式电极升降机构。液压传动系统的惯性小,启动、制动和升降速度快,力矩大,在大、中型电弧炉上已被广泛采用。

　　2.5.2.3　炉体倾动机构

　　电弧炉的倾动机构,应能使炉体向出钢口方向倾动40°~45°,向炉门方向倾动10°~15°。倾动速度为每秒0.5°~1.0°,随炉子容量的加大而减慢。倾动时,应平稳可靠,停位准确,无翻炉危险。出钢时,出钢槽终端在水平方向和垂直方向的位移要小,以免钢包前后、上下移动距离较大。倾动机构的布置要安全,当炉底烧穿漏钢或扒渣溢渣时,不影响倾动机构的正常运转。

　　炉体倾动机构可分为侧倾和底倾两种类型,侧倾类型已极少采用。具有底倾机构的炉子要装在专门的扇形摇架上,根据扇形摇架的支承形式,又大致分为扇形摇架支承在两对大托轮(或称辊轮)上的和支承在水平底座上的两类。

A 侧倾机构

倾动时摇架沿托轮滚动,出钢槽末端的轨迹是圆弧,如图 2-39 所示。这种机构采用电机传动,电动机经减速器带动传动齿轮,传动齿轮带动扇形齿轮,扇形齿轮带动摇架,整个炉子随摇架倾动。

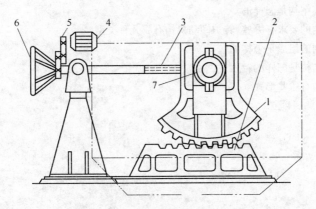

图 2-39 侧倾机构简图

1—扇形齿轮;2—水平齿座;3—螺杆;4—电动机;5—减速齿轮;6—操纵轮;7—螺母

侧倾机构的优点是稳定性好;缺点是构造庞大,倾动时出钢槽末端水平位移大且向炉子下方位移,钢包需做相应调整。这种机构适用于冶炼和浇注在同一跨间的情况。其传动设备都在炉底下,当炉底漏钢时机构容易被损坏,需注意防护。

B 底倾机构

倾动时摇架的扇形板沿底座滚动,出钢槽末端的轨迹是摆线。这种形式的倾动机构可采用液压传动,也可采用丝杆或齿条传动,如图 2-40、图 2-41 所示。液压传动较平稳可靠,液压底倾机构在倾动时,工作液进入液压缸,液压柱塞杆推动摇架沿水平底座滚动,带动炉体倾动。为防止摇架和水平底座发生相对滑动,在它们的接触面上分别加工一排孔(导钉孔)和与之配合的凸出物(导钉)。

这种倾动机构出钢时,钢槽末端向前移动且水平位移小,适于冶炼和浇注分别在两个跨间的情况,而且制造和安装都较方便,应用较多。

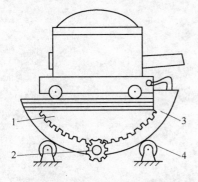

图 2-40 底倾机构简图

1—扇形齿轮;2—传动齿轮;3—扇形板;4—托轮

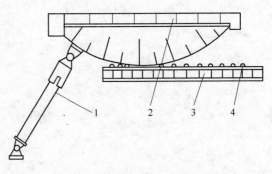

图 2-41 液压底倾机构示意图

1—油缸;2—摇架;3—底座;4—导钉

复习思考题

2-1　氧气转炉车间包括哪些系统？

2-2　氧气转炉的炉体结构是怎样的？

2-3　对转炉倾动机构的要求有哪些，转炉倾动机构有哪几种类型？

2-4　电弧炉炼钢车间的组成是怎样的？

2-5　电弧炉的炉体结构是怎样的？

2-6　电弧炉倾动机构有哪些形式？

3 炼钢主原料与装料

所谓装料,是指将炼钢所用的钢铁炉料装入炉内的工艺操作。不同的炼钢方法所用原料不同,装料的方法和要求也有所不同。炼钢用原材料一般分为主原料、辅原料和各种铁合金。

3.1 转炉炼钢主原料

氧气顶吹转炉炼钢用的主原料主要为铁水,其次还配用部分废钢。辅原料主要指造渣材料、氧化剂、冷却剂和增碳剂等。

3.1.1 铁水

铁水一般占转炉装入量的70%~100%。铁水的物理热与化学热是氧气顶吹转炉炼钢的基本热源,因此,对入炉铁水的温度和化学成分必须有一定要求。

3.1.1.1 铁水的温度

铁水温度的高低是带入转炉物理热多少的标志,铁水物理热约占转炉热收入的50%。因此,铁水的温度不能过低,否则热量不足,影响熔池的温升速度和元素氧化过程,也影响化渣和去除杂质效果,还容易导致喷溅。我国规定,入炉铁水温度应高于1250℃,以利于转炉热行、成渣迅速、减少喷溅。采用小型转炉和化学热量不富裕的铁水时,保证铁水的高温入炉极为重要。

转炉炼钢时入炉铁水的温度还要相对稳定,如果相邻几炉的铁水入炉温度有大幅度变化,就需要在炉与炉之间对废钢比做较大的调整,这都会给生产管理和冶炼操作带来不利影响。

3.1.1.2 铁水的化学成分

氧气顶吹转炉能够将各种成分的铁水冶炼成钢,但只有铁水中各元素的含量适当和稳定,才能保证转炉的正常冶炼和获得良好的技术经济指标,因此应力求提供成分适当并稳定的铁水。表3-1所示是我国行业标准规定的炼钢用生铁化学成分,表3-2所示是我国一些钢厂用铁水成分。

A 硅(Si)

硅是炼钢过程的重要发热元素之一,硅含量高,热来源增多,能够提高废钢比。有关资料认为,铁水中$w[Si]$每增加0.1%,废钢比可提高1.3%。铁水硅含量视具体情况而定,例如美国,由于废钢资源多,所以大多数厂家使用的铁水中$w[Si]=0.80%~1.05%$。

硅氧化生成的SiO_2是炉渣的主要酸性成分,因此铁水硅含量是石灰消耗量的决定因素。

目前我国的废钢资源有限,铁水中以$w[Si]=0.50%~0.80%$为宜。通常大、中型转炉用铁水,硅含量可以偏下限;而对于热量不富余的小型转炉铁水,硅含量可以偏上限。过

表 3-1　炼钢用生铁化学成分标准（YB/T 5296—2006）

牌　号		L04	L08	L10
化学成分/%	C	≥3.50		
	Si	≤0.45	>0.45~0.85	>0.85~1.25
	Mn 一组	≤0.40		
	Mn 二组	>0.40~1.00		
	Mn 三组	>1.00~2.00		
	P 特级	≤0.100		
	P 一级	>0.100~0.150		
	P 二级	>0.150~0.250		
	P 三级	>0.250~0.400		
	S 特类	≤0.020		
	S 一类	>0.020~0.030		
	S 二类	>0.030~0.050		
	S 三类	>0.050~0.070		

注：各牌号生铁碳含量，均不作为报废依据。

表 3-2　我国一些钢厂用铁水成分

厂　家	化学成分/%					入炉温度/℃
	Si	Mn	P	S	V	
首　钢	0.20~0.40	0.40~0.50	≤0.10	<0.050		1310
鞍钢三炼	0.52	0.45	(≤0.10)[①]	0.013		(>1250)[①]
武钢二炼	0.67	≤0.30	≤0.015	0.024		1220~1310
包　钢	0.72	1.73	0.580	0.047		>1200
攀　钢	0.064		0.052	0.050	0.323	
宝　钢	0.40~0.80	≥0.40	≤0.120		≤0.040	

① 厂家规定值。

高的硅含量会给冶炼带来不良后果，主要有以下几个方面：

（1）增加渣料消耗，渣量大。铁水中 $w[Si]$ 每增加 0.1%，每吨铁水就需多加 6 kg 左右的石灰。有人做过统计，当铁水中 $w[Si]$ = 0.55%~0.65% 时，渣量约占装入量的 12%；当铁水中 $w[Si]$ = 0.95%~1.05% 时，渣量则为 15%。过大的渣量容易引起喷溅，喷溅会带走热量并加大金属损失。

（2）加剧对炉衬的冲蚀。据某厂家统计，当铁水中 $w[Si]$ > 0.8% 时，炉龄有下降的趋势。

（3）降低成渣速度，并使吹损增加。初期渣中 $w(SiO_2)$ 超过一定数值时，影响石灰的渣化，从而影响成渣速度，也就影响了 P、S 的脱除，延长了冶炼时间，使铁水吹损加大，也使氧气消耗增加。

此外，对含 V、Ti 铁水提取钒时，为了得到高品位的钒渣，要求铁水硅含量低些。

B 锰（Mn）

锰是弱发热元素,铁水中锰氧化后形成的 MnO 能有效地促进石灰溶解,加快成渣,减少助熔剂的用量和减轻炉衬侵蚀;减少氧枪粘钢,终点钢中余锰含量高,能够减少合金用量,利于提高金属收得率;锰在降低钢水硫含量和硫的危害方面起到有利作用。但是高炉冶炼锰含量高的铁水时,将使焦炭用量增加,生产率降低。因此,目前对转炉用铁水锰含量的要求仍存在着争议,又由于我国锰矿资源不多,对转炉用铁水的锰含量未做强行规定。实践证明,铁水中锰硅比的比值为 0.80 ~ 1.00 时对转炉的冶炼操作控制最为有利。当前使用较多的为低锰铁水,一般铁水中 $w[Mn] = 0.20\% ~ 0.40\%$。

C 磷（P）

磷是强发热元素,会使钢产生"冷脆"现象,通常是冶炼过程要去除的有害元素。磷在高炉中是不可去除的,因而要求进入转炉的铁水磷含量尽可能稳定。铁水中的磷来源于铁矿石,根据磷含量的多少,铁水可以分为如下三类:

（1）$w[P] < 0.30\%$,为低磷铁水;（2）$w[P] = 0.30\% ~ 1.00\%$,为中磷铁水;（3）$w[P] > 1.50\%$,为高磷铁水。

氧气顶吹转炉的脱磷效率在 85% ~95% 之间,铁水中磷含量越低,转炉工艺操作越简化,越有利于提高各项技术经济指标。吹炼低磷铁水,转炉可采用单渣操作;中磷铁水则需采用双渣或双渣留渣操作;而高磷铁水就要多次造渣或采用喷吹石灰粉工艺。如使用 $w[P] > 1.50\%$ 的铁水炼钢时,炉渣可以用作磷肥。

为了均衡转炉操作,便于自动控制,应采用炉外铁水预处理脱磷,以达到精料要求。国外对铁水预处理脱磷的研究非常活跃,日本尤其突出,其五大钢铁公司的铁水在入转炉前都进行了脱硅、脱磷、脱硫的三脱处理。

另外,对少数钢种,如高磷薄板钢、易切钢、炮弹钢等,还必须配加合金元素磷,以达到钢种规格的要求。

D 硫（S）

除了含硫易切钢（要求 $w[S] = 0.08\% ~ 0.30\%$）以外,对于绝大多数钢来说,硫是有害元素。转炉中的硫主要来自金属料和熔剂材料等,而其中铁水中的硫是主要来源。在转炉内氧化性气氛中,脱硫是有限的,脱硫率只有 35% ~ 40%。

近些年来,由于对低硫（$w[S] < 0.01\%$）优质钢的需求量急剧增长,因此用于转炉炼钢的铁水要求 $w[S] < 0.02\%$,有的甚至要求更低些。这种铁水很少,为此必须进行预处理,降低入炉铁水硫含量。

3.1.1.3 铁水除渣

铁水带来的高炉渣中 SiO_2 含量较高,若随铁水进入转炉会导致石灰消耗量增多、渣量增大、喷溅加剧、损坏炉衬、降低金属收得率、损失热量等。为此,铁水在入转炉之前应扒渣。铁水带渣量要求低于 0.50%。

3.1.2 废钢

废钢是氧气顶吹转炉炼钢的主原料之一,是冷却效果稳定的冷却剂,通常占装入量的 30% 以下。适当地增加废钢比,可以降低转炉原料消耗和成本。

废钢按来源可分类如下：

$$
废钢
\begin{cases}
本厂废钢
\begin{cases}
返回料（废钢锭、轧钢切头等）\\
回收料（加工废料、报废设备等）
\end{cases}\\
外购废钢
\begin{cases}
加工工业的废料（机械、造船、汽车等行业的废钢、车削等）\\
钢铁制品报废件（船舶、车辆、机械设备、土建材料等）
\end{cases}
\end{cases}
$$

废钢来源复杂，质量差异大。其中，以本厂返回料或者某些专业性工厂返回料的质量为最好，成分比较清楚，性质波动小，给冶炼过程带来的不稳定因素少。外购废钢则成分复杂、质量波动大，需要适当加工和严格管理。一般可以根据成分、重量把废钢按质量分级，把优质废钢和劣质废钢区分开来。在转炉配料时，应按成分或冶炼需要把优质废钢集中使用或搭配使用，以提高废钢的使用价值。

废钢质量对转炉冶炼技术经济指标有明显影响，从合理使用和冶炼工艺出发，对废钢的要求是：

（1）不同性质废钢应分类存放，以避免贵重合金元素损失或造成熔炼废品。

（2）废钢入炉前应仔细检查，严防混入封闭器皿、爆炸物和毒品；严防混入易残留于钢水中的某些元素，如铅、锌等有色金属（铅密度大，能够沉入砖缝危害炉底）。

（3）废钢应清洁干燥，尽量避免带入泥土、沙石、耐火材料和炉渣等杂质。

（4）废钢应具有合适的外形尺寸和单重。轻薄料应打包或压块使用，以保证废钢密度；重废钢应能顺利装炉并且不撞伤炉衬，必须保证废钢在吹炼期全部熔化。如使用大型废钢，则在整个吹炼过程中不会全部熔化，这是造成出钢量波动和炉内温度与成分不均匀的原因；在装入大型废钢时，对炉体衬砖有很大的冲击力，会降低转炉装料侧的使用寿命。重型废钢需破碎加工，合乎要求后再入转炉。大量使用轻型废钢时，会使废钢覆盖住熔池液面而不易开氧点火（推迟着火时间）。各厂家可根据自己的生产情况对入炉废钢的外形尺寸、单重做出具体规定，如首钢 30 t 转炉规定，废钢最大边长不大于 500 mm，最大面积不大于 0.21 m²，最大单重小于 200 kg；再如，宝钢 300 t 转炉规定，入炉废钢最大边长不大于 2000 mm，最大单重为 2.0 t 左右。

在铁水供应严重不足或废钢资源过剩的某些国外钢厂，为了大幅度增加转炉废钢比，广泛采用如下技术措施：

（1）在转炉内用氧 – 天然气或氧 – 油烧嘴预热废钢，这种方法可将废钢比提高到 30%~40%；

（2）使用焦炭和煤粉等固态辅助燃料，用这种方法可将废钢比提高到 40% 左右；

（3）使用从初轧返回的热切头废钢；

（4）在吹氧期的大部分时间里使用双流道氧枪进行废气的二次燃烧，它与兑铁水前预热废钢相比耗费时间缩短，冶炼的技术经济指标改善，是比较有前途的增加废钢比的方法。

3.1.3　生铁块

生铁块也称冷铁，是铁锭、废铸件、罐底铁和出铁沟铁的总称，其成分与铁水相近，但没有显热。它的冷却效应比废钢低，同时还需要配加适量石灰渣料。有的厂家将废钢与生铁块搭配使用。

3.2 转炉炼钢原料供应系统

3.2.1 铁水供应系统

3.2.1.1 铁水供应的方式

铁水是转炉炼钢的主要原料。按所供铁水来源的不同,可分为化铁炉铁水和高炉铁水两种。由于化铁炉需二次化铁,能耗与熔损较大,已被国家明令淘汰。

高炉向转炉供应铁水的方式有:铁水罐车、混铁炉、混铁车、"一罐到底"供应等。

A 铁水罐车供应铁水

高炉铁水流入铁水罐后,运进转炉车间;转炉需要铁水时,将铁水倒入转炉车间的铁水包,经称量后用铁水吊车兑入转炉,其工艺流程为:高炉→铁水罐车→前翻支柱→铁水包→称量→转炉。

铁水罐车供应铁水的特点是设备简单,投资少。但是铁水在运输及待装过程中热损失严重,用同一罐铁水炼几炉钢时,前后炉次的铁水温度波动较大,不利于操作,而且粘罐现象也较严重;另外,对于不同高炉的铁水、同一座高炉不同出铁炉次的铁水或同一出铁炉次中先后流出的铁水来说,铁水成分都存在差异,采用此方式使兑入转炉的铁水成分波动也较大。

我国采用铁水罐车供铁方式的主要是小型转炉炼钢车间。

B 混铁炉供应铁水

采用混铁炉供应铁水时,高炉铁水罐车由铁路运入转炉车间加料跨,用铁水吊车将铁水兑入混铁炉;当转炉需要铁水时,从混铁炉将铁水倒入转炉车间的铁水包内,经称量后用铁水吊车兑入转炉,其工艺流程为:高炉→铁水罐车→混铁炉→铁水包→称量→兑入转炉。

由于混铁炉具有储存铁水、均匀铁水成分和温度的作用,因此这种供铁方式的铁水成分和温度都比较均匀,特别是对调节高炉与转炉之间铁水的供求平衡有利。

C 混铁车供应铁水

混铁车又称混铁炉型铁水罐车或鱼雷罐车,由铁路机车牵引,兼有运送和储存铁水两种作用。

采用混铁车供应铁水时,高炉铁水出到混铁车内,由铁路将混铁车运到转炉车间倒罐站旁;当转炉需要铁水时,将铁水倒入铁水包,经称量后用铁水吊车兑入转炉,其工艺流程为:高炉→混铁车→铁水包→称量→转炉。

采用混铁车供应铁水的主要特点是:设备和厂房的基建投资以及生产费用比混铁炉低,铁水在运输过程中的热损失少,并能较好地适应大容量转炉的要求,还有利于进行铁水预处理(预脱磷、硫和硅)。但是,混铁车的容量受铁路轨距和弯道曲率半径的限制不宜太大,因此储存和均匀铁水的作用不如混铁炉。这个问题随着高炉铁水成分的稳定和温度波动的减小而逐渐得到解决。近年来,世界上新建大型转炉车间采用混铁车供应铁水的厂家日益增多。

D "一罐到底"供应铁水

近几年,许多钢厂提出了"一罐到底"的铁水供应方法。"一罐到底"是指在炼钢作业中,用同一铁水罐承载铁水完成运输全过程,包括铁水的承接、运输、铁水预处理、转炉兑铁等。"一罐到底"实现后,可取消炼钢过程中混铁炉环节,减少铁水倒罐作业,降低铁水温降,减少铁损;同时,减少翻铁区烟尘排放,缓解除尘压力,改善现场作业环境,减轻烟尘污染,利于实现清洁生产。"一罐到底"的铁水供应方法当然存在着铁水装入量波动大、带渣量大、成分不稳定等不利于冶炼的问题,为此,要加强管理,严格操作,稳定铁水成分和温度;严密组织协调,强化各环节、各工序步骤的统一。

3.2.1.2　混铁炉

混铁炉是高炉和转炉之间的桥梁,具有储存铁水、稳定铁水成分和温度的作用,对调节高炉与转炉之间的供求平衡和组织转炉生产极为有利。

A　混铁炉构造

混铁炉由炉体、炉盖开闭机构和炉体倾动机构三部分组成,如图 3-1 所示。

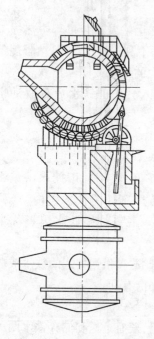

图 3-1　混铁炉构造图

(1)炉体。混铁炉的炉体一般采用短圆柱炉型,其中段为圆柱形,两端端盖近于球面形,炉体长度与圆柱部分外径之比接近 1。炉体包括炉壳、托圈、倒入口、倒出口和炉内砖衬等。炉壳用 20~40 mm 厚的钢板焊接或铆接而成。两个端盖通过螺钉与中间圆柱形主体连接,以便于拆装修炉。炉内耐火砖衬由外向内依次为硅藻土砖、黏土砖和镁砖。在炉体中间的垂直平面内,配置铁水倒入口、倒出口和齿条推杆的凸耳。倒入口中心与垂直轴线成 5°倾角,以便于铁水倒入和混匀;倒出口中心与垂直轴线约成 60°倾角。在工作中,炉壳温度高达 300~400℃,为了避免变形,在圆柱形部分装有两个托圈;同时,炉体的全部重量也通过托圈支承在辊子和轨座上。为了使铁水保温和防止倒出口结瘤,炉体端部与倒出口上部配有煤气、空气管,用火焰加热。

(2)炉盖开闭机构。倒入口和倒出口皆有炉盖。通过地面绞车放出的钢绳绕过炉体上的导向滑轮,独立地驱动炉盖的开闭。因为钢绳引上炉体时,钢绳引入点处的导向滑轮正好布置在炉体倾动的中心线上,所以当炉体倾动时,炉盖状态不受影响。

(3)炉体倾动机构。目前混铁炉普遍采用的一种倾动机构是齿条传动倾动机构。齿条与炉壳凸耳铰接,由小齿轮传动,小齿轮由电动机通过四对圆柱齿轮减速后驱动。

B　混铁炉容量和座数的配置

目前国内混铁炉容量有 300 t、600 t、1300 t,混铁炉容量应与转炉容量相配合。要使铁水保持成分的均匀和温度的稳定,要求铁水在混铁炉中的储存时间为 8~10 h,即混铁炉容量相当于转炉容量的 15~20 倍。

由于转炉冶炼周期短,混铁炉受铁和出铁作业频繁,而混铁炉检修又不能影响转炉的正常生产,因此,一座经常吹炼的转炉配备一座混铁炉较为合适。

3.2.1.3　混铁车

混铁车由罐体、罐体支承机构、倾翻机构和车体等部分组成,如图 3-2 所示。

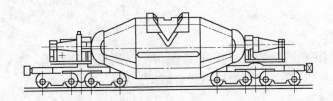

图 3-2　混铁车

罐体是混铁车的主要部分,外壳由钢板焊接而成,内砌耐火砖衬。通常,罐体中部较长一段是圆筒形,两端为截圆锥形,以便从直径较大的中间部位向两端耳轴过渡。罐体中部上方开口,供受铁、出铁、修砌和检查出入之用。罐口上部设有罐口盖保温。

根据国外已有的混铁车,罐体支承机构有两种方式。小于 325 t 的混铁车,其罐体通过耳轴借助普通滑动轴承支承在两端的台车上;325 t 以上的混铁车,其罐体通过支承滚圈借助支承辊支承在两端的台车上。罐体的旋转轴线高于几何轴线约 100 mm 以上,这样罐体无论是空罐或满罐,其重心总能保持在旋转轴线以下。

罐体的倾翻机构通常安装在前面台车上,由电动机、减速机及开式齿轮组成。带动罐体一起转动的大齿轮,安装在传动端的耳轴上。

混铁车的容量根据转炉的吨位确定,一般为转炉吨位的整数倍,并与高炉出铁量相适应。目前,我国使用的混铁车最大公称吨位为 300 t,国外最大公称吨位为 600 t。

3.2.2　废钢供应系统

废钢是作为冷却剂加入转炉的。根据氧气顶吹转炉热平衡计算,废钢的加入量一般为 10% ~ 30%。加入转炉的废钢,最大长度不得大于炉口直径的 1/3,最大截面积要小于炉口面积的 1/7。根据炉子吨位的不同,废钢块单重波动范围为 150 ~ 2000 kg。

3.2.2.1　废钢的加入方式

目前在氧气顶吹转炉车间,向转炉加入废钢的方式有以下两种:

(1) 直接用桥式吊车吊运废钢料槽倒入转炉。这种方法是用普通吊车的主钩和副钩吊起废钢料槽,靠主、副钩的联合动作把废钢加入转炉。这种方式的平台结构和设备都比较简单,废钢吊车与兑铁水吊车可以共用,但一次只能吊起一槽废钢,并且废钢吊车与兑铁水吊车之间的互相干扰较大。

(2) 用废钢加料车装入废钢。这种方法是在炉前平台上专设一条加料线,使加料车可以在炉前平台上来回运动。废钢料槽用吊车事先吊放到废钢加料车上,然后将废钢加料车开到转炉前并倾动转炉,废钢加料车将废钢料槽举起,把废钢加入转炉内。这种方式废钢的装入速度较快,并可以避免废钢吊车与兑铁水吊车之间的干扰;但平台结构复杂。

对以上两种废钢加入方式,以往人们认为,当转炉容量较小、废钢装入数量不多时,宜采用吊车加入废钢;而当转炉容量较大、装入废钢数量较多时,可以考虑采用废钢加料车装入废钢。但据资料介绍,现在大型转炉更趋向于用吊车加入废钢,而不是用废钢加料车。因为在用废钢加料车加废钢的过程中易对炉体产生冲击,而且需要调整转炉的倾角;而用吊车加废钢则平稳、便利得多。一些大型转炉为了减少加废钢时间、增加废钢添加量,采用了专用双槽式加废钢吊车或专用单槽式大型废钢料槽吊车(料槽容积为 10 m³)。

3.2.2.2　废钢的加入设备

A　废钢料槽

废钢料槽是用钢板焊接的一端开口、底部为平面的长簸箕状槽。在料槽前部和后部的两侧有两对吊挂轴,供吊车的主、副钩吊挂料槽。

B　废钢加料车

废钢加料车在国内曾出现两种形式。一种是单斗废钢料槽地上加料机,废钢料槽的托架被支承在两对平行的铰链机构的轴上,用千斤顶的机械运动使料槽倾翻并退至原位,如图3-3所示;另一种是双斗废钢料槽加料车,是用液压操纵倾翻机构动作的。

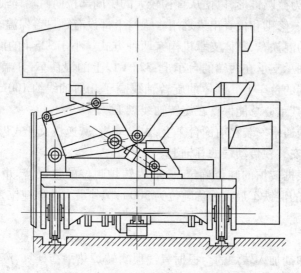

图3-3　单斗废钢料槽地上加料机

3.3　转炉炼钢的装料制度

顶吹转炉的装料制度包括确定装入量、废钢比和装料操作三方面的内容。

3.3.1　装入量的确定

转炉的装入量是指每炉装入铁水和废钢两种金属炉料的总量。

3.3.1.1　确定依据

确定装入量应考虑的因素主要有以下两个。

A　熔池深度要合理

生产实践证明,当熔池的深度 H 为氧气射流对熔池最大冲击深度 h 的 $1.5 \sim 2.0$ 倍时,较为合理,既能防止氧气射流冲蚀炉底,又能保证氧气射流对熔池有较强的搅拌作用。国内一些厂家不同容量转炉执行的熔池深度见表3-3。

表3-3　国内一些厂家的熔池深度和炉容比

厂　家	首一	太二	首三	攀本	首二	宝钢
容量/t	30	50	80	120	210	300
熔池深度/mm	800	1050	1190	1250	1650	1949
炉容比/m³·t⁻¹	0.86	0.97	0.73	0.90	0.92	1.05

B 炉容比要合适

转炉的有效容积 V 与装入量 T 的比值称为炉容比,单位为 m^3/t。目前,国内外转炉的炉容比通常为 $0.8 \sim 1.0 \ m^3/t$。炉容比过小,意味着装得过多,吹炼中易产生喷溅,且因熔池深而搅拌差;反之,不能充分发挥转炉的生产能力,而且吹炼中氧射流易冲蚀炉底。

各转炉建成投产时已有炉容比的设计值,即 V/T 的基本范围;实际生产中应根据铁水成分及冷却剂的种类等因素调整装入量,保持合适的炉容比,以获得良好的综合指标。比如,铁水的硅、磷含量较高时,冶炼中渣量大,应适当少装些,保证较大的炉容比,否则吹炼过程中容易产生喷溅;以废钢作冷却剂时,吹炼中不易喷溅,其炉容比可比以铁矿石作冷却剂时小 $0.1 \sim 0.2 \ m^3/t$。

3.3.1.2 装入制度的类型

顶吹转炉的装入制度有以下三种。

A 定量装入

(1) 定义。在整个炉役期内,每炉的装入量保持不变的装料方法称为定量装入。

(2) 特点。便于组织生产和实现吹炼过程的计算机自动控制。但吹氧操作困难,炉役前期的装入量易偏大,熔池较深,搅拌不足;而炉役后期的装入量易偏小,不仅不能发挥炉子的生产能力,且熔池较浅,氧射流易冲蚀炉底。转炉容量越小,炉役前、后期炉子的横断面积与有效容积的差别越大,这一问题也就越突出。国内外大型转炉广泛采用定量装入制度。

B 定深装入

(1) 定义。在一个炉役期间,随着炉衬的侵蚀炉子实际容积不断扩大而逐渐增加装入量,以保证熔池深度不变的装料方法称为定深装入。

(2) 特点。熔池深度不变,吹氧操作稳定,有利于提高供氧强度并减轻喷溅,同时又能充分发挥炉子的生产能力;但其装入量和出钢量变化频繁,不仅给冶炼操作带来麻烦,而且增加了生产组织的难度,现已很少使用。

C 分阶段定量装入

(1) 定义。根据炉衬的侵蚀规律和炉膛的扩大程度,将一个炉役期划分成 $3 \sim 5$ 个阶段,每个阶段实行定量装入,装入量逐段递增的装料方法称为分阶段定量装入。

(2) 特点。分阶段定量装入制度基本上发挥了转炉的生产能力,同时大体上保持了适当的熔池深度,便于吹氧操作;又保证了装入量的相对稳定,便于组织生产,因而国内中、小型转炉普遍采用。

3.3.2 废钢比

(1) 定义。废钢的加入量占金属料装入量的百分比,称为废钢比。

(2) 废钢比的重要性。转炉提高废钢比可以减少铁水的用量,从而有助于降低转炉的生产成本;同时可减少石灰的用量和渣量,有利于减轻吹炼中的喷溅,提高冶炼收得率;另外,还可以缩短吹炼时间,减少氧气消耗,增加产量。

(3) 废钢比的影响因素。废钢比的影响因素主要有铁水的温度和成分、所炼钢种、冶炼中的供氧强度和枪位、转炉容量和炉衬的厚度等。

国内各厂因生产条件、管理水平及冶炼品种等不同,废钢比大多波动在 $10\% \sim 30\%$ 之间。具体的废钢比数值可根据本厂的实际情况通过热平衡计算求得。

3.3.3　装料操作

目前,国内的大、中型转炉均采用混铁炉(转炉容量的 15~20 倍)供应铁水,即从高炉来的铁水储存在混铁炉中,用时倒入铁水罐并由天车兑入(可解决高炉出铁与转炉用铁不一致的矛盾,同时保证铁水的温度稳定、成分波动小);废钢则是事先按计算值装入料斗的用时由天车加入。

为减轻废钢对炉衬的冲击,装料顺序一般是先兑铁水、后加废钢,炉役后期尤其如此。兑铁水时,应炉内无渣(否则加石灰)且先慢后快,以防引起剧烈的碳氧反应,将铁水溅出炉外而酿成事故。目前国内各厂普遍采用溅渣护炉技术,因而装料顺序多为先加废钢、后兑铁水,可避免兑铁喷溅。但补炉后的第一炉钢应采用前法。

3.4　电弧炉炼钢主原料

电弧炉炼钢所用原料,主要有废钢、生铁和直接还原铁三种。

3.4.1　废钢

废钢是电弧炉炼钢的主原料,其质量将直接影响钢的质量、生产成本和电炉的生产率。电弧炉炼钢对废钢的要求有:

(1)废钢的表面应清洁少锈。如果废钢上粘有大量的泥沙、炉渣、耐火材料、油污,便会锈蚀。铁锈是含水的铁氧化物,主要成分是 $Fe_2O_3 \cdot H_2O$,废钢锈蚀严重时会增加钢的氢含量并降低炉料的回收率。

(2)废钢中不应混有铅、锡、砷、铜、锌等有色金属。铅的密度高达 $10.3 \ g/cm^3$,而熔点仅为 327.4 ℃且不溶于钢液,易沉积在炉底的缝隙中而引发漏钢事故;锡、砷和铜易引起钢的热脆;锌的沸点仅 907℃,极易气化,在炉气中被氧化成 ZnO,对炉盖尤其是硅砖炉盖有严重的损害作用。

(3)废钢中不得混有密封的容器、爆炸物和有毒物,以确保生产安全。

(4)废钢的化学成分要明确。

(5)废钢的块度要合适。

因此,对进厂的废钢,尤其是外购废钢应进行必要的加工处理,如用水冲洗、火烧、切割、落锤破碎、打包等,以满足上述要求。

3.4.2　生铁、废铁和软铁

在电弧炉炼钢中,生铁一般是用来提高炉料的配碳量,并解决废钢来源不足的问题。由于生铁中含碳及杂质较高,因此炉料中生铁块配比通常为 10%~25%,最高不超过 30%。电弧炉炼钢对生铁的质量要求较高,一般 S、P 含量要低,Mn 含量不能高于 2.5%,S 含量不能高于 1.2%。

为了降低生产成本,在炉料中可配入部分废铁来代替生铁,如废钢锭模、中注管外套、废铸铁件。一般来说,废铁中杂质含量都高于生铁,炼优质钢时宜慎用,冶炼普碳钢时其配入量应不大于 10%。

软铁也称工业纯铁,其成分除铁外仅含有微量的其他元素,质地特别软。软铁在电弧炉炼钢中用于不氧化法配料,目的在于降低炉料的碳含量。

近年来,电弧炉也开始用高炉或 COREX 等熔融还原法生产的铁水进行热兑来炼钢。

3.4.3 直接还原铁、脱碳粒铁

随着电弧炉钢产量和连铸比的增加以及各行业对钢质量要求的不断提高,电弧炉冶炼优质钢所需的返回废钢日益减少,而外购废钢逐渐增加。废钢的循环利用使得其中的有色金属元素,如铅、锡、砷、铜、锌、铬、镍、钼、钒等逐渐积累,以致采用 100% 的废钢作原料时,这些有色金属元素的含量不能满足技术条件的要求,从而促使在电弧炉炼钢中应用直接还原铁,以降低有色金属元素的浓度。近年来,电弧炉炼钢使用直接还原铁的数量逐年提高,我国也有数家钢厂的电弧炉使用了直接还原铁。

直接还原铁(DRI)是在回转窑或竖窑内以铁矿石或精矿粉球团为原料,在低于炉料熔点的温度下,以 CO、H_2 或焦炭作还原剂来还原铁氧化物而得到的金属铁产品。铁矿石直接还原得到的是海绵状的金属铁,称为海绵铁;由精矿粉先造球再直接还原得到的球状产品,称为金属化球团。

电弧炉炼钢对直接还原铁的要求是:全铁含量大于 87%,硫含量低于 0.03%,磷含量不超过 0.08%,脉石含量尽量低;粒度为 8 ~ 22 mm。

一般认为,电弧炉炼钢中使用直接还原铁的量为 50% 左右时较为合理,国内许多厂家的用量为 25% ~ 30%,不过目前也有个别厂家使用 100% 的直接还原铁进行生产。

电弧炉还使用一种称为脱碳粒铁的原料。它是高炉生铁粒化后在回转窑中被 CO_2 脱碳而获得的产品。粒度一般为 5 ~ 15 mm,碳含量为 0.2% ~ 2.0%。与直接还原铁相比,脱碳粒铁的金属铁含量高 5% ~ 10%、酸性脉石含量低 1% ~ 3%;但其价格也相应高些。

3.5 电弧炉炉顶装料系统

目前除少数小型炉子还采用炉门手装料外,大都采用机械化炉顶装料。炉顶装料能缩短装料时间、减少热损失、减轻劳动强度,并且可以充分利用炉膛的容积和装入大块炉料。

3.5.1 炉顶装料的类型

根据装料时炉盖和炉体相对移动方式的不同,炉顶装料可分为炉盖旋转式、炉体开出式和炉盖开出式三种类型。

(1)炉盖旋转式。炉盖旋转式电炉,如图 3-4 所示。一般都有一个悬臂架(顶架),电极升降系统都装在悬架上,炉盖吊挂在悬臂架上面。装料时,先升高电极和炉盖,然后整个悬臂架连同炉盖和电极系统向出钢口(变压器房)一侧旋转 70° ~ 90°,以露出炉膛进行装料。这种结构的优点是旋转部分重量较轻,炉子全部金属结构重量最小,动作迅速。缺点是炉子中心与变压器的距离较大,增加了短网的长度。国外和国内新建的电弧炉普遍采用这种炉子。

(2)炉体开出式。这种炉子的炉体装在电动台车上或者液压推动的活动架上,炉盖通过一套提升装置悬挂在龙门架上,龙门架固定在倾动摇架上。炉前工作台是可移动的。装料时,先升起电极和炉盖,同时将工作平台移走,炉体向炉门方向开出。这种机构的优点是

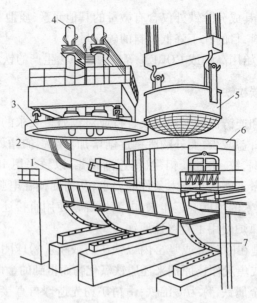

图 3-4　炉盖旋转式电炉

1—电炉平台;2—出钢槽;3—炉盖;4—石墨电极;

5—装料罐;6—炉体;7—倾炉摇架

不加长短网,龙门架可以和倾炉摇架连成一体。其缺点是开出部分重量大,又受炉料的机械冲击,因而要加强进料处的地基和加大炉体开出机械的功率;炉前操作平台需移动,整个炉子金属结构重量大。

(3) 炉盖开出式。这种形式的电炉,炉盖悬挂在龙门架上,电极升降机构与龙门架连接在一起,龙门架下面的车轮装于倾动摇架的轨道上。装料时,先将炉盖和电极升起,然后龙门架连同炉盖、电极升降系统一同顺道向出钢槽方向开出。这种结构的优点是开出部分重量较轻。缺点是电极和炉盖行走时受到震动,容易损坏,并需加长短网,增加了电损失,目前这种电炉已很少使用。

3.5.2　炉盖提升和旋转机构

3.5.2.1　炉盖提升机构的传动形式

炉盖提升机构有电动和液压传动两种,如图 3-5、图 3-6 所示。炉盖由链条分三点悬挂,三根链条绕过链轮通过三个调节螺栓连接在三角板上。传动系统安装在桥架的柱子上。电动机通过减速箱带动卷筒和钢丝绳运动,使三角板上下移动(也可通过螺杆带动三角板上下移动),从而使炉盖升降。为降低传动功率,还配有平衡锤。采用链条传动的原因是炉顶上部温度较高,链条比钢丝绳安全可靠,使用寿命长,而且其挠性好。使用时需注意链条的质量,防止因断裂而发生事故。

液压传动炉盖提升机构,炉盖悬挂在链条上,链条固定在轴的链轮上。当液压缸通入工作液时,牵引链条带动扇形轮而使轴转动,从而使炉盖升降。整个结构安装在龙门架上。

3.5.2.2　炉盖旋转机构的类型

对于炉盖旋转式电炉,炉盖提升旋转机构根据安装位置的不同有三种不同的形式,即落地式、共平台式和炉壳连接式。

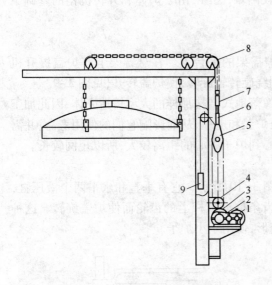

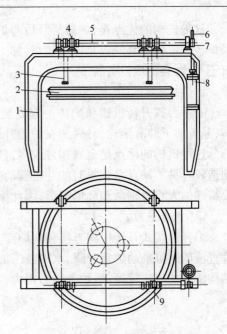

图 3-5　电动炉盖提升机构

1—电动机;2—减速箱;3—卷筒;4—定滑轮;
5—动滑轮;6—三角板;7—调节螺丝;
8—链轮;9—平衡锤

图 3-6　液压传动炉盖提升机构

1—龙门架;2—炉盖;3—链条;4—轴承;
5—轴;6—扇形轮;7—牵引链条;
8—液压缸;9—链轮

A　落地式(基础分开式)

落地式机构和炉体是分开的,分别安装在各自的基础上,如图 3-7 所示。这种机构一般采用液压传动,如图 3-8 所示,炉盖的升降和旋转是利用支座上的 S 形导槽完成的。连接顶头的柱塞上装有滚轮,滚轮沿 S 形槽滚动。当工作液推动柱塞向上运动、滚轮处在 S 形槽下端的直线段时,炉盖就上升;而当滚轮进入 S 形槽的曲线段时,炉盖边上升边旋转。

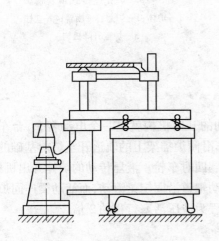

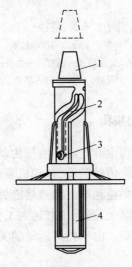

图 3-7　落地式顶装料炉

图 3-8　液压传动的落地式炉盖升降旋转机构

1—顶头;2—S 形槽;3—滚轮;4—液压缸

这种机构的优点是,炉盖旋开后与炉体无任何机械联系,所以装料时的冲击震动不会波及炉盖和电极。其缺点是成本较高,加工制造较困难;另外,由于炉体和升转机构的基础下沉不一致,会造成设备脱节。

B　共平台式(整体基础式)

共平台式升转机构和炉体一起安装在倾炉摇架的平台上。在悬臂架上有炉盖提升机构,悬臂架下装有滚轮,悬臂架在炉盖升起后围绕旋转轴旋转,使炉盖转开,见图3-9。

这种机构的优点是金属构件较多,且没有像落地式结构那样的大型铸造壳体,因此加工制造较容易。缺点是装料时的冲击震动会波及炉盖和电极,从而影响它们的使用寿命;并需要特殊的大直径轴承和环形轨道,因此旋转中心到炉子中心的距离较大,所以短网较长。

C　炉壳连接式

炉壳连接式升转机构直接装在炉壳上,如图3-10所示。它有垂直和水平两个液压缸,垂直液压缸可推动炉盖升降,水平液压缸通过齿条推动顶杆上的齿轮而使炉盖旋转。这种结构横臂长度比较短,但炉壳受力很大,容易变形,仅用于小炉子。

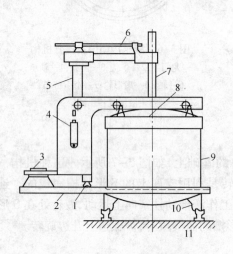

图3-9　共平台式顶装料炉

1—平台上轨道;2—炉子平台;3—枢轴轴承;
4—炉盖升降机构;5—立柱;6—横臂;7—电极;
8—炉盖圈;9—炉壳;10—摇架;11—轨道

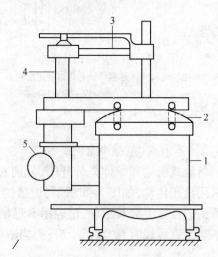

图3-10　炉壳连接式顶装料炉

1—炉体;2—炉盖;3—横臂;4—立柱;
5—炉盖升降机构

3.5.3　炉体开出机构

炉体开出机构也有电动和液压传动两种。电动的开出机构就是一个电动台车,台车上装有电动机和齿轮传动装置,电动机驱动车轮,台车沿倾炉摇架上的轨道开至炉前基础的轨道上。为使炉体平稳地通过轨道接缝处,台车最好装四对车轮。液压传动的炉体开出机构,炉体支承在活动梁上,当液压缸通入工作液时就推动辊道沿固定梁滚动,而活动梁连同炉体一起在辊道上移动。由于相对运动的关系,炉体行程为液压活塞行程的2倍。

3.5.4　料罐

炉顶装料是将炉料一次或分几次装入炉内,为此,必须事先将炉料装入专门的容器内,然后通过这一容器将炉料装入炉内,这一容器通常称为料罐,也称为料斗或料筐。料罐主要有两种类型,即链条底板式(见图3-11)和蛤式料罐(见图3-12)。目前国内大多数采用蛤式料罐。

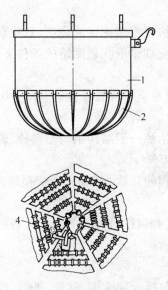

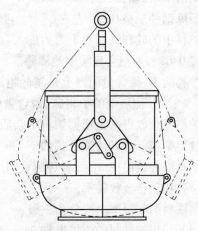

图 3-11 链条底板式料罐　　　　　图 3-12 蛤式料罐

1—圆筒形罐体;2—链条板;3—脱锁挂钩;4—脱锁装置

(1)链条底板式料罐。这种料罐上部为圆筒形,下端是一排三角形的链条板,链条板下端用链条或钢丝绳串连成一体,用扣锁机构锁住,合并成一个罐底。料罐吊在起重机主钩上,扣锁机构的锁杆吊在副钩上。装料时,将料罐吊至炉内,用副钩打开罐底,使炉料下落至炉膛内。料罐的直径比熔炼室直径略小,以免装料时撞坏炉墙。这种料罐的优点在于装料时料罐可进入炉膛中,吊至距炉底300 mm的位置,减轻了炉料下落时的机械冲击。缺点是每次装完料后需将链条板重新串在一起,劳动强度大;链条板和扣锁机构易被烧损或被残钢焊住,维修量大;同时,这种料罐需放在专门的台架上。

(2)蛤式料罐。蛤式料罐也称为抓斗式料罐,这种料罐的罐底是能分成两半而向两侧打开的腭,两个腭靠自重闭合,用起重机的副钩通过杠杆系统可使腭打开。这种料罐的优点是能在一定程度上控制料罐底打开的程度,以控制炉料下落速度,同时不需要人工串链条板和专门的台架。其缺点是料罐不能放入炉内,只能在熔炼室的上部打开罐底,炉料下落时的机械冲击大,装料时易损坏炉底。

3.6 电炉炼钢配料与装料

3.6.1 配料计算

所谓配料,就是根据所炼钢种的冶炼方法、技术标准和工艺要求,合理地搭配使用本厂现存的废钢原料。

3.6.1.1 氧化法的配料计算

前已述及,氧化法冶炼的突出特点是有一个氧化期,可以通过吹氧和加矿等氧化手段达到去磷、脱碳、去气、去夹杂的目的,因此理论上可用普通废钢冶炼任何钢种。

A　基本要求

氧化法冶炼时的炉料组成主要是外购废钢和生铁,返回废钢的用量通常不超过炉料装入量的20%。

氧化法的配料主要是配好碳。炉料的配碳量可根据熔化期的烧损、氧化期的脱碳量和还原期的增碳量这三方面情况来决定。在目前熔化期采取吹氧助熔的条件下,配碳量通常高出所炼钢种规格0.6%左右。

炉料中的硅和锰一般不人为配入。不过,一般希望炉料的硅含量不大于0.8%、锰含量不超过0.6%,否则会延缓熔池沸腾。

炉料的磷、硫含量原则上是越低越好。通常,冶炼一般结构钢的炉料硫、磷含量不应超过0.1%;冶炼优质钢的炉料硫、磷含量应小于0.05%。

炉料综合收得率是根据炉料中杂质和元素烧损的总量而确定的。烧损越大,配比越高,综合收得率越低。其计算公式如下:

炉料综合收得率 = ∑(各种钢铁料配料比 × 各种钢铁料收得率) + ∑(各种铁合金加入比例 × 各种铁合金收得率)

钢铁料的收得率一般分为三级:

(1) 一级钢铁料的收得率按98%考虑,主要包括返回废钢、软钢、平钢、洗炉钢、锻头、生铁以及中间合金料等,这级钢铁料表面无锈或少锈。

(2) 二级钢铁料的收得率按94%考虑,主要包括低质钢、铁路及建筑废器材、弹簧钢、车轮等。

(3) 三级钢铁料的收得率波动较大,一般按85%～90%考虑,主要包括轻薄杂铁、链板、渣钢铁等,这级钢铁料表面锈蚀严重、灰尘杂质较多。

对于新炉衬(第一炉),因镁质耐火材料吸附铁的能力较强,钢铁料的收得率较低,一般还需多配入占装入量1%左右的料。

B　计算步骤及公式

(1) 确定出钢量。采用模铸时出钢量的计算公式如下:

出钢量 = (钢锭单重 × 钢锭支数 + 汤道废钢量 + 中注管废钢量 + 注余量) × 密度系数

现在大部分钢厂采用连续铸钢技术,出钢量主要根据电炉的公称容量和工艺的具体需要综合确定。

(2) 计算总入炉量。计算公式如下:

$$总入炉量 = \frac{出钢量}{炉料综合收得率}$$

(3) 计算配料量。计算公式如下:

$$配料量 = 总入炉量 - 矿石进铁量 - 合金加入总量$$

其中　矿石进铁量 = 出钢量 × 吨钢加矿量 × 矿石铁含量 × 铁的回收率

$$某合金加入量 = \frac{出钢量 \times (控制含量 - 钢液含量)}{合金含量 \times 合金收得率}$$

采用矿氧结合氧化时,一般情况下每吨钢加矿15 kg左右,矿石铁含量通常为60%左右,铁的收得率一般按80%计算。采用矿石氧化法时,矿石的加入量一般按出钢量的4%计算。还原期调成分时,钢液的硅含量可按0.03%另考虑,钢液的锰含量一般按0.1%计算。

(4) 计算各种炉料用量。计算公式如下:

$$某种炉料用量 = 配料量 \times 该料的配比$$

【例3-1】 用矿石氧化法冶炼38CrMoAl钢,浇注一盘3.2 t钢锭共6支,每支汤道废钢重20 kg,中注管废钢重120 kg,注余重150 kg。其他已知条件如下:炉中残余锰量为0.10%,残余铬量为0.15%,残余钼量为0.01%。控制规格成分为$w[C]=0.38\%$,$w[Mn]=0.45\%$,$w[Cr]=1.55\%$,$w[Mo]=0.20\%$,$w[Al]=0.90\%$。铬铁铬含量为65%,收得率为96%;锰铁锰含量为60%,收得率为98%;钼铁钼含量为70%,收得率为98%;铝锭铝含量为98%,收得率为75%。矿石中铁的收得率一般按80%计算。生铁碳含量为4.00%,38CrMoAl返回钢碳含量为0.30%,杂铁碳含量为0.10%,炉料综合收得率为96%,38CrMoAl的相对密度系数为0.9872,矿石的铁含量为60%。

当配碳量为0.80%时,求配料量和配料组成。

解:(1) 出钢量 = $(3200 \times 6 + 20 \times 6 + 120 + 150) \times 0.9872 = 19339.25$ kg

(2) 总入炉量 = $\dfrac{19339.25}{96\%} \approx 20145.05$ kg

(3) 配料量计算如下:

$$锰铁加入量 = \frac{20145.05 \times (0.45\% - 0.10\%)}{60\% \times 98\%} \approx 119.91 \text{ kg}$$

$$铬铁加入量 = \frac{20145.05 \times (1.55\% - 0.15\%)}{65\% \times 96\%} \approx 451.97 \text{ kg}$$

$$钼铁加入量 = \frac{20145.05 \times (0.20\% - 0.01\%)}{70\% \times 98\%} \approx 55.80 \text{ kg}$$

$$铝锭加入量 = \frac{20145.05 \times (0.90\% - 0)}{98\% \times 75\%} \approx 246.67 \text{ kg}$$

合金加入总量 = $119.91 + 451.97 + 55.80 + 246.67 = 874.35$ kg

矿石进铁量 = $19339.25 \times 4\% \times 60\% \times 80\% = 371.31$ kg

配料量 = $20145.05 - 874.35 - 371.31 = 18899.39$ kg

(4) 配料组成。令杂铁配比为20%,则:

杂铁配入量 = $18899.39 \times 20\% = 3779.88$ kg

$$生铁配入量 = \frac{18899.39 \times (0.80\% - 0.30\%) + 3779.88 \times (0.30\% - 0.10\%)}{4.00\% - 0.30\%} = 2758.27 \text{ kg}$$

返回废钢配入量 = $18899.39 - 3779.88 - 2758.27 = 12361.24$ kg

3.6.1.2 返回吹氧法的配料计算

A 基本要求

返回吹氧法冶炼时,炉料通常由合金返回钢、碳素返回钢及铁合金组成。

返回吹氧法的配料除了要配好碳以外,还要着重配好几个主要合金元素:

(1) 炉料的配碳量,视所炼钢种而定。冶炼不锈钢时,炉料的碳含量应高于钢种规格0.3%左右;冶炼高速工具钢时,炉料的碳含量高于钢种规格0.1%就够了。较高的配碳量,可以减少吹氧时合金元素的烧损,但过高时则会延长吹氧时间。炉料的碳含量不足时,可用废电极块配碳。

（2）炉料的配铬量也与所炼钢种有关。冶炼高铬钢时，炉料的配铬量应低于钢种规格的下限，例如冶炼 1Cr18Ni9Ti 时，一般配铬 10% 左右；而冶炼低铬钢时，炉料的铬含量则应接近钢种规格的下限，例如返回法冶炼 W18Cr4V 时，通常炉料配铬 3.6% 左右。

（3）镍、钼、钨等元素不易氧化，一般按所炼钢种规格的中、下限配入。钒、钛、铝等元素极易氧化，配料时不予考虑。

（4）炉料的磷含量越低越好。因为返回吹氧法，尤其是在冶炼含铬较高的钢种时，由于磷与氧的亲和力小于铬与氧的亲和力，氧化去磷几乎是不可能的。通常要求炉料磷含量不得超过 0.02%。

（5）有些钢为了升温及减少合金元素的烧损，炉料中常配入一定量的硅。例如，返回法冶炼 1Cr18Ni9Ti 时，一般情况下炉料配硅 0.8% ~1.0%。

采用返回吹氧法冶炼时，炉料的综合收得率为 95% ~98%。

B　计算公式

在返回吹氧法的配料计算中，出钢量的确定方法与氧化法相似。由于冶炼中不加矿石氧化，配料量的计算公式变为：

$$配料量 = 总入炉量 - 合金加入总量$$

式中

$$总入炉量 = \frac{出钢量}{炉料综合收得率}$$

$$某合金加入量 = \frac{出钢量 \times 控制含量 - 配料量 \times 炉料含量 \times 化清收得率}{合金含量 \times 调整收得率}$$

代入整理可得：

$$配料量 = 出钢量 \times \frac{\frac{1}{炉料综合收得率} - \sum\left(\frac{控制含量}{合金含量 \times 调整收得率}\right)}{1 - \sum\left(\frac{炉料含量 \times 化清收得率}{合金含量 \times 调整收得率}\right)}$$

采用返回吹氧法配料、炉料碳含量不足时，用电极块配碳，计算公式为：

$$电极块配入量 = \frac{所需增碳}{电极块碳含量 \times 碳的收得率}$$

其中，电极块的碳含量一般按 99% 计算，收得率通常为 80%。

3.6.2　装料方法及要求

装料操作是电弧炉冶炼过程中重要的一环，它对炉料的熔化、合金元素的烧损以及炉衬的使用寿命等都有很大的影响。

目前，几乎所有的电弧炉都采用料罐炉顶装料法。其装料过程是：将炉料按一定要求装在用铁链锁住底部的料罐中。装料时，先抬起炉盖，并将其旋转到炉子的后侧或将炉体开出；然后再用天车将料罐从炉顶吊入炉内，而后拉开销子卸料入炉。操作时应注意以下几点：

（1）防止错装。首先是原料工段装料时，要严格按配料单进行装料，严禁装错炉料；其次是炉前吊罐时，要认真检查随料罐单的炉号、冶炼钢种及冶炼方法等与炉前的生产计划单是否相符，防止吊错料罐。

（2）快速装料。刚出完钢时，炉膛温度高达 1500℃ 以上，但此时散热很快，几分钟内便可降到 800℃ 以下。因此,应预先做好装料前的准备工作,进行必要的补炉之后快速将炉料装入炉内,以便充分利用炉内的余热,这对于加速炉料熔化、降低电耗等有很大意义。

(3) 合理布料。合理布料包括以下两方面的含义:一方面,各种炉料的搭配要合理。装入炉内的炉料要足够密实,以保证一次装完;同时,增加炉料的导电性,以加速熔化。为此,必须大、中、小料合理搭配。一般料块重量小于 10 kg 的为小料,10~25 kg 的为中料,大于 50 kg 而小于炉料总重 1/50 的为大料。根据生产经验,合理的配比是小料占15%~20%、中料占40%~50%、大料占40%。另一方面,各种炉料的分布要合理。根据电炉内温度分布的特点,各种炉料在炉内(即罐内)的合理位置是:底部装一些小料,用量为小料总量的一半,以缓冲装料时对炉底的冲击,同时有利于尽早在炉底形成熔池;然后在料罐的下部中心装全部大料,此处温度高,有利于大料的熔化,同时还可防止因电极在炉底尚未积存足够深的钢液前降至炉底而烧坏炉衬;在大料之间填充小料,以保证炉料密实;中料装在大料的上面及四周;最上面放剩余的小料,以便送电后电极能很快"穿井",埋弧于炉料之中,减轻电弧对炉盖的热辐射。如果炉料中配有生铁,应装在大料的上面或电极的下面,以便利用它的渗碳作用降低大料的熔点,加速其熔化。若炉料中配有合金,熔点高的钨铁、钼铁等应装在电弧周围的高温区,但不能在电弧的正下方;高温下易挥发的铁合金(如锰铁、镍铁等)应装在高温区以外,即靠近炉坡处,以减少其挥发损失;容易增碳的铬铁合金也不要直接放在电极下面。

(4) 保护炉衬。装料时,还应尽量减轻炉料对炉衬的损害。为此,装料前在炉底上先铺一层为炉料重量 1.5%~2.0% 的石灰,以缓解炉料的冲击;同时,炉底铺石灰还可以提前造渣,有利于早期去磷、加速升温和钢液的吸气等。卸料时,料罐底部与炉底的距离在满足操作的条件下尽量小些,一般为 200~300 mm。

复习思考题

3-1 转炉炼钢对铁水有何要求?

3-2 氧气转炉炼钢的铁水供应方式有哪几种,废钢的装入有哪几种方式?

3-3 什么是定量装入和定深装入,各有何优缺点?

3-4 何为分阶段定量装入,它有何优缺点,确定各阶段的装入时应考虑哪些因素?

3-5 什么是废钢比,国内转炉炼钢的废钢比一般为多少,增加废钢比有何好处?

3-6 电弧炉炼钢对废钢有哪些要求?

3-7 什么是直接还原铁,电弧炉炼钢对其有何要求?

3-8 电弧炉炉顶装料有哪几种类型,各有何特点?

3-9 炉盖旋转式电弧炉有哪几种类型,各有何特点?

3-10 氧化法冶炼时炉料的配碳量如何确定?

3-11 返回吹氧法配料时炉料的铬、镍含量如何确定?

3-12 电弧炉的装料操作应注意些什么?

4 炼 钢 供 氧

炼钢生产首先要有一个氧化过程，为此冶炼中需要向炉内供氧。炼钢过程中，特别是在转炉的吹炼中，氧气射流带有很大的动能和动量，通过调节供氧制度可以改变熔池的搅拌情况。因此，供氧是炼钢的基本操作。

供入炉内的氧，可以三种不同的形态存在，即气态（用 $\{O_2\}$ 表示）、溶于钢液（用 $[O]$ 或 $[FeO]$ 表示）和溶解在渣中（用 $\sum(FeO)$ 或近似用 (FeO) 表示）。

氧在钢、渣两相中的溶解符合分配定律，即定温下平衡时两者之比为一常数，见式（1-39）、式（1-40）。

4.1 熔池内氧的来源

4.1.1 氧气的吹入

直接吹入氧气是炼钢生产中向熔池供氧最主要的方法。

转炉炼钢的主原料是铁水，其碳含量高达 4.0% 以上。为了获得较高的脱碳速度，缩短冶炼时间，采用高压氧气经水冷氧枪从熔池上方垂直向下吹入的方式供氧，氧气纯度不低于99.5%；而且氧枪的喷头为拉瓦尔型，工作氧压为 0.784 ~ 1.176 MPa，氧气流股的出口速度高达 500 m/s 左右，即属于超声速射流，以使氧气流股有足够的动能去冲击、搅拌熔池，改善脱碳反应的动力学条件，加速反应的进行。

电弧炉炼钢的主原料是废钢，炉料的碳含量是根据冶炼需要人为配加的，相对于铁水的碳含量要低许多。因此，较简便的方法是用普碳钢焊管作为吹氧管，从炉门口倾斜插入熔池进行吹氧（通常要求氧气的氧含量不得低于 98%，水分不能超过 3 g/m³），工作氧压为：吹氧助熔 0.3 ~ 0.7 MPa，吹氧脱碳 0.7 ~ 1.2 MPa，氧气流股的出口速度一般为 300 ~ 350 m/s。

4.1.2 铁矿石和氧化铁皮的加入

铁矿石有赤铁矿和磁铁矿之分，它们的主要成分分别是 Fe_2O_3 和 Fe_3O_4。氧化铁皮是锻钢和轧钢过程中从钢锭或钢坯上剥落下来的碎铁片，又称铁鳞，其主要成分是 Fe_2O_3，还有部分 Fe_3O_4。这些固体氧化剂加入熔池后，升温、熔化并溶解，可提高炉渣中氧化亚铁 (FeO) 的含量，并按式（1-39）部分转入金属从而向熔池供氧。

由于铁矿石和氧化铁皮熔化及分解时会吸收大量的热。所以在电弧炉炼钢中，加矿氧化仅是向熔池供氧的辅助手段，且有逐渐被取消的趋势；而在氧气顶吹转炉炼钢中，铁矿石和氧化铁皮则多是作为冷却剂或造渣剂使用的。

炼钢对铁矿石的要求是，铁含量要高、有害杂质含量要低，一般成分为：

Fe	SiO₂	S	P	H₂O
≥55%	≤8%	≤0.10%	≤0.10%	≤0.5%

另外,铁矿石的块度要合适,一般为 30~80 mm,而且使用前必须在 500℃ 以上的高温下烘烤 2 h 以上。

炼钢对氧化铁皮成分的要求是:

Fe	SiO₂	S	P	H₂O

$$Fe \quad SiO_2 \quad S \quad P \quad H_2O$$
$$\geqslant 70\% \quad \leqslant 3\% \quad \leqslant 0.04\% \quad \leqslant 0.05\% \quad \leqslant 0.5\%$$

比较而言,氧化铁皮的铁含量高、杂质少,但黏附的油污和水分较多,因此使用前必须在 500℃ 以上的高温下烘烤 4 h 以上。

4.1.3 炉气传氧

由化合物分解压的概念可知,如果炼钢炉内炉气中氧的分压 $p_{\{O_2\}}$ 大于渣中氧化亚铁的分解压 $p_{(FeO)}$,同时又大于钢液中氧化亚铁的分解压 $p_{[FeO]}$,即:

$$p_{\{O_2\}} > p_{(FeO)} > p_{[FeO]} \tag{4-1}$$

那么,气相中的氧就会不断地传入熔池。

有关研究表明,炼钢温度下,氧化性熔渣中氧化铁的分解压 $p_{(FeO)}$ 约为 10^{-2} Pa,钢液中氧化铁的分解压 $p_{[FeO]}$ 为 $10^{-4} \sim 10^{-5}$ Pa;而氧气顶吹转炉炉气中,氧的分压 $p_{\{O_2\}}$ 接近于 101325 Pa;在电弧炉炼钢的氧化期,熔池上方气相中氧的分压为 $10^2 \sim 10^4$ Pa。可见,在氧化精炼过程中,炼钢炉内具备了炉气向熔池传氧的条件,气相中的氧会不断地传入熔渣和钢液。

4.2 杂质元素的氧化方式

所谓杂质元素,是指钢液中除铁以外的其他各种元素,如碳、硅、锰、磷等。在目前的吹氧炼钢中,它们的氧化方式有两种:直接氧化和间接氧化。

4.2.1 直接氧化

所谓直接氧化,是指吹入熔池的氧气直接与钢液中杂质元素作用而发生的氧化反应。反应的趋势如何取决于各杂质元素与氧的亲和力的大小。钢中常见杂质元素的直接氧化反应如下:

$$\{O_2\} + 2[Mn] \Longrightarrow 2(MnO) \tag{4-2}$$

$$\{O_2\} + [Si] \Longrightarrow (SiO_2) \tag{4-3}$$

$$\{O_2\} + 2[C] \Longrightarrow 2\{CO\} \tag{4-4}$$

$$\{O_2\} + [C] \Longrightarrow \{CO_2\} \tag{4-5}$$

研究发现,杂质元素的直接氧化反应发生在熔池中氧气射流的作用区,或发生在氧射流破碎成小气泡被卷入金属内部时。当然,此处同时也会发生铁的氧化反应:

$$\{O_2\} + 2[Fe] \Longrightarrow 2(FeO) \tag{4-6}$$

4.2.2 间接氧化

所谓间接氧化,是指吹入熔池的氧气先将钢液中的铁元素氧化成氧化亚铁(FeO),并按分配定律部分扩散进入钢液,然后溶解到钢液中的氧再与其中的杂质元素作用而发生的氧化反应。

杂质元素的间接氧化反应发生在熔池中氧气射流作用区以外的其他区域,其反应过程如下:

(1) 在氧气射流的作用区铁被氧化:

$$2[Fe] + \{O_2\} === 2(FeO)$$

(2) 渣中的氧化亚铁扩散进入钢液:

$$(FeO) === [O] + [Fe]$$

(3) 溶入钢液的氧与杂质元素发生反应:

$$[O] + [Mn] === (MnO) \tag{4-7}$$

$$2[O] + [Si] === (SiO_2) \tag{4-8}$$

$$2[O] + [C] === \{CO_2\} \tag{4-9}$$

$$[O] + [C] === \{CO\} \tag{4-10}$$

另外,在熔池内钢液与熔渣两相的界面上,渣相中的氧化铁也可以将钢液中的杂质元素氧化。例如,钢液中锰的氧化反应为:

$$(FeO) + [Mn] === (MnO) + [Fe] \tag{4-11}$$

实际上,式(4-11)也属于间接氧化反应。因为它不是气态的氧与钢液中的杂质元素直接作用,而是以产生氧化亚铁为先决条件,具有间接氧化的典型特征。因此,有人提出了间接氧化的广义概念:间接氧化是指钢中的氧或渣中的氧化铁与钢液中的杂质元素间发生的氧化反应。

关于杂质元素的主要氧化方式问题,一直存在着较大的分歧。不过,目前大多数的研究者认为,炼钢熔池内的杂质元素以间接氧化为主,即使在直接氧化条件十分优越的氧气转炉炼钢中也是如此。因为,吹入熔池的氧气主要集中在氧气射流的作用区及其附近区域,而不是高度弥散分布在整个熔池中;加之钢液中铁元素占94%左右,与氧气接触的熔池表面大量存在的是铁原子,所以,在氧气射流的作用区及其附近区域大量进行的是铁元素的氧化反应,而不是杂质元素的直接氧化反应。

4.3　气体射流与熔池的相互作用

4.3.1　顶吹氧气射流

氧气转炉中的顶吹供氧,使用拉瓦尔喷头的水冷氧枪将纯氧以500 m/s左右的超声速射流从上而下吹入熔池,供氧的同时还搅动熔池,可加快钢液的传质和传热。

这里简要介绍超声速射流、转炉中的氧气射流及其与熔池的相互作用等问题。

4.3.1.1　超声速射流

A　声速及超声速

a　声速

所谓声速,是指声音(波)的传播速度,可用式(4-12)计算:

$$c = (KgRT)^{1/2} \tag{4-12}$$

式中　c——声速,m/s;

K——气体的热容比,对于空气和氧气来说为1.4;

g——重力加速度,为9.8 m/s²;

R——气体常数,为26.49 m/K;

T——温度,K。

对于氧气来说,其声速值 $c = (1.4 \times 9.8 \times 26.49 \times T)^{1/2} = 19.07T^{1/2}$

氧枪喷头出口处的温度一般为200 K,所以该处的声速值为:

$$c = 19.07 \times (200)^{1/2} \approx 270 \text{ m/s}$$

b 超声速

流体的速度大于声速的状况称为超声速,常用马赫数 Ma 来表示: $Ma = v/c$,即流体速度是声速的倍数。

目前转炉所用氧枪的马赫数在 1.5 ~ 2.2 之间,则氧气流股的速度为:

$$v = 270 \times (1.5 \sim 2.2) = 405 \sim 594 \text{ m/s}(500 \text{ m/s 左右})$$

B 获得超声速射流的条件

获得超声速射流必须具备两个基本条件:

(1) 采用拉瓦尔管喷头,包括收缩段、喉口、扩张段,如图4-1所示。

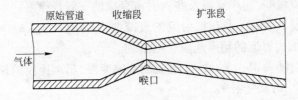

图4-1 超声速喷头

氧气流股在收缩段得以加速,至喉口处达声速;进入扩张段后,流股减压膨胀而再次加速;至喷头出口处,氧气压力与外压相等时达超声速。

(2) 出口处与进口处的压强比小于0.5283,即 $p_{出}/p_0 < 0.5283$。就是说,在 $p_{出}/p_0 < 0.5283$ 的条件下,气体流经拉瓦尔管后变为超声速射流。

C 超声速射流的结构

超声速射流在向前流动的过程中,会与周围的介质之间发生物质交换和能量传递,呈三段结构,如图4-2所示。

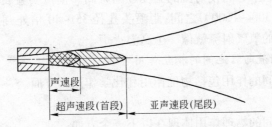

图4-2 超声速自由流股示意图

(1) 超声速段:从出口到一定长度内。

(2) 声速段:由于射流与周围介质间的动能传递和物质交换,使其速度减慢,减速的过程由边沿向轴心扩展,到某一距离时减至声速。

(3) 亚声速段:声速边界线以下。

D   射流在拉瓦尔管出口附近的流动情况

射流出喷管后的流动情况,取决于出口压力 $p_{出}$ 与周围环境压力 $p_{周}$ 的相对大小:

(1) $p_{出} = p_{周}$ 时,为理想状态,射流出喷管后既不膨胀也不被压缩,截面积保持不变,介质对射流的扰动也极小。

(2) $p_{出} < p_{周}$ 时,射流出喷管后将被压缩,使之脱离管壁,形成负压区,会把钢、渣吸入而使喷头粘钢、烧坏。

(3) $p_{出} > p_{周}$ 时,射流出喷管后将发生膨胀,截面积增大,流速明显减慢。

由流体力学可知: $A_{出}/A_0 = f(p_{出}/p_0)$, f 为定值, $A_{出}/A_0$ 一定时, $p_{出}/p_0$ 也为定值。实际生产中,拉瓦尔管的尺寸已定,因此可以通过调整进口压力 p_0 来控制出口压力 $p_{出}$,使之接近 $p_{周}$,以维持射流有良好的流动状态。 $p_{周}$ 即为炉膛压力,一般为 0.12 ~ 0.136 MPa,为安全起见,常使 $p_{出}$ 略大于此值。

E   射流的衰减规律

射流出喷管后受环境介质的影响必将衰减,其衰减快慢的标志是超声速段的长短。理想情况是射流衰减得慢些,超声速段长些。射流衰减的一般规律是:

(1) 出口处马赫数 $Ma_{出}$ 一定时,射流的衰减速度按 $p_{出} < p_{周}$ 、 $p_{出} = p_{周}$ 、 $p_{出} > p_{周}$ 的顺序增强,即随着 $p_{出}$ 的增大射流的超声速段长度增加。

(2) $p_{出} = p_{周}$ 时,随着 $Ma_{出}$ 的增大,射流的衰减变慢,超声速段的长度增加。

4.3.1.2   转炉中的氧气射流

目前的转炉炼钢生产均采用超声速氧气射流,目的在于提高供氧强度,加快供氧;提高射流动能,加强熔池的搅拌。转炉中的氧气射流具有以下特征:

(1) 喷头出口处氧气射流达超声速。转炉所用氧枪采用拉瓦尔喷头,且尺寸按 $p_{出}/p_0$ < 0.5283 的要求设计。通常, Ma 高达 1.5 ~ 2.2,流股的展开和衰减慢,动能利用率高,对熔池的搅拌力强。

(2) 射流的速度渐慢,截面积渐大。射流进入炉膛后,由于受反向气流(向上的炉气)的作用而速度逐渐变慢;同时,由于吸收部分炉气而断面逐渐变大,扩张角约为 12°。

(3) 射流的温度渐高。射流进入炉膛后被 1450℃ 的炉气逐渐加热,加之混入射流的炉气(CO)及金属滴被氧化放热,使射流的温度逐渐升高。模拟实验表明,距喷头孔径 15 ~ 20 倍处,射流的温度在 1300 ~ 1600℃ 之间;距喷头孔径 35 ~ 40 倍处,射流的温度高达 2150 ~ 2300℃,据称,转炉里的氧气射流就像一个高温火炬。

4.3.1.3   氧气射流与熔池间的相互作用

氧气射流与熔池间的作用包括物理作用和化学作用两方面。

A   物理作用

氧气射流与熔池间的物理作用体现在以下三个方面。

a   氧气射流冲击熔池

冲击结果为:氧气射流到达熔池表面时其 Ma 仍大于1,高速射流自上而下冲击熔池,将其中央冲出一个凹坑,如图 4-3 所示。从凹坑的最低点到静止液面的距离称为冲击深度,又称穿透深度,以 h 表示;射流与熔池接触时的截面积称为冲击面积,常用 A 表示。

　　目前,国内外不少冶金工作者根据冷、热模型试验的结果,将冲击深度与氧枪使用的滞止压力、枪高等参数联系起来,得到了许多经验公式。其中,佛林(R. A. Flinn)的经验公式应用得比较广泛,具体如下(用于单孔喷头、多孔喷头时应做修正):

$$h = \frac{346.7p_0d_t}{\sqrt{H}} + 3.81 \qquad (4-13)$$

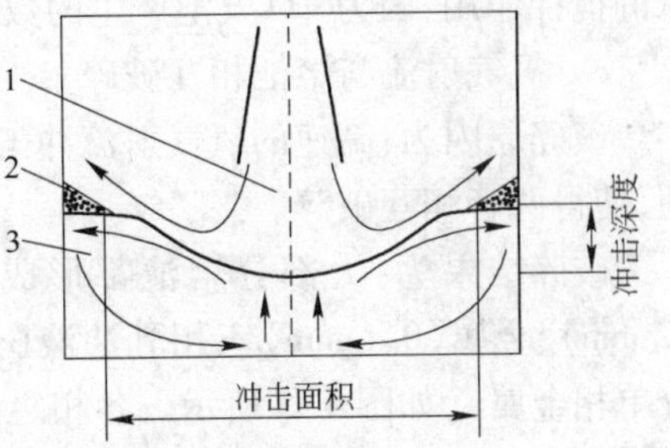

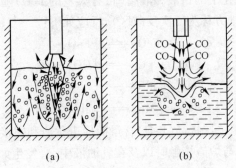

图4-3　氧气射流冲击熔池示意图
1—氧气流;2—氧气流冲击面;3—钢液环流

式中　h——冲击深度,cm;

　　　p_0——喷头前压力,MPa;

　　　d_t——喉口直径,cm;

　　　H——吹氧时喷头距静止液面的距离,即枪位,cm。

对于多孔喷头,所计算的冲击深度乘以$\cos\alpha$,其中 α 为喷孔倾角。

　　冲击面积的计算比较困难,但由于射流随其与喷头距离的增加而扩大,所以冲击面积随氧枪枪位的增大而增大,随氧枪枪位的减小而减小。

　　可见,改变 p_0 和 H 均可以调整对冶炼过程有重要影响的工艺参数冲击深度和冲击面积。

　　(1)高枪位或低氧压吹炼时,氧气射流冲击深度小、冲击面积大;反之,氧气射流冲击深度大、冲击面积小。

　　(2)生产中多采用恒氧压、变枪位操作,即一炉钢吹炼过程中保持供氧压力不变,而通过变化枪位来调节氧气射流冲击深度和冲击面积,以满足炉内反应所需。

　　(3)随着炉容的增大,单孔喷头很难同时满足冶炼所需要的冲击深度和冲击面积,故目前多用三孔以上的喷头。

　　b　氧气射流搅拌熔池

　　搅拌过程为:气流从凹坑底沿四壁向上流动时,两者之间的摩擦力使钢液也随之向上,到达液面时流向炉壁,导致该处钢液向下流动并补向熔池中心,形成环流,从而对熔池起到了搅拌作用。吹炼过程中,采用低枪位或高氧压的吹氧操作称为"硬吹";采用高枪位或低氧压的吹氧操作称为"软吹"。硬吹时,凹坑深,熔池内的钢液环流强,氧气射流的搅拌作用大;反之,软吹时氧气射流的搅拌作用小,如图4-4所示。

图4-4　熔池运动示意图
(a)硬吹;(b)软吹

　　需要指出的是,理论计算表明,转炉内对熔池进行搅拌的主要是上浮中的 CO 气泡,氧气射流的搅拌作用随炉容增大逐渐由 40% 以上降至不足 20%。但是,不能因此轻视氧气射流的搅拌作用,因为 CO 气泡产生的数量依赖于氧气射流的搅拌强度。

c　氧气射流与熔池相互破碎

破碎原因为:高速的氧气射流冲击熔池,加之碳氧反应生成的 CO 气体具有强烈搅拌作用,使得两者相互破碎。

破碎结果为:大部分熔池都形成了气泡、熔渣(2 mm)、金属(0.1 mm)三相乳浊液(仅底层有少部分单相金属),如图 4-5 所示。各相之间的接触面积剧增(据估算,转炉内每吹入 1 m^3 的氧气,所产生的金属 - 氧气的接触面积约为 37 m^2;每吨金属与熔渣的接触面积高达 60 m^2,且所有金属均有机会),极大地改善了炉内反应的动力学条件,使之得以快速进行。这是转炉冶炼速度快的原因之一。

硬吹时,氧气射流与熔池相互间的作用力大,熔池乳化程度高(乳化范围大、液滴也细小)。

但应注意:出钢前这种乳浊液应基本消失(被破坏),以减少金属损失。

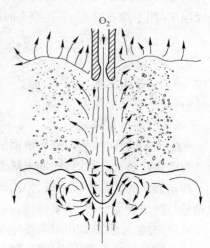

图 4-5　顶吹氧气时熔池的乳化现象

B　化学作用

氧气射流与熔池间的化学作用表现在以下两方面。

a　射流将氧传给金属——氧化溶质元素

(1)直接氧化。在射流的冲击区(也称一次反应区)及吸入流股的金属滴表面,将发生下列直接氧化反应:

$$1/2\{O_2\} + [C] = \{CO\}$$
$$\{O_2\} + [Si] = (SiO_2)$$
$$1/2\{O_2\} + [Mn] = (MnO)$$
$$1/2\{O_2\} + Fe = (FeO)$$

取样分析结果表明,氧化产物的 85% ~ 90% 是 FeO。

(2)间接氧化。被氧化了的钢液和液滴(带有大量的 FeO)随钢液一起环流时,会使沿途的溶质元素氧化(这些地方称为二次反应区),反应如下:

$$(FeO) = [FeO]$$
$$[FeO] + [C] = \{CO\} + Fe$$
$$2[FeO] + [Si] = (SiO_2) + 2Fe$$
$$[FeO] + [Mn] = [MnO] + Fe$$

b　射流将氧传给炉渣——提高(FeO)含量而促进化渣和间接氧化

(1)直接传氧。射流与炉渣接触时以及在乳浊液中,会发生如下反应将氧传给炉渣:

$$1/2\{O_2\} + 2(FeO) = (Fe_2O_3)$$
$$(Fe_2O_3) + Fe = 3(FeO)$$

(2)间接传氧。环流中未消耗完的(FeO)因密度小而上浮入渣。

综合上述两方面的作用,吹炼中枪位与炉内反应间的关系为:高枪位操作(即软吹)时,氧气射流与炉渣的接触面积大,直接传氧多,同时冲击深度小,熔池内的钢液环流较弱,(FeO)的上浮路程短,其间接氧化消耗少而上浮入渣多(即间接传氧也多),使(FeO)含量较高,有利于化渣,这就是所谓的"提枪化渣";但软吹时,熔池搅拌差而溶质元素氧化较慢,氧气的利用率也相对较低。反之,低枪位操作(即硬吹)时,氧气的利用率高,同时冲击深度大,熔池内的钢液环流强,(FeO)的上浮路程长,沿途的间接氧化反应强,溶质元素氧化快,这就是所谓的"降枪脱碳";但硬吹时,冲击面积小,氧气射流的直接传氧少,同时因(FeO)消耗多而间接传氧也较少,(FeO)含量低,对化渣不利。实际操作中,应根据吹炼的不同阶段的不同要求,合理地变化枪位,保证冶炼过程顺利进行。

4.3.2 底吹气体对熔池的作用

4.3.2.1 浸没式射流的行为特征

从底部喷入炉内的气体,一般属于亚声速。气体喷入熔池的液相内,除在喷孔处可能存在一段连续流股外,喷入的气体将形成大小不一的气泡,气泡在上浮过程中将发生分裂、聚集等情况而改变气泡体积和数量。特克多描述了垂直浸没射流的特征,提出如图4-6所示的定性图案。他认为:在喷孔上方较低的区域内,由于气流对液滴的分裂作用和不稳定气-液表面对液体的剪切作用,使气流带入的绝大多数动能都消耗掉了。射流中的液滴沿流动方向逐渐聚集,直至形成液体中的气泡区。

肖泽强等人在底吹小流量气体的情况下描述了底吹气体的流股特征,如图4-7所示。他认为:气流进入熔池后立即形成气泡群而上浮,在上浮过程中造成湍流扰动,全部气泡的浮力都驱动金属液向上运动,同时也抽引周围液体。液体的运动主要依靠气泡群的浮力,而喷吹的动量几乎可以忽略不计。

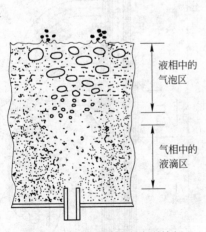

图4-6 垂直浸没射流碎裂特征

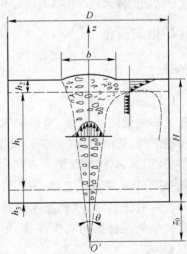

图4-7 底吹气体的流股特征

4.3.2.2 气泡对喷孔的影响

喷入熔池内的气体分散形成气泡时,残余气泡在距喷孔2倍于其直径处受到液体的挤压而断裂,气相内回流压向喷孔端面,这个现象称为气泡对喷孔的后坐,图4-8为这种现象的示意图。

油田隆果研究测定出,气泡后坐力可达1 MPa。李远洲经测定和分析认为,这样大的反推力包括气体射流的反作用力和后坐两部分,实际后坐力只有0.01~0.024 MPa,但后座的氧化性气体对炉衬仍有很大的破坏作用。由此可见,不论是气泡后坐力还是氧化气氛,都可能给喷孔和炉衬带来不良影响。目前的研究认为,采用缝隙型和多金属管型底吹供气元件能有效地消除后坐现象。

石英玻璃窗

图 4-8　气泡后坐示意图

4.3.2.3　复合吹炼供气对熔池的搅拌

在转炉复合吹炼供气时,有效地把熔池搅拌和炉渣氧化性统一起来。顶吹氧枪承担向熔池供氧的任务,而底吹气体则起着搅拌熔池的作用。在转炉复合吹炼中,熔池的搅拌能由顶吹和底吹气体共同提供。

Tomokatsu 等人的研究认为,顶吹气体提供的能量一部分消耗于熔池液面变形和喷溅等,而用于搅拌熔池的能量只占顶吹能量的 10%。

4.4　转炉供氧设备

4.4.1　氧枪

4.4.1.1　氧枪结构

氧枪又称喷枪或吹氧管,是转炉吹氧设备中的关键部件,它由喷头(枪头)、枪身(枪体)和枪尾所组成,其结构如图 4-9 所示。

由图 4-9 可知,氧枪的基本结构是,三层同心圆管将带有供氧、供水和排水通路的枪尾与决定喷出氧流特征的喷头连接,形成一个管状空心体。

氧枪的枪尾与进水管、出水管和进氧管相连,枪尾的另一端与枪身的三层套管连接,枪尾还有与升降小车固定的装卡结构,在它的端部有更换氧枪时吊挂用的吊环。

枪身是三层同心管。内层管通氧气,上端用压紧密封装置牢固地装在枪尾,下端焊

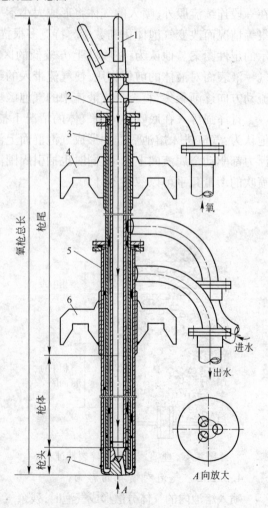

图 4-9　氧枪结构示意图

1—吊环;2—内层管;3—中层管;4—上卡板;
5—外层管;6—下卡板;7—喷头

接在喷头上。外层管牢固地固定在枪尾和枪头之间。当外层管承受炉内外显著的温差变化而产生膨胀和收缩时,内层管上的压紧密封装置允许内层管在其中自由竖直伸缩移动。中层管是用于分离流过氧枪的进、出水的隔板,冷却水由内层管和中层管之间的环状通路进入,下降至喷头后转180°,经中层管与外层管形成的环状通路上升至枪尾流出。为了保证中层管下端的水缝,其下端面在圆周上均匀分布着三个凸爪,借此将中层管支撑在枪头内腔底面上。同时,为了使三层管同心,以保证进、出水的环状通路在圆周上均匀,还在中层管和内层管的外壁上焊有均匀分布的三个定位块。定位块在管体长度方向按一定距离分布,通常每1~2 m放置一环共三个定位块,如图4-10所示。

喷头在工作时处于炉内最高温度区,因此要求其具有良好的导热性并有充分的冷却。喷头决定着冲向金属熔池的氧流特性,直接影响吹炼效果。喷头与管体的内层管用螺纹连接或焊接,与外层管采用焊接方法连接。

4.4.1.2 喷头类型

转炉吹炼时,为了保证氧气流股对熔池的穿透和搅拌作用,要求氧气流股在喷头出口处具有足够大的速度,使之具有较大的动能。以保证氧气流股对熔池具有一定的冲击力和冲击面积,使熔池中的各种反应快速而顺利地进行。显然,决定喷出氧流特征的喷头参数,包括喷头的类型以及喷头上喷嘴的孔型、尺寸和孔数,就成为达到这一目的的关键。

目前存在的喷头类型很多,按喷孔形状,可分为拉瓦尔型、直筒型、螺旋型等;按喷头孔数,又可分为单孔喷头、多孔喷头和介于两者之间的单三式或直筒型三孔喷头;按吹入物质分,有氧气喷头、氧-燃喷头和喷粉料的喷头。由于拉瓦尔型喷嘴能有效地把氧气的压力能转变为动能,并能获得比较稳定的超声速射流;而且在射流穿透深度相同的情况下,它的枪位可以高些,有利于改善氧枪的工作条件和炼钢的技术经济指标,因此拉瓦尔型喷头使用得最广。

A 拉瓦尔型喷头的工作原理

拉瓦尔型喷头的结构如图4-11所示。它由收缩段、缩颈(喉口)和扩张段构成,缩颈处于收缩段和扩张段的交界,此处的截面积最小,通常把缩颈的直径称为临界直径,把该处的面积称为临界断面积。

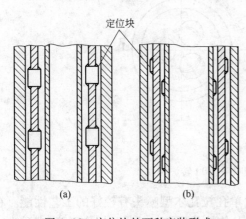

图4-10 定位块的两种安装形式

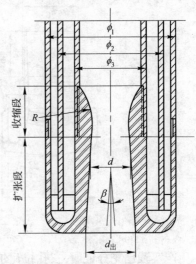

图4-11 单孔拉瓦尔型喷头

拉瓦尔型喷头是唯一能使喷射的可压缩性流体获得超声速流动的设备,它可以把压力能转变为动能。其工作原理是:高压气体流经收缩段时,气体的压力能转化为动能,使气流获得加速度;在临界断面上,气流速度达到声速;在扩张段内,气体的压力能继续转化为动能和部分消耗在气体的膨胀上。在喷头出口处,当气流压力降低到与外界压力相等时,可获得远大于声速的气流速度。若临界断面气体 $Ma=1$,则在出口处气流 $Ma>1$。通常,转炉喷头的气体 $Ma=1.8\sim2.2$。

B　单孔拉瓦尔型喷头

单孔拉瓦尔型喷头的结构如图4-11所示。它仅适用于小型转炉,对容量大、供氧量也大的大、中型转炉,由于单孔拉瓦尔型喷头的流股具有较高的动能,对金属熔池的冲击力过大,因而喷溅严重;同时,流股与熔池的相遇面积较小,对化渣不利。单孔喷头氧流对熔池的作用力也不均衡,使炉渣和钢液在炉中发生波动,增强了炉渣和钢液对炉衬的冲刷和侵蚀。故大、中型转炉已不采用这种喷头,而采用多孔拉瓦尔型喷头。

C　多孔喷头

大、中型转炉采用多孔喷头的目的,是为了进一步强化吹炼操作,提高生产率。但欲达到这一目的,就必须提高供氧强度(每吨钢每分钟供氧的立方米数),这就使大、中型转炉单位时间的供氧量远远大于小型转炉。为了克服使用单孔喷头给大、中型转炉带来的一系列问题,人们采用了多孔喷头分散供氧,很好地解决了这个问题。

多孔喷头包括三孔、四孔、五孔、六孔、七孔、八孔、九孔等,它们的每个小喷孔都是拉瓦尔型喷孔。其中三孔喷头使用得较多。

a　三孔拉瓦尔型喷头

三孔拉瓦尔型喷头的结构如图4-12所示。三孔拉瓦尔喷头的三个孔为三个拉瓦尔喷孔,它们的中心线与喷头的中心线成一夹角 $\beta(\beta=9°\sim11°)$,三个孔以等边三角形分布。这种喷头的氧气流股分成三份,分别进入三个拉瓦尔喷孔,在出口处获得三股超声速氧气流股。

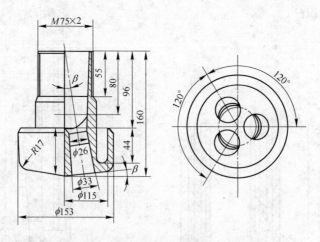

图4-12　三孔拉瓦尔型喷头(30 t 转炉用)

生产实践已充分证明,三孔拉瓦尔型喷头比单孔拉瓦尔型喷头有较好的工艺性能。在吹炼中使用三孔拉瓦尔型喷头可以提高供氧强度,使枪位稳定、化渣好、操作平稳、喷溅少,并可提高炉龄,热效率也较单孔高。

但三孔拉瓦尔型喷头的结构比较复杂,加工制造比较困难,三孔中心的夹心部分易于烧毁而失去三孔的作用。为此,加强三孔夹心部分的冷却就成为三孔喷头结构改进的关键,改进的措施有:在喷孔之间开冷却槽,使冷却水能深入夹心部分进行冷却;或在喷孔之间穿洞,使冷却水进入夹心部分循环冷却。为了便于这种喷头加工,国内外一些工厂把喷头分成几个加工部件,然后焊接组合,称为组合式水内冷喷头,如图4-13所示,α为拉瓦尔喷孔扩张段的扩张角。这种喷头加工方便,使用效果好,适合于大、中型转炉。另外,从工艺上防止喷头粘钢,防止出高温钢及化渣不良、低枪操作等,对提高喷头寿命也是有益的。

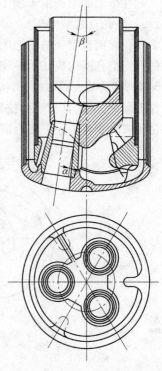

图4-13 组合式水内冷喷头

三孔喷头的三孔夹心部分(又称鼻尖部分)易于烧损的原因是,在该处形成一个回流区,所以炉气和其中包含的高温烟尘不断被卷进鼻尖部分并附着于该部分的表面,加之粘钢,进而侵蚀喷头,逐渐使喷头损坏。

b 四孔以上喷头

我国120 t以上中、大型转炉采用四孔、五孔喷头。四孔、五孔喷头的结构如图4-14和图4-15所示。

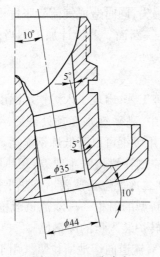

图4-14 四孔喷头

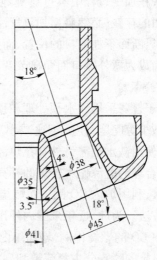

图4-15 五孔喷头

四孔喷头的结构有两种形式,一种是中心一孔,周围平均分布三孔,中心孔与周围三孔的孔径尺寸可以相同,也可以不同。图4-14所示的是另一种形式的四孔喷头,四个孔平均分布在喷头周围,中心无孔。

五孔喷头的结构也有两种形式,一种是五个孔均匀地分布于喷头四周;另一种如图4-15所示,其结构为中心一孔,周围平均分布四孔,中心孔径与周围四孔孔径可以相同,也可以不同。五孔喷头的使用效果是令人满意的。

五孔以上的喷头由于加工不便,应用较少。

c　三孔直筒型喷头

三孔直筒型喷头的结构如图 4-16 所示。它是由收缩段、喉口以及三个与喷头轴线成 β 角的直筒型孔所构成,β 角一般为 9°~11°,三个直筒型孔的断面积为喉口断面积的 1.1~1.6 倍。这种喷头可以得到冲击面积比单孔拉瓦尔型喷头大 4~5 倍的氧气流股。从工艺操作效果上来看,其与三孔拉瓦尔型喷头基本相同,而且制造方便,使用寿命较高,我国中、小型氧气转炉多采用三孔直筒形喷头。

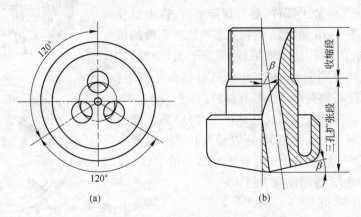

图 4-16　三孔直筒型喷头

这种喷头在加工过程中不可避免地会在喉口前后出现"台"、"棱"、"尖"这类障碍物。由于这些东西的存在,必然会增加氧气流股的动能损失,同时造成气流膨胀过程中的二次收缩现象,使临界断面不在喉口的位置,而为其下的某一断面。若设计加工不当,很可能导致二次收缩断面成为意外喉口而明显改变其喷头性能。

D　双流道氧枪

当前,由于普遍采用铁水预处理和顶底复合吹炼工艺,出现了入炉铁水温度下降及铁水中放热元素减少等问题,使废钢比减小。尤其是用中、高磷铁水经预处理后冶炼低磷钢种时,即使全部使用铁水也需另外补充热源。此外,使用废钢可以降低炼钢能耗。这就要求能有一种经济、合理的能源作为转炉的补充热源。目前热补偿技术主要有:预热废钢、向炉内加入发热元素、利用炉内 CO 的二次燃烧。显然,CO 二次燃烧是改善冶炼热平衡、提高废钢比最经济的方法。为此,近年来国内外出现了一种新型的氧枪——双流道氧枪。其目的在于提高炉气中 CO 的燃烧比例,增加炉内热量,加大转炉装入量的废钢比。

双流道氧枪的喷头分主氧流道和副氧流道。主氧流道向熔池所供氧气用于钢液的冶金化学反应,与传统的氧气喷头作用相同。副氧流道向熔池所供氧气用于炉气的二次燃烧,所产生的热量不仅有助于快速化渣,还可加大废钢入炉的比例。

双流道氧枪的喷头有两种形式,即端部式和顶端式(台阶式)。

图 4-17 所示为端部式双流道氧枪的喷头。它的主、副氧流道基本上在同一平面上。主氧流道喷孔常为三孔、四孔或五孔拉瓦尔喷孔,与轴线成 9°~11°。副氧流道有四孔、六孔、八孔、十二孔等直筒型喷孔,角度通常为 30°~35°。主氧流道供氧强度(标态)为 2.0~3.5 $m^3/(t \cdot min)$;副氧流道为 0.3~1.0 $m^3/(t \cdot min)$;主氧量加副氧量之和的 20% 为副氧

流量的最佳值（也有采用15%～30%的）。采用顶底复吹转炉的底气吹入量（标态）为0.05～0.10 m³/(t·min)。

端部式双流道氧枪的枪身仍为三层管结构，副氧流道喷孔设在主氧流道外环的同心圆上。副氧流是从主氧流道氧流中分流出来的，副氧流流量受副氧流喷孔大小、数量及氧管总压、流量的控制。这既影响主氧流的供氧参数，也影响副氧流的供氧参数；但其结构简单，喷头损坏时更换方便。

图4-18所示为顶端式双流道氧枪的喷头。它的主、副氧流量及底气吹入量参数与端部式喷头基本相同，副氧流道喷孔角通常为20°～60°。副氧流道离主氧流道端面的距离与转炉的炉容量有关，小于100 t的转炉为500 mm，大于100 t的转炉为1000～1500 mm（有的甚至高达2000 mm）。喷孔可以是直筒孔型，也可以是环缝型。

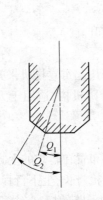

图4-17 端部式双流道氧枪的喷头

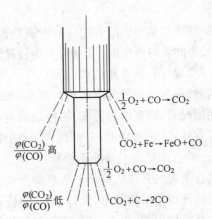

图4-18 顶端式双流道氧枪的喷头

顶端式双流道氧枪捕捉CO的覆盖面积比端部式有所增大，并且供氧参数可以独立自控，国外设计多倾向于顶端式双流道氧枪。但顶端式氧枪的枪身必须设计成四层同心套管（中心层走主氧、二层走副氧、三层为进水、四层为出水），副氧喷孔或环缝必须穿过进、出水套管，加工制造及损坏时更换较为复杂。

采用双流道氧枪，炉内CO二次燃烧的热补偿效果与转炉的炉容量有关，在30 t以下的转炉中，二次燃烧率可增加20%，废钢比增加近10%，热效率为80%左右；100 t以上转炉的二次燃烧率可增加7%，废钢比增加约3%，热效率为70%左右。二次燃烧对渣中全铁（TFe）含量和炉衬寿命没有影响。但采用副氧流道后，使炉气中的CO含量降低了6%，最多可降低为8%。

4.4.2 氧枪升降和更换机构

4.4.2.1 对氧枪升降和更换机构的要求

为了适应转炉吹炼工艺的要求，在吹炼过程中，氧枪需要多次升降以调整枪位。转炉对氧枪升降和更换机构提出以下要求：

（1）应具有合适的升降速度并可以变速。冶炼过程中，氧枪在炉口以上应快速升降，以缩短冶炼周期。当氧枪进入炉口以下时，则应慢速升降，以便控制熔池反应和保证氧枪安全。目前，国内大、中型转炉氧枪升降速度为：快速高达50 m/min，慢速为5～10 m/min；小型转炉一般为 8 ~ 15 m/min。

（2）应保证氧枪升降平稳，控制灵活，操作安全。

（3）结构简单，便于维护。

（4）能快速更换氧枪。

（5）应具有安全连锁装置。为了保证安全生产，氧枪升降机构设有下列安全连锁装置：

1）当转炉不在垂直位置（允许误差 ±3°）时，氧枪不能下降。当氧枪进入炉口后，转炉不能做任何方向的倾动。

2）当氧枪下降到炉内经过氧气开、闭点时，氧气切断阀自动打开；当氧枪提升通过此点时，氧气切断阀自动关闭。

3）当氧气压力或冷却水压力低于给定值或冷却水升温高于给定值时，氧枪能自动提升并报警。

4）副枪与氧枪也应有相应的连锁装置。

5）车间临时停电时，可利用手动装置使氧枪自动提升。

4.4.2.2　氧枪升降机构

当前，国内外氧枪升降机构的基本形式都相同，即采用起重卷扬机来升降氧枪。从国内的使用情况看，它有两种类型，一种是垂直布置的氧枪升降机构，适用于大、中型转炉；另一种是旁立柱式（旋转塔型）升降机构，只适用于小型转炉。

A　垂直布置的氧枪升降机构

垂直布置的升降机构是把所有的传动及更换装置都布置在转炉的上方，见图 2-12。这种形式的优点是结构简单、运行可靠、换枪迅速。但由于枪身长，上下行程大，为布置上部升降机构及换枪设备，要求厂房高（一般氧气转炉主厂房炉子跨的标高，主要是考虑氧枪布置而提出要求）。因此，垂直布置的形式只适用于大、中型氧气转炉车间。在该车间内均设有单独的炉子跨，国内 15 t 以上的转炉都采用这类形式。

垂直布置的升降机构有单卷扬型氧枪升降机构和双卷扬型氧枪升降机构两种类型。

a　单卷扬型氧枪升降机构

单卷扬型氧枪升降机构如图 4-19 所示。这种机构是采用间接升降方式，即借助平衡重锤来升降氧枪，工作氧枪和备用氧枪共用一套卷扬装置。它由氧枪、氧枪升降小车、导轨、平衡重锤、卷扬机、横移装置、钢丝绳滑轮系统、氧枪高度指示标尺等几部分组成。

氧枪固定在升降小车上，升降小车沿着用槽钢制成的导轨上下移动，通过钢绳将升降小车与平衡锤连接起来。

其工作过程为：当卷筒提升平衡锤时，氧枪及升降小车因自重而下降；当放下平衡锤时，平衡锤的重量将氧枪及升降小车提升。平衡锤的重量比氧枪、升降小车、冷却水和胶皮软管等重量的总和要大 20% ~ 30%，即过平衡系数为 1.2 ~ 1.3。

为了保证工作可靠，氧枪升降小车采用了两根钢绳，当一条钢绳损坏时，另一条钢绳仍能承担全部负荷，使氧枪不至于坠落损坏。

图 4-20 所示为氧枪升降卷扬机。在卷扬机的电动机后面设有制动器与气缸装置。制动器能使氧枪准确地停留在任何位置上。为了在发生断电事故时能使氧枪自动提出炉外，在制动器电磁铁底部装有气缸。当断电时，打开气缸阀门，使气缸的活塞杆顶开制动器，电动机便处于自由状态。此时，平衡锤将下落，将氧枪提起。为了使氧枪获得不同的升降速

度,卷扬机采用了直流电动机驱动,通过调节电动机的转速达到氧枪升降变速的目的。为了操作方便,在氧枪升降卷扬机上还设有行程指示卷筒,通过钢绳带动指示灯上下移动,以指示氧枪的升降位置。

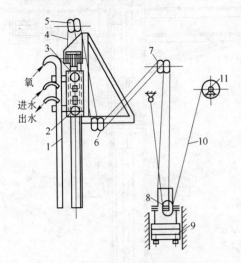

图 4-19　单卷扬型氧枪升降机构

1—氧枪;2—升降小车;3—导轨;4,10—钢绳;
5~8—滑轮;9—平衡锤;11—卷筒

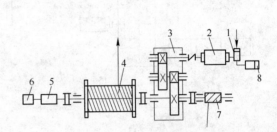

图 4-20　氧枪升降卷扬机

1—制动器;2—电动机;3—减速器;4—卷筒;5—主令控制器;
6—自整角发送机;7—行程指示卷筒;8—气缸

采用单卷扬型氧枪升降机构的主要优点是,设备利用率高;可以采用平衡锤减轻电动机负荷,当发生停电事故时可借助平衡锤自动提枪,因此设备费用较低。但它需要一套吊挂氧枪的吊具。生产中,曾发生过由于吊具失灵将氧枪掉入炉内的事故。所以,单卷扬型氧枪升降机构不如双卷扬型氧枪升降机构安全可靠。

b　双卷扬型氧枪升降机构

这种升降机构设置两套升降卷扬机,一套工作,另一套备用。这两套卷扬机均安装在横移小车上,在传动中不用平衡锤而采用直接升降的方式,即由卷扬机直接升降氧枪。当该机构出现断电事故时,用风动马达将氧枪提出炉口。图 4-21 为 150 t 转炉双卷扬型氧枪升降传动示意图。

双卷扬型氧枪升降机构与单卷扬型氧枪升降机构相比,备用能力大,在一台卷扬设备损坏、离开工作位置检修时,另一台可以立即投入工作,保证正常生产。但多一套设备,并且两套升降机构都需装设在横移小车上,引起横移驱动机构负荷加大;同时,在传动中不适宜采用平衡锤,传动电动机的工作负荷增大;在事故断电时,必须用风动马达将氧枪提出炉外,因而又增加了一套压气机设备。

B　旁立柱式(旋转塔型)氧枪升降机构

如图 4-22 所示,旁立柱式(旋转塔型)氧枪升降机构的传动机构布置在转炉旁的旋转台上,采用旁立柱固定、升降氧枪,旋转立柱可移开氧枪至专门的平台进行检修和更换。

旁立柱式氧枪升降机构适用于厂房较矮的小型转炉车间,它不需要另设专门的炉子跨,占地面积小,结构紧凑。缺点是不能装设备用氧枪,换枪时间长,吹氧时氧枪振动较大,氧枪中心与转炉中心不易对准。这种装置基本能满足小型转炉炼钢车间生产上的要求。

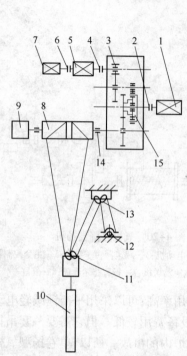

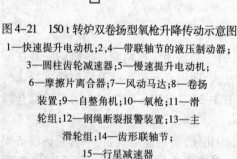

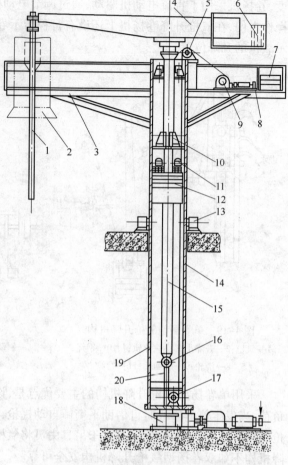

图 4-21　150 t 转炉双卷扬型氧枪升降传动示意图
1—快速提升电动机；2,4—带联轴节的液压制动器；
3—圆柱齿轮减速器；5—慢速提升电动机；
6—摩擦片离合器；7—风动马达；8—卷扬
装置；9—自整角机；10—氧枪；11—滑
轮组；12—钢绳断裂报警装置；13—主
滑轮组；14—齿形联轴节；
15—行星减速器

图 4-22　旁立柱式（旋转塔型）氧枪升降装置
1—氧枪；2—烟罩；3—桁架；4—横梁；5,10,16,17—滑轮；
6,7—平衡锤；8—制动器；9—卷筒；11—导向辊；
12—配重；13—挡轮；14—回转体；15,20—钢丝绳；
18—向心推力轴承；19—立柱

4.4.2.3　氧枪更换机构

氧枪更换机构的作用是在氧枪损坏时，能在最短的时间里将备用氧枪换上并投入工作。氧枪更换机构基本上都是由横移小车、小车座架和小车驱动机构三部分组成。但由于采用的升降装置形式不同，小车座架的结构和功用也明显不同，氧枪升降机构相对于横移小车的位置也截然不同。单卷扬型氧枪升降机构的提升卷扬与换枪装置的横移小车是分离配置的；而双卷扬型氧枪升降机构的提升卷扬装置则装设在横移小车上，随横移小车同时移动。

图 4-23 所示为某厂 50 t 转炉单卷扬型氧枪更换机构。在横移小车上，并排安装有两套氧枪升降小车，其中一套对准工作位置，处于工作状态，另一套备用。如果氧枪烧坏或发生其他故障，可以迅速开动横移小车，使备用氧枪小车对准工作位置，即可投入生产。整个换枪时间约为 1.5 min。由于该种升降机构的提升卷扬装置不在横移小车上，所以横移小车的

车体结构比较简单。

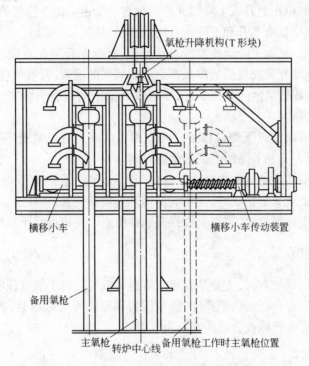

图 4-23 某厂 50 t 转炉单卷扬型氧枪更换机构

双卷扬型氧枪升降机构的两套提升卷扬装置都装设在横移小车上。如我国 300 t 转炉,每座有两台升降机构,分别装设在两台横移小车上,当一台横移小车携带氧枪升降机构处于转炉中心的操作位置时,另一台处于等待备用位置,每台横移小车都有各自独立的驱动装置。当需要换枪时,损坏的氧枪与其升降装置脱离工作位置,备用氧枪与其升降装置进入工作位置。换枪所需时间为 4 min。

4.4.3 氧枪各操作点的控制位置

转炉生产过程中,为了能及时、安全和经济地向熔池供给氧气,氧枪应根据生产情况的不同而处于不同的控制位置。图 4-24 所示为某厂 120 t 转炉氧枪在行程中各操作点的标高位置。各操作点的标高是指喷头顶面距车间地平轨面的距离。

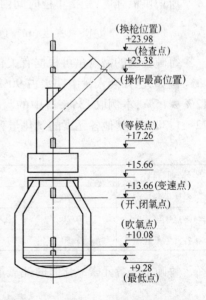

图 4-24 某厂 120 t 转炉氧枪在行程中各操作点的标高位置

氧枪各操作点标高的确定原则如下:

(1) 最低点。最低点是氧枪下降的极限位置,其位置取决于转炉的容量。对于大型转炉,氧枪最低点距熔池钢液面应大于 400 mm;而对中、小型转炉,应大于 250 mm。

(2) 吹氧点。此点是氧枪开始进入正常吹炼的位置,又称吹炼点。这个位置与转炉的容量、喷头类型、供氧压力等因素有关,一般根据生产实践经验确定。

（3）变速点。氧枪在上升或下降到此点时就自动变速。此点位置的确定主要是为了保证安全生产,又能缩短氧枪上升和下降所占用的辅助时间。

（4）开、闭氧点。氧枪下降至此点应自动开氧,氧枪上升至此点应自动停氧。开、闭氧点位置应适当,过早地开氧或过迟地停氧都会造成氧气的浪费,若氧气进入烟罩也会引起不良影响;过迟地开氧或过早地停氧也不好,易造成氧枪粘钢和喷头堵塞。一般开、闭氧点可与变速点在同一位置。

（5）等候点。等候点位于炉口以上。此点位置的确定应以氧枪不影响转炉的倾动为准,过高会增加氧枪上升和下降所占用的辅助时间。

（6）最高点。最高点是氧枪在操作时的最高极限位置,它应高于烟罩上氧枪插入孔的上缘。检修烟罩和处理氧枪粘钢时,需将氧枪提升到最高位置。

（7）换枪点。更换氧枪时,需将氧枪提升到换枪点。换枪点高于氧枪操作的最高点。

4.5　转炉供氧制度

氧气转炉炼钢的供氧方式,主要是直接向熔池吹氧气。对于氧气顶吹转炉,其供氧制度就是根据生产条件确定合适的供氧强度、供氧压力和枪位等工艺参数;若是顶底复吹转炉,则还要选用合适的底吹气体及合理的底部供气方式。

4.5.1　供氧强度

所谓供氧强度,是指单位时间内向每吨金属供给的标准状态氧气量,即:

$$供氧强度(m^3/(t \cdot min)) = \frac{每吨金属需氧量(m^3/t)}{供氧时间(min)} \tag{4-14}$$

每吨金属的需氧量可根据有关化学反应,由金属原料成分和吹炼终点的钢液成分求得。

例如,已知装入量中铁水占 90%、废钢占 10%,吹炼 D_3F 钢。转炉炼钢的渣量一般为 12% ~ 15%,本例取 13%,渣中的 $\sum w(FeO) = 13\%$。于是铁的氧化量 = 13% × 13% × 56/72 ≈ 1.30%。其他各元素的氧化量列于表 4-1。

表 4-1　各元素的氧化量　　　　　　　　　　　　　（%）

项　目	$w[C]$	$w[Si]$	$w[Mn]$	$w[P]$	$w[Fe]$
金属原料成分	3.70	0.70	0.40	0.20	
终点钢液成分	0.20		0.20	0.02	
各元素氧化量	3.50	0.70	0.20	0.18	1.30

每吨金属各元素氧化时的耗氧量列于表 4-2。

表 4-2　各元素氧化时的耗氧量

元　素	氧化量/kg	氧 化 产 物	耗氧量/kg
C[①]	35.0	CO_2 CO	35.0 × 15% × 32/12 = 14.00 35.0 × 85% × 16/12 = 39.66
Si	7.0	SiO_2	7.0 × 32/28 = 8.00
Mn	2.0	MnO	2.0 × 16/55 = 0.58

元 素	氧化量/kg	氧化产物	耗氧量/kg
P	1.80	P_2O_5	$1.8 \times 80/62 = 2.32$
Fe	13.0	FeO	$13.0 \times 16/56 = 3.71$
共计	58.8		68.27

① 碳的氧化过程中有 15% 生成 CO_2,85% 生成 CO。

由于每立方米标准状态氧气的质量为 1.43 kg,假定所用氧气的纯度为 99.6%,则每吨金属所耗标准状态的氧气量为:

$$\frac{68.27}{99.6\% \times 1.43} = 48 \ m^3$$

这个值是根据化学反应方程式计算出来的,它仅是耗氧量的主要部分。实际上,生产中还有一部分耗氧量未被考虑。例如,炉内一部分 CO 燃烧成 CO_2 所需的氧气量、气化去硫所需的氧气量、炉气中所含的自由氧以及喷溅物中的氧量等。这部分耗氧量随操作条件(如喷枪位置、工作氧压、供氧强度等)、喷头结构、炉容比以及原材料条件等的变化而变化,无法进行精确计算。根据统计结果,理论计算值仅为总耗氧量的 75% ~ 85%。所以,每吨金属的实际需氧量为:

$$\frac{48}{75\% \sim 85\%} = 64.0 \sim 56.5 \ m^3$$

供氧时间主要与转炉的容量大小有关,而且随着转炉容量增大,供氧时间增加;其次,原材料条件、造渣制度、所炼钢种及喷头结构等对供氧时间也有一定的影响。通常情况下,容量小于 50 t 的转炉取 12 ~ 16 min,50 t 的转炉取 16 ~ 18 min,容量大于 120 t 的转炉则取 18 ~ 20 min。

例如,容量为 30 t 的氧气顶吹转炉,使用三孔拉瓦尔型喷头供氧,采用单渣法操作生产 20 钢,1 t 金属料消耗标准状态的氧量取 56 m^3,吹氧时间按 16 min 考虑,则:

$$供氧强度 = \frac{56}{16} = 3.5 \ m^3/(t \cdot min)$$

可见,当 1 t 金属料的需氧量一定时,缩短吹氧时间可以提高供氧强度,从而可强化转炉的吹炼过程,提高生产率。提高供氧强度可以通过改进喷头设计来实现,但是实际生产中喷头的直径已定,只有通过提高供氧压力来增加氧气射流的速度才能把相同的氧气量吹入熔池。然而,这样势必会增加吹炼中产生喷溅的可能性和喷溅的程度。生产实践表明,容量小于 12 t 的转炉,其供氧强度一般为 4.0 ~ 4.5 $m^3/(t \cdot min)$;30 ~ 50 t 的转炉,其供氧强度为 2.8 ~ 4.0 $m^3/(t \cdot min)$;120 ~ 150 t 的转炉,供氧强度通常为 2.5 ~ 3.5 $m^3/(t \cdot min)$。国外大型转炉的供氧强度一般为 2.5 ~ 4.0 $m^3/(t \cdot min)$。

4.5.2 供氧压力

氧气的压力是转炉炼钢中供氧操作的一个重要参数。对于同一氧枪来说,提高氧气压力可增加供氧强度而缩短冶炼时间。但是枪位一定时,过分增大氧气压力会引起严重喷溅;同时,氧气射流对熔池的冲击深度也会增加而有冲蚀炉底的危险。合适的供氧压力一般是先凭经验选定,然后在使用中修正。转炉中涉及的氧气压力主要是喷头前的绝对压力 p_0 和

使用压力 $p_{用}$（表压）。

喷头前的氧压 p_0 是设计喷头和确定吹炼制度时的原始参数。根据经验，小型转炉的 p_0 一般为 0.4~0.7 MPa，大容量转炉的 p_0 则为 0.8~1.1 MPa。

通常所说的供氧压力是指转炉车间内氧气压力测定点的表压值，又称使用压力，常以 $p_{用}$ 来表示。转炉车间内的氧压测定点通常位于枪尾软管前的输氧管上，氧气流股从测定点开始，经输氧管、枪尾软管、枪身到喷头前这一段的阻力损失一般为 0.15~0.25 MPa。因此，使用压力 $p_{用}$ 与喷头前压力 p_0 间的关系为：

$$p_{用} = p_0 - 0.1 + (0.15 \sim 0.25) \tag{4-15}$$

实际供氧压力允许有约 45% 的正偏差，特别是在采用分阶段定量装入法时，随着装入量的递增，要相应提高供氧压力，以增大供氧量。

4.5.3　枪位及其控制

转炉炼钢中的枪位，通常定义为氧枪喷头至平静熔池液面的距离。这一距离较大时，称为枪位高；反之，称为枪位低。定义中之所以要以"平静熔池"为标准，是因为吹炼过程中实际熔池的液面一直在上下波动。

枪位的高低是转炉吹炼过程中的一个重要参数，它不仅与熔池内钢液环流运动的强弱程度有直接关系，而且对转炉内的传氧情况有重大影响。因此，控制好枪位是供氧制度的核心内容，是转炉炼钢的关键所在。

4.5.3.1　枪位与熔池内钢液环流的关系

转炉炼钢中，高压、超声速的氧气射流连续不断地冲击熔池，在熔池的中央冲出一个凹坑，同时，到达坑底后的氧气射流形成反射流股，通过其与钢液间的摩擦力引起熔池内的钢液进行环流运动。钢液的环流运动能极大地改善炉内化学反应的动力学条件，对加速冶炼过程具有重要意义。不同的供氧操作，氧气射流对熔池的冲击效果不同，熔池内钢液的环流程度也因此而有所不同。

硬吹时，由于吹炼时的枪位较低或氧压较高，氧气射流与熔池接触时的速度较快、断面积较小，因而熔池的中央被冲出一个面积较小而深度较大的作用区。该作用区内的温度高达 2200~2700℃，而且钢液被粉碎成细小的液滴，从坑内壁的切线方向溅出，形成很强的反射流股，从而带动钢液进行剧烈的循环流动，几乎使整个熔池都得到了强有力的搅拌。

软吹时，由于吹炼时的枪位较高或氧压较低，与熔池接触时氧气射流的速度较慢、断面积较大，因而其冲击深度较小而冲击面积较大；同时，所产生的反射流股也较弱，钢液中因而形成的环流也就相对较弱，即氧气射流对熔池的搅拌效果较差。

从硬吹和软吹的效果来看，吹氧过程中改变氧压与调整枪位具有相同的作用。为此，转炉的吹氧操作可有以下三种类型：

（1）恒氧压变枪位操作。所谓恒氧压变枪位操作，是指在一炉钢的吹炼过程中氧气的压力保持不变，而通过改变枪位来调节氧气射流对熔池的冲击深度和冲击面积，以控制冶炼过程顺利进行的吹氧方法。生产实践证明，恒氧压变枪位的吹氧操作能根据一炉钢冶炼中各阶段的特点灵活地控制炉内的反应，吹炼平稳，金属损失少，去磷和去硫效果好。为此，目前国内各厂普遍采用这种吹氧操作。应该指出的是，随着炉龄的增长，熔池的容积变大，装入量按阶段增多,氧气的压力也应该逐段递增,以便使不同装入量的吹炼时间相差不大、供氧强度大致相同。

(2) 恒枪位变氧压操作。所谓恒枪位变氧压操作,是指在一炉钢的吹炼过程中喷枪的高度,即枪位保持不变,仅靠调节氧气的压力来控制冶炼过程的吹氧方法。恒枪位变氧压的吹氧操作,在吹炼条件比较稳定的情况下简单、可行。但是,调节氧气的压力不如调节枪位的效果明显,尤其是大幅度降低氧气的压力会影响吹炼时间。因此,吹炼条件(如铁水的成分、温度等)波动较大时,不宜采用该种吹氧操作。

(3) 变枪位变氧压操作。变枪位变氧压操作,是在炼钢中同时改变枪位和氧压的供氧方法。调控手段的增加会改善调控的灵敏性和准确性。试验表明,变枪位变氧压操作不但化渣迅速,而且还可以提高吹炼前期和吹炼后期的供氧强度,缩短吹氧时间。但是,变氧压与变枪位的效果互相影响,要准确控制炉内反应则需更高的技术水平和操作水平。

综上所述,目前国内普遍采用的是分阶段恒氧压变枪位操作。低枪位吹炼时,钢液的环流强,几乎整个熔池都能得到良好的搅拌;反之,高枪位吹炼时,钢液的环流弱,氧气射流对熔池的搅拌效果差。

4.5.3.2　枪位控制

转炉炼钢中枪位控制的基本原则是:根据吹炼中出现的具体情况及时进行相应的调整,力争做到既不出现喷溅,又不产生返干,使冶炼过程顺利到达终点。

A　一炉钢吹炼过程中枪位的变化

一炉钢吹炼过程中的不同阶段,转炉内的熔渣组成、钢液成分、熔池温度及所进行的化学反应等均不相同,因此向炉内供氧的条件(即枪位和氧压)也应不同。在目前供氧压力为$0.5 \sim 1.1$ MPa 的情况下,三孔拉瓦尔型喷头氧枪的枪位(H,mm)在吹炼中的变化范围与喷头喉口直径(d,mm)的经验关系为:

$$H = (35 \sim 55)d \tag{4-16}$$

而枪位的变化规律通常是:高→低→高→低。

吹炼前期,炉内反应的主要特点是,铁水中的硅迅速氧化,渣中的酸性氧化物 SiO_2 含量快速增加,同时熔池温度尚低。然而,此时要加入大量石灰尽快形成碱度不低于 1.5 的熔渣,缩短酸性渣的过渡时间,以减轻炉衬损失和增加前期的去磷量。所以,吹炼前期应采用较高的枪位,使渣中的全氧化铁含量 $\sum w(\text{FeO})$ 稳定在 25% 左右,迅速在所加入的石灰表面形成熔点仅为 1205℃ 的 $CaO \cdot FeO \cdot SiO_2$,加速石灰的熔化和溶解。若枪位过低,将会导致渣中的全 FeO 不足,而在石灰块的表面生成熔点高达 2130℃ 的 $2CaO \cdot SiO_2$,阻碍石灰的熔化。但枪位也不可过高,以免渣中 $\sum w(\text{FeO})$ 过大、炉渣严重泡沫化而产生喷溅。最佳的枪位应该是使炉内的熔渣适当泡沫化,即乳浊液涨至炉口附近而又不喷出。

吹炼中期,炉内的渣已经化好,硅、锰的氧化已近结束,熔池温度也已较高,碳氧反应开始加速。此时应适当降低枪位,以防产生严重喷溅,同时配合脱碳反应所需的供氧条件。但必须指出的是,激烈的脱碳反应会消耗大量的 FeO。如果渣中的全 FeO 含量降低过多,会使炉渣的熔点升高,甚至出现 $2CaO \cdot SiO_2$ 固态颗粒而黏度显著增大,这种现象称为炉渣返干。炉渣出现严重返干时,会影响硫、磷的继续去除,甚至发生"回磷"现象(原因是 FeO 减少);同时,还会因钢液表面裸露而出现金属飞溅的情况,为此,吹炼中期的枪位也不宜过低。合适的枪位是使渣中 $\sum w(\text{FeO})$ 保持在 10% ~ 15% 范围内。

吹炼后期,炉内的碳氧反应已较弱,因炉渣严重泡沫化而产生喷溅的可能性较小,此时主要的任务是调整好炉渣的氧化性和流动性,继续去磷;同时,通过高温、高碱度的炉渣去除钢液中的硫;准确控制终点。所以,该阶段应先适当提枪化渣,而接近终点时再适当降枪,以加强对熔池的搅拌、均匀钢液的成分和温度;同时,降低终渣的全 FeO 含量,提高金属和合金的收得率,并减轻熔渣对炉衬的侵蚀。

B   生产条件改变时调节枪位的基本原则

实际生产中,生产条件千变万化,枪位也不能一成不变,而应根据具体情况进行相应的调整。影响枪位的因素主要是熔池深度、铁水的温度和成分、石灰的质量和用量、供氧压力等。

熔池越深,渣层就越厚,渣也就越难化,同时吹炼中熔池液面上涨也越多。因此,枪位的控制应在不引起喷溅的条件下相应高些,以免化渣困难。

生产中,凡是影响熔池深度的因素发生变化时,均需相应的调节枪位。例如,炉料的铁水配比高时,冶炼中渣量大、熔池的深度增加,枪位应相应提高。铁水温度低时,开吹后应先低枪位提温,然后再提枪化渣;铁水的硅含量高时,渣量大,吹炼前期的枪位不宜过高,以免发生严重喷溅。

当石灰的质量低劣或因铁水含磷高而加入量较大时,冶炼中化渣困难,枪位应相应提高;反之,化渣时的枪位可适当低些。

就氧气射流对熔池的作用而言,提高氧压与降低枪位的效果相同。因此,供氧压力因故不足时,枪位应相应低些;反之,枪位应相应高些。

另外,喷头的结构有单孔和多孔之分。比较而言,单孔喷头的化渣能力差,枪位应控制得高些;相反的,采用多孔喷头吹氧时,枪位应相对低些。不过,生产中喷头的结构已经确定,因而它对枪位的影响不必考虑。

4.5.4   顶底复合吹炼转炉的底部供气制度

4.5.4.1   顶底复合吹炼转炉简介

顶底复合吹炼技术是氧气转炉炼钢技术的重要发展。20 世纪 70 年代中期,法国钢铁研究院发明了这项技术,并在 1977 年第八届国际氧气顶吹炼钢会议上介绍了氧气顶吹转炉底部吹入氩气搅拌熔池的冶金效果。会后,卢森堡、比利时、英国、美国和日本等国先后进行了半工业性实验,证实了法国钢铁研究院的结论。

氧气转炉的顶底复合吹炼法,可以通过选择不同的底吹气体种类和数量及顶枪供氧制度,得到冶炼不同原料和钢种的最佳复合吹炼工艺,从而取得良好的冶金效果和经济效益,并且在现有的顶吹转炉上稍加改造即可投产,因此该技术在全世界范围内得到了迅速的发展。

我国对转炉顶底复合吹炼技术的研究始于 1979 年。这一技术在我国也得到了广泛应用,不仅新建的均为顶底复吹转炉,而且现有的其他氧气转炉也已经或正在改成复合吹炼转炉;同时,复合吹炼的钢种已达 200 多个,各项技术经济指标也不断提高。

按照底吹气体的性质不同,大致可以将其分为以下两类:

(1) 底吹惰性气体。用于底吹的惰性气体有 Ar、N_2、CO_2 或者它们的混合气体。吹气的方式多采用透气元件法,即通过炉底埋设的透气元件吹入。透气元件有环型、直狭缝型、集束管型等多种。底吹惰性气体的目的是为了加强对熔池的搅拌,以改善成渣过程、减少喷溅、缩短冶炼时间等。

(2) 底吹氧气或氧气和石灰粉。由于底吹的气体是氧气,所以必须使用双层套管式喷嘴,其内层通氧,外层通碳氢化合物(如轻柴油、天然气、丙烷)等,它们与高温钢液接触时裂解而吸热,对喷嘴起冷却作用。底吹氧气的目的为,在加强对熔池搅拌的同时促进炉内的脱碳反应。如果底吹氧气的同时喷吹石灰粉,则还会强化熔池的去硫、去磷过程。由于底吹氧气的喷嘴技术复杂,因此只有生产超低碳钢和低碳不锈钢的转炉才采用顶底吹氧的复吹法。

4.5.4.2 顶底复合吹炼的基本原理与工艺

生产实践表明,在保持顶吹氧气的同时通过底部供气元件向金属熔池吹入适量的气体,可以有效地改善对熔池的搅拌情况,有助于促进金属与炉渣间的平衡,不仅可以降低终渣的FeO含量;而且吹炼过程平稳、冶炼时间短,所以现代转炉大都采用顶吹氧气、底吹惰性气体搅拌的复吹操作。这种转炉原则上和顶吹转炉的工艺操作是一致的。

在氧气顶吹转炉的吹炼过程中,钢液与炉渣之间的有关反应因物质扩散慢而远未达到平衡,如果从转炉底部吹入气体强化对熔池的搅拌,这种不平衡的情况将会得到极大的改善。因为底吹气体从熔池下部向上逸出时,使炉内原有的钢液环流得以加强;同时,从底部吹入的惰性气体是以极小的气泡形式进入金属熔池的,并均匀分布于整个熔池中,它们是良好的碳氧反应地点(即有助于脱碳反应的进行),从而可以加强由其反应产物CO气泡引起的熔池沸腾,这些都有利于强化熔池搅拌,促进炉内的异相反应接近或达到平衡,降低渣中的FeO含量。渣中FeO含量的降低不仅意味着氧气的消耗下降、金属的收得率提高及铁合金用量的减少,而且冶炼中产生喷溅的可能性下降,吹炼过程平稳。

在氧气顶吹转炉的吹炼过程中,炉渣的形成及其成分的控制是通过调节枪位的高低来实现的。为了熔化渣料和避免冶炼中产生喷溅或出现返干,不得不频繁地改变枪位,以调控渣中的FeO含量。而底吹惰性气体的复合吹炼工艺则只需通过调整底吹气体的流量,而不必改变顶吹氧枪的枪位就能有效地控制转炉的吹炼过程。

由于对熔池的搅拌功能已基本上被底吹的惰性气体所取代,因此顶吹氧枪的作用主要是向熔池输送氧气,尤其是可以使用软吹枪位供氧,有助于提高从熔池中逸出的CO的燃烧率,增加转炉的废钢比。

生产中,底吹气体种类的选用应根据所炼钢种的质量要求和气体的来源及价格而定,且总用量不大于顶吹气体的 5%,供气压力在 0.5 MPa 以上,供气强度为 0.01 ~ 0.15 $m^3/(min \cdot t)$。随着吹炼的进行,金属中的碳含量降低,脱碳速度下降,底吹气体的搅拌作用应加强,因此冶炼的中、前期可采用小气量,而后期则应加大底吹气量。全部吹入氩气时成本太高,而全程吹入氮气则会使钢中的氮含量增加,因此,目前国内多采用前期吹氮、后期吹氩(无氩气时用二氧化碳代替)的底吹工艺。

4.5.4.3 顶底复合吹炼的冶金效果

与顶吹转炉相比,由于复吹转炉增加了底部供气,加强了对熔池的搅拌,降低了熔渣与钢液之间异相反应的不平衡程度,可以在渣中 FeO 总含量较低的情况下完成去磷的任务,同时,因炉渣中的 FeO 总含量较低,所以吹炼终点时钢液的残锰量较高;在整个吹炼过程中,熔渣和金属的混合良好,不仅可以加速杂质元素的氧化,而且基本消除了熔池内成分与温度不均匀的现象,大大减轻了吹炼中的喷溅,使冶炼过程迅速而平稳。另外,复合吹炼中,

CO 的二次燃烧率可提高 6% 左右,炉子的热效率高。

由于上述冶金过程的改善,复吹工艺可以取得如下技术经济效果:原料消耗降低。钢铁料消耗降低 0.5% ~ 1.5% ,Fe – Mn、Fe – Si 合金消耗降低约 1 kg/t,铝的消耗约降低 0.3 kg/t,石灰消耗降低 1.5 ~ 3.0 kg/t,萤石消耗降低 4 kg/t,白云石消耗降低 9 ~ 15 kg/t;氧气消耗降低 8% 左右;金属收得率提高 1.0% ~ 1.5% 。

一般情况下,废钢比可由顶吹转炉的 10% 左右提高到 30% ;使用多流道的氧气喷嘴,废钢比可以提高到 40% ;如果再采用喷吹煤粉和废钢预热等措施,废钢比可以达到 60% 。

另外,复吹转炉钢的品种广泛,可以冶炼高碳钢,也可生产超低碳钢,还可以直接吹炼不锈钢和高牌号电工钢等合金钢;同时,复吹转炉钢的硫、磷及非金属夹杂物的含量比顶吹转炉钢也有所降低。

4.6　电弧炉氧枪

化学反应热在电弧炉能量输入中占了相当大的比例,达到 20% ~ 30% ;特别是电弧炉使用铁水后,化学热的比例达到 40% ~ 50% ,这是现代电弧炉炼钢工艺的一个特点。用氧技术是现代冶金高新技术的集中体现,供电与供氧的结合是电弧炉提高生产节奏及节能降耗的重要手段。

4.6.1　电弧炉炉门枪机械装置

吹氧是强化电弧炉炼钢的重要手段,利用钢管插入熔池吹氧是最常使用的方法。为了充分利用炉内化学能,近年来吨钢用氧量逐渐增加;同时,考虑到人工吹氧劳动条件差、不安全、吹氧效率不稳定等因素,开发出电弧炉炉门枪机械装置,如德国 BSE 公司研制的自耗式氧枪装置及德国 Fuchs、美国 Berry、美国燃烧公司等开发的水冷式氧枪装置。

由于自耗式氧枪消耗大量吹氧管,新建的电弧炉已较少安装。炉门枪机械装置的作用是吹氧助熔、精炼及向熔池吹炭粉造泡沫渣。

电弧炉炉门枪的综合使用效果为:提高吹氧效率,缩短冶炼时间 5 ~ 15 min;节省吹氧管 80% ~ 90% ,吨钢降低成本 15 ~ 30 元;改善了工人的劳动条件,代替人工吹氧 90% 。

电弧炉炉门枪机械装置由炉门水冷氧枪和炉门枪组成;机械系统由大臂回转、枪体回转、枪体摆动及升降系统组成;炉门枪装置上配置的氧枪,在熔化期可助熔,在氧化期可脱碳精炼。炉门枪装置上配置的碳枪,主要用于造泡沫渣。

4.6.2　自耗式电弧炉炉门碳氧枪

目前电弧炉炉门枪基本采用水冷设计。由于水冷氧枪也存在某些缺点,巴登钢铁公司研究并应用了自耗式电弧炉炉门碳氧枪,具有喷吹石灰及喷吹炭粉造泡沫渣的功能。与水冷氧枪相比,它的优点是操作安全系数大,喷吹角度大,可直接切割废钢。缺点是吹氧管成本高,不能连续吹氧。

4.6.3　氧 – 燃烧嘴

氧 – 燃烧嘴根据燃料的种类可以分为氧 – 油烧嘴(氧气 + 重油)、氧 – 煤烧嘴(氧气 + 煤气)及氧 – 天然气烧嘴(氧气 + 天然气)。

烧嘴所用燃料有固体、液体和气体三类。液体燃料中目前较倾向于使用轻柴油,因其使用方便、清洁,设备维护容易,是首选的辅助燃料。气体燃料主要是天然气,我国目前资源有限,使用较少;而煤气等气体燃料因热值较低、废气量很大,没有使用。我国曾结合资源条件开发了固体燃料的氧-煤技术,但喷吹的热效率较低,投资较大,且其中粉煤的制备、存储、运输以及燃烧产物中硫和灰分残渣的去除及分离等较为繁琐。

电弧炉是通过电极起弧产生热量炼钢的,钢铁料从电极中心向四周慢慢熔化,热损耗较大,熔炼时间较长。氧-燃烧嘴布置在电炉冷区的炉壁上,依靠烧嘴与电弧供电的合理匹配,实现废钢均衡熔化。烧嘴使用效率取决于:(1)废钢温度和受热面积。若熔化初期废钢温度高、受热面积大,则烧嘴效率可达80%。(2)在不同阶段确定合适的氧、油比例。在废钢接近熔清时,烧嘴油量应减少。烧嘴所用燃料除油外,还有天然气或煤粉。也有将氧-燃烧嘴用在烟道处预热废钢的,但应注意环保。

4.6.4 电弧炉集束射流氧枪

集束射流(coherent Jet)氧枪技术是一种新型的氧气喷吹技术,能够解决传统超声速氧枪喷射距离短、冲击力小、氧气利用率低的问题,主要是利用介质燃烧形成的封套保护主氧气流。集束射流氧枪的出口处 $Ma \approx 2.0$,技术状态的射流距离能够达到 $1.2 \sim 2.1 \ m$,可直接安装在炉壁,实现助熔、脱碳等功能。

集束射流氧枪应用于电弧炉的主要收益体现于:

(1)具有吹氧、燃烧和二次燃烧等多种功能,并实现集中自动控制,从而减少了各系统分别设置的设施成本和分别操作的过程成本。

(2)由于燃烧功能的设置,可以事先预热、熔化废钢,从而降低电能消耗(吨钢消耗至少降低 $20 \ kW \cdot h$)。

(3)由于具有较强的冲击、搅拌能力,氧气和喷入炭粉的利用率提高,从而降低了氧气和炭粉的消耗量。

(4)由于二次燃烧功能的设置,充分利用炉内 CO 燃烧提高炉温,进而降低能源消耗。

(5)由于减少喷溅,渣中铁含量降低,金属收得率提高并降低炉体的维护成本。

集束射流氧枪对废钢的切割熔化更加迅速,能够将氧气更加有效地吹入熔池中,大大提高氧气的利用率。首先打开副氧系统,延迟一定时间后打开压缩空气系统,然后再延迟一定时间后打开燃油(或燃气)系统,同时进行主氧气的供给。关闭时,应首先关闭燃油和主氧气,然后顺序关闭压缩空气和副氧气。自动报警处理,可防止油压超过压缩空气压力而造成严重安全事故。

4.6.5 EBT 氧枪

现代电弧炉为了实现无渣出钢,均采用了偏心炉底出钢(EBT)技术。这样不仅减少了出钢过程的下渣量,而且缩短了冶炼周期、减小了出钢温降等。但同时也使得 EBT 区成为超高功率电弧炉(UHP-EAF)的冷区之一,造成该区的废钢熔化速度较慢、熔池成分与中心区域有较大差别等。

为了解决 EBT 冷区问题,可以在偏心炉侧上方安装 EBT 氧枪,对该区进行吹氧助熔。EBT 氧枪能促进此区的废钢熔化,并在出现熔池后提高 EBT 区的熔池温度,均匀熔池成分,实现 CO 的再燃烧。

　　实际应用中,采用 EBT 氧枪完全解决了 EBT 区废钢在出钢时还未熔化及造成出钢口打不开等问题;同时,使出钢时 EBT 区的温度及成分与炉门口区域温度及成分的误差仅相差 0.5% ~ 1.0%。

　　EBT 氧枪在设计中需要考虑其冲击力。由于 EBT 区的熔池浅,EBT 氧枪的氧气射流穿透深度在设计上不能超过 EBT 区熔池深度的 2/3,同时应避开出钢口区域。考虑到氧气射流的衰减,采用伸缩式驱动 EBT 氧枪,根据冶炼的情况调整枪的位置。

4.7　电弧炉的供氧工艺

　　电弧炉炼钢的供氧方式有直接吹氧、加矿供氧、炉气传氧三种。目前,生产中以直接吹氧为主。

4.7.1　吹氧操作

　　向炉内直接吹氧气,是强化电弧炉炼钢过程的有效措施。吹氧的目的主要有两个:助熔和脱碳。在一炉钢冶炼的不同阶段,吹氧的目的不同,其吹氧方法也有所不同。

4.7.1.1　吹氧助熔

A　作用

吹氧助熔是电弧炉炼钢熔化期的主要操作之一,其作用主要有以下三个:

　　(1)吹入的氧气可与炉料中的碳、硅、锰等元素发生氧化反应放出大量的热,加热并熔化炉料;

　　(2)可以用氧枪切割大块炉料和处理"搭桥",使其掉入熔池,增加受热面积,加速熔化;

　　(3)相当于为炉内增加了一个活动的热源,在一定程度上弥补了电弧炉"点热源"加热不均匀的不足,有助于炉料的熔化。

　　生产实践表明,吹氧助熔可以缩短熔化时间 20 ~ 30 min,每吨钢的电耗降低 80 ~ 100 kW·h。为此,吹氧助熔技术被国内外各电弧炉炼钢厂普遍采用。

B　具体操作

吹氧助熔的具体操作是,吹氧管斜插在钢、渣两相的界面处,以切割大块炉料为主;吹氧管喷口以距炉料 50 ~ 100 mm 为宜,不可太近更不能触及炉料,以防被飞溅的钢、渣烧伤。另外,吹氧助熔时应注意以下两个问题:

　　(1)开始吹氧的时机。只有当炉料达到一定温度、具备了发生剧烈氧化反应的条件时,才能开始吹氧助熔。通常是在炉门口的炉料已经发红、炉体向前倾斜一定角度并可见钢液时进行。

　　(2)氧气的压力。根据生产经验,助熔时合适的吹氧压力应为 0.4 ~ 0.6 MPa。

　　过早吹氧或使用的氧压过高并不能进一步缩短熔化时间,相反会增加氧气消耗和炉料的烧损;吹氧过晚或使用的氧压过低,则不能充分发挥吹氧助熔的作用。

4.7.1.2　吹氧脱碳

A　作用

吹氧脱碳是电弧炉炼钢氧化期的主要操作之一。此时的吹氧,其真正的目的并非降低

钢液的碳含量,而是作为精炼钢液的手段。因为,电炉氧化期吹氧脱碳具有以下作用:

(1)碳的氧化是一个较强的放热反应,利用脱碳反应放出的热量配合电能加热,完成氧化期使熔池温度达到高于出钢温度 10~20℃的任务;

(2)脱碳产生的 CO 气泡会引起熔池沸腾,可以去除钢液中的气体和非金属夹杂物;

(3)吹入的高压氧气与炉内因吹氧而产生的 CO 气泡一起剧烈地搅拌钢液,使熔池产生乳化现象,可强化去磷过程。电弧炉吹氧时熔池的乳化现象如图 4-25 所示。

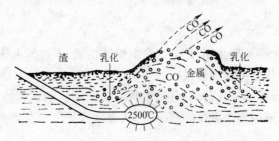

图 4-25 电弧炉吹氧时熔池的乳化现象

B 传氧过程

吹氧脱碳时,熔池内的传氧过程同转炉中的乳浊液直接传氧类似,具体如下。

(1)吹入熔池的氧气泡被包围它的钢液吸收,反应为:$1/2\{O_2\} = [O]$;

(2)溶入钢液的氧与其中的碳发生反应:$[O] + [C] = \{CO\}$。

C 具体操作

吹氧脱碳时,一般情况下吹氧管以 30°左右的角度倾斜插入钢液面以下 100~150 mm 处;若钢液磷含量高,可适当浅吹甚至面吹,以增加渣中 FeO 的含量。

吹氧管的位置要适当移动,以利于熔池的均匀沸腾。

氧气的压力通常为 0.6~1.0 MPa。较高的氧压可以缩短氧化时间,钢液升温也较快;但氧压过高会引起熔池剧烈沸腾,使钢液裸露而吸气,影响钢的质量。

4.7.2 加矿方法

在电弧炉炼钢中,尤其是原料磷含量高或者冶炼低硫钢时,目前多采用矿氧综合氧化法,即除了直接吹氧外还使用铁矿石向熔池供应部分氧。加矿的目的有以下三个:

(1)配合吹氧对钢液进行脱碳;

(2)利用矿石高温下分解吸热的特点控制熔池温度;

(3)增加渣中的 FeO 以强化去磷。

铁矿石的主要成分是 Fe_3O_4 和 Fe_2O_3,加入熔池后按下列次序分解:

$$3(Fe_2O_3) = 2(Fe_3O_4) + 1/2\{O_2\} \tag{4-17}$$

$$(Fe_3O_4) = 3(FeO) + 1/2\{O_2\} \tag{4-18}$$

渣中 Fe_2O_3 在 1383℃时将全部分解完毕,铁矿石中的各种氧化物 Fe_2O_3、Fe_3O_4、FeO 及分解时放出的气态氧,都可以与钢液中的碳、磷发生氧化反应。因此,铁矿石在熔池内是边分解边熔化,同时又参与氧化。于是,铁矿石加入炉内后的传氧方式有以下两种:

(1)当所加矿石的块度较大时,它会沉入到炉渣与钢液两相的界面处,大约有 50% 的氧直接供于钢液,其余一半以 FeO 的形式进入渣中。

（2）当加入矿石的块度较小或加入的是氧化铁皮时,将主要是增加渣中的 FeO 含量,然后按分配定律部分地转入钢液。

使用铁矿石供氧时,其用量为每吨钢液 15 kg 左右。同时,加矿操作时要特别注意其分解吸热的特点,务必遵循"高温(熔池温度高于 1550℃)、分批(间隔 5 min 以上)、少量(每批用量不大于钢液量的 2%)"的加矿原则。否则会使熔池的温度下降过多,脱碳反应速度急剧下降甚至停止,导致渣中 FeO 积聚,待熔池温度升高后发生爆发式碳氧反应而酿成事故。

4.7.3　炉气的传氧过程

电弧炉炼钢的熔化期和氧化期,炉气也会向熔池供氧,不过所占比例很小。根据传氧过程不同,炉气向熔池传氧分为两个阶段:

（1）在渣面尚未形成的熔化前期,金属炉料将会被周围的氧化性炉气直接氧化。其传氧过程是,废钢在炉内被加热而温度渐高,同时其表面被炉气氧化而形成氧化层,且厚度逐渐增加。

（2）当废钢表面的温度升高到一定程度时,便熔化、滴落,新的表面又继续被氧化。

如此反复,炉料逐渐熔化,炉气中的氧也不断地传给废钢而被带入熔池。

渣面形成后的熔化期以及氧化期,钢液完全被熔渣覆盖。此时,炉气中的氧只能通过熔渣向钢液传递,其传氧过程如图 4-26 所示,具体过程如下。

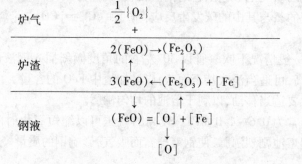

图 4-26　炉气通过炉渣传氧示意图

（1）炉气中的氧向渣面扩散;

（2）在气－渣界面,渣中的 FeO 被氧化成 Fe_2O_3,反应为:$1/2\{O_2\} + 2(FeO) = (Fe_2O_3)$;

（3）渣中的 Fe_2O_3 从气－渣界面向下扩散至渣－钢界面;

（4）在渣－钢界面,渣中的 Fe_2O_3 被钢中的 Fe 还原成 FeO,反应为:$(Fe_2O_3) + [Fe] = 3(FeO)$;

（5）渣中的 FeO 按分配定律,一部分在渣－钢界面分解并溶于钢液,反应为:$(FeO) = [O] + [Fe]$,余者则向上扩散至气－渣界面参与下一个传氧循环。

由上述传氧过程可知,氧从气相经渣相向金属相的传输过程,是通过渣中 FeO 的氧化→扩散→还原过程完成的。为使这一过程顺利进行,应充分注意下列影响因素:

（1）炉气中氧气的分压越大,渣中 FeO 被氧化成 Fe_2O_3 的速度越快,则传氧的速度越快;

（2）炉渣传氧的限制性环节是 Fe_2O_3 及 FeO 在渣层中的扩散,因此,将碱度控制在 1.87 左右使渣中 FeO 的活度最大、控制较高的温度和较薄的渣层使 Fe_2O_3 及 FeO 在渣中的

扩散阻力减小等,都有助于加速氧的传输;

（3）强烈的熔池沸腾,可成倍增加气－渣和渣－钢两相的界面面积,会使氧的传输速度大为加快。

复习思考题

4-1 简述炼钢熔池内氧的来源。

4-2 何为直接氧化,何为间接氧化? 炼钢熔池中以哪种方式氧化为主,为什么?

4-3 获得超声速射流的条件是什么?

4-4 氧射流与熔池间的作用有哪些?

4-5 解释下列名词:供氧强度、返干、冲击深度、冲击面积、硬吹、软吹。

4-6 简述氧气转炉氧枪的结构。喷头有哪些类型?

4-7 转炉对氧枪的升降机构和更换装置有哪些要求?

4-8 何为恒氧压变枪位操作,它有何优点?

4-9 枪位的含义是什么,它对熔池内钢液的环流情况有何影响?

4-10 何为直接传氧,它与枪位的关系及其对炉内的反应有何影响?

4-11 何为间接传氧,它与枪位的关系及其对炉内的反应有何影响?

4-12 转炉炼钢中枪位控制的基本原则是什么?

4-13 简述转炉一炉钢吹炼过程中枪位变化的一般规律。

4-14 电弧炉炼钢中吹氧脱碳的作用有哪些?

4-15 简述电弧炉炼钢氧化期加矿的目的与应注意的事项。

5 炼 钢 造 渣

所谓造渣,是指通过控制入炉渣料的种类和数量,使炉渣具有某些性质,以满足熔池内有关炼钢反应需要的工艺操作。

生产实践表明,造渣是实现炼钢工艺的重要手段,造好渣是炼好钢的前提。就炉渣的化学性质而言,目前的炼钢渣主要有氧化渣和还原渣两种。

5.1 炼钢用辅原料

炼钢用辅原料主要指造渣材料、氧化剂、冷却剂和增碳剂等。

5.1.1 造渣剂

造渣剂主要为石灰、萤石、生白云石、菱镁矿、合成造渣剂、锰矿石、石英砂等。

5.1.1.1 石灰

石灰的主要成分为 CaO,是炼钢主要造渣材料,具有脱磷、脱硫能力,也是用量最多的造渣材料。其质量对冶炼工艺操作、产品质量和炉衬寿命等有着重要影响。特别是转炉冶炼时间短,要在很短的时间内造渣去除磷、硫,保证各种钢的质量,因而对石灰质量要求更高。对石灰质量的要求有:

(1) 有效 CaO 含量高。石灰有效 CaO 含量取决于石灰中 CaO 和 SiO_2 的含量,而 SiO_2 是石灰中的杂质。若石灰中含有 1 单位的 SiO_2,按炉渣碱度为 3 计算,需要 3 单位的 CaO 与 SiO_2 中和,这就大大降低了石灰中有效 CaO 的含量。因此,2004 年国家标准规定石灰中 SiO_2 含量不大于 5%。

(2) 硫含量低。造渣的目的之一是去除铁水中的硫,若石灰本身硫含量较高,显然对于炼钢中硫的去除不利。据有关资料报道,在石灰中增加 0.01% 的硫,相当于钢水中增加硫 0.001%。因此,石灰中硫含量应尽可能低,一般应小于 0.05%。

(3) 残余 CO_2 少。石灰中残余 CO_2 量,反映了石灰在煅烧中的生(过)烧情况。残余 CO_2 量在适当范围时有提高石灰活性的作用,但对废钢的熔化能力有很大影响。一般要求石灰中残余 CO_2 量为 2% 左右,相当于石灰灼减量的 2.5% ~ 3.0%。

(4) 活性度高。石灰的活性,是指石灰同其他物质发生反应的能力,用石灰的溶解速度来表示。石灰在高温炉渣中的溶解能力称为热活性,目前在实验时还没有条件测定其热活性。大量研究表明,用石灰与水的反应,即石灰的水活性可以近似地反映石灰在炉渣中的溶解速度,但这只是近似方法。例如,石灰中 MgO 含量增加,有利于石灰溶解;但在盐酸滴定法测量水活性时,盐酸耗量却随石灰中 MgO 含量的增加而减少。我国标准规定,石灰的活性度用盐酸滴定法测定,盐酸消耗大于 300mL 才属于活性石灰。

对于转炉炼钢,国内外的生产实践已证实,必须采用活性石灰才能对生产有利。世界各主要产钢国家都对石灰活性提出了要求,表 5-1 所示是各种石灰的特性,表 5-2 所示是我国顶吹转炉用石灰标准,表5-3所示是一些国家转炉用石灰标准。

表5-1　各种石灰的特性

焙烧特征	体积密度/g·cm^{-3}	比表面积/cm^2·g^{-1}	总孔隙率/%	晶粒直径/mm
软　烧	1.60	17800	52.25	1~2
正　常	1.98	5800	40.95	3~6
过　烧	2.54	980	23.30	晶粒连在一起

表5-2　我国顶吹转炉用石灰标准

项　目	化学成分(质量分数)/%			活性度/mL	块度/mm	烧减/%	生(过)烧率/%
	CaO	SiO$_2$	S				
指　标	≥90	≤3	≤0.1	>300	5~40	<4	≤14

表5-3　一些国家转炉用石灰标准

国　家	成分(质量分数)/%			烧减/%	块度/mm
	CaO	SiO$_2$	S		
美　国	>96	<1	0.035	<20	7~30
日　本	>92	<2	<0.020	<30	4~30
英　国	>95	<1	<0.050	<25	7~40

世界各国目前均用石灰的水活性来表示石灰活性,其基本原理是:石灰与水化合生成 $Ca(OH)_2$,在化合反应时要放出热量和形成碱性溶液,测量此反应的放热量和中和其溶液所消耗的盐酸量,并以此结果来表示石灰的活性。具体有以下两种方法:

(1) 温升法。把石灰放入保温瓶中,然后加入水并不停地搅拌,同时测定达到最高温度的时间,并以达到最高温度的时间或在规定时间达到的温升数来作为活性度的计量标准。如美国材料试验协会(ASTM)规定:把1 kg小块石灰压碎,并通过6目(3350 μm)筛。取其中76 g石灰试样加入24℃、360 mL水的保温瓶中,并用搅拌器不停地搅拌,测定并记录达到最高温度的时间。达到最高温度的时间小于8 min的才是活性石灰。

(2) 盐酸滴定法。利用石灰与水反应后生成的碱性溶液,加入一定浓度的盐酸使其中和,根据一定时间内盐酸溶液的消耗量作为活性度的计量标准。我国石灰活性度的测定采用盐酸滴定法,其标准规定:取1 kg石灰块压碎,然后通过10 mm标准筛。取50 g石灰试样加入盛有(40±1)℃的2000 mL水的烧杯中,并滴入1%酚酞指示剂2~3 mL,开动搅拌器不停地搅拌。用4 mol/dm^{3}盐酸开始滴定,并记录滴定时间。采用10 min中和碱溶液所消耗的盐酸溶液量作为石灰的活性度。我国标准规定,盐酸溶液消耗量大于300 mL的才属于活性石灰。

此外,石灰极易水化潮解,生成$Ca(OH)_2$,要尽量使用新焙烧的石灰,同时对石灰的储存时间应加以限制。

石灰通常由石灰石在竖窑或回砖窑内,用煤、焦炭、油、煤气煅烧而成。石灰石在煅烧过程中的分解反应为:

$$CaCO_3 \longrightarrow CaO + CO_2$$

$CaCO_3$ 的分解温度为 880~910℃。石灰石的煅烧温度高于其分解温度越多,石灰石分解越快,生产率越高,但烧成的 CaO 晶粒长大也越快,难以获得细晶石灰;同样,分解出的 CaO 在煅烧的高温区停留的时间越长,晶粒也长得越大。因此,要获得细晶石灰,CaO 在高温区停留的时间应该短。相反,煅烧温度过低,石灰块核心部分的 $CaCO_3$ 来不及分解,而使生烧率增大。因此,煅烧温度应控制在 1050~1150℃范围内。同时,烧成石灰的晶粒大小也决定着石灰的孔隙率和体积密度,随着细小晶粒的合并长大,细小孔隙也随之减少。文献中普遍将煅烧温度过低或煅烧时间过短、含有较多未分解的 $CaCO_3$ 的石灰称为生烧石灰;将煅烧温度过高或煅烧时间过长而获得的晶粒大、孔隙率低和体积密度大的石灰称为硬烧石灰;将煅烧温度在 1100℃ 左右而获得的晶粒小、孔隙率高(约 40%)、体积密度小(约 1.6 g/cm³)、反应能力高的石灰称为软烧石灰。

5.1.1.2　萤石

萤石的主要成分是 CaF_2。纯 CaF_2 的熔点为 1418℃,萤石中还含有其他杂质,因此熔点还要低些(可降低到 930℃)。造渣加入萤石可以加速石灰的溶解,萤石的助熔作用是在很短的时间内能够改善炉渣的流动性;但过多的萤石用量会产生严重的泡沫渣,导致喷溅,同时加剧炉衬的损坏,并污染环境。

转炉炼钢用萤石应 $w(CaF_2) > 85\%$,$w(SiO_2) \leqslant 5.0\%$,$w[S] \leqslant 0.10\%$,块度为 5~40 mm,并要干燥清洁。

吹炼高磷铁水而回收炉渣制造磷肥时,在吹炼过程中不允许加入萤石,可改用铁矾土代替萤石作助熔剂来加速石灰的熔化。随着萤石资源的短缺,许多工厂都在寻求萤石的代用品。

电弧炉炼钢中常用废黏土砖代替萤石,它是模铸系统使用过的汤道砖、注管砖等,又称为火砖块。其主要成分是 $SiO_2 58\%~70\%$,$Al_2O_3 27\%~35\%$,$Fe_2O_3 1.3\%~2.2\%$。黏土砖块对 MgO 含量高的熔渣的稀渣效果比萤石还好,而且是就地取材、废物利用。但是,黏土砖块的稀渣作用是以降低熔渣碱度为代价的,因此,对于因碱度太高而导致渣子过黏的情况,使用黏土砖块较好。

5.1.1.3　生白云石

生白云石即天然白云石,主要成分是 $CaMg(CO_3)_2$;焙烧后为熟白云石,其主要成分为 CaO 与 MgO。自 20 世纪 60 年代初,开始应用白云石代替部分石灰造渣技术,其目的是保持渣中有一定的 MgO 含量,以减轻初期酸性渣对炉衬的侵蚀、提高炉衬寿命,实践证明其效果很好。生白云石也是溅渣护炉的调渣剂。

由于生白云石在炉内分解吸热,所以用轻烧白云石效果最为理想。目前有的厂家在焙烧石灰时配加一定数量的生白云石,石灰中就带有一定的 MgO 成分,用这种石灰造渣也取得了良好的冶炼和护炉效果。

5.1.1.4　菱镁矿

菱镁矿也是天然矿物,主要成分是 $MgCO_3$,焙烧后用作耐火材料,也是目前溅渣护炉的调渣剂。

5.1.1.5　合成造渣剂

合成造渣剂是将石灰和熔剂预先在炉外制成的低熔点造渣材料,然后用于炉内造渣。即把炉内的石灰块造渣过程部分甚至全部移到炉外进行。显然,这是一种提高成渣速度、改善冶炼效果的有效措施。

作为合成造渣剂中熔剂的物质有氧化铁、氧化锰或其他氧化物以及萤石等。可用其中的一种或几种与石灰粉一起在低温下预制成型,这种预制料一般熔点较低、碱度高、颗粒小、成分均匀,而且在高温下容易碎裂,是效果较好的成渣料。高碱度烧结矿或球团矿也可作合成造渣剂使用,它的化学成分和物理性能稳定,造渣效果良好。

煅烧石灰时,采用加氧化铁皮渗 FeO 的方法制取含氧化铁皮外壳的黑皮石灰,其也是一种成渣快、脱磷和脱硫效果良好的熔剂。此外,也可以预烧渗 FeO 的白云石。

由于合成造渣剂的良好成渣效果,减轻了顶吹氧枪的化渣作用,从而有助于简化转炉吹炼操作。

5.1.1.6 锰矿石

加入锰矿石有助于化渣,也有利于保护炉衬。若是半钢冶炼,它更是必不可少的造渣材料。要求 $w[Mn] \geq 18\%$, $w[P] < 0.20\%$, $w[S] < 0.20\%$,粒度为 20 ~ 80 mm。

5.1.1.7 石英砂

石英砂也是造渣材料,其主要成分是 SiO_2 ,用于调整碱性炉渣流动性。对于半钢冶炼,加入石英砂利于成渣、调整炉渣碱度,以去除磷、硫。要求其使用前应烘烤干燥,水分含量应小于3%。

5.1.2 冷却剂

通常氧气顶吹转炉炼钢过程的热量有富余,因而根据热平衡计算应加入一定数量的冷却剂,以准确地命中终点温度。氧气顶吹转炉用冷却剂有废钢、生铁块、铁矿石、氧化铁皮、球团矿、烧结矿、石灰石和生白云石等,其中主要为废钢、铁矿石。

石灰石、生白云石作冷却剂使用时,其分解、熔化均能吸收热量,同时还具有脱磷、硫的能力。当废钢与铁矿石供应不足时,可用少量的石灰石和生白云石作补充冷却剂。

5.1.3 造还原渣的材料

造还原渣所用的材料可分为基本渣料和还原剂两大类。

造还原渣的基本渣料是石灰、萤石、废黏土砖块等。对它们的要求与造氧化渣时的要求基本相同,但是还原期没有去气能力。因此,所用的各种材料均需要严格烘烤,尤其是石灰要烤红,保证水分含量小于0.3%;另外,废黏土砖上的黑色氧化物(铁锈)应尽量去除干净。

造还原渣的通常做法是:基本渣料化好后,向渣面撒加粉状还原剂,脱除渣中的氧,使熔渣的 FeO 含量降低到1%以下,因此还原剂又称为脱氧剂。常用的粉状脱氧剂有炭粉、碎电石块和硅铁粉;对于某些特殊要求的钢,还有用硅钙粉、铝粉造还原渣的。

(1) 炭粉。炭粉是造还原渣时最常用的脱氧剂,其脱氧反应为:

$$C_{粉} + (FeO) === \{CO\} + [Fe] \qquad (5-1)$$

用炭粉脱氧时,由于脱氧产物是 CO 气体,不会玷污钢液。炭粉有焦炭粉、木炭粉、电极粉等几种。造还原渣时广泛使用的是焦炭粉,它是由冶金焦炭经破碎、研磨加工而成的,最大的优点是价格便宜。木炭粉的密度小、灰分少、硫含量低,用它脱氧时钢液不会增碳,但价格太贵,个别企业仅在冶炼优质低碳合金结构钢时用它作脱氧剂。电极粉是由炼钢中折断的废电极加工而成,其碳含量高、灰粉少、硫含量低、密度大,但来源有限,生产中常作增碳剂使用。炭粉的粒度以 0.5 ~ 1 mm 为宜,过大时容易下沉,钢液增碳严重;过小时则不易加入炉内而损失太大。另外,使用前要进行干燥,去除水分。

(2)电石。电石的主要成分是 CaC_2,它具有较强的脱氧能力并兼有脱硫作用。使用电石造还原渣可以缩短还原时间,提高生产率。电石的脱氧及脱硫反应式为:

$$(CaC_2) + 3(FeO) = (CaO) + 3[Fe] + 2\{CO\} \tag{5-2}$$

$$3[FeS] + 2(CaO) + (CaC_2) = 3(CaS) + 3[Fe] + 2\{CO\} \tag{5-3}$$

电石是暗灰色、不规则的块状固体,电炉炼钢使用时的块度一般为 10 ~ 70 mm。电石极易受潮粉化,因此必须放在密闭的容器内保存、运输,而且使用过程中也要注意防潮。

(3)硅铁粉。硅铁粉是由硅铁合金磨制而成的。炼钢上使用的硅铁合金有含硅45% 和含硅 75% 两种,加工硅铁粉常用含硅 75% 的硅铁合金,其硅含量高、密度小,造还原渣时能浮在渣中还原其中的 FeO 而不使钢液明显增硅。硅铁粉的脱氧反应为:

$$Si_{粉} + 2(FeO) = 2[Fe] + (SiO_2) \tag{5-4}$$

硅铁粉的粒度应不大于 1 mm;使用前必须在 100 ~ 200℃ 的温度下干燥 4 h 以上,保证水分不超过 0.2%。

(4)硅钙粉。硅钙粉由硅钙合金磨制成,是一种优良的脱氧剂。它的脱氧及脱硫能力极强,而且不会使钢液增碳,因此在冶炼中、低碳高级合金钢和含钛、硼结构钢时被广泛使用。由于硅钙粉的密度小,造还原渣时钢液不易增硅,故常与硅铁粉配合使用。硅钙粉的粒度应不大于 1 mm;使用前也必须进行干燥,力争水分不大于 0.2%。此外,硅钙粉与硅铁粉的外观相似,不易分辨,使用和保管时要防止两者混乱。

(5)铝粉。铝粉的脱氧能力很强,主要用于低碳不锈钢的冶炼和某些低碳合金结构钢的还原精炼,以提高合金元素的收得率和缩短还原时间。其脱氧反应为:

$$2Al_{粉} + 3(FeO) = (Al_2O_3) + 3[Fe] \tag{5-5}$$

电炉炼钢要求铝粉的粒度不超过 0.5 mm;使用前也要干燥,保证水分不大于 0.2%。

5.2　散状材料供应

散状材料是指炼钢过程中使用的造渣材料、补炉材料和冷却剂等,如石灰、萤石、白云石、铁矿石、氧化铁皮、焦炭等。氧气转炉所用散状材料供应的特点是种类多、批量小、批数多。供料要求迅速、准确、连续、及时、设备可靠。

供应系统包括车间外和车间内两部分。通过火车或汽车将各种材料运至主厂房外的原料间(或原料场)内,分别卸入料仓中;然后再按需要通过运料提升设施,将各种散状材料由料仓送往主厂房内的供料系统设备中。

5.2.1　散状材料供应的方式

散状材料供应系统一般由储存、运送、称量和向转炉加料等几个环节组成。整个系统由一些存放料仓、运输机械、称量设备和向转炉加料设备组成。按料仓、称量设备和加料设备之间所采用运输设备的不同,目前国内已投产的转炉车间散状材料供应主要有下列几种方式:

(1)全胶带上料系统。图 5-1 所示为一个全胶带上料系统,其作业流程如下:地下(或地面)料仓→固定胶带运输机→转运漏斗→可逆式胶带运输机→高位料仓→分散称量漏斗→电磁振动给料器→汇集胶带运输机→汇集料斗→转炉。

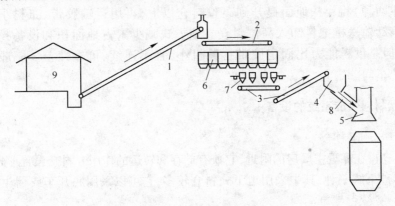

图 5-1　全胶带上料系统

1—固定胶带运输机;2—可逆式胶带运输机;3—汇集胶带运输机;4—汇集料斗;

5—烟罩;6—高位料仓;7—称量料斗;8—加料溜槽;9—散状材料间

　　这种上料系统的特点是运输能力大,上料速度快且可靠,能够进行连续作业,有利于自动化;但它占地面积大,投资多,上料和配料时有粉尘外逸现象。其适用于30 t 以上的转炉车间。

　　(2)固定胶带和管式振动输送机上料系统。这种系统的上料方式如图5-2 所示,它与全胶带上料方式基本相同。不同的是以管式振动输送机代替可逆胶带运输机,配料时灰尘外逸情况大大改善,车间劳动条件好。适用于大、中型氧气转炉车间。

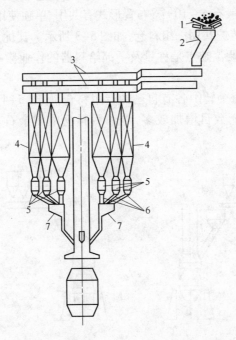

图5-2　固定胶带和管式振动输送机上料系统

1—固定胶带运输机;2—转运漏斗;3—管式振动输送机;4—高位料仓;

5 —称量漏斗;6—电磁振动给料器;7—汇集料斗

（3）斗式提升机配合胶带或管式振动输送机上料系统。这种上料方式是将垂直提升与胶带运输结合起来,用翻斗车将散状材料运输到主厂房外侧,通过斗式提升机(有单斗和多斗两种)将料从地面提升到高位料仓以上,再用运输胶带、布料小车、可逆胶带或管式振动输送机把料卸入高位料仓。该方式减少了占地面积和设备投资,简化了供料流程,但是供料能力比固定胶带运输机小,且不连续、可靠性差。一般用于中、小型氧气转炉车间。

5.2.2　散状材料供应系统的设备

5.2.2.1　地下料仓

地下料仓设在靠近主厂房的附近,它兼有储存和转运的作用。料仓设置形式有地下式、地上式和半地下式三种,其中采用地下式料仓较多,它可以采用底开车或翻斗汽车方便地卸料。

各种散状料的储存量取决于吨钢消耗量、日产钢量和储存天数。各种散状料的储存天数可根据材料的性质、产地的远近、购买是否方便等具体情况而定,一般矿石、萤石可以多储存几天(10~30 d)。石灰易于粉化,储存天数不宜过多(一般为2~3 d)。

5.2.2.2　高位料仓

高位料仓的作用是临时储料,以保证转炉随时用料的需要。根据转炉炼钢所用散状材料的种类,高位料仓设置有石灰、白云石、萤石、氧化铁皮、铁矿石、焦炭等料仓,其储存量要求能供24 h使用。因为石灰用量最大,料仓容积也最大,大、中型转炉每座转炉一般设置两个以上的石灰料仓;其他用量较少的材料,每炉设置一个料仓或两座转炉共用一个料仓。这样每座转炉的料仓数目一般有5~10个,布置形式有共用、单独使用和部分共用三种。

（1）共用料仓。两座转炉共用一组料仓,如图5-3所示。其优点是料仓数目少,停炉后料仓中剩余石灰的处理方便。缺点是称量及下部给料器的作业频率太高,出现临时故障时会影响生产。

（2）单独使用料仓。每个转炉各有自己的专用料仓,如图5-4所示。其主要优点是使用的可靠性比较高;但料仓数目增加较多,停炉后料仓中剩余石灰的处理问题尚未合理解决。

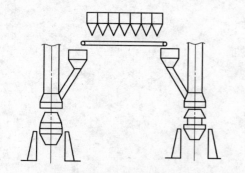
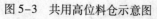

图5-3　共用高位料仓示意图　　　　　　图5-4　单独使用高位料仓示意图

（3）部分共用料仓。某些散料的料仓由两座转炉共用,某些散料的料仓则单独使用,如图5-5所示。这种布置克服了前两种形式的缺点,基本上消除高位料仓下部给料器作业负荷过高的缺点,停炉后也便于处理料仓中的剩余石灰。转炉双侧加料能保证成渣快,改善了对炉衬侵蚀的不均匀性,但应力求做到炉料下落点在转炉中心部位。

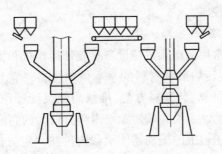

图5-5 部分共用高位料仓示意图

目前,上述三种方式都有采用的,但以部分共用料仓的应用较为广泛。

5.2.2.3 给料、称量及加料设备

给料、称量及加料设备是散状材料供应的关键部件。因此,要求其运转可靠、称量准确、给料均匀且及时、易于控制,并能防止烟气和灰尘外逸。这一系统是由给料器、称量料斗、汇集料斗、水冷溜槽等部分组成。

在高位料仓出料口处安装有电磁振动给料器,用以控制给料。电磁振动给料器由电磁振动器和给料槽两部分组成,通过振动使散状材料沿给料槽连续而均匀地流向称量料斗。

称量料斗是用钢板焊接而成的容器,下面安装有电子秤,对流进称量料斗的散状材料进行自动称量。当达到要求的数量时,电磁振动给料器便停止振动而停止给料。称量好的散状材料送入汇集料斗。

散状材料的称量有分散称量和集中称量两种方式。分散称量是在每个高位料仓下部分别配置一个专用的称量料斗。称量后的各种散状材料用胶带运输机或溜槽送入汇总漏斗。集中称量则是在每座转炉的所有高位料仓下面集中设置一个共用的称量料斗,各种料依次叠加称量。分散称量的特点是称量灵活、准确性高、便于操作和控制,特别是对临时补加料较为方便;而集中称量则称量设备少、布置紧凑。一般大、中型转炉多采用分散称量,小型转炉则采用集中称量。

汇集料斗又称中间密封料仓,它是中间部分常为方形,上、下部分是截头四棱锥形的容器,如图5-6所示。为了防止烟气逸出,在料仓入口和出口分别装有气动插板阀,并向料仓内通入氮气进行密封。加料时先将上插板阀打开,装入散状材料后,关闭上插板阀,然后打开下插板阀,炉料即沿溜槽加入炉内。

中间密封料仓顶部设有两块防爆片,万一发生爆炸可用以泄压,保护供料系统设备安全。在中间密封料仓出料口外面设有料位检测装置,可检测料仓内炉料是否卸完,并将信号传至主控室内,便于炉前控制。

加料溜槽与转炉烟罩相连,为防止烧坏,溜槽需通水冷却。为依靠重力加料,其倾斜角度不宜小于45°。

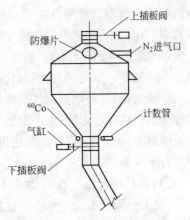

图5-6 中间密封料仓

当采用未燃烧法除尘时,溜槽必须用氮气或蒸汽密封,以防煤气外逸。

为了保证及时而准确地加入各种散状材料,给料、称量和加料都在转炉的主控室内由操作人员或电子计算机进行控制。

5.2.2.4　运输机械设备

散状材料供应系统中常用的运输机械设备有胶带运输机和振动输送机。

胶带运输机是大、中型转炉散状材料的基本供料设备。它具有运输能力大、功率消耗少、结构简单、工作平稳且可靠、装卸料方便、维修简便又无噪声等优点。缺点是占地面积大、橡胶材料及钢材需要量大、不易在较短距离内爬升较人的高度、密封比较困难。

振动输送机是通过输送机上的振动器使承载构件按一定方向振动,当其振动的加速度达到某一定值时,使物料在承载构件内沿运输方向实现连续微小的抛掷,进而使物料向前移动而实现运输的机械设备。

振动输送机的特点是:密封好,便于运输粉尘含量较大的物料;由于运输物料的构件是钢制的,可运送温度高达 500℃ 的高温物料,并且物料运输构件的磨损较小;它的机械传动件少,润滑点少,便于维护和检修;设备的功率消耗小;易于实现自动化。

但它向上输送物料时,效率显著降低,不宜运输黏性物料,而且设备基础要承受较大的动负荷。

5.3　造氧化渣

5.3.1　造氧化渣的目的及要求

氧气顶吹转炉和电弧炉的熔化期与氧化期的炉渣,均为氧化渣。炼钢中,造氧化渣的主要目的是为了去除钢中的磷,通过氧化渣向熔池传氧,并减少炉渣对炉衬的侵蚀。

炼钢过程对氧化渣的要求是:具有较高的碱度、较强的氧化性、适当的渣量、良好的流动性及适当泡沫化。具体如下:

(1)碱度的控制。理论研究表明,渣中 $\sum w(FeO)$ 相同的条件下,碱度为 1.87 时其活度最大,炉渣的氧化性最强。氧气顶吹转炉炼钢中,通常是将碱度控制在 2.4~2.8 范围内;对于原料含磷较高或冶炼低硫钢种的情况,碱度则控制在 3.0 以上。电弧炉炼钢的熔化期,炉渣的碱度一般控制在 2.0 左右;进入氧化期后,随着温度的升高,碱度逐渐提高到 2.5~3.0,而氧化的中、后期以脱碳为主,通常又将碱度降低到 2.0 左右。

(2)渣中的 $\sum w(FeO)$。渣中 $\sum w(FeO)$ 的高低,标志着炉渣氧化性的强弱及去磷能力的大小。碱度一定时,炉渣的氧化性随着渣中 $\sum w(FeO)$ 的增加而增强。但是,$\sum w(FeO)$ 过高的炉渣太稀,会使钢液吸气及吹炼中产生喷溅的可能性增大;同时,还会加速炉衬的侵蚀、增加铁的损耗等。因此,生产中通常将渣中 $\sum w(FeO)$ 控制在 10%~20% 之间。氧气顶吹转炉炼钢中,$\sum w(FeO)$ 有时高达 30%,但是要求终渣中的 $\sum w(FeO)$ 在满足石灰完全溶解的条件下尽量低。

(3)渣量的控制。在其他条件不变的情况下,增大渣量可增加冶炼过程中的去磷量。但是,过大的渣量不仅增加造渣材料的消耗和铁的损失,还会给冶炼操作带来诸多不便,如喷溅、粘枪等。因此,生产中渣量控制的基本原则是,在保证完成脱磷、脱硫的条件下,采用最小渣操作。氧气顶吹转炉炼钢时,一般情况下适宜的渣量为钢液量的 10%~12%,必要时可采用双渣操作;电弧炉氧化期的渣量一般应为钢液量的 3% ~5%,必要时采用从炉口自动流渣的方法进行换渣操作。

(4)炉渣的流动性。对于去磷、去硫这些双相界面反应来说,物质的扩散是其限制性环节,保证熔渣具有良好的流动性十分重要。影响炉渣流动性的主要因素是温度和成分。但是,去磷反应是放热反应,不希望温度太高。因此,生产中应适当增加渣中 FeO 和 CaF$_2$ 等稀渣成分的含量,使碱性氧化渣在温度不高的情况下也具有良好的流动性,满足去磷的需要。

(5)炉渣的泡沫化。泡沫化的炉渣,使钢 – 渣两相的界面面积大为增加,改善了去磷反应的动力学条件,可加快去磷反应速度。但应避免炉渣的严重泡沫化,以防喷溅发生。

5.3.2　造渣材料用量的计算

5.3.2.1　石灰的加入量

计算石灰加入量的基本方法是,先根据金属炉料的硅含量计算出渣中 SiO$_2$ 的质量,再依据炉渣的碱度求得石灰的质量。

A　电弧炉炼钢及转炉吹炼磷含量小于 0.3% 的低磷铁水时的石灰加入量

电弧炉炼钢及转炉吹炼磷含量小于 0.3% 的低磷铁水时,炉渣的碱度 R 用 $w(CaO)/w(SiO_2)$ 表示,石灰加入量(kg/t)的计算公式如式(5-6)所示:

$$石灰加入量 = \frac{1000 \times w[Si] \times X \times 60/28 \times R}{w(CaO)_{有效}} \tag{5-6}$$

式中　$w[Si]$——炉料中硅的质量分数,%;

$\quad\quad X$——炉料中硅被氧化的百分数,转炉吹炼时可看作 100%,电弧炉炼钢时可取 90%;

$\quad\quad 60/28$——SiO$_2$ 的相对分子质量与 Si 的相对原子质量之比,表示 1 kg Si 氧化后可生成 60/28 kg 的 SiO$_2$;

$\quad w(CaO)_{有效}$——石灰有效 CaO 含量,%。

【例 5-1】　转炉冶炼低磷铁水的硅含量为 0.8%;石灰的 CaO 含量为 86%、SiO$_2$ 含量为 2%,要求炉渣的碱度 R 控制为 3.0。试求当铁水装入量为 30 t 时的石灰加入量(已知:SiO$_2$ 的相对分子质量与 Si 的相对原子质量之比为 2.14)。

解:

$w(CaO)_{有效} = 86\% - 3.0 \times 2\% = 80\%$

石灰加入量 $= 1000 \times 0.8\% \times 100\% \times 2.14 \times 3.0/80\% = 64.2$ kg/t

该炉钢的石灰加入量 $= 64.2 \times 30 = 1926$ kg

B　转炉吹炼中、高磷铁水时的石灰加入量

转炉吹炼中、高磷铁水时,应该用 $R = w(CaO)/(w(SiO_2) + w(P_2O_5))$ 表示熔渣的碱度。此时,石灰加入量(kg/t)的计算公式为:

$$石灰加入量 = \frac{1000 \times (w[Si] \times 60/28 + w[P] \times 0.93 \times 142/62) \times R}{w(CaO)_{有效}} \tag{5-7}$$

式中　142/62——表示每氧化 1 kg 的磷可生成 142/62 kg 的 P$_2$O$_5$;

$\quad\quad$ 0.93——转炉炼钢双渣法的去磷率,为 90% ~95%,一般取 93%;单渣法应取 90%。

【例 5-2】　铁水的硅含量为 0.7%,磷含量为 0.62%,石灰的有效 CaO 含量为 82%,终渣碱度按 3.2 控制。计算 1 t 铁水需加石灰多少千克。

解：

$$石灰加入量 = \frac{1000 \times (0.7\% \times 60/28 + 0.62\% \times 0.93 \times 142/62) \times 3.2}{82\%} = 110\ kg$$

C 炼钢加入铁矿石时的补加石灰量

转炉炼钢中使用部分矿石作冷却剂或电弧炉炼钢中加矿氧化时，由于铁矿石中含有一定数量的 SiO_2，为保证炉渣的碱度不变，应补加适量的石灰。1 kg 矿石需补加石灰的数量（kg）按式（5-8）计算：

$$1\ kg\ 矿石需补加石灰量 = \frac{w(SiO_2)_{矿石} \times R}{w(CaO)_{石灰}} \tag{5-8}$$

【例 5-3】 铁矿石中 SiO_2 的含量为 8%，碱度按 3.0 控制，石灰的有效 CaO 含量为 80%。试计算每加入 1 kg 的矿石应补加石灰多少千克。

解：

$$每加入 1\ kg 的矿石应补加石灰量 = \frac{8\% \times 3.0}{80\%} = 0.3\ kg$$

5.3.2.2 白云石的加入量

转炉炼钢加白云石造渣时，由于白云石中含有一定数量的 CaO，因而在求出白云石的加入量后应相应的减少石灰的用量，现举例说明其计算过程。

【例 5-4】 已知：铁水的硅含量为 0.85%，磷含量为 0.2%；石灰中 CaO 的含量为 89%，SiO_2 的含量为 1.2%，MgO 的含量为 3.0%；白云石中 CaO 的含量为 32%，MgO 的含量为 21%，SiO_2 的含量为 1.3%；终渣的碱度为 3.5，MgO 的含量为 6%，渣量为装入量的 15%；炉衬的侵蚀量为装入量的 0.9%，炉衬中 MgO 的含量为 37%，CaO 的含量为 55%。试求 1 t 铁水的白云石加入量和石灰加入量。

解：

（1）计算石灰的需要量：

$$石灰的需要量 = \frac{1000 \times 0.85\% \times 60/28 \times 3.5}{89\% - 3.5 \times 1.2\%} = 75\ kg$$

（2）计算白云石的加入量：

$$白云石的需要量 = \frac{1000 \times 15\% \times 6\%}{21\%} = 43\ kg$$

石灰带入的 MgO 折合成白云石的数量为：$\dfrac{75 \times 3.0}{21\%} = 11\ kg$

炉衬带入的 MgO 折合成白云石的数量为：$\dfrac{1000 \times 0.9\% \times 37\%}{21\%} = 16\ kg$

所以，白云石的加入量 = 43 - 11 - 16 = 16 kg。

（3）计算石灰的加入量：

白云石带入的 CaO 折合成石灰的量为：$\dfrac{16 \times 32\%}{89\% - 3.5 \times 1.2\%} = 6\ kg$

炉衬带入的 CaO 折合成石灰的数量为：$\dfrac{1000 \times 0.9\% \times 55\%}{89\% - 3.5 \times 1.2\%} = 6\ kg$

所以，石灰的加入量 = 75 - 6 - 6 = 63 kg。

由上述的计算结果可知,转炉炼钢中采用白云石造渣工艺时,白云石的用量约为石灰用量的1/4。

5.3.2.3 熔剂的加入量

萤石的加入量,在转炉炼钢中一般不得超过石灰用量的15%,并希望尽量少用或不用;而在电弧炉炼钢中,则是视炉内的渣况凭经验添加,调整好渣子的流动性即可。

转炉炼钢中若用氧化铁皮部分代替萤石,其用量可根据炉温和化渣情况,按装入量的1%~5%考虑。

另外,铁矿石在转炉炼钢中是作为冷却剂使用的,但它还具有较强的化渣能力,常同渣料一起加入,其用量一般为装入量的2%~5%。

5.3.3 炉渣组成对石灰溶解的影响

加速石灰熔化、迅速成渣是炼钢,尤其是转炉炼钢中的重要任务。影响石灰在渣中的溶解速度的因素主要是石灰的质量、熔池温度及熔渣的组成。而实际生产中,熔池温度的允许波动范围并不大,对石灰溶解速度的调控能力较为有限。因此,在目前各厂已普遍采用活性石灰及合成渣料的情况下,通过控制炉渣的成分来影响石灰的溶解速度是最为直接、方便、快捷的方法。

熔渣组成对石灰溶解速度的影响,实际上是通过影响熔渣的黏度而间接起作用的,如图5-7和图5-8所示。

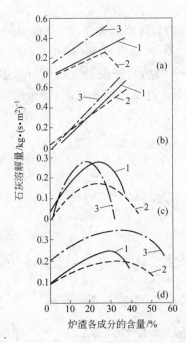
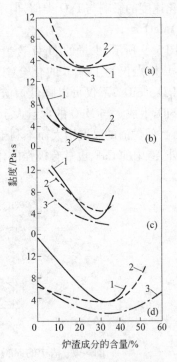

图5-7 熔渣成分对石灰溶解速度的影响
(a)MnO;(b)FeO;(c)SiO$_2$;(d)CaO
1—吹炼时间0~33%,1400℃;2—吹炼时间34%~67%,1500℃;3—吹炼时间68%~100%,1580℃

图5-8 熔渣成分对其黏度的影响
(a)MnO;(b)FeO;(c)SiO$_2$;(d)CaO
1—吹炼时间0~33%,1400℃;2—吹炼时间34%~67%,1500℃;3—吹炼时间68%~100%,1580℃

（1）CaO 和 SiO₂。

渣中的 CaO 含量对石灰溶解速度的影响具有极值性，如图 5-7（d）所示。渣中 CaO 含量小于 35% 时，石灰的溶解速度随其增加而增大。这是因为石灰溶解过程的限制性环节是物质的扩散；当 CaO 含量小于 30% 时，渣中存在着大量的复合阴离子，增加渣中 CaO 含量会使这些复合阴离子解体，引起炉渣的黏度下降，如图 5-8（d）所示，可改善石灰溶解的动力学条件，因而会加速石灰的溶解；当渣中 CaO 含量大于 35% 时，随着渣中 CaO 的进一步增加，会使炉渣的平均熔点逐渐升高、黏度不断上升，从而影响石灰的熔化速度。渣中 SiO₂ 的含量对石灰溶解速度的影响，如图 5-7（c）所示。当渣中 SiO₂ 的含量低时，随着 SiO₂ 含量增加，石灰的溶解速度增大。这是因为，该条件下增加 SiO₂ 会使炉渣的熔点降低、黏度下降，如图 5-8（c）所示；同时，它还可与渣中 FeO 一起促使石灰熔化，反应产物是熔点仅为 1205℃ 左右的 CaO·FeO·SiO₂。当 SiO₂ 含量大于 25% 时，进一步增加其含量，不仅会在石灰表面形成 2CaO·SiO₂ 硬壳，而且会增加渣中复合阴离子的数量，导致炉渣黏度上升而减缓石灰的溶解。

（2）FeO 和 MnO。

如图 5-7（b）所示，随着渣中 FeO 含量的增加，石灰的溶解速度呈直线增大。其原因有三点，一是渣中 FeO 可与渣中其他组元生成低熔点的盐，能有效地降低炉渣的黏度，如图 5-8（b）所示；二是因渣中 FeO 是炉渣的表面活性物质，可增强炉渣对石灰的润湿和渗透；三是 FeO 可与 CaO 及 2CaO·SiO₂ 作用生成低熔点的化合物，使它们熔化。渣中 MnO 对石灰熔化速度的影响与 FeO 类似，但不如其作用大，如图 5-7（a）和图 5-8（a）所示。

（3）MgO。

如图 5-9 所示，少量的 MgO 含量有利于石灰的熔化。其原因在于，渣中有 MgO 存在时，可生成熔点仅为 1550℃ 的化合物 3CaO·MgO·2SiO₂ 和熔点更低（1390℃）的化合物 CaO·MgO·SiO₂，不仅可以降低炉渣的黏度（如图 5-9 所示），还能避免阻碍石灰熔化的 2CaO·SiO₂ 生成。当 MgO 的含量大于 6% 时，渣中的 MgO 处于过饱和状态，会析出固态的 MgO 颗粒，使炉渣的黏度增大而不利于石灰的溶解。

另外，渣中的 CaF₂ 也具有极强的化渣和稀渣作用。

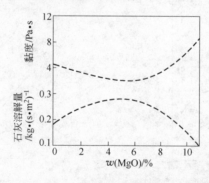

图 5-9　渣中的 MgO 含量与石灰溶解量及熔渣黏度的关系

通常情况下，在碱性氧化渣中提高 CaO、MgO、Cr₂O₃ 等组元的含量会使炉渣的流动性变差；而适当增加 CaF₂、Al₂O₃、SiO₂、FeO 等组元的含量时，则会改善炉渣的流动性。在炼钢的温度范围内，炉渣的碱度越高，其流动性越差。

5.3.4 转炉炼钢的造渣制度

转炉炼钢的造渣制度包括两方面的问题,一是选择合适的造渣方法,二是将渣料合理地加入炉内。

5.3.4.1 转炉炼钢的造渣方法及选用

目前,转炉炼钢的造渣方法共有四种:单渣法、双渣法、双渣留渣法及喷吹石灰粉法,选择的依据是原材料的成分和所炼钢种。

A 单渣法

在冶炼过程中只造一次渣,中途不倒渣、不扒渣,直到终点出钢的造渣方法称为单渣法。单渣法操作工艺简单,冶炼时间短,生产率高,劳动强度小;但其去除硫、磷的效率低些,一般情况下去硫率为 30% ~40%,去磷率为 90% 左右。

单渣法适合于使用含磷、硫、硅较低的铁水或冶炼对硫、磷要求不高的一般碳素钢和低合金钢。

B 双渣法

所谓双渣法,是指在吹炼中途倒出部分炉渣,然后补加渣料再次造渣的操作方法。双渣操作的特点是:炉内始终保持较小的渣量,吹炼中可以避免因渣量过大而引起的喷溅,且渣少易化;同时又能获得较高的去硫、去磷效率。通常双渣法的总去硫率可达 50% ~60%,总去磷率可达 92% ~95%。

双渣法操作适合于铁水含硅、磷、硫量较高或者生产高碳钢和低磷钢种的情况。

采用双渣法操作时,要注意两个问题:

(1)倒出炉渣的数量。一般是根据铁水成分和冶炼钢种的要求所决定的去硫和去磷任务的大小,倒出 1/2 或 2/3 的炉渣。

(2)倒渣时机。理论上应选在渣中磷含量最高、FeO 含量最低的时候进行倒渣操作,以获得高去磷率、低铁损的理想效果。生产实践表明,吹炼低碳钢时,倒渣操作应该在钢中碳含量降至 0.6% ~0.7% 时进行,因为此时炉内渣子已基本化好,磷在渣、钢之间的分配接近平衡;同时,脱碳速度已有所减弱,渣中 FeO 的浓度较低(约 12%)。吹炼中、高碳钢时,倒渣操作则应提前到钢液碳含量为 1.2% ~1.5% 时进行,否则后期化渣困难,去磷的效率低。

无论吹炼低碳钢还是高碳钢,倒渣前 1 min 应适当提枪或加些萤石改善炉渣的流动性,以便于倒渣操作。

C 双渣留渣法

双渣留渣法是指将上一炉的高碱度、高温度和较高 FeO 含量的终渣部分地留在炉内,以便加速下一炉钢初渣的形成,并在吹炼中途倒出,部分炉渣再造新渣的操作方法。倒渣时机及倒渣量与双渣法相似,但是由于留渣,初渣早成,而且前期的去硫及去磷效率高,总去硫率可达 60% ~70%,总去磷率更是高达 95% 左右。

采用双渣留渣法时,兑铁水前应先加一批石灰稠化所留炉渣,而且兑铁水时要缓慢进行,以防发生爆发式碳氧反应而引起严重喷溅。若上一炉钢终点碳过低,一般不宜留渣。

D 喷吹石灰粉法

喷吹石灰粉法,是在冶炼的中、后期以氧气为载体,用氧枪将粒度为 1 mm 以下的石灰粉喷入熔池且在中途倒渣一次的操作方法。本法的倒渣操作,一般选在钢液碳含量为

0.6% ~0.7%时进行。由于喷吹的是石灰粉末,成渣速度更快,前期去硫、去磷的效率更高,使得总去硫率达70%。但该法需要破碎设备,而且粉尘量大,劳动条件恶劣;石灰粉又更容易吸收空气中的水,制备、运输及管理均较困难。

对于含硅、磷及硫较高的铁水,入炉前进行预处理使之达到单渣法操作的要求,既合理又经济。

5.3.4.2　渣料的分批和加入时间

为了加速石灰的熔化,渣料应分批加入。否则,会造成熔池温度下降过多,导致渣料结团,且石灰块表面形成一层金属凝壳而推迟成渣,加速炉衬侵蚀并影响去硫和去磷。

单渣操作时,渣料通常分两批加入。

正常情况下,第一批渣料在开吹的同时加入,其组成是:石灰为全部的 1/2 ~2/3,铁矿石为总加入量的 1/3,萤石则为全部的 1/3 ~1/2。

其余的为第二批渣料,一般是在硅及锰的氧化基本结束、头批渣料已经化好、碳焰初起的时候加入。如果二批渣料加入过早,炉内温度还低且头批渣料尚未化好又加冷料,势必造成渣料结团,炉渣更难以很快化好。反之,如果二批渣料加入过晚,正值碳的激烈氧化时期,渣中 $\sum w(\text{FeO})$ 较低,二批渣料难化,容易产生金属飞溅;同时,由于渣料的加入使炉温降低,碳氧反应将被抑制,导致渣中的氧化铁积聚,一旦温度上升,必会发生爆发式碳氧反应而引起严重喷溅。二批渣料可视炉内情况一次加入或分小批多次加入。分小批多次加入无疑对石灰熔化是有利的,但是,最后一小批料必须在终点前 3 ~4 min 加入,否则所加渣料尚未熔化就要出钢了。

5.3.5　电弧炉熔化期和氧化期的造渣工艺

5.3.5.1　任务

(1)电弧炉炼钢熔化期的任务主要有两个:一是用电弧产生的热量把固体炉料迅速熔化,并尽快将钢液加热到氧化所需的温度(1550℃)。二是尽早造好有一定碱度的氧化渣,以去除钢液中的一部分磷并减少钢液吸气和金属挥发。

(2)氧化期的主要任务是进一步去磷至低于成品钢的要求,并氧化脱碳以升温、去气、去夹杂。

可见,熔化期及氧化期需要的都是碱性氧化渣。实际生产中,为了顺利完成上述任务,造渣过程从装料时就开始了。

5.3.5.2　装料、熔化

装料前,先在炉底铺一层约为料重 1.5% 的石灰,不仅能保护炉衬装料时不被砸坏,而且有利于早成渣。

随着炉料熔化,炉底所铺石灰也逐渐溶解。炉内形成熔池后,按料重的 1% 补加石灰,同时吹氧助熔并化渣。

而后不时补加石灰,最终使总渣量达到钢液的 4% ~5%;并根据炉料磷含量酌情加入适量的铁矿石、氧化铁皮等,或向渣面吹氧,使渣中的氧化铁含量达到20%左右,碱度在2.0左右。

炉料化清后,扒除大部分炉渣或熔化后期自动流渣,并补加渣料进入氧化期。熔化期去磷率一般为20% ~30%。

5.3.5.3　氧化期造渣

氧化期造渣关键是根据脱磷和脱碳两方面的要求,正确地控制炉渣的成分及渣量。

脱磷和脱碳是氧化期的两个重要反应,两者对炉渣的要求有统一的一面,即都要求炉渣具有较强的氧化性和良好的流动性;同时也存在不一致的地方,脱磷要求大渣量、碱度以控制在 2.5~3.0 范围内为好,而脱碳则要求薄渣层、碱度控制为 2.0 左右时最好。

实际操作中,通常是根据两者对温度要求不同(脱磷需要较低的温度,而脱碳则需要较高的温度)的特点及氧化期是一个升温过程的特征,按氧化进程控制渣量和成分。氧化前期,边吹氧边自动流渣,并及时补加石灰,使炉内渣量保持在 3%~4%,碱度控制在 2.5~3.0 之间。如果钢液含磷高,可酌情分批向熔池加少量的铁矿石或氧化铁皮,以提高炉渣的氧化性;并加适量的萤石调整渣子的流动性,以强化去磷。随着氧化的进行,不时地流渣并补加少量渣料。到氧化后期,渣量减至 2%~3%,碱度降至 2.0 左右,以利于脱碳反应的进行。

5.3.6　氧化渣的渣况判断

氧化渣的渣况是否正常,将直接关系到氧化精炼过程能否顺利进行。而渣况取决于炉渣的成分与温度,加之冶炼过程中熔池的温度及成分在不断地变化着,因而生产中及时、准确地判断炉内渣况的好坏并做出相应的调整就显得十分重要。

5.3.6.1　电弧炉氧化渣的判断

实际生产中,判断电弧炉氧化渣渣况的方法有以下两种。

A　直接判断

打开炉门,观察炉内液面,电弧炉氧化渣渣况良好的标志是:电极平稳,电弧声音柔和,电弧断续地被炉渣所包围,弧光时隐时现;渣面活跃,稍倾炉体渣子便能顺利地从炉门口自动流出。

B　间接判断

间接判断的具体做法是:用铁棒在炉内蘸一下渣子,待其冷凝后进行观察。符合要求的氧化渣一般为黑色,在空气中不会自行破裂而从铁棒上脱落。氧化前期的渣子有光泽,敲碎后断面疏松,厚度为 3~5 mm;氧化后期的渣子,其断面致密些,厚度也薄些,且颜色近于棕色。如果断面光滑、易裂,说明炉渣的碱度低;若断面呈玻璃状,则说明是酸性渣。另外,返回法冶炼高铬钢时,炉渣冷凝后呈黄绿色,原因是渣中含有较多的铬氧化物。

5.3.6.2　转炉炼钢的渣况判断

对于转炉炼钢,炉内渣况良好的基本条件有两个:第一是不出现返干现象;第二是不发生喷溅,特别是严重喷溅。无论是返干还是喷溅,一旦出现均会严重影响炉内的化学反应,甚至酿成事故。因此,转炉炼钢渣况判断的重点应放在对可能会发生的返干或喷溅的预测上,以便及时处理而避免其发生。预测判断的方法有以下两种。

A　经验预测

通常情况下,渣料化好、渣况正常的标志是:炉口的火焰比较柔软,炉内传出的声音也柔和、均匀。这是因为如果渣已化好、化透时,炉渣被一定程度地泡沫化了,渣层较厚。此时氧枪喷头埋没在泡沫渣中吹炼,氧气射流从枪口喷出,冲击熔池时产生的噪声大部分被渣层吸收,而传到炉外的声音就较柔和;同时,从熔池中逸出的 CO 气体的冲力也大为减弱,在炉口处燃烧时的火焰也就显得较为柔软。

如果炉口的火焰由柔软逐渐向硬直的方向发展,炉内传出的声音也由柔和渐渐变得刺耳起来,表明炉渣将要出现返干现象。这是由于枪位过低或较低的枪位持续时间过长,激烈的脱碳反应大量消耗了渣中的氧化铁所致。此时,迅速调高枪位并酌情加入适量萤石便可避免返干的出现。

如果炉内传出的声音渐渐变闷,炉口处的火焰也逐渐转暗且飘忽无力;同时,还不时地从炉口溅出片状泡沫渣,说明炉渣正在被严重泡沫化,渣面距炉口已经很近,不久就要发生喷溅。生产中发现,二批料加入过晚时易出现此种现象。其原因是,当时炉内的碳氧反应已较激烈,加入冷料后使炉温突然下降,抑制了碳氧反应,使渣中的氧化铁越积越多;随着温度渐渐升高,熔池内的碳氧反应又趋于激烈,产生的 CO 气体逐渐增多,炉渣的泡沫化程度也就越来越高。此时,迅速调低枪位消耗渣中多余的氧化铁,即可避免喷溅的发生。

B 声纳控渣仪预测

近年来,一些大型钢厂使用声纳控渣仪对转炉炼钢中的两大难题,即返干和喷溅进行预测和预报,并取得了不错的效果。

在与声纳控渣仪配用的化渣软件中,储存有如图 5-10 所示的声强化渣图。该图的横坐标是吹炼时间,纵坐标是相对噪声强度(以开吹时的噪声值为 100% 计)。图中绘有“两线一区”。靠近图上方的一条线称为喷溅预警线,该线相当于炉内渣面接近炉口的位置,当实际吹炼的噪声强度曲线向上穿越此线时,计算机会发出喷溅预警。略靠下方的一条线称为返干预警线,该线相当于炉内渣面低于氧枪喷头的位置,当实际吹炼的噪声强度曲线向下穿越此线时,计算机则会发出返干预警。位于两条预警线之间的镰刀形区域为正常渣况区。另外,该图下方还附有相应的枪位变化图。

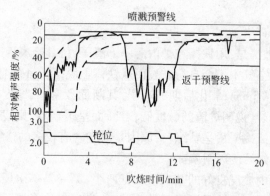

图 5-10 声强化渣图

声纳控渣仪的工作原理是:在炉口附近安装定向取声装置和声纳仪采集炉口噪声,对其进行信号转换、选频、滤波、放大、整形后输入计算机,由计算机在其显示器上的声强化渣图中绘制冶炼过程中的噪声强度曲线,间接地反映渣层厚度或渣面的高低,同时对吹炼过程中可能发生的喷溅或返干进行预报,并由报警装置发出声、光信号。

音强化渣应用软件具有“自适应”的微调功能,在任何一座转炉上运行几炉后,便能自动将“二线一区”调节到适合当前炉况的正确位置。

5.4　造还原渣

造还原渣对钢液进行还原精炼,是电弧炉炼钢法的主要特点之一;另外,在钢包精炼炉中通常也是造还原渣。

造还原渣的目的主要有两个:一是降低钢液氧含量,以减少调整钢液成分时所加合金元素的烧损;二是更有效地去硫,氧化精炼虽也能去除部分硫,但效果远不及还原精炼。

还原渣的标志是渣中FeO含量很低,而且FeO含量越低,炉渣的还原性越强,即脱氧、脱硫的能力越大。通常情况下,还原渣的FeO含量不大于0.5%。

5.4.1　还原渣的种类及特点

电弧炉炼钢的还原渣,按其组成不同有白渣和电石渣之分,两者的成分见表5-4。

表5-4　不同还原渣系的成分　　　　　　　　　　（%）

成　分	CaO	SiO$_2$	MgO	MnO	Al$_2$O$_3$	CaF$_2$	CaC$_2$	FeO
白　渣	50~55	15~20	<10	<0.4	2~3	5~8		≤0.5
电石渣	55~65	10~15	8~10		2~3	8~10	1~4	<0.5

5.4.1.1　白渣

白渣是电弧炉炼钢中常用的一种碱性还原渣。白渣中FeO含量较低,碱度较高,具有良好的脱氧和脱硫能力。好的白渣在炉内呈轻微的泡沫状,并能均匀地粘在样勺或耙子上,冷却后呈白色并能自动粉化,故称白渣。生产中,炉渣的颜色随着渣中氧化铁和氧化锰等氧化物的不断被还原而逐渐变白。

白渣与钢液间的界面张力高达1.2 N/m,极易与钢液分离而上浮,较少玷污钢液,所以通常规定必须要在白渣下出钢。

5.4.1.2　电石渣

电石渣是电弧炉炼钢中采用的另一种碱性还原渣。该渣的基本成分与白渣相似,不同的是渣中含有一定量的碳化钙,故称电石渣。渣中的CaC$_2$含量在1%~2%之间时称为弱电石渣,其渣样冷却后呈灰色,并有白色条纹。渣中的CaC$_2$含量在2%~4%之间时称为强电石渣,其渣样冷却后呈灰黑色。

与白渣相比,电石渣中的FeO含量更低,碱度更高,而且含有一定的CaC$_2$,不仅本身与氧和硫的亲和力大,而且会使钢与渣间的界面张力大幅下降至0.7~0.8 N/m,熔渣对钢液的润湿性变好,改善了还原精炼的动力原条件,因而具有更强的脱氧和脱硫能力。但是,也正是因为电石渣与钢液间的界面张力较小而不易与钢液分离和上浮,因此电石渣下不能出钢,而应设法使之变成白渣后再进行出钢操作。此外,由于渣中CaC$_2$的存在,还原精炼过程中钢液的增碳量比白渣大,因而生产中电石渣用得较少,尤其不适用于低碳钢及碳规格范围较窄的钢种。

5.4.2　电弧炉还原期的造渣制度

5.4.2.1　熔渣碱度和渣中FeO含量的控制

一定温度下,与一定成分熔渣相平衡的钢液氧含量越低,炉渣的还原性越强。熔渣的组成中,碱度的高低和 FeO 的含量对熔渣的还原性起着决定性作用,两者与钢液氧含量的关系如图 1-2 所示。

从图 1-2 中可以看出,熔渣碱度一定时,渣中 FeO 含量越低,钢液中的氧含量越少。渣中 FeO 含量一定时,钢液的氧含量随熔渣碱度的增大而呈曲线变化,拐点处的理论碱度值是 1.87,当碱度值大于 1.87 时,钢液的氧含量随碱度增大而下降;但碱度大于 3.5 时,再增加碱度,炉渣脱氧能力提高得就不明显了,原因是碱度的提高使熔渣的黏度上升、反应能力下降。因此,为了保证钢液的氧含量降低到钢种的要求,白渣或电石渣的碱度应保持在 3.0 ~3.5 之间,渣中 FeO 含量则越低越好,起码不应超过 0.5%。

5.4.2.2　炉渣流动性的调整

保持良好的流动性是充分发挥炉渣还原能力和加速还原过程的重要条件。电弧炉炼钢中,调整还原渣流动性时主要采用萤石,许多企业还掺加部分废黏土砖块,冶炼优质钢时则改掺干净的石英砂。

单用萤石调渣时,其作用迅速且不降低炉渣的碱度,但作用时间短且往往使炉渣过稀,增加钢液吸气;而使用黏土砖块或石英砂调渣时,炉渣的黏度比较稳定且渣况为活跃的小泡沫渣,反应能力强,隔气能力大,但会降低熔渣碱度,因此应两种材料配合使用。生产实践证明,还原渣中稀渣组分 SiO_2、Al_2O_3、CaF_2 之和在 30% ~35% 之间时,炉渣的流动性良好。如果稀渣组分之和低于 30% 或渣中 MgO 含量过高,炉渣会显得黏稠;反之,若稀渣组分之和高于 35%,则炉渣偏稀。

5.4.2.3　渣量的控制

还原精炼时还应保持适当的渣量。在一定范围内增大渣量,可使渣中 FeO 及 CaS 的含量相应降低,从而可加大脱氧量和脱硫量,而且较大的渣量会使白渣比较稳定而不易变黄。但是渣量过大时,渣层太厚,会使熔池的物化反应不活跃,并浪费造渣材料。

生产实践表明,电弧炉还原期的渣量控制在钢液的 3% ~5% 较为适宜,大容量电弧炉及冶炼中碳钢和含贵重合金元素的钢种时,取下限;小容量电炉及冶炼低碳钢(渣层厚,炭粉加入集中在上层,不宜对钢液增碳;渣层薄时,炭粉容易沉入下层对钢液增碳)和对夹杂要求严格的钢种时,取上限。

5.4.3　造还原渣的操作程序

前已述及,还原渣有白渣和电石渣之分。但无论采用何渣还原,首要的问题都是要造好稀薄渣。

"稀"的含义是基本渣料中稀渣剂的比例较高,渣料熔化后炉渣的黏度较低,其目的是保证撒加粉状脱氧剂后还原渣具有良好的流动性;"薄"的意思是炉内渣层薄,即应采用较小的渣量,其目的是快速成渣覆盖钢液,并控制还原期总渣量不超过钢液量的 5%,以保证渣面活跃。

其操作过程如下:扒除氧化渣后迅速加入为钢液量 2.5% ~3.0% 的基本渣料,其配比为石灰∶萤石∶黏土砖块 =4∶1∶1,并立即以较大功率供电,使炉料尽快熔化覆盖钢液,以减少其吸气和降温。

稀薄渣料的熔化一般需要 5 ~10 min。

造稀薄渣的同时,加硅铁、锰铁、锰硅合金进行预脱氧,锰按下限计算加入量。

5.4.3.1　白渣还原工艺

白渣还原工艺的操作过程大致上可以分成以下两个阶段:

(1)形成白渣。稀薄渣料化好后,酌情补加渣料,然后按每吨钢 1～2 kg 的用量向渣面撒加碎电石和适量的炭粉或炭粉与硅铁粉的混合物。如不加电石,则向渣面撒加炭粉与硅铁粉的混合物 1.5～3.0 kg/t。加完后紧闭炉门,并输入中级电压和较大电流,使炉内迅速形成良好的还原气氛。还原 10～15 min,渣子变白后,改用较低电压和较小功率供电。

(2)维持白渣。白渣形成后应勤观察炉内渣况,并根据渣的颜色及时添加硅铁粉和少量炭粉,保持流动性良好的白渣 20～30 min。硅铁粉的用量为每吨钢 4～6 kg,分 2～4 批加入,每批间隔时间为 5～7 min。为了保证熔渣的碱度和减少钢液增硅,每次加入硅铁粉的同时应补加适量石灰。

采用白渣还原时,钢液将增碳 0.02%～0.05%,因此,当冶炼碳含量低于 0.2% 或含碳范围较窄的钢种时,可用密度较小的木炭粉代替焦炭粉进行还原。另外,加入炉内的硅铁粉中约有 50% 的硅进入钢液,因此每吨钢硅铁粉的总用量不应超过 7 kg,以防成品钢的硅含量出格。

5.4.3.2　电石渣还原工艺

电石渣还原工艺的操作过程分为以下三个阶段:

(1)形成电石渣。稀薄渣料化好后,向渣面撒加 2.5～4.0 kg/t 的炭粉和适量的石灰及萤石,然后紧闭炉门,堵好电极孔,并以较大功率供电。此时炉内的高温区将发生如下反应:

$$3 C_{粉} + (CaO) = (CaC_2) + \{CO\} \qquad \Delta H^{\ominus} = 440575 \text{ J/mol} \qquad (5-9)$$

当带有黑色浓烟的火焰从炉子的各缝隙冒出时,表明炉内的电石渣已经形成。也可以采用直接向炉内加电石的方法造电石渣,即稀薄渣形成后按每吨钢 3～5 kg 的量向炉内加入电石,并配加少量的炭粉。这样可以不用花费时间在炉内生成电石,但生产成本略有增加。

(2)电石渣下还原。电石渣形成后,通常情况下能维持 20～30 min,随着电石不断消耗于还原渣中氧化铁的反应,炉渣由灰黑逐渐变为白色。

(3)白渣下还原。炉渣变白后,再加 2～4 批硅铁粉,每批的加入量为每吨钢 1～1.5 kg,保持白渣下还原 20～30 min。

采用电石渣还原时,钢液的增碳量通常高达 0.05%～0.10%。因此,冶炼低碳钢时不能造电石渣。另外,电石的还原能力很强,在还原渣中 FeO 的同时还会发生 SiO_2 的还原反应,使钢液增硅 0.05%～0.15%,反应如下:

$$3(SiO_2) + 2(CaC_2) = 3[Si] + 2(CaO) + 4\{CO\} \qquad (5-10)$$

还应指出的是,由于电石渣与钢液的界面张力小,出钢时钢、渣不易分离,出钢前 20～30 min 必须使电石渣变为白渣。为此,在造电石渣过程中一定要控制好炭粉及电石用量,还要配以合理的供电制度,准确的控制熔池温度。当电石渣不能按时变白时,应打开炉门、加大输入电压并推渣,将渣中的碳化钙氧化掉。当电石渣过强时,可扒掉部分炉渣,再补加石灰、萤石进行稀释,使渣中碳化钙的含量降低到 1% 以下。

5.5　炉渣泡沫化

有大量微小气泡存在的熔渣呈泡沫状,这样的渣子称为泡沫渣。据测定,泡沫渣中气泡的体积通常要大于熔渣的体积。可见,泡沫渣中的渣子是以气泡的液膜形式存在。另外,泡沫渣中往往还悬浮有大量的金属液滴。

5.5.1 泡沫渣的作用

炉渣被泡沫化后,钢、渣、气三相之间的接触面积大为增加,可使传氧过程及钢、渣间的物化反应加速进行,冶炼时间大大缩短;同时,炉渣的泡沫化使得在不增加渣量的情况下,渣的体积显著增大,渣层的厚度成倍增加,对炉气的过滤作用得以加强,可减少炉气带出的金属和烟尘量,提高金属收得率。泡沫渣的这些作用在转炉炼钢中表现得尤为突出。

在电弧炉炼钢中,一般要求泡沫渣的厚度要达到弧柱长度的 2.5 倍以上,以实现埋弧操作,因而它还具有以下特殊作用。

5.5.1.1 采用高电压、小电流的长弧操作

熔渣不发泡时,渣层薄,不能完全屏蔽电弧,大量的热量会辐射到炉壁上严重影响炉衬寿命,因而不得不采用低电压、大电流供电的短弧操作。而熔渣泡沫化后能完全埋没电弧,可以放心采用长弧操作。采用长弧操作,可为电炉炼钢带来一系列好处:首先,长弧操作可以增加电炉的输入功率。近年来为了加速炉料熔化、缩短冶炼时间,向炉内输入的电功率不断增大,实行高功率、超高功率供电。如果仍采用短弧操作,因电压低而电流值极大,对电极材料的要求大大提高,使得电极消耗增加;而长弧操作时,电压高,电流就相对较小,因而可以超高功率供电。其次,由于采用长弧操作,电流相对较小,电炉供电的功率因数 $\cos\varphi$ 值可大幅提高。再次,由于泡沫渣对电弧的屏蔽作用,可提高电弧加热熔池的热效率,同时炉衬的热负荷下降,使用寿命延长。

有关资料指出,在容量为 60 t、配以 60 MV·A 变压器的超高功率电炉上采用长弧泡沫渣操作后,功率因数从 0.63 增加到 0.88,热效率由 30% ~40% 提高到 60% ~70%;同时,炉壁热负荷几乎不变,补炉材料因此节约了 50%,炉衬寿命提高了 20 余炉。而若不采用泡沫渣,如图 5-11 所示,炉壁的热负荷将增加 1 倍以上。

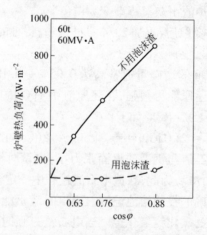

图 5-11 炉壁的热负荷与泡沫渣的关系

另外,采用泡沫渣长弧操作可以大幅降低电极消耗。其原因有两点:一是由于电极消耗与电流的平方成正比,而长弧操作的电流较小;二是由于泡沫渣使处于高温状态的电极端部

埋在渣中,可以减少其直接氧化损失。

5.5.1.2 缩短冶炼时间并降低电耗

由于泡沫渣的埋弧作用及其对熔池的覆盖作用加大,钢水升温快,可以缩短冶炼时间并降低电能消耗。国内一些炼钢厂的普通功率电弧炉采用泡沫渣操作后,平均每炉钢的冶炼时间缩短了 30 min 左右,生产率提高了 15% 左右,平均每吨钢的电能消耗下降了 20 ~ 70 kW·h。

5.5.1.3 降低钢液的含气量(尤其是氮含量)

由于使炉渣泡沫化需要更大的脱碳量和脱碳速度,冶炼中的去气效果明显改善;同时,由于采用泡沫渣埋弧操作,炉内氮的分压显著降低,钢液的吸氮量大大减少,因而采用泡沫渣冶炼后钢中的氮含量大幅降低。实验表明,采用泡沫渣冶炼时,成品钢中的氮含量仅为非泡沫渣操作的 1/3。

5.5.2 熔渣泡沫化的条件及影响因素

5.5.2.1 熔渣泡沫化的条件

使熔渣呈泡沫状(即泡沫化)的原因比较复杂,目前研究的尚不透彻,但是必须具备的条件有两个。

A 要有足够的气体进入熔渣

这是熔渣泡沫化的外部条件。向熔渣吹入气体或熔池内有大量气体通过钢渣界面向渣中转移,均可促使炉渣泡沫化。例如熔池内的碳氧反应,因其反应的产物是 CO 气体,而且要通过渣层向外排出,因而具有促使熔渣起泡的作用。

B 熔渣本身要有一定的发泡性

这是熔渣泡沫化的内部条件。衡量炉渣发泡性的标准有两个:

(1)泡沫保持时间。它是测量泡沫渣由一个高度降到另一个高度时所用的时间,又称为泡沫寿命。泡沫寿命越长,熔渣的发泡性越好。

(2)泡沫渣的高度。它是测量在一定的吹气速度下,泡沫渣所能达到的最大高度。此值越大,炉渣的发泡性越好。

虽然两种衡量标准所测定的实验参数不同,但都在一定程度上体现了熔渣发泡性的本质,即渣中气泡的稳定性,亦即熔渣能使进来的小气泡较长时间地滞留其中,不至于迅速合成大气泡从渣中排出而使泡沫消除的能力。

5.5.2.2 影响炉渣泡沫化程度的因素

实际生产中,熔渣的泡沫化程度是形成泡沫渣的外部条件和内部条件共同作用的结果。外部条件主要是进气量和气体种类,而内部条件(即炉渣的发泡性)则是由其本身的性质决定的。

在熔渣的诸多性质中,炉渣的表面张力和黏度对其发泡性的影响最大而且直接,其他性质都是通过影响炉渣的黏度和表面张力而间接影响炉渣发泡性的。炉渣的表面张力越小,其表面积就越易增大,即小气泡越易进入而使之发泡。增大炉渣的黏度,将增加气泡合并长大及从渣中逸出的阻力,使渣中气泡的稳定性增加。

总的来看,影响炉渣泡沫化程度的因素主要有以下四个。

A 进气量和气体的种类

熔渣的成分及温度一定时,在不使熔渣泡沫破裂或产生喷溅的条件下,适当增加进入炉渣的气体流量,会使炉渣的泡沫化程度增加。在实际生产条件下,电弧炉炼钢的吹氧量和渣中 FeO 含量与炉渣发泡高度之间的关系如图 5-12 所示,D 为电弧炉直径。

可见,在相同的冶炼条件下,随吹氧量增大,炉渣的发泡高度呈直线增大。

此外,气体的种类对熔渣的泡沫化程度也有一定的影响。在向熔渣吹入的各种气体中,对熔渣泡沫化程度影响作用的大小顺序是:还原性气体,中性气体、氧化性气体,这主要是和这些气体与炉渣之间的表面张力依次增大有关。

B　熔池温度

随着熔池温度升高,熔渣的黏度降低,泡沫寿命缩短,其他条件相同时炉渣的泡沫化程度下降。有关研究指出,温度每升高 100℃,泡沫寿命下降 70%。

C　熔渣的碱度及渣中 FeO 含量

许多研究都指出,对于 CaO-FeO-SiO$_2$ 系熔渣,碱度在 1.8 ~ 2.0 之间时炉渣的发泡能力最强,即其他条件相同时炉渣的泡沫化程度最高,如图 5-13 所示。

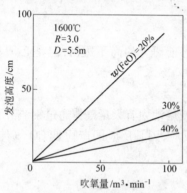

图 5-12　吹氧量和渣中 FeO 含量对炉渣发泡高度的影响

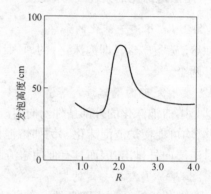

图 5-13　碱度 R 对熔渣发泡高度的影响

这是因为碱度为 1.87 时,渣中有适量的 2CaO·SiO$_2$ 固态颗粒生成,它不仅可以作为生成气泡的核心,而且 2CaO·SiO$_2$ 吸附在气泡表面时具有降低表面张力和增大渣膜黏度的作用,因而有利于熔渣发泡。氧气顶吹转炉炉渣的泡沫化程度与碱度的关系如图 5-14 所示,它所揭示的规律与上述研究结果基本吻合。

研究还发现,碱度在 1.8 ~ 2.0 之间时,渣中氧化铁含量的变化对熔渣的发泡能力几乎无影响;而当碱度大于 2.0 时,氧化铁含量为 20% 的炉渣比氧化铁含量为 40% 的炉渣更易发泡(如图 5-12 所示)这是由于过高的氧化铁会使炉渣的黏度严重下降的缘故。因此,生产中一般将氧化铁含量为 20% 左右、碱度在 1.8 ~ 2.0 之间作为泡沫渣的基本要求。

D　熔渣的其他成分

由上述分析可知,凡是影响 CaO-FeO-

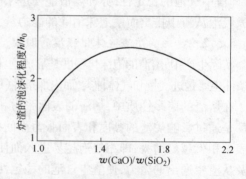

图 5-14　氧气顶吹转炉炉渣的泡沫化程度与碱度的关系

h—炉渣起泡后熔池液面的高度;h_0—熔池液面的原始高度

SiO_2 系熔渣表面张力和黏度的成分都会影响炉渣的发泡性能。例如,适当增加渣中的氧化镁含量会使炉渣的黏度增大,从而可改善炉渣的发泡性能。又如,渣中五氧化二磷含量较高时,炉渣的表面张力较低,其发泡性较好。再如,对于渣中 CaF_2 来说,增加其含量可以降低炉渣的黏度,但同时又会使炉渣的表面张力下降,因此氟化钙对炉渣发泡性的具体影响取决于这两方面作用的相对大小。有关研究表明,在碱度为 1.8 ~ 2.0 之间时,渣中 CaF_2 含量以 5% 为界,低于 5% 时,增加渣中的 CaF_2 含量对炉渣的发泡有利,这说明此时是 CaF_2 对表面张力的影响起主导作用;当 CaF_2 含量高于 5% 时,再增加渣中 CaF_2 含量会降低炉渣的发泡能力,显然此时是 CaF_2 对黏度的影响起主导作用。

5.5.3 电弧炉炼钢中的造泡沫渣工艺

5.5.3.1 造泡沫渣的方法

关于造泡沫渣的方法,包括所用渣料及发泡剂的种类、加入量和加入方式等,各企业都摸索出了适合自身生产条件的操作方法,归纳起来有以下三种:

(1) 原来的造氧化渣工艺基本不变,需要时向炉内加入发泡剂。所用的发泡剂通常由 50% ~85% 的 CaO 和 50% ~15% 的炭粉配置而成,个别厂还配入一定数量的 $CaCO_3$。该方法操作简单、易于掌握、便于推行,但是泡沫渣的稳定性差些,需严格控制炉渣成分。

(2) 造泡渣的过程贯穿于熔化期和氧化期。该工艺使用配比为石灰:萤石:焦炭 = (0.86 ~ 0.90):(0.01 ~ 0.08):(0.05 ~ 0.10) 的复合造渣材料。用量为每吨钢加 15 ~ 30 kg,分 5 ~ 10 批加入,其中焦炭粒可随钢铁料一起装入。操作中加大用氧量,并在渣料中配入适量的氧化铁皮。这种方法从冶炼全局出发,冶炼过程稳定,炉渣泡沫化效果也比前一种好得多。

(3) 喷粉造泡沫渣。该法是在氧化的中、后期,向钢、渣两相的界面处喷吹粒度小于 3 mm 的炭粉、碳化硅粉和硅铁粉。这种造泡沫渣方法的效果最好,但需配备喷吹设备。

实际生产中,为了取得更理想的效果,常将上述三种方法结合使用。比较典型的造泡沫渣的操作过程为:装料前在炉底加入占料重 2% ~4% 的石灰,使熔清后熔渣的碱度达到 1.8 ~2.0。同时,随料按每吨钢加入 5 ~ 15 kg 的量加入碎焦炭块,以提高配碳量;并在炉料底部按每吨钢装入 6 kg 的量加入氧化铁皮。炉底形成熔池后即可开始吹氧助熔,氧压为 0.5 ~0.7 MPa,并不时向钢 – 渣界面吹氧,提高渣中 FeO 含量。中期,自动流渣以提高去磷率,并补加石灰以保持渣量和碱度。熔化末期,每吨钢喷吹炭粉 4 ~6 kg,并吹氧造泡沫渣,埋弧升温;同时,尽量采用高电压、大功率供电。

对于直流电弧炉,因为废钢要与炉底的底电板接触导电,所以不能在装料前向炉底加石灰,所需石灰应在炉底形成熔池后逐渐加入炉内,其余操作与上述相同。

5.5.3.2 造泡沫渣应注意的问题

炉渣的发泡性能是由其本身的性质所决定的,而当炉渣成分一定时,其泡沫化程度与气体源产生气体的速度成正比。因而,造泡沫渣时应从炉渣成分和气体产生速度两方面来控制。比较而言,炉渣成分的调节范围有限且见效慢,而气体来源的控制则相对容易、灵活,因此当炉渣的泡沫化程度不佳时,可通过加快产生气体速度的方法使炉渣的泡沫化程度提高。

生产中增加气体来源的方法有两种:

(1)利用碳氧反应产生 CO 气体,为此应提高炉料配碳量并强化用氧。不过配碳量也不可过高,以防脱碳时间过长,一般情况下比传统工艺所要求的配碳量略高即可。吹氧操作应以浅吹为主,辅以适当的深吹。浅吹易于生成大量的 CO 小气泡,利于泡沫渣的稳定;而深吹能强化搅拌,促进熔池成分、温度均匀,但深吹过多会产生大量体积较大的气泡,使炉渣严重泡沫化而难以控制。

(2)通过向渣中加炭粉及碳酸盐(如 $CaCO_3$、Na_2CO_3 等)产生 CO、CO_2 气泡。由于碳酸盐分解时会吸收大量的热量(1kg $CaCO_3$ 分解时所吸收的热量相当于 0.4 kW·h 的电能),因此碳酸盐的用量不可过多,以免增加电耗。

5.5.4　钢包精炼炉中泡沫渣的控制

5.5.4.1　钢包精炼炉中泡沫渣的作用和特点

钢包(LF)精炼中,钢包的炉壁暴露于电弧的辐射之中,炉壁耐火材料的工作环境极为恶劣,造成了钢包的快速消耗,耐火材料的消耗约占钢包精炼炉运行成本的一半以上。

在钢包精炼炉中使用泡沫渣精炼工艺可以做到埋弧加热,稳定电弧,提高精炼过程的热效率;减少加热电弧对钢包炉壁的高温辐射,保护炉衬,提高处理用钢包的使用寿命;减少钢水的二次氧化机会。

电弧炉冶金中的泡沫渣技术应用十分广泛,利用炉渣泡沫化后,有效地屏蔽了电弧在熔清期对炉壁耐火材料的强烈辐射。借鉴电弧炉炼钢的泡沫渣技术来降低钢包精炼炉的运行成本得到重视。基于其自身的特点,钢包不能照搬电弧炉炼钢的泡沫渣工艺,因为钢包处理过程中精炼渣的低氧化性是其必须具备的性质,因而不存在电弧炉中的大量气源,所以必须采用与电弧炉炼钢不完全相同的工艺达到熔渣泡沫化的目的。

产生泡沫渣所需的气源在不同的工艺过程中不同。电弧炉泡沫渣中的气源可以来自于炭粉与炉渣之间的反应;氧气顶吹转炉中乳化的气体来源主要是碳氧反应;而在钢包精炼过程中没有产生足够气体的反应,需要外加发泡剂,为精炼渣的泡沫化提供足够的气源。

钢包精炼炉中的较高温度和还原性气氛条件不利于炉渣的发泡,熔渣的泡沫也很难维持较长的时间。实验中发现,基础渣吹气发泡后,在停止吹气的很短时间内熔渣的泡沫高度就会大大降低。如果没有好的气体源,即使泡沫化性能良好的精炼渣也不可能形成理想的泡沫渣,因此精炼炉内加入发泡剂是必要的。

5.5.4.2　发泡剂的选择

精炼炉对选用的发泡剂有以下要求:

(1)在钢包生产条件下,可以提供泡沫化所需的气体并在一定时间内持续供给;

(2)所选用的发泡剂不能对钢包精炼的功能带来大的危害;

(3)应用方便,价格低廉。

适合作发泡剂的材料可分为三类,它们主要是碳酸盐、氯化物和氟化物。

　A　碳酸盐

碳酸盐在高温下容易分解并产生气体产物,而且有些碳酸盐的分解产物正好是精炼渣的组成部分;碳酸钙、碳酸镁等是比较容易得到的候选材料。碳酸盐发泡剂的共同特征是:在发泡剂加入基础渣后的较短时间内,由于碳酸盐的分解使得基础渣泡沫高度达到一个极大值,然后由于发泡剂的消耗造成气量减少、渣高度下降;在一定的时间内,由于渣中微小气泡排出的延迟而保持适度的发泡效果。在相同用量(质量)情况下,$MgCO_3$ 相对于 $CaCO_3$ 和

$BaCO_3$,其发泡峰值较高,主要是因为 $MgCO_3$ 的摩尔质量较小,在相同质量下 $MgCO_3$ 的物质的量较大,可以提供更多的分解气体;但其峰值后,泡沫的消失速度很快。$BaCO_3$ 作为发泡剂时,其发泡效果明显不如 $MgCO_3$ 和 $CaCO_3$,但其渣高度的变化比较平缓。$CaCO_3$ 作为发泡剂时的发泡峰值也较高,而且峰值后渣泡沫高度的降低比 $MgCO_3$ 慢,泡沫维持时间相对长一些;另外,$CaCO_3$ 分解所产生的 CaO 也同时维持了渣的碱度,对渣的精炼作用也有好处。$CaCO_3$ 作为 LF 精炼渣发泡剂的基础材料是较为合适的。

B　炭粉和碳化物

炭粉和碳化物是在电炉生产中常用的炉渣发泡剂。主要的发泡原理是它们能够与炉渣中的氧化物质进行反应而产生气体;但由于钢包精炼炉的特点,精炼渣的氧化性非常低。所以,如果炭粉和碳化物单独作为发泡剂使用,在钢包精炼炉中的效果与传统的电弧炉相比会有很大的区别。

C　碳酸盐与碳化物复合发泡剂

碳酸盐与碳化物等组成的复合发泡剂对碳酸盐的发泡效果有所改善,突出表现在发泡剂的发泡效果维持时间得到了延长,这有利于基础渣泡沫的保持。原因主要是碳酸盐分解后产生的 CO_2 与复合发泡剂中所含的碳化物在高温下进行部分反应生成 CO,增加了气量,对基础渣的发泡更为有利。

D　$CaCl_2$

$CaCl_2$ 具有较好的发泡效果,但当其大批量用于生产时,$CaCl_2$ 会存在以下不足:吸水性强,如果储存时间长,会使产品水分超标并影响其发泡效果;$CaCl_2$ 高温分解会产生 Cl_2,对环境有害;成本较高。

5.5.4.3　影响泡沫化的其他因素

影响炉渣泡沫化程度的因素除了前面讲述的四个方面以外,在钢包精炼炉中还有一些因素也产生了影响。

A　发泡剂粒度及加入方式的影响

小颗粒发泡剂由于比表面积大,反应迅速、猛烈;而大颗粒发泡剂由于比表面积小,初期反应较慢。因此,发泡剂应该具有一定的粒度,以使发泡效果得到较长时间的保持。不同粒度发泡剂的混合使用,可以改善小粒度发泡剂反应猛烈、泡沫不易保持的缺点,也可以使大粒度发泡剂的初期发泡强度有所增强。

B　发泡剂用量的影响

炉渣发泡剂的加入量是影响炉渣发泡的重要因素。在一定范围内,增加发泡剂的用量可以有效地提高炉渣的发泡高度。但由于炉渣的理化性能,当渣层厚度和温度一定时,炉渣储存气体的能力也基本稳定。当发泡剂产生的气体量超过了炉渣的最大储存能力时,进一步增加发泡剂加入量也不可能再提高炉渣的发泡高度。

使用发泡剂进行泡沫渣埋弧加热时,应根据炉渣的实际情况确定发泡剂的合理加入量。

C　操作工艺的影响

操作工艺条件对于钢包生产过程中的泡沫渣工艺也有重要影响,比如精炼渣和发泡剂加入方式等因素。发泡剂与精炼渣混合加入炉中,有利于发泡剂高效地发挥作用,可取得近似于内生气源的效果。发泡剂分批添加有利于炉中泡沫气源的持续维持,可以得到较长时间的泡沫效果。

5.5.5　转炉炼钢中的泡沫渣控制

在转炉炼钢中,由于脱碳量及脱碳速度均很大,形成泡沫渣的气体来源充足;加之为了去除硫和磷,炉渣的碱度及渣中 FeO 含量均较高,具备了形成泡沫渣的良好条件,因此,转炉吹炼中炉渣的泡沫化是必然现象。

熔渣泡沫化后,无疑会给转炉生产带来许多好处,如加速内炉反应、提高生产率、提高金属收得率等。但是,如果炉渣过分泡沫化则会溢出炉外,甚至产生喷溅,不仅影响炉衬寿命和正常生产,严重时还会造成人身及设备的安全事故。因此,生产中应根据转炉内泡沫渣的变化规律,合理地控制熔渣的泡沫化程度。

5.5.5.1　转炉内泡沫渣的变化规律

吹炼前期,脱碳速度小,泡沫小而无力,易停留在渣中,炉渣碱度低,$\sum w(\mathrm{FeO})$ 较高,有利于渣中铁滴生成 CO 气泡,并含有一定量的 SiO_2、P_2O_5 等表面活性物质,因此易起泡沫。

吹炼中期,脱碳速度大,大量的 CO 气泡能冲破渣层而排出,炉渣碱度高,$\sum w(\mathrm{FeO})$ 较低,SiO_2、P_2O_5 表面活性物质的活度降低,因此引起泡沫渣的条件不如吹炼初期;但如能控制得当,避免或减轻熔渣返干现象,就能得到合适的泡沫渣。

吹炼后期,脱碳速度降低,产生的 CO 减少,碱度进一步提高,$\sum w(\mathrm{FeO})$ 较高,但 $w[\mathrm{C}]$ 较低,产生的 CO 少,表面活性物质的活度比中期进一步降低,因此,泡沫稳定的因素大大减弱,泡沫渣趋向于消失。

卡特提而基在 6 t 转炉上研究了一炉钢冶炼过程中炉渣泡沫化程度的变化情况,如图 5-15 所示。

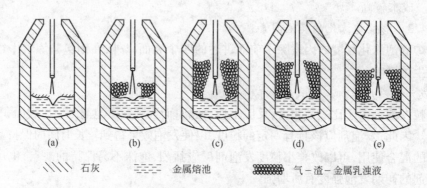

（a）　　　　　（b）　　　　　（c）　　　　　（d）　　　　　（e）

〳〳〳 石灰　　　 金属熔池　　　 气-渣-金属乳浊液

图 5-15　顶吹转炉吹炼各阶段炉渣的泡沫化情况
(a)0 min;(b)5 min;(c)7 min;(d)13 min;(e)20 min

开吹初期,由于渣量较小、脱碳速度不大,炉渣的泡沫化程度较低。

吹炼进行到全程时间的 25% 后,脱碳速度逐渐增加,加之渣量已较大,炉渣的泡沫化程度也逐渐增加,并渐渐埋没氧枪喷头。

当吹炼进行到全程时间的 50% ~60% 时,渣面高度达最大值,并有溢出炉口的趋势。这是因为此时炉内的脱碳速度达峰值,且熔渣的碱度也恰好在 1.8 ~2.0 之间 ,形成了炉渣泡沫化的最佳条件。

吹炼后期,由于熔池温度已高,炉渣的碱度也达 3.0 左右;加之钢液的碳含量已较低,脱碳速度逐渐下降,炉渣的泡沫化程度也随之逐渐降低并趋于消失。

5.5.5.2　转炉炼钢中的泡沫渣控制

转炉吹炼的初期和末期,炉渣的泡沫化程度较低,一般不至于造成溢渣和喷溅,因而控制的重点是防止吹炼中期出现严重的泡沫化现象。

生产实践表明,吹炼中期炉温偏低时容易发生炉渣的严重泡沫化现象。因为炉温偏低时,炉内的碳氧反应被抑制,渣中聚集的 FeO 越来越多,温度一旦上来便会发生激烈的碳氧反应,过量的 CO 气体充入炉渣,使渣面上涨并从炉口溢出;严重时会发生爆发式的碳氧反应,大量的 CO 气体携带泡沫渣从炉口喷出,形成所谓的喷溅。为此,生产中应从以下几个方面着手控制好转炉内的泡沫渣:

(1)要尽可能保证吹炼初期炉子热行。吹炼初期炉子热行,初渣易早成,可使炉内反应正常,元素氧化速度适当,从而避免吹炼中期炉温还上不来的现象。比如,铁水温度偏低时,应先采用较低的枪位提温,待温度上来后再提枪化渣。再如,铁矿石、氧化铁皮或其他固态氧化剂等要分批多次加入,以免使熔池温度下降过多而抑制炉内的碳氧反应。

(2)应尽量改善原料质量。生产中贯彻精料方针,对控制好炉内泡沫渣也有很大帮助。比如,采用活性石灰、合成渣料等材料造渣,化渣时渣中的 FeO 含量就可以控制得低些,从而会使熔渣的泡沫化程度有所降低。再如,控制铁水硅含量在 0.5% ~ 0.8% 之间,使转炉在最适宜的渣量下吹炼,可以避免因渣量过大而产生严重泡沫化现象。

(3)要合理地控制枪位。在枪位控制上,应是在满足化渣的条件下尽量低些,切忌化渣枪位过高和在较高枪位下长时间化渣,以免渣中 FeO 含量过高。

如发现炉渣已经严重泡沫化了,应先短时提枪,借助氧气射流的机械冲击作用使泡沫破裂,减轻喷溅;而后立即硬吹一定时间,使渣中 FeO 的含量降低到正常范围。

复习思考题

5-1　何为造渣?

5-2　造氧化渣的目的是什么,对氧化渣有哪些要求?

5-3　什么是有效碱?何为石灰的活性,对炼钢用石灰有何要求?

5-4　转炉散装材料供应系统包括哪些主要设备? 简述其供应流程。

5-5　简述熔渣组成对石灰溶解速度的影响。

5-6　何为单渣法? 简述转炉炼钢的单渣法操作工艺。

5-7　何为双渣法? 转炉炼钢中,什么情况下采用双渣法?

5-8　简述电炉熔化期、氧化期的造渣工艺。

5-9　何为泡沫渣? 简述泡沫渣在炼钢中的作用。

5-10　简述炉渣泡沫化的条件及影响因素。

5-11　电弧炉炼钢中常用的发泡剂有哪些,造泡沫渣的方法有哪几种? 试述典型的造泡沫渣工艺。

5-12　简述转炉炼钢中泡沫渣的变化规律及控制方法。

5-13　电弧炉炼钢为何要造还原渣? 何为白渣和电石渣,各有什么特点?

5-14　造还原渣所用的脱氧剂有哪些?

5-15　简述电弧炉还原期的造渣制度。

5-16　简述造白渣的操作程序。

6 钢中硅锰的氧化

6.1 硅的氧化

在硅含量不高时对亨利定律的偏离并不大，$a_{[Si]} \approx w[Si]_\%$。在所有的杂质元素中，硅与氧的亲和力最大。炼钢过程中，硅的氧化产物是只溶于炉渣而不溶于钢液的酸性氧化物 SiO_2。

6.1.1 氧化方式

硅的氧化主要是间接氧化，有关的热力学数据如下：

$$[Si] + 2(FeO) = (SiO_2) + 2[Fe] \quad \Delta G^\ominus = -351.71 + 0.0128T \ (kJ/mol) \quad (6-1)$$

$$\lg K_{Si} = \lg \frac{a_{(SiO_2)}}{w[Si]_\% \cdot a_{(FeO)}^2} = \frac{183600}{T} - 6.68 \quad (6-2)$$

式中　$w[Si]_\%$——钢液中硅的质量百分数。

当熔池未被炉渣覆盖以及直接向熔池吹氧时，炉料中的硅还会被氧气直接氧化一部分，其反应式如下：

$$[Si] + \{O_2\} = (SiO_2) \quad \Delta G^\ominus = -827.13 + 0.228T \ (kJ/mol) \quad (6-3)$$

$$\lg K'_{Si} = \lg \frac{a_{(SiO_2)}}{w[Si]_\% \cdot p_{O_2}} = \frac{43210}{T} - 11.90 \quad (6-4)$$

硅的直接氧化和间接氧化均为强放热反应，所以硅的氧化反应是在温度相对较低的冶炼初期进行的。

转炉炼钢中，铁水中的硅在开吹的几分钟内便几乎全被氧化；同时，硅元素氧化放出的热量还是转炉炼钢的主要热源之一。不过，硅的氧化反应对脱碳有很大的影响。生产中发现，如果铁水硅含量较高，即使炉温早已升到碳氧化所需的温度，脱碳反应也要等到钢液中硅含量在 0.15% 以下时才能激烈进行。

电弧炉炼钢中，废钢中的硅氧化得也十分迅速。如果熔化期采取吹氧助熔措施，到炉料熔清时，其中的硅已被氧化掉 90%。

硅的氧化程度取决于其氧化产物 SiO_2 在渣中的存在状态。冶炼初期，渣中存在较多的碱性氧化物是 FeO，因此 SiO_2 先与其结合成硅酸铁：

$$2(FeO) + (SiO_2) = (2FeO \cdot SiO_2)$$

在目前的碱性操作中，随着石灰的熔化，渣中 $2FeO \cdot SiO_2$ 的 FeO 逐渐被碱性更强的 CaO 所置换，生成硅酸钙：

$$(2FeO \cdot SiO_2) + (CaO) = (2CaO \cdot SiO_2) + 2(FeO)$$

炼钢温度下 $2CaO \cdot SiO_2$ 十分稳定，渣中 SiO_2 的活度很低（小于 0.1）。因此，炉料中的硅氧化得很彻底,而且即使到了冶炼后期温度升高后也不会发生 SiO_2 的还原反应。实际生产中,电弧炉炼钢的氧化末期及转炉吹炼结束时,钢液中的硅含量为 0.02% ~ 0.03% 甚至更低。

6.1.2 铁水炉外脱硅

降低铁水硅含量可以减少转炉炼钢的炉渣量,实现少渣或无渣工艺,并为炉外脱磷创造了条件。降低铁水硅含量可以通过发展高炉冶炼低硅铁水,或采用炉外铁水脱硅技术。炉外脱硅技术是将氧化剂加到流动的铁水中,使硅的氧化产物形成熔渣。处理后铁水中的 $w[Si]$ 可达 0.15% 以下。

6.1.2.1 脱硅剂

脱硅剂均为氧化剂。选择脱硅剂时,首先要考虑材料的氧化活性;其次是运输方便,价格经济。目前使用的材料是以氧化铁皮和烧结矿粉为主的脱硅剂,其成分和粒度要求如表6-1 所示。

表 6-1 脱硅剂成分及粒度要求

项　目	化学成分(质量分数)/%					
	TFe	CaO	SiO_2	Al_2O_3	MgO	O_2
氧化铁皮	75.86	0.40	0.53	0.22	0.14	24.00
烧 结 矿	47.50	13.35	6.83	3.20	1.34	20.00

项　目	粒度/mm			
	<0.25	0.25 ~ 0.50	0.50 ~ 1.0	>1.0
	粒级所占比例/%			
氧化铁皮	38	52	9	1
烧 结 矿	68	17	14	1

单纯使用氧化剂脱硅会发生如下现象:

(1) 生成的熔渣黏,流动性不好;

(2) 铁水中硅降低的同时产生脱碳反应,从而形成泡沫渣。泡沫渣严重时势必增加铁损,并影响铁水罐和混铁车装入量。为了改善熔渣流动性,在脱硅剂中配加适量的石灰和萤石,使碱度在 0.9 ~ 1.2 之间,还能防止回硫,同时可以减少锰的损失。碱度与熔渣起泡比率的关系见图 6-1。有的厂家还向铁水罐中投入焦油无水炮泥,以抑制熔渣起泡。

各厂家使用的脱硅剂的配比也不完全一样,例如,日本福山厂为:氧化铁皮 70% ~ 100%,石灰 0 ~ 20%,萤石 0 ~ 10%;日本水岛厂为:烧结矿粉 75%;石灰 25%。

日本一些厂家脱硅剂的化学成分如表 6-2 所示。

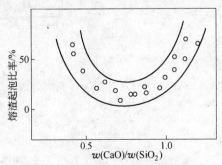

图 6-1　碱度与熔渣起泡比率的关系

表 6-2　日本一些厂家脱硅剂的化学成分　　　　　　（%）

厂　家	化学成分（质量分数）							
	TFe	FeO	SiO_2	Al_2O_3	CaO	MgO	Mn	P
住友和歌山	56.6	20.37	5.37	1.93	8.82	0.96	0.69	0.042
住友小仓	57.4	6.94	5.42	1.88	8.89	1.18	0.44	0.052
神户加古川	Fe_2O_3:71		6.7		7.3			

注:脱硅剂的成分应小于1%。

6.1.2.2　脱硅剂加入方法

A　投入法

投入法是将脱硅剂料斗设置在撇渣器后的主沟附近,利用电磁振动给料器向铁水沟内流动铁水表面给料,利用铁水从主沟和摆动流槽落入铁水罐时的冲击搅拌作用,使脱硅剂与铁水充分混合并进行脱硅反应。这是最早的一种脱硅方法,脱硅效率较低,一般为50%左右。

B　顶喷法

顶喷法是用工作气压为 0.2～0.3 MPa 的空气或氮气作载流,在铁水液面以上一定高度通过喷枪喷送脱硅剂。目前工业上采用的方法有三种形式,如图 6-2 所示。图 6-2(a) 所示形式中:喷枪倾斜角为 10°～20°,脱硅剂喷入一个设有挡墙的特殊出铁沟内,喷入铁水内部和浮在表面的粉剂随铁水流动落入混铁车或铁水罐内,靠落差冲击达到铁水与脱硅剂的混合。图 6-2(b) 所示形式中:将脱硅剂喷到流入混铁车或铁水罐的铁水流股内,靠

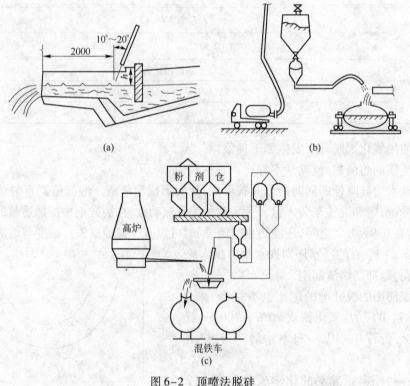

图 6-2　顶喷法脱硅

h—喷枪出口至铁水面的距离

铁水流的落差达到混合。图 6-2(c) 所示形式中:将脱硅剂喷至摆动槽的铁水落差区,然后经摆动槽落入混铁车或铁水罐中,这种方式铁水与脱硅剂经过两次混合,所以脱硅效果好,脱硅剂利用率高,脱硅效率可达 70% ~ 80%。该法最初是使用消耗性喷枪,烧损严重,约 300 mm/h,影响脱硅的稳定性;近些年来则应用水冷却特殊结构的喷枪。

6.2 锰的氧化

锰在铁液中可以无限溶解,而且与铁形成的溶液近似于理想溶液,即在定量讨论时可以用锰在钢中的质量百分数 $w[Mn]_\%$ 近似地代替它的活度 $a_{[Mn]}$。锰与氧的亲和力不如硅与氧的亲和力大,冶炼中它被氧化成只溶于炉渣的弱碱性氧化物 MnO。

6.2.1 氧化方式

炼钢过程中,锰的氧化方式也是以间接氧化为主,其氧化反应方程式及相关的热力学数据如下:

$$[Mn] + (FeO) =\!=\!= (MnO) + [Fe] \qquad \Delta G^\ominus = -123.35 + 0.056T \ (kJ/mol) \qquad (6-5)$$

$$\lg K_{Mn} = \lg \frac{a_{(MnO)}}{w[Mn]_\% \cdot a_{(FeO)}} = \frac{6440}{T} - 2.95 \qquad (6-6)$$

式中　$w[Mn]_\%$ ——钢液中锰的质量百分数。

同样,冶炼时炉料中的锰也会被氧气直接氧化一部分:

$$[Mn] + 1/2\{O_2\} =\!=\!= (MnO) \qquad \Delta G^\ominus = -361.15 + 0.107T \ (kJ/mol) \qquad (6-7)$$

$$\lg K'_{Mn} = \lg \frac{a_{(MnO)}}{w[Mn]_\% \cdot p_{O_2}^{1/2}} = \frac{18860}{T} - 5.56 \qquad (6-8)$$

锰的间接氧化和直接氧化也都是放热反应,因此锰的氧化反应也是在冶炼的初期进行。

6.2.2 锰在炼钢中的氧化程度

因氧化过程中放热较少,锰氧化的激烈程度不及硅。在电弧炉冶炼中,熔化期炉料中的锰约有半数以上被氧化;而在转炉吹炼中,铁水中的锰有 80% 左右也是在开吹后几分钟内被氧化掉的。

炼钢中锰的氧化程度也取决于其氧化产物 MnO 在熔渣中的存在状态。在目前生产上所采用的碱性操作中,由于渣中存在着大量的强碱性氧化物 CaO,显弱碱性的氧化锰大部分以自由的 MnO 存在,因而冶炼中锰氧化得远不如硅那么彻底;而且转炉吹炼后期熔池温度升高后还会发生锰的还原反应。熔渣的碱度越高、渣中 FeO 含量越低以及熔池温度越高,还原出的锰越多,吹炼结束时钢液中的锰含量,即"余锰"就越高。

在高碱度渣中,FeO 和 MnO 可以近似地认为是理想溶液的组元,于是式(6-6)可简化为:

$$\lg K_{Mn} = \lg \frac{w(MnO)_\%}{w[Mn]_\% \cdot \sum w(FeO)_\%} = \frac{6440}{T} - 2.95 \qquad (6-9)$$

式中　$w(MnO)_\%$,$\sum w(FeO)_\%$ ——分别为渣中氧化锰和全氧化铁的质量百分数。

式(6-9)可用于计算转炉吹炼结束时钢液中的余锰量。生产实践中发现,炉渣的碱度高于 2.4 时,式(6-9)的计算值与实际的余锰量基本相符,而且碱度越高越接近;而当炉渣的碱度值低于 2.4 时,计算值偏大,这是由于有较多的 MnO 与渣中的 SiO_2 结合成了稳定的硅酸盐的缘故。

在电弧炉冶炼中,由于采取自动流渣的换渣操作,不存在锰的还原问题,氧化末期钢中的余锰量通常在 0.1% 左右。

复习思考题

6-1　写出硅的间接氧化反应方程式,并分析其在碱性操作中的氧化规律。

6-2　写出锰的间接氧化反应方程式,并分析其在碱性操作中的氧化规律。

7 脱碳及烟尘处理

7.1 碳氧反应

7.1.1 碳氧反应在炼钢中的作用

碳氧反应是贯穿于整个炼钢过程的一个主要反应,炼钢的重要任务之一就是通过向金属熔池供氧,把金属中的碳含量脱除至所炼钢种的终点要求。同时,大量的碳氧反应产物 CO 气体从熔池中逸出,会引起熔池剧烈的沸腾,从而对炼钢过程具有如下作用:

(1) 通过搅动熔池,促进了传热和传质,加大了钢 - 渣界面,加速了物理化学反应的进行;

(2) CO 气泡上浮搅动熔池,有利于钢液成分和温度的均匀;

(3) 促进了气体和非金属夹杂物的上浮;

(4) 由于强烈的搅动作用,促进了初始液态渣向熔剂内部的扩散和生成渣新相向渣的内部扩散,从而有利于熔渣的快速形成;

(5) 碳的氧化反应是一个放热反应,因此通过碳的大量氧化放热,钢液和炉渣得到有效升温,不仅满足了炼钢反应的热力学条件,而且保证了所炼钢种的出钢温度。

但也应该注意到,爆发性的碳氧反应会造成喷溅。

7.1.2 碳氧反应的热力学

碳氧反应的热力学主要研究碳氧反应方程式及其平衡常数、碳氧浓度积、熔池内的实际碳氧关系、碳氧反应的热效应、渣况及真空对碳氧反应的影响等。

7.1.2.1 碳氧反应方程式及其平衡常数

A 直接氧化

$$[C] + 1/2\{O_2\} =\!=\!= \{CO\} \qquad \Delta G^\ominus = -152570 - 34T \qquad (7-1)$$

$$\lg K'_C = \lg \frac{p_{CO}/p^\ominus}{a_{[C]}(p_{O_2}/p^\ominus)^{1/2}} = \lg \frac{p_{CO}/p^\ominus}{w[C]_\% \cdot f_{[C]}(p_{O_2}/p^\ominus)^{1/2}} = \frac{7965}{T} + 1.77 \qquad (7-2)$$

式中　p_{CO}——气相中 CO 的分压,Pa;

　　　p_{O_2}——气相中 O_2 的分压,Pa;

　　　$p^\ominus$——标准大气压,为 101325 Pa;

　　　$a_{[C]}$——钢液中碳的活度;

　　$w[C]_\%$——钢液中碳的质量百分数;

　　　$f_{[C]}$——钢液中碳的活度系数。

B 间接氧化

熔池中的大部分碳是与溶解在金属中的氧相互作用而被间接氧化的:

$$[C] + [O] \rightleftharpoons \{CO\} \qquad \Delta G^{\ominus} = -22200 - 38.34T \qquad (7-3)$$

$$\lg K_C = \lg \frac{p_{CO}/p^{\ominus}}{a_{[C]} \cdot a_{[O]}} = \lg \frac{p_{CO}/p^{\ominus}}{w[C]_\% \cdot f_{[C]} \cdot w[O]_\% \cdot f_{[O]}} = \frac{1160}{T} + 2.003 \qquad (7-4)$$

式中　$w[O]_\%$——钢液中氧的质量百分数(注意:不带百分号,若氧含量为 0.05%,则 $w[O]_\% = 0.05$)。

从式(7-3)可知,碳的间接氧化反应为弱放热反应,在炼钢温度下其平衡常数 K_C 会随温度的升高而略有下降。现将 1500~2000℃ 之间的不同温度分别代入式(7-4)中,计算结果(见下方)将证实这一分析结论。

$t/℃$	1500	1600	1700	1800	1900	2000
K_C	454	419	389	362	339	324

7.1.2.2　碳氧浓度积

为了分析炼钢过程溶解在钢液中的碳浓度和氧浓度之间的平衡关系,常将 p_{CO} 取为 101325 Pa;且因为当钢液的碳含量较低时,$f_{[C]}$ 和 $f_{[O]}$ 均接近 1,因此取 $a_{[C]} = w[C]_\%$、$a_{[O]} = w[O]_\%$,则式(7-4)中的平衡常数表达式可以简化为式(7-5):

$$K_C = \frac{1}{a_{[C]} \cdot a_{[O]}} = \frac{1}{w[C]_\% \cdot w[C]_\%} \qquad (7-5)$$

为了讨论方便,以 m 代表上式中的 $1/K_C$,则式(7-5)可写成:

$$m = w[C]_\% \cdot w[O]_\% \qquad (7-6)$$

故称 m 为碳氧浓度积。此时,m 值也具有化学反应平衡常数的性质,即在一定温度和压力下,钢液中碳与氧的质量百分浓度之积是一个常数,而与反应物和生成物的浓度无关。在 1600℃、101325 Pa 下,实验测定的结果是 $m = 0.0023$,若 $w[C]_\% = 0.05$,则 $w[O]_\% = 0.046$。

根据上述讨论,可以作出某一温度下 $w[C]_\%$ 和 $w[O]_\%$ 之间的关系曲线,如图 7-1 所示。

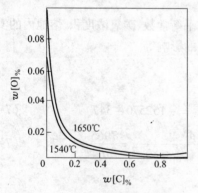

图 7-1　常压下平衡时 $w[C]_\%$ 和
$w[O]_\%$ 的关系

分析图 7-1 可知:

(1) $w[C]_\%$ 和 $w[O]_\%$ 之间呈双曲线关系。温度一定时,当钢中的碳含量高时,与之相平衡的氧含量就低;反之,当钢中碳含量低时,与之相平衡的氧含量就高。当 $w[C]_\% \leqslant 0.4$ 时,随着钢中碳含量的降低,氧含量升高得越来越快;尤其是当 $w[C]_\% < 0.1$ 时,与之相平衡的氧含量急剧增高。

(2) 温度对钢液中的碳氧关系影响不大。图 7-1 中 1540℃ 和 1650℃ 两条不同温度的碳氧关系曲线的位置十分接近,说明当钢中碳含量一定时,与其相平衡的氧含量受温度的影响很小。

实际上,m 并非是一个常数,据研究证明,m 值随温度及碳含量的变化而变化。不同碳含量和温度时的 m 值列于表 7-1。

从表 7-1 中的数据可见,碳含量一定时,随着温度的升高 m 值将增大,这是因为钢液中的碳氧反应为弱放热反应。而在一定温度下 m 值不为常数的原因,在碳含量高时是由于碳和氧的活度系数均不等于 1;在碳含量低时则是由于部分碳发生下列反应:

$$[C] + 2[O] \Longrightarrow \{CO_2\}$$

氧化生成了 CO_2，其体积分数可由上述脱碳反应平衡值计算得出，其计算值如表 7-2 所示。

表 7-1 不同碳含量和温度时的 m 值

$w[C]_\%$	温度/℃				
	1500	1550	1600	1650	1700
	$m/ \times 10^{-3}$				
0.01	1.76	1.91	2.06	2.19	2.33
0.05	2.11	2.22	2.34	2.44	2.55
0.10	2.20	2.30	2.41	2.51	2.60
0.50	2.51	2.61	2.72	2.83	2.94
1.00	2.91	3.02	3.16	3.27	3.40

表 7-2 不同温度下，$p_{(CO+CO_2)} = 101325\ Pa$、$Fe-C-O$ 熔体相平衡时气相中 CO_2 的体积分数

$w[C]_\%$	温度/℃				
	1500	1550	1600	1650	1700
	$\varphi(CO_2)/\%$				
0.01	20.10	16.70	13.80	11.50	9.50
0.05	5.60	4.30	3.30	2.70	2.10
0.10	2.80	2.20	1.70	1.30	1.10
0.50	0.44	0.34	0.26	0.21	0.16
1.00	0.16	0.12	0.034	0.070	0.060

在碳含量相同的情况下，气相中 CO_2 的体积百分数 $w(CO_2)$ 将随着温度升高而降低，在同一温度下又将随碳含量的增加而降低。在炼钢温度下，只有当碳含量低于 0.1% 时，气相中 CO_2 才能达到 1% 以上，可见炼钢熔池中碳的氧化产物绝大部分为 CO，所以一般性讨论时可近似地取 $p_g \approx p_{CO}$。

因为 $C-O$ 反应产物为气体 CO 和 CO_2，令 $p_g = p_{CO} + p_{CO_2}$，所以当温度一定时，$C-O$ 平衡还要受到 p_g 或 p_{CO} 变化的影响。当 $p_{CO} \neq 101325\ Pa$ 时，其与 $C-O$ 平衡的关系如图 7-2 所示。

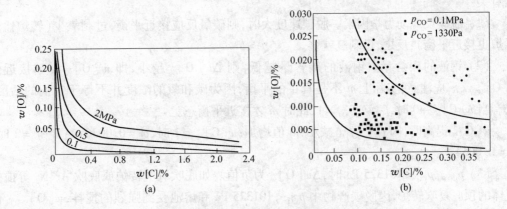

图 7-2 压力对 $C-O$ 平衡的影响

(a) $p_{CO} > 101325\ Pa$ 的高压情况；(b) $p_{CO} < 101325\ Pa$ 的低压情况

7.1.2.3　熔池内的实际碳氧关系

氧气转炉和电弧炉氧化期的取样分析证明,熔池中的实际氧含量 $w[O]_{\%实际}$ 高于在该情况下与碳平衡的氧含量 $w[O]_{\%平衡}$,即:

$$w[O]_{\%实际} > w[O]_{\%平衡} \tag{7-7}$$

$$w[C]_{\%} \cdot w[O]_{\%实际} > w[C]_{\%} \cdot w[O]_{\%平衡}(m\ 值)$$

图 7-3 表示氧气转炉实际炼钢熔池中 $w[C]_{\%}$ 与 $w[O]_{\%}$ 的关系。从图 7-3 可以看出,不同的操作条件下,熔池中的实际氧含量可高于或低于 $p_{CO}=101325\ Pa$ 时理论上与碳平衡的氧含量。

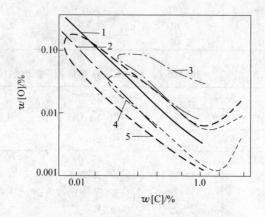

图 7-3　氧气转炉实际炼钢熔池中碳氧关系

$1—p_{CO}=0.1\ MPa;2—p_{CO}=0.04\ MPa;3—80\ t\ LD;4—230\ t\ Q-BOP;5—5\ t\ Q-BOP$

通常,氧气转炉及电弧炉氧化期等熔池中的实际氧含量 $w[O]_{\%实际}$ 高于与 $w[C]_{\%}$ 相平衡的氧含量 $w[O]_{\%平衡}$,这两者之差称为过剩氧,用 $\Delta w[O]_{\%}$ 表示,即:

$$\Delta w[O]_{\%} = w[O]_{\%实际} - w[O]_{\%平衡} \tag{7-8}$$

将式(7-6)代入式(7-8)中,得到:

$$\Delta w[O]_{\%} = w[O]_{\%实际} - w[O]_{\%平衡} = w[O]_{\%实际} - m/w[C]_{\%} \tag{7-9}$$

过剩氧 $\Delta w[O]_{\%}$ 的存在是熔池中发生碳氧反应的必要条件,其大小主要与以下几个因素有关:

(1)脱碳反应动力学因素。脱碳速度大时,则碳氧反应接近平衡,过剩氧少(转炉比电弧炉更接近平衡);反之,过剩氧就多。

(2)钢液的碳含量。钢液的碳含量越低,则 $\Delta w[O]_{\%}$ 越小,即 $w[O]_{\%实际}$ 越接近于 $w[O]_{\%平衡}$。应注意:实际上 m 不是真正的平衡,因为碳和氧的浓度并不等于它们的活度。只有当 $w[C]_{\%} \to 0$ 时 $f_{[C]} \cdot f_{[O]}=1$,此时 m 才接近平衡态。

$w[C]_{\%}$ 提高时,因 $f_{[C]} \cdot f_{[O]}$ 减小,m 值增加;$w[C]_{\%}=1$ 时,$m=0.0036$;$w[C]_{\%}=2$ 时,$m=0.0064$。

(3)p_{CO}。$p_{CO} < 101325\ Pa$ 时,$\Delta w[O]_{\%}$ 为负值。如底吹氧气转炉或底吹 Ar、N_2 等搅拌气体的顶底复吹转炉,因脱碳产物中 $p_{CO} < 101325\ Pa$ 和熔池受到强烈的搅拌,$w[O]_{\%实际}$ 低于 $p_{CO}=101325\ Pa$ 时与碳平衡的氧含量值。

正因为熔池中的碳和氧基本上保持着平衡的关系,即碳高时氧低,因此,在碳含量较高的冶炼初期,增加向熔池的供氧量,只能提高脱碳速度而不会增加钢液中的氧含量;冶炼后期,要使碳含量降低到 0.15% ~0.20%,则必须维持钢液中有较高的氧含量。

实际上渣中氧含量 $w(O)_\%$ 也随熔池中碳含量的变化而变化,并存在下列关系:

$$w[O]_{\%平衡} < w[O]_{\%实际} < w(O)_\% \tag{7-10}$$

这个氧含量差正是熔池中氧不断地从渣向金属传递和脱碳反应不断进行的动力。要想使熔池碳含量低至 0.05%,必须提高熔池中的氧含量,同时还要有很高的熔池温度和渣中氧化铁含量。熔池的实际氧含量由氧的供给速度和消耗速度之差来决定,与反应动力学密切相关。

7.1.2.4 碳氧反应的热效应

研究碳氧反应的热效应,主要是要了解温度对碳氧反应的复杂影响,并获得热力学计算所需的数据。现对炼钢过程中常见的几个碳氧反应的热效应 $\Delta H^{\ominus}$ 讨论如下:

(1) 气态氧和钢中碳相互作用的热效应:

$$1/2\{O_2\} + [C] = \!\!= \{CO\} \qquad \Delta H^{\ominus} = -152.47 \text{ kJ/mol}$$

这是一个放热反应,因此一般认为碳的氧化热是转炉炼钢的一个重要热源。

(2) 渣中氧化铁和钢中碳相互作用的热效应:

$$(FeO) + [C] = \!\!= [Fe] + \{CO\} \qquad \Delta H^{\ominus} = 85.31 \text{ kJ/mol}$$

可见,钢液与炉渣之间的两相反应是一个吸热反应,提高温度有利于反应向生成物方向进行。转炉炼钢中激烈的碳氧反应要等到炉内温度较高后方能进行、电炉炼钢中规定加矿氧化温度必须高于 1550℃,其原因均在于此。

(3) 钢中氧和碳相互作用的热效应:

$$[C] + [O] = \!\!= \{CO\} \qquad \Delta H^{\ominus} = -35.61 \text{ kJ/mol}$$

这是一个弱放热反应,降低温度有利于反应向生成物方向自发进行。例如,浇注沸腾钢时,随着钢锭模内钢水温度的下降及碳和氧在结晶前沿的浓聚,钢液中的碳氧反应自发进行,引起钢锭模内的钢水沸腾。

7.1.2.5 渣况与碳氧反应的关系

对于炼钢熔池内的碳氧反应,除反应物的浓度(即 $w[O]_\%$、$w[C]_\%$)和熔池温度外,炉渣的成分、碱度、流动性和渣量对碳氧反应也有着重要的影响。

A 炉渣成分的影响

炉渣成分中对碳氧反应影响较大的是渣中氧化铁的含量 $w(FeO)$。$w(FeO)$ 越高,通过渣-钢界面进入熔池向反应区传输的氧越多,对碳氧反应越有利。

在电弧炉氧化期,通常采用加铁矿石和氧化铁皮的方法来增加渣中氧化铁的含量。而在氧气顶吹转炉中,则是通过变化枪位来调节渣中氧化铁的含量,高枪位操作时,可使渣中氧化铁含量增加;而低枪位操作时,熔池搅拌激烈,消耗氧化铁的速度增大,渣中氧化铁含量下降,在这种情况下炉渣不再是传氧的介质。电弧炉直接向熔池吹氧时,也有上述类似的规律,但程度远不如转炉剧烈。

然而,无论是吹氧还是加矿石,碳氧反应主要是间接反应,即都是首先生成氧化铁,然后再发生碳氧反应。只不过在氧气顶吹转炉低枪位操作和电弧炉吹氧时,由于碳氧反应速度快而使氧化铁被快速消耗掉,$w(FeO)$ 就比高枪位操作和加铁矿石操作时低。例如电弧炉采用加铁矿石氧化时,$w(FeO) \geqslant 15\%$;而采用吹氧氧化时,$w(FeO) \approx 12\%$。

B　炉渣碱度和流动性的影响

在温度和 $w(\mathrm{FeO})$ 一定的情况下，$R \approx 1.8 \sim 2.0$ 时，炉渣的氧化性最强，如图7-4所示。因此，在脱碳过程中，应控制炉渣碱度为2.0左右，使其具有最大的氧化能力。

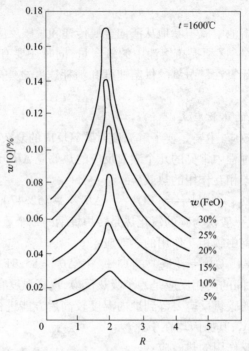

图7-4　碱度与炉渣氧化能力的关系

炉渣流动性的好坏，会影响到渣钢反应的接触面积和渣中氧化铁向钢液扩散的速度；同时，还会影响到反应产物 CO 气泡的逸出。所以，必须保持炉渣有良好的流动性，使碳氧反应能顺利进行。

C　渣量的影响

在脱碳过程中，采用小渣量、薄渣层的操作是有利的。因为，当渣中氧化铁的质量相同时，薄渣中氧化铁的含量相对较高，而且又减少了渣中 FeO 向钢中扩散的距离和 CO 气泡逸出的压力，所以有利于碳氧反应的顺利进行。但是，渣量的多少还必须考虑到脱磷、隔气、保温等方面的要求。

7.1.2.6　真空条件下的碳氧反应

A　真空吹氧脱碳原理

在真空条件下，外界压力的降低为碳氧反应创造了良好的热力学条件。现分析真空条件下碳氧反应的热力学规律如下。真空条件下钢液中的碳氧反应式仍是：

$$[\mathrm{C}] + [\mathrm{O}] == \{\mathrm{CO}\}$$

$$m = w[\mathrm{C}]_\% \cdot w[\mathrm{O}]_\% = \frac{p_{\mathrm{CO}}/p^\ominus}{K_{\mathrm{C}} \cdot f_{[\mathrm{C}]} \cdot f_{[\mathrm{O}]}} \tag{7-11}$$

式(7-11)在1600℃时，$K_{\mathrm{C}} = 419$。当 $f_{[\mathrm{C}]}$、$f_{[\mathrm{O}]}$ 均设为1、$p_{\mathrm{CO}} = 101325\ \mathrm{Pa}$ 时，$m = 2.3 \times 10^{-3}$。在温度一定时，碳氧反应受到 p_{CO} 或总压力变化的影响。在 $p_{\mathrm{CO}} < 101325\ \mathrm{Pa}$ 时，碳氧平衡关系如图7-2(b)所示。只要降低 p_{CO}，$w[\mathrm{C}]_\% \cdot w[\mathrm{O}]_\%$ 的值就减小。例如，在1600℃

的温度条件下,当 $p_{CO} = 1013.25$ Pa 时, $m = 2.3 \times 10^{-5}$。这就表明在真空条件下使 p_{CO} 降低,平衡向生成 CO 气体的方向移动,碳氧反应的能力增强。所以在真空条件下冶炼不锈钢时,通过顶吹氧气脱碳,并通过包底吹氩促进钢液循环,能很容易地把碳含量降到 0.02% ~ 0.06% 范围内而钢液中的铬几乎不被氧化。

B　氩氧混合气体脱碳原理

当向钢液中吹入氩氧混合气体时,其中的氧参与脱碳反应,生成 CO 气体,随着脱碳反应的进行,系统中 CO 气体的分压逐渐升高;混合气体中的氩气虽不参与任何反应,但由于有氩气泡的存在,CO 会扩散到其中,从而使碳氧反应产物 CO 的分压降低,促进钢液中碳氧反应的继续进行,最后 CO 气体随氩气泡的上升而一起排出钢液。

如果氩气充分而且分布均匀,只要熔池中有足够的氧,碳氧反应就不会停止,从而可冶炼出超低碳的钢,这就是所谓的气体稀释法脱碳。可见,氩氧混合气体脱碳的基本原理与在真空下吹氧脱碳相似,一个是利用真空使 p_{CO} 降低,一个是利用气体稀释的方法使 p_{CO} 降低,但氩氧混合气体脱碳不需要昂贵的真空设备,因此也有称氩氧精炼为"简化(粗)真空"的。

7.1.3　碳氧反应的动力学

碳氧反应的动力学主要研究碳氧反应机理和生产中最为关心的脱碳反应速度问题。

7.1.3.1　碳氧反应机理

熔池中的碳氧反应是一个多相反应,为了实现这个反应,一方面必须向反应区及时供氧和供碳,另一方面反应产物 CO 必须及时排出。在炼钢炉内,金属与炉气之间隔有一层炉渣,反应产物 CO 不可能直接进入气相,而只能在熔池内部以气泡的形式析出,使整个反应机理变得极为复杂。一般认为脱碳过程要经过以下三个步骤:

(1) 熔池内的 C 和 O 向反应区,即金属液 – 气泡界面扩散;

(2) 熔池内 C 和 O 在气泡表面吸附并进行化学反应,生成 CO 气体;

(3) 生成的 CO 进入气泡,气泡长大并上浮排出。

可见,熔池中碳的氧化反应是个复杂的多相反应,包括传质、化学反应及新相生成等几个环节。

A　CO 气泡的生成

碳氧反应产物 CO 在金属中溶解度很小,只有以 CO 气泡形式析出才能使碳氧反应顺利进行。

在均匀的钢液中生成 CO 气泡需具备以下条件:

(1) 首要的条件是要求生成新相的物质 CO 在钢液中有一定的过饱和度。因为物质在溶液中以过饱和状态存在时,其自由能要大于它在纯态时的自由能,这样,只有当它以一个新相面析出的过程中自由能的变化量为负值时,该过程才能自发进行。

(2) 在一个均匀的液相中要析出一个新相,而且这个新相能够长大,还要求最早生成的种核能够达到一定的尺寸,即要达到"临界半径"。大于临界半径的种核在长大过程中的自由能变化 ΔG 为负值,小于临界半径的种核在长大过程中的自由能变化为正值,后者即使种核能够生成,也将重新溶化于溶液中。过饱和度和临界半径之间存在着一定关系,如果析出物质在溶液中的过饱和度很大,那么新相析出时所要求的临界半径就比较小;反之,就要求种核具有比较大的临界半径。在生产中,钢液中的 CO 不可能达到很大的过饱和度,这就要求 CO 在析出时先要形成半径较大的种核,也就是说,在溶液中某些地方的某一瞬间,能够在一个很小的体积内聚集大量的形核质点,显然,这种现象出现的几率是非常小的。

(3) 在炼钢熔池中如果要有气泡生成,则气泡内的气体必须克服作用于气泡的外部压力才能形成。假设由于某些条件,在钢液中形成了半径达到临界尺寸的 CO 种核,则生成的 CO 种核所受到的压力是:

$$p'_{CO} \geqslant p_{气} + \rho_{钢} \cdot g \cdot h_{钢} + \rho_{渣} \cdot g \cdot h_{渣} + 2\sigma_{钢}/r \tag{7-12}$$

式中　　p'_{CO}——CO 气泡所受到的压力,MPa;

　　　　$p_{气}$——炉气压力,约为 0.1 MPa;

　　　　$\rho_{钢}, \rho_{渣}$——钢液和炉渣的密度,分别为 $7 \times 10^3 \ kg/m^3$、$3 \times 10^3 \ kg/m^3$;

　　　　$h_{钢}, h_{渣}$——分别为气泡上方钢液和渣层的厚度,m;

　　　　$\sigma_{钢}$——钢液的表面张力,为 1.5 N/m;

　　　　r——CO 气泡的半径,钢液中 CO 气泡的临界半径约为 10^{-9} m。

在式(7-12)中,由表面张力引起的附加压力一项即为:

$$2\sigma_{钢}/r = 2 \times 1.5/10^{-9} = 3.0 \times 10^3 \ MPa$$

CO 气泡析出时需要克服的压力如此巨大,可见,在均匀的钢液内部形成 CO 气泡是不可能的,碳氧反应只可能在现成的气泡表面进行。

实际生产中发现,熔池内 CO 气泡的生成并不困难。不同的炼钢炉内碳氧反应机理,简要分析如下。

a　氧气转炉内的碳氧反应机理

氧气顶吹转炉内碳氧反应及 CO 气泡生成的地点,大致可分为高速氧射流作用区、炉渣-金属相界面、金属-炉渣-气体三相乳浊液中、炉衬耐火材料的粗糙表面及沸腾熔池中的气泡表面五种情况,如图 7-5 所示。

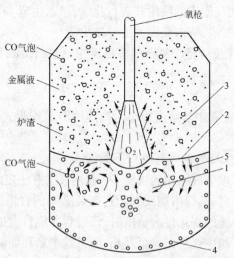

图 7-5　氧气顶吹转炉内 CO 气泡可能形成地点示意图
1—高速氧射流作用区;2—炉渣-金属相界面;3—金属-炉渣-气体三相乳浊液;
4—炉底和炉壁的粗糙表面;5—沸腾熔池中的气泡表面

(1) 在高速氧射流作用区,氧射流末端被弥散成小气泡(氧气),它是生成 CO 的现成表面,所以该区域能发生碳氧反应,其间接氧化反应式为:

$$1/2\{O_2\} = [O]$$
$$[C] + [O] = \{CO\}$$

或有少量的碳直接被氧化,其反应式为:

$$[C] + 1/2\{O_2\} = \{CO\}$$

在吹炼条件下,由于金属熔池的循环运动,金属液表面层不断更新,形成连续地供氧而使得碳氧反应连续不断地进行。对于整个熔池来说,在氧射流作用区内碳的氧化占 10% ~30%。

(2)在氧射流冲击不到的地方,仍有炉渣与金属的界面存在。特别是在冶炼初期,当矿石、石灰以及其他渣中未熔弥散质点与金属液接触时,接触界面上的微孔中存有少量气体,该处是碳氧反应的现成表面,有部分碳在此被氧化,其反应式为:

$$(FeO) + [C] = [Fe] + \{CO\}$$

由于液态炉渣的迅速形成、固体小颗粒的消失,炉渣-金属相界面上再难以出现新的气泡种核,所以该区域脱碳时间短暂,脱碳量极少。

(3)高压氧气流股冲击熔池时,从熔池中飞溅出大量的金属液滴,其中很大一部分从氧射流作用区飞出而直接散落在炉渣中,形成金属-炉渣-气体三相乳浊液。由于金属液滴高度弥散在炉渣中呈乳浊状态,其接触面相当大,供氧和供碳条件极为有利,加之乳浊液中又有现成的气泡表面,所以乳浊液内碳氧反应十分迅速。研究表明,乳浊液中金属液滴含量最高可达 70%,一般平均达到 30% 左右,即在吹炼过程的任何时刻都约有 30% 的金属被乳化;在整个吹炼过程中,几乎全部金属都要经过乳化,金属液中的碳约有 2/3 是在乳浊液中被氧化的。所以,氧气顶吹转炉中的碳氧反应主要发生在乳浊液中。

(4)炉衬耐火材料的粗糙表面也是较好的生成 CO 气泡种核的地方,该处以下列反应形式进行碳的氧化:

$$[C] + [O] = \{CO\}$$

但此处的供氧条件比氧射流作用区和金属-炉渣-气体三相乳浊液中的供氧条件要差。

(5)炉底和炉壁表面形成的气泡、被熔池破碎而产生的氧气泡以及炉底吹入的气体在熔池内上浮时,新的碳氧反应会在这些气泡表面继续进行,引起熔池更强烈的沸腾。

b 电弧炉中的碳氧反应机理

在电弧炉熔池内,CO 气泡主要是在金属液与固体粗糙表面的接触界面上产生,即在熔池中炉衬表面和悬浮于金属液中的固体颗粒表面上产生。在这些表面上存在着许多微小的细缝和凹坑,统称为"小孔"。当这种小孔的半径小到一定程度时,由于表面张力的作用,金属液不能完全浸入其内部,于是其中残留的空气就成为形成 CO 气泡的核心。随着 CO 的连续产生,气泡不断长大,最后在浮力的作用下,气泡脱离固体表面而上浮,如图 7-6 所示。

一个气泡上浮后,在其原有位置上仍留有种核,并可再生成新的气泡,使得在每一个小孔的上部形成了一连串的上浮气泡群,这便造成了熔池的沸腾。电弧炉熔池中气泡的上浮情况如图 7-7 所示。

气泡在上浮过程中,体积逐渐增大。这不仅是因为气泡之间相互合并,主要还因为金属熔池中的碳氧反应继续在这些上浮的气泡表面进行,其所生成的 CO 使气泡增大;同时,随着上浮过程中外压的减小和钢中氢和氮的吸入,也使气泡体积增大。离开沸腾熔池的气泡,其当量直径多数为 3~5 cm。

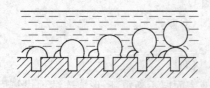 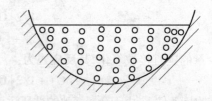

图7-6　在浮力影响下初生气泡形状的变化　　图7-7　电弧炉熔池中气泡的上浮情况示意图

凡是在炉底产生的 CO 气泡从金属熔池中上浮后,都能穿过渣层而排入炉气,这种引起的沸腾称为炉底沸腾。在熔炼初期,由于均匀的液态炉渣还未形成,渣中存在未熔固体渣料,碳氧反应可能在渣－钢界面上进行,反应所产生的大量小气泡有可能被滞留在熔渣中而形成泡沫渣。熔炼初期碳氧反应的这种特征称为表面沸腾。

综上所述,电弧炉中碳氧反应主要是在金属熔池中上浮着的气泡表面进行的。气泡萌芽地区主要在金属液与炉衬接触界面上的微小孔隙处;熔炼过程中,当金属与含有大颗粒未熔固体的炉渣接触时,气泡也会在炉渣－金属接触面上产生;电弧炉吹氧时,吹氧区的碳氧反应机理与氧气顶吹转炉基本类似,但电弧炉采用埋入式吹氧,乳浊程度远比氧气顶吹转炉要小。

c　真空精炼时的碳氧反应机理

真空精炼时,熔池内产生气泡的极限深度可用式(7-12)来计算。假设真空处理无渣的钢液,忽略很低的气相压力,则式(7-12)可简化为:

$$p'_{CO} \geqslant \rho_{钢} \cdot g \cdot h_{钢} + 2\sigma_{钢}/r \qquad (7-13)$$

在真空精炼时,包壁小孔的尺寸为 1.5×10^{-4} m,代入式(7-13)计算得:

$$p'_{CO} \geqslant \rho_{钢} \cdot g \cdot h_{钢} + 2\sigma_{钢}/r$$
$$\geqslant 7 \times 10^3 \times 9.8 \times h_{钢} + 2 \times 1.5/(1.5 \times 10^{-4}\ m)$$
$$\geqslant 6.86 \times 10^4 \times h_{钢} + 2.0 \times 10^4$$

对于未脱氧的钢液,其氧含量接近于与碳相平衡的数值,即碳氧反应生成的 CO 气泡分压 $p'_{CO} = 1.01 \times 10^5$ Pa,则气泡生成的极限深度为:

$$h_{钢} \leqslant (1.01 \times 10^5 - 2.0 \times 10^4)/(6.86 \times 10^4)$$
$$\leqslant 1.18\ m$$

即处理钢液时,CO 气泡生成的区域不可能超过钢液深度 1.18 m。

对于脱过氧的钢液,气泡生成的区域应该更浅。例如,在 30CrMnSi 钢中不用铝脱氧时,钢中氧与硅相平衡的氧含量为 0.006%,此时碳氧反应产生的 CO 气泡分压 p'_{CO} 可根据式(7-11)计算。当温度为 1600℃ 时,$K_C = 419$,设 $f_{[C]} = f_{[O]} = 1$,与 $w[C]_\% = 0.3$ 的钢液相平衡的 CO 压力 p'_{CO} 为:

$$p'_{CO} = w[C]_\% \cdot w[O]_\% \cdot K_C \cdot f_{[C]} \cdot f_{[O]} \cdot p^{\ominus}$$
$$= 0.3 \times 0.006 \times 419 \times 101325$$
$$= 7.64 \times 10^4\ Pa$$

此时,生成 CO 气泡的极限深度为:

$$h_{钢} \leqslant (7.64 \times 10^4 - 2.0 \times 10^4)/(6.86 \times 10^4)$$
$$\leqslant 0.82\ m$$

如果每吨钢用 0.5 kg 铝补充脱氧,通过类似计算可得到 $h_{钢} \leqslant 0.1$ m。

综上所述,在生成气泡核心的最适宜条件下,气泡生成的深度也不可能超过熔池深度 1.18 m;当用硅脱氧的钢进行真空处理时,气泡核心生成的区域仅在 0.82 m 深度内包壁处;超过此深度就不能生成气泡;而用铝脱氧的钢液内部,碳氧反应几乎不可能。所以,真空吹氧脱碳对钢中的硅含量有一定的限制。

实际上,工业性的真空精炼还必须考虑有 100~200 mm 厚的渣层覆盖在钢液面上,这层渣的静压力 $\rho_{渣} \cdot g \cdot h_{渣}$ 不能被忽视,它会进一步降低对真空室内压力变化的敏感度。有关研究指出,熔池表面层约 100 mm 处钢液的碳氧反应最为激烈,称为活泼层。如果不能保证底部钢液及时上升,上层碳氧反应将很快趋于平衡。因此,在真空下要使碳氧反应顺利进行,必须采用包底吹氩或电磁搅拌的方法使钢液循环运动,促使底部钢液参与循环而进行碳氧反应。

B 化学反应与扩散

理论研究认为,对于新相生成顺利的反应,其限制性环节可由反应的表观活化能来判断。当表观活化能 $E > 400$ kJ/mol 时,吸附和化学反应是控制环节,整个过程处于化学动力学阶段;当表观活化能 $E \leqslant 150$ kJ/mol 时,则过程受扩散控制,整个过程处于扩散阶段;而当表观活化能处于 $150 < E < 400$ kJ/mol 时,过程同时受扩散和化学反应控制,整个过程处于扩散与化学动力学混合阶段。

根据有关文献报道,碳氧反应的表观活化能 E 波动在 63~96 kJ/mol 之间(或小于 120 kJ/mol),因此可以认为碳氧反应过程处在扩散阶段,即钢液中的碳或氧向反应区扩散是整个反应的控制环节。实际上,高温下碳氧反应是非常迅速的,是个瞬时反应。

C 熔池内 C 和 O 的扩散

由于 C 和 O 在气泡和金属界面上的化学反应进行得很迅速,可以认为在气泡和金属界面上两者接近于平衡。但是,在远离相界面处,C 和 O 的含量比在气泡表面上的含量大得多,于是形成含量梯度,使熔池内 C 和 O 不断地向气泡界面扩散。

研究表明,两者的扩散速度比为:

$$a = \frac{v_{[C]max}}{v_{[O]max}} \approx \frac{w[C]}{w[O]} \cdot \frac{\sqrt{D_{[C]}}}{\sqrt{D_{[O]}}} \tag{7-14}$$

式中 $v_{[C]}, v_{[O]}$——分别为碳和氧在钢液中的扩散速度,m/s;

$D_{[C]}, D_{[O]}$——分别为碳和氧在钢液中的扩散系数,均属于 $10^{-9}~10^{-8}$ m²/s 数量级,但 $D_{[C]} > D_{[O]}$。

另外,根据钢液中的碳氧平衡关系,只要 $w[C] > 0.05\%$(实际生产中碳氧反应未达平衡,临界碳含量要高于 0.05%),钢液中的碳含量便大于氧含量,因此有 $v_{[C]} > v_{[O]}$。

由以上分析得出,在炼钢的大部分时间内,钢液中 O 的扩散为碳氧反应的控制步骤;而当碳含量过低时,钢液中 C 的扩散将成为碳氧反应的控制步骤。

7.1.3.2 碳氧反应速度

碳氧反应速度常用单位时间内从金属液中氧化碳的质量分数或质量来表示,符号为 r_C,单位为%/min 或 g/min。

如前所述,碳氧反应过程是由三个步骤组成的。步骤(2)即碳氧之间的化学反应,在炼钢的高温下非常迅速,步骤(3)即碳氧反应生成的 CO 分子进入气相而离开反应区,所需时间也比较短,整个碳氧反应速度主要受步骤(1)所控制,即受熔池内 C 和 O 向反应区扩散速度的控制。

碳和氧两者扩散速度的相对大小,需要通过实验来判断。由感应炉吹氧实验得出的碳氧反应速度随碳含量的变化曲线,在不同的吹氧条件下均有一拐点,如图 7-8 所示。拐点处的碳含量称为临界碳含量,用 $w[C]_{\%临界}$ 表示。实验中的 $w[C]_{\%临界}$ 值受多种因素影响,变化范围很大。

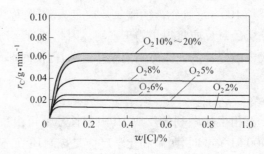

图 7-8　不同吹氧条件下碳氧反应速度随碳含量的变化

由图 7-8 可以看出:

(1) 当金属中的碳含量低于 $w[C]_{\%临界}$ 时,碳氧反应速度 r_C 随碳含量的下降而显著地降低,这时熔池中碳的扩散速度将决定整个碳氧反应的速度,r_C 与 $w[C]_\%$ 成比例,即 $r_C = kw[C]_\%$,k 为比例系数。

(2) 当金属中的碳含量高于 $w[C]_{\%临界}$ 时,熔池中氧的扩散速度决定着整个碳氧反应速度,r_C 与 $w[O]_\%$ 成比例,即 $r_C = k'w[O]_\% \approx k'p_{O_2}$,$k'$ 为比例系数。因此,随着供氧量(或 p_{O_2})的增加,r_C 也相应的增大。

显然,临界碳含量可理解为:碳氧反应速度 r_C 取决于供氧量的高碳范围和碳氧反应速度 r_C 取决于碳扩散的低碳范围之间的碳的交界值,临界碳含量 $w[C]_{\%临界}$ 越低,脱碳越容易。在常压实验时,临界碳含量 $w[C]_{\%临界} = 0.15 \sim 0.20$。当 $w[C]$ 降到 0.15% 以下时,发现碳氧反应速度 r_C 大大降低,继续脱碳很困难;在真空减压条件下吹氧脱碳时,临界碳含量可低达 0.02% ~ 0.03%,这说明真空条件对冶炼超低碳钢十分有利。

在吹氧条件下,供氧速度远大于铁矿石供氧,所以吹氧氧化的脱碳速度比加矿石氧化的脱碳速度要快得多。氧气顶吹转炉的脱碳速度一般为 (0.1% ~ 0.4%)/min,最高可达 0.6%/min 以上;而电弧炉的脱碳速度为 (0.02% ~ 0.04%)/min,两者相差 10 倍以上。其主要原因是顶吹转炉供氧速度很快,单位时间内输入氧量多,炉内存在大量的金属 - 炉渣 - 气体三相乳浊液,CO 气体的生成和排出条件好。电弧炉吹氧时氧流作用区范围较小,钢液 - 炉渣 - 气体的乳化程度差,所以吹氧脱碳速度比氧气顶吹转炉小得多;而使用矿石脱碳、在钢液与炉衬接触界面处反应时,熔池中 C 和 O 的扩散距离更长,脱碳速度更慢。

在真空吹氧脱碳时,由于临界碳含量很低,脱碳速度与钢液中碳的扩散关系不大,在保证供氧量的条件下,冶炼真空度是影响碳氧反应速度的主要因素。提高开始吹氧时的真空度,可以改变钢中碳和硅的氧化次序,使碳优先氧化,缩短吹氧脱碳时间;而停吹氧时,真空度高,临界终点碳含量就低。可见,提高真空度可以加快脱碳速度。如果在钢包炉真空吹氧的同时进行包底吹氩,既搅拌钢液又能形成气泡种核,会使得脱碳反应速度非常快。

7.2 转炉脱碳工艺

氧气顶吹转炉是通过顶吹纯氧进行脱碳的,其脱碳工艺的核心内容是吹炼中脱碳速度及终点碳的控制。

7.2.1 吹炼中的脱碳速度及其控制

根据吹炼过程中金属成分(主要为碳含量)、炉渣成分、熔池温度随吹炼时间变化的规律,可将吹炼过程大致分为初期、中期、后期三个阶段,如图7-9所示。

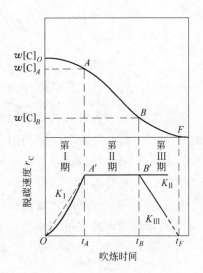

图7-9 脱碳速度与吹炼时间的关系示意图

7.2.1.1 吹炼初期

在吹炼初期,虽然铁水中碳含量很高,有利于碳的氧化,但由于熔池平均温度低于1500℃,碳处于不活泼状态,且硅、锰含量较高,所以开吹后以硅、锰的氧化为主,碳氧反应受到抑制而脱碳速度较低。

随着吹炼的进行,硅、锰含量逐渐下降,其氧化速度渐慢,则脱碳速度 r_C 近似地呈直线上升,即正常情况下吹炼初期的脱碳速度与时间成正比:

$$r_C = -\frac{dw[C]_\%}{dt} = k_1 \cdot t \qquad (7-15)$$

式中　t——吹炼时间,min;

　　k_1——系数,但不是常数,与铁水中的硅含量、铁水温度以及吹炼条件等因素有关。

由于吹炼初期金属中硅、锰的氧化优先于脱碳反应,当钢中总硅量 $w[Si]_\% + 0.25$ $w[Mn]_\%$ 大于 1.5 时,脱碳反应速度 r_C 几乎接近于零;当总硅量降低或一开始就比较低时,则碳氧反应速度增加;当 $w[Si]_\%$ 约为 0.10 时,脱碳反应速度 r_C 达到最大值,吹炼初期结束而进入吹炼中期。

炉渣起泡并有小铁粒从炉口喷溅出来,这是吹炼初期结束的标志,应适当降低氧枪高度。通常,吹氧初期占总吹炼时间的20%左右。提高供氧强度,降低铁水中硅、锰含量,能缩短吹炼初期的时间。

7.2.1.2 吹炼中期

吹炼中期,铁水中的硅、锰已氧化结束,熔池温度也已较高,进入碳的激烈氧化阶段。此时,供给的氧气几乎全部消耗于脱碳,脱碳速度就主要取决于供氧强度,而且始终保持最高水平基本不变。因此,吹炼中期的脱碳反应速度可表示为:

$$r_C = -\frac{dw[C]_\%}{dt} = k_2 \cdot I_{O_2} \qquad (7-16)$$

式中　k_2——由供氧强度、枪位等因素所决定的常数;

　　I_{O_2}——供氧强度,$m^3/(t \cdot min)$。

随着供氧强度增加,脱碳速度会显著增加,这一点已被试验所证实,如图7-10所示,不过其台阶特征不变。

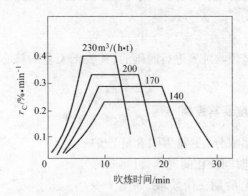

图7-10　供氧强度对脱碳速度的影响

供氧强度相同时,枪位的高低对脱碳速度也有一定的影响。降低枪位,可增加氧气射流对熔池的穿透深度,提高氧气的利用率,从而使脱碳速度 r_C 增大。不过应指出的是,吹炼中期碳氧反应激烈,渣中的氧化铁含量不高,为此枪位不要过低,防止炉渣返干。

7.2.1.3　吹炼后期

吹炼后期,钢水中的碳含量已很低,脱碳速度随着钢中碳含量的减少而呈直线下降。因此,吹炼后期的脱碳速度可表示为:

$$r_C = -\frac{dw[C]_\%}{dt} = k_3 \cdot w[C]_\% \tag{7-17}$$

式中　k_3——由供氧强度和枪位高低所决定的常数。

该阶段的脱碳速度之所以与钢液中的碳含量成正比,是因为此时的碳含量已降低到了 $w[C]_{\%临界}$ 以下,碳的扩散速度大大减小,碳的扩散成了脱碳反应的控制环节。

关于吹炼中期向吹炼后期过渡时的碳含量 $w[C]_{\%临界}$ 值,与供氧强度和方式、熔池搅拌强度等因素有关,一般波动在 0.20~0.50 之间。

最后应根据火焰状况、供氧数量及吹炼时间等因素判断吹炼终点,并适时提枪停止供氧。根据取样分析结果,决定出钢或补吹时间。

7.2.2　终点碳的控制

所谓终点碳,是指吹炼到达终点时钢液中的碳含量,亦即出钢时钢液应有的碳含量。终点碳含量可由下式确定:

终点碳 = 钢种规格的含碳中限 - 脱氧时的合金增碳量

终点碳的控制是转炉吹炼后期的重要操作,目前常用的控制方法有两种,即拉碳法和增碳法。

(1) 拉碳法。所谓"拉碳",就是吹炼时判定已达终点而停止吹氧。中、高碳钢种含碳范围内,脱碳速度较快,一次判别终点不太容易,采用高拉补吹办法。国内采用高拉补吹法吹炼中、高碳钢时,一般吹炼时特征参考供氧时间及耗氧量,按所炼钢种碳规格稍高一些来拉碳,取样分析(或测温定碳),再按这一碳含量及脱碳速度补吹一定时间,以使其达到所要求终点。拉碳法的主要优点是:

1）终渣的全 FeO 含量较低,金属的收得率高,且有利于延长炉衬寿命;

2）终点钢液的氧含量低,脱氧剂用量少,而且钢中的非金属夹杂物少;

3）冶炼时间短,氧气消耗少。

（2）增碳法。增碳法是在吹炼平均碳含量大于 0.08% 的钢种时,一律将钢液的碳脱至 0.05% ~ 0.06% 停吹,而后出钢时向钢包内加增碳剂增碳至钢种规格要求的操作方法。增碳法的主要优点是:

1）终点容易命中,省去了拉碳法终点前倒炉取样及校正成分和温度的补吹时间,因而生产率较高;

2）终渣的 $\Sigma w(\text{FeO})$ 高,渣子化得好,去磷率高,而且有利于减轻喷溅和提高供氧强度;

3）热量收入多,可以增加废钢的用量。

采用拉碳法的关键在于,吹炼过程中及时、准确地判断或测定熔池的温度和碳含量,努力提高一次命中率;而采用增碳法时,则应寻求含硫低、灰分少和干燥的增碳剂。

7.3 转炉烟气、烟尘处理系统

转炉吹炼过程中,可观察到在炉口排出大量棕红色的浓烟,这就是烟气。烟气的温度很高,可以回收利用,烟气是含有大量 CO 和少量 CO_2 及微量其他成分的气体,其中还夹带着大量氧化铁、金属铁粒和其他细小颗粒的固体尘埃,这股高温含尘气流冲出炉口进入烟罩和净化系统。炉内原生气体称为炉气,炉气冲出炉口以后称为烟气。转炉烟气的特点是温度高、气量多、含尘量大,气体具有毒性和爆炸性,任其放散会污染环境。对转炉烟气净化处理后,可回收大量的物理热、化学热以及氧化铁粉尘等。

7.3.1 烟气、烟尘的特征

在不同条件下,转炉烟气和烟尘具有不同的特征。

7.3.1.1 烟气处理方法

根据所采用的处理方式不同,所得的烟气特征也不同。目前的处理方式有燃烧法和未燃法两种,简述如下:

（1）燃烧法。燃烧法的烟气处理方法是:炉气从炉口进入烟罩时,令其与足够的空气混合,使可燃成分燃烧形成高温废气,经过冷却、净化后,通过风机抽引并放散到大气中。

（2）未燃法。未燃法的烟气处理方法是:炉气排出炉口进入烟罩时,通过某种方法使空气尽量少的进入炉气。因此,炉气中可燃成分 CO 只有少量燃烧,经过冷却、净化后,通过风机抽入回收系统中储存起来,加以利用。

未燃法与燃烧法相比,其烟气未燃烧,体积小,温度低,烟尘的颗粒粗大,易于净化,烟气可回收利用,投资少。

7.3.1.2 烟气的特征

（1）烟气的来源及化学组成。在吹炼过程中,熔池碳氧反应生成的 CO 和 CO_2 是转炉烟气的基本来源;其次是炉气从炉口排出时吸入部分空气,可燃成分有少量燃烧生成废气;也有少量来自炉料和炉衬中的水分以及生烧石灰中分解出来的 CO_2 气体等。冶炼过程中烟气成分是不断变化的,这种变化规律可用图 7-11 来说明。

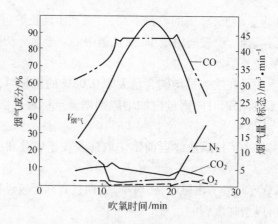

图 7-11　吹炼过程中烟气成分变化曲线

转炉烟气的化学成分给烟气净化带来较大困难。转炉烟气的化学成分随烟气处理方法的不同而异。燃烧法与未燃法两种烟气成分和含量差别很大,见表 7-3。

表 7-3　未燃法与燃烧法烟气成分和含量比较　　　　　　　　　　　　　（%）

除尘方法 　　成分	CO	CO_2	N_2	O_2	H_2	CH_4
未燃法	60~80	14~19	5~10	0.4~0.6		
燃烧法	0~0.3	7~14	74~80	11~20	0~0.4	0~0.2

（2）转炉烟气的温度。未燃法烟气温度一般为 1400~1600℃,燃烧法废气温度一般为 1800~2400℃。因此,在转炉烟气净化系统中必须设置冷却设备。

（3）转炉烟气的数量。未燃法平均吨钢烟气量（标态）为 80 m^3/t,燃烧法的烟气量为未燃法的 4~6 倍。

（4）转炉烟气的发热量。未燃法中烟气主要成分是 CO,含量在 60%~80% 时,其发热量波动在 7745.95~10048.8 kJ/m^3 范围内;燃烧法的废气仅含有物理热。

7.3.1.3　烟尘的特征

（1）烟尘的来源。在氧气流股冲击的熔池反应区内,"火点"处温度高达 2000~2600℃。一定数量的铁和铁的氧化物蒸发,形成浓密的烟尘随炉气从炉口排出。此外,烟尘中还有一些被炉气夹带出来的散状料粉尘和喷溅出来的细小渣粒。

（2）烟尘的成分。未燃法烟尘呈黑色,主要成分是 FeO,其含量在 60% 以上;燃烧法的烟尘呈红棕色,主要成分是 Fe_2O_3,其含量在 90% 以上,可见转炉烟尘是铁含量很高的精矿粉,可作为高炉原料或转炉自身的冷却剂和造渣剂。

（3）烟尘的粒度。通常把粒度在 5~10 μm 之间的尘粒称为灰尘;由蒸气凝聚成的直径在 0.3~3 μm 之间的微粒,呈固体的称为烟,呈液体的称为雾。燃烧法尘粒小于 1 μm 的占 90% 以上,接近烟雾,较难清除;未燃法烟尘颗粒直径大于 10 μm 的达 70%,接近于灰尘,其清除比燃烧法相对容易一些。

（4）烟尘的数量。氧气顶吹转炉炉气中夹带的烟尘量,为金属装入量的 0.8%~1.3%,炉气（标态）含尘量为 80~120 g/m^3。烟气中的含尘量一般小于炉气含尘量,且随净化过程逐渐降低。顶底复合吹炼转炉的烟尘量一般比顶吹工艺少。

7.3.2 烟气、烟尘净化回收系统主要设备

转炉烟气净化回收系统可概括为烟气的收集与输导、降温与净化、抽引与放散三部分。

烟气的收集装置有活动烟罩和固定烟罩。烟气的输导管道称为烟道。烟气的降温装置主要是烟道和溢流文氏管。烟气的净化装置主要有文氏管、脱水器以及布袋除尘器和电除尘器等。回收煤气时,系统还必须设置煤气柜和回火防止器等设备。

7.3.2.1 转炉烟气净化方式

转炉烟气净化方式有全湿法、干湿结合法和全干法三种形式。

(1)全湿法。烟气进入第一级净化设备就与水相遇,称为全湿法除尘系统。双文氏管净化即为全湿法除尘系统。在整个净化系统中,都是采用喷水方式来达到烟气降温和净化的目的。除尘效率高,但耗水量大,还需要处理大量污水和泥浆。

(2)干湿结合法。烟气进入次级净化设备与水相遇,称为干湿结合法净化系统,平—文净化系统即为干湿结合法净化系统。此法除尘效率稍差些,污水处理量较少,对环境有一定污染。

(3)全干法。在净化过程中烟气完全不与水相遇,称为全干法净化系统。布袋除尘、静电除尘为全干法除尘系统。全干法净化可以得到干烟尘,无需设置污水、泥浆处理设备。

7.3.2.2 未燃全湿净化系统的主要设备

A 烟气的收集和冷却

a 烟罩

(1)活动烟罩。

为了收集烟气,在转炉上面装有烟罩。烟气经活动烟罩和固定烟罩之后进入汽化冷却烟道或废热锅炉以利用废热,再经净化冷却系统。用于未燃法的活动烟罩,要求能够上下升降,以保证烟罩内外气压大致相等,既避免炉气的外逸恶化炉前操作环境,也不会吸入空气而降低回收煤气的质量,因此在吹炼各阶段,烟罩能调节到需要的间隙。吹炼结束出钢、出渣、加废钢、兑铁水时,烟罩能升起,不妨碍转炉倾动。当需要更换炉衬时,活动烟罩又能平移开出炉体上方。这种能升降调节烟罩与炉口之间距离,或者既可升降又能水平移出炉口的烟罩,称为活动烟罩。

OG法是用未燃法处理烟气,也是当前采用较多的方法。其烟罩是裙式活动单烟罩和双烟罩。

图7-12所示为裙式活动单烟罩。烟罩下部裙罩口内径略大于水冷炉口外缘,当活动烟罩下降至最低位置时,使烟罩下缘与炉口处于最小距离,约为50 mm,以利于控制罩口内外微压差,进而实行闭罩操作。这对提高回收煤气质量、减少炉下清渣量、实现炼钢工艺自动连续定碳,均带来有利条件。活动烟罩的升降机构可以采用电力驱动。烟罩提升时,通过电力卷扬,下降时借助升降段烟罩的自重。活动烟罩的升降机构也可以采用液压驱动,使用4个同步液压缸,以保证烟罩的水平升降。

图7-13所示为活动烟罩双罩结构。从图可以看出,活动烟罩是由固定部分(又称下烟罩)与升降部分(又称罩裙)组成的。下烟罩与罩裙通过水封连接。固定烟罩又称上烟罩,设有两个散状材料投料孔、氧枪和副枪插入孔,压力温度检测孔、气体分析取样孔等。罩裙是用锅炉钢管围成的,两钢管之间平夹一片钢板(又称鳍片),彼此连接在一起形成了钢

管与钢板相间排列的焊接结构,又称横列式管型隔片结构。管内通温水冷却。罩裙下部由三排水管组成水冷短截锥套(见图7-13中3),这是避免罩裙与炉体接触时损坏罩裙。罩裙的升降由4个同步液压缸驱动。上烟罩也是由钢管围成的,只不过是纵列式管型隔片结构。上烟罩与下烟罩都是采用温水冷却,上、下烟罩通过沙封连接。我国300 t转炉就是采用这种活动烟罩结构。

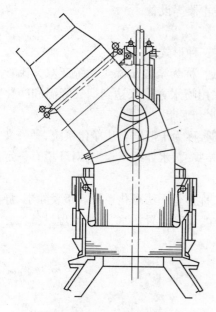

图7-12　OG法活动烟罩

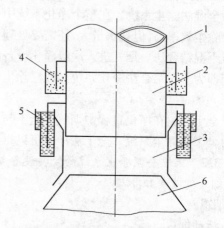

图7-13　活动烟罩双罩结构示意图
1—上烟罩(固定烟罩);2—下烟罩(活动烟罩固定段);
3—罩裙(活动烟罩升降段);4—沙封;5—水封;6—转炉

(2)固定烟罩。

固定烟罩装于活动烟罩与汽化冷却烟道或废热锅炉之间,也是水冷结构件。固定烟罩上开有散状材料投料孔、氧枪和副枪插入孔,并装有水套冷却。为了防止烟气的逸出,对散状材料投料孔、氧枪和副枪插入孔等均采用氮气或蒸汽密封。

固定烟罩与单罩结构的活动烟罩多采用水封连接。

固定烟罩与汽化冷却烟道或废热锅炉拐弯处的拐点高度和与水平线的倾角,对防止烟道的倾斜段结渣有重要作用。

b　烟气的冷却设备

转炉炉气温度在1400~1600℃之间,炉气离开炉口进入烟罩时,由于吸入空气使炉气中的CO部分或全部燃烧,烟气温度可能更高。高温烟气体积大,如在高温下净化,使净化系统设备的体积非常庞大;此外,单位体积的含尘量低,也不利于提高净化效率。所以,在净化前和净化过程中要对烟气进行冷却。

国内早期投产的转炉多采用水冷烟道,水冷烟道耗水量大,废热无法回收利用。近期新建成的转炉均采用汽化冷却烟道。所谓汽化冷却,就是冷却水吸收的热量用于自身的蒸发,利用水的汽化潜热带走冷却部件的热量。如1 kg水每升高1℃吸收热量约4.2 kJ,而由100℃水转变为100℃蒸汽则吸收热量约2253 kJ/kg,两者相比相差500多倍。汽化冷却的耗水量将减少到 1/100～1/30,所以汽化冷却是节能的冷却方式。汽化冷却装置是承压设备,因而投资费用大,操作要求也高,下面分项叙述。

（1）汽化冷却烟道。

汽化冷却烟道是用无缝钢管围成的筒形结构,其断面为方形或圆形,如图 7-14 所示。钢管的排列有水管式、隔板管式和密排管式,如图 7-15 所示。

水管式烟道容易变形;隔板管式烟道加工费时,焊接处容易开裂且不易修复;密排管式烟道不易变形,加工简单,更换方便。

汽化冷却用水是经过软化处理和除氧处理的。图 7-16 所示为汽化冷却系统流程。汽化冷却系统可自然循环,也可强制循环。汽化冷却烟道内汽化产生的蒸汽形成汽水混合物,经上升管进入汽包实现汽与水分离,所以汽包也称分离器;汽、水分离后,热水从下降管经循环泵又送入汽化冷却烟道继续使用。若取消循环泵,则为自然循环系统,其效果也很好。当汽包内蒸汽压力升高到 (6.87～7.85) ×10⁵ Pa 时,气动薄膜调节阀自动打开,使蒸汽进入蓄热器供用户使用。

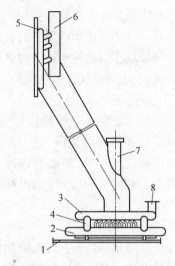

图 7-14 汽化冷却烟道示意图

1—排污集管;2—进水集箱;3—进水总管;
4—分水管;5—出口集箱;6—出水(汽)总管;
7—氧枪水套;8—进水总管接头

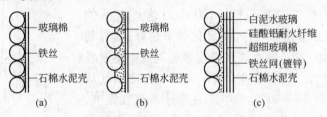

图 7-15 烟道管壁结构

(a) 水管式;(b) 隔板管式;(c) 密排管式

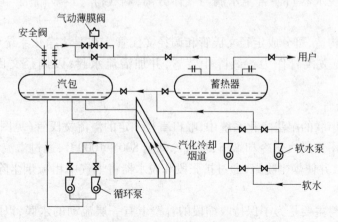

图 7-16 汽化冷却系统流程

当蓄热器的蒸汽压力超过一定值时,蓄热器上部的气动薄膜调节阀自动打开放散。当汽包需要补充软水时,由软水泵送入。

汽化冷却系统的汽包布置应高于烟道顶面。一座转炉设有一个汽包,汽包不宜合用,也不宜串联。汽化冷却烟道受热时会向两端膨胀伸长,上端热伸长量在一文水封中得到补偿;下端热伸长量在烟道的水封中得到缓冲。汽化冷却烟道也称汽化冷却器,可以冷却烟气并能回收蒸汽,也可称其为废热锅炉。

(2)废热锅炉。

无论是未燃法还是燃烧法都可采用汽化冷却烟道。只不过燃烧法的废热锅炉在汽化冷却烟道后面增加对流段,进一步回收烟气的余热,以产生更多的蒸汽。对流段通常是在烟道中装设蛇形管,蛇形管内冷却水的流向与烟气流向相反,通过烟气加热蛇形管内的冷却水,再作为汽化冷却烟道补充水源,这样就进一步利用了烟气的余热,也增加了回收蒸汽量。

B　文氏管净化器

文氏管净化器是一种湿法除尘设备,也兼有冷却降温作用。文氏管是当前效率较高的湿法净化设备。文氏管净化器由雾化器(碗形喷嘴)、文氏管本体及脱水器三部分组成,如图7-17所示。文氏管本体是由收缩段、喉口、扩张段三部分组成。

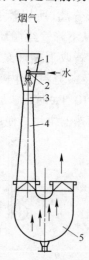

图7-17　文氏管除尘器的组成
1—收缩段;2—碗形喷嘴;3—喉口;
4—扩张段;5—弯头脱水器

烟气流经文氏管收缩段到达喉口时气流加速,高速烟气冲击喷嘴喷出的水幕使水二次雾化成小于或等于烟尘粒径1/100以下的细小水滴。喷水量(标态)一般为0.5~1.5 L/m^3(液气比)。气流速度(60~120 m/s)越大,喷入的水滴越细,在喉口分布越均匀,二次雾化效果越好,越有利于捕集微小的烟尘。细小的水滴在高速紊流气流中迅速吸收烟气的热量而汽化,一般在1/150~1/50 s内使烟气从800~1000℃冷却到70~80℃。同样,在高速紊流气流中,尘粒与液滴具有很高的相对速度,在文氏管的喉口和扩张段内互相撞击而凝聚成较大的颗粒,经过与文氏管串联的气水分离装置(脱水器),使含尘水滴与气体分离,烟气得到降温与净化。

文氏管按照构造,可分成定径文氏管和调径文氏管。在湿法净化系统中采用双文氏管串联,通常以定径文氏管作为一级除尘装置,并加溢流水封;以调径文氏管作为二级除尘装置。

a　溢流文氏管

在双文氏管串联的湿法净化系统中,喉口直径一定的溢流文氏管(见图7-18)主要起降温和粗除尘的作用。经汽化冷却烟道,烟气冷却至800~1000℃,通过溢流文氏管时能迅速冷却到70~80℃,并使烟尘凝聚,通过扩张段和脱水器将烟气中粗粒烟尘除去,除尘效率为90%~95%。

采用溢流水封主要是为了保持收缩段的管壁上有一层流动的水膜,以隔离高温烟气对管壁的冲刷,并防止烟尘在干湿交界面上产生积灰结瘤而使其堵塞。溢流水封为开口式结构,有防爆泄压、调节汽化冷却烟道因热胀冷缩引起位移的作用。

　　溢流文氏管收缩角为 20°~25°,扩张角为 6°~8°;喉口长度为其直径的 0.5~1.0 倍,小转炉烟道取上限;溢流文氏管的入口烟气速度为 20~25 m/s,喉口速度为 40~60 m/s,出口烟气速度为 15~20 m/s;一文阻力损失在 3~5 kPa;每米周边溢流水量约为500 kg/h。

　　b　调径文氏管

　　在喉口部位装有调节机构的文氏管,称为调径文氏管,主要用于精除尘。在喷水量一定的条件下,文氏管除尘器内水的雾化和烟尘的凝聚主要取决于烟气在喉口处的速度。吹炼过程中烟气量变化很

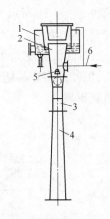

图 7-18　定径溢流文氏管
1—溢流水封;2—收缩段;3—腰鼓形喉口(铸件);
4—扩张段;5—碗形喷嘴;6—溢流供水管

大,为了保持喉口烟气速度不变以稳定除尘效率,采用调径文氏管。它能随烟气量变化相应增大或缩小喉口断面面积,保持喉口处烟气速度一定;还可以通过调节风机的抽气量控制炉口微压差,确保回收煤气质量。

　　现用的矩形调径文氏管调节喉口断面大小的方式很多,常用的有阀板、重砣、矩形翼板、矩形滑块等。

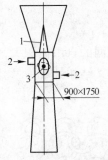

图 7-19　圆弧形 - 滑板调节
（R - D）文氏管
1—导流板;2—供水;3—可调阀板

　　调径文氏管的喉口处安装米粒形阀板,即圆弧形 - 滑板（R - D）,用以控制喉口开度,可显著降低二文阻损,如图 7-19 所示。喉口阀板调节性能好,喉口开度与气体流量在相同的阻损下基本上呈直线函数关系,这样能准确地调节喉口的气流速度,提高喉口的调节精度。另外,阀板是用液压传动控制,可与炉口微压差同步,调节精度得到保证。

　　调径文氏管的收缩角为 23°~30°,扩张角为 7°~12°;调径文氏管收缩段的进口烟气速度为 15~20 m/s,喉口气流速度为 100~120 m/s;二文阻损一般为 10~12 kPa。

　　C　脱水器

　　在湿法和干湿结合法烟气净化系统中,湿法净化器的后面必须装有气水分离装置,即脱水器。脱水情况直接关系到烟气的净化效率、风机叶片的寿命和管道阀门的维护,而脱水效率与脱水器的结构有关。

　　a　重力脱水器

　　如图 7-20 所示,烟气进入重力脱水器后流速下降,流向改变,靠含尘水滴自身重力实现气水分离,适用于粗脱水,如与溢流文氏管相连进行脱水。重力脱水器的入口气流速度一般不小于 12 m/s,筒体内流速一般为 4~5 m/s。

　　b　弯头脱水器

　　含尘水滴进入弯头脱水器后,受惯性及离心力作用,水滴被甩至脱水器的叶片及器壁上并沿其流下,通过排污水槽排走。弯头脱水器按其弯曲角度不同,可分为 90°弯头和 180°弯

头脱水器两种,图 7-21 所示为 90°弯头脱水器,图 7-17 中 5 所示为 180°弯头脱水器。弯头脱水器能够分离粒径大于 30 μm 的水滴,脱水效率可达 95% ~98% 。其入口气流速度为 8 ~12 m/s,出口气流速度为 7 ~9 m/s,阻力损失为 294 ~490 Pa。弯头脱水器中叶片多,则脱水效率高;但叶片多容易堵塞,尤其是一文更易堵塞。改进分流挡板和增设反冲喷嘴,有利于消除堵塞现象。

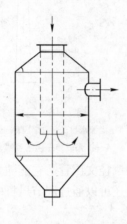

图 7-20　重力脱水器

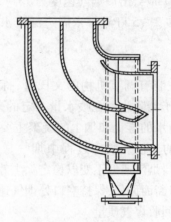

图 7-21　90°弯头脱水器

c　丝网脱水器

丝网脱水器用以脱除雾状细小水滴,如图 7-22 所示。由于丝网的自由体积大,气体很容易通过,烟气中夹带的细小水滴与丝网表面碰撞,沿丝与丝的交叉结扣处聚集,逐渐形成大液滴脱离而沉降,实现气水分离。

丝网脱水器是一种高效率的脱水装置,能有效地除去粒径为 2 ~5 μm 的雾滴。它阻力小、质量轻、耗水量少,一般用于风机前作精脱水设备。但丝网脱水器长期运转容易堵塞,一般每炼一炉钢冲洗一次,冲洗时间为 3 min 左右。为防止腐蚀,丝网材料用不锈钢丝、紫铜丝或磷铜丝编织,其规格为 0.1 mm ×0.4 mm 扁丝。丝网厚度也分为 100 mm 和 150 mm 两种规格。

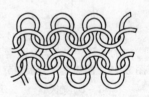

图 7-22　丝网脱水器

7.3.2.3　静电除尘系统主要设备

A　静电除尘器工作原理

静电除尘器工作原理如图 7-23 所示。以导线作放电电极(也称电晕电极),为负极;以金属管或金属板作集尘电极,为正极。在两个电极上接通数万伏的高压直流电源,两极间形成电场。由于两个电极形状不同,形成了不均匀电场。在导线附近,电力线密集,电场强度较大,使正电荷束缚在导线附近,因此,在空间电子或负离子较多。于是通过空间的烟尘大部分捕获了电子,带上负电荷,得以向正极移动。带负电荷的烟尘到达正极后,即失去电子而沉降到电极板表面,达到气与尘分离的目的。定时将集尘电极上的烟尘振落或用水冲洗,烟尘即可落到下部的积灰斗中。

B　静电除尘器构造形式

静电除尘器主要由放电电极、集尘电极、气流分布装置、外壳和供电设备组成。

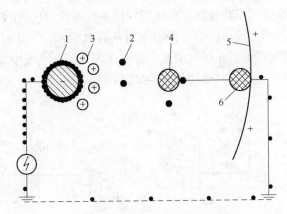

图 7-23　静电除尘器的工作原理

1—放电电极;2—烟气电离后产生的电子;3—烟气电离后产生的正离子;

4—捕获电子后的尘粒;5—集尘电极;6—放电后的尘粒

静电除尘器有管式和板式两种,图 7-23 所示为板式静电除尘器。管式静电除尘器的金属圆管直径为 50 ~ 300 mm,长为 3 ~ 4m。板式除尘器集尘板间宽度约为 300 mm。立式的集尘电极高为 3 ~ 4 mm,卧式的集尘电极长为 2 ~ 3 mm。静电除尘器由三段或多段串联使用,烟气通过每段都可去除大部分尘粒,经过多段可以达到较为彻底净化的目的。据报道,静电除尘效率高达 99.9%。它的除尘效率稳定,不受烟气量波动的影响,特别适于捕集小于 1 μm 的烟尘。

烟气进入前段除尘器时,烟气含尘量高且大颗粒烟尘较多,因而静电除尘器的宽度可以宽些,此后宽度可逐渐减小。后段烟气中含尘量少、颗粒细小,供给的电压可由前至后逐渐增高。

烟气通过除尘器时的流速以 2 ~ 3 m/s 为好,流速过高,易将集尘电极上的烟尘带走;流速过低,气流在各通道内分布不均匀,设备也要增大。而电压过高,容易引起火花放电;电压过低,除尘效率低。集尘电极上的积灰可以通过敲击振动清除,落入积灰斗中的烟尘通过螺旋输送机运走,又称干式除尘;还可以用水冲洗集尘电极上的积尘,也称为湿式除尘。污水与泥浆需要处理,用水冲洗方式除尘效率较高。干式除尘适用于板式静电除尘器,而湿式除尘适用于管式静电除尘器。目前,国外有的厂家已经将静电除尘系统应用于转炉生产,从长远来看,干法静电除尘系统是一种较好的烟气净化方法。

7.3.2.4　煤气回收系统的主要设备

转炉煤气回收系统的设备主要是指煤气柜和水封器。

A　煤气柜

煤气柜用于储存煤气,以便于连续供给用户成分、压力、质量稳定的煤气,是顶吹转炉回收系统中重要设备之一。它犹如一个大钟罩扣在水槽中,随煤气进出而升降;通过水封使煤气柜内煤气与外界空气隔绝。

B　水封器

水封器的作用是防止煤气外逸或空气渗入系统,阻止各污水排出管之间相互串气,阻止煤气逆向流动;也可以调节高温烟气管道的位移;还可以起到一定程度的泄爆作用和柔性连接器作用,因此它是严密可靠的安全设施。根据其作用原理,水封器分为正压水封器、负压水封器和连接水封器等。

　　逆止水封器是转炉煤气回收管路上防止煤气倒流的部件,其工作原理示意图如图7-24所示。当气流 $p_1 > p_2$、正常通过时,必须冲破水封从排气管流出;当 $p_1 < p_2$ 时,水封器内水液面下降,水被压入进气管中阻止煤气倒流。目前在煤气回收系统中安装了水封逆止阀,其工作原理与逆止水封器一样,但其结构如图7-25所示。

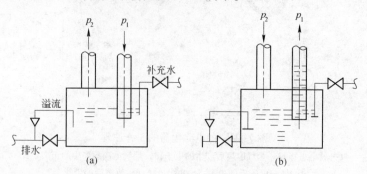

图7-24　逆止水封器工作原理示意图
(a) 正常通过时;(b) 倒流时(逆止)

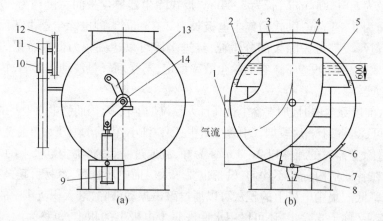

图7-25　水封逆止阀
(a) 外形图;(b) 剖面图
1—煤气进口;2—给水口;3—煤气出口;4—阀体;5—外筒;6—人孔;7—冲洗喷嘴;
8—排水口;9—气缸;10—液面指示器;11—液位检测装置;
12—水位报警装置;13—曲柄;14—传动轴

　　烟气放散时,半圆形阀体由气缸推起,切断回收,防止煤气柜的煤气从煤气出口倒流和放散气体进入煤气柜;回收煤气时阀体拉下,回收管路打开,煤气可从煤气进口通过水封后从煤气出口进入煤气柜。V形水封置于水封逆止阀之后。在停炉检修时,充水切断该系统煤气,防止回收总管煤气倒流。

　　C　煤气柜自动放散装置

　　图7-26是10000 m^3 煤气柜的自动放散装置示意图。它是由放散阀、放散烟囱、钢绳等组成。钢绳的一端固定在放散阀顶上,经滑轮导向;另一端固定在第三级煤气柜边的一点上,该点高度经实测得出。当煤气柜上升至储气量为9500 m^3 时,钢绳呈拉紧状态,提升放散阀脱离水封面,从而使煤气从放散烟囱放散。当储气量小于9500 m^3 时,放散阀借助自重落在水封中,钢绳呈松弛状,从而可稳定煤气柜的储气量。

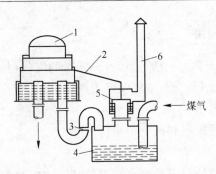

图 7-26　煤气柜自动放散装置示意图

1—煤气柜;2—钢绳;3—正压连接水封;4—逆止水封;5—放散阀;6—放散烟囱

7.3.2.5　风机与放散烟囱

A　风机

烟气经冷却、净化后,由风机将其排至烟囱放散或输送到煤气回收系统中备用。因此,风机是净化回收系统的动力中枢,非常重要。但目前没有顶吹转炉专用风机,而是套用 D 形单进煤气鼓风机。风机的工作环境比较恶劣,例如未燃法全湿净化系统,进入风机的气体(标态)含尘量为 $100 \sim 120 \ mg/m^3$,温度为 $36 \sim 65℃$,CO 含量在 60% 左右,相对湿度为 100%,并含有一定量的水滴,同时转炉又周期性地间断吹氧。基于以上工作特点,对风机的要求如下:

(1) 调节风量时其压力变化不大,同时在小风量运转时风机不喘振;

(2) 叶片、机壳应具有较高的耐磨性和抗蚀性;

(3) 具有良好的密封性和防爆性;

(4) 应设有水冲洗喷嘴,以清除叶片和机壳内的积泥;

(5) 具有较好的抗震性。

多年的实践表明,D 形单进煤气鼓风机能够适应转炉生产的要求。在电动机与风机之间用液力耦合器连接,非吹炼时间,风机则以低速运转,以节约电耗。

风机可以布置在车间上部,也可以布置于地面。布置于地面较好,可以降低投资造价,也便于维修。

B　放散烟囱

(1) 烟囱高度的确定。氧气转炉烟气因含有可燃成分,其排放与一般工业废气不同,一般工业用烟囱高于方圆 100 m 内的最高建筑物 $3 \sim 6$ m 即可。氧气转炉放散烟囱的标高,应根据距附近居民区的距离和卫生标准来决定。根据国内各厂调查结果来看,放散烟囱的高度均高出厂房屋顶 $3 \sim 6$ m。

(2) 放散烟囱结构形式的选择。一座转炉设置一个专用放散烟囱。钢质烟囱防震性能好,又便于施工;但北方寒冷地区要考虑防冻措施。

(3) 烟囱直径的确定。烟囱直径的确定应依据以下因素:

1) 防止烟气发生回火,为此烟气的最低流速($12 \sim 18$ m/s)应大于回火速度;

2) 无论是放散或回收,烟罩口应处于微正压状态,以免吸入空气。关键是保证放散系统阻力与回收系统阻力相平衡,其方法有:在放散系统管路中装一水封器,既可增加阻力又可防止回火;或在放散管路上增设阻力器等。

7.3.3　烟气及烟尘的综合利用

氧气顶吹转炉每生产 1 t 钢可回收 $\varphi(CO)=60\%$ 的煤气(标态)60~120 m³,铁含量约为 60% 的氧化铁粉尘 10~12 kg,蒸汽 60~70 L。

7.3.3.1　煤气的综合利用

转炉煤气的应用较广,可做燃料或化工原料。

A　燃料

转炉煤气的氢含量少,燃烧时不产生水汽,而且煤气中不含硫,可用于混铁炉的加热、钢包及铁合金的烘烤以及作为均热炉的燃料等;同时也可送入厂区煤气管网,供用户使用。

转炉煤气(标态)的最低发热值在 7745.95 kJ/m³ 左右。我国氧气转炉未燃法,每炼 1 t 钢可回收 $\varphi(CO)=60\%$ 的转炉煤气(标态)60~70 m³;而日本转炉煤气吨钢回收量(标态)达 100~120 m³。

B　化工原料

a　制甲酸钠

甲酸钠是染料工业中生产保险粉的一种重要原料。保险粉以往均用金属锌粉作主要原料。为节约金属,工业上曾用发生炉煤气与氢氧化钠合成甲酸钠。1971 年,有关厂家试用转炉煤气合成的甲酸钠来制成保险粉,经使用证明完全符合要求。

用转炉煤气合成甲酸钠,要求煤气中 $\varphi(CO)$ 至少为 60% 左右、$\varphi(N_2)$ 小于 20%,其化学反应式如下:

$$CO + NaOH \longrightarrow HCOONa$$

每生产 1 t 甲酸钠需用 600 m³ 转炉煤气(标态)。

甲酸钠又是制草酸钠(COONa)的原料,其化学反应式为:

$$2HCOONa \longrightarrow NaOOC—COONa + H_2$$

b　制合成氨

合成氨是我国农业普遍需要的一种化学肥料。由于转炉煤气的 CO 含量较高,所含 P、S 等杂质很少,是生产合成氨的一种很好的原料。利用煤气中的 CO,在触媒作用下可使蒸汽转换成氢,氢又与煤气中的氮在高压(15 MPa)下合成为氨,反应如下

$$CO + H_2O \longrightarrow CO_2 + H_2$$

$$N_2 + 3H_2 \longrightarrow 2NH_3$$

生产 1 t 合成氨需用转炉煤气(标态) 3600 m³。以 30 t 转炉为例,每回收一炉煤气,可生产 500 kg 左右的合成氨。

用转炉煤气为原料转换合成氨时,对转炉煤气的要求如下:

(1) $(\varphi(CO)+\varphi(H_2))/\varphi(N_2)$ 应大于 3.2 以上;

(2) $\varphi(CO)$ 要求大于 60%,最好稳定在 60%~65% 范围内,其波动不宜过大;

(3) 氧气含量小于 0.8%;

(4) 煤气(标态)含尘量小于 10 mg/m³。

利用合成氨,还可制成多种氮肥,如氨与硫酸、硝酸、盐酸、二氧化碳作用,可以分别获得硫酸铵、硝酸铵、氯化铵、尿素或碳酸氢铵等。

7.3.3.2 烟尘的综合利用

在湿法净化系统中所得到的烟尘是泥浆。泥浆脱水后,可以成为烧结矿和球团矿的原料。烧结矿为高炉的原料;球团矿可作为转炉的冷却剂,还可以与石灰制成合成渣,用于转炉造渣,能提高金属收得率。

7.3.3.3 回收蒸汽

炉气的温度一般为 $1400 \sim 1600℃$;经炉口燃烧后温度更高,可达 $1800 \sim 2400℃$。通过废热锅炉或汽化冷却烟道能回收大量的蒸汽,如汽化冷却烟道每吨钢产汽量为 $60 \sim 70$ L。

7.3.4 烟气净化回收的防爆与防毒

7.3.4.1 防爆

转炉煤气中含有大量可燃成分 CO 和少量氧气,在净化过程中还混入了一定量的水蒸气。它们与空气或氧气混合后,在特定的条件下会发生爆炸,造成设备损坏甚至人身伤亡。因此,防爆是保证转炉净化回收系统安全生产的重要措施。可燃气体如果同时具备以下条件,就会引起爆炸:

(1) 可燃气体与空气或氧气的混合比在爆炸极限的范围之内;

(2) 混合的温度在最低着火点以下,否则只会引起燃烧;

(3) 遇到足够能量的火种。

可燃气体与空气或氧混合后,气体的最大混合比称为爆炸上限,最小混合比称为爆炸下限。几种可燃气体与空气或氧气混合,在 $20℃$ 和常压条件下的爆炸极限见表7-4。

表7-4 可燃气体与空气或氧气混合的爆炸极限 　　　　　(%)

气体种类	爆炸极限				气体种类	爆炸极限			
	与空气混合		与氧气混合			与空气混合		与氧气混合	
	下限	上限	下限	上限		下限	上限	下限	上限
CO	12.5	75	13	96	焦炉煤气	5.6	31	—	—
H_2	4.15	75	4.5	95	高炉煤气	46	48	—	—
CH_4	4.9	15.4	5	60	转炉煤气	12	65	—	—

各种可燃气体的着火温度是:CO 与空气混合,$610℃$;CO 与氧气混合,$590℃$;H_2 与空气混合,$530℃$;H_2 与氧气混合,$450℃$。

在烟气的净化与回收过程中烟气温度较高,如果吸入空气,很容易发生爆炸。所以在烟气净化系统中应严格消除火种,并采取必要的防爆措施:

(1) 加强系统的严密性,保证不漏气、不吸入空气;

(2) 氧枪和副枪插入孔、散状材料投料孔应采用惰性气体密封;

(3) 设置防爆板、水封器,以备在发生爆炸时能起到泄爆的作用,减少损失;

(4) 配备必要的检测仪表,安装磁氧分析仪,以随时分析回收煤气中的氧含量,控制该含量处于容许范围内。

7.3.4.2 防毒

转炉煤气中的一氧化碳,在标准状态下其密度是 1.23 kg/m³,是一种无色无味的气体,对人体有毒害作用。一氧化碳被人体吸入后经肺部而进入血液,它与红血素的亲和力比氧大 210 倍,很快形成碳氧血色素,使血液失去送氧能力,使全身组织,尤其是中枢神经系统严重缺氧,致使中毒,严重者可致死。

为了防止煤气中毒,必须注意以下几点:

(1) 必须加强安全教育,严格执行安全规程;

(2) 注意调节炉口微压差,尽量减少炉口烟气外逸;

(3) 净化回收系统要严密,杜绝煤气的外漏,并在有关地区设置一氧化碳浓度报警装置,以防中毒;

(4) 煤气放散烟囱应有足够的高度,以满足扩散和稀释的要求;

(5) 煤气放散时应自动打火点燃;

(6) 加强煤气管沟、风机房和加压站的通风措施。

7.3.5　净化回收系统简介

7.3.5.1　OG 净化回收系统

图 7-27 是 OG 净化回收系统流程示意图。该系统是当前世界上未燃法全湿系统净化效果较好的一种,其主要特点为:

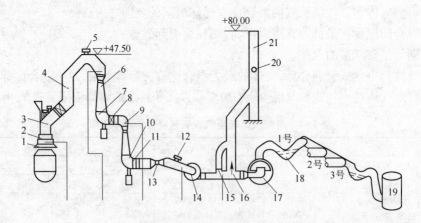

图 7-27　OG 净化回收系统流程示意图

1—罩裙;2—T 形烟罩;3—下烟罩;4—汽化冷却烟道;5—上部安全阀(防爆门);6—一文;
7—一文脱水器;8,11—水雾分离器;9—二文;10—二文脱水器;12—下部安全阀;
13—流量计;14—风机;15—旁通阀;16—三通阀;17—水封逆止阀;18—V 形水封;
19—煤气柜;20—测定孔;21—放散烟囱

(1) 净化系统设备紧凑。净化系统由繁到简,实现了管道化,系统阻损小,且不存在死角,煤气不易滞留,有利于安全生产。

(2) 设备装备水平较高。通过炉口微压差来控制二文的开度,以适应各吹炼阶段烟气量的变化和回收放散的转换,实现了自动控制。

(3) 节约用水量。烟罩及罩裙采用热水密闭循环冷却系统,烟道用汽化冷却,二文污水返回一文使用,明显地减少了用水量。

(4) 烟气净化效率高。排放烟气(标态)的含尘浓度可低于 $100\ mg/m^3$,净化效率高。

(5) 系统安全装置完善。设有 CO 含量与烟气中 O_2 含量的测定装置,以保证回收与放散系统的安全。

(6) 实现了煤气、烟尘、蒸气的综合利用。

7.3.5.2 静电除尘干式净化系统

图 7-28 所示为氧气顶吹转炉采用的静电除尘干式净化系统,其工艺流程是:

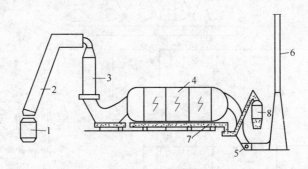

图 7-28 静电除尘系统流程示意图
1—转炉;2—自然循环锅炉;3—喷淋塔;4—三级卧式干法静电除尘器;5—风机;
6—带电点火器的烟囱;7—烟尘螺旋运输机;8—烟尘积灰仓

炉气与空气在烟罩和自然循环锅炉内混合燃烧并冷却,烟气冷却至 1000℃ 左右,进入喷淋塔后冷却到约 200℃ ,喷入的雾化水全部汽化。烟气再进入三级卧式干法静电除尘器。集尘极板上的烟尘通过敲击清除,由烟尘螺旋输送机送走。净化后的烟气在烟尘积灰仓内点燃后放散。

7.3.6 二次除尘系统及厂房除尘

车间的除尘包括二次除尘及厂房除尘。

7.3.6.1 二次除尘系统

二次除尘又称局部除尘。炼钢车间内需要经过局部除尘的情况如下:

(1)铁水装入转炉时的烟尘;

(2)回收煤气炉口采用微正压操作时冒出的烟尘;

(3)混铁车、混铁炉、铁水罐等倾注铁水时的烟尘;

(4)铁水排渣时的烟尘;

(5)铁水预处理时的烟尘;

(6)清理氧枪粘钢时产生的烟尘;

(7)转炉拆炉、修炉时的烟尘;·

(8)浇注过程产生的烟尘,如连铸拆除中间包所产生的烟尘、模铸整模所产生的烟尘等;

(9)辅原料分配和中转部位产生的粉尘。

局部除尘可根据扬尘地点与处理烟气量大小,分为分散除尘系统与集中除尘系统两种形式。图 7-29 所示为转炉车间局部集中除尘系统。

局部除尘装置使用较多的是布袋除尘器。布袋除尘器具有构造简单、基建投资少、操作管理方便等优点。

布袋除尘器是一种干式除尘设备。含尘气体通过织物过滤而使气体与尘粒分离,达到净化的目的。其过滤器实际上就是袋状织物,整个除尘器是由若干个单体布袋组成的。

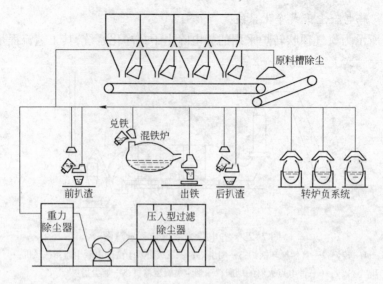

图 7-29 转炉车间局部集中除尘系统

布袋一般是用普通涤纶制作的,也可用耐高温纤维或玻璃纤维制作滤袋。它的尺寸直径在 50~300 mm 范围内,最长不超过 10 m。应根据气体含尘浓度和布袋排列的间隙,具体确定布袋尺寸。由于含尘气体进入布袋的方式不同,布袋除尘分为压入型和吸入型两种,如图 7-30 所示。

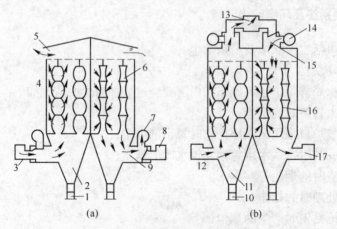

图 7-30 布袋除尘器构造示意图

(a) 压入型;(b) 吸入型

1,10—灰尘排出阀;2,11—灰斗;3,8,12—进气管;4—布袋过滤;5—顶层巷道;6,16—布袋逆流;
7,14—反吸风管;9,15—灰尘抖落阀;13—排出管道;17—输气管道

布袋除尘器的主要部分由滤尘器、风机、吸尘罩和管道所组成;附属设备有自动控制装置、各种阀门、冷却器、控制温度的装置、控制流量的装置、灰尘输送装置、灰尘储存漏斗和消声器等。下面以压入型布袋除尘器为例简述其工作原理。

布袋上端是封闭的,成排用链条或弹簧悬挂在箱体内;布袋的下端是开口的,用螺钉与分流板对位固定。在布袋外表面,每隔 1 m 的距离镶一圆环。风机设在布袋除尘器的前面,含尘气体通过风机从箱体下部丁字管进入,经过分流板时粗颗粒灰尘撞击,同时由于容积变化的扩散作用而沉降,落入积灰斗中,只有细尘随气体进入过滤室。过滤室由几个部分组成,而每个部分都悬挂着若干排滤袋。含尘气体均匀地流进各个滤袋,净化后的气体从顶层巷道排出。在连续一段时间滤尘后,布袋内表面积附一定量的烟尘。此时,清灰装置按照预先设置好的程序进行反吸风,布袋压缩,积灰脱落,进入底部的积灰斗中,再由排尘装置送走。

与压入型布袋除尘器不同的是,吸入型的风机设在布袋除尘器的后面,如图7-30(b)所示。含尘气体被风机抽引而从箱体下部丁字管进入,净化后气体从顶部排气管排出。

布袋除尘器是一种高效干式除尘设备,可以回收干尘,便于综合利用。但是无论用哪种材料制作滤袋,进入滤袋的烟气必须低于130℃,并且不宜净化含有潮湿烟尘的气体。

压入型布袋除尘器是开放式结构,即使布袋内滞留有爆炸气体,也没有发生爆炸的危险;由于是开放式结构,构造比较简易。但其风机叶片磨损较为严重。吸入型除尘器是处于负压条件工作,因而系统的漏气率较大,导致系统风机容量加大,必然会提高设备的运转费用。但吸入型风机的磨损较轻。局部除尘多采用压入型布袋除尘器。

局部除尘的各排烟点并非同时排烟,因此各排烟点都设有电动阀门,以适应其抽风要求。同时,风机本身有自动调节风量与风压的装置,以节约动力资源。

7.3.6.2 厂房除尘

局部除尘系统是不能把转炉炼钢车间产生的烟尘完全排出的,只能抽走冶炼过程所产生烟气量的80%,剩余20%的烟气逸散在车间里。而遗留下来的微尘粒径大多小于2 μm,这种烟尘粒度对人体危害最大,在国际上采用厂房除尘来解决。厂房除尘还有利于整个车间进行换气降温,从而改善了车间作业环境。但厂房除尘不能代替局部除尘,只有两者结合起来,才能对车间除尘发挥更好的效果。

厂房除尘要求厂房上部为密封结构。一般利用厂房的天窗吸引排气,如图7-31所示。由于含尘量较少,一般采用大风量压入型布袋除尘器。

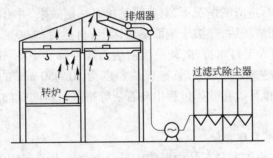

图7-31　厂房除尘

经过厂房除尘,车间空气(标态)中的尘含量可以降到5 mg/m³以下,与一般环境中空气的含尘量相近。

7.3.7　钢渣及含尘污水处理系统

7.3.7.1　钢渣处理系统

钢渣占金属量的8%～10%,最高可达15%。长期以来,钢渣被当成废物弃于渣场。通过近些年的试验研究可知,钢渣可以进行多方面的综合利用。

A　钢渣水淬

用水冲击液体炉渣,可得到直径小于 5 mm 的颗粒状水淬物;如图 7-32 所示。

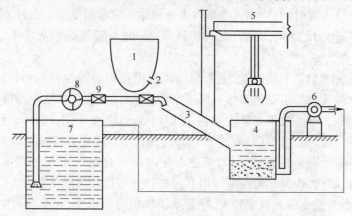

图 7-32　水淬钢渣

1—渣罐;2—节流器;3—淬渣槽;4—沉渣池;5—抓斗吊车;
6—排水泵;7—回水池;8—抽水泵;9—阀门

渣罐或翻渣间的中间罐下部侧面,设一个扁平的节流器,熔渣经节流器流出,用水冲击。淬渣槽的坡度应大于 5%。冲水量为渣重的 13 ~ 15 倍,水压为 294 kPa。水渣混合物经淬渣槽流入沉渣池沉淀,用抓斗吊车将淬渣装入汽车或火车,运往用户。$w(P_2O_5) = 10\% \sim 20\%$ 的水渣,可作磷肥使用。一般水渣可用于制砖、铺路、制造水泥等。炉渣经过磁选,还可以回收 6% ~ 8% 的金属铁珠,这部分金属铁珠可作为返回废钢使用。

B　用返回渣代替部分造渣剂

返回渣可以代替部分造渣材料用于转炉造渣,这也是近年来国内外试验的新工艺。用返回渣造渣成渣快、炉渣熔点低、去磷效果好,并可取代部分或全部萤石,减少石灰用量,降低成本;尤其是在白云石造渣的情况下,对克服粘枪有一定效果,并有利于提高转炉炉龄。

炼钢渣罐运至中间渣场后,热泼于地面热泼床上,自然冷却 20 ~ 30 min;当渣表面温度降到 400 ~ 500℃,再用人工打水冷却,使热泼渣表面温度降到 100 ~ 150℃。用落锤砸碎结壳渣块及较厚渣层,经磁选分离废钢后,破碎成粒度为 10 ~ 50 mm 的渣块备用。返回渣可以在开吹时一次加入,也可以在吹炼过程中与石灰等造渣材料同时加入,吨钢平均加入量为 15.4 ~ 28 kg/t。

7.3.7.2　含尘污水处理系统

氧气转炉的烟气在全湿净化系统中形成大量的含尘污水,污水中的悬浮物经分级、浓缩沉淀、脱水、干燥后,将烟尘回收利用。去污处理后的水还含有 500 ~ 800 mg/L 的微粒悬浮物,需处理澄清后再循环使用,其流程如图 7-33 所示。

从净化系统排出的污水悬浮着不同粒度的烟尘,沿切线方向进入粗颗粒分离器,通过旋流器大颗粒烟尘被甩向器壁而沉降下来,落降在槽底,经泥浆泵送至过滤脱水。悬浮于污水中的细小烟尘随水流从顶部溢出,流向沉淀池。沉淀池中的烟尘在重力作用下慢慢沉降于底部,为了加速烟尘的沉降,可向水中投放硫酸铵、硫酸亚铁或高分子微粒絮凝剂聚丙烯酰胺。澄清的水从沉淀池顶部溢出后流入清水池,补充部分新水仍可循环使用。沉淀池底部的泥浆经泥浆泵送往真空过滤机脱水,脱水后的泥饼仍含有约 25% 的水分,烘干后供用户使用。

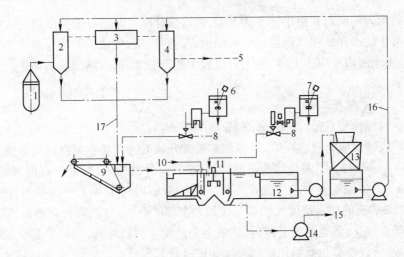

图 7-33 含尘污水处理系统

1—转炉;2~4—烟气冷却净化系统;5—净化后的烟气;6—苛性钠注入装置;7—高分子凝聚剂注入装置;
8—压力水;9—粗颗粒分离器;10—压缩空气;11—沉淀池;12—清水池;13—冷却塔;14—泥浆泵;
15—真空过滤机;16—净水返回;17—净化系统排出污水

污水在净化处理过程中溶解了烟气中的 CO_2 和 SO_2 等气体,因此水质呈酸性,对管道、喷嘴、水泵等都有腐蚀作用。为此,要定期测定水的 pH 值和硬度。当 pH 值小于 7 时,应补充新水并适量加入石灰乳,使水保持中性。当转炉用石灰粉末较多时,其被烟气带入净化系统并溶于水中,生成 $Ca(OH)_2$;$Ca(OH)_2$ 与 CO_2 作用形成 $CaCO_3$ 沉淀,容易堵塞喷嘴和管道。因此,除了尽量减少石灰粉料外,当检测发现水的 pH 值大于 7 而呈碱性时,还应补充新水;同时,可加入少量的工业酸,以保持水呈中性。汽化冷却烟道和废热锅炉用水为化学纯水,并经过脱氧处理。

7.4 电弧炉脱碳工艺

电弧炉炼钢中,炉料熔清后钢液中的气体及夹杂物含量较高,一般情况下 $w[H] = (4.5 \sim 7.0) \times 10^{-4}\%$、$w[N] \approx (0.6 \sim 1.2) \times 10^{-2}\%$,夹杂物总量高达 0.030% 左右,对钢的质量极为不利;同时,熔清时熔池温度偏低且极不均匀,熔池热对流差、升温困难。这就需要通过脱碳操作产生 CO 气体,使熔池沸腾,达到去气、去夹杂、提高并均匀熔池温度的目的。因此,配料时就必须把炉料的碳含量配到高出所炼钢种碳规格上限的一定数量,使炉料熔清时钢液碳含量高出规格下限 0.3% ~ 0.4%,以满足氧化期脱碳量的要求。

电弧炉炼钢通过三种氧化操作方法向炉内供氧以脱除钢液中的碳,它们分别是加矿脱碳、吹氧脱碳和矿 – 氧综合脱碳。

7.4.1 加矿脱碳

加矿脱碳属于间接供氧方式。其基本做法是:向炉内加入铁矿石,使渣中具有足够的 FeO,通过扩散脱氧的方式使钢液中的碳及其他元素氧化。由于矿石的熔化与分解及 FeO 的扩散均要吸收热量,所以这个碳氧反应的总过程是吸热的。

7.4.1.1 加矿脱碳的具体过程

矿石加入熔池后,其脱碳过程分以下三步完成:

（1）加入炉内的矿石在渣中转变为 FeO，然后按分配定律部分地扩散到钢液中；

（2）钢液中的碳和氧在气泡容易生成的地方进行反应，生成 CO 气泡；

（3）CO 气泡脱离反应区上浮，在上升过程中逐渐长大，逸出熔池液面而进入炉气，并引起熔池激烈的沸腾。

7.4.1.2 加矿脱碳工艺

加矿脱碳的操作要点是：高温、薄渣、分批加矿、均匀沸腾。

因为加矿脱碳反应为吸热反应，所以加矿脱碳开始时必须要有足够高的熔池温度，一般应高于 1550℃。同时，为了避免熔池急剧降温，矿石应分批加入，每批矿石加入量约为钢液重量的 1.0% ~2.0%；而且在前一批矿石反应开始减弱时再加入下一批矿石，间隔时间需 5~7 min。如果矿石的加入速度太快或一次加入全部矿石，会急剧降低熔池温度，使碳氧反应难以进行甚至停止；而当温度升高后，钢液会突然发生激烈沸腾，造成严重喷溅现象，甚至引起跑钢事故，所以要避免低温加矿和一次加矿过量。

加矿脱碳原则上是在高温和薄渣下进行的，但是考虑到钢液的继续脱磷与升温，温升速度应先慢后快，渣量控制应先多后少，而且还要有足够的碱度及良好的流动性。黏稠的熔渣不仅不利于渣中 FeO 的扩散及 CO 气泡的排除，而且在钢液温度不太高的情况下，熔池容易出现"寂静"，即加矿后熔池不沸腾的现象。这时应立即停止加矿，用萤石调整熔渣的流动性并升温。

使熔池均匀激烈的沸腾是达到上述一系列目的的关键，可以通过调整矿石的每批加入量和批次的间隔时间来控制。

在脱碳初期，流动性良好的炉渣在 CO 作用下呈泡沫状，会经炉门自动流出，应及时补加渣料。

7.4.2 吹氧脱碳

7.4.2.1 吹氧脱碳的工艺特点

电弧炉的吹氧脱碳，通常是用吹氧管从炉门插入熔池并吹入氧气。吹入熔池的氧的脱碳方式分为间接氧化和直接氧化两种，且以间接氧化为主。

吹入钢液中的高压氧气流以大量弥散的气泡形式在钢液中捕捉气泡周围的碳，并在气泡表面进行反应。与此同时，氧气泡周围形成的 FeO 与钢液中的碳作用，反应产物也进入气泡中；而钢液中 FeO 的出现与扩散又提高了钢液中的氧含量。因此，碳的氧化不仅仅在直接吹氧的地方进行，还在熔池中的其他部位进行。

无论是间接氧化还是直接氧化，吹氧脱碳的特点是纯氧直接吹入熔池，供氧速度快，脱碳速度也较快，一般为 (0.03 ~0.05)%/min；而且吹氧脱碳的速度与熔池温度、氧气压力、钢液中的碳含量等因素有关。通常情况下，随着熔池温度的升高，脱碳速度加快；适当提高氧气的压力，可以强化对熔池的搅拌，加速钢液中反应物 C 和 O 的扩散，扩大反应的面积，因而也能加速脱碳反应的进行，表 7-5 列出了某厂吹氧压力与脱碳速度的统计数据。

表 7-5 某厂吹氧压力与脱碳速度

吹氧压力/MPa	吹氧时碳含量 $w[C]$/%	脱碳速度/% · min^{-1}
0.7 ~0.8	0.51 ~0.67	0.0345
0.45 ~0.5	0.50 ~0.70	0.0291

　　吹氧前钢液的碳含量对脱碳速度也有较大的影响,如图7-34所示,脱碳速度随钢中碳含量的增加而增加,这一特点与氧气顶吹转炉吹炼中期基本维持最大脱碳速度的情况不同。

　　当吹氧管直径确定后,供氧量与吹氧压力有一定的比例关系,因此供氧量对脱碳速度的影响与吹氧压力的影响相似。氧气的消耗量还与钢液内碳含量有直接关系,如果吹氧前钢液中的碳含量较低,则氧化单位碳量所消耗的氧量相对较高,如图7-35所示。

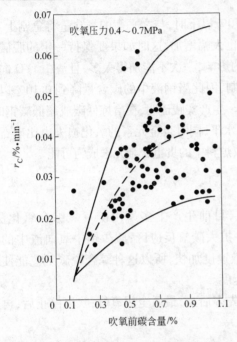 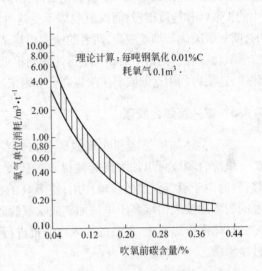

图7-34　吹氧前钢液碳含量对脱碳速度的影响　　　图7-35　氧化0.01%的碳所消耗的氧量

7.4.2.2　加矿脱碳与吹氧脱碳的比较

　　加矿脱碳和吹氧脱碳的主要差别,在于氧的供应方式和氧化铁的传递方向。

　　加矿脱碳时是以渣中 FeO 的形式向熔池供氧。矿石加入炉内沉在钢-渣界面上,熔化、分解后,一部分溶解在钢液中,即[O]+[Fe],可近似地看作[FeO];另一部分上浮至炉渣中,即(FeO)。[FeO]会与其中的碳等元素发生反应,其浓度将不断降低;为了补充[FeO],(FeO)要向钢液中扩散,即(FeO)→[FeO]。因此,加矿脱碳能使钢水沸腾比较均匀且范围较广,有利于去除夹杂和有害气体;加之该过程要吸收大量的热量,因此加矿脱碳也有利于去磷。但铁矿石本身也含有一定的杂质,会使钢水受到污染;同时加矿的吸热反应也促使电力消耗增加。另外,由于矿石分解出的氧化铁要通过炉渣扩散到钢水中起作用,达到平衡所需要的反应时间较长,因此加入矿石较长时间以后脱碳反应仍在进行,往往在取样分析后还有降碳现象。

　　吹氧脱碳时,氧气直接与钢水中的碳等各种元素发生反应,生成的氧化铁再向渣中扩散,即[FeO]→(FeO),因而沸腾范围不如加矿脱碳广泛,需经常移动吹氧管以弥补其不足;同时,因为吹氧脱碳为放热反应,且渣中氧化铁又少,不利于去磷,这就要求脱磷任务必须在熔化末期或氧化初期钢液温度不太高的情况下就已完成。但是,氧气比较纯洁,有利于提高钢的质量;同时,吹氧脱碳的冶炼时间短,可提高产量20%以上,降低电耗15%~30%,降低电极消耗15%~30%,降低总成本6%~8%。

在相同条件下,电弧炉加矿脱碳和吹氧脱碳的比较见表7-6。

表 7-6　电弧炉加矿脱碳和吹氧脱碳的比较

方　法	脱碳速度/% · min⁻¹	对温度的影响	脱磷条件	电耗	钢中过剩氧	铁损
加矿脱碳	0.01	降温	好	多	多	少
吹氧脱碳	0.015 ~ 0.04	升温	差	少	少	多

还应指出的是,当钢液中的碳含量降低到0.10%以下时,与之平衡的氧含量将急剧上升;同时,与钢液中碳相平衡所需的渣中氧化铁含量也大幅增加,这时如果要保持一定的脱碳速度,就必须增加供氧量。加矿脱碳受其降温作用的影响,一次不能加得太多,且渣中 FeO 向钢中的扩散转移速度很慢;而吹氧脱碳不受这种限制,因此当钢液中的碳含量降到 0.10% 以下时,吹氧脱碳优于加矿脱碳,两者的速度相差显著。生产实践证明,在冶炼低碳或超低碳钢时,吹氧氧化很容易把钢中的碳含量迅速降到很低的水平,同时合金元素的氧化损失也比矿石氧化少,这使得利用返回吹氧法冶炼高合金钢来回收炉料中的贵重合金元素成为可能。

7.4.3　矿 – 氧综合脱碳

鉴于上述加矿脱碳和吹氧脱碳各自的特点,目前生产上多采用矿 – 氧综合氧化法。矿 – 氧综合脱碳可以加大向熔池供氧的速度,并扩大碳氧反应区;减少钢中氧向渣中的转移;同时由于氧气流股的搅动作用,使 FeO 的扩散速度加快,所以这种综合脱碳工艺能使钢液的脱碳速度成倍地高于单独加矿或吹氧脱碳速度。

具体操作过程中,矿石的加入应分批进行且先多后少,最后全用氧气;吹氧停止后,再进行净沸腾。

7.4.4　净沸腾

当温度和成分符合要求之后,停止吹氧或加矿,让熔池进入微弱的自然沸腾状态,称为净沸腾。

造成熔池净沸腾的原因是,钢液中的过剩氧和碳继续反应。净沸腾可以降低钢液中的残余氧含量,减轻还原期的脱氧任务,并使气体、夹杂物充分上浮。

净沸腾的时间为5 ~ 10 min,在沸腾结束前3 min充分搅拌熔池,然后进行测温及取样分析,准备扒除氧化渣。

在冶炼低碳结构钢时,由于钢中过剩氧量多,可按调锰含量至 0.20% 计算锰铁合金加入量而进行预脱氧,使碳不再被继续氧化。据称,加高碳锰铁可以出现一个二次沸腾,对进一步去气、去夹较为有利;加入硅锰合金进行预脱氧的效果更好,不仅钢液的氧含量低,而且脱氧产物容易上浮。

7.4.5　氧化终点碳含量的控制

氧化终点碳含量的控制,包括氧化终点碳含量的确定和氧化终点碳含量的判断两方面内容。

7.4.5.1　氧化终点碳含量的确定

氧化终点的碳含量,一般应控制在低于钢种成品规格成分下限的一定值,因为还原期加铁合金(主要是锰铁和铬铁)及炭粉脱氧都可能使钢液增碳。

通常终点碳含量可用式(7-18)确定:

$$w[C]_{终点} = w[C]_{成品规格下限} - (0.03\% \sim 0.08\%)　　　　　　　(7-18)$$

成品规格下限减去数值的大小取决于钢中合金元素含量,碳素钢一般减去 0.03%;随着合金元素含量的增加,减去的数值增大,甚至超过 0.08%。

例如冶炼 45 钢,成品的碳含量为 0.42% ~ 0.50%、锰含量为 0.50% ~ 0.80%、硅含量为 0.17% ~ 0.37%。若使用高碳锰铁(C7%,Mn70%)将钢液调锰含量至 0.50%,合金增碳量约为 0.05%;还原期加炭粉脱氧,按经验增碳 0.01% ~ 0.03%,所以总计增碳量为 0.07%左右。若要求成品碳含量控制为 0.45%,则氧化终点的碳含量应该控制在 0.38% 左右。

7.4.5.2　氧化终点碳含量的判断

依据钢种特点确定了合适的终点碳含量后,生产中还需准确判断钢液的实际碳含量,才能控制好终点碳含量。如果因判断失误,氧化末期取样分析钢液碳含量过低,则扒除氧化渣后必须先进行增碳操作,不仅要延长冶炼时间 10 ~ 15 min,还会增加钢中的夹杂物和气体含量;如果因判断失误,进入还原期后发现钢液碳含量过高,将被迫进行重氧化操作,不仅要延长冶炼时间、增加劳动强度、浪费原材料,而且还会使钢液过热。

氧化终点碳含量的判断主要依靠化学分析、光谱分析及其他仪器来确定,一般在沸腾流渣两次后取样分析;但在实际操作中,为了缩短冶炼时间,电弧炉炼钢工还可根据渣况、炉温、加矿或吹氧的数量与时间、流渣、换渣及碳火花等各方面情况判断出钢液的碳含量。常用的判断方法主要有以下几种:

(1)根据供氧参数来估计钢中的碳含量。具体做法是,依据冶炼中的吹氧压力、吹氧管插入深度、耗氧量或矿石的加入量、钢液温度等,先估算氧化 1 min 或一段时间内的脱碳量,然后结合吹氧时间及熔清时钢液的碳含量估计钢中的碳含量。此法使用方便、估计准确,故生产中应用较多。

(2)根据吹氧时炉内冒出黄烟的情况来估计钢中的碳含量。吹氧时炉内冒出的黄烟浓、多,说明钢液的碳含量高;反之,则表明钢液的碳含量已较低。当碳含量小于 0.30% 时,黄烟非常淡。

(3)根据吹氧时炉门喷出来的火星粗密或细疏程度来估计钢水的碳含量。一般来说,火花分叉多、火星粗密时,钢液的碳含量较高;反之,钢液的碳含量较低。

(4)根据样勺内碳火花的粗密、细疏程度来估计钢水碳含量。吹氧过程中,从炉内取出一勺钢液,拨开液面上的渣子,如果冒出的碳火花粗密,说明钢液碳含量高,反之,则表明钢液碳含量低。

(5)根据吹氧时电极孔冒出的火焰状况判断钢中碳含量。返回吹氧法冶炼高合金钢时,常用该方法判断钢液的碳含量。一般情况下,碳含量高则火焰长,反之则火焰短。当棕白色的火焰收缩、熔渣与渣线接触部分有一沸腾圈时,钢液的碳含量一般小于 0.10%。在返回吹氧法冶炼铬镍不锈钢时,当棕白色的火焰收缩、带有紫红色火焰冒出且炉膛中烟气不大、渣面沸腾微弱时,钢液的碳含量为 0.06% ~ 0.08%;如果熔渣突然变稀,这是过吹的反映,碳含量一般小于 0.03%。碳含量低,熔渣变稀,这种现象在冶炼超低碳钢时经常遇到。

(6)根据试样断口的特征判断钢中的碳含量。从炉内取出一勺钢液倒入长方形样模内,凝固后取出放入水中冷却,然后打断,可根据试样断面的结晶大小和气泡形状来估计钢中碳含量的高低。

（7）根据钢饼表面特征估计钢中的碳含量。这种方法主要用于低碳钢的冶炼上。一般是舀取钢液，不经脱氧即轻轻倒在铁板上，然后根据形成钢饼的表面特征来估计碳含量。

以上几种方法都是估计碳含量的经验方法，经验丰富的炼钢工经常是几种方法并用，互相印证，估计的碳含量往往只有 0.01% ~0.02% 的误差。

7.5　电弧炉排烟除尘装置

电弧炉是在氧化性气氛下工作的，在用氧气冶炼期间产生大量烟尘，其主要成分是铁的氧化物，产量约为每吨钢 15 kg。烟气的主要部分从炉盖水冷弯管排出，称为一次烟气；冶炼期间从炉门与电极孔逸出和出钢产生的烟气，称为二次烟气。一、二次烟气都必须经收集净化，使其含尘量（标态）降至 100 mg/m³ 以下后才能排入大气。电弧炉的排烟除尘装置，一般由烟尘排出系统、烟尘调节系统和烟尘净化系统三部分组成。

7.5.1　烟尘排出系统

目前国内外电弧炉采用的排烟方式很多，大致可归纳为炉内排烟、炉外排烟和炉内外结合排烟。

7.5.1.1　炉内排烟

炉内排烟也称直接排烟，是在电弧炉炉盖上的适当位置设置一个排烟孔（俗称第四孔），将水冷排烟弯管插入其中，由炉盖水冷弯管出来的高温烟气（1400℃ 以上）经一燃烧室和一段水冷管道引入空气冷却器，再混入部分冷空气，使其温度降到低于 120℃ 就可以进入布袋除尘器净化，净化后的废气经风机与烟囱排入大气，如图 7-36 所示。

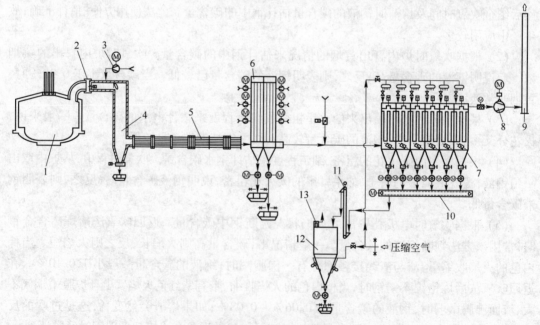

图 7-36　电弧炉炉内排烟系统（一）

1—电弧炉；2—水冷滑套；3—鼓风机；4—燃烧室；5—水冷烟道；6—强制吹风冷却器；7—脉冲除尘器；
8—主风机；9—烟囱；10—刮板机；11—斗提机；12—储灰仓；13—简易过滤器

炉顶水冷弯管与净化设施的水冷烟道相对衔接,设有活动套管来调节控制其间距,水冷弯管能随电弧炉一起倾动。

直接排烟方式具有排烟量小、排烟效果好、加快脱碳速度、缩短氧化期、降低电耗等优点,在还原期可调节套管间距,减少炉内排烟量,使炉内处于微正压状态,以保证还原气氛。国内外炼钢电弧炉采用炉内排烟已取得了明显的技术经济效果。

7.5.1.2　炉外排烟

炉外排烟是烟气在炉内正压力作用下,由电极孔或炉门不严密处逸散于炉外后再加以捕集的排烟方式。

电弧炉炉外排烟方式很多,已使用的主要有屋顶排烟罩(见图7-37)、整体封闭罩、侧吸罩和炉盖罩(见图7-38)等。

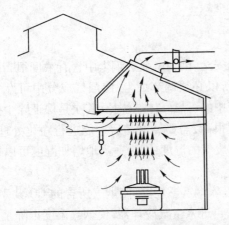
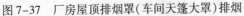
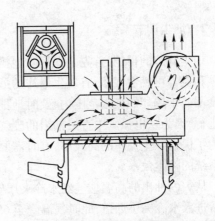

图 7-37　厂房屋顶排烟罩(车间天篷大罩)排烟　　　　图 7-38　电弧炉炉盖罩排烟

实践证明,较有成效的是电弧炉整体封闭罩。此方法是将电弧炉置于封闭罩内,罩内壁四周设有隔声、隔热、泄爆等措施,罩壁留有必要时开启的孔洞和门窗,可以使电弧炉冶炼工序,即加料、出钢、吹氧、加合金料、更换电极、测温取样及设备维修等均正常进行,而不影响工艺操作。封闭罩除收集二次烟气外,还有很好的降低噪声污染的效果。电弧炉在熔化废钢期间,电弧噪声高达120 dB,造成严重的噪声危害;加设密闭罩后,炉前区的噪声可降至90 dB以下。Consteel电弧炉在整个冶炼期不开启炉门,不仅外逸废气很少,而且电弧噪声小,故不必设置封闭罩。排烟口设在烟罩顶部适当位置,连接排烟管道与烟气净化设施。

7.5.1.3　炉内外结合排烟

屋顶排烟罩和电弧炉炉内排烟相结合,这是当前国际上普遍采用的电弧炉排烟方式。此方法最有效地控制了厂区内外的环境污染。排烟设施由屋顶排烟罩和炉内第四孔排烟两者相结合,以炉内排烟为主。屋顶排烟罩处于电弧炉上方的屋架,专收集电弧炉出钢和装料时散发的烟气,如图7-39所示。

全封闭罩和电弧炉炉内排烟相结合,这也是国际上采用较多的电弧炉排烟方式。在正常操作时,排烟设施是以电弧炉炉内排烟为主,当电弧炉出钢、加料时则以全封闭烟罩为主。在电弧炉炉内排烟时,炉体各孔隙外漏的烟尘也由全封闭烟罩捕集。

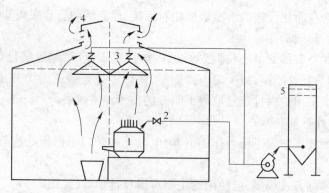

图 7-39　屋顶排烟罩和炉内排烟相结合

1—炉子；2—直接除尘；3—天篷大罩；4—天窗；5—布袋过滤

7.5.2　烟尘调节系统

烟尘调节的目的，首先是保证除尘操作的安全，因为电弧炉烟尘中含有浓度很高的一氧化碳和氢等可燃性气体，有发生爆炸的危险，所以必须调节烟尘，使烟气成分中可燃气体的浓度不处于爆炸的极限范围内，及时地把烟气中的可燃气体燃烧掉；其次是保证除尘操作顺利进行，因为从电弧炉中直接抽出的废气温度很高，需要经冷却后才能进行净化处理；再次是为了保证除尘操作的高效率，有时需要调节废气的湿度，因为适当地增加湿度可以提高净化系统的除尘效率。

从炉内抽出的高温烟气经水冷夹层管道进入烟气燃烧室，使烟气所含的 CO 几乎燃尽；然后进入水冷夹层烟道，此时气温降至 650℃；再进入空气冷却器，使烟气温度再降至 350℃ 左右；最后进入单层钢板管道。

7.5.3　烟尘净化系统

根据除尘的特点，烟尘净化装置可分为湿式和干式两大类。

（1）湿式除尘装置。湿式除尘的工作原理是用水洗涤烟尘，使尘粒随水沉积而被除去。湿式除尘设备种类很多，电弧炉上常用的有文氏管洗涤器、湿式静电除尘器等。该除尘装置的优点是占地小，风机耗电低；缺点是用水量大，污水净化池占地大。

（2）干式除尘装置。干式除尘设备的种类很多，如旋风除尘器、干式静电除尘器和布袋过滤器等。

由于电弧炉冶炼时，从炉内排出的一次烟气温度和浓度，均高于电弧炉屋顶罩和封闭罩捕集的二次烟气的温度和浓度，而一次烟气系统所需的烟气处理量又远小于二次烟气系统。所以，从除尘系统的规模大小和操作及维护管理考虑，设计电弧炉除尘系统方案时，可将一次烟气和二次烟气的除尘分开设置。图 7-36、图 7-40 所示为典型的一次烟气除尘系统，前者采用了高温燃烧室，在燃烧室进、出口处设置鼓风机和烧嘴，保证燃烧室内有一恒定的高温环境和氧气含量，以除去烟气中的 CO 和有机废气等；后者设置了火粒捕集器，以防止布袋被烧坏，除尘器通常选用大布袋反吹风除尘器或脉冲除尘器。

电弧炉除尘系统一般设有几个布袋室，以便轮流承担净化与反吹清洗作业，此外还设有灰尘输送、储存、造球等设施。

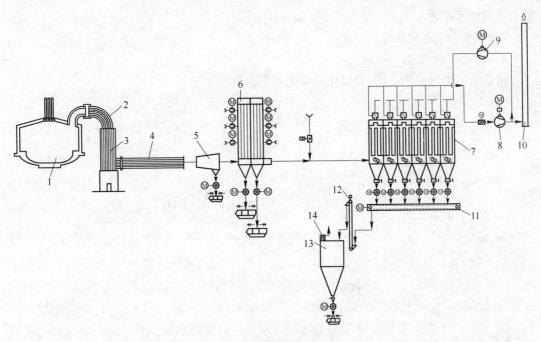

图 7-40　电炉炉内排烟系统(二)

1—EAF;2—水冷弯头;3—沉降室;4—水冷烟道;5—火粒捕集器;6—强制吹风冷却器;7—大布袋除尘器;

8—主风机;9—反吹风机;10—烟囱;11—刮板机;12—斗提机;13—储灰仓;14—简易过滤器

7.6　电弧炉返回吹氧法冶炼不锈钢的脱碳工艺

　　电弧炉采用返回吹氧法冶炼不锈钢时,钢液中含有 10% 以上的铬,其脱碳工艺具有一定的特殊性,即脱碳的同时要尽量避免铬被氧化。

7.6.1　脱碳保铬理论

7.6.1.1　铬在钢和渣中的存在形式

　　铬是重要的合金元素,许多合金钢,特别是不锈钢中都含有铬。

　　溶解在铁液中的铬以[Cr]形式存在。因铬原子与铁原子的半径相近,所以铬在铁液中的溶解度很大,而且 Fe-Cr 二元系形成近似理想溶液。在钢液中,铬的活度系数主要受钢中碳和氧含量的影响。钢液凝固时,铬还会与钢中的碳形成碳化铬,以 Cr_4C、$Cr_{23}C_6$ 形式存在于固态钢中。

　　炉渣中铬的氧化物存在形式比较复杂。一般认为,炼钢温度下铬的氧化物在碱性炉渣中以 Cr_2O_3 的形式出现,并能与其中的碱性氧化物 MeO 形成尖晶石类盐($MeO \cdot Cr_2O_3$);而在酸性渣中则以 CrO 存在,并能与渣中的 SiO_2 形成硅酸铬($CrO \cdot SiO_2$)。

　　铬的氧化物在酸性渣和碱性渣中的溶解度都不大,一般不超过 10%;而且它们的熔点都很高,如 $FeCr_2O_4$ 的熔点在 1990~2112℃ 之间,Cr_2O_3 的熔点则高达 2275℃。所以,熔池中有少量的铬氧化就会有固态的铬氧化物析出,而且析出物的种类因钢液中的铬含量不同而异。当 $w[Cr] < 3\%$ 时,析出物是固态 $FeCr_2O_4$;当 $w[Cr] \geq 3\%$ 时,则以固态 Cr_3O_4 或固态 Cr_2O_3 析出。析出的固态质点会使炉渣的黏度急剧增加,这是返回吹氧法冶炼不锈钢时经

常会遇到的问题之一。

7.6.1.2 含铬钢液的脱碳理论

A 铬的氧化反应

按熔池中铬含量的不同,其氧化反应的热力学数据如下。

$w[Cr] < 3\%$ 时:

$$2[Cr] + 4[O] + Fe_{(l)} = FeCr_2O_{4(s)} \qquad \Delta G^{\ominus} = -1022700 + 438.8T \qquad (7-19)$$

$$\lg K = \lg a_{[Fe]} \cdot a_{[Cr]}^2 \cdot a_{[O]}^4 = \frac{-53420}{T} + 22.92 \qquad (7-20)$$

$w[Cr] \geqslant 3\%$ 时:

$$2[Cr] + 3[O] = Cr_2O_{3(s)} \qquad \Delta G^{\ominus} = -843100 + 371.8T \qquad (7-21)$$

$$\lg K = \lg a_{[Cr]}^2 \cdot a_{[O]}^3 = \frac{-44040}{T} + 19.42 \qquad (7-22)$$

B 碳和铬的选择氧化

含铬、碳的金属熔池中,铬和碳的氧化关系是一个重要的实际问题。在冶炼不锈钢时,希望碳优先被氧化,即脱碳保铬,以提高铬的回收率;而在吹炼含铬生铁时,则希望脱铬保碳,使脱铬后的半钢碳含量保持在 3.2% 以上,以便继续冶炼成钢。现从热力学角度对碳和铬的选择氧化关系进行分析。

碳、铬氧化反应的热力学数据如下:

$$[C] + [O] = \{CO\} \qquad \Delta G_C^{\ominus} = -22200 - 38.34T \qquad (7-23)$$

$$2/3[Cr] + [O] = 1/3Cr_2O_{3(s)} \qquad \Delta G_{Cr}^{\ominus} = -281033 + 123.9T \qquad (7-24)$$

根据热力学函数的可加和性,将式(7-23)和式(7-24)合并得:

$$Cr_2O_{3(s)} + 3[C] = 2[Cr] + 3\{CO\} \qquad \Delta G^{\ominus} = -776500 - 486.82T \qquad (7-25)$$

当 $\Delta G^{\ominus} = 0$ 时,表示钢液中铬和碳有相等的氧化趋势,其所对应的温度称为碳、铬的氧化转换温度。

令式(7-25)的 $\Delta G^{\ominus} = 0$,可求得碳、铬的氧化转换温度为:

$$T_{转} = 776500/486.82$$
$$= 1595 \text{ K} (1322℃)$$

就是说,当反应条件处于标准状态,即 $w[Cr] = 1\%$、$w[C] = 1\%$、$a_{(Cr_2O_3)} = 1$、$p_{CO} = 101325$ Pa 时,在高于1322℃的温度条件下,吹氧钢中的碳将优先被氧化。

实际生产中,钢液的铬含量通常在 10% 以上,而钢中的碳含量都是低于 1% 甚至低于 0.1%。因此,即使熔池温度在 1600℃ 以上,吹氧脱碳时也不可避免地要有部分铬烧损,具体的碳、铬氧化转换温度应该运用式(7-26)的等温方程式计算:

$$\Delta G = \Delta G^{\ominus} + RT\ln \frac{a_{[Cr]}^2 \cdot (p_{CO}/p^{\ominus})^3}{a_{[C]}^3 \cdot a_{(Cr_2O_3)}} \qquad (7-26)$$

通过实验得到,高铬钢液吹氧脱碳时铬碳比与温度的关系如图 7-41 所示。由图 7-41 可知,在 1600℃、$w[C] = 0.10\%$ 时,铬含量最多只能达到 2% 左右,这满足不了冶炼不锈钢的要求。当把温度提高到 1770℃ 时,与 $w[C] = 0.10\%$ 相平衡的 $w[Cr] = 10\%$;当把温度提高到 1800℃ 时,与 $w[C] = 0.10\%$ 相平衡的 $w[Cr] = 18\%$。也就是说,要使钢液的碳含量降至 0.10%,且还要保证钢液铬含量为 18% 时,熔池温度必须高于 1800℃。因此,在冶炼一般不锈钢时必须在高温下吹氧脱碳,以达到脱碳保铬的目的。

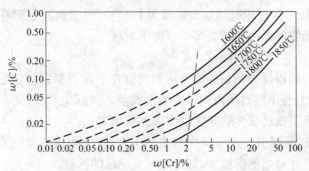

图 7-41　在不同的脱碳温度下钢中铬含量和碳含量的关系

根据式(7-27)可以算出不同温度下钢中碳含量和铬含量的定量关系。如图 7-41 所示,钢中铬含量一定时,碳含量随温度的提高而降低。

$$\lg \frac{w[\,Cr\,]_\%}{w[\,C\,]_\%} = \frac{-13800}{T} + 8.76 \tag{7-27}$$

应指出的是,冶炼超低碳不锈钢时需要把碳含量降到 0.10% 以下,这时仅仅靠提高温度不能保证铬的回收,还要降低 p_{CO}。这就是 VOD 炉真空吹氧脱碳和 AOD 炉氩氧混吹脱碳冶炼超低碳不锈钢的理论依据。

7.6.2　高铬钢液的脱碳工艺

高铬钢液的脱碳工艺包括配料要求、吹氧操作和终点碳含量控制三方面,现以返回吹氧法冶炼 18 - 8 型不锈钢为例分别加以说明。

7.6.2.1　配料要求

电弧炉采用返回吹氧法工艺冶炼不锈钢时,炉料中要配入大量的含铬返回钢及部分高碳铬铁,使钢中有较高的铬含量,以减少还原期补加铬铁量;同时,还可以减少价格昂贵的微碳铬铁的用量。但随着炉料中配铬量的增加,$w[\,Cr\,]/w[\,C\,]$ 的值增大,为了脱碳保铬,就应提高开始吹氧温度,同时吹氧终点的熔池温度也需提高,这会给操作造成困难并影响炉体寿命。目前,一般配铬量为 10% ~ 13%。

根据脱碳保铬理论可知,当铬含量一定时,较高的碳含量可使熔池在较低的温度下就开始吹氧操作,可以加速炉料的熔化;但配碳量过高,将延长吹氧时间,一般配碳量为 0.30% 左右。

对于含镍的不锈钢,由于镍在钢中不会被氧化,又能提高碳的活度,所以应按规格要求全部配入炉料中,以利于吹氧脱碳并降低脱碳温度。

高铬钢液中,磷与氧的亲和力比铬小,吹氧脱碳时钢液温度又很高,因而返回吹氧法几乎没有脱磷能力。所以,炉料中磷含量越低越好,起码不要超过 0.025%。

由于硅氧化能放出大量的热,而且有利于保铬,因此炉料的配硅量可高达 1% 左右,这对提高铬的回收率是有好处的。

7.6.2.2　吹氧操作

A　开始吹氧的温度

开始吹氧的温度是脱碳保铬的关键。合适的开始吹氧温度可以根据 $w[\,Cr\,]/w[\,C\,]$ 与温度的关系来选择。例如,熔清后钢液含铬 10% 、含碳 0.30% ,其铬碳比 $w[Cr]/w[C] = 33$,代入式(7-27)计算,可得理论开始吹氧温度为 1633℃ ;由于钢液中配有 10% 左右的镍和一定量的硅,所以开始吹氧温度可定为等于或高于 1600℃ 。

　　B　脱碳速度

在吹氧过程中,脱碳保铬的目的能否达到关键在于能否保证一定的脱碳速度。而脱碳速度取决于吹氧压力及单位时间内向钢液的供氧量。实际生产中,通常将吹氧压力提高到 0.8~1.2 MPa ,并采用双管或多管齐吹操作增加供氧量的办法来达到一定的脱碳速度。当 $w[C] < 0.10\%$ 时,碳含量低于碳氧反应的临界碳含量,增加供氧量已不是主要环节。此时应提高吹氧压力,强化对熔池的搅拌,加速碳向反应区的扩散。

在吹氧终了时,熔池温度已经相当高,通常在 1800℃ 以上。从电极孔冒出的火焰明显收缩无力且呈棕褐色,熔池表面沸腾微弱、只冒小泡,熔池白亮,炉渣也明显黏稠,这表明钢液中碳含量已降至 0.06% 以下。有经验的炼钢工应根据炉前情况,迅速做出是否停止吹氧的判断。高铬钢液吹氧脱碳过程的特征列于表 7-7。

表 7-7　高铬钢液吹氧脱碳过程的特征

$w[C]/\%$	$r_C/\% \cdot min^{-1}$	特　征
>0.15	0.01	有白亮碳焰从炉门电极孔冒出,钢水激烈大翻,渣子稠,有泡沫
0.09~0.15	0.005	炉门火焰渐收,时陷时现,电极孔有褐色火星,熔池面有小气泡,渣渐稀
<0.09	0.002	火焰全收,电极孔冒褐色烟,熔池白亮,反射极强

7.6.2.3　终点碳含量的控制

对于无特殊要求的不锈钢,终点碳含量根据成品要求进行控制(注意扣除铁合金增碳量)。例如,1Cr18Ni9Ti 钢的碳含量要求低于 0.12% ,氧化终点碳含量可控制在 0.04%~0.08% 之间。终点碳含量控制太高,成品钢的碳含量会由于还原和出钢过程中的增碳而过大;终点碳含量控制过低,特别是终点碳含量小于 0.035% 时,钢液中铬的烧损就显著增加,影响铬的回收率。

7.7　VOD 炉脱碳工艺

VOD 是"真空吹氧脱碳法"英文字头缩写,是西德 EW 公司于 1967 年发明的,主要用于冶炼不锈钢、耐热钢和其他各种合金钢等。

7.7.1　真空吹氧脱碳的特点

VOD 精炼的实质是真空处理和顶吹氧气相结合的冶炼工艺。虽然在它的钢包底部也进行吹氩,但不是为了稀释氧气和降低 CO 的分压力,而是为了强化搅拌以促进钢液的循环。

不锈钢中的铬含量很高,采用传统的返回吹氧法冶炼时,钢液的脱碳比较困难,铬和碳一起被氧化而生成 CrO 和 Cr_2O_3 。但是在进行真空吹氧脱碳时,熔池中的 CrO 和 Cr_2O_3 将和钢液中的碳发生反应而被还原,反应式如下:

$$(CrO) + [C] \Longrightarrow [Cr] + \{CO\}$$

$$(\mathrm{Cr_2O_3}) + 3[\mathrm{C}] \Longrightarrow 2[\mathrm{Cr}] + 3\{\mathrm{CO}\}$$

反应中 CO 的分压力因真空泵的作用而降低,使反应的平衡向右移动,因此钢中的铬不会被氧化,甚至还能从渣中还原。

钢液经 VOD 精炼后,不仅可以获得碳含量很低的钢,而且又不消耗大量的铬;同时,钢中的气体和非金属夹杂物也随着脱碳反应的进行而得到去除。

7.7.2 VOD 炉

VOD 炉的结构如图 7-42 所示,它是由真空罐、钢包、真空泵、氧枪、加料系统、吹炼终点控制仪表和取样测温装置等组成的。

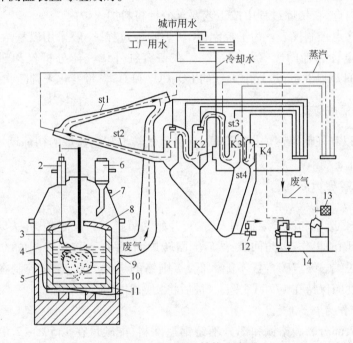

图 7-42　VOD 炉的结构示意图

1—氧枪;2—取样、测温;3—热电偶;4—样模;5—钢桶;6—合金料仓;7—罐盖;
8—防溅盖;9—废气温度测量;10—真空罐;11—滑动水口;12—冷却水泵;
13—EMK - 电池;14—水环泵;st1 ~ st4—蒸汽喷射泵;K1 ~ K4—冷凝器

(1) 真空罐。VOD 炉在结构上有两种形式,一种是罐式,即钢包置于真空罐内进行精炼;另一种是桶式,即钢包本身加真空室盖,并在其中进行精炼,不设真空罐。两种方式各有优缺点,但实践证明,罐式 VOD 炉的优越性是完全可以弥补其缺点的。真空罐的结构参数取决于容量。为了防止漏钢,真空罐下应设防漏盘,其容量应能容纳全炉钢水和炉渣,以免损坏罐体。罐式 VOD 炉的密封结构有水汽密封和充氮双密封两种形式。为了减少钢渣喷溅和防止罐盖过热,在精炼钢包和罐盖之间设有防溅盖。

(2) 钢包。由于 VOD 炉有罐式和桶式的区别,钢包的结构也有所不同。罐式 VOD 炉的钢包不设密封法兰,钢包的自由空间可以比较小。桶式 VOD 炉的钢包为了密封应设有法兰,为保护法兰,其自由空间比前者要加高25% ~ 50%,往往要求有 1.5 ~ 2 m 的自由空间以承受激烈的沸腾;和罐式 VOD 炉一样,为了预防钢渣喷溅,除了包盖之外,其也应另设防溅盖。包衬目前多采用镁铬砖或镁白云石砖。为了加速脱碳,一般将透气砖装于包底中心部位。

(3) 真空泵。因向真空室吹入氧气进行脱碳时会产生大量 CO 气体,必须将其及时抽出,所以和其他精炼设备相比,VOD 炉所配的真空泵抽气能力应该大一些。

(4) 氧枪。VOD 炉的氧枪可分为两种类型,一种是普通钢管制成的或在钢管上涂耐火材料的消耗式氧枪;另一种为水冷非消耗式氧枪。后者又分为直管式和拉瓦尔式两种。目前,拉瓦尔式氧枪用得较多,因为它使用起来稳定可靠、寿命很长,可以有效地控制气体成分,增强氧气射流压力。

(5) 加料系统。VOD 炉的加料系统设于真空室盖上,采用多仓式真空料仓,于加料前预先将料加入料仓,在精炼过程中按工艺要求分批将料加入炉内。

(6) 吹炼终点控制仪表。为了控制 VOD 炉吹炼过程,一般采用以氧浓差电池为主、废气温度计和真空计为辅的废气检测系统。在备有红外线气体分析仪和热磁式定氧仪的 VOD 炉上,也可以利用吹炼过程中炉气的 CO、CO_2 和 O_2 含量变化来判断吹炼终点。

7.7.3　真空吹氧脱碳工艺

VOD 炉可以和任何炼钢炉搭配双联,现将氧气转炉和电弧炉的初炼钢水的真空吹氧脱碳工艺介绍如下。

7.7.3.1　初炼钢水

A　氧气转炉作为初炼炉

将脱硫铁水、废钢和镍等原料倒入转炉,开始吹氧进行一次脱碳,并去除铁水中的硅和磷;出钢后进行除渣操作,以防回磷;然后倒回转炉内,并加入按规格配成的高碳铬铁,再进行熔化和二次脱碳。终点碳含量不能太低,否则铬的烧损严重,通常控制在 0.4% ~0.6% 之间。停吹温度应保持在 1770℃ 以上。最后将初炼钢水倒入钢包内。

B　电弧炉作为初炼炉

炉料中配入部分高碳铬铁和部分不锈钢返回料,配碳量在 1.5% ~2.0% 之间;含铬量按规格上限配入,以减少精炼期补加低碳铬铁的量;镍则按规格要求配入。在电弧炉内吹氧脱碳到 0.3% ~0.6% 范围内,初炼钢水碳含量不能过低,否则将增加铬的氧化损失;但也不能过高,否则在真空吹氧脱碳时碳氧反应过于剧烈,会引起严重飞溅,使金属收得率降低,并影响作业率。在吹氧结束时,应对初炼炉渣进行还原,回收部分铬,以减少初炼炉中铬的烧损。初炼钢水倒入钢包炉后,扒除全部炉渣。

7.7.3.2　真空吹氧脱碳

将盛有初炼钢水的钢包移至真空盖下,合上真空盖,开动抽气泵,同时包底吹氩搅拌钢液。当炉内压力减小到 6.67 ~20 kPa 时进行吹氧脱碳。随着碳氧反应的进行,可根据观察到的炉内碳氧反应引起的沸腾程度,逐级开动真空泵,将真空度调整到 1.33 ~13.33 kPa 范围内。精炼中,钢液中的碳含量可根据真空度、抽气量、抽出气体组成的变化等进行判断,在减压条件下很容易将终点碳含量降至 0.03% 以下。终点碳的准确含量通常是用固体氧浓差电池进行测定的。

吹氧结束后,继续吹氩搅拌,在真空下进行碳脱氧反应并进一步去气;而后进行取样和测温,如果温度过高,可加入本钢种返回料降温,并加入脱氧剂和石灰等造渣材料,同时加入合金调整成分,然后继续进行真空脱气;当钢液的化学成分和温度符合要求时,精炼结束,即刻进行浇注。通常精炼时间约需 1 h。

7.7.4 VOD 炉精炼工艺分析

为了顺利完成 VOD 炉的精炼任务,在具体操作中要控制好钢液温度,并努力提高脱碳程度和铬的回收率,下面结合实际生产进行分析。

7.7.4.1 影响真空脱碳的因素

生产中发现,影响脱碳程度的因素主要有以下几个:

(1) 临界碳含量。临界碳含量越低,脱碳越容易进行。而具体的临界碳含量数值与钢液中的铬含量、冶炼真空度、钢液温度以及是否吹氩等因素有关,冶炼真空度及温度越高,临界碳含量就越低。通常情况下,对于 18 - 8 型不锈钢而言,VOD 法精炼时的临界碳含量波动在 0.02% ~ 0.06% 之间,而电弧炉返回吹氧法冶炼时的临界碳含量大于 0.15%。例如,国内某厂吹氧时的平均真空度为 6.67 ~ 13.3 kPa,采用水冷拉乌尔喷枪硬吹,并配有氩气搅拌,其临界碳含量为 0.02% ~ 0.03%。可见,在 VOD 炉精炼条件下,冶炼碳含量小于 0.03% 的超低碳不锈钢是十分容易的。

(2) 真空度。真空度是影响钢中碳含量的重要因素,真空度越高,钢中碳含量越低。提高开吹时的真空度,可以改变钢中碳与硅的氧化次序,使碳优先被氧化,从而缩短吹氧时间;而停止吹氧时真空度越高,终点碳含量越低。

(3) 其他因素。真空下脱碳的程度还与供氧量有关,耗氧量越大,钢中碳含量降得越低,但要考虑这可能会增加铬的烧损;提高钢液温度和限制初炼钢液中的硅含量,同样能降低钢中碳含量。此外,在精炼后期进行造渣、脱氧、调整成分等操作,都会使碳含量增加。所以,这些操作都应在真空下进行,以防增碳。

总之,真空脱碳时应当把提高真空度放在首位,而供氧量要控制适当以免增加铬的烧损,有条件时可加大供氩量,而脱碳后的钢液温度应控制在 1700 ~ 1750℃ 之间。

7.7.4.2 影响铬回收率的因素

VOD 炉精炼高铬钢液时,铬的回收率波动在 97.5% ~ 100% 之间。如果将初炼炉内铬的损失一并计算,则铬的回收率波动在 93% ~ 96% 之间。为了提高铬的回收率,应注意以下几个问题:

(1) 提高真空度。真空度对铬回收率的影响情况,见表 7-8。

表 7-8 真空度对铬回收率的影响

真空度/kPa				精炼炉铬的回收率/%
开始吹氧时	脱碳期平均值	停止吹氧时	碳脱氧时	
6.67 ~ 13.33	2.67 ~ 8.0	<0.667	0.107 ~ 0.16	约 100
20 ~ 24	6.67 ~ 20	<2.67	0.133 ~ 0.4	96

从表 7-8 中数据可知,真空度较高时,精炼后铬的回烧率也较高。可见,提高真空度是提高铬回收率的有效手段。

(2) 控制合理的吹氧量和终点碳含量。生产实践表明,当初炼钢液碳含量为 0.3% ~ 0.6% 时,供氧量控制在 10 m³/t 左右较为合适。因为吹入钢液的氧除了氧化碳外,同时也氧化部分铬,所以供氧量增加必然会增大铬的烧损。吹氧终点碳的控制一般不宜过多低于临界碳含量值,否则会由于脱碳速度减慢而增加铬的氧化,而且钢液碳含量在随后的真空下碳脱氧时还会继续下降。因此在吹氧后期,当钢中碳含量达到临界值时,应该适当地减少供氧量,以免造成铬的大量烧损。

(3) 还原精炼。进行适当的还原精炼是提高铬回收率的另一项重要工艺措施。真空吹氧结束后,此时渣中必然含有一定量的氧化铬,通常渣中 Cr_2O_3 的含量约为 5%。因此,应及时加入石灰等造渣材料和适量的粉状强脱氧剂,获得碱度大于 2 的碱性还原渣,进行还原精炼,使渣中的部分氧化铬还原进入钢液。

(4) 提高初炼炉内铬的回收率。首先,初炼渣的碱度 $R \geqslant 2$。因为当碱度 $R < 2$ 时,渣中的铬以硅酸盐的形式存在,活度低而有利于铬的氧化,使初炼钢液铬的回收率明显降低。其次,应对初炼炉渣进行还原。初炼炉内吹氧脱碳后铬的烧损为 2% ~ 4%,如果初炼渣量为 3%,则在初炼渣中 Cr_2O_3 的含量为 11% ~ 22%。所以在吹氧结束后,必须对初炼渣进行还原。另外,初炼炉内吹氧终点碳含量不能控制过低,以免增加铬的烧损量。

总之,通过提高精炼炉的真空度、适当控制供氧量、调整初炼炉渣和精炼炉渣的碱度及对炉渣进行脱氧还原、合理控制初炼炉吹氧量和终点碳含量,使铬总回收率达到 93% 并非难事,但要进一步提高铬的回收率则较为困难。

7.7.4.3　温度控制

由高铬钢液中碳、铬氧化理论可知,温度越高越有利于脱碳,但过高的温度会缩短钢包及炉内衬的寿命,所以操作中要注意控制温度。温度控制可从下列几个方面考虑:

(1) 提高真空度和控制开吹温度。提高吹氧脱碳过程中的平均真空度,可以降低停吹后的钢液温度;开吹温度适当低些也是降低精炼后钢液温度的一个重要手段,表 7-9 所示是实测得到的数据。

表 7-9　吹氧真空度、开吹温度与钢液温度的关系

开吹温度/℃	吹氧平均真空度/kPa	处理后钢液温度/℃
1580 ~ 1600	5.87	1670
1580 ~ 1600	8.53 ~ 30.53	≥1800
1535 ~ 1560	3.60	1600
1535 ~ 1560	7.6 ~ 21.006	1710 ~ 1713
1535 ~ 1560	22.40	1750

但是,应以提高真空度为主要手段,而不能过分强调降低开吹温度。因为开吹温度过低,将使脱碳速度降低,铬的烧损增加。通常认为,开吹温度以控制在 1550 ~ 1580℃ 范围内为宜。

(2) 适当控制供氧量。过多的供氧量,除了用于脱碳外,还会促进包括铬在内的其他元素的氧化,钢液的温度也会相应升高,所以适当控制供氧量和精炼后期逐渐减少供氧量是非常必要的。

另外,真空脱碳反应结束后,如温度过高,可加入渣料、本钢种返回料、合金等冷料降温;也可事先适当降低钢包的烘烤温度,但不能低于 700℃,以免烘烤不良而增加钢中的氢含量。

7.7.5 真空吹氧精炼终点碳含量的判断

目前多数炉子采用固体氧浓差电池测定气相中的氧分压变化,从而判断钢中碳氧反应的情况。当钢液所进行的碳氧反应发生变化时,气相中的氧分压就随之改变,此时固体氧浓差电池产生的浓差电势就在电位表上显示出来。

其规律为:开始吹氧时,由于氧化钢中的硅,炉气中的氧分压与空气中的氧分压相等,电势为零,所以浓差电势停在零位不动。随后碳氧反应开始,电势指针离开零位上升,吹氧2~3 min后碳氧反应激烈,指针在数秒钟内跃升到高峰值,随后较稳定地保持这一数值。而后电势指针从高峰突然跌落到较低的数值,且较稳定地保持这一数值。电势指针从高峰突然跌落,说明钢中碳含量已降低到临界值,这时钢中碳氧反应骤然减弱,脱碳速度突然大大减慢,熔池中有极高的超平衡氧含量,应该立即停止吹氧。随着超平衡氧与钢中碳的继续氧化,电势继续缓慢下降直至零,表示钢中碳氧反应结束。如果等到电势完全到零后再停止吹氧,无疑会因为多吹氧而使铬的氧化增加。

停吹氧后真空度很快增高,数分钟内即可使钢液在低压下进行碳脱氧反应,再次发生沸腾现象,此时氧浓差电池的电势出现第二次峰值。当电势从第二次峰值下跌,则说明碳氧反应停止,达到了真空保持期的终点。

此外,观察真空管道里的温度也能判断精炼过程的进行情况。开吹后钢中碳、硅、铝、锰等元素不断被氧化而放热,尤其是碳被氧化后,生成的气相反应产物 CO 析出,使管道温度以明显的速度上升;而当碳氧反应停止,热量就不再被 CO 气体大量带出来,则管道温度也就不再上升或者开始下降。因此,真空管道内的温度变化可以作为精炼过程中碳氧反应变化的参考数值。

7.8 AOD 炉脱碳工艺

钢液的氩氧吹炼法简称 AOD(氧气 – 氩气 – 脱碳)法,是用氩气、氧气混合气体脱除钢中碳、气体及夹杂物而生产不锈钢的精炼方法。其最突出的优点是在非真空下吹炼却具有真空精炼的效果,可用廉价的高碳铬铁冶炼出优质的低碳不锈钢。

7.8.1 氩氧精炼的基本原理

AOD 法利用氩、氧两种气体进行吹炼,如前所述,其精炼原理是利用吹入的氩气降低CO 气体分压以提高碳氧反应的能力,从而达到脱碳保铬的目的。一般多是以混合气体的形式从炉底侧面吹入熔池,但也有分别同时吹入的。

7.8.2 AOD 炉

AOD 法(即氩氧脱碳法)是 1968 年美国联合碳化物公司(UCC)发明的精炼不锈钢的新技术。AOD 炉一般由炉子本体、供气系统、供料系统、除尘系统和控制系统五部分组成。

A 炉子本体

AOD 炉类似于氧气转炉,炉子本体由炉体、托圈、支座和倾动机构组成。

图 7-43 为 AOD 炉的炉型图。炉体由炉底、炉身和炉帽三部分组成。炉底为倒锥形,其侧壁与炉身间夹角为 20°~25°。吹入氩、氧气体的喷枪就埋设在炉底侧壁风口处。喷枪多

为双层套管结构,内管用紫铜制作,用以通入氩氧混合气体或纯氩;外管用不锈钢制作,用以通入冷却气体氩、氮和干燥无油的压缩空气。随炉子容量不同,喷枪数目不同。20 t 以下的炉子采用 3 个喷枪,90 t 以上的炉子采用 5 个喷枪。

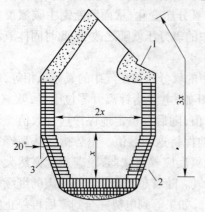

图 7-43　AOD 炉的炉型图
1—炉帽;2—风口;3—炉底
x—熔池深度

炉帽的作用在于防止吹炼过程的喷溅和装入初炼钢水时钢水进入风口。炉帽最初采用圆顶形,因砌筑困难,后来逐步改为斜锥形。为了进一步改进砌筑条件,目前又改为正锥形。AOD 炉的精炼温度高,酸性炉渣作用期长,受高速炉气、炉渣、钢液的涡流冲刷作用剧烈,炉衬蚀损严重。炉衬多使用碱性耐火材料,美国使用镁铬砖,西欧多用白云石砖,日本使用镁白云石砖和镁铬砖。我国 AOD 炉容不大,炉衬使用镁白云石砖,寿命为 30～50 炉次,与国外相比有较大差距。

托圈起支持、倾动和换炉体作用,托圈上设有耳轴,耳轴通过轴承将炉体重量传递至两个支座之上。倾动机构通过电动机和减速装置,可使炉体向前后倾动。

B　供气系统

AOD 炉是氩、氧和氮气的使用大户,为了储存足够的气体,需要分别配置储存氩、氧和氮气的球罐。为了向 AOD 炉输送气体,需要铺设相应的管道和配备必要的闸门。在 AOD 炉上使用两种气体,一种为按一定比例混合的气体,称工艺气体;另一种为冷却喷枪的气体。为了按一定的压力和比例配备混合气体和冷却气体,需要装设相应的混气包和配气包以及流量计、流量调节阀、压力调节阀等。图 7-44 为某厂 18 tAOD 炉的供气系统图。

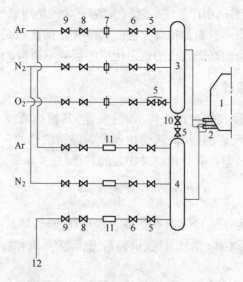

图 7-44　某厂 18 tAOD 炉的供气系统图
1—18 tAOD 炉;2—喷枪;3—混气包;4—配气包;5—快速切断阀;6—流量调节阀;7—孔板流量计;
8—压力调节阀;9—截止阀;10—止回阀;11—转子流量计;12—无油干燥压缩空气

供气系统按工艺设定后,可程序控制,也可手动控制。

C 供料系统

为了减轻劳动强度,使造渣材料(石灰、萤石)和铁合金(硅铁、硅铬)装炉机械化,需要设置足够数量的高位料仓,每个料仓下面装设电磁振动给料器。而为了运送这些材料,还需要装置抓斗和皮带运输机等运输工具。

D 除尘系统

由于在 AOD 炉进行吹氧脱碳时,排放的 CO、CO_2 等气体量极大,由此夹带出的粉尘量也极为可观,如不采取措施消除,势必超过国家规定的粉尘排放标准。AOD 炉大多采用干式滤袋除尘法。炉气经炉口混合燃烧,冷却到 300℃ 左右,再经混合管二次混风冷却到 100℃ 左右后进入滤袋除尘。烟气经滤袋净化后,由风机抽出,经烟囱放入空气中。如进入滤袋前烟气温度超过 120℃,则通过管道上的切断阀控制烟气先经旁通管,再经抽风机进入烟囱而排至空气中,从而保证滤袋除尘器的安全运行。实践结果表明,经除尘后含尘量为 45 mg/m³,这说明滤袋除尘器的净化效果是相当理想的。

E 控制系统

AOD 炉的控制系统主要有如下控制功能:

(1) 对生产过程中各类气体压力、流量和消耗进行显示和控制。

(2) 对炉体运转动作进行显示和控制。

(3) 对生产各期工序(包括测温、取样、拉渣等)进行显示和控制。

(4) 对各类气体管道、阀门的动作实行自动化控制,并在屏幕上用画面来显示。

除此之外还设有各类打印机,以便记录操作过程中各类工艺参数和消耗指标。

其主要控制方式是通过集散控制仪进行控制,通过屏幕进行显示。另外,用 PLC 来控制 AOD 炉的倾动角度和各工序的动作。

7.8.3 氩氧混合脱碳工艺

7.8.3.1 初炼钢水

初炼炉的原料中用含铬返回废钢和高碳铬铁将铬配到规格上限,以保证精炼终点铬含量在规格中限,最后可以不加或少加微碳铬铁;炉料中的碳含量不论多少均能获得极低的终点碳含量,但从操作简便和减少氩气、氧气的消耗量考虑不宜太高,但不能低于常压下 Cr-C 平衡的 $w[C]$ 值,以减少熔化炉料时铬的烧损,通常配碳量为 1.0% ~ 1.5%。此外,炉料中要配入约 0.5% 的硅,如炉料中碳含量低则配硅量要增加,以起到保铬升温的作用。但是,高铬钢液无法氧化去磷,因此炉料中磷含量要严格控制,应低于规格上限 0.005%。

初炼钢水的温度应高于 1550℃,最好提高到 1600 ~ 1650℃,可以为高温下氩氧混合脱碳创造有利条件。通常情况下,炉料熔化后应用硅铬粉、硅钙粉、硅铁粉及少量铝粉进行还原。

7.8.3.2 氩氧精炼工艺

初炼钢水倒入 AOD 炉后,吹入氩氧混合气体开始精炼。氩气在精炼中起着特殊的作用,第一阶段的主要作用是搅拌,第二阶段的主要作用则是强化脱碳、脱气。为此,可通过控制供氩流量和供氧流量的比值 q_{Ar}/q_{O_2} 合理地控制输入钢水的氩气量,达到脱碳保铬的目的。

一般来说,随着 q_{Ar}/q_{O_2} 的值提高,p_{CO} 降低,有利于脱碳保铬的进行。因此,在钢水中 $w[C]>0.10\%$ 之前,q_{Ar}/q_{O_2} 的值可在 1/4、1/3、1/2、1 之间变换;在钢水中 $w[C]<0.10\%$ 以后,应将 q_{Ar}/q_{O_2} 的值提高到 2。随着 q_{Ar}/q_{O_2} 值的进一步增大,钢水中碳含量将降得更低。为了获得超低碳的钢,q_{Ar}/q_{O_2} 的值可为 3、4,甚至可单吹氩气。

在整个吹炼过程中,氧气的压力可根据脱碳速度的要求调节;而氩气压力不能过大,以免引起飞溅和使氩气的利用率降低。精炼气体的消耗量因初炼钢水和精炼终点碳含量的不同而异。例如,精炼 20 t 钢液,当终点碳含量控制在 $0.03\% \sim 0.05\%$ 时,氧的消耗量为 15 ~ 25 m^3/t,氩的消耗量为 12 ~ 23 m^3/t。通常氧化 0.01% 的碳需氧气 1.5 m^3,氧化 0.01% 的硅需氧气 1.0 m^3。

复习思考题

7-1　碳氧反应在炼钢过程中有哪些作用?

7-2　平衡时钢中碳和氧的浓度有何关系,如何表示?

7-3　实际熔池中碳氧反应的必要条件是什么?

7-4　炉渣的成分、碱度及渣量对碳氧反应有何影响?

7-5　真空条件及氩氧吹炼对碳氧反应有何影响?

7-6　碳氧反应一般分哪几个步骤进行?

7-7　氧气顶吹转炉、电弧炉和钢包精炼炉内,碳氧反应在哪些区域进行,为什么?

7-8　写出氧气转炉各个吹炼阶段的脱碳速度表达式,并分析其影响因素。

7-9　简述电弧炉加矿脱碳和吹氧脱碳的操作要点。

7-10　解释下列名词的含义:碳氧浓度乘积、净沸腾、过剩氧、临界碳含量、脱碳速度、VOD 法、AOD 法。

7-11　氧气转炉烟气有何特点,采用燃烧法和未燃法处理转炉烟气有什么不同?

7-12　氧气转炉烟气的净化方式有哪几种?

7-13　未燃全湿净化系统的主要设备有哪些?

7-14　OG 净化回收系统流程是怎样的,该系统有何特点?

7-15　炉外精炼不锈钢对初炼钢水有什么要求?

7-16　简述真空脱碳和氩氧脱碳的工艺要求。

8 脱 磷

磷是钢中的常存元素之一,由于它会使钢产生冷脆及恶化钢的焊接性能和冷弯性能等,所以常被视为有害元素而需要在冶炼中脱除。

钢中的磷主要来源于铁水和生铁块等炼钢原料。这是由于高炉生产的还原过程不能去磷,炼铁原料(即铁矿石和焦炭)中的磷几乎全部被还原到铁液之中。另外,炼钢生产的其他金属料,如废钢、铁合金等也含有一定数量的磷。

磷在钢中以 Fe_2P 形式存在,通常用[P]来表示。

8.1 磷对钢性能的影响

对于绝大多数的钢来说,磷是有害的;但在特定条件下,钢中的磷也有可利用的一面。

8.1.1 钢中磷的危害性

磷对钢的危害主要表现为使钢产生冷脆现象。实验发现,随着钢中磷含量的增加,钢的塑性和韧性降低,即使钢的脆性增加,由于低温时更为严重,所以称为冷脆。

造成冷脆现象的原因是,磷能显著扩大固、液相之间的两相区,使磷在钢液凝固结晶时成分偏析很大,先结晶的晶轴中磷含量较低,而大量的磷在最后凝固的晶界处以 Fe_2P 析出,形成高磷脆性夹层,使钢的塑性和冲击韧性大大降低。

由于磷在固体钢中的扩散速度极小,因磷含量高而造成的冷脆即使采用扩散退火也难以消除。

有关试验证实,随着钢中 C、N、O 含量的增加,磷的这种有害作用随之加剧。

另外,钢中磷含量高时还会使钢的焊接性能变坏、冷弯性能变差。

鉴于磷对钢性能的不良影响,按照用途不同对钢的磷含量做了如下限制:

(1) 普通碳素钢,$w[P] \leqslant 0.045\%$;

(2) 优质碳素钢,$w[P] \leqslant 0.035\%$;

(3) 高级优质钢,$w[P] \leqslant 0.030\%$,有时要求 $\leqslant 0.020\%$;

随着生产的发展,各行业对钢质量的要求越来越高,钢中磷含量的限制也越来越严格,某些特殊用途的钢种甚至要求 $w[P] \leqslant 0.010\%$,而纯净钢更是要求 $w[P] = 0.0015\%$ ~ 0.0030%。

8.1.2 钢中磷的有益作用

实际上,磷的存在对钢的某些性能具有一定的益处,因此,磷有时可在某些钢中当作合金元素使用。

在美国,为了增加低碳镀锡薄板的强度,常使其磷含量达到 0.08% 左右。因为溶解在钢中的磷可以提高钢的强度和硬度,而且其强化作用仅次于碳。

我国鞍钢生产的 MnPRe 钢,磷含量高达 0.08% ~ 0.13% ,其抗大气腐蚀能力比普通钢有显著的提高,可用于制造车辆、焊管、油罐车及其他要求耐大气腐蚀比较严格的地方。该钢的稀土元素含量为 0.2% 左右,其加入是为了抑制磷的冷脆危害。

自动车床与标准件的生产要求钢材具有良好的切削加工性能,以便提高加工速度。由于磷具有改善钢切削性能的作用,为此,易切削钢的磷含量均较高。例如上钢生产的 Y15Pb钢,要求磷含量为 0.09% 左右,该钢用于制作汽车轮胎螺母及发电机火刷等。

即使是磷导致的脆性也是可以利用的。例如,炮弹钢中适当提高磷含量,可增加钢的脆性,从而使爆炸时碎片增多、杀伤力更大。

另外,磷还可以改善钢液的流动性,因此离心法铸钢管或制作薄壁结构的铸钢件时,均希望钢水中有较高的磷含量。

8.2　脱磷反应

就脱磷而言,炼钢生产中主要是依靠氧化的方式进行;其次,还有目前尚处于实验阶段的还原性去磷。

8.2.1　氧化脱磷

磷在钢液中能够无限溶解,而它的氧化物 P_2O_5 在钢中的溶解度却很小。因此,要去除钢中的磷,可设法使磷氧化生成 P_2O_5 进入炉渣,并固定在渣中。

8.2.1.1　钢中磷和氧反应的可能性

钢中的磷和氧反应有以下几种情况,现分析其进行的可能性。

(1) 钢中磷被氧气直接氧化。钢中磷被氧气直接氧化的反应式为:

$$2[P] + 5/2\{O_2\} = \{P_2O_5\} \qquad \Delta G^\ominus = -1326119 + 520.91T(J/mol) \qquad (8-1)$$

从式(8-1)的热力学数据可知,在 1600℃的炼钢温度下,其标准自由能变化 $\Delta G^\ominus$ 的负值不大(-350 kJ/mol),加之熔池中磷含量远低于标准状态,所以吹入熔池的氧不可能直接氧化钢中的磷。

(2) 钢中磷与钢中氧反应。钢中磷与钢中氧的反应式为:

$$2[P] + 5[O] = \{P_2O_5\} \qquad \Delta G^\ominus = -740359 + 535.34T(J/mol) \qquad (8-2)$$

或　　　　　$$2[P] + 5[O] = P_2O_5 \qquad \Delta G^\ominus = -704418 + 558.94T(J/mol) \qquad (8-3)$$

1600℃的温度下,上述两个反应的标准自由能变化值均大于零,因此炼钢过程中钢中磷与氧之间的反应也不可能发生。

综上所述,钢液中的磷不可能被溶解在钢中的氧或气态的氧氧化。

8.2.1.2　炉渣脱磷

A　炉渣的脱磷反应

实践证明,炼钢过程中的脱磷反应发生在渣 - 钢界面和氧气顶吹转炉的乳浊液中,是被渣中的 FeO 氧化的,其反应式为:

$$2[P] + 5(FeO) = (P_2O_5) + 5[Fe] \qquad \Delta G^\ominus = -1495194 + 684.92T(J/mol) \qquad (8-4)$$

生成物 P_2O_5 的密度(2390 kg/m³)较小,又几乎不溶于钢液,所以一旦生成即上浮转入渣相。由于冶炼初期渣中较多的碱性氧化物是 FeO,因此进入炉渣的 P_2O_5 便和 FeO 结合成

磷酸铁盐,即:

$$(P_2O_5) + 3(FeO) = (3FeO \cdot P_2O_5) \qquad \Delta H^\ominus = -128030(J/mol) \qquad (8-5)$$

上述反应的总反应式可写为:

$$2[P] + 8(FeO) = (3FeO \cdot P_2O_5) + 5[Fe] \qquad (8-6)$$

由生成热 $\Delta H^\ominus$ 判断,渣中的 P_2O_5 和 $3FeO \cdot P_2O_5$ 都不稳定,它们在炼钢过程中会随着熔池温度的不断升高而逐渐分解,使磷又回到钢液之中。所以在炼钢温度下,以氧化铁为主的炉渣其脱磷能力很低。

为了使脱磷过程进行得比较彻底,防止已被氧化的磷大量返回钢液,目前的做法是向熔池中加入一定量的石灰,增加渣中强碱性氧化物 CaO 的含量,使五氧化二磷和氧化钙生成较稳定的磷酸钙,从而提高炉渣的脱磷能力。在实际生产中,随着石灰的熔化,炉渣的碱度逐渐升高,渣中游离的 CaO 逐渐增加,此时将发生如下置换反应:

$$(3FeO \cdot P_2O_5) + 3(CaO) = (3CaO \cdot P_2O_5) + 3(FeO) \qquad (8-7)$$

或

$$(3FeO \cdot P_2O_5) + 4(CaO) = (4CaO \cdot P_2O_5) + 3(FeO) \qquad (8-8)$$

所以,碱性氧化渣脱磷的总反应式为:

$$2[P] + 5(FeO) + 3(CaO) = (3CaO \cdot P_2O_5) + 5[Fe] \qquad (8-9)$$

或

$$2[P] + 5(FeO) + 4(CaO) = (4CaO \cdot P_2O_5) + 5[Fe] \qquad (8-10)$$

B　炉渣脱磷反应的平衡常数

很多研究者指出,脱磷反应中不管其生成物是 $4CaO \cdot P_2O_5$ 还是 $3CaO \cdot P_2O_5$,脱磷平衡常数的值可以认为是一样的。以式(8-10)的脱磷反应为例,其平衡常数表达式为:

$$K_P = \frac{a_{(4CaO \cdot P_2O_5)}}{a_{[P]}^2 \cdot a_{(FeO)}^5 \cdot a_{(CaO)}^4} \qquad (8-11)$$

由于炉渣和钢液成分会对平衡产生影响,而各研究者一般又都是在简化的条件下做实验,所以脱磷反应平衡常数的经验公式很多,现举例如下:

(1) 启普曼研究认为,炉渣脱磷平衡常数与温度之间的关系为:

$$\lg K_P = \lg \frac{x_{(4CaO \cdot P_2O_5)}}{w[P]_\%^2 \cdot x_{(FeO)}^5 \cdot x_{(CaO)'}^4} = \frac{40067}{T} - 15.06 \qquad (8-12)$$

式中　x_i——炉渣中组元 i 的摩尔分数;

$(CaO)'$——炉渣中的自由氧化钙;

$w[P]_\%$——钢液中磷的质量百分数。

(2) 温克勒将式(8-12)中的 $x_{(FeO)}$ 换算成 $w[O]_\%$,得出:

$$\lg K_P' = \lg \frac{x_{(4CaO \cdot P_2O_5)}}{w[P]_\%^2 \cdot w[O]_\%^5 \cdot x_{(CaO)'}^4} = \frac{71667}{T} - 28.73 \qquad (8-13)$$

C　磷在钢、渣间的分配系数

磷在金属与熔渣之间的分配系数 L_P 有许多表示法,如 $w(4CaO \cdot P_2O_5)_\%/w[P]_\%^2$、$w(P_2O_5)_\%/w[P]_\%^2$、$w(P_2O_5)_\%/w[P]_\%^2$、$w(P)_\%/w[P]_\%$ 等,它们的计算公式各不相同,均由实验获得。例如:

$$\lg \frac{w(P)_\%}{w[P]_\%} = \frac{22350}{T} - 16 + 2.5\lg \sum w(FeO)_\% + 0.08w(CaO)_\%$$

　　上式是黑勒于 1970 年,在 1570 ~ 1680℃、$w(CaO) > 24\%$ 的实验条件下获得的。

　　磷分配系数的大小可以表示炉渣脱磷能力的强弱,该比值越大,即炉渣中的磷含量越高、钢液中的磷含量越低,说明炉渣的脱磷能力就越强,钢液脱磷越彻底。

8.2.1.3　影响炉渣脱磷的主要因素

　　从脱磷反应的平衡常数表达式(8-11)可以得出:

$$w[P]_\% = \sqrt{\frac{a_{(4CaO \cdot P_2O_5)}}{K_P \cdot f_{[P]}^2 \cdot f_{(FeO)}^5 w(FeO)_\%^5 \cdot f_{(CaO)}^4 w(CaO)_\%^4}} \qquad (8-14)$$

　　实际生产中,影响脱磷反应的因素很多。分析脱磷反应的平衡条件和磷的分配系数可知,炉渣成分和温度是影响脱磷反应的主要因素;此外,炉渣黏度、渣量和炉料磷含量等也对脱磷反应有一定程度的影响。

A　炉渣成分的影响

　　炉渣成分对脱磷反应的影响主要反映在渣中 FeO 含量和炉渣碱度上。

　　渣中的 FeO 是脱磷的首要条件,如果渣中没有氧化铁或氧化铁含量很低,就不可能使磷氧化。但是,纯氧化铁炉渣只有很小的去磷作用,因为渣中 $3FeO \cdot P_2O_5$ 在高温(高于1470℃)下不稳定,它会分解或被硅、锰还原。而渣中 $4CaO \cdot P_2O_5$ 在 1710℃ 的温度下也比较稳定,即炼钢温度下它分解的可能性不大。所以 CaO 是脱磷的充分条件。

　　不过,炉渣中的 FeO 和 CaO 含量不是可以任意提高的,它们之间有一个恰当的比值,如图 8-1 所示。

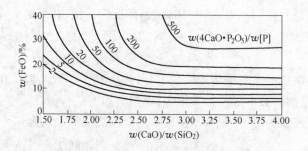

图 8-1　碱度、$w(FeO)$ 与 L_P 的关系

　　由图 8-1 可以看出,当渣中的氧化铁含量一定时,磷的分配系数随着炉渣碱度的增加而增大,但有一定的限度;只有在提高炉渣碱度的同时增加渣中氧化铁的含量,才能保证炉渣具有良好流动性,才会取得最佳的去磷效果。常压下及温度为 1600℃ 时,$R > 3.0$ 以后再提高碱度对脱磷基本上不再发生作用。

　　图 8-2 更好地表明了这一关系。碱度一定的条件下,渣中 FeO 含量较低时,磷在钢、渣之间的分配系数 L_P 随着渣中 FeO 含量的增加而升高,而且在 $w(FeO) \approx 16\%$ 时达到最大值;再进一步提高时,L_P 反而下降。这是因为,渣中 FeO 是去磷反应的氧化剂,同时它还能加速石灰熔化成渣和降低炉渣的黏度,所以增加渣中 FeO 含量对脱磷有利。但是,若渣中 FeO 含量过高,会使渣中 CaO 含量下降,导致渣中不稳定的 $3FeO \cdot P_2O_5$ 增多,稳定的 $4CaO \cdot P_2O_5$ 减少,反而使炉渣的脱磷能力降低。

　　生产中发现,一般情况下,$R = 2.5 \sim 3.0$、$w(FeO) = 15\% \sim 20\%$ 时脱磷效果较好。

　　熔渣中的 MnO、MgO 也是碱性氧化物,但其脱磷作用不及 CaO;同时,它们在渣中的含量过高时,会使渣中 CaO 的浓度相应降低,反而对去磷不利。强碱性渣中增加 MgO 的含量还会使熔渣黏度显著增高,使脱磷速度减慢。研究表明,渣中 $w(MnO) \leqslant 12\%$ 、$w(MgO) \leqslant 6\%$ 时,对去磷有一定帮助,继续增加它们的含量,磷的分配系数会急剧下降。

熔渣中 SiO_2 和 Al_2O_3 含量的增加将降低炉渣的碱度,所以对脱磷不利。在冶炼初期,由于金属中的硅被迅速氧化,渣中含有大量的 SiO_2,不利于迅速提高炉渣碱度,因此通常要限制炉料硅含量;炼钢操作中,在保证炉渣碱度的前提下,有时加入一些铁矾土(主要成分是 Al_2O_3)来加速化渣和增加炉渣的流动性,对脱磷有一定好处。

B 温度的影响

脱磷反应是强放热反应,升高温度会使其平衡常数的数值减小、去磷的效率下降,如图 8-3 所示。

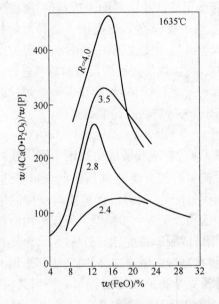
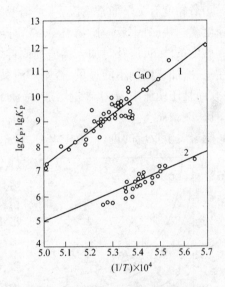

图 8-2 碱度、$w(FeO)$ 对磷分配系数的影响

图 8-3 温度对脱磷平衡常数的影响
1—lgK'_P;2—lgK_P

图 8-4 更直观地表达出渣中氧化铁含量、炉渣碱度和温度对脱磷的影响,图中的三条曲线分别表示温度为 1550℃、1600℃、1650℃ 及磷的分配系数 $L_P = 100$ 时的情况。由此可见,温度降低 50℃ 或 100℃ 时,在渣中 FeO 含量相同的条件下,用较低的碱度(或者在一定

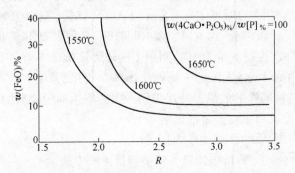

图 8-4 温度、炉渣碱度和渣中氧化铁含量对脱磷的影响

的碱度下用较低的 FeO 含量)可达到同样的脱磷效果。生产中随着熔池温度的升高,提高炉渣的碱度可以取得同样的脱磷效果。

由以上分析可知,从热力学条件来看,降低温度有利于去磷反应的进行。但是应该辩证地看待温度的影响,尽管升高温度会使去磷反应的平衡常数 K_P 值减小;然而与此同时较高的温度能使炉渣的黏度下降、加速石灰的成渣速度和渣中各组元的扩散速度,强化了磷自金属液向炉渣的转移,其影响可能超过 K_P 值的降低。当然,温度过高时,K_P 值的下降将起主导作用,会使炉渣的去磷效率下降、钢中的磷含量升高。因此,将温度维持在一个合适的范围内、保证石灰基本熔化并使炉渣有较好的流动性,对脱磷过程最为有效。生产实践表明,去磷的合适温度范围是 1450 ~ 1550℃。

C　炉渣黏度的影响

因为炼钢熔池中的脱磷反应主要是在炉渣与金属液两相的界面上进行的,所以反应速度与炉渣黏度有关。通常情况下,炉渣黏度越低,渣中反应物 FeO 向钢 - 渣界面的扩散转移速度就越快,渣中反应产物 P_2O_5 离开界面溶入炉渣的速度也越快。因此,在脱磷所要求的高碱度条件下,应及时加入稀渣剂改善炉渣的流动性,以促进脱磷反应的顺利进行。但必须注意,所加稀渣剂不能过量,否则炉渣黏度过低将严重侵蚀炉衬,不仅会降低炉衬的使用寿命,而且还使渣中 MgO 含量增加,稀渣剂的作用消失后炉渣反而变得更稠。

D　渣量的影响

随着脱磷反应的进行,渣中 P_2O_5 的含量不断升高,炉渣脱磷能力逐渐下降。在一定条件下,增大渣量必然会使渣中 P_2O_5 的含量降低,破坏磷在钢、渣间分配的平衡性,促进脱磷反应的继续进行,使钢中的磷含量进一步降低。所以炉内渣量的多少决定着钢液的脱磷程度。但渣量过大,会使钢液面上渣层过厚而减慢去磷速度,同时还压抑了钢液的沸腾,使气体及夹杂物的排除受到影响。因此,在电弧炉炼钢中,当炉料中的磷含量高时采用自动流渣操作;而在转炉炼钢中,若铁水磷含量高则采用双渣操作。它们的基本原理是一样的,即在保证炉内渣量合适的条件下增加了炉渣的总量,可以提高炉渣的去磷率,图 8-5 所示为渣量对脱磷的影响。应指出的是,流渣或双渣操作会降低金属收得率,增加能量消耗。

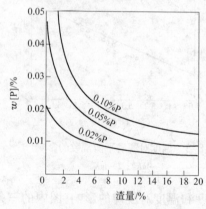

图 8-5　渣量对脱磷的影响
$(R = 1.8, w(\text{FeO}) = 15\%)$

由图 8-5 可见,当炉渣的碱度 $R = 1.8$、$w(\text{FeO}) = 15\%$、钢中原始磷含量 $w[\text{P}]_{原始} = 0.05\%$ 时,若要将磷脱到 0.01%,即 $w[\text{P}]_{最终} = 0.01\%$,必须要有 14% 的渣量才能达到。如果采取换渣操作,第一次控制渣量为 4%,则钢中的磷可从 0.05% 降到 0.02%;然后,扒渣再造 5% 的新渣,则钢中的 $w[\text{P}]$ 从 0.02% 降到 0.01%。可见,采用一次换渣,用 9% 的渣量就可以达到与用 14% 渣量同样的效果。所以采用一次造渣达到脱磷目的的做法是不合理的。

E　炉料中磷含量对钢中磷含量的影响

以 100 kg 炉料为例,磷的平衡关系为:

$$炉料中磷量 = 钢中磷量 + 渣中磷量$$

即　　　　　$$100w[\text{P}]_{\%料} = Q_钢 w[\text{P}]_{\%料} + Q_渣 w(\text{P})_\%$$

因为 $\quad\quad\quad\quad w(P)_\% = 0.437w(P_2O_5)_\%, w(P_2O_5)_\% = L_P w[P]_\%$

所以 $\quad\quad\quad 100w[P]_{\%料} = Q_钢 w[P]_{\%料} + 0.437Q_渣 L_P w[P]_\%$

$$w[P]_\% = 100w[P]_{\%料} / (Q_钢 + 0.437Q_渣 L_P) \qquad (8-15)$$

式中 $\quad w[P]_{\%料}$——炉料中磷的质量百分数;

$\quad\quad Q_钢$——钢水的质量,kg;

$\quad\quad Q_渣$——炉渣的质量,kg。

从式(8-15)可以看出,在磷的分配系数一定时,钢中的磷含量主要取决于炉料的磷含量和渣量。因此,要减少钢中的磷含量,不仅应该在冶炼中创造去磷的适宜条件,努力多去磷;而且还应贯彻精料原则,原料中尽量少带磷,即采用低磷铁水。

8.2.2 还原性脱磷

当金属中含有较多铬、硅等较易氧化的元素时,会使氧化脱磷变得非常困难,以致完全失效。这是由于钢中的铬、硅等元素会比磷优先氧化并使熔池迅速升温,从而使钢中的磷得到保护而不被氧化。因此在电弧炉采用返回吹氧法冶炼含铬合金钢时,有人提出了在还原条件下进行脱磷的设想。

炉渣氧化性脱磷是将钢中的磷氧化成 P_2O_5,并与碱性氧化物结合成为磷酸盐而固定在炉渣之中,所以磷在炉渣中以正五价形态存在;而还原性脱磷时,钢中磷是通过生成磷化物转入炉渣而被去除的,即磷在炉渣中以负三价形态存在。

表8-1所示为几种磷化物的生成焓、密度、熔点及其磷的价态。

表8-1 各种磷化物的性质

磷化物	P_2O_5	Ca_3P_2	Mg_3P_2	Ba_3P_2	AlP	Fe_3P	Fe_2P	Mn_3P	Na_3P
磷的价态	+5	-3	-3	-3	-3	—	—	—	-3
$-\Delta H_{298}^\ominus / kJ \cdot mol^{-1}$	1492	506	464	494	164.4	164	160	130	133.9
密度/$g \cdot cm^{-3}$	2.39	2.51	2.06	3.18	2.42	6.80	—	6.77	1.74
熔点/℃	580	1320	—	3080	—	1220	1370	1327	—

由表8-1可以看出,磷能同碱土金属生成比 Fe_3P、Fe_2P 更稳定且密度小的化合物,这说明它们在还原条件下是可以脱磷的。比较而言,在碱土金属中来源充足、价格较为便宜的是钙,它和钢中常见元素的反应自由能列于表8-2。

表8-2 钙与钢中常见元素的反应自由能

反应式	$\Delta G^\ominus / J \cdot mol^{-1}$	$\lg(p_{Ca} \cdot a_{[i]}^x)$
$\{Ca\} + [O] = CaO_{(s)}$	$-669469 + 194.23T$	$\lg(p_{Ca} \cdot a_{[O]}) = -34951/T + 10.14$
$\{Ca\} + [S] = CaS_{(s)}$	$-570996 + 171.40T$	$\lg(p_{Ca} \cdot a_{[S]}) = -29810/T + 8.948$
$\{Ca\} + 2/3[N] = 1/3Ca_3N_2$	$-316128 + 151.92T$	$\lg(p_{Ca} \cdot a_{[N]}^{2/3}) = -1654/T + 7.931$
$\{Ca\} + 2/3[P] = 1/3Ca_3P_2$	$-284141 + 134.90T$	$\lg(p_{Ca} \cdot a_{[P]}^{2/3}) = -14834/T + 7.62$
$\{Ca\} + 2[C] = CaC_{2(s)}$	$-266699 + 142.56T$	$\lg(p_{Ca} \cdot a_{[C]}^2) = -13923/T + 7.443$
$\{Ca\} + 2[Si] = CaSi_2$	$-152077 + 131.88T$	$\lg(p_{Ca} \cdot a_{[Si]}^2) = -7939/T + 6.885$

根据表8-2中的热力学资料分析,钙与氧的反应能力最大,其次是硫、氮、磷、碳、硅。

也就是说,在脱氧良好的钢液中钙才能与其他元素发生反应,否则钙就大量地消耗在脱氧上。另外,钙的沸点较低(1492℃),所以用金属钙进行脱磷应将钢水温度控制在1480℃以下,这在冶炼不锈钢时是极为困难的,而且金属钙的成本也较高,所以生产中常用硅钙合金或电石(CaC_2)作为脱磷剂。

还原性脱磷主要用于冶炼磷含量高的不锈钢钢液,目前仍处于试验阶段,主要有以下三种方案:

(1)硅钙合金脱磷。硅钙合金脱磷,使用的材料为 Ca – Si 合金粉。加入的时间应选在钢液用强脱氧剂脱氧之后、炉渣中氧化铁含量较低之时,以提高钙的利用率;加入的方法是,用一定压力的氩气作为载流气体,将 Ca – Si 合金粉喷入钢液之中。

(2)电石脱磷。采用电石(CaC_2)进行脱磷时,要求钢液温度为 1575 ~ 1680℃、钢中碳的活度在 0.02 ~ 0.3 之间,脱磷率 η_P 可达 50% 以上,如图 8-6 所示。钢液的碳含量过低时,CaC_2 分解得太快,使产生的钙来不及与磷反应就挥发了;而碳含量过高时,则由于 CaC_2 分解得太慢,致使与磷化合的钙产生得太少,这些都会使脱磷率 η_P 降低。

(3)CaC_2 – CaF_2 合成渣脱磷。有关资料报道,日本的冶金工作者在用氩气保护的 100 kg 感应炉内,用 CaC_2 – CaF_2 渣系对含铬 18% 的钢水进行了脱磷试验。在 CaC_2 – CaF_2 渣系中,CaF_2 的配比为 0 ~ 35%;渣料为电石(CaC_2)20 ~ 25 kg/t,萤石配入量为 0 ~ 3.8 kg/t;钢水温度为 1580 ~ 1600℃;感应炉炉衬用镁砂打结。试验结果为,当 $w[C] = 0.5\% ~ 1.8\%$ 时,在 15 min 内可脱磷 50% ~ 80%。当碳含量低于 0.5% 或高于 1.8% 时,脱磷效果均降低。试验还表明,当钢水温度波动于 1580 ~ 1600℃ 之间时,CaC_2 – CaF_2 渣系中 CaF_2 的配比以 10% ~ 25% 为好,它既有较高的脱磷率,又是半熔融状态的炉渣,可以减少对耐火材料的侵蚀。

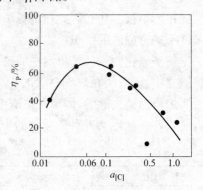

图 8-6　$a_{[C]}$ 对脱磷率 η_P 的影响
(4% CaC_2,1600℃)

但应指出,还原性脱磷后的炉渣必须进行处理,否则遇水将会产生有害气体 PH_3:

$$(Ca_3P_2) + 3H_2O =\!\!=\!\!= 3(CaO) + 2\{PH_3\} \tag{8-16}$$

处理的办法是对炉渣吹氧,使之按下列反应变得对人身健康无害:

$$(Ca_3P_2) + \{O_2\} =\!\!=\!\!= 3(CaO) + 2\{P\} \tag{8-17}$$

当然,还原性脱磷后直接向钢水面的炉渣吹氧,必然会氧化部分合金元素和增加钢中的氧含量,可将其扒出并倾倒于普碳钢液面上进行吹氧氧化,但是这种方法操作很不方便。

8.3　转炉脱磷工艺

转炉炼钢所用原料以铁水为主,一般情况下需配入 10% ~ 30% 的废钢,所以炉料中的磷含量较高,即冶炼中的脱磷任务较重。

转炉的脱磷工艺主要包括选择合适的造渣方法和在吹炼中控制好枪位。

8.3.1　造渣方法及其脱磷效率

氧化脱磷的关键,是在偏低的温度下造出流动性良好的碱性氧化渣。在转炉炼钢过程中,首先是要根据铁水的磷含量和冶炼钢种对磷的要求选择合适的造渣方法。按照磷含量不同,一般将铁水分为 $w[P] \leqslant 0.15\%$、$w[P] \leqslant 0.20\%$ 和 $w[P] \leqslant 0.40\%$ 三级。

前已述及,氧气顶吹转炉的造渣方法有单渣法、双渣法、双渣留渣法和喷吹石灰粉法,它们的操作工艺各不同,脱磷效率也存在较大差异。

单渣法操作时,脱磷效率通常在90%左右。

采用双渣操作,吹炼过程中要倒出或扒出部分炉渣(1/3~2/3),然后重新加入渣料造渣,该操作方法具有以下好处:

(1)吹炼前期的温度较低、渣中FeO含量较高,对脱磷十分有利,倒渣可以将磷含量高的前期炉渣倒去一部分,提高脱磷效率;

(2)初期渣中的 SiO_2 含量较高,倒出后有利于保持去磷所要求的高碱度,也可以减轻对炉衬的侵蚀;

(3)可以消除大渣量引起的喷溅,使去磷反应能持续进行。

倒渣的时机应该选择在渣中磷含量最高、铁含量最低的时刻,以达到脱磷效率最好、铁损最少的效果。通常双渣法操作的脱磷效率可达92%~95%。

双渣留渣法操作,是将上一炉高碱度、高氧化铁含量、高温度和流性好的终渣留一部分在炉内,可以加速初期渣的形成,提高倒渣前的去磷量。表8-3所示是转炉终渣成分的一个实例,可见转炉终渣留在炉内对提高下炉钢的前期去磷率有利。通常双渣留渣法的总脱磷效率为95%左右,增加不明显,而且兑铁水时易发生喷溅,一般不用。

表8-3 转炉终渣成分实例 (%)

FeO	SiO_2	CaO	MgO	P_2O_5	MnO
16.7	16.9	51.6	5.8	2.7	6.3

此外,吹炼高磷铁水时,为加快成渣速度可以采用喷吹石灰粉造渣,并可根据钢液成分决定吹炼过程中是否摇炉倒渣及倒渣次数。一般能使磷降到0.03%以下。但这种方法不仅需要一套喷粉设备,而且粉尘量大、劳动条件差,石灰粉又极易吸收空气中的水分,管理、输送均较困难。

根据以上的分析比较,单渣法操作简单、稳定,便于实现自动控制,因此对于磷含量高的铁水最好是进行预处理,使其符合单渣法冶炼的要求。

8.3.2 吹炼过程中磷含量的变化规律

转炉炼钢过程中,钢液中的磷含量总的来说是逐渐降低的。但是,由于炉内反应的复杂性和工艺参数对炼钢反应影响的多重性,钢液中的磷含量不会是简单的呈直线下降;而且即使是同样的原料条件,各炉的磷含量的变化情况也不尽相同。

8.3.2.1 枪位变化对脱磷反应的影响

生产实践证明,在转炉吹炼过程中,影响脱磷反应的主要因素是渣中氧化铁的含量,而渣中氧化铁含量的高低主要取决于枪位的控制。

由前面对脱磷反应的分析可知,流动性良好的碱性氧化渣是炉渣脱磷的基本条件,因此造好渣是完成脱磷任务的关键。在转炉吹炼过程中,不但铁水中的碳、硅、锰等元素被氧化,铁液滴和液面上的铁本身也被氧化而生成氧化铁,这对加速炉内的石灰熔化、尽早形成脱磷所需的碱性氧化渣十分有利;同时,开吹后不久在熔池表面就产生气体和渣液组成的乳浊液泡沫层,其中夹带有大量的铁水滴(可高达炉内铁水的1/3),极大地增加了钢、渣两相的界面面积,能使脱磷反应加速进行。然而,这种流动性良好而且具有一定程度泡沫化的碱性氧化渣的生成与吹炼中的枪位控制有直接关系。适当提高枪位,能使渣中的氧化铁含量增加,不仅可以保证脱磷所需的热力学条件,而且还有助于熔化石灰、降低炉渣的黏度及使炉渣适当泡沫化,改善了脱磷的动力学条件;但枪位较高时,氧气射流对熔池的搅拌作用减小,脱碳速度较慢,同时氧气的利用率也较低。相反的,如果枪位控制得较低,碳氧反应激烈,脱碳速度很快,易使渣中的氧化铁含量不足而易出现炉渣返干现象,这对脱磷极为不利。

图8-7所示是渣中氧化铁含量对去磷速度和脱碳速度的影响。图8-7中的曲线1表示,由于吹炼前期的枪位控制合理,化渣良好,所以去磷速度较大;但吹炼中期由于未能及时提枪,炉渣出现返干现象,产生了回磷;而到了吹炼后期,由于采取了有效的消除返干的措施,使炉渣的流动性变好,加之炉渣碱度的进一步提高,钢中的磷含量又有所降低。图中的曲线2表示,因化渣不好,前期的去磷速度不及曲线1,但而后炉渣一直保持良好状态,没有返干,所以能始终保持较快的去磷速度。

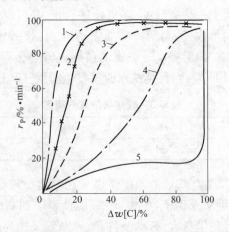

图8-7　渣中氧化铁含量对去磷速度和脱碳速度的影响

1—40%~50%FeO;2—25%~30%FeO;3—15%~20%FeO;

4—8%~9%FeO;5—碱性空气底吹转炉

可见,造渣过程对去磷的影响较大而且直接。为此,目前一些工厂应用音频化渣仪来控制吹炼过程中的枪位,使炉渣始终保持化渣良好的状态。

8.3.2.2　吹炼中磷含量的变化规律及分析

吹炼过程中钢液中的磷及其他元素含量的变化情况如图8-8、图8-9所示。

由图8-8可见,钢液中磷含量的变化大致可分为以下三个阶段。

A　吹炼初期

吹炼的最初阶段,由于硅、锰与氧的亲和力比磷大,所以要等到铁液中的硅、锰含量降到较低时磷才开始氧化,而且氧化速度不大,为(0.007~0.016)%/min。该阶段熔池的温度比较低,这对脱磷是一个极有利的条件,因此决定吹炼初期脱磷效率的主要因素是成渣情况。保证迅速造成具有较高碱度、高氧化铁含量、良好流动性、一定数量的炉渣,可以使脱磷过程快速进行。为此,该阶段应适当提高枪位,使渣中的氧化铁含量达到18%~25%。但过高的枪位会减弱氧气射流对熔池的搅拌,对于脱碳和脱磷都是不利的。

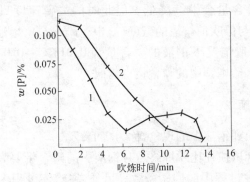

图 8-8　不同造渣过程对磷含量变化的影响

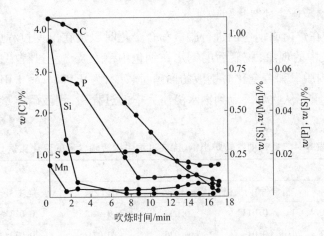

图 8-9　氧气顶吹转炉吹炼过程中钢液成分的变化

影响初期脱磷效率的另一个因素是铁水中的硅含量。若铁水硅含量过高,不仅由于硅的氧化要消耗大量的氧化铁,使渣中 FeO 的含量较大幅度地下降;同时,硅的氧化产物进入渣中,使二氧化硅的活度 $a_{(SiO_2)}$ 过大而阻碍石灰的溶解,导致吹炼初期脱磷的缓滞阶段拖长。实验发现,当铁水硅含量大于 0.3% 时,便开始影响脱磷的进行。为此,应力争使铁水中的硅含量不过高。

由于熔池温度较低及硅、锰的氧化,该阶段的脱碳速度也不大。

B　吹炼中期

吹炼中期,硅、锰的氧化已基本结束,炉内逐渐进入碳和磷的激烈氧化阶段,磷的氧化去除速度可达 $(0.013 \sim 0.021)$%/min。此阶段的脱磷主要与造渣的质量有关,只要化渣良好,脱磷速度可大于脱碳速度。但应注意,随着熔池温度逐渐升高,碳的氧化速度趋于峰值,强烈地消耗渣中的氧化铁,可能使渣中的 $\sum w(FeO)$ 降低到 7% ~ 10%,这不仅会使碱度上升迟缓,而且炉渣会出现返干现象,影响脱磷的继续进行,甚至发生回磷。为此,应适当地提高枪位,并控制吹炼中期的温度不要过高,一般为 1600 ~ 1630℃。

C　吹炼后期

此阶段钢液中磷含量已比较低,熔池温度已升高,只有在炉渣碱度较高、化渣良好的条件下,才有可能再次使钢中磷含量下降。事实上,由于该阶段脱碳速度减小,渣中的 FeO 逐渐积聚;加上此时钢液的温度已接近出钢的要求,石灰得以充分溶解,熔渣的碱度得以进一步的提高,因而钢中的磷含量会继续降低。但此时的去磷速度只有$(0.002 \sim 0.010)\%/$min。终点钢液的磷含量与停吹前熔渣的碱度、渣中$\sum w(\text{FeO})$、熔池的温度、终渣的数量和是否倒渣等因素有关,一般情况下钢液的磷含量为$0.015\% \sim 0.045\%$。在其他条件相同时,所炼钢种的碳含量越低,则钢中的磷含量也越低。

8.3.3　回磷及其防止措施

磷从炉渣中重新返回到钢液中的现象,称为"回磷"。

转炉成品钢中的磷含量往往比吹炼终点时钢液中的磷含量要高,这是由吹氧结束后出钢(加铁合金脱氧)和浇注过程中的回磷所致。另外,在吹炼过程中由于熔池温度过高、炉渣碱度和氧化铁含量过低、炉渣返干等原因,也会发生回磷现象。

8.3.3.1　出钢和浇注过程中的回磷及原因

氧气顶吹转炉在炉内或钢包内进行脱氧和合金化时以及在出钢过程中,都可能发生磷由炉渣返回到钢液中的现象;脱氧后的钢水在钢包中镇静及浇注过程中也可能发生回磷。在一般情况下,炉内脱氧和合金化时钢液的回磷量较少,为$0.008\% \sim 0.010\%$;而在钢包中的回磷现象较为严重。从吹炼终点到钢水浇注完毕的过程中,钢液磷含量的变化实例如表8-4所示。

表8-4　氧气顶吹转炉出钢、浇注过程中钢液磷含量的变化实例　　　　(%)

炉　次	$w[P]$					
	终点	出钢(炉内插铝)	钢包上部钢水	浇注前	浇注完	最大回磷量
1	0.010	0.013	0.032	0.020	0.033	0.023
2	0.011	0.013	0.026	0.021	0.032	0.021
3	0.011	0.011	0.036	0.023	0.036	0.025

由表8-4中的数据可以看出,处于钢包上部的钢液中磷含量增加较多,浇注结束后最大回磷量高达0.02%以上。

不进行炉外精炼时,转炉钢水是在氧化渣下进行脱氧出钢和浇注的,这必然会将渣中的磷还原到钢液中。由于各厂的生产条件、工艺制度不同,钢水在出钢、脱氧和浇注过程中的回磷量也有较大的差别。

一般认为,回磷现象的发生及回磷程度与以下因素有关:钢液温度过高;脱氧剂的加入降低了渣中FeO活度,使炉渣氧化能力下降;使用硅铁、硅锰合金脱氧,生成大量的SiO_2,降低了炉渣碱度;浇注系统耐火材料中的SiO_2溶于炉渣,使炉渣碱度下降;出钢过程中的下渣量大和渣钢混冲时间长等。

8.3.3.2　减少回磷的措施

根据以上对回磷原因的分析,生产中减少回磷的措施主要是:

(1)吹炼中期,要保持渣中的$\sum w(\text{FeO})$大于10%以上,防止因炉渣返干而产生的回磷;

(2)控制终点温度不要过高,并调整好炉渣成分,使炉渣碱度保持在较高的水平;

(3)尽量避免在炉内进行脱氧和合金化操作,防止渣中的氧化铁含量下降;当改在钢水

包内进行脱氧和合金化操作时,希望脱氧剂和合金料在出钢至 2/3 前加完;

(4) 采取挡渣球挡渣出钢等措施,尽量减少出钢时的下渣量;

(5) 采用碱性包衬;

(6) 出钢时向包内投入少量小块石灰以提高钢包内渣层的碱度,一方面可以抵消包衬黏土砖被侵蚀造成的炉渣碱度下降,另一方面可以稠化炉渣,降低炉渣的反应能力,阻止钢渣接触时发生回磷反应。

8.3.4 铁水预脱磷

铁水炉外预脱磷已经发展到,成为改善和稳定转炉冶炼工艺操作、降低消耗和成本的重要技术手段。尤其因为当前热补偿技术的成功开发能够解决脱磷过程铁水的降温问题,所以采用铁水预脱磷的厂家越来越多,铁水预脱磷的比例也越来越大。

铁水预脱磷与炉内脱磷的原理相同,即在低温、高氧化性、高碱度熔渣条件下脱磷。与钢水相比,铁水预脱磷具有低温、经济合理的优势。今后有可能实现 100% 铁水经过预处理,而转炉 100% 使用预处理的铁水炼钢。这样可以明显地减轻转炉精炼的负担,提高冶炼速度,100% 达到成分控制的命中率,扩大钢的品种,大幅度提高钢质量。

8.3.4.1 脱磷剂

目前广泛使用的脱磷材料有苏打系和石灰系脱磷剂。

(1) 苏打系脱磷剂。苏打粉的主要成分为 Na_2CO_3,是最早用于脱磷的材料。苏打粉脱磷的特点如下:

1) 苏打粉脱磷的同时还可以脱硫;

2) 铁水中锰几乎没有损失;

3) 金属损失少;

4) 可以回收铁水中 V、Ti 等贵重金属元素;

5) 处理过程中苏打粉挥发,钠的损失严重,污染环境,产物对耐火材料有侵蚀;

6) 处理过程中铁水温度损失较大;

7) 苏打粉价格较贵。

(2) 石灰系脱磷剂。石灰系脱磷材料主要成分是 CaO,配入一定比例的氧化铁皮或烧结矿粉和适量的萤石。研究表明,这些材料的粒度较细,吹入铁水后,由于铁水内各部分氧位的差别,能够同时脱磷和脱硫。使用石灰系脱磷剂不仅能达到脱磷效果,而且价格便宜、成本低。

8.3.4.2 脱磷方法

(1) 机械搅拌法。机械搅拌法如图 8-10 所示,是把配制好的脱磷剂加入到铁水包中,然后利用装有叶片的机械搅拌器使铁水搅拌混匀,也可在铁水中同时吹入氧气。日本某厂曾用机械搅拌法在 50 t 铁水包中进行炉外脱磷,其叶轮转速为 50 ~ 70 r/min,吹氧量为 8 ~ 18 m^3/t,处理时间为 30 ~ 60 min,脱磷率达 60% ~ 85%。

(2) 喷吹法。喷吹法是目前应用最多的方法,如图 8-11 所示,它是把脱磷剂用载流气体(N_2)喷吹到铁水包中,使脱磷剂与铁水混合、反应,达到高效率脱磷。喷吹法在日本新日铁公司 100 t 铁水包中应用,以氩气作载气,吹入脱磷剂 45 kg/t,喷吹处理时间为 20 min,脱磷率达 90% 左右。

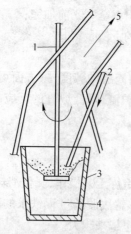

图 8-10　机械搅拌法脱硫装置示意图
1—搅拌器;2—脱硫剂输入;3—铁水包;
4—铁水;5—排烟道

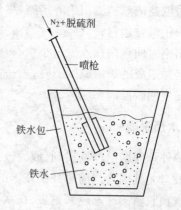

图 8-11　喷吹法脱硫装置示意图

8.3.4.3　工艺控制

铁水的预脱磷处理采用氧化法时,为了保证预脱磷后的铁水能顺利地进行炼钢,要求在脱磷的同时尽量减少碳的氧化,为此,在工艺条件方面要进行相应的控制。

A　处理温度的控制

向铁水吹氧时,其中的碳和磷均可发生氧化反应。不过,碳的氧化反应是微弱的放热反应,其平衡常数随温度的变化不大。

而磷的氧化反应是强放热反应,其平衡常数随温度降低而急剧增大。理论研究和生产实践均表明,在 CaO 饱和的炉渣下,温度较低时磷可以优先于碳被氧化。为此,应选择适宜的吹氧制度以控制铁水温度不要很快地大幅升高。

B　铁水氧化性的控制

为了使高碳铁水中的磷优先于碳氧化,除了控制较低的温度以外,还应保持铁水具有足以使磷氧化的氧位。通常是向铁水深部吹氧,不仅使铁水的局部区域具有过量的氧,同时又能抑制 CO 气泡生成,从而延缓了碳的氧化,以使磷优先或同碳一起被氧化。

C　熔渣成分的控制

按照熔渣结构的离子理论,脱磷反应为:

$$[P] + 4(O^{2-}) + \frac{5}{2}(Fe^{2+}) = (PO_4^{3-}) + \frac{5}{2}[Fe] \qquad (8-18)$$

分析式(8-18)可知,增大渣中氧离子的活度对脱磷有促进作用。从氧化物的性质可知,酸性氧化物能同渣中的 O^{2-} 结合生成稳定的复合阴离子,而碱性氧化物则能分解出 O^{2-}。因此,生产中常选用强碱性氧化物 Na_2O(苏打 Na_2CO_3)或 CaO(石灰)的渣系进行铁水预脱磷。用 CaO 脱磷的分子反应式如下:

$$\frac{4}{5}[P] + \{O_2\} + \frac{8}{5}CaO_{(s)} = \frac{2}{5}(4CaO \cdot P_2O_5)_{(s)} \qquad (8-19)$$

$$\frac{4}{5}[P] + Na_2CO_{3(s)} = (Na_2O) + \frac{2}{5}(P_2O_5) + [C] \qquad (8-20)$$

$$3(Na_2O) + (P_2O_5) \Longrightarrow (3Na_2O \cdot P_2O_5) \qquad (8-21)$$

为了使熔渣保持较高的氧离子活度,在脱磷之前必须先对铁水进行预脱硅处理。因为铁水中硅含量高时,脱磷时渣中必然生成较多的 SiO_2,而渣中的 Na_2O 或 CaO 首先要满足与 SiO_2 相结合的需要,然后才能用于脱磷。为此,在使用苏打系脱磷剂处理铁水脱磷时,要求铁水中 $w[Si] < 0.10\%$;而使用石灰系脱磷剂时,铁水中以 $w[Si] < 0.15\%$ 为宜。

用 Na_2CO_3 预脱磷时,熔渣的碱度以 $w(Na_2O)/w(SiO_2)$ 表示。在温度为 1300~1350℃ 的条件下,试验得出的磷的分配系数随 $w(Na_2O)/w(SiO_2)$ 的增大而增大,而且比用 CaO 系熔渣脱磷时高出很多,$w(Na_2O)/w(SiO_2) > 3$ 时,$w(P_2O_5)/w[P] > 1000$。

8.4 电弧炉脱磷工艺

电弧炉的炼钢过程通常分为三个阶段,即熔化期、氧化期和还原期。虽然熔化期的主要任务是尽量快地熔化炉料,但同时也能去除一部分磷;而氧化期除了通过脱碳来实现去气、去夹杂的目的外,主要是继续完成余下的脱磷任务。可见,电弧炉炼钢的脱磷操作贯穿其熔化和氧化两个阶段,其脱磷过程称为熔氧结合脱磷工艺。

8.4.1 熔氧结合脱磷工艺

电弧炉炼钢的熔化期,熔池温度低,去磷的热力学条件十分优越,炉料中的相当大一部分磷是在熔化期被氧化的。由于炉料中混有泥沙、铁锈,以及耐火材料的剥落部分和废钢中硅、锰、铝、磷、铁等元素的氧化,在炉内会形成一种碱度很低的熔渣。这种低碱度的炉渣无法大量地吸收和稳固地结合氧化磷,因此为了在熔化期尽早脱磷,装料前应在炉底铺加一定数量的石灰,以确保熔化渣的碱度。对于有底电极的直流电弧炉,炉底不能铺加石灰,否则不能导电,应在熔池形成后及时加入石灰。

在炉料的熔化过程中,适时向炉内吹氧助熔,使熔渣中维持较高的 FeO 含量;同时,炉底石灰熔化后上浮进入熔渣,使渣中含有一定量的 CaO;加之熔池温度较低,因此熔化前期具备了良好的脱磷条件,使大量的磷由钢液转入炉渣。当然,脱磷的同时也进行着脱碳反应。随着脱碳反应的进行,渣中的氧化铁含量降低及炉温升高,可能发生回磷现象,因此熔化的中、后期,应加入适量的氧化铁皮和小块矿石进行流渣操作。一般来说,在熔化期已将炉料中大部分的磷氧化去除,炉料全熔时钢液中的磷含量可以降到接近于所炼钢种的允许值。如果原料的磷含量较高,炉料熔清时钢液中的磷含量高出钢种允许值较多;或熔清时钢液的磷含量虽不是很高,但冶炼的是高碳钢,氧化期脱磷比较困难等,必须进行扒渣或自动流渣 70%~80% 并造新渣的换渣操作,以利用换渣机会去除较多的磷,减轻氧化期的脱磷任务。

表 8-5 所示为某厂 100 t 电弧炉实际生产的统计数据。

表 8-5　某厂 100 t 电弧炉炉料中及熔清后的磷含量　　　　　　　(%)

钢　种	炉料的磷含量	熔清后钢液的磷含量
碳素钢	0.030~0.075	0.010~0.025
低碳合金钢	0.030~0.075	0.004~0.011
高碳合金钢	0.060~0.067	0.009~0.017

表 8-5 所示的生产统计数据表明,造好熔化渣并在熔化后期进行流渣操作,熔化期的脱磷率可达 60% ~80%,炉料熔清后一般可到或接近所炼钢种的规格允许值。

进入氧化期后以吹氧脱碳为主,熔池温度迅速升高,脱磷的热力学条件不如熔化期好;但由于熔池均匀激烈的沸腾,渣、钢的接触面积比熔化期要大得多,因此脱磷的动力学条件比熔化期优越。在吹氧脱碳熔池沸腾的同时,频繁地进行流渣、补加渣料的操作,保持熔渣的碱度和渣中氧化铁的含量,以保证氧化期继续有效地去磷。

通常氧化末期应使钢中磷含量降到规格允许值的一半以下,而且氧化结束后,要扒除氧化渣后再造新渣进入还原期。这是因为,电弧炉炼钢的还原期不但不能脱磷,还会由于氧化渣没有扒净及铁合金等原材料的加入而使钢液增磷。还原期增磷的多少在很大程度上取决于氧化渣是否扒净,因此在操作中应尽量扒净氧化渣,增磷量可控制在 0.005% 以内。

总之,在正常情况下,熔化期内应尽早造好具有一定碱度、高氧化铁含量的炉渣,并在熔化的中、后期采用流渣操作,熔化末期钢液的磷含量可降低到或接近于钢种的规格允许值;炉料熔清后以吹氧脱碳为主,只要保持炉渣碱度及进行流渣操作,就能在脱碳的同时继续把钢中磷含量脱到小于钢种规格允许值的一半以下。

8.4.2　非正常炉况的脱磷工艺

通常,炉料熔清后取样进行全分析,而后根据钢液的成分,尤其是碳含量和磷含量制定合理的氧化方案,确保脱磷任务顺利完成。熔清后的非正常情况主要有三种,现将其脱磷过程分述如下。

8.4.2.1　熔清后钢液的磷含量高、碳含量高

例如冶炼 45 号钢,其含碳规格为 0.42% ~0.50%、含磷允许值为不超过 0.04%,而熔清时取样分析的结果是 $w[P] \geqslant 0.10\%$、$w[C] \geqslant 1.0\%$。

生产中遇此情况,应利用此时熔池温度较低的机会集中力量快速去磷,并在去磷的过程中逐渐升温,为后期脱碳创造条件。具体操作为:熔清后扒渣(或流渣大部分),加入足够的石灰造新渣,控制较大的渣量;可以吹氧化渣,但要防止升温太快;加入适量的小块铁矿石或氧化铁皮促进脱磷,并控制炉温。当温度已升高、渣况良好时,钢中的磷已大量转入渣中,可先利用脱碳引起的沸腾自动流渣,然后将炉内余渣扒除,加入新渣料(以石灰和氧化铁皮为主)。根据脱磷情况决定换渣次数,一般经过两次换渣可把磷含量降下来。当钢液的磷含量 $w[P] \leqslant 0.015\%$ 后,转入以吹氧脱碳为主的氧化操作,直至成分、温度均符合终点要求。

操作的关键是控制升温速度不能太快,脱碳速度要慢,这样磷含量降下去后方能加速脱碳。

8.4.2.2　熔清后钢液的磷含量偏高、碳含量偏低

仍以冶炼 45 号钢为例,熔清时钢液中 $w[P] \geqslant 0.08\%$、$w[C] \leqslant 0.40\%$。这可能是炉料配碳量过低、吹氧助熔操作不当以及发生大塌料等原因所造成的。

遇此情况,一般是熔清后用生铁增碳,氧化操作以脱磷为主。也可利用换渣机会向熔池增碳,以缩短冶炼时间,增碳剂为炭粉或生铁。当钢中磷含量降到小于 0.015% 后转为以脱碳为主,直至把钢中的碳脱到终点要求。

有时熔清碳含量并不低,但由于而后的氧化操作不当造成碳低磷高。这需要分析具体情况,找出原因后妥当进行处理。如果是由于熔池温度过高导致脱碳快而脱磷慢,可采取扒

渣造新渣的方法进行降温,并降低输入的电功率甚至停止供电,以利于低温去磷;如果是由于原料磷含量过高或前期渣未造好,则应多加些碎铁矿或氧化铁皮,并可吹氧化渣,但要注意尽量少脱碳。当渣况良好时,可进行流渣并补加渣料的换渣操作,一般换两次渣就能将磷降下来。

8.4.2.3　钢液中硅、锰、铬等元素含量高

一般情况下,熔清后钢液中不会残留过多的铬、锰、硅等元素,因为这些元素与氧的亲和力比磷大。如果因配料计算或装料操作有误使它们的含量较高,冶炼过程钢液中磷的氧化将会受到严重的影响。只有当它们的含量降到0.5%以下,磷的氧化才能进行。所以,生产中遇此情况应首先吹氧或加矿氧化这些元素,并扒除大部分炉渣再造新渣脱磷;但要防止温度过高,以免脱磷困难。

同理,返回吹氧法冶炼不锈钢时,由于钢液中存在大量贵重的合金元素铬而根本不能脱磷;而且,炉衬、造渣材料和铁合金还会带入磷,使还原期钢液中的磷含量有所增加。所以,高铬钢液的脱磷需采用还原脱磷法。

8.4.3　喷粉脱磷工艺简介

8.4.3.1　喷粉技术

向钢液喷吹粉料是应用喷射技术来完成冶金任务的一种有效手段,它能进行脱磷、脱硫、脱氧、去除夹杂物、调温、控制微量元素和合金化等多项精炼操作。喷粉技术是将粉料(又称粉剂)悬浮于气体中,通过喷吹管中的输送气体(又称载流气)把粉剂喷射到钢水中去。在喷入的粉剂和输送气体动能的作用下,粉剂与钢水之间产生强烈的搅拌,成百倍地扩大了反应物的接触面积,完全改变了传统炼钢炉内钢渣反应的动力学条件,提高了反应速度。同时,由于喷粉时是越过渣层把粉剂直接喷入钢液而不与大气接触,所以利用率高,而且钢液的成分稳定。

喷入钢水中的粉剂和钢水间的作用一般可分为三个阶段,现以喷吹石灰粉为例简述如下:

(1)第一阶段:喷入钢液的$0.1 \sim 0.2$ mm石灰粉粒随钢水一起运动,同时被钢液从20℃左右加热到1600℃左右。这一阶段的冶金反应在石灰粉粒表面上进行,时间为$2 \sim 4s$。

(2)第二阶段:石灰熔化成渣滴,并与钢液发生反应。由于渣滴很小、活性很大,冶金反应速度很快。该阶段的冶金反应会受到元素在钢、渣两相中的分配系数L_P、L_S的影响。

(3)第三阶段:吸收了硫或磷的渣滴随钢水流动,并逐渐上浮被排除到渣中。

8.4.3.2　电弧炉氧化期的喷粉脱磷

含碳熔池脱磷时所用粉料,由石灰粉、铁矿石粉和萤石粉组成。粉料中的铁矿石粉是脱磷的氧化剂;石灰粉的作用是与渣中P_2O_5结合成$4CaO \cdot P_2O_5$,起稳定磷氧化物的作用;萤石是为了快速化渣。粉剂中的铁矿石粉不仅可以氧化钢中的磷,而且还会与钢中的碳反应,因此其数量与钢中的碳含量有关。当钢液$w[C] = 0.10\% \sim 0.30\%$时,粉剂中铁矿石粉占20%;当$w[C] = 0.50\% \sim 0.60\%$时,铁矿石粉数量应增至$40\% \sim 50\%$。

理论研究表明,在$CaO - FeO$渣系中,当CaF_2含量为7%时,炉渣的黏度最小。所以,在粉剂组成中,萤石粉约占10%。

输送气体采用氧气,通过涂有耐火层的喷管喷入钢液;喷管插入钢水的深度以200 ~

300 mm 为宜。

容量为 10 t 的电弧炉的实验结果表明,钢液总脱磷量中有 65% 是被喷入钢液内部的粉剂所形成的渣滴脱除的,剩下 35% 的磷则是在钢液面被上浮的液滴和界面处的熔渣所脱除。

国内某些钢厂在电弧炉的氧化期采用喷粉脱磷工艺,其脱磷率一般可达 50% ~60% 。冶炼 GCr15 轴承钢时,使用配比为石灰粉:铁矿石粉:萤石粉 = 12.5:2:1 的粉剂,平均脱磷率可达 53.4% ,喷粉后磷含量为 0.0036% ~0.016% ;冶炼 45 钢时,采用配比为石灰粉:铁矿石粉:萤石粉 =7.5:1.5:1 的粉剂喷吹,平均脱磷率为 57.13% ,喷粉后钢液的磷含量可达 0.003% ~0.006% 。

喷粉的脱磷率和脱磷速度与下列因素有关:

(1) 喷粉强度越大,脱磷速度越快。例如有资料报道,当喷粉强度为 6.615 kg/(t·min)时,脱磷速度为 0.0017%/min;而喷粉强度为 3.487 kg/(t·min)时,脱磷速度则降到了 0.0007%/min。

(2) 粉气比越大,脱磷率越高。

(3) 当喷粉前钢中的磷含量高时,脱磷率也较高。

8.4.3.3　还原条件下的喷粉脱磷

还原性脱磷主要用钙或钙的化合物制作粉剂。但钙的沸点极低,在钢中的溶解度也很小,因此用一般的方法向钢液中添加钙或钙的化合物是相当困难的。但采用喷粉技术可以取得较满意的效果。

钢液还原条件下的喷粉脱磷,可选用的钙系合金粉剂有多种,如电石粉加萤石粉、电石粉加硅钙粉、电石粉加硅粉、电石粉加铝钡硅钙合金粉等。粉剂粒度为 0.1 ~0.6 mm,输送气体为惰性气体氩气。

还原喷粉脱磷操作简单、迅速,3 ~8 min 即可达到预期目的。因此,还原条件下的喷粉脱磷不仅在炉内、包中进行,在其他一些精炼装置上也可进行,尤其是应用于含铬不锈钢、高速工具钢等高合金钢的效果更佳。

选用电石粉喷吹时,CaC_2 在喷射条件下与钢液接触发生下列反应:

$$CaC_2 = \{Ca\} + 2[C] \tag{8-22}$$

$$\{Ca\} = [Ca] \tag{8-23}$$

$$3\{Ca\} + 2[P] = (Ca_3P_2) \tag{8-24}$$

$$3[Ca] + 2[P] = (Ca_3P_2) \tag{8-25}$$

因为钙在高温下易挥发形成气泡,因此喷吹电石粉时,脱磷反应主要发生在上浮过程中的钙气泡的表面。

还原条件下喷粉脱磷时应注意以下问题:

(1) 钢中氧、硫与钙的亲和力大于磷与钙的亲和力,因此,用钙系合金脱磷之前,钢液必须脱氧良好,否则喷入的钙将被氧、硫消耗掉而影响脱磷效果;

(2) 如前所述,喷吹电石粉脱磷的效果还与钢中的碳含量有关,统计资料表明,钢中的碳含量在 0.070% 左右时脱磷效果最为理想;

(3) 高温下 Ca_3P_2 不够稳定,炉内冶炼时为了减少或防止回磷,喷粉脱磷后应换渣,再继续进行其他工艺操作;

（4）喷吹电石粉脱磷时，会使钢液的碳含量略有增加。

复习思考题

8-1　简述磷对钢性能的影响。

8-2　写出氧化脱磷的总反应式，并阐述影响脱磷的因素。

8-3　试说明渣量与脱磷的关系，实际生产中如何控制渣量？

8-4　什么是还原性脱磷，主要用于什么钢种？

8-5　转炉吹炼过程中磷含量的变化规律是怎样的？并对各期的脱磷情况进行分析。

8-6　顶吹转炉发生回磷的原因有哪些，防止并减少回磷的措施有哪些？

8-7　简要叙述电弧炉熔氧结合脱磷的操作工艺。

8-8　电弧炉炼钢中炉料熔清后发现磷含量高，应如何操作？

8-9　在电炉氧化精炼过程中，如何正确控制磷和碳的氧化进程？

8-10　什么是喷粉技术，有什么好处？

8-11　电弧炉氧化期喷粉脱磷和还原条件下喷粉脱磷各用什么粉剂和载流气体，应注意些什么？

8-12　电弧炉氧化终点的磷含量为什么要低于规格允许值的一半以上？

9 脱 硫

硫也是钢中的常存元素之一,它会使大多数钢种的加工性能和使用性能变坏,因此除了少数易切削钢种外,它是需要在冶炼中脱除的有害元素。

钢中的硫主要来源于炼钢生产所用的原料,如铁水、废钢、铁合金等。炼钢过程中使用的石灰、铁矿石、萤石等造渣材料也含有一定量的硫。

硫在钢中以 FeS 形式存在,常以"[S]"表示;钢中锰含量高时还会有一定的 MnS 存在。当向钢中加入锆、钛、铌、钒等合金元素时,也可形成相应的硫化物 ZrS、TiS、NbS、VS 等。

9.1 硫对钢性能的影响

9.1.1 钢中硫的危害性

硫对钢的危害主要表现在以下三个方面:

(1) 使钢的热加工性能变坏——热脆。由图 9-1 的 Fe–FeS 相图可知,FeS 的熔点为 1190℃;Fe–FeS 共晶体的熔点更低,仅为 985℃。在液态铁中 Fe 和 FeS 能无限互溶,但 FeS 在固态铁中的溶解度只有 0.015% ~ 0.020%。所以当钢中硫含量大于 0.020% 时,在钢液冷却凝固过程中,由于选分结晶的作用,硫在未凝钢液中逐渐浓聚,最后在晶界以连续或不连续的网状硫化铁和 Fe–FeS 共晶体析出;晶界处的网状硫化物破坏了钢基体的完整性和连续性,当钢热加工前在 1100 ~ 1250℃ 的温度下加热时,FeS 或 Fe–FeS 共晶体就会熔化,使晶粒边界处呈现脆性;当进行压力加工时,锭坯就会出现开裂,这种现象称为热脆,如图 9-2 所示。热脆的存在严重影响了钢的热加工性能。有些研究认为,在锰含量不高时,当钢中硫含量达到 0.09% 左右时已不能进行热加工。如果钢中氧含量高时,钢液凝固过程中有 FeO 析出,会与 FeS 形成熔点更低(940℃)的 FeS–FeO 共晶体,从而加剧了硫的有害作用。

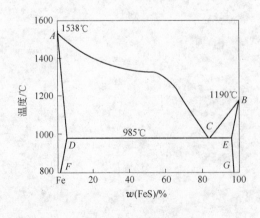

图 9-1 Fe–FeS 相图

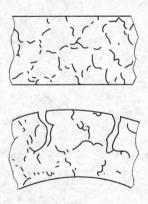

图 9-2 热脆示意图

（2）恶化钢的横向力学性能。钢中的硫含量高时,其硫化物夹杂的总量也相应增加,其中的塑性硫化物夹杂 FeS、MnS 在钢进行热加工时,随钢材沿加工方向充分延伸,几乎丧失了横向的变形能力,从而使钢材的横向伸长率和断面收缩率等性能降低。硫对钢材横向力学性能的有害影响还与硫在锭坯中的偏析程度有关。虽然有时钢中平均硫含量不高,但由于硫在钢锭最后凝固的区域富集,往往有带状偏析组织出现,使钢材的横向塑性明显下降。

（3）影响钢的焊接性能。含硫较高的钢材在焊接时往往会出现高温龟裂现象,其影响程度随钢中碳、磷含量的增加而增加;同时,焊接过程中硫容易氧化,生成二氧化硫气体逸出,以致在焊缝中产生很多气孔,造成焊缝疏松,降低了焊接部位的机械强度。

（4）影响钢的抗腐蚀性能和导磁性能。除了上述危害外,硫对钢的抗腐蚀性能和导磁性能也有一定的不良影响。例如,钢中硫含量超过 0.06% 时,钢的耐腐蚀性能显著恶化;纯铁或硅钢中随着硫含量的提高,磁滞损失明显增加。

鉴于硫对钢性能的诸多不良影响,应对钢中硫含量有较严格的限制。我国目前各类钢种对硫含量的要求大致分为下列三级:

（1）普通级,要求 $w[S] \leqslant 0.055\%$;

（2）优质级,要求 $w[S] \leqslant 0.040\%$;

（3）高级优质级,要求 $w[S] \leqslant 0.020\% \sim 0.030\%$ 。

近年来,由于硫含量小于 0.005% 的低硫钢的需求量大大增加,而纯净钢的硫含量甚至小于 0.001%,所以对冶炼过程中的脱硫提出了更高的要求。

9.1.2　钢中硫的有益作用

在个别钢中,硫则是作为合金元素使用的,目的是为了改善这些钢所要求的某些特殊性能。例如,为了改善钢的切削性能,一些易切削钢的硫含量高达 0.08% ~ 0.30% ;上钢生产的 Y15Pb 钢,要求硫含量达 0.18% ~ 0.27% ;首钢试制的 Y15S25 钢,硫含量控制在 0.20% ~0.30% 之间。不过,目前硫易切削钢已渐被钙易切削钢所代替。

另外,在冷轧取向硅钢中,利用钢中硫与锰生成的硫化锰夹杂抑制初次晶粒的长大,促使二次再结晶的发展,对改善硅钢片的电磁性能具有一定的作用。

9.2　脱硫反应

关于硫在碱性炉渣中的存在状态,分子理论认为是以 CaS、MnS、FeS 等化合物存在;而离子理论则认为主要是以负二价的硫离子 S^{2-} 存在于炉渣之中,在氧化性极强时有少量的硫酸根离子 SO_4^{2-} 存在。

硫是活泼的非金属元素之一,在炼钢温度下能够和很多金属元素、非金属元素结合成气态、液态或固态的化合物,这就使得发展各种脱硫工艺成为可能。目前炼钢生产中能有效脱除钢中硫的方法有碱性氧化渣脱硫、碱性还原渣脱硫和金属元素脱硫三种。

9.2.1　碱性氧化渣脱硫

如前所述,转炉的炼钢过程属于氧化精炼,其脱硫任务就是靠碱性氧化渣来完成的。

9.2.1.1　碱性氧化渣的脱硫反应式

根据炉渣结构的分子理论,碱性氧化渣与金属间的脱硫反应式如下:

$$[S] + (CaO) \Longrightarrow (CaS) + [O] \quad \Delta G^{\ominus} = 98474 - 22.82T(\text{J/mol}) \tag{9-1}$$

$$[S] + (MnO) \Longrightarrow (MnS) + [O] \quad \Delta G^{\ominus} = 133224 - 33.494T(\text{J/mol}) \tag{9-2}$$

可见,提高渣中 CaO 或 MnO 的含量、降低炉渣的氧化性,有利于钢液的脱硫。从表 9-1 所列出的三种硫化物分解压力的大小可知,CaS 的分解压力最小,因而在炉渣中最稳定;同时,实践证明,CaS 基本上不溶于钢液中,所以脱硫需要增加渣中自由 CaO 的含量,即提高炉渣的碱度。

表 9-1　三种硫化物的分解压力

温度/℃	分解压力 p_S/Pa		
	FeS	MnS	CaS
1000	3.20×10^{-4}	1.01×10^{-12}	6.39×10^{-42}
1200	3.20×10^{-1}	3.20×10^{-8}	1.01×10^{-32}
1500	76.9	1.27×10^{-3}	1.61×10^{-23}

炉渣分子理论的观点,很难解释纯氧化铁炉渣也能脱硫的事实。为此,炉渣离子理论认为,碱性氧化渣的脱硫是按式(9-3)进行的,并已得到公认。

$$[S] + (O^{2-}) \Longrightarrow (S^{2-}) + [O] \tag{9-3}$$

可见,碱性氧化渣和钢液间的脱硫反应,是硫在渣 – 钢界面上伴有电子转移的置换反应。每个硫原子转移到渣中,经过渣 – 钢界面时要获取 2 个电子:

$$[S] + 2e \Longrightarrow (S^{2-}) \tag{9-4}$$

硫原子吸收的 2 个电子是渣中的氧离子(O^{2-})经过钢 – 渣界面时提供的:

$$(O^{2-}) - 2e \Longrightarrow [O] \tag{9-5}$$

渣中的 O^{2-} 是碱性渣中包括氧化铁在内的自由氧化物提供的。酸性渣中没有自由的 O^{2-},只有 SiO_4^{4-},所以脱硫能力极低。

9.2.1.2　碱性氧化渣脱硫的影响因素

对于脱硫反应:

$$[S] + (O^{2-}) \Longrightarrow (S^{2-}) + [O]$$

平衡时
$$K_S = \frac{a_{(S^{2-})} \cdot a_{[O]}}{a_{[S]} \cdot a_{(O^{2-})}} = \frac{\gamma_{(S^{2-})} \cdot x(S^{2-}) \cdot f_{[O]} \cdot w[O]_\%}{f_{[S]} \cdot w[S]_\% \cdot \gamma_{(O^{2-})} \cdot x(O^{2-})} \tag{9-6}$$

表 9-2 列出了在特定条件下经过简化处理后的脱硫平衡常数与温度的关系式,可按表中条件选用。

表 9-2　脱硫平衡常数与温度的关系式

平衡常数与温度的关系式	试验条件
$\lg K_S = \lg \dfrac{w[O]_\% \cdot x(S^{2-})}{w[S]_\% \cdot x(O^{2-})} = \dfrac{-6500}{T} + 2.625$	熔渣为完全离子溶液
$\lg K_S = \lg \dfrac{w(S)_\%}{w[S]_\%} \cdot w[O]_\% = \dfrac{-3750}{T} + 1.996$	使用饱和石灰的氧化铁渣,取 $a_{(O^{2-})}$、$f_{[O]}$、$f_{(S^{2-})}$、$f_{[S]}$ 均为 1
$\lg K_S = \lg \dfrac{w(S)_\%}{w[S]_\%} \cdot w[O]_\% = \dfrac{-2762}{T} + 1.839 + \lg(1 - 3\sum a)$	总酸量 $\sum a = x(SiO_2) + \dfrac{4}{3}x(P_2O_5) + \dfrac{4}{3}x(Al_2O_3)$

由式(9-6)可知,硫在渣、钢间的分配系数为:

$$L_S = \frac{w(S)_\%}{w[S]_\%} = \frac{K_S \cdot \gamma_{(O^{2-})} \cdot x(O^{2-}) \cdot f_{[S]}}{f_{[O]} \cdot w[O]_\% \cdot f_{(S^{2-})}}$$ (9-7)

可见,凡是能影响脱硫反应的平衡常数、熔渣中氧离子的活度 $a_{(O^{2-})}$、钢液中氧的活度 $a_{[O]}$、熔渣中硫离子的活度系数 $f_{(S^{2-})}$ 和钢液中硫的活度系数 $f_{[S]}$ 的因素,均会对脱硫反应产生一定的影响。

A 熔池的温度

在平衡条件下,随温度升高,平衡常数 K_S 值略有增大,如图9-3所示。所以,从热力学角度来看,温度对脱硫的影响不是很大。但实际生产中发现,温度升高对脱硫十分有利。这主要是因为温度的升高可以降低熔渣的黏度,为脱磷反应创造了良好的动力学条件,可加速反应物和生成物的扩散转移,从而可加快脱硫反应的速度。

B 炉渣的碱度

其他条件相同时,提高炉渣的碱度可使 L_S 增大,如图9-3、图9-4所示。

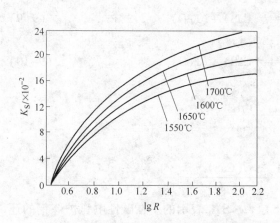

图9-3 温度及熔渣碱度 R 对 K_S 的影响

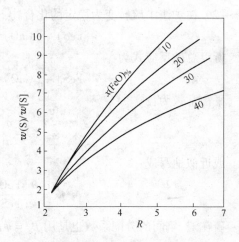

图9-4 碱性氧化渣的碱度和氧化铁含量对硫分配比的影响

$$R = (x(SiO_2) + 1.5x(P_2O_5) + 1.5x(Al_2O_3))^{-1}$$

根据离子理论的观点,炉渣碱度的提高,能使炉渣中氧离子的活度 $a_{(O^{2-})}$ 增大,即可使渣中自由的氧离子浓度增加,所以对脱硫十分有利;分子理论的解释是,提高碱度能增加炉渣中自由 CaO 的浓度,有利于式(9-1)的脱硫反应向右进行。

另外,提高炉渣碱度还可以增加炉渣中钙离子的浓度,使硫离子的活度系数降低,即可在渣中形成稳定的硫化物,使炉渣中硫的活度降低,也能促使脱硫反应式(9-3)向右进行。

C 钢液中的氧含量和渣中的氧化铁含量

降低钢液中氧的活度,可以增大硫在渣、钢间的分配系数 L_S。在氧气炼钢的熔池内,$a_{[O]} \approx w[O]_\%$,所以降低钢液中的氧含量对脱硫有利。但在氧化精炼时,钢液中的氧含量必然较高,所以其脱硫条件就远不如还原精炼时优越。

渣中氧化铁的含量对脱硫的影响比较复杂,现简要分析如下:

渣中 FeO 含量高时,会使钢液中的氧含量增高,显然对脱硫不利;但同时,FeO 含量增高可使渣中氧离子的活度 $a_{(O^{2-})}$ 增大而有利于脱硫反应的进行。所以,渣中氧化铁含量对脱硫的影响要看两者之中的哪个因素起主要作用。在碱性氧化渣中,即 $w(FeO) \geqslant 10\%$ 时,增加渣中 FeO 含量使氧离子活度增加的因素起主要作用,能使 L_S 略有提高。纯氧化铁渣的 L_S 约为3.6,碱性氧化渣的脱硫能力则要略大些,其 L_S 在 4 ~ 10 的范围内波动,如图9-4所示。

9.2.2　碱性还原渣脱硫

碱性还原渣脱硫只有在电弧炉还原期或炉外精炼时才能实现,其主要特点是渣中的氧化铁含量很低,因而对脱硫十分有利。

9.2.2.1　碱性还原渣的脱硫反应式及平衡常数

按分子理论的观点,碱性还原渣脱硫反应由以下两个步骤组成:

(1) 硫由钢液向炉渣扩散:

$$[FeS] = (FeS) \tag{9-8}$$

(2) 在炉渣中硫转变为稳定的化合物:

$$(FeS) + (CaO) = (CaS) + (FeO) \tag{9-9}$$

所以总的反应式为:

$$[FeS] + (CaO) = (CaS) + (FeO) \tag{9-10}$$

平衡常数为:

$$K_S = \frac{a_{(FeO)} \cdot a_{(CaS)}}{a_{[FeS]} \cdot a_{(CaO)}}$$

或近似地写成:

$$K_S = \frac{w(FeO)_\% \cdot w(CaS)_\%}{w[FeS]_\% \cdot w(CaO)_\%}$$

硫在渣、钢间的分配系数也是用 $L_S = w(S)_\% / w[S]_\%$ 表示的。在碱性电弧炉炼钢的还原期,于电石渣下还原时,渣中的氧化铁含量为 $0.3\% \sim 0.5\%$,硫的分配系数 $L_S \geqslant 100$;于白渣下还原时,L_S 也可达 50 ~ 80。

9.2.2.2　影响还原渣脱硫的主要因素

分析式(9-10)可知,影响还原渣脱硫效率的因素主要有以下几个。

A　还原渣的碱度

由脱硫的反应式可见,渣中含有 CaO 是脱硫的首要条件,由于酸性渣中的 CaO 全部被 SiO_2 所结合而无脱硫能力,所以脱硫要在碱性渣下才能进行。

随着碱度增大,渣中自由 CaO 的含量增多,炉渣的脱硫能力增大;但碱度过高会引起炉渣的黏度增大,恶化双相反应的动力学条件而不利于脱硫反应的进行。生产经验表明,炉渣碱度 $R = 2.5 \sim 3.0$ 时,脱硫效果最好。炉渣碱度与硫的分配系数 L_S 的关系如图9-5所示。可见,碱性还原渣的 L_S 波动在 30 ~ 50 之间。

B　渣中 FeO 的含量

在还原渣下,随着扩散脱氧的进行,渣中 FeO 的含量逐渐降低。从脱硫反应式(9-10)中可以看出,渣中 FeO 含量的降低有利于脱硫反应向右进行,如图9-6所示。

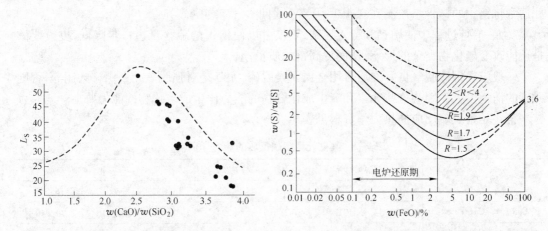

图 9-5 熔渣碱度与硫的分配系数的关系   图 9-6 电弧炉还原渣中 FeO 含量对硫分配系数的影响

可见,在还原气氛下,只要保持炉渣具有较高的碱度,脱硫效果就极为显著,这表明了脱硫与脱氧的一致性。因此在冶炼过程中,脱氧越完全,对脱硫也越有利。

C 渣中 CaF₂ 和 MgO 的含量

向炉内加入适量的萤石,增加渣中 CaF₂ 的含量能改善还原渣的流动性,提高硫的扩散能力而有利于脱硫反应的进行;同时,CaF₂ 能与硫形成易挥发物,还具有直接脱硫作用。不过,由于 CaF₂ 对炉衬具有较强的侵蚀作用,所以萤石的用量不宜过多。

MgO 是碱性氧化物,从理论上讲它也有脱硫能力,而且可以与一切酸性氧化物结合,使渣中自由 CaO 的浓度提高,对脱硫有一定的帮助。但渣中有少量的 MgO 存在就会使炉渣变得黏稠,影响硫的扩散能力,并给脱氧等操作带来许多困难,因此一般都不希望炉渣中含有较高的 MgO 含量。

D 渣量

在保证炉渣碱度的条件下,适当加大渣量可以稀释渣中脱硫产物 CaS 的含量,对去硫有利;但渣量过大时会使渣层变厚,脱硫反应不活泼,钢液中的硫并不随渣量的增加而按比例下降。实践证明,电弧炉还原期的渣量以控制在 3% ~5% 范围内较为合理。

E 熔池温度

还原渣脱硫反应的平衡常数 K_S 与温度的关系式为:

$$\lg K_S = \frac{-6024}{T} + 1.79 \tag{9-11}$$

可见,在炼钢温度范围(1500~1650℃)内,K_S 随温度的变化不大,就是说和碱性氧化渣脱硫一样,温度对脱硫的平衡状态影响不明显,但生产中发现,适当提高熔池的温度对脱硫十分有利。其原因是,由于钢、渣间脱硫反应的限制性环节是硫的扩散,提高熔池温度可改善钢、渣的流动性,提高硫的扩散能力,从而加速脱硫过程。

9.2.3 金属元素脱硫

由于某些特殊用途的钢种对硫含量提出了越来越高的要求,因此,在充分发挥炉渣脱硫的基础上,还应该向钢液中加入某些金属元素进一步脱硫或减轻硫的危害。

例如,向钢中加入一定的锰,可生成熔点为 1620℃ 的 MnS,从而降低钢的热脆倾向,为此通常将钢中的锰含量控制在 0.4% ~0.8% 之间。

又如,冶炼过程中使用钙和稀土元素,不仅可以使钢中的硫含量进一步降低,更重要的是还能改变硫化物夹杂的形态,从而提高钢的质量。

一般应在钢液脱氧良好之后再用金属元素脱硫,尤其是对强脱氧元素钙、铈、镧等,否则元素的消耗量大。因为这些元素和氧生成化合物的能力比生成硫化物的能力要高。

某些元素脱硫反应的热力学资料见表 9-3。

表 9-3　某些元素脱硫反应的热力学资料

反　应	$\Delta G^{\ominus} = A + BT/J \cdot mol^{-1}$		$\lg K = A'/T + B'$		K 值		
	A	B	A'	B'	1500℃	1600℃	1650℃
$CaS_{(s)} = \{Ca\} + [S]$	570996	171.40	−29810	8.948	1.3×10^{-8}	1.07×10^{-7}	2.79×10^{-7}
$CeS_{(s)} = [Ce] + [S]$	39400	−122	−20600	6.39	5.9×10^{-6}	2.5×10^{-5}	4.8×10^{-5}
$Zr_3S_4 = 3[Zr] + 4[S]$	844000	−374	−44000	19.5	4.8×10^{-6}	1.0×10^{-4}	4.2×10^{-4}
$TiS_{(s)} = [Ti] + [S]$	1.53×10^5	−77	−8000	4.02	0.322	0.561	0.724
$MnS_{(s)} = [Mn] + [S]$	1.67×10^5	−88.68	−8750	4.63	0.495	0.909	1.567

由表 9-3 可见,脱硫能力由强到弱的次序为:Ca、Ce、Zr、Ti、Mn。

强脱硫剂的特点是其含量或加入量很小时就可使钢得到低的硫含量,并且残存元素含量也很低,不会因此影响钢的物理化学性质。而脱硫能力不强的元素只能在钢液凝固过程中生成硫化物,而且大部分没有机会排除,只能以硫化物夹杂的形式存在于固态钢中。

9.3　炉料硫含量对脱硫的影响

9.3.1　炉料硫含量与终点钢液硫含量的关系

当硫在渣、钢间的分配系数 L_S 一定时,钢液硫含量取决于炉料硫含量和渣量,关系式如下:

$$\sum w(S)_\% = w[S]_\% + w(S)_\% \cdot Q \tag{9-12}$$

式中　$\sum w(S)_\%$——炉料带入熔池的总硫量,%;

　　　$w[S]_\%$——钢液中硫的质量百分数;

　　　$w(S)_\%$——炉渣中硫的质量百分数;

　　　Q——渣量,%。

将 $L_S = w(S)_\%/w[S]_\%$ 代入式(9-12)可得:

$$w[S]_\% = \sum w(S)_\%/(1 + L_S \cdot Q) \tag{9-13}$$

由式(9-13)可见,当硫的分配系数 L_S 一定时,钢液中的硫含量与炉料中的硫含量成正比。因此,降低炉料的硫含量是控制钢中硫含量的有效手段。

9.3.2　炉料硫含量对炼钢操作的影响

转炉炼钢主要依靠碱性氧化渣脱硫,硫在渣、钢之间的分配系数 L_S 在 4 ~10 的范围内波动。如取 $L_S = 10$,渣量为钢液量的 10% ,则钢液的硫含量为:

$$w[S]_\% = \sum w(S)_\%/(1 + L_S \cdot Q) = \sum w(S)_\%/(1 + 10 \times 10\%) = \sum w(S)_\%/2$$

由此可见,在上述条件下,最多只能脱除炉料中硫的一半,要想从炉料中脱除50%以上的硫是不可能的。也就是说,如果炉料中硫含量高,采用单渣法操作是达不到脱硫要求的,而必须采取双渣法操作,这不仅影响生产率、增加劳动强度,而且还会增加原材料消耗、能源消耗。为此,在生产中对高硫铁水要进行炉外预脱硫,降低炉料的硫含量,以便在转炉吹炼时采用单渣法操作。

在电弧炉炼钢的氧化期常采用流渣操作,但主要是为了提高脱磷率,不过也能去除少部分硫。电弧炉炼钢的脱硫主要是在还原期,碱性还原渣下硫的分配系数 L_S 值很高,只要有3%~5%的渣量就可以把钢中的硫降到所要求的范围内;如果在出钢过程中再采用先渣后钢、钢渣混冲,可大大地增加炉渣与钢水的接触面积,充分利用还原渣的脱氧和脱硫能力,硫在渣、钢之间的分配系数 L_S 高达50~80,能把钢的硫含量进一步降低到0.020%以下。也就是说,通常情况下电弧炉炼钢炉料的硫含量不会给冶炼操作带来太大的影响。

9.4 转炉脱硫工艺

转炉炼钢的脱硫能力不是很强,因此,应研究影响转炉内脱硫的因素及吹炼中硫含量的变化规律,以充分发挥其脱硫作用。

9.4.1 成渣速度与熔池搅拌对脱硫的影响

9.4.1.1 成渣速度对脱硫的影响

转炉吹炼过程中的成渣速度与其脱硫情况密切相关,图9-7表示了氧气顶吹转炉吹炼过程中石灰成渣速度与脱硫速度的关系。

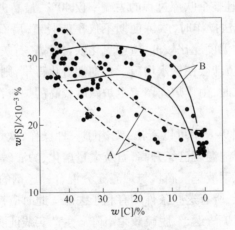

图9-7 石灰成渣速度与脱硫速度的关系
A—成渣快;B—成渣慢

在图9-7中的A类吹炼过程中,由于加入大量的萤石,使石灰成渣很快,炉渣碱度很快提高,因而铁水中的硫几乎呈直线下降。在B类的吹炼过程中,因未加萤石,石灰成渣很慢,直至吹炼后期脱碳速度下降、渣中全FeO的含量增高促使石灰迅速溶解,铁水中的硫含量才开始急剧下降。

9.4.1.2 熔池搅拌对脱硫的影响

脱硫反应属于炉渣与金属间的界面反应,加强熔池的搅拌,增加它们的接触面积,显然能加速脱硫反应的进行。氧气顶吹转炉内,由于氧气射流及 CO 气泡的强烈搅拌作用,熔池内的炉渣和金属液高度乳化,两相的接触面积比平静熔池的大许多倍,脱硫的动力学条件十分优越因而脱硫速度很快。

9.4.2　吹炼过程中硫含量的变化规律

吹炼过程中硫含量的变化规律大致可分为三个阶段,如图 9-8 所示。

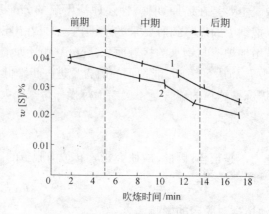

图 9-8　吹炼过程中硫含量的变化

1—单渣法操作的脱硫曲线;2—双渣留渣法操作的脱硫曲线

可见,无论是采用单渣法冶炼还是双渣留渣法操作,氧气顶吹转炉炼钢中的脱硫主要依靠吹炼的中期和后期,而且整个吹炼过程的去硫率仅 40%,最高也只有 60%。

(1) 吹炼前期。单渣法操作时,吹炼前期不仅不能脱硫,反而会有硫含量升高的现象。这是由于开吹后不久炉内温度还比较低,渣中氧化铁含量高,石灰成渣尚少,脱硫能力很低,而加入的矿石、石灰中的硫却会使钢水增硫。若初期渣化得早,则这种现象维持的时间可缩短一些。双渣留渣法操作时,由于炉内留有上炉碱度较高的炉渣,而且熔池前期温度也比较高,所以有一定的脱硫能力。

(2) 吹炼中期。从图 9-8 中可以看出,无论哪一种操作,吹炼中期这一阶段均为脱硫的最好时期。这是因为熔池温度已经升高,石灰大量熔化,炉渣碱度显著提高;同时,碳氧反应激烈,炉渣泡沫化,大量钢液呈液滴状与炉渣充分混合,渣、钢的接触面积大大增加,并且渣中氧化铁含量有所降低,所有这些条件均有利于去硫。此时应控制好渣中氧化铁的含量,如果氧化铁含量过少会使炉渣返干,脱硫效果下降。生产实践证明,当渣中氧化铁总含量小于 8% 时,脱硫过程将严重受阻而使脱硫效果大大降低。

(3) 吹炼后期。进入吹炼后期,脱碳速度逐渐减慢,熔池的搅拌程度减弱;但由于熔池温度高,石灰基本化渣,炉渣碱度高,炉渣的流动性良好,仍具有较强的脱硫能力。

9.4.3　转炉中的气化去硫

研究转炉脱硫过程时发现,由铁水和各种原料带入的总硫量,比留在钢水中与进入炉渣中的硫量之和要多,这说明有一部分硫在吹炼过程中被"气化"而随炉气排出了炉外。

经硫平衡计算及炉气分析可知,转炉吹炼中的气化脱硫可占总脱硫量的 1/3 左右。

气化脱硫是指金属液中的 S 以气态 SO_2 的方式被去除,反应式可表示为:

$$[S] + 2[O] \Longrightarrow \{SO_2\}$$

在炼钢温度下,从热力学角度来讲,上述反应理应能进行。但在钢水中含有 C、Si、Mn 的条件下,要直接气化脱硫则是不可能实现的。钢水气化脱硫的最大可能是,钢水中的硫进入炉渣后,再被气化去除。

有些文献认为,气化脱硫按以下反应进行:

$$3(Fe_2O_3) + (CaS) \Longrightarrow (CaO) + 6(FeO) + \{SO_2\} \tag{9-14}$$

$$\{O_2\} + (CaS) \Longrightarrow (CaO) + \{SO_2\} \tag{9-15}$$

除了上述的气化脱硫方式外,有的文献还曾指出存在下列反应:

$$(CaSO_4) + 2(FeO) \Longrightarrow (CaO \cdot Fe_2O_3) + \{SO_2\} \tag{9-16}$$

$$(CaSO_4) + (Fe_2O_3) \Longrightarrow (CaO \cdot Fe_2O_3) + \{SO_2\} + \{O_2\} \tag{9-17}$$

在顶吹氧气转炉熔池的氧流冲击区,由于温度很高,硫以 S、S_2、SO 和 COS 的形态挥发是可能的。在电弧炉炉气中已证明有 COS 存在,所以发生下列脱硫反应是可能的,即:

$$S_2 + 2CO \Longrightarrow 2COS$$

$$SO_2 + 3CO \Longrightarrow 2CO_2 + COS$$

可见,硫必须首先自金属进入熔渣,才有可能通过气化脱除。所以钢、渣间的脱硫反应是气化脱硫的基础。

高氧化铁含量对气化脱硫是有利的,而高碱度渣对气化脱硫不利。实际生产证明,转炉中随着炉渣氧化性的提高,虽然恶化了炉渣脱硫的热力学条件,但钢液硫含量反而减少,这就是由于气化脱硫加强所致。当渣中氧化铁含量高达 40% 时,气化脱硫可占总脱硫量的 50%。转炉熔炼低碳钢时,气化脱硫占的比例较大,而炉渣脱硫占的比例相对减小。

增大气化脱硫势必要增大铁损,所以在一般情况下这一途径是不可取的,特别在炉外脱硫工艺已经日趋成熟并被广泛采用的情况下,还是应该加强高碱度炉渣的脱硫。

应该指出,氧气顶吹转炉由高炉直接供应铁水,由于高炉渣内含有大量的硫,如有高炉渣混入时,会使炉料的硫含量增加,导致转炉钢的终点硫含量高。

由于氧气顶吹转炉所用的金属料主要是铁水,吹炼过程中又需加入大量铁矿石和石灰,而且没有还原阶段,硫的分配系数 L_S 只能达到 8 ~ 10。为了能更好地降低转炉钢水的硫含量,通常可采用铁水预处理脱硫的方法来控制原料中带入的硫,也可以对已经吹炼好的钢水进行炉外脱硫,以弥补其脱硫指数低的缺点。

9.4.4 铁水预脱硫

铁水的预脱硫处理是指高炉铁水在尚未兑入炼钢炉之前,加入脱硫剂对其进行脱硫的工艺操作。采用铁水预脱硫的原因在于:

(1)近代科技对钢的质量提出了新的要求,大量的钢号要求把硫含量限制在 0.020% 以下,有的甚至要求小于 0.005%;而转炉的脱硫率又十分有限,一般不超过 50%,所以希望能用低硫铁水来炼钢。

(2)由于连续铸钢的发展,要求钢中的硫含量进一步降低,否则铸坯容易产生内裂。

(3)从技术上讲,铁水中碳、硅、磷等元素的含量高,可提高硫在铁水中的活度系数而有利于脱硫;同时,铁水中的氧含量低,没有强烈的氧化性气氛,有利于直接使用一些强脱硫剂,如电石(CaC_2)、金属镁等。

(4) 铁水的预脱硫处理有利于降低消耗和成本,并增加产量。

9.4.4.1 铁水预脱硫的基本原理

A 铁水预脱硫的热力学研究

铁水预脱硫常用的脱硫剂有:石灰粉、电石粉、苏打粉、金属镁等。根据有关热力学资料的分析结果,在 1250~1450℃ 范围内,各脱硫剂脱硫能力的强弱顺序大致排列如下:

脱硫剂	Na_2O	CaC_2	Mg	CaO
平衡 $w[S]$%	4.8×10^{-7}	4.9×10^{-7}	1.6×10^{-5}	3.7×10^{-3}

必须指出,铁水成分,尤其是硅含量的高低对脱硫剂的脱硫能力也有很大影响。试验发现,处理高硅铁水时,脱硫能力的强弱顺序为:

$$Ca > CaC_2 > Na_2O > Na_2CO_3 > CaO > Mg > Mn > MgO$$

而处理低硅铁水时,脱硫能力的强弱顺序则为:

$$Ca > CaC_2 > Mg > Na_2CO_3 > CaO > Mn > MgO$$

若铁水中含有铝,CaO 的脱硫能力便显著提高。

以上分析说明,常用的炉外脱硫剂,如电石(CaC_2)、石灰(CaO)、苏打(Na_2CO_3)和镁(Mg)都有极强的脱硫能力,在通常的铁水温度和成分条件下,当反应达到平衡时,铁水中的硫含量都能降低到 0.005% 以下。但是在实际生产中,铁水经预脱硫后其硫含量远远高于脱硫反应达到平衡时的硫含量。其原因在于预脱硫的速度较慢,在有限的时间内脱硫效率较低。至于如何才能提高脱硫反应的速度,则属于动力学研究的范畴。

B 铁水预脱硫的动力学分析

进行铁水预脱硫时,将脱硫剂制成粉剂,加入后加强搅拌以增加脱硫剂与铁水的接触面积,即改善脱硫反应的动力学条件,是加速脱硫过程的主要措施;不过,使用不同的脱硫剂时,脱硫过程具有不同的动力学特征。

(1) 电石粉脱硫。用电石粉脱硫时,脱硫反应是在固体电石粉和液体铁水的交界面上进行的。脱硫时,在电石粉颗粒的表面形成疏松多孔的 CaS 层,铁水中的硫能够很容易地穿过此层而与内层的 CaC_2 继续进行化学反应。因此,用 CaC_2 作脱硫剂时,脱硫的限制性环节是硫在铁水一侧边界层中的扩散,即硫在液相中的扩散为其限制性环节。加强搅拌和减小电石粉颗粒的直径,可以增加脱硫剂与铁水的接触机会,不仅能提高电石粉的利用率,而且可以加快 CaC_2 的脱硫速度。

(2) 石灰粉脱硫。用石灰粉脱硫时,其脱硫过程也是固、液两相反应。1300℃ 条件下,若铁水中的硫含量较低($w[S] < 0.040\%$),脱硫时在石灰粒表面生成较薄的反应层,与用 CaC_2 脱硫一样,限制性环节是液相中硫的扩散;若铁水中硫含量较高($w[S] > 0.080\%$),脱硫时将在石灰粒表面包围着一层厚而致密的 $2CaO \cdot SiO_2$ 和 CaS 反应层,铁水中的硫必须通过这致密的反应层才能与石灰粒内层的 CaO 起作用。因此,"固相扩散"便成为脱硫过程的限制性环节。加强搅拌和使石灰的粒度适宜是提高脱硫速度的重要因素。总之,石灰粉脱硫的特点是速度慢、脱硫剂耗量大。

(3) 苏打粉脱硫。用苏打粉脱硫时,Na_2CO_3 的熔点仅为 852℃,在铁水的温度条件下为液体。液态苏打的脱硫反应为:

$$Na_2CO_{3(1)} + [S] + [Si] =\!=\!= Na_2S_{(1)} + SiO_{2(s)} + \{CO\} \tag{9-18}$$

$$Na_2CO_{3(1)} + [S] + 2[C] = Na_2S_{(1)} + 3\{CO\} \qquad (9-19)$$

Na_2CO_3 有很强的脱硫能力,比 CaO 的脱硫能力约大 100 倍,接近 CaC_2 的脱硫能力。通常,Na_2CO_3 分解成 Na_2O 和 CO_2,Na_2O 又分解成 Na(蒸气)和 O_2。所以,用苏打粉脱硫的同时,还会脱除钢液中的磷、硅、碳、钒、铌、钛等元素。反应所生成的 CO_2、CO 等气体可以加强对铁液的搅拌,促进脱硫效率的提高。

应指出的是,温度对预脱硫的效率也有一定的影响。一般来说,温度高时化学反应速度快,而且硫在固相和液相中的扩散速度加快,喷吹气流的穿透率增加,所以较高的温度有利于提高脱硫效率。实际上,温度对脱硫反应速度的影响主要是通过改变扩散系数表现出来的,例如,以液相扩散为限制性环节的脱硫反应,1400℃时的脱硫速度为 1300℃时的 1.25 倍;对于以固相扩散为限制性环节的脱硫反应,1400℃时的脱硫速度为 1300℃时的 2.14 倍。这就是说,温度对固相扩散的作用更大。

另外,使用促进剂 $CaCO_3$ 和 $MgCO_3$ 对提高预脱硫效率也有一定的作用。例如,用 CaC_2 或 CaO 喷射脱硫时,可掺入适量的促进剂 $CaCO_3$ 或 $MgCO_3$。促进剂在高温下分解出 CO_2 气体,使运载气体形成的气泡破裂,释放出封闭在这些气泡中的脱硫剂;同时,还能强烈地搅拌铁水,从而使脱硫剂的利用率和脱硫效率都得到提高。

9.4.4.2　铁水预脱硫的方法

近年来,世界各国先后进行了大量的试验,并研发了机械搅拌、喷射等多种铁水预脱硫的方法。虽然这些预脱硫方法所用设备不同,但基本操作环节不外乎是加脱硫剂、搅拌、扒渣取样和测温。实践证明,脱硫剂的加入方式、加入量和搅拌方式不同,脱硫效率也不尽相同。

A　机械搅拌法

机械搅拌法是旋转浸在铁水中的搅拌棒或搅拌翼(桨式搅拌器)搅拌铁水和脱硫剂,以促进脱硫反应的进行。其中,具有代表性的是日本的 KR 法。

进行预脱硫操作时,先把粉状电石、苏打等脱硫剂加入铁水包内,然后将叶轮(叶轮大小相当于铁水包直径的 1/10 ~ 1/3)插入铁水之中并转动叶轮(80 ~ 120 r/min)。由于叶轮的转动,在铁水液面中央部位产生一个涡流下陷部分,脱硫剂在此下陷部位被卷入并分布在整个铁水罐内进行脱硫,其反应式为:

$$CaC_{2(s)} + [S] = CaS_{(s)} + 2[C] \qquad (9-20)$$

脱硫效率取决于脱硫剂的添加量、叶轮转动速率和处理时间,一般脱硫效率可达 90% 以上。叶轮转速和脱硫率的关系如图 9-9 所示。

脱硫搅拌时间一般为 10 ~ 15 min,整个脱硫作业周期为 30 ~ 50 min;一次处理铁水容量最大可达 330 t;一般电石粉用量为 3 ~ 4 kg/t,可使铁水硫含量降到 0.005% 以下。

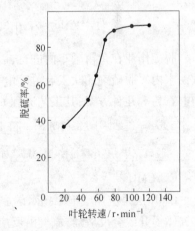

图 9-9　KR 法叶轮转速与脱硫率的关系

在相同脱硫率情况下,KR 法的脱硫剂消耗量较少。因此,常用 KR 法预处理过的低硫铁水冶炼低硫钢种和超低硫钢种,如高牌号电工钢、耐低温钢、原子能工程用钢等。

搅拌法预脱硫的设备基建费用较大,平时维修费用较高;同时,脱硫前后均需进行扒渣操作,加上搅拌桨浸入铁水,所以铁水在处理过程中的温降较大,通常可达 30~50℃。

B　喷射法

喷射法是用载流气体(干燥空气或氮气)将脱硫剂喷入并搅动铁水的脱硫方法。喷射管可插入普通铁水罐内,也可插入鱼雷罐车内进行脱硫。该法每次处理周期基本上与转炉冶炼周期相匹配,作业率高,处理能力较大。在使用相等数量的脱硫剂时,其脱硫效率略低于 KR 法,通常为 80% 左右,铁水硫含量为 0.010%~0.020%;若增加脱硫剂用量,也可使铁水硫含量降低到 0.005% 的水平。

喷吹法基建投资费用较低,脱硫剂可用部分价廉的石灰粉、石灰石粉,而且处理铁水量大,所以处理成本较低;处理前不需扒渣,喷枪插入操作也比较方便,而且喷枪本身结构简单,制作、维修方便;由于鱼雷罐车有较好的保温性能,所以铁水降温仅为 10~20℃。

我国宝钢总厂鱼雷罐车顶喷脱硫设备(TDS)投入生产后表明,这种预处理方法具有处理能力大、设备利用率高、能够生产低硫铁水等优点,其主要设备如图 9-10 所示。

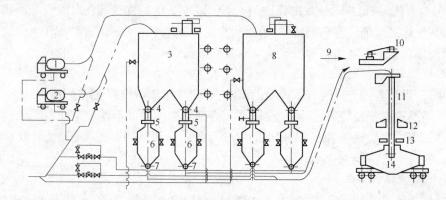

图 9-10　鱼雷罐车脱硫设备 ·
1,2—槽车;3—CaC₂ 储存仓;4—旋转阀;5—蝶阀;6—喷吹罐;7—旋转阀;8—CaO 储存仓;
9—至其他喷枪;10—喷枪升降旋转设备;11—喷枪;12—烟罩;13—防溅罩;14—鱼雷罐车

脱硫作业在鱼雷罐车内进行,以氮气为载流气体,采用顶喷法将脱硫剂(CaC_2、CaO)喷入铁水内。脱硫剂的吹入有单喷电石粉或石灰粉、先喷石灰粉后喷电石粉、同时喷吹石灰粉和电石粉等几种方案,其工艺流程如下:

鱼雷罐车进站 → 卷帘门闭下 → 降下防溅罩 → 测温,取样 → 向喷粉罐输料 → 降枪并开始喷粉

→ 脱硫完毕,提升喷枪 → 测温,取样 → 提升防溅罩 → 卷帘门开启 → 鱼雷罐车拉出脱硫站

C　GMR 法

GMR 法是应用气泡泵扬水的原理进行铁水预脱硫的一种方法。处理时,在铁水包中插入气体提升混合反应器,氮气由反应器中压进,使铁水由反应器的中心管压上去,由上部流出,形成循环流动,如图 9-11 所示。铁水做循环流动时将脱硫剂卷入铁水内部,使加入的脱硫剂与铁水充分混合,以提高脱硫效果。

D　CLDS 法

CLDS 法又称铁水连续脱硫法,它是利用一个中间铁水罐,通过吹氩搅拌加入的脱硫剂,使脱硫剂与铁水充分接触而进行脱硫。

E 镁脱硫法

利用镁进行脱硫主要有两种方法:镁－焦脱硫法和喷吹镁粉法。

镁－焦脱硫法所用的镁－焦,是由质量分数为43%以上的镁渗透浸入焦炭制成的。操作时,把镁－焦放于铁皮容器内,然后把此容器浸入铁水中。由于镁在高温下沸腾,离开焦炭而与铁水接触,并与其中的硫反应生成 MgS,上浮到铁水表面而成渣,如图 9-12 所示。镁－焦的用量根据所处理的铁水量及其硫含量确定。一般处理100 t 铁水用125 kg 镁－焦,经 8 min 后,可把铁水的硫含量由 0.034% 降低到 0.004% 。

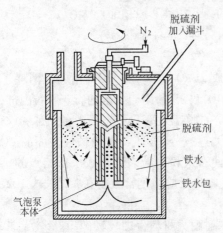

图 9-11 GMR 法脱硫示意图

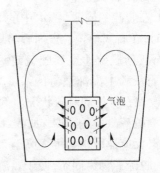

图 9-12 镁－焦脱硫示意图

目前,用镁进行铁水预脱硫的主要方法是喷吹镁粉法。它是用气体(最好是非氧化性的)将金属镁粉和石灰粉一起吹入铁水中。由于石灰粉很细(325 目,即 44 μm),致使生成的镁蒸气气泡很小,反应界面相应增大,不仅镁的利用率接近 100% ,而且脱硫效果比镁－焦脱硫法好。

9.4.4.3 脱硫剂

脱硫剂是决定脱硫率和脱硫成本的主要因素之一。选择脱硫剂时,主要从其脱硫能力、成本、资源、环境保护、对容器耐火材料的侵蚀及安全等方面综合考虑。目前常用的脱硫剂有电石粉、石灰粉、石灰石粉、镁粉等。

A 常用脱硫剂的特点

a 电石粉

电石粉的主要成分为 CaC_2 ,是一种重要的脱硫剂,其粒度在 0.1 ~ 1 mm 之间。电石粉加入铁水后与硫发生反应如下:

$$CaC_{2(s)} + [FeS] = CaS_{(s)} + [Fe] + 2[C] \tag{9-21}$$

电石粉有如下特点:

(1) 在高硫铁水中,CaC_2 分解出的 Ca^{2+} 与 S 的结合力强,因此有很强的脱硫能力;而且脱硫反应又是放热反应,可减少脱硫过程铁水的温降。

(2) 脱硫产物 CaS 的熔点很高,为 2450℃ ,在铁水液面形成疏松固体渣,不易回硫,易于扒渣,同时对混铁车或铁水包内衬侵蚀较轻。

(3) 脱硫过程有石墨碳析出,同时还有少量的 CO 和 C_2H_2 气体逸出,并带出电石粉,因而污染环境,必须安装除尘装置。

（4）电石粉是工业产品，价格较贵。

（5）CaC_2 吸收水分后会产生反应

$$CaC_{2(s)} + 2H_2O === Ca(OH)_2 + \{C_2H_2\} \tag{9-22}$$

$$CaC_{2(s)} + H_2O === CaO_{(s)} + \{C_2H_2\} \tag{9-23}$$

生成的 C_2H_2 是可燃气体，易产生爆炸，所以要特别注意电石粉在运输和储存过程中的安全。

b　石灰粉

石灰粉的主要成分是 CaO，石灰粉加入铁水后产生如下反应：

$$4CaO_{(s)} + 2[FeS] + [Si] === 2(CaS) + 2[Fe] + (2CaO \cdot SiO_2) \tag{9-24}$$

$$2CaO_{(s)} + 2[FeS] + [Si] === 2(CaS) + 2[Fe] + (SiO_2) \tag{9-25}$$

石灰粉有如下特点：

（1）在脱硫的同时，铁水中的 Si 被氧化生成 $2CaO \cdot SiO_2$ 和 SiO_2，相应地消耗了有效 CaO；同时，在石灰粉颗粒表面容易形成 $2CaO \cdot SiO_2$ 致密层，阻碍了硫向石灰颗粒内部扩散，影响了石灰粉脱硫速度和脱硫效率，所以石灰粉的脱硫效率只是电石粉的 1/4 ~ 1/3。为此，可在石灰粉中配加适量的 CaF_2、Al 或 Na_2CO_3 等成分，破坏石灰粉颗粒表面的 $2CaO \cdot SiO_2$ 层，改善石灰粉的脱硫状况。例如，加 Al 后使石灰粉颗粒表面形成了低熔点的钙的铝酸盐，提高脱硫效率约 20%；加入 Na_2CO_3 可以使 CaO 反应速度常数由 0.3 增长为 1.2；若加 CaF_2 成分，反应速度常数可提高至 2.5。

（2）脱硫产物为固态，便于扒渣，对铁水包内衬耐火材料侵蚀较轻，但渣量较大。

（3）石灰粉在喷粉罐体内的流动性较差，容易堵料，同时石灰极易吸水潮解。

（4）石灰粉价格便宜。

c　石灰石粉

石灰石粉的主要成分是 $CaCO_3$，属于石灰脱硫范畴。石灰石受热分解反应如下：

$$CaCO_{3(s)} === CaO_{(s)} + \{CO_2\} \tag{9-26}$$

石灰石粉有如下特点：

（1）石灰石分解排出的 CO_2 强烈地搅动了铁水，利于脱硫反应；同时，$CaCO_3$ 在铁水深处分解时能生成极细的石灰粉粒，具有很高的活度，可提高脱硫效率。

（2）石灰石分解出的 CO_2 与铁水中的 Si 反应会放出热量，其热量与 $CaCO_3$ 分解吸收热量大体相抵。因而使用石灰石脱硫，铁水不会过分降温，与使用石灰粉脱硫大致相当。

（3）资源丰富，价格便宜。

d　金属镁和镁基材料

镁为碱土金属，其熔点与沸点都较低，熔点为 651℃，沸点是 1107℃，在铁水存在的温度下呈气态。镁与硫的结合力很强。镁在铁水中的溶解度取决于铁水温度和镁的蒸气压，因此镁的溶解度随压力的增加而增大，随铁水温度的升高而大幅度下降。在 1×10^5 Pa 条件下，1200℃、1300℃和 1400℃时，镁的溶解度分别为 0.45%、0.22% 和 0.12%；在 2×10^5 Pa 条件下，该气压相当于铁水液面以下 2 m 处的压强，镁的溶解度增大 1 倍，在 1200℃、1300℃ 和 1400℃时的溶解度分别为 0.90%、0.44% 和 0.24%。铁水只要溶入 0.05% ~ 0.06%（相当于 0.5 ~ 0.6 kg/t）的镁，脱硫就足够了。可见，铁水溶解镁的数量比脱硫处理需要镁的数量要大得多。现在市场上的镁基材料有镁焦、镁硅合金和钝化金属镁等。镁的脱硫反应如下：

$$Mg_{(s)} \longrightarrow Mg_{(1)} \longrightarrow Mg_{(g)} \longrightarrow [Mg]$$
$$Mg + [FeS] =\!=\!= MgS_{(s)} + [Fe] \tag{9-27}$$

由于金属镁的沸点很低,在铁水温度下呈气态。为了减缓镁的蒸发速度,有两种方式:一种是将镁渗入焦炭中,并将其放入用黏土石墨制作的钟罩形容器内,再使其浸入铁水之中,通过金属镁气化蒸发沸腾离开焦炭表面而与铁水接触生成 MgS,并上浮到铁水液面形成熔渣;另一种方式是将钝化后的金属镁或镁合金通过载流气体喷入铁水。

金属镁和镁基材料有如下特点:

(1) 镁的脱硫能力很强,脱硫效率高。

(2) 产物为固态硫化镁,易于扒除,对耐火材料侵蚀较轻。

(3) 消耗量少,处理时间短。

(4) 可实现自动控制。

(5) 金属镁价格较贵。

e 苏打粉

苏打粉的主要成分是 Na_2CO_3,其受热分解,然后与铁水中的硫反应,反应式如下:

$$Na_2CO_{3(s)} =\!=\!= Na_2O_{(s)} + \{CO_2\} \tag{9-28}$$

$$\frac{3}{2}NaO_{2(s)} + [FeS] + \frac{1}{2}[Si] =\!=\!= (Na_2S) + \frac{1}{2}(Na_2O \cdot SiO_2) + [Fe] \tag{9-29}$$

$$Na_2O_{(s)} + [C] + [FeS] =\!=\!= (Na_2S) + [Fe] + \{CO\} \tag{9-30}$$

很早以前就曾经用过苏打粉作脱硫剂,但由于其价格贵、污染严重,未能继续使用。

B 脱硫剂的组成和配比

为了降低成本,减少电石粉的消耗,脱硫剂中常配加一定数量的石灰粉或石灰石粉。脱硫剂的配比主要是根据脱硫要求和铁水条件而定,基本原则是在满足脱硫要求的前提下尽量少配电石粉,以降低成本。

通常情况下,脱硫要求不高时,脱硫剂的组成以石灰粉为主;要获得低硫铁水时,脱硫剂的组成则以电石粉为主,否则很难完成脱硫任务,而且吹入过多的石灰粉会使渣量增加、铁损增加、耐火材料侵蚀加重、铁水罐车排渣困难、喷枪寿命下降以及处理时间延长等,经济上并不合算。例如,某厂铁水预脱硫的操作规程规定,当要求处理后钢液的硫含量为 0.01% ~ 0.02% 时,脱硫剂的配比是电石粉:石灰粉 = 1:9;当要求处理后钢液的硫含量小于 0.005% 时,脱硫剂全部用电石粉。

C 脱硫剂的粒度

脱硫剂的粒度对其脱硫效果的影响很大,粗大颗粒的脱硫剂不但反应界面小、脱硫反应速率慢,而且由于固相颗粒表面上反应产物的扩散速度较慢,颗粒的中心尚未参加脱硫反应就上浮入渣了,使脱硫剂的反应效率下降;但是,使用过细的脱硫剂不但使加工费用大大增加,而且过细的脱硫剂喷入铁水中易凝聚结块,加之粉剂越细则与载流气体的分离越困难,将有部分脱硫剂随气泡上浮到渣中或随烟气排入除尘装置中,不仅会使脱硫剂的消耗量增加,还会导致脱硫效率下降。因此,脱硫剂的粒度要合适,通常要求电石粉的粒度为 0.1 ~ 1 mm。

D 脱硫剂的技术条件

我国某钢厂所用脱硫剂的技术条件如表 9-4、表 9-5 所示。

表 9-4　电石粉的技术条件

粒度/mm	$w(CaC_2)/\%$	$w(CaO)/\%$	密度/t·m^{-3}
约 0.1(占 90%)	>75(折合 C_2H_2 气体发生量大于 275 L/kg)	10~15	0.95

注:CaC_2 粉的纯度用 C_2H_2 气体发生量进行评定,1 kg 纯 CaC_2 粉的 C_2H_2 发生量为 366 L(国内测定标准为 360 L)。

表 9-5　石灰粉的技术条件

粒度/mm	$w(CaO)/\%$	$w(SiO_2)/\%$	$w(S)/\%$	密度/t·m^{-3}
<0.2(占 80%)	>91.3	<2.8	<0.025	1.0

9.4.4.4　铁水预脱硫的评价指标

目前,常用脱硫率、脱硫剂的反应率及脱硫剂效率等指标来评价铁水预处理的脱硫效果,同时它们也是选用脱硫剂及改进脱硫工艺的依据。

A　脱硫率

脱硫率常用 η_S 表示,其表达式为:

$$\eta_S = \frac{w[S]_{前} - w[S]_{后}}{w[S]_{前}} \times 100\% \qquad (9-31)$$

式中　$w[S]_{前}$——预处理前铁水中硫的质量分数,%;

　　　$w[S]_{后}$——预处理后铁水中硫的质量分数,%。

η_S 能准确地反映出铁水预处理后硫含量的降低率,是用来评价整个脱硫工艺优劣的技术指标。

B　脱硫剂的反应率

铁水预处理中脱硫剂的反应率通常用 $\eta_{脱硫剂}$ 表示,其表达式为:

$$\eta_{脱硫剂} = \frac{Q_{理}}{Q_{实}} \times 100\% \qquad (9-32)$$

式中　$Q_{理}$——脱硫剂的理论消耗量,kg;

　　　$Q_{实}$——脱硫剂的实际消耗量,kg。

显然,该指标可用来比较铁水预处理中脱硫剂参与脱硫反应的程度。现以电石粉为例,介绍脱硫剂反应率的计算方法。已知,电石粉的脱硫反应为:

$$CaC_{2(s)} + [S] \Longequal CaS_{(s)} + 2[C]$$

那么,电石粉的反应率为:

$$\eta_{电石粉} = \frac{1000 \times (w[S]_{前} - w[S]_{后}) \times 64/32}{Q_{电石粉} \times K_{CaC_2}} \times 100\% \qquad (9-33)$$

式中　64——CaC_2 的相对分子质量;

　　　32——S 的相对原子质量;

　　$Q_{电石粉}$——电石粉的单耗,kg/t;

　　K_{CaC_2}——电石粉的纯度。

一般来说,铁水预处理中脱硫剂的反应率不是很高,电石粉的反应率在 20%~40% 之间,而石灰粉的反应率仅为 5%~10%。

C　脱硫剂效率

所谓脱硫剂效率,就是指单位脱硫剂的脱硫量,常用 K_S 表示。

假设在脱硫过程中脱硫剂效率保持不变,则:

$$K_S = \frac{\Delta w[S]}{Q} = \frac{w[S]_{前} - w[S]_{后}}{Q} \tag{9-34}$$

式中 K_S——脱硫剂效率,%/kg;

Q——脱硫剂用量,kg。

此计算结果虽然比较粗略,但在实际操作中却很有用。当掌握了一定操作条件下 K_S 的经验数据后,就可以根据铁水在预处理过程中的脱硫量控制脱硫剂的用量。

9.4.5 钢液炉外脱硫

钢液的炉外脱硫,是指钢液出钢至钢包内后进行的脱硫操作,其目的是进一步降低钢中的硫含量。目前,钢液炉外脱硫的常用方法有金属脱硫剂沉淀脱硫和喷粉脱硫两种。

9.4.5.1 金属脱硫剂沉淀脱硫

金属脱硫剂沉淀脱硫是钢液炉外脱硫的主要方法之一。如前所述,金属元素沉淀脱硫不仅可以降低钢液的硫含量,而且还能改变残留硫化物夹杂的形态,从而有利于提高钢的质量。为此,全世界许多冶金学者都致力于该方面的研究,钢液的炉外金属元素脱硫工艺正在不断改进。

起初,炉外脱硫的做法比较简单,即在出钢过程中把块状的脱硫剂加入到钢包之中即可;但效果极不理想,原因是由于脱硫剂与氧的亲和力较大而大部分被空气中的氧氧化掉了。后来出现了喷吹技术,先把脱硫剂制成粉粒状,而后用氩气或氮气将其喷入钢水中进行脱硫,其效果明显提高。目前则多采用喂丝技术,即将脱硫剂制成丝料,用喂丝设备直接插入钢包中,对钢水进行沉淀脱硫。所以,金属沉淀脱硫是在喷吹技术和喂丝技术出现后才真正获得使用的。

9.4.5.2 喷粉脱硫

根据喷吹物不同,喷粉脱硫可分为以下两种工艺。

A 喷吹金属氧化物脱硫

喷入的金属氧化物主要有氧化镁、氧化锰和氧化钙等,它们可以和钢液中的碳一起共同脱硫。以氧化镁为例,其脱硫反应式为:

$$MgO_{(s)} + [S] + [C] = MgS_{(s)} + \{CO\} \tag{9-35}$$

由于有气体和固体产物生成,因而式(9-35)属于不可逆反应。另外,金属氧化物与碳的共同脱硫反应为吸热反应,因此较高的温度有利于各反应向右进行。

用金属氧化物对钢水进行炉外脱硫,通常可将脱硫剂破碎成粉末状,然后用喷粉装置将其吹入钢水中进行脱硫。

B 喷吹合成渣粉脱硫

喷吹合成渣粉脱硫是近年来发展起来的一种炉外钢液脱硫工艺。下面是某厂的实验结果:用成分为 CaO76%、CaF₂17%、SiO₂7% 的渣粉,以 0.8 kg/(min·t) 的速度喷入钢水;在每吨钢加入量为 12 kg 的情况下,可将钢中的硫含量稳定地降到 0.001% 以下,最低可达到 0.0002%;脱硫后的炉渣碱度为 2 以上。

向成分为 C0.04%、Si0.1%~0.2%、Mn0.2%、S0.01% 和 Cr19%~29% 的钢液中喷吹含 CaO80%、CaF₂20% 的渣粉,喷吹速度为 0.67 kg/(min·t);炉渣碱度为 2.5~3 的条件

下,可将钢液的硫含量进一步脱到 0.0001% 的程度。

9.5　电弧炉脱硫工艺

在电弧炉炼钢的熔化期一般不考虑脱硫操作。氧化期由于钢中氧与渣中氧化铁含量较高,此时硫的分配系数 L_S 只有 2~4,即炉渣的脱硫能力很低,所以一般也不考虑脱硫操作。实际上,电弧炉的还原期是脱硫的最佳时期,脱硫是还原精炼的重要内容之一。另外,生产中发现,出钢过程中钢液的硫含量会进一步降低。

9.5.1　电弧炉还原期的脱硫

电弧炉炼钢的还原期,熔池的温度已高于出钢要求的温度;石灰已充分熔化,炉渣的碱度较高;炉渣经充分脱氧后已形成白渣或电石渣,钢中的氧与渣中的氧化铁含量也很低,因此,还原期的炉渣具有很强的脱硫能力。

9.5.1.1　脱硫反应

在还原期脱氧的同时发生如下反应:

$$[FeS] + (CaO) + [C] = (CaS) + [Fe] + \{CO\} \tag{9-36}$$

$$2[FeS] + 2(CaO) + [Si] = 2(CaS) + (SiO_2) + 2[Fe] \tag{9-37}$$

$$3[FeS] + 2(CaO) + (CaC_2) = 3(CaS) + 3[Fe] + 2\{CO\} \tag{9-38}$$

上述反应中,由于有气态产物 CO,或有能与渣中 CaO 结合成稳定化合物 $2CaO \cdot SiO_2$ 的 SiO_2 生成,这些反应都是不可逆的;而且脱硫产物 CaS 本身也很稳定,因此电弧炉还原期的脱硫效果是很好的,硫在钢、渣之间的分配系数 L_S 可达 50 以上。

9.5.1.2　脱硫与脱氧的关系

研究表明,脱硫与脱氧有比较密切的关系。在平衡状态下,测得钢中碳、硫之间存在下列平衡:

$$w[C]_\% \cdot w[S]_\% = 0.011 \tag{9-39}$$

式(9-39)的关系在 1420~1700℃ 的炼钢温度范围内几乎没有变化。已知在 1600℃ 时,钢中碳、氧之间存在关系 $w[C]_\% \cdot w[O]_\% = 0.0023$,将其代入式(9-39),可得:

$$\frac{w[S]_\%}{w[O]_\%} \approx 4.78$$

所以,电弧炉还原期的脱硫是与脱氧同时进行的。

9.5.1.3　还原期操作的注意事项

还原期的操作应注意以下几点:

(1)提高氧化末期扒渣温度。提高扒渣温度有利于扒渣后加入的稀薄渣快速形成;同时,较高的温度不仅能为吸热的脱硫反应提供良好的热力学条件,而且能改善脱硫反应的动力学条件。因此,扒渣温度应按钢种要求范围的上限控制。

(2)彻底扒除氧化渣。残留氧化渣和炉墙粘渣会影响钢液还原的速度和程度,进而影响还原期的脱硫反应,因此,进入还原期前应尽量扒净氧化渣。

(3)提高还原渣碱度。在渣量合适、流动性良好的渣况下,碱度适当高的炉渣还原性强,可促使脱硫反应朝有利的方向进行。通常情况下,炉渣的碱度应保持在 2.5~3.0 之间。

（4）加强脱氧操作。薄渣形成后就应加入足够的脱氧剂，迅速造好流动性良好的白渣，控制渣中 $w(FeO) \leqslant 0.5\%$ ，而且不要忽高忽低，这对脱硫特别重要。通常，当炉渣的碱度 R $=2.8 \sim 3.2$、$w(FeO) \leqslant 0.5\%$ 时，钢液的脱硫量可达 40% 以上；当 $w(FeO)=0.6\% \sim 1.0\%$ 时，钢液脱硫量约为 30% ；而当 $w(FeO) > 1.0\%$ 时，钢液的脱硫量则不足 20% 。

（5）加强推渣和搅拌钢液。保持钢液和炉渣具有较高的温度，并勤推渣、多搅拌，是强化脱硫的重要措施。特别是在还原的中后期，钢液中的硫含量已较低，脱硫反应难以达到平衡，通过搅拌可以强化硫的扩散，促进脱硫反应的进行。为了获得硫含量很低的钢液，还原后期在供电制度方面可采用低电压、大电流的办法供电。因为低电压、大电流的电弧短，能搅动炉渣，活跃反应区域，为硫在渣、钢之间扩散创造了良好条件。

（6）渣量及换渣操作。通常情况下，还原期的渣量为 3% ~ 5%。当钢液的硫含量较高、脱硫难以达到要求时，在还原后期可增大渣量到 6% ~ 8%；也可以扒除部分还原渣，然后按规定的配比加入石灰、萤石补造新渣，通过换渣的方法使总渣量增大，最终也能较好地完成钢液的脱硫任务。必须指出，换渣操作不仅要延长还原时间、增加造渣材料消耗和电耗，而且会使钢液吸气，影响钢的质量，应力求避免。

（7）还原期喷粉脱硫。钢液的喷粉脱硫是在喷粉脱氧操作的同时进行的，在极短的时间内就可以得到满意的结果。这是因为喷粉用的粉剂多为钙系粉剂，它们具有很强的脱氧和脱硫能力，而脱氧和脱硫密切相关，所以在钢液喷粉快速脱氧的同时，也必然能进行良好的脱硫。虽然氧和硫属于同一主族元素，但氧比硫更活泼，喷入的粉剂首先与钢液中的氧反应，然后才与硫作用。即钢中的氧含量对喷粉脱硫的影响很大，只有当钢液的氧含量降低到足够低的程度并维持一定时间，才能得到较好的脱硫效果。用吹氩气向钢液喷入钙粉时，既解决了扩散速度慢的问题，又由于粉料喷入钢液极大地增加了粉剂与钢水之间的接触面积，可加速脱硫反应的进行，缩短还原期。喷粉的脱硫率一般为 25% ~ 30% 。

9.5.2　电弧炉出钢中的脱硫

在还原期，从熔池温度、炉渣碱度及氧化铁含量等方面为炉内的脱硫反应创造了良好的热力学条件。但由于熔池平静，即脱硫反应的动力学条件不理想，加之还原时间有限，使得炉内的脱硫反应远远没有达到平衡，硫在渣、钢之间的分配系数仅为 50 左右。而在电弧炉的出钢过程中，由于钢渣的混冲，反应界面大大增加，脱硫速度明显加快，瞬间使炉渣的脱硫反应达到或接近平衡，硫的分配系数 L_S 提高到 80 以上。

对于普通电弧炉（非炉底出钢），出钢环节往往是争取硫含量进入成品规格范围的关键。生产统计表明，正常的出钢过程可以脱除钢液中 50% 左右的硫；而且普通电炉钢硫含量出格的事故多数是因为出钢过程受阻，先出钢后出渣，或出钢时钢流细散、混冲无力。

为此，出钢操作中应注意以下几个问题：

（1）钢液脱氧良好。钢液脱氧良好也就是要求渣中 FeO 含量要低，其标志是炉渣为白色。图 9-13 所示为出钢过程中的脱硫效率 η_S 与出钢前后还原渣中 FeO 平均含量的关系。其中，出钢脱硫效率 η_S 是指出钢前钢液的硫含量 $w[S]_{\%0}$ 与出钢后钢液的硫含量 $w[S]_\%$ 之比。

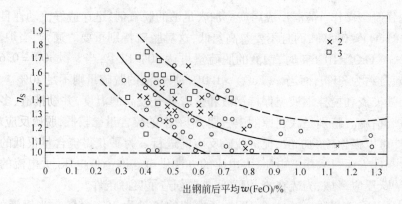

图 9-13 出钢过程中的脱硫效率与出钢前后渣中 FeO 平均含量的关系($R = 3.4 \sim 4.2$)

1—$w[S]_{\%0} < 0.016\%$;2—$w[S]_{\%0} < 0.019\%$;3—$w[S]_{\%0} < 0.024\%$

由图 9-13 可见,出钢前后还原渣中 FeO 的平均含量越低,出钢过程中的脱硫效率 η_S 越大。若出钢前渣色发黄,表示渣中 FeO 和 MnO 的含量较高,对出钢过程中的脱硫不利;如果还原渣呈灰黑色,则表示是电石渣或渣中的游离碳较多,在这种渣下出钢对脱硫有好处,但出钢后钢与渣不易分离,因此不允许在电石渣下出钢;而亮黑色的氧化渣中 FeO 的含量高,出钢过程中的脱硫效率 η_S 极低。所以,出钢时保持还原渣呈正常的白色是强化出钢过程中脱硫的一项重要措施。

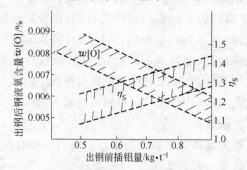

图 9-14 出钢前插铝量与出钢脱硫效率和出钢后钢液氧含量的关系

通常,电弧炉出钢前都要向钢液中插入铝块,以进一步降低钢中溶解的氧量。图 9-14 所示为出钢前插铝量与出钢脱硫效率和出钢后钢液氧含量的关系,所测条件为:$w[S] = 0.014\% \sim 0.016\%$、$R = 3.4 \sim 4.2$、$w(FeO) = 0.5\% \sim 0.7\%$。

由图 9-14 可知,出钢前插铝量由 0.5 kg/t 增加到 1 kg/t 时,钢中的溶解氧降低了 50% 左右,出钢脱硫效率 η_S 也跟着由 1.1 左右提高到 1.3 左右。因此,为了更好地脱硫,出钢前的用铝量按钢种要求的上限控制。必须说明,加入钢中的铝并不能直接脱硫,钢液硫含量降低的主要原因是插铝降低了钢中的氧含量。

(2)炉渣有较高的碱度和良好的流动性。出钢前炉渣的碱度和流动性对出钢中的脱硫至关重要。图 9-15 所示是通过大量实验绘制的出钢过程中钢液的脱硫效率 η_S 与出钢前后熔渣碱度 R 的

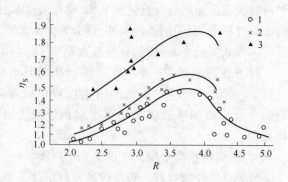

图 9-15 出钢过程脱硫效率与熔渣碱度的关系

($w(FeO) = 0.5\% \sim 0.7\%$)

1—$w[S]_0 = 0.015\% \sim 0.017\%$;2—$w[S]_0 = 0.018\% \sim 0.020\%$;

3—$w[S]_0 = 0.021\% \sim 0.024\%$

关系。

由图9-15可见,碱度过高或过低对出钢中的脱硫都不利。当$R = 3.5 \sim 4.2$时,出钢的脱硫效率η_S最高;但原始硫含量$w[S]_0$越低,出钢的脱硫效率η_S也越低。熔渣的碱度和流动性两者之间的关系极为密切。碱度过低会影响脱硫反应的顺利进行;碱度过高会使熔渣黏度增加,阻碍硫在渣中的扩散与转移,即恶化脱硫反应的动力学条件。所以,保持出钢炉渣的合适碱度和良好的流动性是强化出钢过程中脱硫的又一项措施。

(3)出钢操作正确。出钢时出现大口深坑,应设法使钢、渣同出,并在包内激烈混冲,为脱硫反应创造最佳的动力学条件。为此,对出钢操作有以下要求:

1)出钢前应清理好出钢坑,尽量压低钢包以保证出钢时钢渣混冲的效果;

2)平时应加强出钢槽的维护和修补,保证出钢槽畅通,而且出钢口要开大,以免出钢时严重散流与细流,包内混冲无力;

3)出钢时,摇炉速度不能过快,以防先钢后渣。

9.6 精炼炉脱硫工艺

目前,UHP电炉、直流电弧炉的脱硫都是在精炼炉中进行的。典型的钢包精炼炉应具备真空脱气、搅拌、加热等精炼手段。如LFV炉(真空脱气、吹氩搅拌、埋弧操作、非真空电弧加热)、ASEA – SKF炉(真空脱气、电磁搅拌、非真空电弧加热)、VAD炉(德国称为VHD法,即吹氩及真空电弧加热精炼)等,可以代替电弧炉进行还原精炼(脱氧、脱硫、调整成分和温度等)以及在钢包炉真空盖上安装氧枪,不仅可以在炉外进行还原精炼,而且利用真空下优先脱碳的条件,把氧化精炼也放在炉外钢包炉内进行。而没有加热设备的真空吹氧脱碳钢包炉,即VOD炉作为熔炼不锈钢的精炼炉,也已获得普遍发展。

钢包精炼炉同时具备真空脱气、精炼和浇注三个功能,对初炼炉的钢水可以进行真空脱气、真空吹氧脱碳、脱氧、脱硫、调整成分与温度等精炼操作,并能用电弧加热和搅拌钢液,因此冶炼的钢种范围较广。

此外,还有只有真空和搅拌手段的精炼法,如我国的VD法、美国的芬克尔法等。当一些典型的钢包炉不使用加热手段时,就相当于一座VD法的精炼设备。

9.6.1 LF精炼炉简介

LF精炼法是日本于1971年研制成功的。当时的LF炉没有真空设备,加热时电弧是发生在钢包内钢液面上的炉渣中,即所谓的埋弧精炼;处理时添加合成渣,用氩气搅拌钢液,在非真空还原性气氛下精炼。后来对LF炉进行了改进,增加了真空抽气设备,可以在真空下精炼、在非真空下加热。为区别起见,把有真空设备的炉外精炼称为LFV法。

LFV炉通常采用钢包车移动式三工位(加热、脱气、除渣)操作,如图9-16所示;有的LFV法还设有喷粉工位。

其炉体结构及辅助设备一般包括炉体(即钢包)及座包车、吹氩搅拌系统、真空盖及抽气系统、加料系统、电弧加热装置及其变压器;此外,还有吹氧系统、除渣装置、喷粉设备等。

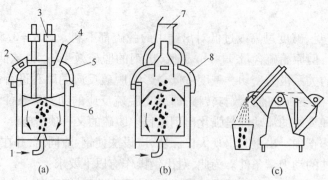

图 9-16　LFV 炉基本功能示意图

（a）加热工位；（b）脱气工位；（c）除渣工位

1—吹氩；2—取样测温孔；3—电弧加热系统；4—加料口；5—加热用炉盖；6—钢包；7—抽气管道；

8—真空炉盖（炉盖上有加料口、取样测温孔、吹氧孔及氧枪、窥视孔等）

9.6.2　LF 炉精炼工艺

9.6.2.1　初炼钢水准备

初炼钢液必须把磷脱除到钢种规格以下较低的范围内；同时，要求倒入钢包时应尽可能地少带渣；倒入钢包炉后的温度应不低于 1580℃。

初炼渣一般在钢包炉内去除时较为方便，而且可以减少初炼钢水出钢过程中的吸气和降温；如果电弧炉是偏心炉底出钢则最为理想，既不必排渣，出钢过程中钢水吸气又不多。

9.6.2.2　精炼工艺

初炼钢水进入钢包除渣后，根据脱硫的要求造新渣。如果钢种无脱硫要求，可以造中性渣；若需要脱硫，则造碱性渣。

当钢水温度符合要求时，立即进行抽气真空处理。在真空处理的同时，按钢种规格的下限加入合金，并使钢中的硅含量保持在 0.10% ~ 0.15% 之间，以保持适当的沸腾强度。真空处理 15 ~ 20 min，然后取样分析，并根据分析结果按钢种规格的中限加入少量合金调整成分；同时，向熔池加铝进行沉淀脱氧。如果初炼钢液温度低，则需先在加热工位进行电弧加热，达到规定温度后才能进入真空工位，进行真空精炼。

真空处理时会发生碳脱氧反应，炉内出现激烈的沸腾，有利于去气、脱氧，但将使温度降低 30 ~ 40℃。所以钢液真空处理后要在非真空下电弧加热、埋弧精炼，把温度加热到浇注温度。对高要求的钢可再次真空处理，并对成分进行微调。

在整个加热和真空精炼过程中，都进行包底吹氩搅拌，它有利于脱气、加快钢渣反应速度、促进夹杂物上浮排除以及使钢液成分和温度很快地均匀。

钢包精炼炉的操作过程灵活，可以根据精炼目的而选用适宜的工艺流程，现举例如下。

A　LF 法精炼工艺

LF 法的基本工艺如下：

　　　　　　　　　　　　　　　　加合金　　调整成分

　　　　　　　　　　　　　　　　　↓　　　　↓

初炼炉氧化精炼 → 倒入 LF 炉 → 扒渣 → 造新渣、加脱氧剂 → 还原性气氛下吹氩搅拌、埋弧精炼 → 浇注

　　　　　　　　　　　　　　　　　↓　　　　↓　　　　↓

　　　　　　　　　　　　　　　　取样　　取样　　测温

B LFV 法精炼工艺

LFV 的操作工艺十分灵活,视精炼的钢种不同而不同,其基本工艺一般为:

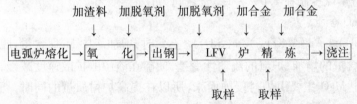

一般的合金钢都可以用这种工艺生产。它是把转炉或电弧炉氧化末期的钢水倒入 LF 炉并扒除大部分氧化渣(或偏心炉底电弧炉无渣出钢),加还原渣料及脱氧剂,在真空脱气的同时进行还原精炼,精炼时间约为 40 min。这种处理脱氢效果很好,钢液成分与温度能严格控制;但脱硫及去除非金属夹杂物的效果未能达到最佳,如适当增加加热下的搅拌时间及渣量,可进一步降低钢中的硫含量。

(1) 生产低硫钢的精炼工艺为:

此工艺是通过多次加渣料精炼、多次除渣而达到降低硫含量目的的,可使钢中的硫含量降至 0.0005% 以下。

(2) 生产高合金工具钢(包括高速钢)的精炼工艺为:

加渣料 加脱氧剂 加脱氧剂 加合金 加合金
↓ ↓ ↓ ↓ ↓
电弧炉熔化 → 氧 化 → 出钢 → LFV 炉 精 炼 → 浇注
↑ ↑
取样 取样

为了提高合金元素的回收率,电弧炉出钢时的氧化渣一般不扒掉,而是在 LF 炉内脱氧转变成为还原渣,即采用单渣法冶炼。

(3) 真空吹氧脱碳的精炼工艺为:

脱氧剂 合金 渣料
↓ ↓ ↓
电弧炉氧化、预脱氧后出钢 → 除渣 → 真空吹氧脱碳 → 抽气后真空碳脱氧 → 浇注
↑ ↑ ↑
转炉氧化、出钢 → LFV 炉预脱氧 取样、测温 (取样、测温)

此法通常用于低碳高合金钢的冶炼。为了回收合金元素,电弧炉内氧化脱磷后应先对炉渣进行预脱氧,然后再出钢;转炉的初炼钢水,则在 LF 炉内预脱氧后再除渣。通常在真空度为 3330 Pa 时开始吹氧脱碳直至终点要求,然后再继续抽气进行真空碳脱氧,并加入脱氧剂、合金及渣料,如成分、温度符合要求即可进行浇注;如温度低,可进行加热后浇注或加热脱气后再浇注。

9.6.3 LF 炉的脱硫分析

钢包精炼对钢液脱硫是极为有利的,首先是能造低氧化铁含量、高碱度并具有适宜

温度的炉渣,脱硫的热力学条件良好;其次是通过包底吹氩搅拌促进渣、钢充分混合接触,加速硫在渣中的扩散,脱硫的动力学条件优越。在精炼过程中影响脱硫的因素很多,如渣量、碱度、炉渣成分及脱氧程度(脱氧剂铝粉加入量)、初炼钢液硫含量与精炼时间等,现分析如下。

9.6.3.1　炉渣碱度与渣量

炉渣碱度是脱硫的最基本条件,当碱度 $R = (w(CaO)_\% + w(MgO)_\%)/w(SiO_2)_\% = 4$、渣量为钢水量的 $0.5\% \sim 0.8\%$ 时,单渣法的脱硫率为 $40\% \sim 60\%$,钢中残硫含量可低于 0.010%。从理论上讲,碱度越高,脱硫效果越好,见图 9-17;但是碱度过高会使渣的流动性变差,反而影响脱硫效果。

实际生产中常造碱度很高的渣子,以强化钢液脱硫。造渣材料为铝粉和石灰,其配比是铝粉:石灰 $= 1:10$,并加入适量的火砖块和萤石。炉渣成分大致如下:

CaO	Al_2O_3	MgO	SiO_2
$50\% \sim 55\%$	$10\% \sim 25\%$	$5\% \sim 10\%$	$10\% \sim 15\%$

炉渣碱度以控制在 $4 \sim 5$ 之间为宜,一般不应超过 6。由于渣中 Al_2O_3 含量比较高,所以实际碱度并没有那么高,炉渣的流动性也比较好。根据炉渣相图估算,炉渣的熔点在 $1300 \sim 1500\,℃$ 之间。

其他条件相同时,随着渣量的增加,脱硫率提高;但是渣量过大则对脱气不利,并使冶金反应速度减慢。所以,国外多数钢包炉的渣量控制在 $0.5\% \sim 0.8\%$ 之间;根据国内某厂的实践,为了强化脱硫,渣量以控制在 $1.0\% \sim 1.5\%$ 之间为宜。

9.6.3.2　渣中 MgO 含量

在碱度 $R = (w(CaO)_\% + w(MgO)_\%)/w(SiO_2)_\%$ 不变时,增加渣中 MgO 含量,脱硫效果变差。因为随着 MgO 含量的增加,炉渣的流动性变差,使硫在渣中的扩散速度减慢,从而影响脱硫反应速度。渣中 MgO 主要由炉衬侵蚀而来,所以在提高炉衬质量的同时,切忌造渣过稀、渣温过高。

9.6.3.3　渣中 FeO 含量与铝粉加入量

降低炉渣氧化性有利于脱硫。碱度大于 4、渣量小于 1.5% 时,渣中氧化铁与氧化锰的含量之和 $(w(FeO)_\% + w(MnO)_\%)$ 与硫分配系数的关系如图 9-18 所示。

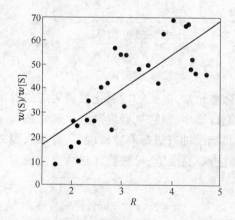 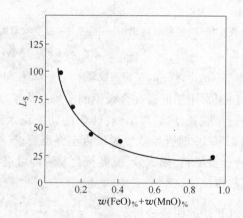

图 9-17　硫在渣、钢间的分配与碱度的关系　　图 9-18　$w(FeO)_\% + w(MnO)_\%$ 与硫分配系数的关系

由图 9-18 可知,当 $w(FeO)_\% + w(MnO)_\% < 0.2$ 时,硫在渣钢间的分配系数 L_S 值明显增加。可见,炉内气氛和炉渣的氧化性是影响精炼效果的一个重要因素。生产统计资料表明,当渣中 $w(FeO)_\% < 0.6$ 时,脱硫率在 50% 以上。所以造渣时应加入适量的脱氧剂,保持炉渣的还原性。

向渣中加入脱氧剂铝粉使炉渣中 FeO 含量降低,对脱硫、脱氧都极为有利,铝粉加入量一般控制为渣量的 8% ~ 10%。向渣中加铝粉有两种方法,一种是在脱气前造渣时与石灰一起加入;另一种是在真空脱气后加入。这两种加入方法的脱硫效果有明显的差别,前种方法脱硫率可大于 60%,而后一种方法脱硫率在 40% 左右。因为后一种方法开始时渣中 FeO 含量较高,还原渣造得晚,脱硫时间短,脱硫反应进行得不充分;而前一种方法在整个精炼过程中渣中 FeO 含量一直保持在较低水平,对脱硫十分有利。

9.6.3.4 初炼钢液硫含量和精炼时间

初炼钢水的硫含量会影响 LF 炉精炼后钢中的硫含量。一般来说,初炼钢液硫含量高,则精炼后的硫含量也高,如图 9-19 所示。因此,要炼低硫钢则应要求初炼钢水的硫含量也低些,即应在初炼炉内进行预脱硫。

LF 炉内的精炼时间也会对钢液的脱硫产生很大的影响,增加精炼时间有利于促进脱硫反应趋于平衡,提高脱硫效率,如图 9-20 所示。

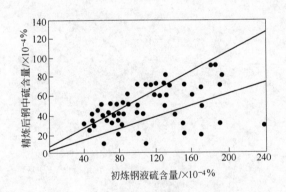

图 9-19 初炼钢液硫含量与精炼后
钢中硫含量的关系

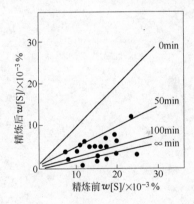

图 9-20 LF 炉精炼前后硫含量与
精炼时间的关系

另外,对要求硫含量低的钢种,在有效的搅拌下,可向脱氧良好的钢液中加入强脱硫剂。如加入含 Ce50%、La20% 的混合稀土,加入量为 0.1%,可使钢中的硫含量从 0.01% ~ 0.015% 降到 0.003% ~ 0.005%;加入量为 0.2% 时,则能降到 0.002% 以下。

复习思考题

9-1 简述硫对钢性能的影响,并说明钢中氧为什么能加剧硫的危害。

9-2 写出碱性氧化渣脱硫反应式,说明影响碱性氧化渣脱硫反应的因素有哪些。

9-3 简要分析碱性氧化渣脱硫的条件。

9-4 写出碱性还原渣脱硫反应式,并分析其影响因素。

9-5　用金属元素脱硫有何特点,应注意哪些问题?

9-6　简述转炉吹炼过程中硫的变化规律,为了去硫应采取哪些措施?

9-7　铁水预脱硫主要用哪些脱硫剂,如何根据处理要求选用脱硫剂?

9-8　简述机械搅拌法和喷射法铁水预脱硫的工作原理及优缺点。

9-9　什么是钢水炉外脱硫,常用的方法有哪些?

9-10　电弧炉脱硫主要在什么阶段,为什么?

9-11　电弧炉还原期脱硫应控制哪些工艺因素,如何控制?

9-12　简要分析影响 LF 炉精炼过程中脱硫效率的因素。

10 脱氧与非金属夹杂物

10.1 钢中氧的脱除

为了去除炉料中的各种杂质元素以及脱碳、去气、去夹杂,许多炼钢方法都选择了向熔池供氧,即通过氧化的方式来达到目的。氧化结束后,钢液中势必溶有大量的氧,而它也会对钢的质量产生很大的危害。因此,在完成氧化任务后,应设法降低钢液中的氧含量。这种减少钢中氧含量的操作称为脱氧。

10.1.1 钢中氧的危害性

钢中氧的危害性主要表现在以下三个方面:

(1) 产生夹杂。氧在铁液中的溶解度不大,1600℃时的最大溶解度为 0.23% ;而在固态钢中的溶解度则更小,例如,在 γ - Fe 中氧的溶解度低于 0.003% 。钢液凝固时,其中多余的氧将会与钢中的其他元素结合,以化合物的形式析出,形成钢中的非金属夹杂物。非金属夹杂物的存在破坏了钢基体的连续性,会降低钢的强度极限、冲击韧性、伸长率等各种力学性能以及导磁性能、焊接性能等。

(2) 形成气泡。如果钢液中的氧含量过高,在随后的浇注过程中,会因温度下降和选择结晶与钢中碳再次发生反应,产生 CO 气体。这些 CO 气体若不能及时排除,则会使钢锭(坯)产生气孔、疏松甚至上涨等缺陷,严重时会导致钢锭(坯)报废。

(3) 加剧硫的危害。氧能使硫在钢中的溶解度降低;同时钢液凝固时,FeO 会与 FeS 以熔点仅为 940℃ 的共晶物在晶界析出,加剧硫的有害作用,使钢的热脆倾向更加严重。

10.1.2 脱氧的目的和任务

综上所述,氧在钢中是有害元素,脱氧好坏是决定钢质量优劣的关键。因此,脱氧的目的就是要降低钢中的氧含量,改善钢的性能,保证钢锭(坯)的质量。

所有钢种在冶炼最后阶段都必须进行脱氧操作,其具体任务为:

(1) 按钢种要求降低钢液中溶解的氧含量。不同的钢种对氧含量的要求不同,脱氧的第一步是要把钢液中溶解的氧降低到钢种所要求的水平。通常采取的方法是,向钢液中加入与氧亲和力大的元素(即脱氧剂),使其中的溶解氧转换成不溶于钢液的氧化物,保证钢液凝固时能得到正常的表面和不同结构类型的钢坯。

(2) 排除脱氧产物。脱氧的第二步是要最大限度地排除钢液中的脱氧产物。否则,不过是以另一种氧化物代替了钢液中的 FeO,或者说只是把钢中溶解态的氧转换成了化合态的氧,即以夹杂物的形式存在,钢中的总氧量并没有降低。实际生产中,常采取复合脱氧、控制合金的加入顺序、加强搅拌等措施促使脱氧产物上浮。总之,脱氧是要从钢液中除去以各种形式存在的氧。

（3）控制残留夹杂物的形态和分布。尽管采取了各种有效的脱氧措施，但最后钢中仍然会残留一定数量的氧和未能上浮的脱氧产物，而且这部分残留的氧在钢液结晶时还会形成夹杂物。随着钢材使用条件越来越苛刻和钢材成品越来越精细，允许非金属夹杂物的尺寸越来越小，对非金属夹杂物形态的要求也越来越严格。因此，生产中常通过向钢中添加变质剂等方法，使成品钢中的非金属夹杂物分布合适、形态适宜，以保证钢的各项性能。

（4）调整钢液成分。在对钢液进行脱氧时，总有一部分脱氧剂未能参与脱氧反应而残留并溶解在钢液中。因此，生产中尤其是生产碳素钢时，通常是依据合金元素回收率，通过控制合金加入量的方法达到在脱氧同时调整钢液成分的目的。

10.2　各元素的脱氧能力和特点

由于各元素与氧的亲和力不同，因而其脱氧能力就存在一定差异；同时，各元素脱氧时的产物形态、放热量等也不尽相同。为此，应了解各元素的脱氧能力和特点，为选用合适的脱氧剂、制订合理的脱氧方案提供理论依据。

10.2.1　元素的脱氧能力

10.2.1.1　元素脱氧能力的定义

在温度、压力一定的条件下，与一定浓度的脱氧元素相平衡时钢液中的氧含量，称为元素的脱氧能力。显然，和一定浓度的脱氧元素平衡存在的氧含量越低，该元素的脱氧能力越强。

若用 M 代表任意脱氧元素，则脱氧反应通式为：

$$x[\mathrm{M}] + y[\mathrm{O}] == \mathrm{M}_x\mathrm{O}_{y(s)} \qquad (10-1)$$

氧化物 $\mathrm{M}_x\mathrm{O}_y$ 称为脱氧产物。

10.2.1.2　对脱氧元素的要求

由脱氧的目的与任务可知，脱氧元素应满足以下基本条件：

（1）与氧的亲和力要大。脱氧元素与氧的亲和力要大，这是其进行脱氧的必要条件。由于溶解于钢液中的氧的周围存在着大量的铁原子，因此，脱氧元素与氧的亲和力起码要大于铁。此外，为了防止浇注中发生碳氧反应而产生气泡，冶炼镇静钢时，脱氧元素与氧的亲和力还要大于碳。

（2）脱氧产物应不溶于钢液，而且密度小、熔点低。如果脱氧产物能溶于钢液，则钢中的氧仅是换了一种存在形式而已；而较小的密度有助于脱氧产物迅速上浮入渣。低熔点的脱氧产物在炼钢温度下以液体状态存在，当它们在钢液中相互碰撞时，易于黏聚成大块而迅速上浮。为此，当单一元素的脱氧产物不能满足这一要求时，可以同时使用两种或两种以上脱氧元素，其脱氧产物为复杂化合物，熔点较低。

（3）残留的脱氧元素对钢无害。在对钢液进行脱氧时，或多或少地要有一部分脱氧元素残留在钢中，这些残留元素应能改善钢的性能，起码应对钢无害。

（4）价钱便宜。在满足上述条件的前提下，尽量选用价格低的脱氧元素，以降低生产成本。

10.2.1.3　各元素脱氧能力的比较

为了确定各元素单独存在时的脱氧能力及其次序，各国学者曾经进行了大量的测定、分析和计算,有关的热力学数据见图10-1。

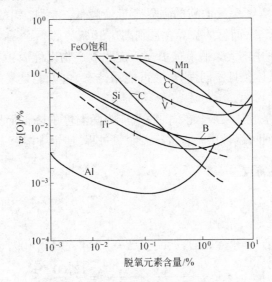

图10-1 钢液中各元素的脱氧能力

图10-1表明了以下几点:

(1)各条曲线的相对位置表明了各元素脱氧能力的相对大小。曲线位置越低者,其脱氧能力越强。例如,从图10-1可知,一般情况下铝的脱氧能力比硅强,而硅的脱氧能力又比锰强等。

由元素脱氧能力的定义可知,比较元素的脱氧能力必须注意三点:1)温度相同;2)元素在钢中的含量相同;3)脱氧反应达到平衡。在1600℃的温度条件下,当元素在钢中的含量为0.1%时,一些常见元素的脱氧能力由强到弱的排列顺序为:

Re→Zr→Ca→Al→Ti→B→Si→C→P→Nb→V→Mn→Cr→W,Fe,Mo→Co→Ni→Cu

由上述排列顺序可知:钴、镍、铜等元素与氧的亲和力比铁小,在炼钢条件下只有当铁氧化完后其才能氧化,这实际上是不可能的,因此被称为不氧化元素,就是说在炼钢条件下根本不会被氧化,即它们没有脱氧能力。铁、钨、钼三元素与氧的亲和力相差不大,即在炼钢条件下钨、钼等元素也几乎没有脱氧能力而且较为贵重,常作为合金剂使用。与铁相比,钨与氧的亲和力稍大,因此炼钢中在铁氧化的同时,钨也发生氧化。其余的元素与氧的亲和力比铁大,均有一定的脱氧能力。其中锰、碳、硅、铝是炼钢中常用的脱氧元素,在1600℃时它们脱氧能力如表10-1所示。显然,在这四种脱氧元素中,铝脱氧能力最强,而锰最弱。此外,铬、钒、铌、硼、钛等元素因比较贵重常作为合金剂使用;锆、钙及稀土元素(如镧、铈等)不常用,只在特殊情况下才使用。

表10-1 1600℃时锰、碳、硅、铝的脱氧能力 (%)

脱氧元素(含量为1%)	Mn	C	Si	Al
钢液中平衡时 $w[O]$	0.10	0.02	0.017	0.0017

(2)曲线的拐点表明了元素的脱氧能力随其含量增加开始下降的临界含量。

由图10-1可见,随着各元素的含量增加,与之平衡的金属的氧含量下降;但当元素的含量达到一定数值之后,再增加脱氧元素的含量时,与之平衡的氧含量反而增大,而且脱氧能力越强的元素,其平衡氧含量增高的临界含量就越低。例如,铝的临界含量是 0.1% 左右,硅的临界含量为 2.5% ,而锰的临界含量则高达 10% 。

必须指出,图 10-1 中的元素脱氧能力是假定脱氧产物以纯固相存在。事实上,脱氧产物的形态随脱氧时的具体条件不同而异,它可能是纯态,也可能是复杂化合物,这将会影响脱氧元素的脱氧能力。

此外,脱氧反应都是放热反应,元素的脱氧能力随温度的降低而增强。所以,从脱氧剂加入开始到完全凝固为止,钢液中一直进行着脱氧过程,使钢中溶解态的氧不断地减少。

10.2.2　各元素的脱氧特点

10.2.2.1　锰

锰的脱氧反应为:

$$[Mn] + [O] =\!=\!=\!= (MnO) \qquad \Delta G^{\ominus} = -244.53 + 0.109T(kJ/mol) \qquad (10-2)$$

$$\lg K_{Mn} = \lg \frac{a_{(MnO)}}{w[Mn]_\% \cdot w[O]_\%} = \frac{12760}{T} - 5.68 \qquad (10-3)$$

由式(10-2)和式(10-3)可知,锰的脱氧反应是一个放热反应,其脱氧能力随温度的升高而下降。但是,即使在较低的温度下,锰的脱氧能力仍较弱。例如,从图 10-1 可以看出,1600℃时与 0.5% 的锰相平衡的钢液氧含量还高达 0.06% 。不过在炼钢生产中,锰却是最常用的脱氧元素,这是因为:

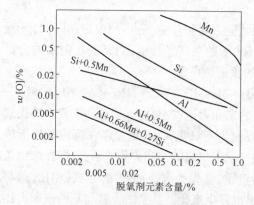

图 10-2　锰对硅、铝脱氧能力的影响

（1）锰能提高硅和铝的脱氧能力。当钢液中有其他酸性氧化物（如 SiO_2、Al_2O_3 等）存在时,锰的脱氧产物可以和它们结合成熔点较低的复杂化合物,使之活度降低。也就是说,配加适量的锰进行脱氧,会使硅或铝的脱氧能力得到提高;同时,脱氧产物为液态,容易上浮。图 10-2 所示为锰对硅、铝脱氧能力的影响。由图 10-2 可以看出,当钢液锰含量为 0.5% 时,可使硅的脱氧能力提高 30% ~50% ,使铝的脱氧能力提高 1 ~2 倍。另有试验得出,当钢液含锰 0.66% 、含硅 0.27% 时,能使铝的脱氧能力提高 5 ~10 倍。

（2）锰是冶炼沸腾钢时无可替代的脱氧元素。沸腾钢属于不完全脱氧的钢,要求钢液含氧 0.035% ~0.045% ,以保证浇注中模内能维持正常的沸腾。只用锰脱氧且钢液中的锰含量处于一般钢种含锰规格之内（约低于 0.8% ）时,不会抑制碳氧反应;浇注到锭模中之后,随着温度的下降和碳、氧的富集,钢液将长时间保持一定强度的沸腾,从而获得良好的沸腾钢钢锭组织。相反的,如果用硅或铝脱氧,哪怕是少量也会使钢液脱氧过度而不能在浇注中维持正常的沸腾。所以,锰是冶炼沸腾钢时无可替代的脱氧元素。

（3）锰可以减轻硫的危害。脱氧后残留在钢中的锰可与硫生成高熔点（1620℃）的塑性夹杂物 MnS,降低钢的热脆倾向,减轻硫的危害作用。

应指出的是,单独使用锰对钢液进行脱氧时,脱氧产物是 $n(MnO) \cdot (1-n)(FeO)$ 型化合物,而且随着钢液中锰含量的增加,化合物中 MnO 所占比例逐渐增大。有关研究指出,钢液锰含量为 0.5% 时,脱氧产物是 0.43MnO·0.57FeO;当钢液中锰含量等于或超过 1.8% 时,脱氧产物(在炼钢温度下)为固态纯 MnO。含有一定量的 FeO 时,脱氧产物的熔点较低,有利于其从钢液中上浮而排除。

10.2.2.2 硅

硅的脱氧反应为:

$$[Si] + 2[O] \Longrightarrow (SiO_2) \qquad \Delta G^\Theta = -593.84 + 0.233T(kJ/mol) \qquad (10-4)$$

$$\lg K_{Si} = \lg \frac{a_{(SiO_2)}}{w[Si]_\% \cdot w[O]_\%^2} = \frac{31000}{T} - 12.15 \qquad (10-5)$$

硅是镇静钢最常用的脱氧元素。硅的脱氧能力较强,与硅平衡的钢液氧含量是很低的。例如,在 1600℃ 时,与 0.1% 硅相平衡的钢液氧含量为 0.017%,与 0.3% 硅相平衡的钢液氧含量为 0.01%,而与 1.0% 硅相平衡的钢液氧含量为 0.007%,见图 10-3。

在碱性渣下,硅的脱氧能力可以得到充分的发挥。这是因为硅的脱氧产物 SiO_2 可以与碱性渣中的 CaO 结合成极稳定的 $2CaO·SiO_2$,从而大大地降低了 SiO_2 的活度,使硅脱氧反应充分进行。

随着钢液中硅含量的增加,脱氧产物将按下列顺序而变化:

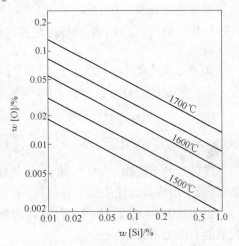

图 10-3 钢液硅氧平衡关系图

$$FeO + 2FeO·SiO_2 \rightarrow FeO·SiO_2 \rightarrow FeO·SiO_2 + SiO_{2(s)} \rightarrow SiO_{2(s)}$$

可见,单独用硅脱氧时,很容易生成固态并以小颗粒状态存在的 SiO_2,难以从钢液中上浮而排除。

另外,硅的脱氧反应也是放热反应,而且放热量是锰脱氧时的两倍多,因此,随着温度的降低其脱氧能力明显提高。

10.2.2.3 铝

铝的脱氧反应为:

$$2[Al] + 3[O] \Longrightarrow (Al_2O_3) \qquad \Delta G^\Theta = -1200.82 + 0.395T(kJ/mol) \qquad (10-6)$$

$$\lg K_{Al} = \lg \frac{a_{(Al_2O_3)}}{w[Al]_\%^2 \cdot w[O]_\%^3} = \frac{63685}{T} - 20.59 \qquad (10-7)$$

1600℃ 时,钢中氧和铝的平衡含量见表 10-2。

表 10-2 1600℃ 时钢中氧和铝的平衡含量 (%)

$w[Al]$	0.1	0.05	0.01	0.005	0.002	0.001
$w[O]$	0.0003	0.0004	0.0013	0.002	0.0037	0.0059

从表 10-2 中数据可见,铝是很强的脱氧剂,钢中残铝含量为万分之几时就排除了钢中形成 CO 气泡的可能性,从而可获得结构致密的钢锭(坯)。因此,铝常被用作终脱氧剂。

　　铝的脱氧能力很强,不仅可以脱除钢中溶解的氧,而且还能使渣中的 MnO、Cr_2O_3 及 SiO_2 还原。因此,出钢前向炉中加入大量的铝时,将会引起钢液成分的波动或变化。铝的脱氧能力会随着温度的降低和炉渣碱度的增加而增强。

　　钢中加入适量的铝除了作为脱氧剂外,还具有如下作用:

　　(1) 降低钢的时效倾向性。铝可与氮形成稳定的 AlN,防止氮化铁的生成,从而降低钢的时效倾向。

　　(2) 细化钢的晶粒。用铝脱氧时,钢液中会生成许多细小而高度弥散的 AlN 和 Al_2O_3,这些细小的固态颗粒可以成为钢液结晶时的晶粒核心,使晶粒细化;还可防止在其后的加热过程中,固态钢中的奥氏体晶粒长大。为了获得细晶粒钢,根据钢中碳含量的不同,铝的加入量通常为 0.06% ~ 0.12%。

　　应指出的是,当钢中铝的残存量超过 0.026% 时,脱氧产物可认为全部是颗粒细小的固态 Al_2O_3。

10.2.2.4　碳

　　碳的脱氧能力介于锰与硅之间,其脱氧反应为:

$$[C] + [O] = \{CO\} \qquad \Delta G^\ominus = -22200 - 38.34T(kJ/mol) \qquad (10-8)$$

$$\lg K_C = \lg \frac{p_{CO}/p^\ominus}{w[C]_\% \cdot w[O]_\%} = \frac{1160}{T} + 2.003 \qquad (10-9)$$

　　碳脱氧的生成物是 CO 气体,极易从熔体中排除。因此用碳作脱氧剂时,钢液不会被污染,这对于冶炼高级优质钢十分有利。

　　由式(10-8)及式(10-9)可知,碳的脱氧反应是一个弱放热反应,所以温度变化对碳的脱氧能力影响不大。

　　在常压条件下,碳的脱氧能力有限,如果只用碳脱氧,钢液脱氧不完全;在浇注过程中随着温度降低,碳氧又将发生反应而生成 CO 气泡,会破坏钢的正常结构。因此,单独用碳不能完成脱氧任务,其常与硅、铝等脱氧能力较强的元素同时使用。

10.2.2.5　钙

　　钙元素与氧的亲和力非常大,其脱氧能力比铝还强,脱氧反应为:

$$[Ca] + [O] = CaO_{(s)} \qquad (10-10)$$

　　钙虽然是很强的脱氧剂,但它在铁水中的溶解度很小,仅为 0.15% ~ 0.16%;而且它的密度小(1550 kg/m^3)、沸点很低(1240℃),以纯钙加入钢液时会急速上浮并蒸发,利用率很低。为了使钙与钢液的接触时间延长、接触面积增加,充分发挥其脱氧及脱硫能力,通常制作成密度大的硅钙合金使用,或采用喷粉、喂线等方法进行脱氧。

10.3　脱氧产物的上浮与排除

　　促使钢中的脱氧产物上浮是脱氧全过程中的关键环节,也是减少钢中夹杂物、提高钢质量的主要工艺手段。脱氧产物从钢中的去除程度,主要取决于它们在钢液中的上浮速度。而脱氧产物的上浮速度又与脱氧产物的组成、形状、大小、熔点、密度以及界面张力、钢液黏度和搅拌情况等因素有关。

10.3.1　脱氧产物的上浮速度

　　理论研究表明,对于直径不大于 100 μm 的球形夹杂物,假定钢液处于无搅动的层流状

态,其上浮速度 v 可近似地用斯托克斯公式(见式(10-11))计算:

$$v = \frac{2}{9}Kg\frac{\rho_金 - \rho_夹}{\eta}r^2 \qquad (10-11)$$

式中 K——夹杂物的形状系数,一般计算时可取作1;

      g——重力加速度,9.8 m/s^2;

      $\rho_金$——金属的密度,kg/m^3;

      $\rho_夹$——夹杂物的密度,kg/m^3;

      η——金属的动力学黏度,1550~1650℃下为0.0015~0.0035 Pa·s;

      r——非金属夹杂物的半径,m。

由式(10-11)可见,脱氧产物的上浮速度主要受三个因素的影响:

(1) 钢液的黏度。钢液的黏度越大,脱氧产物上浮时所受的黏滞力(即阻力)越大,斯托克斯研究发现,脱氧产物的上浮速度与钢液的黏度成反比。因此,脱氧过程中避免未溶质点出现及适当提高温度,维持适当的钢液黏度,可在一定程度上增加脱氧产物的上浮速度。

(2) 脱氧产物的密度。炼钢生产中钢液的密度基本不变,脱氧产物的密度较小时,两者的密度差,即脱氧产物上浮的动力较大,因而上浮速度较快。

(3) 脱氧产物的半径。半径越大,脱氧产物在钢液中所受的浮力也越大,斯托克斯的研究认为,脱氧产物的上浮速度与其半径的平方成正比。在基本条件相同的情况下,运用式(10-11)可以粗略地算出:

$$r_1 = 0.026 \text{ mm 时}, \qquad v = 2.0 \text{ mm/s}$$
$$r_2 = 0.0026 \text{ mm 时}, \qquad v = 0.02 \text{ mm/s}$$

若两个脱氧产物同处于1000 mm深的钢液中,半径为0.026 mm的颗粒经8.3 min左右便能上浮到钢液的表面;而半径为0.0026 mm的脱氧产物,则需13.8 h才能从钢液中排出。实际生产不可能提供如此长的排出时间,因而脱氧产物往往来不及上浮就被凝固在钢中了。可见,脱氧产物的半径是影响其上浮速度的关键因素。

10.3.2 促使脱氧产物上浮的措施

在影响脱氧产物上浮速度的三个因素中,钢液黏度主要受钢液成分和温度的影响,实际生产中其变化范围较小,所以,依靠降低钢液黏度来增加脱氧产物的上浮速度十分有限;当脱氧元素确定以后,脱氧产物的密度也基本不变,实验结果表明,依靠改变脱氧产物的密度至多能将上浮速度提高2~3倍;而脱氧产物的半径不仅影响大且可控制,因此,设法增加脱氧产物的半径,即形成大颗粒夹杂物是促使其上浮的最为直接而有效的措施。

悬浮在钢液里的固相或液相脱氧产物,都有自发聚合长大的趋势。因为,聚合长大的过程能使系统的自由能减小,属于自发过程。有关研究发现,脱氧产物的聚合速度受本身的性质及钢液性质等条件的影响;并指出,增大脱氧产物的半径有两大途径,即形成液态的脱氧产物和形成与钢液间界面张力大的脱氧产物。

10.3.2.1 形成液态的脱氧产物

大颗粒的脱氧产物是由细小颗粒在互相碰撞中合并、聚集、黏附而长大的,其中以液态产物合并最牢固。因此,希望生成的脱氧产物是低熔点的液态产物,以利于其聚集长大。实现这一目的的主要措施是对钢液进行复合脱氧,即同时使用两种或两种以上元素对钢液进行脱氧。

　　使用单一的脱氧剂脱氧时,其脱氧产物在炼钢温度下大部分为固体粒子,不易聚合上浮。不过,虽然纯 MnO、SiO₂、Al₂O₃ 的熔点都很高,但如果它们同时出现在钢液中,而且有相遇、碰撞的机会,便会相互结合成熔点很低的、在炼钢温度下呈液态的复合化合物。这就是复合脱氧有助于脱氧产物上浮的原因所在。据此,人们便从脱氧元素锰、硅、铝的配比,脱氧剂的加入次序以及直接采用复合脱氧剂等方面着手,力图最大限度地减少残留在钢液中的脱氧产物。

　　例如,MnO 和 SiO₂ 的熔点分别为 1785℃ 和 1713℃,而同时使用锰和硅脱氧时,会生成熔点仅为 1270℃ 的硅酸锰($MnO \cdot SiO_2$),见表 10-3。

表 10-3　某些脱氧产物的物理性质

化　合　物	熔点/℃	密度/g·cm⁻³	化　合　物	熔点/℃	密度/g·cm⁻³
FeO	1370	5.9	BN	3000	3.26
MnO	1785	5.18	AlN	>2200	3.26
MgO	2800	3.4	MnS	1610	4.02
CaO	2600	4.25	V₂O	>2000	4.81
TiO₂	1640	2.26	WO₂	1770	12.11
SiO₂	1713	3.9	ZrO₂	2700	5.49
Al₂O₃	2050	5.0	CaO·Al₂O₃	1600	
Cr₂O₃	2265	5.47	3CaO·Al₂O₃	1535	
VN	2000	5.1	MnO·SiO	1270	
TiN	2900	6.93	Fe	1539	7.9

　　实验测定表明,无论在纯硅酸锰中还是在 SiO₂ - FeO - MnO、SiO₂ - MnO - Al₂O₃ 系中,只有当 SiO₂ 的含量小于 47% 时,在炼钢温度下才能形成液态的硅酸盐或铝硅酸盐;另外,锰、硅的加入次序不同,硅酸盐的组成也不同,见表 10-4。

表 10-4　硅、锰脱氧剂加入次序对硅酸盐夹杂成分的影响　　　　　　　　（%）

序号	方　　法	硅酸盐夹杂成分			钢中含量		
		SiO₂	MnO	FeO	脱氧前 $w[O]$	脱氧后 $w[O]$	夹杂总量
I	先加硅后加锰	56.16	29.8	16.76	0.021 ~ 0.025	0.012 ~ 0.013	0.0254 ~ 0.0292
II	先加锰后加硅	37.20	55.25	7.55	0.01 ~ 0.024	0.007 ~ 0.009	0.0173 ~ 0.0217
III	用锰硅比为 3.5 的合金	37.73	57.73	8.54	0.018 ~ 0.026	0.006 ~ 0.008	0.0160 ~ 0.0190
IV	用锰硅比为 4.5 的合金	34.74	58.60	6.66	0.018 ~ 0.023	0.004 ~ 0.006	0.0118 ~ 0.0160

　　从表 10-4 可以看出:

　　(1) 脱氧方案 I 与脱氧方案 II 比较,采用方案 I 时,硅充分脱氧后才加锰,生成的硅酸盐夹杂中 SiO₂ 含量大于 47%,所以硅酸盐夹杂是 SiO₂ 过饱和的固态黏性质点,钢中的残氧量和夹杂总量较其他方案高;而采用方案 II 时,脱氧剂的加入顺序是先弱后强,两者均有机会充分与氧反应,生成的硅酸盐夹杂中 SiO₂ 含量为 37.2%,在炼钢温度下呈液态,所以钢中的残氧量和夹杂总量都比方案 I 大大减少。不过,方案 II 虽能取得较好的脱氧效果,但由于先加入锰铁,在脱氧开始时脱氧产物很不均匀,当再加入硅铁时,导致部分的 MnO 和 FeO 还原而在钢液内形成一些被 SiO_2 过饱和的固态质点,尽管这些固态质点的数量比方案 I 少得多,但这些质点要黏聚到液态的硅酸盐上还需一段较长的时间。所以,生产中常常采用方案 III 和方案 IV 的复合脱氧剂,使 MnO 和 SiO_2 同时、同地生成,迅速结合成低熔点的复合脱氧产物。

(2)脱氧方案 III 与脱氧方案 IV 比较,采用方案 III 脱氧时,由于锰硅比较低,脱氧产物中的 SiO_2 相对较多而有少量的被 SiO_2 过饱和的固态质点,所以钢中的残氧量和夹杂总量都较方案 IV 要高。生产中发现,锰硅比的数值为 6~7 的硅锰合金脱氧效果最好。

10.3.2.2 形成与钢液间界面张力大的脱氧产物

Al_2O_3 的熔点高达 2050℃,因此,炼钢温度下铝的脱氧产物是细小的固体颗粒。按照低熔点理论,它们从钢液中排除将会很困难。但事实并非如此,我国某厂在 30 t 氧气顶吹转炉上试制 08 铝冷轧汽车钢板时,用铝量高达 1.6 kg/t,却获得了很纯洁的钢材,夹杂物总量只有 0.0055%。这说明铝的脱氧产物上浮速度很快,在出钢和浇注过程中绝大部分都被排除掉了。

关于 Al_2O_3 夹杂物上浮速度快的原因,许多研究者都进行了探讨,目前比较一致的观点是因为 Al_2O_3 与钢液间的界面张力较大。

由"表面现象"的基本理论可知,钢液与夹杂物间的界面张力越大,钢液对夹杂物的润湿性越差,而夹杂物自发聚合的趋势也越大。有人对单独使用硅或铝进行脱氧做了对比性试验,虽然硅和铝单独脱氧时的产物都呈固态且颗粒大小几乎相等,而且 SiO_2 的密度 $(3.9 g/cm^3)$ 还小于 $Al_2O_3(5.0 g/cm^3)$,但是 Al_2O_3 的排除速度却比 SiO_2 快得多。究其原因,是因为铝的脱氧产物 Al_2O_3 与钢液的界面张力(2 N/m)比 $SiO_2(0.6 N/m)$ 大两倍多。与钢液间较大的界面张力,使得 Al_2O_3 夹杂物受到了钢液的较大排斥力而有助于其小颗粒之间聚集成为群落状(又称云絮状)夹杂。这种群落状夹杂物可以看成一个整体,其大小可达到 500 μm,因而它在钢液中的上浮速度要比球状夹杂快许多。

10.4 常用的脱氧方法

炼钢生产中常用的脱氧方法主要有沉淀脱氧、炉渣脱氧、喷粉脱氧、喂线脱氧和真空脱氧五种。

10.4.1 沉淀脱氧

10.4.1.1 沉淀脱氧及其特点

所谓沉淀脱氧,是指将块状脱氧剂沉入钢液中,熔化、溶解后直接与钢中氧反应生成稳定的氧化物,并上浮进入炉渣,以降低钢中氧含量的脱氧方法,又称直接脱氧。

沉淀脱氧法操作简便、成本低且过程进行迅速,是炼钢中应用最广泛的脱氧方法。沉淀脱氧时,钢液的脱氧程度取决于脱氧元素的脱氧能力和脱氧产物从钢液中排除的难易程度。所以,一般选择脱氧能力强且生成的脱氧产物容易排出钢液的元素作为沉淀脱氧剂。但采用沉淀脱氧总有一部分脱氧产物残留在钢液中,影响钢的纯洁度,这是沉淀脱氧的主要缺点。

沉淀脱氧时,通常使用复合脱氧剂,这是因为:

(1)复合脱氧可以提高元素的脱氧能力。例如,硅锰合金、硅锰铝合金中的锰能提高硅和铝的脱氧能力。

（2）复合脱氧可以提高元素在钢水中的溶解度。例如，强脱氧剂钙在钢水中溶解度很小，为了提高钙脱氧效率，就需要提高它在钢水中的溶解度，常用的方法是加入其他元素。现已证实，碳、硅、铝能显著地增加钙在钢液中的溶解度，碳、硅、铝每加入 1% 时，钙的溶解度分别增加 90%、25%、20%。因此，通常用硅钙和铝钙合金等复合脱氧剂脱氧。

（3）复合脱氧可以生成大颗粒或液态的产物且容易上浮。例如，单独用硅脱氧时生成的 SiO_2 固体颗粒为 3～4 μm，而用硅钙合金脱氧时生成的 $2CaO \cdot SiO_2$ 固态颗粒为 7～8 μm；再如，用硅和锰单独脱氧时，其产物都是固态，即为 MnO、SiO_2，而用硅锰合金（$Mn/Si>3$）脱氧时则可生成液态产物 $MnO \cdot SiO_2$。

（4）复合脱氧可以使夹杂物的形态和组成发生变化，有利于改善钢的质量。例如，用铝脱氧的产物是串链状的 Al_2O_3 夹杂物；而用铝钙合金脱氧，不仅能进一步降低钢中氧含量，而且生成的是球状产物，均匀地分布在钢中。

当生产现场没有现成的复合脱氧剂时，则应按一定比例加入几种脱氧剂，并且按照脱氧能力先弱后强的顺序加入钢液中，以便发挥复合脱氧应有的作用。

10.4.1.2　常用脱氧剂

沉淀脱氧使用的脱氧剂是块状的，其块度因合金种类不同而异。炼钢中常用的有锰铁合金、硅铁合金、铝、硅锰合金、硅钙合金、硅锰铝合金等。

A　锰铁（Fe－Mn）合金

锰铁合金的锰含量在 50%～80% 之间。根据其碳含量不同，可分为高碳锰铁（又称碳素锰铁，含碳 7.0%～7.5%）、中碳锰铁（含碳 1.0%～2.0%）和低碳锰铁（含碳 0.2%～0.7%）三种。一般来讲，含碳量越高，生产成本越低，锰铁的价格也越低。高碳锰铁通常作为脱氧剂被用于氧气转炉炼钢的脱氧和电弧炉炼钢的预脱氧，而中碳锰铁和低碳锰铁则主要将其作为合金剂用于调整钢液成分。

锰铁的块度以 30～80 mm 为宜，块度过大时熔化时间长，块度太小时则难以下沉。使用前应在 500～800℃ 的高温下烘烤 2 h 以上，以免增加钢液的氢含量。

B　硅铁（Fe－Si）合金

根据硅含量不同，硅铁有三个牌号，即 FeSi45、FeSi75、FeSi90。随着硅含量的增加，硅铁的密度下降，因此沉淀脱氧常用 FeSi45 或 FeSi75。FeSi45 通常含硅 40%～47%，而 FeSi75 的硅含量一般是在 72%～80% 之间。硅含量在 50%～60% 的硅铁极易吸收空气中的水分而粉化，并放出有害气体，所以一般禁止生产这种中间成分的硅铁。

FeSi75 的块度通常为 50～100 mm。硅铁很容易吸收空气中的水分，而且本身氢含量高，因此应在 500～800℃ 的高温下烤红后使用。

C　铝（Al）

纯铝的密度小，仅为 2.7 g/cm³。作为沉淀脱氧剂的金属铝其铝含量在 98% 以上，常根据炉子容量的大小浇成一定重量的铝饼或铝锭。

为了提高铝的回收率，有的企业制成含铝 20%～55% 的铝铁使用，以增加其密度。

铝饼、铝锭及铝铁在使用前应于 100～150℃ 的温度下干燥 4 h 以上。

D　硅锰（Mn－Si）合金

硅锰合金是一种复合脱氧剂，它由铁、锰、硅三种元素组成。根据锰、硅的含量不同共有

8 个牌号的硅锰合金,其锰、硅的含量通常分别在 60% ~65% 和 10% ~28% 之间。

硅锰合金成分中最关键的是锰和硅含量的比值,其对脱氧情况的影响如图 10-4 所示。

由图 10-4 可见,$w[Mn]/w[Si]$ 在 4 ~7 时脱氧效果较好。若 $w[Mn]/w[Si]$ 的值过低,虽然脱氧能力较高,但脱氧产物 SiO_2 呈固态,难以从钢液中排除。只有在 $w[Mn]/w[Si] > 3$ 时才能生成液态的硅酸盐;但若 $w[Mn]/w[Si]$ 的值过高,尽管脱氧产物是液态,但脱氧能力不足。因此,复合脱氧剂硅锰合金的生产均是按 $w[Mn]/w[Si]$ 的值在 4 ~7 范围内来配制硅和锰的含量。

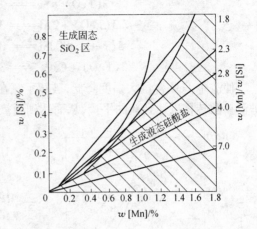

图 10-4 $w[Mn]/w[Si]$ 的值对脱氧产物的影响

硅锰合金的块度以 40 ~70 mm 为宜,使用前应在 500 ~800℃ 的高温下烘烤 2 h 以上。

E 硅钙(Ca – Si)合金

硅钙合金通常含硅 55% ~65%、含钙 24% 以上。硅钙合金的脱氧产物为球状,且能均匀分布在钢中。此外,还可减少钢中硫化物夹杂和提高钢的冲击韧性等。因此在冶炼不锈钢、高级优质结构钢和某些特殊合金时,硅钙合金获得广泛的应用。

硅钙合金在潮湿空气中易吸水粉化,运输及储存时应注意防潮。

硅钙合金的块度应为 200 ~250 mm,使用前应在 100 ~150℃ 的温度下干燥 4 h 以上。

F 硅锰铝(Al – Mn – Si)合金

硅锰铝的脱氧效果优于硅锰合金,广泛用于高级结构钢的冶炼,其成分一般为:Si5% ~10% 、Mn20% ~40% 、Al5% ~10% 。

10.4.2 炉渣脱氧

将粉状脱氧剂撒在渣面上,还原渣中的 FeO,降低其含氧量,促使钢中的氧向渣中扩散,从而达到降低钢液氧含量的目的,这种脱氧操作称为炉渣脱氧法。由于这一脱氧过程是通过扩散完成的,所以曾称为扩散脱氧法。

炉渣脱氧的基本原理是分配定律。氧既溶于钢液又能存在于炉渣中,一定温度下,氧在两相之间分配平衡时的含量比是一个常数,这一关系可用式(10-12)表示:

$$L_O = \frac{\sum w(FeO)_\%}{w[O]_\%} \qquad (10-12)$$

式中　L_O——氧在炉渣和钢液间的分配系数;
　　　$\sum w(FeO)_\%$——炉渣中全氧化铁的质量百分数;
　　　$w[O]_\%$——钢液中氧的质量百分数。

可见,只要设法降低渣中 FeO 含量,使其低于与钢液相平衡的氧量,则钢液中的氧必然要转移到炉渣中去,从而使钢中含氧量降低。也就是说,此时控制钢液中氧含量的主要因素已不是碳含量,而是炉渣中氧化铁的含量。扩散脱氧法就是通过向渣面上撒加与氧结合能力比较强的粉状脱氧剂,如炭粉、硅铁粉、铝粉、硅钙粉或碎电石等,使其与渣中 FeO 发生下列反应:

$$(FeO) + C \Longrightarrow [Fe] + \{CO\} \tag{10-13}$$

$$2(FeO) + Si \Longrightarrow 2[Fe] + (SiO_2) \tag{10-14}$$

$$3(FeO) + 2Al \Longrightarrow 3[Fe] + (Al_2O_3) \tag{10-15}$$

$$3(FeO) + CaSi \Longrightarrow 3[Fe] + (SiO_2) + (CaO) \tag{10-16}$$

$$3(FeO) + CaC_2 \Longrightarrow 3[Fe] + (CaO) + 2\{CO\} \tag{10-17}$$

使渣中 FeO 含量大幅度降低,破坏了氧在渣、钢之间的分配关系,钢中氧就会不断地向炉渣扩散转移以达到新的平衡,从而达到脱氧的目的。

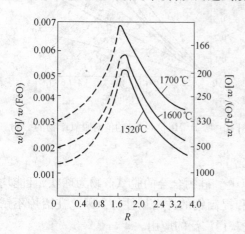

图 10-5　氧的分配系数和炉渣碱度及熔池温度的关系

L_0 的值与炉渣碱度及熔池温度有关,如图 10-5 所示。

由图 10-5 可见,当碱度为 3.0、温度为 1600℃时,$L_0 \approx 400$;若使还原渣中全 FeO 的含量降低到 0.5%,与之平衡的钢液氧含量应为:

$$w[O]_\% = 0.5/400 = 0.00125$$

因为脱氧反应是在渣中进行的,因此,炉渣脱氧的最大优点是钢液不会被脱氧产物所污染。但是其脱氧过程依靠原子的扩散进行,速度极为缓慢,甚至有的研究者指出实际生产条件下扩散脱氧几乎不可能进行。

然而,造还原渣,即向渣中撒加脱氧剂降低其氧化铁含量仍然是有意义的,因为还原性炉渣具有很强的脱硫能力;而且渣中氧化铁含量低时,有助于提高和稳定合金元素的收得率,使钢的成分波动范围缩小、合金消耗下降。在钢液的二次精炼中,应用还原渣是很重要的操作手段。

电弧炉炼钢传统工艺中有一还原期,通常采用"沉淀预脱氧→炉渣脱氧→沉淀终脱氧"的脱氧工艺。即进入还原期开始造稀薄渣时,先向钢液加入锰铁、硅铁或硅锰合金进行沉淀脱氧,称为预脱氧;当稀薄渣形成后,将粉状脱氧剂撒加在渣面上,造白渣并保持白渣进行炉渣脱氧;出钢前,再用强脱氧剂铝块等进行沉淀脱氧,称为终脱氧。这种沉淀脱氧和炉渣脱氧两种脱氧方法并用的脱氧工艺,称为综合脱氧法。

很显然,综合脱氧法兼有沉淀脱氧和炉渣脱氧的优点,是一种比较合理的脱氧制度。在氧化期转入还原期时,钢液具有强氧化性、氧含量较高,这时加入块状脱氧剂进行预脱氧,能迅速使钢中溶解的氧降至 0.01% ~ 0.02%,这就大大减轻了还原期的脱氧任务;同时,沉淀预脱氧产物能在还原期间逐渐上浮,减少对钢液的污染。

预脱氧后采用的炉渣脱氧,一方面造成并保持炉内的还原性气氛,强化炉内的脱硫过程和进一步脱除钢中的氧;另一方面,沉淀预脱氧产物还能进一步上浮。炉渣脱氧通常要求渣中的 FeO 含量降到 0.5% 以下,并保持约 30 min。

出钢前,再用脱氧能力强而且脱氧产物容易上浮的铝块进行终脱氧,一般可将钢液中的氧含量降低到 0.002% ~ 0.005% 的水平。由于加入终脱氧剂到出钢这段时间很短,必然有一部分脱氧产物来不及上浮而留在钢液中。所以,通常采用渣钢混冲的方式出钢,利用还原渣洗涤和吸附钢中的沉淀脱氧产物,并在浇注前的镇静过程中上浮排除;同时,渣钢混冲的出钢方式能极大地增加钢、渣的接触界面面积,使炉内远未达平衡的脱氧和脱硫过程继续并加速进行,进一步降低钢液中的氧、硫含量。

10.4.3　喷粉脱氧

10.4.3.1　喷粉脱氧及其特点

喷粉冶金技术是用氩气作载体,向钢水喷吹合金粉末或精炼粉剂,以达到脱氧、脱硫、调整钢液成分、去除夹杂和改变夹杂物形态等目的的一种快速精炼手段。

喷粉脱氧是喷粉冶金技术的主要目的之一。它是利用冶金喷射装置,以惰性气体(氩气)为载体,将特制的脱氧粉剂输送到钢液中进行直接脱氧的工艺方法。

由于在喷吹条件下,脱氧粉剂的比表面积(脱氧粉剂和钢液间的界面面积与钢液的体积之比)比静态钢渣的比表面积大好几个数量级;同时,在氩气的强烈搅拌作用下,极大地改善了冶金反应的动力学条件,加快了物质的扩散,使得喷粉脱氧的速度很快,即在很短的时间内就可以较好地完成脱氧任务。另外,喷粉脱氧还可以使用密度小、沸点低或在炼钢温度下蒸气压很高的强脱氧剂,在一定程度上解决了活性元素(如钙、镁等)的加入问题。因此,喷粉冶金技术具有传统精炼技术所不具备的反应速度快、效率高、产品质量好、经济效益显著的特点。

但是,喷粉冶金不具备真空脱气、脱碳等功能,也无法形成还原气氛;同时,粉剂制备、远距离输送、防潮、防爆炸的条件要求也较高,使其应用受到一定的限制。

10.4.3.2　常用的脱氧粉剂

钢液喷粉脱氧的粉剂种类很多,除了脱氧剂,如硅铁合金、钛铁合金、铝、镁、稀土、硅锰合金、硅锰铝合金、硅钙合金、电石、碳化硅等可以制粉进行喷吹外,还可以喷吹渣粉,如石灰粉、石灰粉加少量萤石粉等或渣粉和脱氧元素的混合粉剂。

常用的几种粉剂按其输送特性可分为三类:

(1)硅钙粉和电石粉类。这一类脱氧粉剂流动性好、易输送,但电石粉不易储存。

(2)铝、镁类。与上一类相反,该类脱氧粉剂很容易输送,只需要少量气体即可;但有氧化倾向,使用时应注意。

(3)石灰粉类。石灰类的脱氧粉剂流动性差、易堵塞;需要持久的射流。

通常要求脱氧粉剂的粒度为 0.3 mm 以下,水分含量不超过 0.1%,因此使用前需进行严格的筛分、烘烤。

10.4.3.3　喷粉脱氧的冶金效果

喷粉脱氧可以在炼钢炉内进行,也可以在钢包内进行。不过,目前以在钢包中进行的为多。

(1)炉内喷粉脱氧。炉内喷粉脱氧时,因熔池浅喷溅严重,而且脱氧粉剂容易随着载流气体逸出熔池并在渣面上燃烧,从而导致其利用率下降。不过,炉内喷粉脱氧还是要比沉淀脱氧的效果好。

(2)钢包喷粉脱氧。包中喷粉脱氧时,由于脱氧粉剂运动的行程长,利用率很高;脱氧产物在氩气搅拌作用下,碰撞聚集的机会大,易于上浮与排除;而少数残留在钢中的脱氧产物,也是细小弥散、均匀分布或形态发生了改变,因此对钢的危害也较小。此外,钢包喷粉无二次氧化。图 10-6 为钢包喷粉冶金原理图。

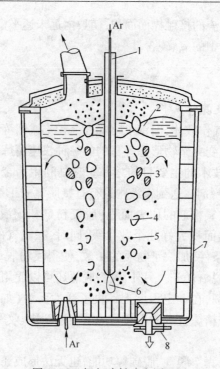

图 10-6　钢包喷粉冶金原理图

1—喷枪;2—渣;3—钙气泡;4—氩气泡;5—钙粒子;6—喷射区;7—钢包;8—滑动水口

需要指出的是,无论是在炉内还是在包中向钢液喷吹渣粉($85\% CaO + 15\% CaF_2$)时,并不是依靠渣粉与钢液中的氧直接作用进行脱氧,而是渣粉喷入钢液后,通过与其中的 SiO_2 结合形成复合夹杂物来降低 SiO_2 的活度,增强硅的脱氧能力,从而达到使钢液脱氧的目的。也有人认为,在喷吹条件下,渣粉在氩气泡表面熔化形成一层液体渣膜,使钢中硅和氧一起向渣膜扩散,生成活度低的脱氧产物,并随同氩气泡排出,使钢液中的氧含量得到降低。因此喷吹渣粉脱氧时,钢液中必须有足够的硅含量。另外,喷吹渣粉脱氧法降温大,且容易使钢液增氢降硅,使用时必须注意。

10.4.3.4　影响喷粉脱氧效果的因素

影响喷粉脱氧效果的因素主要有以下五个。

A　喷枪插入深度

实际生产中,喷枪的插入深度主要取决于钢液熔池的深度。从满足脱氧反应要求的角度考虑,希望喷入的粉剂尽快地均匀分布于钢液之中,并与钢液有尽可能长的接触时间。因此,喷枪应插得深一些。但是,同时应保证粉气流不会冲到熔池的底部。有关研究指出,喷枪插入深度 h 与溶池深度 H 之比,即 h/H 在 $0.65 \sim 0.85$ 范围内时,可以使粉剂与钢水混合均匀并可保持较长的接触时间。当 $h/H > 0.85$ 时,炉底(包底)对均匀混合起阻碍作用,使混匀过程恶化、混匀效果变差。

B　喷吹压力

当喷枪插入深度确定后,粉气流在喷出口的压力 p_0 必须大于钢液与炉渣的静压力及液面上气相的压力总和 $\sum p$,否则钢液会倒灌入枪内,造成堵枪。但过高的喷吹压力和喷粉速度会使粉剂尚未充分与钢液作用而过早地逸出,或使钢液裸露严重。

C 脱氧粉剂喷入量和喷吹时间

一般情况下,脱氧粉剂喷入量越大,钢液中最终氧含量越低;在喷吹强度一定的条件下,喷吹时间越长,脱氧效率越高。

此外,喷粉后对钢液的吹氩洗涤时间要合适,吹氩时间太短,脱氧产物来不及排除;但喷吹和洗涤时间过长,会使炉衬(包衬)和喷枪侵蚀严重及包内钢液温度降低太多。

粉料和载流气体的用量由各钢种的冶炼工艺决定。

D 脱氧产物

钢液喷粉脱氧时,其产物对脱氧效果的影响很大。如果脱氧产物为大型球状易熔夹杂物,就能很快地上浮排除;反之,若为细小的固态颗粒则上浮得很慢。

E 包衬材质

在喷吹过程中,黏土砖包衬中的 SiO_2 将会与喷入的 Ca 和 Al 等发生下列反应:

$$SiO_{2(s)} + 2\{Ca\} === 2(CaO) + [Si] \tag{10-18}$$

$$3SiO_{2(s)} + 4[Al] === 2(Al_2O_3) + 3[Si] \tag{10-19}$$

可见,黏土砖包衬在喷吹过程中侵蚀严重,且有大量的 SiO_2 被还原,不仅影响钙和铝的利用率,而且使钢中硅含量增加。所以,喷粉用的钢包不能用黏土砖作内衬,尤其是采用钙系粉剂和铝质粉剂时更不适用。目前,喷粉用钢包的内衬都采用高铝质或镁碳质耐火材料。

10.4.4 喂线脱氧

喂线脱氧技术是把包有炼钢添加剂的合金芯线或铝线,用喂线机以所需的速度加入到待处理的钢液中,达到使钢液脱氧(脱硫、微合金化、控制夹杂物的形态)的目的,以改善钢材力学性能。

喂线脱氧通常和吹氩搅拌法并用,其主要特点是设备简单、操作方便、合金收得率高,因此可以用钙和稀土等易氧化元素来进行脱氧。喂线技术 WF 法示意图见图 10-7。

金属钙是一种强脱氧剂和脱硫剂,加钙处理可改善钢的质量。然而,由于钙是非常活泼的金属,易氧化,因此直接加钙会引起沸腾喷溅、烧损大,在钢中分布也难均匀。而喂线技术的问世为向钢液中加钙提供了有效的手段。它代替了喷枪喷吹技术,用 80~300 m/min 的速度喂入钙线,可把钙线送到使钢液静压力超过钙蒸气压的深度,使球状钙的液滴缓慢浮升,并和周围钢液反应。因它不存在气相载体,从而使钙滴有较长的时间向上移动,有足够的时间与钢液发生反应。钢包喂钙效果见图 10-8。

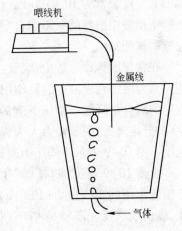

图 10-7 喂线技术 WF 法示意图

喂线技术是在喷粉技术之后发展起来的,它不仅具备了喷粉技术的优点,消除或大大减小了其缺点,而且在添加易氧化元素、调整钢的成分、控制气体含量、设备投资与维护、生产操作与运行费用、产品质量、经济效益和环境保护等方面的优越性更为显著。

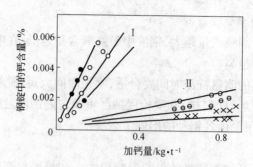

图 10-8　加钙量和钢锭中钙含量的关系

I—喂钙线；Ⅱ—喷吹钙；

○—钢包中喂 Ca – Al 线；●—锭模中喂钙线；

⊖—Al_2O_3 衬钢包，喷吹钙；×—酸性钢包，喷吹钙

10.4.5　真空脱氧

10.4.5.1　真空脱氧及其特点

真空技术是炉外精炼中广泛应用的一种手段，目前常用的炉外精炼方法中有近 2/3 配有真空装置。

按照热力学分析，系统的压力变化会对那些有气体参与而且反应前后气体物质的量不等的反应产生影响，真空条件将促使反应向气体物质的量增加的方向进行。所以炉外精炼的真空手段对钢液的脱气、脱氧和超低碳钢种的脱碳等反应产生有利的作用。

理论研究表明，要使钢液中的氧在精炼时自动析出，外界压力（即真空度）必须小于 0.78×10^{-3} Pa。真空熔炼时，真空泵抽气所能达到的真空度一般不超过 10^{-1} Pa，而炉外精炼的真空度通常为 10 ~ 100 Pa。可见，单凭真空处理不可能降低钢液中的氧含量，即在真空条件下钢液中溶解的氧不能自动析出。因此，真空脱氧也必须加入脱氧剂，依靠脱氧反应来完成脱氧任务。

在常规的炼钢方法中，脱氧主要是依靠硅、铝等与氧亲和力比铁大的元素来完成的。这些元素与溶解在钢液中的氧作用生成不溶于钢液的脱氧产物，并上浮排除出钢液，从而使钢液中的氧含量降低。常压下碳的脱氧能力很低，但是在真空条件下，由于其脱氧反应产物 CO 的分压降低，脱氧能力大为提高。当碳氧反应达到平衡时，钢中的氧含量几乎与 p_{CO} 成正比。图 10-9 表示不同压力时碳的脱氧能力与几种元素脱氧能力的比较。

由图 10-9 可见，随着真空度的提高，碳的脱氧能力也在提高，当系统的压力降到炉外精炼常用的工作压力（133 Pa）时，碳的脱氧能力已经远远超过了硅，甚至超过了铝。另外，碳的脱氧反应产物是 CO 气体，不仅不会污染钢液，而且随着 CO 气泡在钢液中的上浮，还可以有效地去除钢液中的气体和非金属夹杂物。由此可见，碳是真空条件下最理想的脱氧剂。

10.4.5.2　真空脱氧的实际效果及原因

真空度对真空脱氧的影响并不是无限的，实际测量的结果及许多研究者的试验都表明，真空下碳的脱氧能力远没有像热力学计算结果那样强。将实测的真空精炼后的氧含量标在碳氧平衡图上，可得到图 10-10。

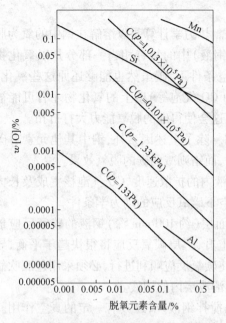

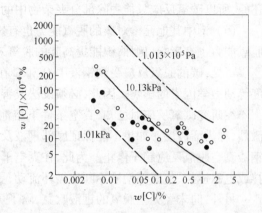

图 10-9　碳的脱氧能力与压力的关系　　　　　　图 10-10　真空下碳的脱氧能力

由图 10-10 可见,真空精炼后(加入终脱氧剂之前),钢中氧含量聚集在 p_{CO} 为 10 kPa 的平衡曲线附近,也就是说,仅相当于 $p_{CO} = 10132.5$ Pa 时的平衡值。

热力学计算值与实测值会有如此大的差别,其原因大致如下:

(1) 碳的脱氧反应未达平衡。热力学计算的是碳的脱氧反应达到平衡时的结果,而实际生产中,尤其是像真空浇注、倒包处理、出钢脱气等工艺,钢液暴露在真空中的时间比较短促,加之碳氧反应的限制性环节是钢液中 O 和 C 的扩散,速度很慢,没有足够时间去达到平衡。所以,实际的脱氧效果要差些。

(2) 熔炼室内压力测定值(真空度)通常低于熔池内碳氧反应区的真实压力。热力学计算是以熔炼室内的气相压力为依据,而由第 7 章中有关碳氧反应及脱碳工艺的内容可知,要在反应区生成 CO 气泡,除了克服熔池面上的气相压力外,还必须克服钢液与炉渣的静压力及形成气泡时由表面张力引起的附加压力。真空度的提高只能降低熔池面上的气相压力,而当有现成的气泡表面时,限制碳脱氧能力的主要因素是钢液的静压力。因此,当熔炼室内的压力降到一定程度后,再提高真空度对碳的脱氧能力就不产生影响了。这种分析较好地解释了碳的真实脱氧能力远没有热力学计算那样强的原因;但是不能解释当熔池很浅、钢液静压很低时进行真空精炼,碳仍不能表现出应有的脱氧能力的现象。

(3) 真空下炉衬和炉渣中的氧化物发生分解,向熔池供氧。真空条件下,氧化物的稳定性变差,精炼过程中会发生炉衬和炉渣中氧化物的分解反应而向钢液供氧:

$$MgO_{(s)} =\!\!=\!\!= \{Mg\} + [O] \tag{10-20}$$

$$SiO_{2(s)} =\!\!=\!\!= \{SiO\} + [O] \tag{10-21}$$

钢液中碳的存在,会因发生下列反应而有助于耐火材料和渣中氧化物的分解:

$$[C] + [O] =\!\!=\!\!= \{CO\}$$

上述分析解释了真空条件下,通过延长精炼时间仍不能使碳的脱氧能力达到平衡时应有水平的原因。

（4）钢中的氧并非全是以溶解氧的形式存在。热力学计算是以溶解在钢中的氧为脱除对象的，然而真空精炼时，钢液（特别是已脱氧的钢液）中的氧有相当一部分是以氧化物夹杂的形式存在，而不是以溶解氧的形式存在。真空条件下，碳虽然也能够还原这些氧化物，但只有黏附在气泡（吹入的氩气泡、上浮过程中的 CO 气泡等）壁上的氧化物才有可能被碳还原，所以碳氧反应只能去除部分夹杂物中的氧，这会使得碳的脱氧能力大打折扣。

（5）钢中其他元素对碳的脱氧能力也有影响。除了上述因素外，钢中其他元素对碳的脱氧能力也有影响，例如，镍能提高碳的脱氧效果，而铬则减弱碳的脱氧效果。

可见，碳的脱氧反应受到钢液中 O 和 C 在钢液内的扩散速度、CO 气泡核生成及长大速度等动力学因素的影响。因此，必须设法改善真空下碳氧反应的动力学条件。

在研究碳氧反应时已知，真空条件下熔池表面层（约 100 mm 深）钢液的碳氧反应最为激烈，称为活泼层。如果不能保证底部钢液及时上升，上层碳氧反应将很快趋于平衡，导致钢液真空脱氧反应趋于停止。为此，在真空下要使碳氧反应顺利进行，必须采用包底吹氩搅拌或电磁搅拌，使底部钢液不断地循环流动，更换活泼层内的钢液。

另外，向未经完全脱氧的钢液吹氩，除了可以搅拌钢液外，还具有一定的真空作用。吹入钢液的氩气泡内 CO 的分压为零，对于碳氧反应来说如同一个小的"真空室"，不仅会使氩气泡周围钢液中的 C、O 向其表面扩散并进行碳氧反应，而且钢液中产生的 CO 也会向其中扩散而使 CO 分压降低，从而有利于碳的脱氧。

需要说明的是，尽管真空条件对脱氧起着积极的促进作用，但由于脱氧的易操作性及方法的多样性，使得目前没有一种真空设备是为完成脱氧任务而建立发展起来的，真空脱氧是真空设备在完成其他任务时附带完成的。

10.5　钢中的非金属夹杂物

在冶炼和浇注过程中产生或混入钢中、经加工或热处理后仍不能消除、与钢基体无任何联系而独立存在的氧化物、硫化物、氮化物等非金属相，统称为非金属夹杂物，简称为夹杂物。

钢中的非金属夹杂物主要是铁、锰、铬、铝、钛等金属元素与氧、硫、氮等形成的化合物，其中的氧化物主要是脱氧产物，包括未能上浮的一次脱氧产物和钢液凝固过程中形成的二次脱氧产物。

非金属夹杂物的存在破坏了钢基体的连续性，造成钢组织不均匀，对钢的各种性能都会产生一定的影响。

10.5.1　钢中非金属夹杂物的来源

钢中非金属夹杂物主要来自以下几个方面：

（1）原材料带入的杂物。炼钢所用的原材料，如钢铁料和铁合金中的杂质、铁矿石中的脉石以及固体料表面的泥砂等，都可能被带入钢液而成为夹杂物。

（2）冶炼和浇注过程中的反应产物。钢液在炉内冶炼、包内镇静及浇注过程中生成且未能排除的反应产物，残留在钢中便形成了夹杂物。这是钢中非金属夹杂物的主要来源。

（3）耐火材料的蚀损物。炼钢用的耐火材料中含有镁、硅、钙、铝、铁的氧化物。从冶炼、出钢到浇注的整个生产过程中,钢液都要和耐火材料接触,炼钢的高温、炉渣的化学作用及钢、渣的机械冲刷等或多或少地要侵蚀耐火材料,蚀损物进入钢液而成为夹杂物。这是钢中 MgO 夹杂的主要来源,约占夹杂总量的 5% 以上。

(4)乳化渣滴夹杂物。除了电弧炉偏心炉底出钢外,出钢过程中渣钢混出是经常发生的,有时为了进一步脱氧、脱硫也希望渣钢混出。如果镇静时间不够,渣滴来不及分离上浮,就会残留在钢中,成为所谓的乳化渣滴夹杂物。

另外,出钢和浇注过程中,炉盖、出钢槽、钢包和浇注系统吹扫不干净,各种灰尘微粒的机械混入也将成为钢中大颗粒夹杂物的来源。

10.5.2 钢中非金属夹杂物的分类

根据研究目的的需要,可以从不同的角度对钢中的非金属夹杂物进行分类。目前最常见的是按照非金属夹杂物的组成、热加工后的形态、来源和尺寸不同进行分类。

10.5.2.1 按夹杂物的组成分类

该分类方法又称为化学分类法,在描述和分析夹杂物的成分时常用这一分类法。根据组成不同,钢中的非金属夹杂物可以分成以下三类。

A 氧化物系夹杂物

氧化物系夹杂物有简单氧化物、复杂氧化物、硅酸盐与固溶体之分。

a 简单氧化物

常见的简单氧化物夹杂有 FeO、Fe_2O_3、MnO、SiO_2、Al_2O_3、TiO_2 等。例如,在用硅铁合金和铝脱氧的镇静钢中,就能见到 SiO_2 和 Al_2O_3 夹杂物。

b 复杂氧化物

复杂氧化物包括尖晶石类氧化物和钙的铝酸盐两种。

尖晶石类氧化物常用化学式 $MO \cdot R_2O_3$ 表示。M 代表二价金属,如 Fe、Mn、Mg 等;R 为三价金属,如 Fe、Al、Cr 等。这类夹杂物因具有尖晶石($MgO \cdot Al_2O_3$)的八面晶体结构而得名,常见的有 $FeO \cdot Al_2O_3$、$MnO \cdot Al_2O_3$ 等铝尖晶石(多出现于镇静钢中);$FeO \cdot Cr_2O_3$、$MnO \cdot Cr_2O_3$ 等铬尖晶石(常出现于含铬的合金钢中)等。这些夹杂物中的二价或三价金属可以被其他二价或三价金属置换,因此实际遇到的尖晶石类夹杂物可能是多相的;又由于 $MO \cdot R_2O_3$ 内可以溶解相当数量的 MO 和 R_2O_3,因而其成分可在相当宽的范围内波动,实际成分往往偏离化学式。尖晶石类夹杂物的特点是熔点高,在钢液中呈固态并具有形成外形良好的坚硬八面体晶体的倾向,热轧时不易变形;冷轧时,特别是在轧制规格较薄的产品时易造成表面损伤。

钙(还有钡等)虽然也是二价金属元素,但因离子半径太大(比 Fe、Mn、Mg 等离子半径大20% ~30%),所以它的氧化物不是尖晶石结构,而形成钙的铝酸盐 $CaO \cdot Al_2O_3$。钙的铝酸盐是碱性炼钢中最为常见的夹杂物,它是钢中的铝与悬浮在钢液中的碱性炉渣反应的产物,或是用含钙合金和铝共同脱氧的产物。

c 硅酸盐

硅酸盐类夹杂是由金属氧化物和二氧化硅组成的复杂化合物,所以也属于氧化物系夹杂物。化学通式可写成 $lFeO \cdot mMnO \cdot nAl_2O_3 \cdot pSiO_2$。其成分比较复杂,而且常常是多相的。常见的有 $2FeO \cdot SiO_2$、$2MnO \cdot SiO_2$、$3MnO \cdot Al_2O_3 \cdot 2SiO_2$ 等。这类夹杂物与被侵蚀下来的耐火材料、裹入的炉渣及钢流的二次氧化有关。

硅酸盐类夹杂物一般颗粒较大,其熔点按成分中 SiO_2 所占的比例而定,SiO_2 占的比例越多,硅酸盐的熔点越高。

d　固溶体

氧化物之间还可以形成固溶体,最常见的是 $FeO - MnO$,常以$(Fe,Mn)O$ 表示,称为含锰的氧化铁。

B　硫化物系夹杂物

硫含量高时,其在铸态钢中以熔点仅为 1190℃ 的 FeS 形式在晶界析出,从而导致钢产生热脆。为了消除或减轻硫的这一危害,一般的方法是向钢中加入一定量的锰,以形成熔点较高的 MnS 夹杂(熔点为 1620℃)。因此一般情况下,钢中的硫化物夹杂主要是 FeS、MnS 和它们的固溶体$(Fe,Mn)S$。两者相对量的大小取决于加锰量的多少,随着锰硫比的增大,FeS 的含量越来越少,而且这少量的 FeS 溶解在 MnS 之中,这是由于锰比铁对硫有更大的亲和力。

冶炼中,铝的加入量大时钢中会有 Al_2S_3 形态的夹杂物出现;当向钢中加入稀土元素镧、铈等时,可形成相应的稀土硫化物 La_2S_3、Ce_2S_3 等。

在多数钢中,硫化物是比氧化物更重要的夹杂物。因为一般情况下钢的氧含量在 0.004% 以下,而硫含量则在 0.03% 左右。根据钢的脱氧程度及残余脱氧元素的含量不同,硫化物在固态钢中有三类不同的形态:

(1)第一类是当仅用硅或铝脱氧且脱氧不完全时,硫化物或氧硫化物呈球形任意分布在固态钢中。

(2)第二类是在用铝完全脱氧,但过剩铝不多的情况下,硫化物以链状分布在晶界处。

(3)第三类是当用过量的铝脱氧时,硫化物呈不规则外形任意分布在固态钢中。

这三类硫化物的形态不同,对钢性能的影响也不同。比如,它们对钢的热脆倾向的影响是:第二类硫化物的热脆倾向最为严重,第三类硫化物次之,第一类硫化物最小。

C　氮化物系夹杂物

一般情况下,钢液的氮含量不高,因而钢中的氮化物夹杂也就较少。但是,如果钢液中含有铝、钛、铌、钒、锆等与氮亲和力较大的元素时,在出钢和浇注过程中钢流会吸收空气中的氮而使钢中氮化物夹杂的数量显著增多。

通常,将不溶于或几乎不溶于奥氏体并存在于钢中的氮化物视为夹杂物,其中最常见的是 TiN。至于 AlN,一般是在钢液结晶时才析出的,颗粒细小,它在钢中具有许多良好的作用,例如在钢液结晶过程中,它可作为异质核心而使钢的晶粒细化,因而 AlN 一般不视为夹杂物。

10.5.2.2　按热加工变形后夹杂物的形态分类

该分类方法又称为轧钢分类法,主要用于研究各类夹杂对钢性能的不同影响。在热加工温度下,夹杂物具有不同的塑性,所以钢加工变形后,钢材中夹杂物将呈现不同的形态。依此可将夹杂物分为三类:

(1)塑性夹杂。这类夹杂的塑性好,变形能力强,在热加工过程中沿加工方向延伸成条带状,如图 10-11(a)所示。FeS、MnS 及含 SiO_2 较低的低熔点硅酸盐等,均属于这一类夹杂物。

（2）脆性夹杂。这类夹杂的塑性差，变形能力弱，热加工时沿加工方向破碎成串。属于这一类夹杂物的有尖晶石类型复合氧化物以及钒、钛、锆的氮化物等高熔点、高硬度的夹杂物，如图 10-11（c）所示；簇状的 Al_2O_3，如图 10-11（d）所示。

（3）不变形夹杂。有的夹杂物在钢进行热加工的过程中保持原有的球形（或点状）不变，而钢基体围绕其流动，这一类夹杂称为球形（或点状）不变形夹杂，如图 10-11（e）所示。属于此类夹杂物的有 SiO_2、含 SiO_2 大于 70% 的硅酸盐、钙的铝酸盐以及高熔点的硫化物（CaS、La_2S_3、Ce_2S_3 等）。

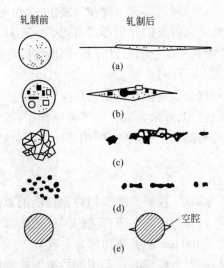

图 10-11　变形前后钢中夹杂物的形态示意图
（a）塑性夹杂轧制后延伸成条带状；（b）半塑性夹杂在轧制过程中的变形情况；
（c）大颗粒脆性夹杂在轧制中的破碎情况；（d）轧制中簇状的脆性夹杂呈链状；
（e）轧制条件下的不变形夹杂

除了以上三种基本类型外，还有一些所谓的半塑性夹杂物。它实际上是塑性夹杂物与脆性夹杂物的复合体。在热加工过程中，其塑性部分随钢基体延伸，但脆性部分仍保留原来的形状，只是或多或少地被拉开，如图 10-11（b）所示。

10.5.2.3　按夹杂物的来源分类

该分类方法又称为炼钢分类法，主要用于确定夹杂物的来源和产生的时间。根据来源不同，钢中非金属夹杂物一般分为两类：

（1）外来夹杂物。在冶炼及浇注过程中混入钢液并滞留其中的耐火材料、熔渣或两者的反应产物以及各种灰尘微粒等，称为外来夹杂。这类夹杂物的颗粒较大，外形不规则，在钢中出现具有偶然性，分布也无规律。

（2）内生夹杂物。这类夹杂物是在脱氧和钢液凝固时生成的各种反应产物，主要是氧、硫、氮的化合物。根据形成的时间不同，内生夹杂物可分为以下四种：

1）一次夹杂。在冶炼过程中生成并滞留在钢中的脱氧产物、硫化物和氮化物称为一次夹杂，也称为原生夹杂。

2）二次夹杂。出钢和浇注过程中，由于钢液温度降低导致平衡移动而生成的非金属夹杂物，称为二次夹杂。

3）三次夹杂。钢液在凝固过程中，因元素的溶解度下降引起平衡移动而生成的夹杂物，称为三次夹杂。

4）四次夹杂。固态钢发生相变时，因溶解度发生变化而生成的夹杂物称为四次夹杂。

从数量上来看，内生夹杂物主要是一次夹杂和三次夹杂。

相对于外来夹杂物来说，内生夹杂物的分布比较均匀，颗粒也比较细小；而且形成时间越迟，颗粒越细小。

至于内生夹杂物在钢中的存在形态，则取决于其形成时间和本身的特性。如果夹杂物形成的时间较早，而且因熔点高以固态形式出现在钢液中，这些夹杂在固体钢中仍将保持原有的结晶形态；而如果夹杂物是以液态的异相形式出现于钢液中，那么它们在固态钢中则呈球形。较晚形成的夹杂物多沿初生晶粒的晶界分布，依据它们对晶界的润湿情况不同，或呈颗粒状（如 FeO），或呈薄膜状（如 FeS）。

应该指出的是，钢中的一些夹杂物很难确定它是内生的还是外来的。比如，以外来夹杂为核心析出内生夹杂的情况；再如，外来夹杂与钢液发生作用，其外形及成分均发生了变化的情况等。因此，有人提出应有第三类夹杂物，即相互反应夹杂物，这一观点正在被越来越多的人所接受。

10.5.2.4 按夹杂物的尺寸分类

这种分类方法又称金相分类法，在研究夹杂物对钢性能的影响时常采用。钢中的非金属夹杂物按其尺寸大小不同，可分为宏观夹杂、显微夹杂和超显微夹杂三类。

（1）宏观夹杂。尺寸大于 100 μm 的夹杂物称为宏观夹杂，又称大型夹杂物。这一类夹杂物用肉眼或放大镜即可观察到，主要是混入钢中的外来夹杂物；其次，钢液的二次氧化也是大型夹杂物的主要来源，因为研究发现，在大气中浇注的钢中，大型夹杂物的数量明显多于氩气保护下浇注的钢。一般情况下，钢中大型夹杂物的数量不多，但对钢的质量影响却很大。

（2）微观夹杂。尺寸在 1 ~ 100 μm 之间的夹杂物称为微观夹杂，因为要用显微镜才能观察到，故又称为显微夹杂。研究发现，钢中微观夹杂物的数量与脱氧后钢中溶解氧的含量之间存在很好的对应关系，因此一般认为微观夹杂主要是二次夹杂和三次夹杂。

（3）超显微夹杂。尺寸小于 1 μm 的夹杂物称为超显微夹杂。

钢中的超显微夹杂主要是三次夹杂和四次夹杂，一般认为钢中该类夹杂的数量很多，但对钢性能的危害不大。

钢中常见夹杂物的组成和性质列于表 10-5 ~ 表 10-7。

表 10-5 钢中氧化物系夹杂的组成和性质

化学式	名　称	结晶系	可锻性	密度/g·cm⁻³	熔点/℃
FeO	浮氏体	立方	稍变形	5.7	1420
MnO	氧化锰	立方	稍变形	5.43 ~ 5.8	1700 ~ 1780
(Mn,Fe)O	固溶体	立方	稍变形		
Fe₂SiO₄	铁橄榄石	斜方	稍变形	3.90 ~ 4.34	1200 ~ 1205
Mn₂SiO₄	锰橄榄石	斜方	易变形	4.0 ~ 4.1	1300 ~ 1340
Mn₂SiO₃	蔷薇辉石	三斜	易变形	3.20, 3.4 ~ 3.68	1270, 1285 ~ 1365
SiO₂(α,β)	方石英	正方	不变形		1710 ~ 1713

化学式	名　称	结晶系	可锻性	密度/g·cm⁻³	熔点/℃
SiO_2	石英玻璃	非晶质	不变形	2.07~2.22	1695~1720
$FeO \cdot Al_2O_3$	铁尖晶石	立方	不变形	4.08~4.15,3.9	>1700,2135
$MnO \cdot Al_2O_3$	锰尖晶石	立方		4.03	>1700
$Al_2O_3(\alpha)$	刚玉	六方	不变形	4.0	2030
$3Al_2O_3 \cdot 2SiO_2$	莫来石	斜方		3.16	1830(分解)
$3MnO \cdot Al_2O_3 \cdot 3SiO_2$	锰铝榴石	立方		4.11	1200
$nFeO \cdot mMnO \cdot pSiO_2$	玻璃质	非晶质	随 SiO_2 增加塑性下降		
$nAl_2O_3 \cdot mSiO_2 \cdot pFeO$	玻璃质	非晶质	易破碎		
$FeO \cdot Cr_2O_3$	铬铁矿	立方	不变形	5.1,4.3~4.6	>1780,2160~2183
Cr_2O_3	氧化铬	六方	不变形	5.2	2265
$TiO(\alpha)$	金红石	正方	不变形	4.25	1640
$FeO \cdot TiO_2$	钛铁矿	六方	不变形	4.19,4.5~5.0	1370,>1470
ZrO_2	二氧化锆	单斜	不变形	5.4~6.02	>2677~3000
V_2O_3	氧化钒	六方	不变形	4.87	2000
$nCaO \cdot SiO_2$	硅酸钙		不变形		>1550
CeO_2	氧化铈	立方		7.13	>2600

表 10-6　钢中硫化物系夹杂的组成和性质

化学式	名　称	结晶系	可锻性	密度/g·cm⁻³	熔点/℃
FeS	硫化铁	六方	易变形	4.58	1170~1197
MnS	硫化锰	立方	变　形	3.9~4.05	1530~1620
$(Mn,Fe)S$	铁锰硫化物				>1600
ZrS	硫化锆	正方	不变形	5.14,5.05	
LaS	硫化镧	立方	不变形	5.75	2200
CaS	硫化钙	立方	不变形	5.88	2450
La_2O_2S	硫氧化镧	六方	不变形	5.77	1940
Ce_2O_2S	硫氧化铈	六方	不变形	5.99	1950

表 10-7　钢中氮化物系夹杂的组成和性质

化学式	名　称	结晶系	可锻性	密度/g·cm⁻³	熔点/℃
AlN	氮化铝	六方	不变形	3.2,3.05	2150~2200,2650
TiN	氮化钛	立方	不变形	5.4,6.49,6.20	2930~2950
$Ti(C,N)$		立方	不变形		
ZrN	氮化锆	立方	不变形	7.09,6.93,7.32	2950~2980
VN	氮化钒	立方	不变形		2050
NbN	氮化铌	立方	不变形	8.4	

10.6　夹杂物对钢性能的影响

　　概括地讲,钢中夹杂物的危害主要表现在它们对钢的力学性能和工艺性能两方面的影响。

10.6.1　夹杂物对钢力学性能的影响

钢中有非金属夹杂物存在时,由于它们与金属基体的结合力较弱,加之有的夹杂物本身性脆,会不同程度地降低钢的强度、塑性、冲击韧性、抗疲劳性等力学性能。

10.6.1.1　夹杂物对钢强度的影响

通常认为,非金属夹杂物对金属材料的强度指标,如抗拉强度、屈服强度影响不大。

通过对比实验发现,非金属夹杂物对钢强度的影响与其颗粒大小密切相关。当夹杂物颗粒较大时(如氧化铝颗粒超过 1 μm 时),会使钢的强度略有降低;当夹杂物颗粒较小时(如氧化铝颗粒小于 0.3 μm 时),弥散强化的作用会使钢的强度有所提高。

10.6.1.2　夹杂物对钢塑性的影响

由于热加工时钢中的夹杂物,尤其是塑性夹杂物随钢基体沿纵向变形成条带状,其进一步变形尤其是横向变形的能力很差,所以会使钢材的塑性尤其是横向塑性下降。

对 Cr – Ni – Mo 钢的研究表明,当一个视场内夹杂物的平均数目增加时,钢材的横向断面收缩率明显下降,如图 10-12(a)所示。当仅考虑钢中条带状硫化物夹杂的数目时,钢材的横向断面收缩率下降得更加严重,如图 10-12(b)所示。

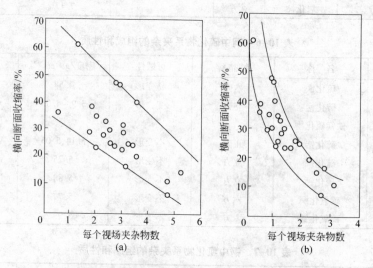

图 10-12　夹杂物对钢材横向断面收缩率的影响
(a) 各种夹杂物数目的影响;(b) 条带状夹杂物数目的影响

10.6.1.3　夹杂物对钢冲击韧性的影响

冲击韧性代表钢材抵抗横向冲击破坏的能力。

钢中有非金属夹杂物存在时,由于钢与夹杂物的变形量不同,导致钢在受到冲击时应力分布不均匀,即在夹杂物与钢的联结处出现应力集中。当该处的应力超过其强度极限或塑性允许值时,会使钢与夹杂物的界面处联结断裂或使夹杂本身破碎而产生裂纹,裂纹的进一步扩大将导致钢材断裂。

由于在热加工过程中沿轧制方向延伸成条带状的 MnS 夹杂使钢材的横向变形能力下降,因此该类夹杂物会降低钢材的冲击韧性值。对钢材进行扩散退火,能使长条状的夹杂物碎断和球化,可减轻其对冲击韧性的影响。另外,冶炼时向钢中加入适量的 Ti、Zr、Ca 及稀土元素 Ce、La 等,可使硫化物球化而提高钢的冲击韧性值。

10.6.1.4 夹杂物对钢抗疲劳性的影响

金属材料在一定的重复或交变应力作用下,经多次循环后发生破坏的现象称为疲劳。研究发现,材料因疲劳而破坏的过程是疲劳裂纹发生和扩大的过程,而疲劳裂纹的发生和发展起因于材料的局部应力集中。因此,凡是引起局部应力集中的因素(如夹杂物、微裂纹等)都将影响材料的疲劳寿命。

不同类型的夹杂物,对钢的疲劳寿命有不同程度的影响。按降低寿命的程度从大到小排序,依次是:刚玉(即 Al_2O_3)、尖晶石、钙的铝酸盐、半塑性硅酸盐、塑性硅酸盐、硫化物。产生这一差别的原因在于,各种夹杂物的线膨胀系数和变形能力不同。

当钢由高温冷却时,线膨胀系数与金属基体相差较多的夹杂物(如刚玉等),由于其在冷却过程中收缩程度较小而使周围的基体上产生了附加应力,这一现象将促进疲劳裂纹的产生和发展。与此相反,硫化物等的线膨胀系数略大于金属基体,冷却时不会产生附加应力,因而对钢的疲劳寿命影响较小。

各种典型夹杂物的平均线膨胀系数 α_1 列于图 10-13;为了比较,图中还标明了轴承钢的线膨胀系数 α_2。

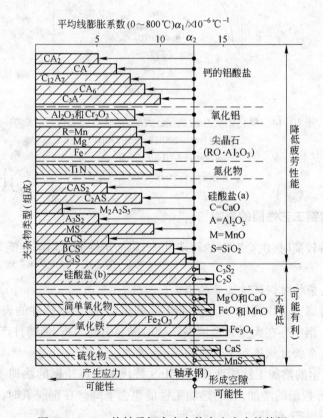

图 10-13 1% 铬轴承钢中夹杂物产生应力的特征

从夹杂物的变形能力来看,如果夹杂物在钢的热加工温度下无塑性,那么热加工时金属基体相对于这些夹杂物发生流动时,它们将与基体脱离并划伤基体而出现微裂纹及空隙。微裂纹及空隙是产生疲劳断裂的坏芽,继续发展就引起零件过早地疲劳破坏。实验发现,刚玉、尖晶石和钙的铝酸盐在钢的热加工温度下没有塑性,而硫化物则具有较好的塑性。因此,对于钢的疲劳性能来说,刚玉及尖晶石类夹杂物的危害极大,而硫化物则没有不利影响。

研究发现,对于同一类型的 Al_2O_3 夹杂来说,随着 Al_2O_3 夹杂数量的增加,钢的疲劳极限下降;当其他条件相同时,夹杂颗粒越大,不利影响越大;多角形夹杂物比球状夹杂物的危害性大;钢的强度水平越高,夹杂物对其疲劳极限所产生的不利影响越显著,如图 10-14 所示。

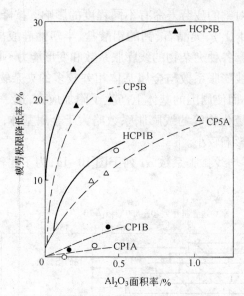

图 10-14　氧化铝夹杂的数量、大小、形状对疲劳极限的影响
基体:HCP—300HV;CP—230HV
夹杂物:1—10 μm;5—50 μm
A—球形夹杂;B—多角形夹杂

10.6.2　夹杂物对钢工艺性能的影响

夹杂物的含量较高时,也会对钢的铸造性能、热加工性能和切削性能等工艺性能产生一定的影响。

10.6.2.1　夹杂物对钢铸造性能的影响

随着钢中非金属夹杂物的增多,会降低钢液的流动性,影响铸件的表面质量,主要表现是粘砂严重;同时,钢中存在大量非金属夹杂物时极易引起偏析,使铸件产生热裂而报废。

10.6.2.2　夹杂物对钢热加工性能的影响

FeS 夹杂会使钢的热加工性能变坏,用 MnS 替代 FeS 可使钢的热加工性能得到显著的改善。但随着 MnS 数量的增加,钢的热加工性能也会下降。在钢脱氧时,加铝的同时加钛,可以改变硫化物的形态,使热加工性能有所改善。

10.6.2.3　夹杂物对钢切削性能的影响

研究非金属夹杂物对钢切削性能的影响情况,主要从刀具的使用寿命、切屑的形态、机床的切削速度等方面进行考察。

钢中的氧化物和硅酸盐夹杂的硬度较高,会使刀具过早磨损或损坏,导致钢的切削性能下降。试验证明,切削性能随脱氧元素的不同而有差别,按照锰、铬、硅、锆、钒、钛、铝的顺序下降。这也说明,提高夹杂物的硬度对切削性能是不利的。

硫化物能增加钢的脆性,切屑容易断裂,使切屑和刀具的接触面积减小,因而摩擦阻力和切削阻力变小,可提高机床效率和刀具寿命。

含钙的氧化物夹杂对切削性能有良好的影响,因此近年来钙系易切削钢发展很快。这是由于钙系脱氧钢中的 $2CaO \cdot SiO_2$ 等夹杂中溶有 $3CaO \cdot 2SiO_2$ 或 Al_2O_3,能在刀具表面熔着堆积并将刀具表面包覆起来,可防止切削工件直接擦过刀具的前倾面和退出面而使刀具的寿命提高。切削时间越长,钙系脱氧钢的优点越明显。

综上所述,研究夹杂物对钢性能的影响时,不能简单地考查钢中夹杂物的含量,而应根据钢种的使用条件和具体夹杂物的特性进行评价。但总的来说,通常是钢中夹杂物的数量越多、颗粒越大、性质越脆硬、分布越不均匀,危害性越大。因此,应该力求减少钢中的夹杂物,尤其是大颗粒的外来夹杂物,少量残留也应该使其形态成为球形且分布均匀。

10.7　减少钢中夹杂物的途径

一般情况下,钢中的氮化物较少,主要是氧化物和硫化物夹杂,而且两者的危害也较大。因此,减少钢中夹杂物的关键是减少钢中的氧化物夹杂和硫化物夹杂。

10.7.1　减少钢中氧化物夹杂的途径

研究表明,严把原料关、充分利用脱碳反应的净化作用、正确地组织脱氧操作、防止或减轻钢液的二次氧化等,都是减少钢中氧化物夹杂的主要途径。

10.7.1.1　最大限度地减少外来夹杂

生产中减少外来夹杂的主要措施有:

(1)加强原材料的管理,对废钢、生铁、合金、石灰、萤石、矿石等力求做到清洁、干燥、分类保存;

(2)提高炉衬质量,并加强对炉衬的维护,尽量减少其侵蚀、剥落;

(3)加强氧化操作,利用脱碳反应去除原材料带入的夹杂物和炉衬的侵蚀物;

(4)出钢前调整好炉渣的流动性、出钢后保证钢液在钢包中的镇静时间以利于炉渣充分上浮、电弧炉炼钢严禁在电石渣下出钢等,均可防止钢液混渣;

(5)提高浇注系统耐火材料的质量并做好清洁工作,减少耐火材料颗粒夹杂。

10.7.1.2　有效地控制内生夹杂

生产中控制内生夹杂的措施主要是:

(1)根据钢的质量要求选择合适的冶炼方法和工艺,如转炉冶炼、电弧炉冶炼、配加炉外精炼等;

(2)依据所炼钢种制订合理的脱氧制度并正确地组织脱氧操作,包括采用综合脱氧、使用复合脱氧剂并加强搅拌等,促进脱氧产物上浮,尽量减少钢中的一次夹杂,同时最大限度地降低钢液中溶解的氧,有效地控制钢液冷凝过程中产生二次夹杂和三次夹杂的数量;

(3)对于优质钢和特殊要求的钢,采用添加变质剂、热加工和热处理等方法,改善残留夹杂物的形态及分布,可减轻夹杂物的危害。

10.7.1.3　防止或减少钢液的二次氧化

已脱氧的钢液在出钢和浇注过程中与大气(或其他氧化性介质)接触而再次被氧化的现象,称为"二次氧化"。

实验发现,含碳0.55%~0.65%的镇静钢在出钢过程中,锰氧化了0.074%,硅氧化了0.04%,铝氧化了0.043%,它们的氧化产物有相当一部分未能上浮而滞留在钢中成为夹杂。另据报道,38CrMoAlA钢的非金属夹杂物含量在浇注过程中增高1.0~1.5倍,氮含量增加了20%。可见,钢液在出钢和浇注过程中的二次氧化十分严重,应引起足够的重视。

研究发现,二次氧化产物的颗粒比脱氧产物大得多,而且二次氧化产物的多少往往与钢液温度高低、钢液与大气接触面积大小、接触时间长短等因素有关,因此在出钢和浇注过程中,一定要做好以下三方面的工作,防止或减少钢液的二次氧化。

(1)控制好出钢温度。其他条件相同时,温度越高,钢液在出钢和浇注过程中二次氧化越严重。因此,实际操作中应控制好出钢温度,尽量避免高温钢。

(2)掌握正确的出钢操作。出钢时,要开大出钢口并维持好出钢口的形状,保证钢流不散流或过细,减小钢液与大气的接触面积和缩短出钢时间。对夹杂要求严格的钢种,最好采取气体保护出钢。

(3)注意保护浇注。模铸时,注速与注温要配合好,使钢液流股处于正常的流动状态,减少空气的卷入和钢液的裸露;同时,采用保护渣,如固体石墨渣、固体发热渣和各种液体渣等保护浇注,对于特殊要求的钢可采用惰性气体保护或真空浇注。连铸时则采用伸入式长水口与固体保护渣组合的无氧化浇注技术。

除了大气的二次氧化外,钢液在钢包内镇静及浇注过程中还会与熔渣及钢包的耐火材料发生反应,即钢液还会被熔渣和包衬二次氧化。因此,采用高质量的耐火材料、出钢后向钢包中加入少量石灰稠化熔渣并提高其碱度,对减少钢中的夹杂物也有一定的作用。

10.7.2　减少钢中硫化物夹杂的途径

钢中硫化物夹杂含量主要取决于钢中的硫含量,钢中硫含量降得越低,硫化物夹杂就越少。所以,冶炼时应加强钢液的脱氧、脱硫操作,尽量降低钢液的硫含量。

应指出的是,为了减轻硫的危害,过分地强调降低钢中硫含量在经济上并非合理,人们早已将目光转移到了改变钢中硫化物的存在形态上。通常情况下,钢材中的硫化物是呈细长条状的 FeS、MnS,它们会使钢的横向塑性、韧性等降低。向钢液中添加少量的钛、钙、锆、稀土等与硫亲和力比锰、铁大的元素,使 FeS、MnS 转变成在热加工过程中不变形的 TiS、CaS、ZrS、CeS 等球状硫化物,可以在不降低硫含量的条件下使钢的横向力学性能得以改善。这种改变钢中硫化物夹杂形态的做法称为变质处理,这些添加元素称为变质剂。

复习思考题

10-1　钢液为什么要进行脱氧,脱氧的任务有哪些?

10-2　什么是元素的脱氧能力?

10-3　对脱氧元素有哪些要求?

10-4　常用的脱氧元素有哪些,各有何特点?

10-5　什么是复合脱氧,它有何特点,操作中应注意些什么?

10-6　促使脱氧产物上浮的措施有哪些?

10-7　碳、钙作为脱氧元素各有何特点?

10-8　脱氧方法有哪些,各有何优缺点?

10-9　为什么通常都用铝作终脱氧剂?

10-10　采用真空碳脱氧的条件下,为什么还要加入强脱氧剂铝?

10-11　为什么真空下碳脱氧必须吹氩搅拌才能取得好的效果?

10-12　试分析钢中非金属夹杂物的来源。

10-13　钢中氧化物夹杂有哪几类?

10-14　非金属夹杂物对钢性能有什么危害?

10-15　降低钢中非金属夹杂物的途径有哪些?

11 钢 中 气 体

钢中除了含有常规元素碳、锰、硅、硫、磷及各种合金元素外,还含有微量的气体氢、氮。钢中的气体含量虽然不高,但会给钢的质量带来许多不利的影响,严重时会导致钢材报废。为此,必须研究气体对钢性能的影响,以及掌握气体在冶炼过程中进入钢中和由钢中排除的基本规律。

11.1 氢的来源及其对钢质量的影响

理论研究和生产实践均表明,氢是在冶炼过程中进入并溶解在钢中的,而且它会对钢的质量产生诸多不良影响。

11.1.1 钢中氢的来源

钢中的氢主要来源于以下三个方面:

(1)炉气。炉气中氢气的分压很低,约为 5.3×10^{-2} Pa,因此,钢中的氢并不取决于炉气中氢气的分压。而炉气中的水蒸气才是钢中氢的来源之一,炉气中水蒸气的分压越大,钢中的氢含量越高。一般情况下,炉气中水蒸气分压随季节而变化,在干燥的冬季约为 1 kPa,而在潮湿的雨季则高达 8 kPa。

(2)原材料。原材料带入的水分是钢中氢的重要来源,如废钢和生铁表面的铁锈,矿石、石灰、萤石中的化合水和吸附水等,不仅能增高炉气中水蒸气的分压,而且可以直接进入钢液。所以,生产中要使用经过充分烘烤与干燥的矿石、石灰、各种粉料及表面清洁的废钢。铁合金中溶解有一定量的氢,其含量取决于冶炼方法、操作水平、合金成分以及破碎程度等,通常在较宽的范围内波动,表 11-1 列出了一些铁合金中的氢含量范围。

表 11-1 一些铁合金中的氢含量范围

名称	硅铁(45%)	高碳锰铁	低碳锰铁	低碳铬铁	硅锰合金	电 解 镍
氢含量	$(9.7 \sim 17.4) \times 10^{-6}$	$(7.5 \sim 17.0) \times 10^{-6}$	8.1×10^{-6}	$(4.3 \sim 6.0) \times 10^{-6}$	14.2×10^{-6}	0.2×10^{-6}

由表 11-1 可见,铁合金尤其是硅锰合金中含有较高的氢,在冶炼优质合金钢时不可忽视,使用前应进行充分的烘烤。

(3)冶炼和浇注系统的耐火材料。新打结的炉衬、补炉材料以及转炉用的焦油白云石砖中都含有沥青,而沥青中含有 8% ~9% 的氢;若用卤水作黏结剂,其氢含量更高,所以炉衬也是钢中氢的来源之一。钢包和浇注系统耐火材料中的水分,与钢液接触后会蒸发、溶解,而使钢液的氢含量增高,因此使用前应充分烘烤,彻底干燥。

11.1.2　氢在钢中的溶解

11.1.2.1　溶解过程

冶炼中,炉气中的水蒸气遇到高温钢液时被分解成氢气和氧气,即发生反应 $2\{H_2O\} =$ $2\{H_2\} + \{O_2\}$,分解出的氢气按下列步骤溶入钢液:

(1) 氢气分子被钢液表面吸附并分解成原子:

$$1/2\{H_2\} === H_{吸} \tag{11-1}$$

(2) 被吸附的氢原子溶入钢液:

$$H_{吸} === [H] \tag{11-2}$$

因此,氢在钢液中溶解的总反应式为:

$$1/2\{H_2\} === [H] \tag{11-3}$$

11.1.2.2　氢在纯铁中的溶解度

氢在熔铁中的溶解,即反应(11-3)平衡时,其平衡常数为:

$$K_H = \frac{w[H]_\%}{(p_{H_2}/p^{\ominus})^{1/2}} \qquad \lg K_H = -\frac{1670}{T} - 1.68 \tag{11-4}$$

式中　　$w[H]_\%$——氢在铁液中的溶解量(质量百分数);

$\quad\quad\quad p_{H_2}$——铁液面上气相中氢气的分压,Pa;

$\quad\quad\quad p^{\ominus}$——标准大气压力,101325Pa。

显而易见,氢在铁液中的溶解量与气相中氢气的分压及铁液的温度有关。通常把一定温度下,与 101325 Pa 氢气分压相平衡的溶于金属中氢的数量,称为氢在金属中的溶解度。也就是说,氢在铁液中的溶解服从平方根定律,即一定温度下,氢在铁液中的溶解度与作用在铁液面上的氢气分压的平方根成正比。

金属中的氢含量还可以用 ppm 表示,1ppm = 0.0001% ,即百万分之一。

由式(11-4)可求得,1600℃的炼钢温度下,氢在铁液中的极限溶解量(即 $p_{H_2} = p^{\ominus}$ 时)为 0.0027% ,即 27 ppm。

氢在固态铁中的溶解度则取决于铁的晶格类型及温度,氢在不同状态的固体铁中溶解时平衡常数与温度的关系分别为:

$$\lg K_{\alpha,\delta} = -\frac{1418}{T} - 2.37 \tag{11-5}$$

$$\lg K_{\gamma} = -\frac{1182}{T} - 2.23 \tag{11-6}$$

气相中氢的分压为 101325 Pa 时,不同温度下氢在纯铁中的溶解度如图 11-1 所示。

由图 11-1 可知:

(1) 氢在铁液中的溶解是吸热反应,其溶解度随温度的升高而增加。当铁液在 1539℃凝固时,由于铁原子的排列更加致密,使气体溶解度大大降低;

(2) 在固态铁发生相变时,气体的溶解度发生突变,这主要是由铁原子间距离改变所造成的。

（3）由于 γ - Fe 为面心立方结构（α - Fe 和 δ - Fe 为体心立方结构），其原子间距较大，所以能溶解更多的气体。

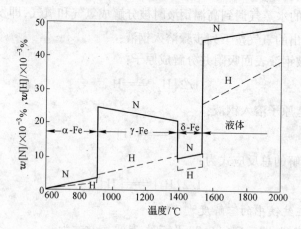

图 11-1　101325 Pa 时温度对氢和氮在铁中溶解度的影响

11.1.2.3　各元素对纯铁中氢的溶解度的影响

由于钢中存在不同含量的其他元素，这些元素对氢在铁液中的溶解度将产生不同程度的影响，如图 11-2 所示。

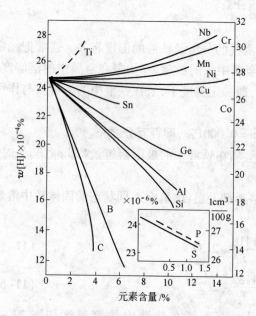

图 11-2　1873 K 和 p_{H_2} = 101325 Pa 时各元素对
氢在铁液中溶解度的影响

由图 11-2 可见，根据各元素对氢在纯铁中溶解度的影响情况，大致可分为三类：

（1）碳、硅、硼和铝等元素能降低氢在铁液中溶解度。碳、硅、硼和铝等元素与铁原子的结合力大于铁原子与氢的结合力，它们的存在会降低铁原子的活度，使氢的溶解度减小。

（2）锰、镍、钼、钴和铬等元素对氢在铁液中的溶解度影响不大。因为锰、镍、钼、钴和铬等元素的性质与铁相近，因而它们的存在不会对氢在铁液中的溶解度产生太大的影响。

（3）钛、铌、锆和稀土元素可使氢在铁液中的溶解度激增。由于钛、铌、锆和稀土元素能与氢形成氢化物，使氢在熔铁中的活度下降，因此，氢在铁液中的溶解度随着这些元素的增加而增大。

11.1.3　氢对钢质量的影响

氢在钢液中的溶解度远大于它在固态钢中的溶解度，所以在钢液凝固过程中，氢会和

CO、氮等一起析出,造成皮下气泡,促进中心缩孔和显微孔隙(疏松)的形成。

在固态钢冷却和相变过程中,氢还会继续通过扩散而析出。由于其在固相中扩散速度很慢,只有少量的氢能达到钢锭表面,而多数扩散到显微孔隙和夹杂附近或晶界上的小孔中去,形成氢分子。因为氢分子较大,它不具备穿过晶格继续扩散的能力,因此,在其析出的地方不断地进行着氢分子的聚集,直至氢的分压与固态钢中氢含量达到平衡为止。

随着氢分子的聚集,氢气在钢中的分压也越来越大,并在钢中产生应力。如果这种应力再加上热应力、相变应力而超过了钢的抗张强度,就会产生裂纹。

以上原因可能使钢材产生以下缺陷:

(1)"白点"。所谓白点,是指钢材试样纵向断面上呈圆形或椭圆形的银白色斑点,其在横向酸蚀面上呈辐射状的极细裂纹,即白点的实质是一种内裂纹。白点的直径一般波动在 0.3 ~ 30 mm 之间。当钢材断面上产生大量白点时,试样的横向强度极限降低 1/2 ~ 2/3,断面收缩率和伸长率降低 5/6 ~ 7/8。因此,产生了白点的钢材应判为废品。尽管目前对白点的形成过程尚有不同看法,但一致认为钢中的氢含量过高是产生白点的主要原因之一。另外,白点的形成还与钢种、温度等因素有关。

(2)氢脆。随着氢含量增加钢的塑性下降的现象,称为氢脆。氢脆是氢对钢力学性能的重要不良影响之一,主要表现在使钢的伸长率和断面收缩率降低。一般来说,氢脆随着钢的强度增高而加剧。因此,对于高强度钢氢脆的问题更加突出。氢脆属于滞后性破坏,表现为在一定应力作用下经过一段时间,钢材突然发生脆断。

(3)发纹。将试样加工成不同直径的塔形台阶,经酸浸后沿着轴向呈现细长、状如发丝一样的裂纹,称为发纹。发纹缺陷的主要危害是降低钢材疲劳强度,导致零件的使用寿命大大降低。研究发现,钢中的夹杂物和气体是产生发纹的主要原因。

(4)"鱼眼"。鱼眼是在一些普通低合金建筑用钢的纵向断口处常出现的一种缺陷。由于它们是一些银亮色的圆斑,中心有一个黑点,外形像鱼眼而得名。试验证实,鱼眼缺陷主要是氢聚集在钢或焊缝金属中夹杂的周围,发生氢脆造成的。钢材在使用过程中,该处易于脆裂。

(5)层状断口。层状断口是钢坯或钢材经热加工后出现的缺陷,它会使钢的冲击韧性和断面收缩率降低,即横向力学性能变坏。研究发现,钢坯经过热加工后,其中表面吸附有夹杂物的氢气泡沿加工方向延伸成层状结构。因此,层状断口缺陷与钢中气体、非金属夹杂物、组织应力等因素有关。

基于上述原因,生产中应尽量减少钢中的氢含量,纯净钢要求达到 0.2 ~ 0.7 ppm,即 $w[H] = (0.2 ~ 0.7) \times 10^{-4}\%$ 的水平。

11.2 氮的来源及其对钢质量的影响

11.2.1 钢中氮的来源

钢中的氮主要来源于以下三个方面:

(1)氧气。炼钢用的氧气是钢中氮的最主要来源,其纯度基本上决定了钢的氮含量。氧气纯度对钢中氮含量的影响见表 11-2。

表 11-2　钢中氮含量与氧气纯度的平衡关系　　　　　　　　　（%）

氧气纯度		93	96	98	99	99.5
氧气中不纯物含量	Ar	2	2	1.0 ~ 1.5	0.6 ~ 0.9	0.48
	N_2	5	2	1.0 ~ 1.5	0.1 ~ 0.4	0.02
$w[N]_{平衡}$		0.0092	0.0056	0.0035	0.0020	0.0004

从表 11-2 中可以看出,氧气纯度仅变化了 6.5%,而钢中氮含量却变化了 20 多倍。因此,提高氧气纯度是减少氮含量(尤其是氧气顶吹转炉钢氮含量)的关键性措施。

(2)炉气和大气。炉气和大气中氮的分压约为 79 kPa,所以炼钢尤其是电弧炉炼钢的冶炼和浇注过程中,钢液会直接从炉气和大气中吸收大量的氮,而且低碳钢比高碳钢吸得多。

(3)金属炉料。铁水、废钢及铁合金等金属炉料中均溶解有一定量的氮,尤其是一些将氮作为合金化元素用的合金(如氮锰合金、氮铬合金等)含量更高,冶炼过程中它们会将其中的氮带入钢液。常用铁合金的氮含量见表 11-3。

表 11-3　一些铁合金中的氮含量　　　　　　　　　　　（%）

名　称	硅铁(75%)	高碳锰铁	高碳铬铁	硅锰合金	钛　铁	氮锰合金	氮铬合金
$w[N]$	0.003	0.002	0.039	0.025	0.022	2.88	7.67

11.2.2　氮在钢中的溶解

11.2.2.1　溶解过程

冶炼和浇注过程中,大气和炉气中的氮可按下列步骤溶入钢液:

(1)氮气分子与钢液表面接触时被吸附并分解成原子:

$$1/2\{N_2\} =\!=\!= N_{吸} \tag{11-7}$$

(2)被吸附的氮原子溶入钢液:

$$N_{吸} =\!=\!= [N] \tag{11-8}$$

因此,氮在钢液中溶解的总反应式为:

$$1/2\{N_2\} =\!=\!= [N] \tag{11-9}$$

11.2.2.2　氮在纯铁中的溶解度

氮在熔铁中的溶解,即反应(11-9)平衡时,其平衡常数为:

$$K_N = \frac{w[N]_\%}{(p_{N_2}/p^{\ominus})^{\frac{1}{2}}} \qquad \lg K_N = -\frac{188}{T} - 1.246 \tag{11-10}$$

式中　$w[N]_\%$——氮在铁液中的溶解量(质量百分数);

　　　p_{N_2}——铁液面上气相中氮气的分压,Pa;

　　　$p^{\ominus}$——标准大气压力,101325 Pa。

显然,氮在铁液中的溶解量与气相中氮气的分压及铁液的温度有关。通常把一定温度下,与 101325 Pa 的氮气气压相平衡的溶于金属中的氮的数量,称为氮在金属中的溶解度。可见,氮在熔铁中的溶解也服从平方根定律,即一定温度下,氮在熔铁中的溶解度与作用在铁液面上的氮气分压的平方根成正比。

由式(11-10)可求得,1600℃的炼钢温度下,氮在铁液中的极限溶解量(即 $p_{N_2} = p^\ominus$ 时)为 0.0451% ,即 451 ppm。

氮在固态铁中的溶解度则取决于铁的晶格类型及温度,氮在不同状态的固体铁中溶解时平衡常数与温度的关系分别为:

$$\lg K_{\alpha,\delta} = -\frac{1570}{T} - 1.02 \tag{11-11}$$

$$\lg K_\gamma = -\frac{400}{T} - 1.95 \tag{11-12}$$

气相中氮的分压为 101325 Pa 时,不同温度下氮在纯铁中的溶解度如图 11-1 所示。

应注意的是,图 11-1 中显示,氮在 γ - Fe 中的溶解度是随温度升高而下降的,与氢的情况恰好相反。这是因为,在该温度范围内,铁的结构渐由原子间隙较大的面心立方晶格向原子间隙较小的体心立方晶格转变,因而氮的溶解度逐渐下降;而氢原子的半径小,其溶解度几乎不受此影响,仍在晶格转变的温度下发生溶解度的突变。

11.2.2.3　各元素对氮在熔铁中的溶解度的影响

除铁外,钢中还含有其他元素,它们会对氮在铁液中的溶解度产生影响。钢中常见元素对氮在铁液中的影响如图 11-3 所示。

由图 11-3 可见:

(1)碳、硅等元素能显著地降低氮在铁液中的溶解度。碳、硅等元素能与铁形成化合物,减少了自由铁的含量;而当碳与铁形成间隙式溶液时,碳原子又占据了铁原子之间的间隙位置,所以随着碳、硅等元素的增加会使氮的溶解度减小。

(2)锰、镍、钼、钴等元素对氮在铁液中的溶解度影响不大。锰、镍、钼、钴等元素的性质与铁相近,因而它们的存在对氮在铁液中的溶解度不会有太大的影响。

(3)钒、铌、铬、钛、锆和稀土元素使氮在铁液中的溶解度显著增加。钒、铌、铬、钛、锆和稀土元素可与氮形成稳定的氮化物,降低氮在熔铁中的活度,因此,氮在铁液中的溶解度会随着这些元素的增加而增大。

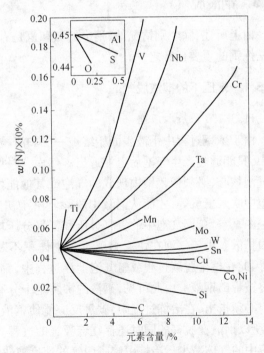

图 11-3　在 1873 K 和 $p_{N_2} = 101.325$ kPa 时
各元素对氮在铁液中溶解度的影响

11.2.3　氮对钢质量的影响

一般情况下,钢中的氮会对钢的许多性能产生不良影响。

氮在钢液中的溶解度远高于其在室温下的溶解度,因此,钢中的氮含量高时,在低温下呈过饱和状态。由于氮化物在低温时很稳定,钢中氮不会以气态逸出,而是呈弥散的固态氮化物析出,结果引起金属晶格的扭曲并产生巨大的内应力,引起钢的硬度、脆性增加,塑性、韧性降低。

氮化物的析出过程很慢,因而随时间推移,钢的硬度、脆性逐渐增加,塑性、韧性逐渐降低,这种现象称为老化或时效。钢中氮含量越高,老化现象越严重。因此,生产中应尽量减少钢中的氮含量,纯净钢要求达到 $14 \sim 15$ ppm,即 $w[N] = (14 \sim 15) \times 10^{-4}\%$ 的水平。

在脱氧良好的钢中加入铝、硼、钛、钒等元素,与氮能结合成稳定的氮化物,使固溶在 α-Fe 中的氮含量大大降低,从而可减轻甚至消除氮的时效作用。此外,在钢中形成细小分散的 AlN、TiN 等颗粒还能阻止钢材加热时奥氏体的长大,进而得到细晶粒奥氏体钢。

在特定条件下,氮能改善钢的某些性能,而以合金的形式加入。

在高铬钢中,氮的固溶强化作用能使钢的强度提高,塑性几乎没有什么降低,当铬含量达到 17% 时,钢的冲击韧性反而能显著提高。只有当 $w[N] > 0.16\%$ 后,才使钢的抗氧化性能趋向恶化。

在铬镍奥氏体不锈钢中,由于氮是极强的扩大 γ 区域的元素,能明显地增加奥氏体的稳定性,所以可与锰一起部分地代替贵重的合金元素镍,以获得单相奥氏体不锈钢。

11.3 钢液脱气

由上所述,除个别情况外,钢中的氮和氢是有害元素,应尽量减少它们的含量。因此,脱气是炼钢的重要任务之一。

11.3.1 常压下的钢液脱气

11.3.1.1 基本原理

由于炼钢过程中钢液表面始终被一层炉渣覆盖,所以任何气体直接自动排出的可能性很小,只能通过产生气泡后上浮逸出。然而,在钢液中氢和氮的析出压力很小,无法独立形成气泡核心,必须依赖钢中现成的气泡或其他能生成气泡的反应,如熔池中的碳氧反应或向钢包中吹入氩气等,才能从钢液中脱除。由于初生的 CO 气泡或氩气泡对于氢和氮都相当于一个真空室,即气泡中的氢气分压和氮气分压均为零,这样钢液中的氢和氮就会向这些气泡内扩散。由于气泡在快速上浮过程中体积不断增大,使气泡内氢、氮的实际分压不断降低,因此在整个脱碳过程或氩气泡上浮过程中,钢中氢和氮会不断地扩散进入这些气泡,并最终被带出钢液。由此可见,钢液的沸腾是十分有效的脱气手段。

必须指出,在冶炼过程中,碳氧反应能使钢液脱气,同时高温熔池也会从炉气中吸收气体,所以钢液在脱气的同时还存在着吸气的过程。只有当脱气速度大于吸气速度时,才能使钢液中的气体减少。冶炼中沸腾脱气的速度取决于脱碳速度,脱碳速度越大,钢液的脱气速度就越快。因此,脱碳速度大于一定值时,才能使钢中气体减少。对于每一种炼钢炉都存在着一个临界脱碳速度,如 $10 \sim 15$ t 的电弧炉,当脱碳速度 $v_c > 0.35\%/h$ 时,脱气速度就能超过吸气速度。

11.3.1.2 转炉吹炼中钢液气体含量的变化

A 钢液氮含量的变化规律

铁水中氮含量较高,有时可达到 0.008% 以上。转炉炼钢使用高纯度的氧气吹炼时,钢液中的氮含量能够降低到 0.001% ~ 0.0015%。吹炼过程中熔池氮含量的变化规律与脱碳反应有密切的关系,如图 11-4 所示。

由图 11-4 可见:

吹炼初期铁水中的氮含量迅速降低。这是由于该阶段的大部分时间是在非淹没状态下进行吹炼,加上沸腾的作用,钢液的吸氮速度很低;同时,随着吹炼的进行,钢中的硅含量降低、氧含量升高,脱碳速度逐渐加大,脱气速度也不断增加,所以钢液中的氮含量迅速降低。

吹炼中期脱氮出现停滞现象。吹炼中期,碳氧反应激烈,从理论上讲具有良好的脱气条件,而实际

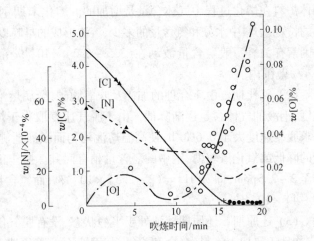

图 11-4 转炉吹炼过程中 $w[C]$、$w[O]$、$w[N]$ 的变化

测试发现熔池中氮含量基本不变。这是因为此时脱碳反应是在氧流冲击区附近进行的,该处气泡的液膜表面形成了一层氧化膜,使钢液中的氮向其中扩散的速度减慢;同时,由于脱碳反应的激烈进行,渣中氧化铁贫化,炉渣出现返干现象,对具有氮分压的氧气流股金属溶液失去了保护,使熔池的吸氮速度大大增加,所以氮含量基本保持不变,甚至略有回升。

吹炼末期根据各炉碳含量和氧含量的高低以及是否补吹等情况,钢中的氮含量会有不同的变化,可能降低,可能升高,也可能保持不变。通常情况是氮含量有所降低,但停吹前 2 ~ 3 min 起氮含量又略有回升。由于吹炼末期,钢中的氧含量大幅度增加而使钢中氮的活度增大,以及熔池中所产生的 CO 气泡的脱氮作用等原因,会使钢中氮含量进一步降低。但是随着钢中的碳含量降低,脱碳速度显著下降,产生 CO 气体的量减少,从炉口卷入的空气量增多,炉气中氮的分压增大,因而停吹前 2 ~ 3 min 时会出现增氮现象。

在出钢和浇注过程中,钢液与大气接触,使钢中氮含量增加,例如,转炉钢的氮含量在出钢过程中一般会增加 0.0007% 以上。但是沸腾钢在出钢和浇注过程中气体的含量变化不大,这主要是因为钢液在模内发生了碳氧反应,产生沸腾,排除了部分氢和氮。

B 钢液氢含量的变化情况

通常,转炉钢的氢含量比较低,这与其冶炼方法的特点有直接关系。转炉吹炼使用的是脱了水的工业纯氧,炉气中几乎没有水蒸气 $\{H_2O\}$ 和氢气 $\{H_2\}$;同时,转炉炼钢中的碳氧反应激烈,脱气速度很快,能较好地去除钢液中的氢。

吹炼过程中,钢液氢含量的变化情况和氮类似。吹炼前期,钢中的氢含量能降低到 $(1.788 ~ 2.235) \times 10^{-4}\%$。但在吹炼末期,由于温度升高,冷料带入水分和脱碳速度减小,氢含量有所回升,其增加程度取决于铁合金的水分和氢含量、空气湿度、钢液温度等因素。

11.3.1.3 电弧炉冶炼中钢液气体含量的变化

电弧炉冶炼过程中,各个时期钢液中的含气量各不相同,其变化规律大致如下:

(1) 熔化期。送电后,电极下的固体料开始熔化,且温度不断升高;加之炉气中的水蒸气和氮气在电弧的作用下加速分解,为钢液吸气创造了优越的条件。在熔化初期,向下移动

的金属液滴直接与炉气接触以及熔池液面尚未被炉渣覆盖,这些都有利于氢、氮的溶解。尽管以后溶渣形成并覆盖熔池表面,以及合理的吹氧助熔能脱除一部分氢和氮,但总的来讲,固体炉料在熔化过程中气体含量是增加的。熔化末期钢液中氢和氮含量的高低,与熔化时间的长短、炉料中水分和氮含量的多少、溶渣形成的早晚以及熔化期吹氧助熔的操作水平高低等因素有关。一般氢含量波动在 $(3.5 \sim 6.2) \times 10^{-4}\%$ 范围内,而氮含量波动在 $(6 \sim 12) \times 10^{-3}\%$ 范围内。

(2)氧化期。由于合理的加矿及吹氧脱碳,金属熔池激烈沸腾,此时脱气速度大于吸气速度,钢液的气体含量逐渐降低。由于脱气速度取决于熔池的脱碳速度,因此,实际生产中要求脱碳速度大于 $0.6\%/h$,使高温熔池均匀而激烈地沸腾。但到了氧化末期,由于脱碳速度的降低或氧化渣较薄,钢中的氢含量稍有回升。操作正常时,氧化末期钢液中的氢含量能降至 $2 \sim 2.5 ppm$,即 $w[H] = (2 \sim 2.5) \times 10^{-4}\%$;而氮含量能降低到 $30 \sim 40 ppm$,即 $w[N] = (3 \sim 4) \times 10^{-3}\%$。

(3)还原期。还原期熔池处于平静状态,没有脱气能力;同时,又处在较高的精炼温度下,并且还要加入渣料、合金和脱氧剂,钢液不可避免地会增氢、增氮。特别是炉温高、冶炼时间长、渣料及合金和脱氧剂烘烤不良时,增氢、增氮更严重。所以,应尽量缩短还原时间,严格控制熔池温度,充分烘烤造渣材料及合金等,使钢液尽可能少地吸收气体。一般出钢前钢液中的氢回升到 $(3.5 \sim 5.0) \times 10^{-4}\%$,达到熔化末期的水平,而在湿度大的雨季增高得更多;氮含量回升到 $(6 \sim 9) \times 10^{-3}\%$,比氧化末期增加了 $(3 \sim 5) \times 10^{-3}\%$。

与转炉一样,在出钢和浇注过程中钢液还要与空气接触,继续吸收气体,使成品钢的气体含量更高。

11.3.2　真空脱气

如前所述,尽管在冶炼和浇注过程中采取了一系列措施以降低钢中的气体含量,然而毕竟是在常压下操作,效果并不理想,转炉钢和电炉钢中总是含有相当多的有害气体,影响钢的质量。为此,发展了真空脱气、吹氩脱气、真空冶炼等炉外精炼新技术。常用的真空脱气的方法有钢液真空循环脱气法(RH 法)、钢液真空提升脱气法(DH 法)等。

11.3.2.1　真空脱气原理

钢中气体服从平方根定律,即气体在钢中的溶解度与钢液面上气相中该气体分压的平方根成正比,因此,将钢液置于真空室,开启真空泵以降低该气体的分压,溶解在钢中的气体就会随之减少,这就是钢液真空脱气的基本原理。

有关氢对钢质量影响的研究结果证实,将钢中氢含量降到 $1.5 \times 10^{-4}\%$ 以下,钢材就可以完全消除氢所引起的白点。如果不考虑其他因素的影响,那么按平方根定律可以得出,与此相平衡的氢气的分压为:

$$p_{H_2} = (0.00015/0.0027)^2 \times 101.325 = 0.31 \text{ kPa}$$

由此可见,钢液真空脱气并不需要很高的真空度。如果真空熔炼室的真空度为 0.01 kPa,且气体分压大致与此相等,当接近平衡状态时,钢中的氢含量可达 $0.27 \times 10^{-4}\%$、氮含量可达 $4.51 \times 10^{-4}\%$。

但是,实际生产中钢液的脱气程度远达不到上述的计算值。因为炉内压力实测值并不能代表发生脱气反应处的真实压力;同时,钢液成分对脱气也有相当大的影响;更主要的是脱气动力学因素,即钢中气体原子向气-液界面扩散并穿过气-液界面的速度较慢,使脱气反应未达平衡。

实际生产中发现,脱气的速度和CO气泡的析出速度相吻合。这说明,真空下的脱氢和脱氮与真空下的碳脱氧有直接关系。

另外,在各种真空处理的方法中,氢的脱除比较容易,脱氢速度也较快,而脱氮则较为困难。这是因为,氮的原子半径较大,扩散速度慢;而且,钢液中的氮多数是以氮化物状态存在的,真空对含稳定氮化物钢的去氮作用是通过真空下碳氧反应引起熔池强烈沸腾,使氮化物上浮而实现的。

11.3.2.2 钢液真空循环脱气法(RH法)

钢液真空循环脱气法是德国鲁尔(Ruhrstahl)公司和海罗伊斯(Heraeus)公司于1959年共同研制成功的,所以又称为RH脱气法。

RH脱气法是将真空精炼与钢水循环流动结合起来,以提高脱气效果。最初的RH装置主要是对钢水进行脱氢,后来增加了真空脱碳、真空脱氧、改善钢水纯净度及合金化等功能。RH法具有处理周期短、生产能力大、精炼效果好的优点,非常适合与大型转炉相配合,早在1980年RH技术就已基本定型。

真空循环脱气装置主要由真空室、提升机构、加热装置、加料装置及轴气系统等设备所组成,如图11-5所示。

钢液脱气是在一个砌有耐火材料的真空室内进行的。耐火材料可用铝质或碱性耐火材料,目前趋向于用镁铬质耐火材料,以提高其使用寿命。

A RH法的脱气原理

RH法是在真空脱气室的下部设置两个管道(即上升管道和下降管道),当两管插入钢液内时,由于室内抽真空,钢液便通过两个管道进入真空脱气室,并上升到与压差相应的高度;同时,在一个管道(即上升管道)中通过多孔砖吹入驱动气体氩气,形成大量气泡,使上升管道内钢液的密度下降,而且气泡在高温及低压的作用下体积迅速长大,带动钢液以雨滴状向真空室上空喷去,使脱气表面积大大增加,从而加速了脱气进程;脱气后的钢液密度相对较大,汇集在真空室的底部并不断地由下降管道返回到钢包,钢中气体便在这环流中渐渐被脱去。

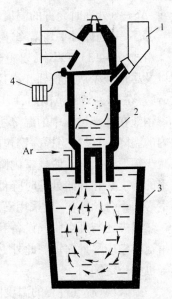

图11-5 RH法装置示意图
1—加料装置;2—真空脱气室;
3—钢包;4—加热装置

目前的RH法具有以下精炼功能:

(1)脱碳,可在25 min处理周期内生产出碳含量低于0.002%的超低碳钢水;

(2)脱气,可生产出含氢0.00015%以下、含氮0.002%以下的纯净钢水;

(3)脱磷、脱硫,RH法附加喷粉装置后可生产出磷含量低于0.002%的超低磷钢和硫含量低于0.001%的超低硫钢;

(4)升温,RH法采用加铝吹氧提温法,钢水最大升温速度可达8℃/min;

(5)均匀钢水温度,可保证连铸中间包内钢液温度波动不大于5℃;

（6）均匀钢水成分和去除夹杂物,可生产出全氧（包括溶解氧和化合氧）含量低于0.0015%的超纯净钢。

B　主要工艺参数

a　钢液温度与处理容量

真空循环脱气过程中,钢液的热损失很大,如果仍采用不进行真空处理时的出钢温度,钢液经处理后就无法保证开浇温度;而大幅度提高出钢温度或显著缩短脱气时间,又将增高钢中原始氢含量和影响脱气效果。因此,采用真空循环脱气法时钢液容量最小为 30 t,以减少钢液在钢包内的散热速度。

为了弥补处理时钢液的热损失,通常脱气钢的出钢温度比不处理的同钢种高出 20 ~ 30℃;同时,考虑到处理后钢液中的气体及夹杂物含量减少,会使钢液黏度降低,所以开浇温度也可比不进行真空处理的同钢种低 20 ~ 25℃,这样就赢得了必要的脱气时间。

b　脱气时间

为了使钢液充分脱气,必须保证足够的脱气时间。脱气时间可由式（11-13）确定:

$$\tau = \Delta t / v_t \tag{11-13}$$

式中　τ——脱气时间,min;

Δt——处理时允许的温度降低值,$\Delta t = t_{出钢} - t_{浇注}$,℃;

v_t——处理时平均温降速度,℃/min。

由式（11-13）可看出,要想延长处理时间、提高处理效果,应提高出钢温度、降低开浇温度以及尽量减少从出钢到开浇这阶段的热损失。处理时允许的温度降低值 Δt 波动不会太大,通常在 30 ~ 55℃范围内,所以脱气时间主要取决于脱气时的平均温降速度。

钢液在处理过程中的温降主要是钢包内温降和脱气室内温降两部分。为了减少钢液在包内的温降,可以适当提高钢包的烘烤温度,减少包衬的吸热,并在钢液面上保留一层炉渣以减少辐射热损失。脱气室内降温速度在很大程度上与脱气室的预热有关,生产中发现,脱气室的温度只在开始处理时降低得较多,吸收了钢液的热量后降温速度甚微,为此,真空脱气室必须充分预热（一般采用石墨电阻棒进行电加热）。

热损失还与真空脱气设备和炼钢炉、浇注设备之间的相对位置有关,所以处理前后钢包的吊运距离应尽量缩短。此外,处理容量、脱气时加入合金的种类和数量、耐火材料的热导率等也有一定影响。

一般来说,脱气过程的温度降低值随着处理容量和脱气室预热温度的提高而减少,随着脱气时间的延长而增加,如表 11-4 所示。

表 11-4　处理容量、脱气室预热温度与脱气温降速度的关系

处理容量/t	脱气室预热温度/℃	脱气时间/min	脱气温降速度/℃·min^{-1}
35	700 ~ 800	10 ~ 15	4.5 ~ 5.8
35	1200 ~ 1400		2.0 ~ 3.0
70	700 ~ 800	18 ~ 25	2.5 ~ 3.5
100	700 ~ 800	24 ~ 28	1.8 ~ 2.4
100	~ 800	20 ~ 30	1.5 ~ 2.5
100	1000 ~ 1100		1.5 ~ 2.0
100	1500	20 ~ 30	<1.5
170	1300		1.0 ~ 1.5

脱气时间可根据不同容量时温降的实际情况确定,一般可参考下列数据:

处理容量/t	40	70	100	150	200	270
处理时间/min	10	18	25	35	35	40

c 循环因数和循环流量

循环因数是指脱气过程中通过真空脱气室的钢液总量与处理容量之比,可用式(11-14)表示:

$$u = \frac{w\tau}{V} \tag{11-14}$$

式中 u——循环因数;

  w——循环流量,t/min;

  τ——脱气时间,min;

  V——处理容量,t。

循环流量也称循环速率,是指每分钟通过真空室的钢液量。循环流量与输入的驱动气体数量和上升管的截面积存在如下关系:

$$w = ad^{1.5}G^{0.35} \tag{11-15}$$

式中 a——常数,对于脱氧钢其值为0.02(测定值);

  d——上升管内径,cm;

  G——通入上升管内的驱动气体量,L/min。

钢液脱气效果与循环因数 u 有关,而循环因数受钢包内钢液混合状况的影响。为此,希望 RH 法装置的下降管道截面比上升管道小一些,以加快钢液的下降速度,使脱气后的钢液能流到包底,促进未被处理的钢液沿包壁向上而进入脱气室,从而达到理想的脱气效果。

实际生产中,为了保证钢液充分脱气,设计真空脱气室时,循环因数应选择大些,一般可采用4~5。当循环因数 $u=4~5$ 时,不同处理容量所要求的循环流量 w 如下:

处理容量 V/t	30~120	120~200	200~300
循环流量 w/t·min^{-1}	15~25	30~40	40~60

C 驱动气体和反应气体

循环脱气法一般是通过输入氩气来驱动钢液循环的,每吨钢的平均耗氩量随着处理容量的减少而增加,如表11-5所示。

表 11-5 某厂 RH 法驱动气体氩气消耗量与处理容量的关系

处理钢液量/t		30~40	70	90~100
处理时间/min	最 大	16	25	29
	最 小	10	17	20
	平 均	12.6	21	25.4
耗氩量/L·t^{-1}	最 大	64	62	49
	最 小	42	35	32
	平 均	52	50.4	41.3

　　输入的氩气量还应随着钢液中气体的脱除而逐渐增加。例如,处理 100 t 钢液,在开始 4~5 min 内,氩气消耗量从 80 L/min 增加到 150 L/min,随后又上升到 200 L/min 左右,直到结束前 1 min 才降下来。

　　由于氩气价格较高,有些企业改用氮气作为驱动气体。实践证实,在处理过程中钢液中的氮含量并不增加。

　　在处理过程中,为了进一步降低钢中氢、氧、碳的含量,还可吹入反应气体,现简述如下:

　　(1) 吹入四氯化碳气体。吹入四氯化碳气体可进一步降低钢液的氢含量,其反应式如下:

$$\{CCl_4\} + 4[H] + [O] \Longrightarrow 4\{HCl\} + \{CO\} \tag{11-16}$$

四氯化碳的优点是可以用液态供应,1 L 液态 CCl_4 大约能产生 200 L 气态 CCl_4。生产实践表明,在处理过程中将 CCl_4 增加到总输入气体量的 1/2,脱氢率可提高 10%~20%。

　　(2) 吹入甲烷。用甲烷作为反应气体,可降低钢中的氧含量,反应式如下:

$$\{CH_4\} + 3[O] \Longrightarrow 2\{H_2O\} + \{CO\} \tag{11-17}$$

一般先吹氩气,然后才吹入甲烷,脱气效果见表 11-6。

表 11-6　使用氩气和甲烷处理的脱气效果

化学成分/%			输入气体		氧含量/%		氢含量/%	
C	Si	Mn	输入时间/min	输入量/L·min⁻¹	处理前	处理后	处理前	处理后
0.14	0.30	0.64	氩气　7	122	0.009	0.0024	0.0005	0.0002
			甲烷　18	235				
0.13	0.28	0.62	氩气　6	65	0.012	0.0047	0.0004	0.00017
			甲烷　14	107				

　　由表 11-6 可见,用甲烷处理能使钢液中的氧含量降低,且钢中氢含量并没有因吹入甲烷而增加。

　　(3) 吹入氧气。试验发现,用氧气代替氩气作驱动气体,可以使钢液中碳含量从 0.06% 降低到 0.02%。

　　D　合金的加入

　　循环脱气法可以加合金对钢液进行脱氧和合金化,而且合金的收得率很高。例如,在脱气过程中加铝,其收得率可达 50%;加硅铁及锰铁合金的收得率可达 90%。

　　操作中要注意控制好合金的加入时间和加入方法,以保证良好的脱气效果。另外,加合金时,除硅铁合金外都会使钢液温度降低,因此应适当提高出钢温度。

　　E　RH 法的操作步骤

　　RH 法的具体操作过程分为处理前的准备、脱气、取样与测温、加合金和结束操作等。现分述如下:

　　(1) 处理前的准备工作。脱气前要做好以下几方面的准备工作:

　　1) 电、压缩空气、冷却水等辅助系统的准备;

　　2) 真空脱气室的准备,包括真空室预热、密封检查、电视摄像孔(或窥视孔)准备等;

　　3) 安装好合金加料斗;

　　4) 准备好驱动气体及反应气体。

（2）脱气操作。RH 法处理钢液时的具体操作程序是：

1）通入氩气并根据工艺要求调整好氩气流量；

2）将真空室下部的管道插入钢液至规定深度；

3）开动抽气泵并根据要求控制真空度；

4）打开废气测量装置；

5）处理过程中通过电视观察钢液的循环状况，尤其是要注意钢液的喷溅高度；

6）分析废气，了解钢液脱气程度，并调节氩气流量以控制钢液的循环量和喷射高度；

7）根据所处理钢种的要求，及时通入反应气体。

（3）取样与测温。脱气开始前先进行测温、取样，而后每间隔 10 min 测温、取样一次，处理后期每间隔 5 min 取样一次，处理结束时再进行测温和取样。

（4）加固体脱氧剂和合金。按工艺要求加入适量合金，并应在处理结束前 6 min 加完。

（5）处理结束时的操作。处理完毕后按下列程序操作：

1）打开通风阀，关闭真空抽气泵；

2）提升并移开脱气室，同时取样和测温；

3）关闭氩气和冷却水的阀门；

4）断开电视装置及记录仪表；

5）移走加料斗，对脱气室进行预热。

11.3.2.3　钢液真空提升脱气法（DH 法）

钢液真空提升脱气法简称 DH 法，它是借助减压到 13～66 Pa 的真空室与钢包的相对运动，将钢液经过吸嘴分批地吸入真空室内进行脱气处理。

真空提升装置基本上与循环脱气装置相似，只是真空室底部仅有一根管插入钢液，如图 11-6 所示。

钢液真空提升法是根据虹吸原理工作的。当将真空室下面的吸嘴插入钢液内、开启真空泵抽气减压后，真空室与外界大气之间形成的压力差将促使钢液沿吸嘴上升到真空室内进行脱气；当钢包和真空室相对位置改变（钢包下降或真空室提升）时，脱气后的钢液重新回到钢包，并在惯性作用下冲向包底；当钢包上升或真空室下降，又有一批未经处理的钢液进入真空室进行脱气。如此反复，最终可获得气体含量低、成分和温度均匀的钢液。

DH 法的工艺与操作和 RH 法类似，因运作费用较高，其在生产中的应用正逐渐减少。

11.3.2.4　RH 法和 DH 法的处理效果

一般情况下，钢液经 RH 法和 DH 法处理后可取得如下效果：

（1）脱氢。如图 11-7 所示，钢中氢含量可降到 2×10^{-4}% 以下。对于脱氧钢，脱氢率约为 65%；对于未脱氧钢，脱氢率可达 70%。

（2）脱氧。处理未脱氧的超低碳钢，氧含量由（2～5）

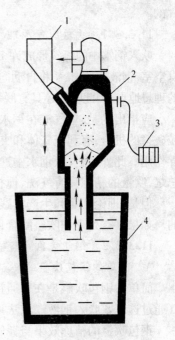

图 11-6　DH 法装置示意图

1—加料装置；2—可升降真空室；

3—加热装置；4—钢包

$\times 10^{-2}\%$ 降低到 $(0.8 \sim 3) \times 10^{-2}\%$；处理各种镇静钢，氧含量可以由 $(0.6 \sim 2.5) \times 10^{-2}\%$ 降到 $(0.2 \sim 0.6) \times 10^{-2}\%$。

（3）脱氮。如图 11-8 所示，真空脱氮的效果不明显。钢液原始氮含量较高时，脱氮率也仅为 $10\% \sim 20\%$；钢液未处理前氮含量小于 $0.5 \times 10^{-2}\%$ 时，处理后氮含量几乎没有变化。

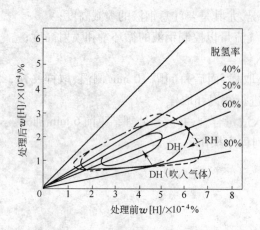
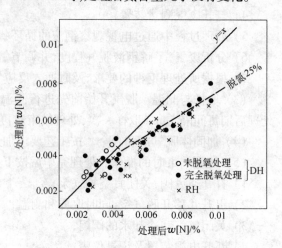

　　图 11-7　真空处理前后的钢中氢含量　　　　　图 11-8　真空处理前后的钢中氮含量

11.3.3　吹氩脱气

氩气是一种惰性气体，通常是通过钢包底部的多孔透气塞将氩气吹入钢液中进行脱气的。

11.3.3.1　吹氩脱气原理

吹入钢水中的氩气形成许多小气泡，对于钢液中的有害气体（H、N）来说，相当于一个个小真空室，钢液中的 H、N 将自动向其中扩散并被带出钢液；同时，小氩气泡的表面也是碳氧反应的理想地点，因此吹氩还具有脱氧作用。可见，钢包吹氩法脱气原理与真空脱气相似。

应指出的是，氩气泡在钢水中上浮及其引起的强烈搅拌作用，提供了气相成核和夹杂颗粒碰撞的机会，有利于气体和夹杂物的排除，并使温度和成分均匀。这就是氩气的气洗和搅拌作用。此外，氩气从钢水中逸出后覆盖在熔池面上，能使钢水避免二次氧化和吸收气体。总之，吹氩的精炼具有气洗、搅拌和保护三方面的作用。

但是，理论计算和生产实践均证实，仅依靠包底透气砖吹入的氩气是不能满足脱气要求的。如果真空处理和吹氩配合使用，将会取得更好的效果。

11.3.3.2　钢包吹氩

A　简单的钢包吹氩

简单的钢包吹氩是在普通钢包底上直径的 1/4 处，安装一个耐火材料的多孔透气塞，氩气通过透气塞吹入钢液。该法可与喂丝结合，用于小型转炉的炉外精炼。

钢包吹氩的精炼效果与耗氩量、吹氩压力、氩气流量、处理时间和气泡大小等因素有关。

当吹氩量偏低时，吹入的氩气只能起到搅拌作用，其气洗和保护作用都得不到充分发挥。有资料认为，如无其他精炼手段，仅仅吹氩精炼，要达到脱除气体和夹杂物的目的，耗氩量应为 $1.64 \sim 3.28 \, m^3/t$。

在钢包容量一定的条件下,氩气压力大,搅动力也大。但压力大时,气泡上升速度快,氩气流涉及的范围窄,氩气泡与钢液的接触面积小;同时,压力过大时会使液面裸露而发生二次氧化和吸气,精炼效果反而不好。理想的状况是,氩气流遍布全钢包,以钢液不露出渣面为限。氩气压力大小由钢水静压力、渣况、容量和精炼钢种等多种因素确定,一般在 200 ~ 500 kPa 之间。

实际上,为了提高氩气的精炼效果,与其通过加大氩气压力还不如保持相对的"低压",而尽量加大氩气流量更为有效。氩气流量表示单位时间内进入钢包中的氩气量,它与透气塞的个数、透气程度和截面积等有关。在一定压力下,增加透气塞的个数和尺寸来增加氩气流量,钢水吹氩处理时间可以缩短,而精炼效果反而改善。

吹氩时间不宜太长,过长会使钢液温度下降过多,并且由于耐火材料受冲刷而使非金属夹杂物增加;但吹氩时间不足,气体及夹杂物不能很好地去除,影响吹氩效果。通常吹氩时间在 5 ~ 15 min 之间,吨钢耗氩量为 0.2 ~ 0.4 m^3。

在氩气流量和氩气压力一定时,氩气泡尺寸越细小,在钢水中分布越均匀,气泡与钢水接触面积就越大,氩气精炼效果也越好。氩气泡的尺寸主要取决于透气塞的气孔尺寸,气孔尺寸大,原始气泡尺寸也大。因此,希望透气塞气孔尺寸适当地细小些,一般认为气孔直径为 0.1 ~ 0.26 mm 时较好;尺寸过小会使透气性变差、阻力变大。

生产中如果透气塞组合系统漏气,氩气就不通过透气塞而直接从缝隙中进入钢液。这时包内就会翻冒大气泡,应及时检修,解决透气塞与包底砖之间的密封问题。否则,其精炼作用下降,达不到预期的效果。

这种简单的钢包吹氩的精炼效果并不很理想。从透气塞中吹入大量的氩气需较长时间,而且会使温度大幅度下降。为了减少吹氩时的降温和利用钢液中排出的氩气造成钢液面上的保护性气氛,又出现了一些改进的钢包吹氩方法。

B SAB 法和 CAB 法

SAB 法是在钢包液面上加一沉入罩,CAB 法使用钢包盖代替沉入罩,如图 11-9、图 11-10 所示。

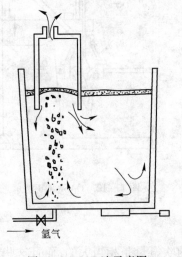

图 11-9 SAB 法示意图

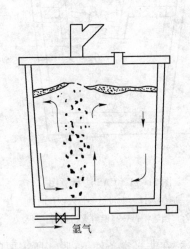

图 11-10 CAB 法示意图

这两种方法无多大的区别,都是包上加合成渣料、包底吹氩精炼,罩内或包内充有从钢液中排出的或专门导入的氩气。合成渣的成分为:$w(CaO):w(SiO_2):w(Al_2O_3)=40:40:20$,其特点是熔点低、流动性好、吸收夹杂物能力大。

改进后的钢包吹氩法有以下优点:

(1) 吹氩时钢液不与空气接触,可避免二次氧化和吸气;

(2) 浮出的夹杂物会被合成渣吸附并溶解,不会返回钢中;

(3) CAB 法钢水在包盖的保护下,降温大大减少;

(4) 设备简单,操作方便;

(5) 钢中的氧含量可降到 0.002% ~ 0.004%,氮含量可降低 20% ~ 30%。

这种方法的吹氩量不能太大,小容量钢包吹氩量仅为 0.1 ~ 0.3 m³/min,大容量钢包吹氩量也只有 1.5 ~ 2.7 m³/min。由于吹氩强度不大,所以脱气效果受到一定限制。

C　CAS 法和 CAS - OB 法

如图 11-11 所示,CAS 法是将一个带盖的耐火材料管插入钢液内吹氩口的上方,挡掉炉渣后,加入各种合金元素,进行成分微调。包内钢液受底部吹氩搅拌,成分与温度均匀,而且在密闭条件下受氩气保护,所以合金收得率很高。有资料认为,镇静钢加钛的收得率可接近 100%,铝的回收率达 85%。此法与 SAB 法大同小异,也有把这两种方法说成是一种的。

如图 11-12 所示,CAS - OB 法是在 CAS 装置上加一支氧枪,向包内钢液吹氧,并在吹氧过程中加入铝调温,即利用铝的氧化反应热使钢液升温,而后再吹入氩气精炼,使钢液中 Al_2O_3 夹杂大部分上浮,获得纯净的钢水。

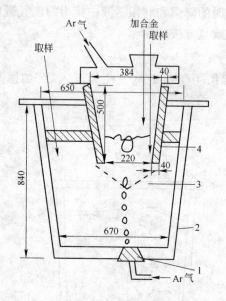

图 11-11　CAS 法示意图

1—透气塞;2—钢包;3—装入钢包时的
挡渣帽;4—高铝耐火材料管

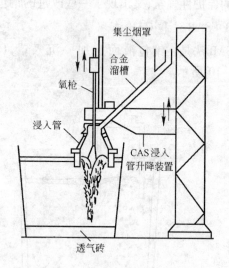

图 11-12　CAS - OB 法示意图

如前所述,在非真空条件下,脱气所需的吹氩量是相当大的;而且这些氩气全部从透气塞吹入,实际上也是做不到的。如果把真空与吹氩相结合,由于系统总压力降低,就可以大大减少吹氩量;而且在真空条件下,不会引起钢液面被炉气二次氧化和吸气,可以加大吹氩速度,提高脱气效果,而不怕钢液暴露。因此,在许多精炼方法中都采用了真空与吹氩相结合的手段。

11.3.4 配有吹氩(或电磁)搅拌的真空脱气

长期以来,特殊钢大多是在电弧炉内冶炼的。这是由于电弧炉以电能为热源,对于熔池温度、炉内气氛和炉渣状况的控制有相当大的灵活性。例如,造氧化渣有利于脱碳、脱磷、脱除气体和外来夹杂物;而炉内的还原性气氛及造还原渣有利于脱氧、脱硫及合金成分的精确调整。但是传统的电弧炉炼钢工艺有着难以克服的缺陷,比如,经过氧化期激烈均匀的碳氧沸腾把钢中的氢含量降到了 $3 \times 10^{-4}\%$ 以下,但在还原期却又回升到 $(5 \sim 7) \times 10^{-4}\%$ 的水平,经出钢和浇注后其含量更高;又如,还原期能把钢中的氧脱除到较低水平(插铝终脱氧后可低于 $30 \times 10^{-4}\%$),钢中夹杂物大部分也可上浮排除,然而在出钢和浇注过程中,钢液和大气接触而被二次氧化和吸气,使钢液氧含量急剧升高。可见,为了完全避免上述还原性钢水二次氧化和吸气,提高钢的纯洁度和质量,在浇注前对钢水进行一次炉外精炼是十分必要的。

真空下吹氩或电磁搅拌对钢水进行真空脱气,通常是在钢包精炼炉中进行的。典型的钢包精炼炉同时具备脱气、精炼和浇注三个功能,可对初炼炉的钢水进行真空脱气、脱氧、脱硫、调整成分、调整温度等精炼操作,并能电弧加热和搅拌钢液;冶炼的钢种范围较广,而且精炼完毕后可以直接浇注,因此完全杜绝了出钢过程的二次氧化和吸气。

典型钢包精炼炉除了前面已经介绍过的 LF 炉(即真空吹氩搅拌、非真空电弧加热法)外,还有 ASEA-SKF 炉(即真空电磁搅拌、非真空电弧加热法)。

11.3.4.1 ASEA-SKF 法的工艺流程

ASEA-SKF 法的工艺流程图见图 11-13。

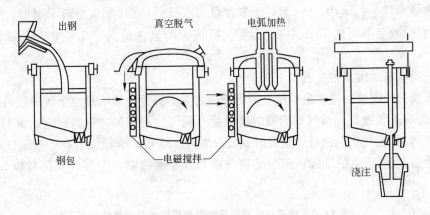

图 11-13 ASEA-SKF 法的工艺流程图

ASEA-SKF 兼具电弧加热与低频电磁搅拌的功能,是一般真空脱气设备所不具备的。它的主要优点有:

(1) 钢液温度能很快均匀,有利于钢纯净度的提高与钢锭表面质量的改善,并减少耐火

材料的损耗;

(2) 加入的合金熔化快,而且分布均匀、成分稳定;

(3) 电弧加热提高熔渣的流动性,加快钢渣反应速度,有利于脱氧及去除夹杂;

(4) 感应搅拌可提高真空脱气的效率。

11.3.4.2　钢包炉精炼工艺

初炼钢水倒入钢包并除渣后根据脱硫的要求造新渣,如果钢种无脱硫要求,可以造中性渣,需要脱硫则造碱性渣;若钢水温度符合要求,直接进行抽真空处理, 在真空下按规格下限加入合金,并使钢中的硅含量保持在 0.10% ~ 0.15% 之间,以保证适当的沸腾强度,真空处理时间为 15 ~ 20 min;然后根据分析,按规格中限加入少量合金调整成分,并向熔池加铝沉淀脱氧。如果初炼钢液温度低,则需先进行电弧加热,达到规定温度后才能进入真空工位,进行真空精炼。

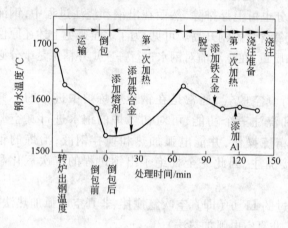

图 11-14　ASEA-SKF 法的操作制度

真空处理时会发生碳的脱氧反应, 炉内出现激烈的沸腾,有利于脱气、脱氧,但将使温度降低 30 ~ 40℃。所以要在非真空下电弧加热,把温度加热到浇注温度,并对成分进行微调。ASEA-SKF 法的操作制度见图 11-14。

在整个加热和真空精炼过程中,都进行包底吹氩搅拌(或电磁搅拌),它有利于脱气、加快钢渣反应速度、促进夹杂物上浮排除,使钢液成分和温度很快地均匀。

脱气的主要目的是脱氢,真空下用碳脱氧和吹氩搅拌均对脱气极为有利。钢包炉一次抽气脱氢率可达 50% ~ 60%,脱气后钢中的氢含量为 $(2 ~ 4) \times 10^{-4}$% ;而对于氢含量要求极低的钢(如大型转子用钢),则可以进行二次抽气,脱氢率可达 75% 左右,经脱气后钢中的氢含量低于 2×10^{-4}%,如图 11-15 所示。

影响脱氢率的因素主要有以下两个:

(1) 脱气前钢液的硅含量。脱气前钢液硅含量的高低会影响真空下碳脱氧的进程和速度,从而影响脱氢效果。抽气前钢液的硅含量对脱气后钢液氢含量的影响见图 11-16。由图 11-16 可见,脱气前钢液硅含量低时脱氢效果好。这是因为较低的硅含量脱气时碳的脱氧反应激烈,有利于氢的排除。钢中的硅含量与开始沸腾时真空度的实测数据如表 11-7 所示。

表 11-7　钢液硅含量与开始碳氧反应的真空度的关系

脱气前钢液硅含量/%	真空度 /kPa	
	碳氧开始反应	碳氧激烈反应
<0.1	40	13.33
0.10 ~ 0.15	13.33	4

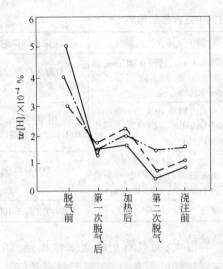

图 11-15 钢包炉精炼时钢中
氢含量的变化

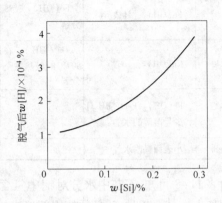

图 11-16 脱气后钢中氢含量与
钢液硅含量的关系

由表 11-7 可见,钢液硅含量低时炉内开始沸腾和激烈沸腾所需的真空度也较低。但是,钢液硅含量也不能太低,否则容易造成钢液喷溅,甚至粘住真空盖。生产中发现,吹氩搅拌的条件下,钢中的硅含量以控制在 0.1% ~ 0.15% 之间为好,既可获得较好的脱气效果,又能减少钢液喷溅,操作容易控制。

(2) 原始氢含量。初炼钢液氢含量高,脱气后钢中残氢量一般也较高,如图 11-17 所示。因此,初炼钢液氢含量应尽量低些,一般应控制在 $6 \times 10^{-4}\%$ 以下。这就要求初炼炉的炉料要干燥、造渣材料要烘烤,而且如无特殊要求时不进行脱氧还原,采取氧化性钢液出

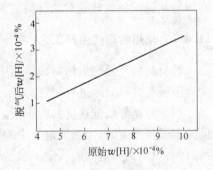

图 11-17 脱气后钢中氢含量与
原始氢含量的关系

钢,以减少初炼钢液的氢含量。另外,脱气后非真空下加热时会使钢中氢含量增加,通常吸氢量约为 $0.13 \times 10^{-4}\%$。所以对于氢含量要求严格的钢种,应进行二次真空脱气处理。

11.4 减少钢中气体的措施

从以上对钢中气体来源以及常压条件下、真空和吹氩条件下脱气原理和方法的讨论可以看出,要想有效地减少钢中的气体,可以从以下几方面入手。

11.4.1 加强原材料的干燥及烘烤

原材料的干燥和烘烤对钢中的氢含量影响很大,炉气中的水蒸气主要来自原材料的水分,特别是来源于使用烘烤不良的石灰和多锈的炉料。在 15 t 电弧炉中测得炉气中的水蒸气分压达到 4 kPa,则平衡时钢中的氢含量可高达 $5.4 \times 10^{-4}\%$。因此,为了减少钢中氢含量,首先必须注意原材料的干燥和烘烤。

原材料中水分对钢中氢含量的影响见表 11-8。

表 11-8　原材料中水分对钢中氢含量的影响

原　料	气体存在形式	气体特性	对钢中气体含量的影响	应采取的措施
废　钢	$Fe(OH)_2$、[H]、[N]	$Fe(OH)_2$ 吸热分解	如料厚 1 mm、锈厚 0.01 mm，若全部溶于钢液，则 1 kg 可带入氢 12.16×10^{-4}%	不要露天存放，返回法冶炼的炉料应少锈、无锈
石　灰	$Ca(OH)_2$	$Ca(OH)_2$ 在 507℃时吸热完全分解	加入的占料重 10% 的石灰中含有 10% $Ca(OH)_2$，折合溶于钢中氢 30.84×10^{-4}%	使用前应加热至 550℃以上进行烘烤
矿　石	$Fe(OH)_2$、$FeO \cdot nH_2O$ 和少量溶解的水		加入的矿石中含溶解的水为 5%，加入量为料重的 10%，折合溶于钢中氢为 54.98×10^{-4}%	应在 500℃以上进行烘烤
增碳剂	细小表面吸附水气		微量	烘烤温度高于 100℃

由表 11-8 可知，石灰中水分对钢中氢含量影响很大；而且石灰的吸水性很强，如果在还原期加入大量石灰时，就必须使用新焙烧的石灰或烘烤的石灰，烘烤温度越高越好。

另外，还原期补加的铁合金也要求充分烘烤后加入。

切记，由于钢液真空脱气时原始氢含量高，脱气后氢含量也高，所以不能因为工艺上配有炉外精炼设备就放松对原材料的管理。

11.4.2　采用合理的生产工艺

原材料的干燥与烘烤可减少钢中气体的来源，生产中还应采取相应的工艺措施，尽量减少钢液吸气并有效地进行脱气。

（1）控制好脱碳速度和脱碳量。前已述及，脱碳速度越大，脱气速度也越大，当脱气速度大于吸气速度时，才能使钢液中的气体减少；同时，还必须有一定的脱碳量，保证一定的沸腾时间，以达到一定的脱气量。根据生产经验，电弧炉氧化期脱碳速度大于 0.01%/min、脱碳量为 0.3% 以上时，就可以把夹杂物总量降低到 0.01% 以下，氢含量降低到 3.5×10^{-4}% 左右，氮含量降低到 0.006% 左右。脱碳速度、脱碳量与钢液氢含量的关系如图 11-18、图 11-19 所示。

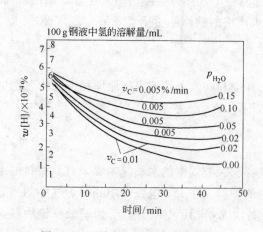

图 11-18　脱碳速度与钢液氢含量的关系（1600℃，30 t 电弧炉）

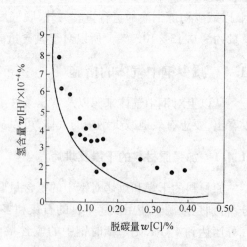

图 11-19　脱碳量与钢液氢含量的关系

通常,加铁矿石氧化的脱碳速度在 0.01%/min 以上,吹氧氧化的脱碳速度在 0.03%/min 以上。必须指出,脱碳速度并非越大越好,脱碳速度过大时不仅容易造成炉渣喷溅、跑钢等事故,对炉衬冲刷也严重;同时,过分激烈的沸腾会使钢液上溅而裸露于空气中,增大吸气倾向。另外,要严格控制好氧化末期终点碳,防止过氧化和增碳操作,否则扒渣会增碳,也容易使钢液吸气和增加非金属夹杂物。

对于氧气顶吹转炉,其脱碳速度远大于电弧炉,一般来说,钢中气体含量相对低些,尤其是氢含量较低。但也要保证氧气纯度和注意控制好枪位,造好泡沫渣,防止严重喷溅和后吹。因为大喷后的液面下降及后吹时的废气量减少,都会有大量空气涌入炉内,使炉气中氮分压增加,从而使钢液吸氮。

(2)控制好钢液温度。钢中气体含量与钢液温度有直接的关系,熔池温度越高,钢中气体的溶解度越大,越易吸收气体,故尽量避免高温钢液。对电弧炉而言,尤其要避免高温下扒渣后进行增碳操作,否则吸气量会更大。氧气顶吹转炉在吹炼过程中,要通过调整冷却剂的加入量来控制吹炼温度。如果出钢前发现炉温过高,必须加入炉料冷却熔池,测温合格后才能出钢,避免出钢过程中大量吸气。

(3)正确进行出钢操作。出钢时钢液要经受空气的二次氧化,其氧含量和气体含量均明显增加,详见表11-9。

表 11-9 出钢、浇注过程中气体含量的变化　　　　　　　　　　　　（%）

气　体	钢　种	出钢前钢水含气量	钢包中钢水含气量	成品钢含气量
[N]		0.0026	0.0042	0.0064
[O]	铝镇静钢 GCr15、300CrMnTiA	0.0025	0.0034	0.0042
[H]		0.00041	0.000561	0.000885

出钢过程中,钢液的增氧量和增氮量与钢液的成分、钢-气接触界面和时间有关,因此对于非炉底出钢的电弧炉,一般要求是钢渣混出,以便渣子覆盖、保护钢液,为此摇炉速度不能过快,防止先钢后渣;此外,应加强出钢口及出钢槽的维护与修补,防止严重散流与细流;有条件时可采用氩气保护出钢。

(4)采用真空、吹氩脱气。要想更有效地去除钢中气体,则需要采用各种真空脱气、钢包吹氩和炉外精炼的方法,并采取降低气体分压(提高真空度)、真空下进行碳氧反应、增大吹氩量及增大单位脱气面积(吹氩搅拌或电磁搅拌)、适当延长真空及吹氩处理时间等措施。氮含量的降低还可以通过促进氮化物上浮排除而实现。

(5)采用保护浇注。目前,许多精炼后的纯净钢液仍然在大气中进行浇注,这也会造成钢液的二次氧化和吸气,表11-9中列出了一些钢种在浇注过程中钢水被空气污染的情况。由表11-9可见,钢中的氮、氢、氧等气体含量在浇注过程中增加了50%左右。为此,采用保护浇注来改善钢的质量是一个有效的手段。保护浇注的方法很多,目前,固体保护渣是模铸下注镇静钢锭及连铸坯生产中广泛使用的浇注保护剂,它的作用是隔热保温、防止钢液二次氧化及吸气、溶解及吸附钢液中夹杂物、改善结晶器壁(模壁)与铸坯壳(锭表面)间的传热与润滑。

复习思考题

11-1　请说明钢中氢和氮的主要来源。

11-2　各种元素对氢和氮在钢中的溶解度有何影响?

11-3　氢和氮对钢的性能各有什么影响?

11-4　钢液脱气的基本原理是什么?

11-5　转炉炼钢过程中氮含量和氢含量的变化规律是怎样的?

11-6　电弧炉炼钢过程中,氮含量和氢含量如何变化?

11-7　简述真空脱气和吹氩脱气的基本原理。

11-8　简述 RH 法真空脱气原理和效果。

11-9　氩气的精炼效果与哪些因素有关?

11-10　真空脱气的效果受哪些因素影响,如何提高脱气效果?

11-11　试分析钢包炉真空脱气的工艺及影响脱气的因素。

11-12　减少钢中气体应采取哪些措施?

12 温 度 控 制

12.1 温度控制的重要性

温度控制包括终点温度控制和冶炼过程温度控制两方面的内容。终点温度控制的好坏会直接影响到冶炼过程中的能量消耗、合金元素的收得率、炉衬的使用寿命及成品钢的质量等技术经济指标;而科学合理地控制熔池温度又是调控冶金反应进行的方向和限度的重要工艺手段,如适当低的温度有利于脱磷、较高的温度有助于碳的氧化等。概括地讲,熔池温度对炼钢生产的影响主要表现在冶炼操作、成分控制、浇注过程和锭坯质量等方面。

12.1.1 温度对冶炼操作的影响

合适的温度是熔池中所有炼钢反应的首要条件,所以温度会对冶炼操作产生直接的影响。

转炉的开新炉操作,要求快速升温以烧结炉衬,如操作不当,升温缓慢,不仅冶炼时间长,严重时会因炉衬崩裂而影响冶炼操作的正常进行;转炉吹炼过程中,由于元素氧化放热,会导致炉内升温过快而影响脱磷操作,如果加入大量的冷却剂降温,又易造成喷溅。

电弧炉冶炼时,温度的控制贯穿于整个熔炼期,但氧化末期扒渣温度的控制尤为重要。由于还原期渣面平静,弧光外露使熔池升温不易且代价颇高,所以扒渣温度的高低决定了还原期的温度。如果还原期温度过高,易导致钢液脱氧不良、白渣不稳定且容易变黄,而且炉渣稀、钢液吸气严重;同时,炉衬侵蚀加剧,既影响炉龄又容易增加外来夹杂。温度太低时,炉渣流动性差,钢、渣间的脱氧、脱硫等物化反应不能顺利进行,钢中的夹杂物不易上浮;同时,为了把温度调整到出钢温度,必将造成还原期大功率送电(称为后升温),而还原期后升温不仅会使熔池温度不均匀,即上层温度高、下层温度低,而且会严重损坏炉墙、炉盖,并延长冶炼时间。

在真空精炼过程中,如果钢水温度过高,在低压条件下,耐火材料中氧化物的稳定性减弱,炉衬极易受钢液和炉渣的侵蚀,从而影响精炼操作。

12.1.2 温度对成分控制的影响

炼钢生产中,如果成品钢的化学成分不合格,轻者被迫改钢号,严重时将直接判废。造成成分不合格的原因很多,但温度条件是主要因素之一。温度对成分控制的影响主要体现在以下三方面:

(1) 影响合金元素的收得率。温度不同,合金元素的收得率也不同。例如,较高的温度下加入易氧化元素铝、钛、硼时,它们的烧损加大,收得率降低;如果熔池温度低,对于一些熔点高、密度大的元素钨、钼等合金,有可能未能完全熔化而沉积炉底,同样造成收得率下降,这些都将影响钢液成分控制的准确性。

(2) 影响有害元素磷、硫的去除。温度过高时,脱磷的热力学条件差,不仅不能脱磷,反而可能造成回磷;温度过低时,则会恶化脱磷和脱硫的动力学条件,这些都易导致成品钢的硫、磷含量出格。

（3）影响熔池内元素氧化的次序。通常情况下,较高温度下吹氧时,有利于脱碳而会抑制磷的去除;反之,较低温度下氧化精炼时,有助于去磷而不利于碳的氧化。再如,含铬、钒的铁水吹氧脱碳时,若温度过低,铬、钒将优先于碳氧化;反之,较高的温度下吹氧时,碳将优先于铬、钒氧化。

12.1.3　温度对浇注操作和锭坯质量的影响

对浇注操作和锭坯质量产生影响的主要是氧化终点温度,亦即转炉炼钢法的出钢温度。

出钢温度过高,不仅增加冶炼中的能量消耗,而且在出钢和浇注过程中钢水极易吸收气体,二次氧化严重,并对钢包和浇注系统的耐火材料侵蚀加剧,从而增加外来夹杂物;同时,增加炉后连铸前的调温时间等。

若出钢温度过低,将被迫缩短镇静时间,钢中夹杂物不能充分上浮,影响钢的内在质量;严重时导致浇注温度过低,造成钢坯质量问题,甚至发生钢包冷钢结底、水口粘结等浇注事故,使整炉钢报废。

12.2　出钢温度的确定

如上所述,无论哪一种炼钢方法、采用何种冶炼工艺,其温度控制的任务之一是保证冶炼结束时钢液的温度达到钢种要求的出钢温度。而出钢温度的高低,取决于钢的熔点、浇注所需的过热度及出钢和浇注过程中钢液的温度降低值,即:

$$t_{出} = t_{熔} + \Delta t_{过热} + \Delta t_{降} \tag{12-1}$$

12.2.1　钢的熔点的计算

钢的成分不同,钢的熔点也不同,其计算方法参看 1.2 节相关内容。

表 12-1 列出了各钢种的熔点,以便在生产中粗略地确定出钢温度。

表 12-1　各钢种的熔点

钢　　　种	凝固温度/℃
纯铁(C≤0.04%)	1538～1525
沸腾钢(C0.1%、Si0.25%) 镇静钢(C0.1%、Si0.25%) 低碳钢和低合金镇静钢	1525～1510
中碳钢、低合金结构钢 渗氮钢(Al1%、Cr1.4%) 铬不锈钢(Cr13%、C0.3%)	1510～1490
较高合金结构钢(Ni1%、Cr1.5%) 碳钢(C0.06%)	1490～1470
滚动轴承钢(C1%、Cr1.5%) 奥氏体不锈钢(Cr18%、Ni8%) 高速工具钢(W18%、Cr4%、V1%) 碳素工具钢(C1%)	1460～1445

12.2.2 钢液过热度的确定

钢液温度应高于其熔点一定数值,即应具有一定的过热度,以保证浇注操作能够顺利进行,同时获得良好的铸坯质量。

钢液的过热度 $\Delta t_{过热}$,主要根据浇注的钢种和铸坯的断面来决定。

高碳钢、高硅钢、轴承钢等钢种钢液的流动性好、导热性较差、凝固时体积收缩较大,若选用较高的过热度,会促使柱状晶生长、加重中心偏析和疏松,所以应控制较低的过热度。对于低碳钢,尤其是 Al、Cr、Ti 含量较高的钢种,钢液发黏,过热度应相应高些。

铸坯断面大时,散热慢,过热度可取低些。

此外,还要考虑中间罐容量、罐衬材质、烘烤温度、浇注时间等因素。表 12-2 为中间罐内钢液过热度的参考值。

表 12-2　中间罐内钢液过热度的参考值　　　　　　　　　　　（℃）

浇注钢种	板坯、大方坯	小　方　坯
高碳钢、高锰钢	10	15 ~ 20
合金结构钢	5 ~ 15	15 ~ 20
铝镇静钢、低合金钢	15 ~ 20	25 ~ 30
不锈钢	15 ~ 20	20 ~ 30
硅　钢	10	15 ~ 20

应该指出,相同的浇注条件,操作水平高者可在较小的过热度下浇出合格的钢坯,这对降低生产中的热能消耗、提高炉衬寿命、提高铸机拉速而降低生产成本大有益处。

12.2.3 出钢及浇注过程中的温降值

出钢及浇注过程中钢液的温度降低值 $\Delta t_{降}$,随生产流程和工艺过程的不同而变化,一般由以下几方面组成。

(1) 出钢过程中的温降。出钢过程中的温降,主要是钢流的辐射散热、对流散热和钢包内衬吸热综合影响的结果。它取决于出钢温度、出钢时间、钢包容量、包衬的材质和温度状况、加入合金的种类和数量等因素,其中,出钢时间和包衬温度的波动对出钢过程中的温降影响最大。根据 90 t 钢包热损失的计算分析,一般情况下,钢包内壁耐火材料吸热占热损失总量的 55% ~ 60%,包底吸热占 15% ~ 20%,而通过钢液表面渣层的热损失占 20% ~ 30%。包衬温度越高,热损失越少。因此,钢包预热、"红包"周转等是减少热损失的有效措施。另外,还要维护好出钢口,保持钢流圆滑和出钢时间正常。经验数据表明,大容量钢包出钢过程中的温降为 20 ~ 40℃,中等钢包的温降则为 30 ~ 60℃。

(2) 转运过程中的温降。从出钢完毕到精炼开始前,在转运和等待过程中钢液的温度也会降低。该过程中的温降主要是钢包内衬的继续吸热和通过渣层散热。因此,钢液在转运过程中的温降与钢包容量、转运时间及液面覆盖情况有关。随着钢包容量的增加,单位钢液所占有包衬的体积减小,所以相同条件下,钢包容量越大,温降越少。50 t 钢包平均温降速度为 1.3 ~ 1.5 ℃/min,100 t 钢包为 0.5 ~ 0.6 ℃/min,200 t 钢包为 0.3 ~ 0.4 ℃/min,300 t 钢包为 0.2 ~ 0.3 ℃/min。出钢后钢液面加覆盖剂或钢包加盖,可以减少钢液面通过渣层的热损失,由此能够使出钢温度降低 10~20℃。

(3) 精炼过程中的温降。钢液在精炼过程中的温降,取决于具体的精炼方式(是否升温等)及精炼的时间等因素。

(4) 精炼结束至开浇前的温降。从出钢到精炼这段时间,钢包内衬已充分吸收热量,它与钢液间的温差很小,几乎达到了平衡。因此,该过程中的温降主要是由于钢包向环境散热,温降速度随钢包容量的不同波动在 0.2~1.2℃/min 范围内,等待时间越长,温度降低越多。

(5) 浇注过程中的温降。钢液从钢包注入中间罐的过程与出钢过程相似。该过程的温降与注流的散热、中间罐内衬的吸热及液面的散热有关,其中液面散热是主要因素。试验测定表明,中间罐液面无覆盖剂时,表面散热约占热量总损失的 90%,因而中间罐液面覆盖保温是必不可少的措施。当然,覆盖材料不同,其保温效果也会不同,见表 12-3。

表 12-3　各种保温剂对中间罐液面热损失的影响

保 温 措 施	无保温剂	覆 盖 渣	绝热板 + 保温剂	炭化稻壳
热损值/kJ · (m² · min)⁻¹	11328~17263	6897~10450	7520	627

12.3　熔池温度的测量

冶炼过程中,应适时测量熔池温度并进行相应的调整,使之满足炉内反应的需要。因此,准确测量熔池的温度是进行温度控制的必要条件。

测量熔池温度的方法很多,大致可分成仪表测温和目测估温两大类。

12.3.1　仪表测温及其特点

目前生产现场使用的测温仪表主要是热电偶测温计和光学测温计。

12.3.1.1　热电偶测温计

热电偶测温的原理如图 12-1 所示。

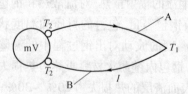

图 12-1　热电偶测温原理图

它是利用两种不同成分的导体 A 和 B 两端接合成回路(如钨 - 钼热电偶、铂 - 铑热电偶),它们的一端(T_1 端)焊接在一起,形成热电偶的工作端(也称热端),用来插入钢液测量温度;另一端(T_2 端)与电子电位差计、显示屏等相连。如果 T_1 端与 T_2 端存在温差时,显示仪表便会指出热电偶所产生的热电动势(在实际使用中已转换成相应的温度值),温差越大,热电动势越大,则显示的温度值越高。

热电偶测温是目前应用最广泛的一种测温方法,即使在利用计算机实施动态控制的转炉上,其副枪进行测温定碳时使用的也是热电偶。

用热电偶测温的具体操作方法是:先将测温棒一端套上纸质保护套管,装上热电偶测温头,再接好另一端的补偿导线与电位差计,检查电位差计与测温头是否接通并校正零位。测温时,将测温头插入钢水中,在显示屏上即显示出所测部位的温度值,如图 12-2 所示。

用热电偶测温的优点是测温速度快,测得的温度相对比较准确。但测温头及纸质套管均只能使用一次,需每次更换,并要进行一整套的仪表导线连接,因此比较麻烦且成本较高;同时,测得的温度是局部范围的,所以测温前必须对钢液进行充分搅拌;电弧炉炼钢使用热电偶测温时,还必须停电后进行。

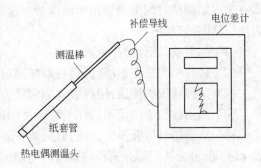

图 12-2　热电偶测温计示意图

用热电偶测温,有时也会产生一定的偏差,其原因可能有以下几点:

(1) 测量仪表本身准确性差;

(2) 测温前没有将电位差计进行校正;

(3) 补偿导线过长,热电势在导线上损失较大,使测量的准确性下降;

(4) 测温部位不具代表性;

(5) 测温前钢水没有充分搅拌。

12.3.1.2　光学测温计

光学测温计的测温原理如图 12-3 所示。

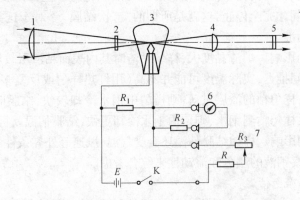

图 12-3　WGG2-201 型光学测温计测温原理图
1—物镜;2—吸收玻璃;3—灯泡;4—目镜;5—红色滤光片;6—电流表;7—滑动电阻

它是利用物体的单色辐射强度随温度升高而增强的原理,通过亮度均衡法进行测温的。首先使被测物体(如钢液表面)成像于高温灯泡的灯丝平面上,通过光学系统在一定波段($0.05~\mu m$)范围内将灯丝与被测物体表面亮度相比较,并通过调节灯丝电流使其亮度与被测物体亮度相均衡,此时灯丝轮廓便隐于被测物体内,经过修正便可求出被测物体的真实温度。

光学测温计测温方便,但误差较大,一般多用于浇注系统的测温。

12.3.2　目测估温及其影响因素

炼钢生产中,凭经验进行目测估温的方法有样勺结膜估温、钢水颜色估温以及各种炼钢方法中的特殊估温方法等。

12.3.2.1　样勺结膜估温

样勺结膜估温是根据钢水在样勺中开始结膜时间越迟,其温度越高的原理,通过观测钢

水在勺内结膜的时间来测量钢水温度的。这是炼钢工目前仍在采用的一种简便的经验测温方法,具体要求如下:

(1) 测温前,充分搅拌钢液;

(2) 将样勺先粘好炉渣,而后在取样部位舀出覆盖炉渣的钢液;

(3) 刮掉或拨去渣层,用秒表计算钢样表面开始结膜的时间;

(4) 测温样勺不得使用新样勺和刚使用过的热样勺,要用使用过的冷样勺。

样勺结膜估温尽管操作方便,但只能在渣况正常的条件下大体上反映钢液温度的高低。表 12-4 所示为某厂部分钢种结膜时间与温度之间关系的经验数据。

表 12-4　某厂部分钢种结膜时间与温度关系的经验数据

结膜时间/s	22 ~ 26	25 ~ 29	26 ~ 30	28 ~ 32	31 ~ 32	33 ~ 38
温度/ ℃	1560 ~ 1580	1575 ~ 1595	1580 ~ 1600	1590 ~ 1615	1610 ~ 1635	1620 ~ 1650

样勺结膜估温要受到许多外界因素的影响,主要有以下三个:

(1) 钢中合金元素的影响。在冶炼含铬、含锰的高合金钢或含有易氧化元素的钢种时,由于空气的氧化作用,样勺内的钢液会很快形成一层氧化膜。但在薄膜下仍可见钢水在滚动,需再经过一定时间才完全停止,这就是所谓的“二次结膜”。对于这类钢的温度判断,应以二次结膜的时间为准。

(2) 炉渣黏度的影响。炉渣黏度大,样勺粘渣时其内表面粘渣层较厚,样勺中钢水冷却速度就较慢,结膜时间推迟,实际温度可能并不高(用红热样勺或反复多次粘渣同样如此);反之,如果炉渣过稀,样勺粘的渣层过薄,则样勺中钢水冷却较快,结膜时间虽不长,实际温度却可能较高。如果样勺粘到钢水,则勺内钢水冷却更快,结膜估温就极不准确了。

(3) 外界条件的影响。样勺结膜估温还会受气温、风速等外界条件的影响,所以在用此方法估温时,还应观察钢液的颜色和流动性来综合考虑。

12.3.2.2　钢水颜色估温

如果取样时,样勺内钢水面上覆盖的炉渣不易刮开,而且钢液呈红色或暗红色,说明温度很低,约在 1530℃ 以下;如果样勺内钢水面上炉渣容易刮开,而且钢水流动性较好,钢水呈青白色并冒烟,表明温度较高,约在 1600℃ 左右;如果钢水呈亮白色并冒浓烟,温度约在 1630℃ 以上。

这种方法是炼钢工凭经验而做出的判断,各人的观察结果不可能完全一样,所以只能作为辅助的测温方法。

12.3.2.3　各种炼钢方法中的特殊估温方法

除了上述通用的目测估温方法外,不同的炼钢方法还有各自特殊的判断温度方法。转炉炼钢中常用的温度判断方法有以下两种:

(1) 根据火焰特征判断钢水温度。熔池温度高时,炉口火焰白亮而浓厚有力,火焰周围有白烟;温度低时,火焰透明淡薄,略带蓝色,白焰少,火焰飘忽无力,炉内喷出的渣子发红,常伴有未化的石灰粒;温度再低时,火焰发暗,呈灰色。

(2) 利用喷枪冷却水的温度差判断钢水温度。在吹炼过程中,可以根据喷枪冷却水进口与出口的温度差来判断炉内温度的高低。当相邻炉次的枪位相近、冷却水流量一定时,喷枪冷却水进口与出口的温度差和熔炉池温度之间有一定的对应关系。冷却水的温差大,表明熔池温度较高;反之,冷却水的温差小,则反映出熔池温度低。例如,首钢30 t转炉冷却水温差为8～10℃时,钢水温度在1640～1680℃之间。

电弧炉冶炼中,若还原期加硅粉时火焰大并且收得率低,或还原末期渣稀,钢液颜色亮白,炉内渣线处出现沸腾现象,说明熔池温度过高。造成熔池温度过高的原因可能有:

(1)炉料中配有高硅废钢,硅含量达0.8%以上;

(2)氧化法冶炼脱碳量大于0.5%;

(3)还原期发现钢液碳含量高而进行了重氧化操作;

(4)出钢前加入大量硅铁也能使钢液温度升高。

如果还原渣灰黑、黏稠且不易变白,或取出的钢液试样颜色暗红,说明熔池温度过低,以下因素可能导致熔池温度过低:

(1)大、中修前几炉(3炉内)及炉役后期炉衬薄、装入量增加;

(2)熔化末期因塌料,抬高电极、停电次数太多;

(3)氧化期因磷高,扒渣次数太多或扒渣时间过长。

综上所述,炼钢过程中判断熔池温度的两类方法,即仪表测温和目测估温各有特点,有经验的炼钢工常常是以仪表测温为主,辅以经验目测估温。正确地判断熔池的实际温度,对于炼好钢是十分必要的。

对于碳素结构钢、合金结构钢、碳素工具钢、合金工具钢、弹簧钢等钢种,样勺结膜时间、光学测温计、热电偶测温三者之间的换算关系如表12-5所示。

表12-5 样勺结膜时间、光学测温计、热电偶测温三者之间的换算关系

结膜时间/s	光学测温计测定/℃	铂-铑热电偶测定/℃	铂-钼热电偶测定/℃
15～22	1435～1445	1490～1515	1500～1520
22～27	1445～1450	1515～1540	1520～1545
27～30	1450～1460	1540～1550	1545～1555
30～32	1460～1465	1550～1560	1555～1565
32～33	1465～1470	1560～1570	1565～1575
33～35	1475～1480	1570～1580	1575～1585
35～36	1480～1485	1580～1585	1585～1590
36～37	1485～1490	1585～1590	1590～1595
37～38	1490～1500	1590～1605	1595～1610
38～39	1500～1510	1605～1615	1610～1620
39～40	1510～1520	1615～1625	1620～1630
40～42	1520～1530	1625～1635	1630～1640
>42	>1530	>1630	>1650

12.4 转炉炼钢中的温度控制

转炉炼钢过程中的温度控制,包括终点温度控制和过程温度控制。

12.4.1 终点温度的控制

控制终点温度的办法是加入一定数量的冷却剂,消耗吹炼中产生的富余热量,使得吹炼

过程到达终点时钢液的温度正好达到出钢要求的温度范围。冷却剂用量的计算方法举例如下(以 100 kg 铁水为基本计算单位),已知条件为:铁水成分 C4.2%,Si0.7%,Mn0.4%,P0.14%;铁水温度 1250℃;终点成分 C0.2%,Si 痕迹,Mn0.16%,P0.03%;终点温度 1650℃。热力学数据见表 12-6。

表 12-6　氧化 1 kg 元素的放热量及氧化 1% 元素使熔池升温度数

元素氧化反应	氧气吹炼			空气吹炼		
	1200℃	1400℃	1600℃	1200℃	1400℃	1600℃
$[C] + \{O_2\} = \{CO_2\}$	244/33022	240/32480	236/31935	150/20230	130/17514	109/14714
$[C] + 1/2\{O_2\} = \{CO\}$	84/11286	83/11161	82/11035	30/4473	30/3553	18/2466
$[Fe] + 1/2\{O_2\} = (FeO)$	31/4067	30/4013	29/3963	20/2754	18/2424	16/2341
$[Mn] + 1/2\{O_2\} = (MnO)$	47/6333	47/6320	47/6312	37/4932	35/4682	33/4431
$[Si] + \{O_2\} + 2(CaO) = (2CaO \cdot SiO_2)$	152/20649	142/19270	132/17807	112/15132	95/12874	78/10492
$2[P] + 5/2\{O_2\} + 4(CaO) = 4CaO \cdot P_2O_5$	190/25707	187/24495	173/23324	144/19762	133/17032	110/14923

注:表中分母上的数据为氧化 1 kg 某元素的放热量(kJ),分子上的数据为氧化 1% 该元素使熔池升温的度数(℃)。

现以用氧气吹炼 1200℃的铁水、碳氧化生成 CO 为例,说明其计算方法。

$$[C]_{1473K} + 1/2\{O_2\}_{298K} === \{CO\}_{1473K} \quad \Delta H = -135600 \text{ kJ/kmol}$$

1200℃时,1 kg 的碳氧化成{CO}放出的热量为:

$$135600/12 = 11286 \text{ kJ/kg}$$

产生的 11286 kJ 热量不但使金属液温度升高,而且也加热了炉衬。这些热量能够使熔池升温的度数可用式(12-2)计算:

$$Q = \sum (m \cdot c) \cdot \Delta t$$
$$\Delta t = Q / \sum (m \cdot c) \tag{12-2}$$

式中　Δt——熔池升温度数,℃

　　　Q——1 kg 元素氧化后放出的热量,kJ;

　　　m——受热物体(金属、炉渣、炉衬)的质量,kg;

　　　c——受热物体(金属、炉渣、炉衬)的比热容,kJ/(kg·℃)。

已知 $c_{金属} = 1.05$ kJ/(kg·℃)、$c_{炉渣} = 1.235$ kJ/(kg·℃),$c_{炉衬} = 1.235$kJ/(kg·℃),假设渣量为金属量的 15%,受熔池加热的炉衬为金属重的 10%,若以 100 kg 金属液为例进行计算,可得到:

$$\Delta t = 11286/(100 \times 1.05 + 10 \times 1.235 + 15 \times 1.235) = 84℃$$

1 kg 元素是 100 kg 金属料的 1%,因此 1% 碳元素氧化生成 CO 后放出的热量能够使熔池升温约 84℃。根据同样的方法,可以计算出常见元素的氧化放热及升温的数据。

从表 12-6 可见:

(1)氧气吹炼与空气吹炼相比,元素发热能力提高 1 倍左右,所以氧气转炉的热效率高、热量有富余;

(2)就发热能力而言,各元素的强弱顺序为磷、硅、碳、锰、铁,同时考虑元素的氧化量时,则碳和硅是转炉炼钢的主要发热元素;

(3)碳完全燃烧时的发热量是不完全燃烧时的 3 倍左右,甚至比硅、磷还高,但是在氧气顶吹转炉中碳只有 10% ~15% 完全燃烧生成 CO_2,大部分是不完全燃烧。

12.4.1.1 计算冶炼中的热量收入 $Q_{收}$

转炉炼钢中无外来热源,其热量收入为铁水中各元素的氧化放热。从表 12-6 中查不出 1250℃时各元素的氧化热效应,但可以利用其中数据求得,现以碳氧化成二氧化碳为例说明其计算方法。

1200℃时,1 kg 碳氧化成二氧化碳的放热量为 33022 kJ;1400℃时,1 kg 碳氧化成二氧化碳的放热量为 32480 kJ;设 1250℃时 1 kg 碳氧化成二氧化碳的放热量为 x,则有:

$$(1400 - 1200):(33022 - 32480) = (1250 - 1200):(33022 - x)$$
$$x = (33022 \times 200 - 50 \times 542)/200 = 32886 \text{ kJ}$$

用同样的方法可计算出 1250℃时 1 kg 其他元素的热效应。现将计算结果及 100kg 铁水各元素氧化后放出的热量列于表 12-7 中。

表 12-7 各元素氧化后的放热量

元素和氧化物	1250℃时的热效应/kJ	各元素氧化量/kg	总放热量/kJ	备 注
$C \rightarrow CO_2$	32886	$4.0 \times 10\% = 0.40$	$32886 \times 0.40 = 13138$	10% 的碳氧化成 CO_2
$C \rightarrow CO$	11255	$4.0 \times 90\% = 3.60$	$11255 \times 3.60 = 40794$	90% 的碳氧化成 CO
$Si \rightarrow 2CaO \cdot SiO_2$	20304	0.70	$20304 \times 0.7 = 14226$	
$Mn \rightarrow MnO$	6312	0.24	$6312 \times 0.24 = 1519$	
$Fe \rightarrow FeO$	4055	1.40	$4055 \times 1.40 = 5648$	$15 \times 12\% \times 56/72 = 1.40$
$P \rightarrow 4CaO \cdot P_2O_5$	25320	0.11	$25320 \times 0.11 = 2791$	
总计			78116	

所以,冶炼中的热量收入 $Q_{收}$ 为 78116 kJ。

12.4.1.2 计算冶炼中的热量支出 $Q_{支}$

冶炼中的热量支出由以下两项组成:

(1) 将熔池从 1250℃加热到 1650℃耗热量。有关数据为:

	质量/kg	起始温度/℃	终点温度/℃	Δt/℃	比热容/kJ $\cdot$ (℃ $\cdot$ kg)$^{-1}$
钢液	90	1250	1650	400	0.837
炉渣	15	1250	1650	400	1.247
炉气	10	1250	1450	200	1.13

$$\text{耗热量} = \sum(m \cdot c \cdot \Delta t) = 90 \times 0.837 \times 400 + 15 \times 1.247 \times 400 + 10 \times 1.13 \times 200$$
$$= 39874 \text{ kJ}$$

(2) 热量损失。热量损失包括通过炉壁向环境散热、炉口的辐射及水冷系统和喷溅带走的热量等,一般占热收入的 10% 左右。此例按 10% 计算,则为

$$\text{热量损失} = 78116 \times 10\% = 7811.6 \text{ kJ}$$

12.4.1.3 计算富余热量 $Q_{余}$

$$Q_{余} = Q_{收} - Q_{支} = 78116 - 7811.6 - 39874 = 30430 \text{ kJ}$$

即 100 kg 铁水的富余热量为 30430 kJ。

12.4.1.4　确定冷却剂的用量

A　冷却剂及其特点

转炉炼钢的冷却剂主要是废钢和铁矿石或氧化铁皮。

比较而言,用废钢作冷却剂冷却效果稳定,便于准确控制熔池温度;而且杂质元素含量少,渣量小,可放宽对铁水硅含量的限制。但是,铁矿石可以在不停吹的条件下加入炉内,冶炼中调控温度方便,同时还具有化渣和氧化杂质元素的能力,可以降低氧气和金属料消耗。因此,目前一般是铁矿石和废钢配合使用,以废钢冷却为主,在装料时加入;以铁矿石冷却为辅,在冶炼中视炉温的高低随石灰适量加入。

另外,冶炼终点前钢液温度偏高时,通常加适量石灰或生白云石降温。因为,此时加铁矿石冷却会增加渣中的氧化铁含量,影响金属的收得率;而使用废钢冷却,则需停止吹炼,会延长冶炼时间。

B　各冷却剂的冷却效应

1 kg 冷却剂加入转炉后所消耗的热量,称为冷却剂的冷却效应。

(1) 矿石的冷却效应 $q_{矿}$。铁矿石的冷却效应包括物理作用和化学作用两个方面,其中,物理作用是指冷铁矿加热到熔池温度所吸收的热量,化学作用是指矿石中铁的氧化物分解时所消耗的热量。于是,铁矿石冷却效应的计算为:

$$q_{矿} = 1 \times c_{矿} \times \Delta t + \lambda_{矿} + 1 \times (w(Fe_2O_3)_{矿} \times 112/160 \times 6456 + w(FeO)_{矿} \times 56/72 \times 4247)$$

$$(12-3)$$

式中　　$c_{矿}$——铁矿石的比热容,一般取 1.02 kJ/(kg·℃);

　　　　Δt——铁矿石加入熔池后的升温值,矿石的温度可按25℃计算;

　　　　$\lambda_{矿}$——铁矿石的熔化潜热,209 kJ/kg;

$w(Fe_2O_3)_{矿}$——矿石中 Fe_2O_3 的质量分数;

　$w(FeO)_{矿}$——矿石中 FeO 的质量分数;

　　　　160——Fe_2O_3 的相对分子质量;

　　　　112——两个铁原子的相对原子质量;

　　　6456——Fe_2O_3 分解出 1 kg 铁时吸收的热量,kJ/kg;

　　　4247——FeO 分解出 1 kg 铁时吸收的热量,kJ/kg。

例如,成分为 Fe_2O_3 70%,FeO 10%,SiO_2、Al_2O_3、MnO 等其他氧化物 20% 的铁矿石的冷却效应为:

$$q_{矿} = 1 \times 1.02 \times (1650 - 25) + 209 + 1 \times (0.7 \times 112/160 \times 6456 + 0.1 \times 56/72 \times 4247)$$

$$= 5360 \text{ kJ}$$

可见,铁矿石的冷却作用主要是依靠 Fe_2O_3 的分解吸热,因此其冷却效应随铁矿成分的不同而变化。

(2) 废钢的冷却效应。废钢的冷却效应按式(12-4)计算:

$$q_{废} = 1 \times [c_{固}(t_{熔} - 25) + \lambda_{废} + c_{液}(t_{出} - t_{熔})] \qquad (12-4)$$

式中　$c_{固}$——从常温到熔点间废钢的平均比热容,0.70 kJ/(kg·℃);

　　　$t_{熔}$——废钢的熔点,一般低碳废钢可按 1500℃考虑;

　　　$\lambda_{废}$——废钢的熔化潜热,272 kJ/kg;

　　　$c_{液}$——液体钢的比热容,0.837 kJ/(kg·℃);

$t_出$——出钢温度,℃。

本例的出钢温度为1650℃,则废钢的冷却效应为:

$$q_废 = 1 \times [0.7 \times (1500 - 25) + 272 + 0.837(1650 - 1500)] = 1430 \text{ kJ}$$

(3)氧化铁皮的冷却效应。氧化铁皮冷却效应的计算方法与铁矿石相同,对于成分为50% FeO、40% Fe_2O_3的氧化铁皮,其冷却热效应为:

$$q_皮 = 1 \times 1.02 \times (1650 - 25) + 209 + 1 \times (0.4 \times 112/160 \times 6456 + 0.5 \times 56/72 \times 4247)$$
$$= 5311 \text{ kJ}$$

可见,氧化铁皮的冷却效应与铁矿石相近。

从上述的计算结果来看,如果以废钢的冷却效应为标准(即取值为1),则各种冷却剂的相对冷却能力(即换算关系)见表12-8。

表12-8 各冷却剂的相对冷却能力

废 钢	铁矿石	氧化铁皮	石灰石	石 灰	生铁块
1.0	3.0~4.0	3.0~4.0	3.0	1.0	0.6

C 冷却剂用量的确定

矿石用量通常为装入量的2%~5%,使用过多时,吹炼中易产生喷溅;加入较少时,则化渣困难而不得不大量使用萤石。

如选择矿石的加入量为装入量的2.8%,设需要废钢 x kg,则有:

$$Q_余 = 2.8\% \times (100 + x) \times q_矿 + x \times q_废$$

$$x = (Q_余 - 2.8 \times q_矿)/(q_废 + 2.8\% \times q_矿)$$

$$= (30430 - 2.8 \times 5360)/(1430 + 2.8\% \times 5360)$$

$$\approx 10 \text{ kg}$$

即每100 kg铁水加入10 kg废钢和2.8 kg矿石,炉料的废钢比约为10%。

12.4.1.5 冷却剂用量的调整

通常,炼钢厂先依据自己的一般生产条件,按照上述过程计算出冷却剂(即废钢和铁矿石)的标准用量;生产中某炉钢冷却剂的具体用量则根据实际情况调整铁矿石的用量,调整量过大时可增减废钢的用量。

(1)铁水的硅含量。前已述及,铁水中的硅是转炉炼钢的主要热源之一,在其他条件不变时,随着铁水硅含量的增加,终点钢液温度会相应增高,冷却剂的用量也应相应增加。首钢30 t转炉生产数据的统计结果表明,铁水的硅含量每波动0.1%,终点钢水温度波动8~15℃,而终点温度每波动1℃,热量(100 kg铁水)的变化值为:

$$100 \times 1.05 + 15 \times 1.235 + 10 \times 1.235 = 136 \text{ kJ}$$

则应增减矿石136/5360 = 0.025 kg。

(2)铁水温度。提高入炉铁水的温度,可以增加冶炼中的热量收入,因此铁水温度发生变化时也会影响到终点钢液温度。太钢50 t转炉的经验数据是,铁水温度每波动10℃,终点温度将波动6℃,应适当增减冷却剂的用量。

(3)铁水的装入量。铁水带有物理热和化学热,铁水装入量发生变化时,终点温度必然会随之变化。太钢50 t转炉的生产实践表明,铁水的装入量每波动1 t,终点温度波动6~8℃。

（4）终点碳含量。铁水的碳含量变化不大,通常为4%左右,因此吹炼终点碳含量较低的钢种时,就意味着冶炼中要氧化较多的碳,必然使终点温度升高。对于首钢30 t转炉,当终点碳含量在0.2%以下时,每波动0.01%,终点温度波动3℃左右。

（5）相邻炉次间隔时间。相邻炉次的间隔时间越长,炉衬的热损失越大,所以应合理地组织生产,尽量缩短间隔时间。正常情况下,相邻炉次的间隔时间为4~10 min。因此,如果间隔时间在10 min以内,可以不考虑调整冷却剂的用量;超过10 min时,则应酌情减少冷却剂的用量。首钢30 t转炉的经验是,间隔时间每增加5 min,每吨铁水加入矿石3.3 kg。

（6）炉龄。开新炉炼钢时,由于炉衬温度低,冶炼过程中吸收的热量较多;同时新炉子的出钢口较小,出钢时间长,热量损失大,要求出钢温度比正常炉次高20~30℃,所以应减少冷却剂的用量。炉役后期,由于出钢后进行补炉操作,空炉时间较长,炉衬降温大,加之补炉材料的吸热,会严重影响吹炼终点时的钢液温度。因此,应根据空炉时间的长短和补炉材料的用量相应减少冷却剂的用量。

（7）转炉的种类。若是复吹转炉,由于增加了底吹的功能,加强了熔池的搅拌,使得顶吹的枪位可以提高或采用双流氧枪,碳氧反应产物CO的二次燃烧率从顶吹转炉的10%提高到27%左右,热量收入大为增加,冷却剂的用量应相应增大,通常废钢比可达30%以上。

（8）喷溅。转炉吹炼过程中发生喷溅,必然造成热量损失,应适当减少冷却剂用量。

12.4.2　过程温度的控制

按照上述的计算和调整结果加入冷却剂,基本上可保证终点时钢液的温度达到出钢所要求的温度。不过,吹炼过程中还应仔细观察炉况,准确判断炉内温度的高低,并采取相应的措施,如增减冷却剂的用量、调整枪位等进行调整,以满足炉内各个时期冶金反应的需要,同时准确控制终点时的温度。

12.4.2.1　吹炼初期

如果碳火焰上来得早（之前是硅、锰氧化的火焰,颜色发红）,表明炉内温度已较高,头批渣料也已化好,可适当提前加入二批渣料;反之,若碳火焰迟迟上不来,说明开吹以来温度一直偏低,则应适当压枪,加强各元素的氧化,提高熔池温度,而后再加二批渣料。

12.4.2.2　吹炼中期

通常是根据炉口火焰的亮度及冷却水（氧枪的进、退水）的温差来判断炉内温度的高低,若熔池温度偏高,可再加少量矿石;反之,应压枪提温,一般可挽回10~20℃。

如果吹炼过程中发生喷溅,会损失大量的热量,应视喷溅的程度适当减少矿石的用量,必要时需加提温剂提温。

12.4.2.3　吹炼末期

接近终点（根据耗氧量及吹氧时间判断）时,停吹测温,并进行相应的调整操作,使钢液温度进入钢种要求的出钢温度范围。若温度偏高,可加适量石灰或生白云石进行降温。石灰或生白云石用量的计算方法举例如下。

例如,炉内钢液量为60 t,终点前测温发现,钢液温度高出出钢温度30℃。前已述及,对于100 kg钢水,温度降低1℃需要消耗的热量是136 kJ;石灰的冷却效应与废钢相当,取1430 kJ/kg,则需要加入的石灰数量为:

$$\frac{60000}{100} \times 30 \times \frac{136}{1430} = 1712 \text{ kg}$$

生白云石的冷却效应是废钢的 2 倍左右,因此,上例的情况也可加入生白云石 856 kg。

应指出的是,若所需石灰或生白云石的量过大,则应停吹并改加废钢降温。若温度偏低,应加入适量的提温剂并点吹一下进行提温。常用的提温剂是含硅 75% 的 Fe – Si 合金,其用量可用下面的方法计算。

例如,已知炉内的钢液量为 30 t,终点前测温发现,钢液温度低于出钢温度 20℃。由表 12–6 中查知,1 kg 纯硅氧化时可放热 17807 kJ,那么 1 kg 含硅 75% 的 Fe – Si 合金氧化时所放的热量为:

$$1 \times 0.75 \times 17807 = 13352 \text{ kJ}$$

则 30 t 钢液提温 20℃需加含硅 75% 的 Fe – Si 合金量为:

$$\frac{30000}{100} \times 20 \times \frac{136}{13352} = 61 \text{ kg}$$

但要注意,加入 Fe – Si 合金进行提温的同时,应加入适量的石灰,以防因炉渣的碱度下降而发生回磷现象。

12.4.3 熔池温度的计算机控制

转炉炼钢过程复杂,终点成分和温度的控制范围窄,使用的原材料和生产的品种多、数量大,冶炼过程温度高、时间短、可变因素多、变化范围大。因此,凭经验和直接观察很难适应现代转炉炼钢生产的需要。20 世纪 60 年代以来,随着电子计算机和检测技术的迅速发展,开始采用计算机控制炼钢过程。

美国于 1959 年首次利用计算机计算转炉供氧量和冷却剂用量,对转炉终点实行静态控制。随后,很多国家投入研究并相继采用。在此基础上,又出现了转炉终点的动态控制法。

在发展转炉过程控制技术的同时,转炉生产管理系统的自动控制也得到了很大发展。出现了联机实时管理系统、计算机网络系统和数据库系统,形成了包括生产计划、作业管理、工艺控制、库存管理、质量及其他业务管理的自动化系统。

计算机用于钢铁企业管理和转炉冶炼过程控制,显著提高了转炉生产率,降低了原材料、能源和人工消耗及生产成本,提高了产品质量,还减轻了劳动强度。目前,转炉终点静态控制的命中率可达 60% ~ 70%,比人工控制命中率高 10% ~ 20%;动态控制的终点成分和温度的同时命中率可达 90% 以上。

12.4.3.1 转炉自动控制系统

转炉钢厂的全盘自动化控制系统,由包括原料、冶炼、钢水处理、浇注及生产管理等全部工艺环节在内的若干子系统构成。其中,转炉冶炼的自动控制系统是主要子系统。

转炉自动控制系统包括计算机系统、电子称量系统、检测调节系统、逻辑控制系统、显示装置及副枪设备等。其主体部分的构成、布置和功能如下。

用于转炉炼钢过程自动控制的电子计算机,由运算器、存放数据和程序的存储器、指挥机器工作的控制器和输入输出设备构成。

转炉冶炼的计算机控制系统通常应具备如下的功能:工艺过程参数的自动收集、处理和记录;根据模型计算铁水、废钢、辅助原料、铁合金和氧气等各种原料用量;吹炼过程的自动控制,包括静态控制、动态控制和全自动控制;人－机联系,包括用各种显示器报告冶炼过程和向计算机输入信息,控制系统自身的故障处理;生产管理,包括向后步工序输出信息以及打印每炉冶炼记录和报表等。图 12-4 是典型的转炉计算机控制系统示意图。

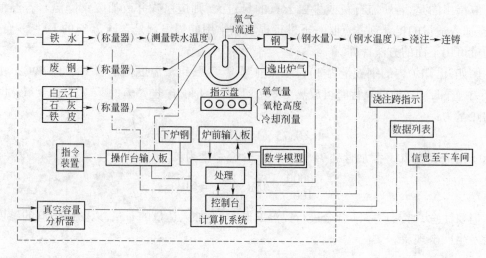

图 12-4　转炉计算机控制系统示意图

氧气转炉炼钢自动控制系统中,利用计算机对冶炼过程控制的目标是,使吹炼终点同时达到预定的成分和温度。图 12-5 所示是典型的转炉冶炼作业工作顺序和计算机静态、动态控制的工作顺序。该转炉具有 OG 装置,控制系统包括对 OG 的控制。根据前炉情况,计算机就会对预定炉次进行炉料计算。在预定炉次冶炼开始前,通过手动或自动向计算机输入设定的吹炼数据、测定和分析的铁水温度和成分数据以及辅助原料数据等。然后根据操作者的要求,按静态或动态控制吹炼。吹炼停止后对数学模型进行修正,并向下步工序输出信息。

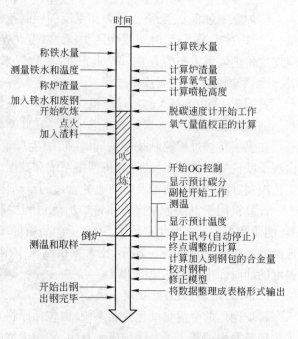

图 12-5　转炉作业和计算机控制系统工作顺序

12.4.3.2　静态控制与动态控制

转炉的自动控制一般分为静态控制和动态控制。就炼钢生产来讲,要求采用动态控制。目前由于缺乏可靠的测试手段,特别是温度和碳含量尚不能可靠地连续测定,无法将信息正确、迅速、连续地传送到计算机中去。因此,世界各国在实现动态控制之前都先设计静态控制。

A　静态控制

以物料平衡及热平衡为基础,建立一定的数学模型,即以已知的原料条件和吹炼终点钢水温度及成分为依据,计算铁水、废钢、各种造渣材料及冷却剂等物料的加入量,氧耗量和供氧时间,并按照计算机计算的结果进行吹炼,在吹炼过程中不进行任何修正的控制方法,即为静态控制。

静态控制是采用计算机控制转炉炼钢较早的一种方法,始于 20 世纪 60 年代初。曾经使用过的静态数学模型有理论模型、统计模型和增量模型。

理论模型是根据物理化学原理,运用质量和能量守恒定律建立物料平衡和热平衡,用数学式描述各个过程,建立初始变量和终点变量之间的关系。它不考虑过程和速度的变化,物理意义明确;但由于炼钢过程的因素复杂多变,计算过程中需做很多假设处理,所以理论模型预报精度较低。

统计模型是运用数理统计方法,对大量生产数据进行统计分析而建立的数学模型。尽管人们对炼钢过程的认识还很有限,但由于使用了实际生产数据,所以统计模型能比较好地符合实际生产情况。

增量模型是把整个炉役期中工艺因素变化的影响看作连续函数,因相邻两炉钢的炉型变化甚微而看作其对操作无影响。这样,以上一炉操作情况为基础,对本炉操作因素的变化加以修正,以修正结果作为本炉的数学模型。其数学通式如下:

$$y_1 = y_0 + f(x_1 - x_0) \tag{12-5}$$

式中 y_1——本炉控制参数的目标值;

y_0——本炉控制参数的实际结果;

x_1——本炉的变量;

x_0——上一炉的变量。

增量模型比统计模型更接近于实际情况。

目前,人们对炼钢过程的理论认识还不完全清楚,未能建立起能供实际使用的纯理论模型,一般是将理论模型和经验模型相结合使用。

由于静态控制只考虑始态和终态之间量的差别,不考虑各种变量随时间的变化,得不到炉内实际进展的反馈信息,不能及时修正吹炼轨道。因此,静态控制的命中率仍然不高。

B 动态控制

动态控制是在静态控制基础上,应用副枪等测试手段,将吹炼过程中金属成分、温度及熔渣状况等有关变量随时间变化的动态信息传送给计算机,依据所测到的动态信息对吹炼参数及时修正,达到预定的吹炼目标。由于它比较真实地反映了熔池情况,命中率比静态控制显著提高,具有更大的适应性和准确性,可实现最佳控制。

动态控制的关键在于,迅速、准确、连续地获得熔池内各参数的反馈信息,尤其是熔池温度和碳含量,因而测试手段是很重要的。目前,普遍应用计算机副枪动态控制技术和炉气分析动态控制技术。

副枪动态控制技术是在吹炼接近终点时,向熔池内插入副枪,检测熔池温度、碳含量及钢水氧活度,并取出金属样。根据检测数据,修正静态模型的计算结果,计算命中终点所需的供氧量(或供氧时间)和冷却剂加入量,调整吹炼参数,以达到出钢时温度与碳含量同时命中。

炉气分析动态控制技术,是在转炉吹炼时全程快速分析炉气成分,根据炉气变化情况动态计算脱碳速率和钢水碳含量;特别在吹炼末期炉内碳氧反应趋于平衡后,动态计算、校正熔池温度,准确预报吹炼末期熔池的碳含量、温度值,根据动态计算、预报的终点碳含量、温度,结合转炉烟气变化曲线确定吹炼终点并自动提枪结束吹炼,实现转炉不倒炉、直接出钢的自动化炼钢技术。

C　副枪

转炉副枪相对于喷吹氧气的氧枪而言。它同样是从炉口上部插入炉内的水冷枪,有操作副枪和测试副枪两类。

操作副枪用以向炉内吹石灰粉、附加燃料或精炼用的气体。测试副枪用于在不倒炉的情况下快速检测转炉熔池钢水温度、碳含量和氧含量以及液面高度,它还被用以获取熔池钢样和渣样。目前,测试副枪已被广泛用于转炉吹炼计算机动态控制系统。本节主要介绍测试副枪。

a　副枪结构与类型

副枪装置主要由副枪枪身、导轨小车、卷扬传动装置、换枪机构(探头进给装置)等部分组成,见图12-6。

副枪按探头的供给方式可分为"上给头"和"下给头"两种。探头从储存装置由枪体的上部压入,经枪膛被推送到枪头的工作位置,这种给头方式称为上给头。探头借机械手等装置从下部插在副枪枪头插杆上的给头方式,称为下给头。由于给头方式的不同,两种副枪的结构及其组成也不相同。目前,上给头副枪已很少使用。

下给头副枪是由三层同心钢管组成的水冷枪体,内层管中心装有信号传输导线,并通保护用气体,一般为氮气;内层管与中间管、中间管与外层管之间的环状通路分别为进、出冷却水的通道;在枪体的下顶端,装有导电环和探头的固定装置。

副枪装好探头后,插入熔池,所测温度、碳含量等数据反馈给计算机或在计器仪表中显示。副枪提至炉口以上,锯掉探头样杯部分,钢样通过溜槽风动送至化验室校验成分。拔头装置拔掉探头废纸管,装头装置再装上新探头,准备下一次的测试工作。

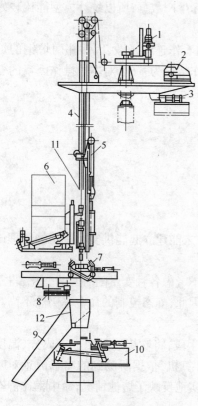

图12-6　下给头副枪装置示意图
1—旋转机构;2—升降机构;3—定位装置;
4—副枪;5—活动导向小车;6—装头装置;
7—拔头机构;8—锯头机构;9—溜槽;
10—清渣装置;11—副枪插杆;12—阀门

b　测试探头

测试探头简称探头,可以分为单功能探头和复合探头,目前应用广泛的是测温与定碳复合探头。

测温与定碳复合探头的结构形式主要取决于钢水进入探头样杯的方式,有上注式、侧注式(见图12-7)和下注式(见图12-8),侧注式是普遍采用的形式。

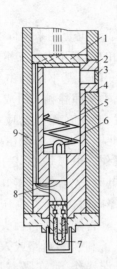

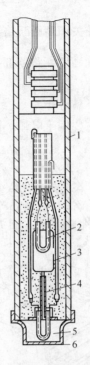

图 12-7　侧注式测温与定碳复合探头
1—压盖环;2—样杯;3—进样口盖;4—进样口保护套;
5—脱氧铝;6—定碳热电偶;7—测温热电偶;
8—补偿导线;9—保护纸管

图 12-8　下注式测温与定碳复合探头
1—保护纸管;2—定碳热电偶;
3—样杯;4—进样口(石英管);
5—测温热电偶;6—保护帽

12.5　电弧炉的电气设备

　　电弧炉炼钢是靠电能转变为热能使炉料熔化并进行冶炼的,电弧炉的电气设备就是完成这个能量转变的主要设备。

　　电弧炉的电气设备主要分为两大部分,即主电路和电极升降自动调节装置。

12.5.1　电弧炉的主电路组成

　　由高压电缆至电极的电路称为电弧炉的主电路。如图 12-9 所示。主电路的任务是将高压电转变为低压大电流输给电弧炉,并以电弧的形式将电能转变为热能。主电路主要由隔离开关、高压断路器、电弧炉变压器、电抗器及低压短网等几部分组成。

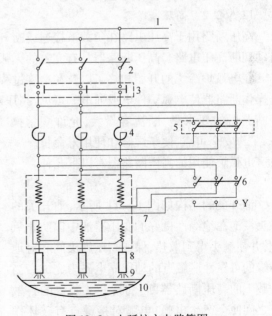

图 12-9　电弧炉主电路简图
1—高压电缆;2—隔离开关;3—高压断路器;4—电抗器;
5—电抗器短路开关;6—电压转换开关;7—电炉变压器;
8—电极;9—电弧;10—金属

12.5.2　隔离开关和高压断路器

隔离开关和高压断路器都是用来接通和断开电弧炉设备的控制电器,可统称为高压开关设备。

12.5.2.1　隔离开关

隔离开关主要用于电弧炉设备检修时断开高压电源,有时也用来进行切换操作。

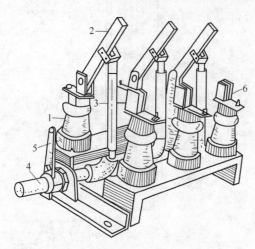

图 12-10　三相刀闸式隔离开关

1—绝缘子;2—刀闸;3—拉杆;4—转轴;5—手柄;6—夹子

常用的隔离开关是三相刀闸式隔离开关(见图 12-10),基本结构由绝缘子、刀闸、拉杆、转轴、手柄和静触头组成。隔离开关没有灭弧装置,必须在无负载时才可接通或切断电路,因此隔离开关必须在高压断路器断开后才能操作。电弧炉停、送电时开关操作顺序是:送电时,先合上隔离开关,后合上高压断路器;停电时,先断开高压断路器,后断开隔离开关。否则刀闸和触头之间产生电弧,会烧坏设备和引起短路或人身伤亡事故等。为了防止误操作,常在隔离开头与高压断路器之间设有联锁装置,使高压断路器闭合时隔离开关无法操作。

隔离开关的操作机构有手动、电动和气动三种。当进行手动操作时,应戴好绝缘手套,并站在橡皮垫上以保证安全。

12.5.2.2　高压断路器

高压断路用于高压电路在负载下接通或断开,并作为保护开关在电气设备发生故障时自动切断高压电路。高压断路器具有完善的灭弧装置和足够大的断流能力。

在电弧炉冶炼的开始和终了以及在冶炼过程中进行调压、扒渣、接长电极等操作时,都需操作断路器使电弧炉停电或通电。可见,高压断路器的操作是极其频繁的。电弧炉对高压断路器的要求是:断流容量大,允许频繁操作,工作安全可靠,便于维修和使用寿命长。

电弧炉使用的高压断路器有以下几种。

A　油开关

油开关的结构如图 12-11 所示,油开关的触头浸泡在绝缘性良好的变压器油中以防止氧化,并使触头得到散热,保证高压触头间和对地绝缘的可靠性。触点的动作靠电磁力完成。当负载下的高压断路器断开时,开关装置的各触点之间便会产生电弧,电弧对接触点有破坏作用。变压器油在电弧作用下分解和蒸发而产生大量蒸气,迫使电弧熄灭。

油开关的优点是制造方便,价格便宜。但

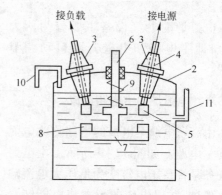

图 12-11　油开关构造图

1—钢箱;2—盖子;3—套管绝缘子;4—铜导电杆;5—固定接触子;6—活动杆;7—铜横条;8—活动接触子;9—弹簧;10—排气管;11—油表管

由于触点每动作一次都要产生电弧,使部分油料分解炭化,油色混浊和变黑,导致油的绝缘性能降低;同时,油的分解还产生大量气体,其中70%是易燃易爆的氢气;油开关触头每动作1000次左右,需进行换油和检修触头。油开关由于寿命短、维护工作量大、有火灾和爆炸的危险,有逐渐被淘汰的趋势。

B 电磁式空气断路器

电磁式空气断路器又称磁吹开关,其灭弧装置为磁吹螺管式。电磁式空气断路器的结构如图12-12所示,三相高压电源分别连接静弧触头和动弧触头的尾部,且并列安装在同一基础上。当触头分开产生电弧后,便在压气皮囊喷出的气体和强磁场的作用下,使电弧迅速上升、拉长进入电弧螺管,并受到隔弧板和大气介质的冷却,最后熄灭。

电磁式空气断路器与油开关相比,其开关时间短,不会发生起火、爆炸及产生过电压现象,工作平衡可靠,适于频繁操作。因触头及灭弧室频繁受电弧烧蚀,所以必须定期维修、更换。

C 真空断路器

真空断路器是一种比较先进的高压电路开关,可以较好地满足功率不断增大的要求,在电弧炉上已被推广使用。

真空断路器的绝缘介质和灭弧介质是高真空。当触头切断电路时,触头间产生电弧,在电流瞬时值为零的瞬间,处于真空中的电弧立即被熄灭。真空断路器的外形见图12-13。它通常采用落地式结构,上部装有真空灭弧室,下部装有操作机构,操作机构通过一套连杆使3个真空灭弧室同时接通或断开。真空灭弧室由动触头、静触头、屏蔽罩、动导电杆、静导电杆、波纹管和玻璃外壳等组成。

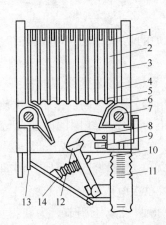

图 12-12　CN2-10 型电磁式空气断路器的结构

1—冷却片;2—电弧螺管;3—隔弧板;4—H 形小弧角;
5—V 形小弧角;6—引弧角;7—双 II 形磁系统;8—静弧
触头;9—主触头;10—喷嘴;11—绝缘子;
12—动弧触头;13—硬联结;14—压气皮囊

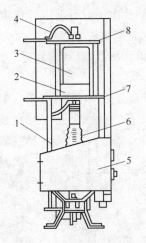

图 12-13　真空断路器

1—绝缘杆;2—绝缘碗;3—真空灭弧室;
4—绝缘隔板;5—外罩;6—绝缘子;
7—绝缘撑板;8—压板

真空断路器在运行时,应特别注意观察真空灭弧室的真空度是否下降。当灭弧室内出现氧化铜颜色或变暗失去光泽时,就可间接判断真空度已下降。通过观察分闸时的弧光颜色也可判断真空度是否下降,正常情况下电弧呈蓝色,真空度降低后则呈粉红色。当发现真空度降低时,应及时停电检查、处理。

12.5.3　电弧炉变压器和电抗器

12.5.3.1　变压器

电弧炉变压器是电弧炉的主要电气设备,其作用是降低输入电压,产生大电流供给电弧炉。

A　电弧炉变压器的特点及构造

电弧炉变压器负载是随时间变化的,电流的波动很厉害。其特点是在熔化期,电弧炉变压器经常处于冲击电流较大的尖峰负载。电弧炉变压器与一般电力变压器比较,具有如下特点:

(1) 变压比大,一次电压很高而二次电压又较低;

(2) 二次电流大,高达几千至几万安培;

(3) 二次电压可以调节,以满足冶炼工艺的需要;

(4) 过载能力大,要求变压器有 20% 的短时过载能力,不会因一般的温升而影响变压器寿命;

(5) 有较高的机械强度,经得住冲击电流和短路电流所引起的机械应力。

电弧炉变压器主要由铁芯、线圈、油箱、绝缘套管和油枕等组成。铁芯的作用是导磁,它用硅含量高、磁导率高、电阻率大的硅钢片叠成,并两面涂漆以减小损耗。电炉变压器的铁芯大多采用三相芯式结构,芯式结构消耗材料较少,制造工艺又较简单。二次线圈接成三角形,这样可减小短路时线圈的机械应力;一次线圈为方便调压,可接成星形或三角形。装配好的线圈和铁芯浸在油箱内的油中,变压器油起绝缘和散热作用。线圈的引出线接到油箱外部时要穿过瓷质绝缘套管,以便将导电体与油箱绝缘。油箱上部还有油枕,它起储油和补油作用。油枕上还设有油位计和防爆管。

B　电弧炉变压器的调压

电弧炉变压器调压的目的是为了改变输入电弧炉的功率,满足不同冶炼阶段电功率的不同需要。

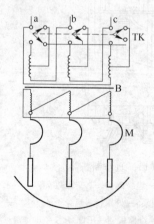

图 12-14　带切换开关的变压
器接线原理图

a~c—高压线;TK—切换开关;
B—电炉变压器;M—水冷电缆

电弧炉变压器的调节是通过改变线圈的抽头(线圈匝数)和接线方法(星形或三角形)来实现的。由于二次侧电流很大,导线截面也相应很大,不容易实现线圈的改变,因此调压只在一次侧进行。变压器一次线圈既可接成星形,也可接成三角形,改变它的接线方式就可方便地进行调压。例如,将一次线圈由三角形改成星形时,二次电压将变为原来的 $1/\sqrt{3}$。改变变压器的接线方法只能获得两级电压调节。为获得更多的电压级数,一次线圈带有若干抽头。利用这些抽头可改变一次线圈的匝数,从而改变二次电压值。二次电压的最低值可达到最高值的 1/3。带切换开关的变压器接线原理图见图 12-14。

中、小型电弧炉变压器较多使用无载调压装置,调压在断电状态下进行。变压器的星形-三角形切换常借助于换压隔离开关进行。变压器的抽头切换常使用无载分接开关,调压级数为 4~6 级。调压操作装置有手动、电动、气动三种。大型电弧炉变压器因二次电压级数较多(可达 10 级以上),为了提高生产率、减少电弧炉热停电时间、减少变压器频繁通断对电网的不利影响,要求采用有载调压,调压时无需断电。有载调压使用有载分接开关,并借助于电力传动装置自动进行。

    C   电弧炉变压器的冷却

    变压器在运行中,一部分电能转变为热能,引起铁芯和线圈发热。如果温度过高,会使绝缘材料变质老化,降低变压器的使用寿命。当线圈严重过热、绝缘损坏厉害时,可造成线圈短路,使变压器烧坏。因此,对变压器的最高允许温升有一明确标准。所谓温升,就是指变压器的工作温度与其周围环境温度之差。当环境温度为35℃时,其允许温升为:线圈55℃,油顶层45℃。

    为降低变压器的温升值,需要对变压器进行冷却。冷却的方式有两种,即油浸自冷式和强迫油循环水冷式(见图12-15)。

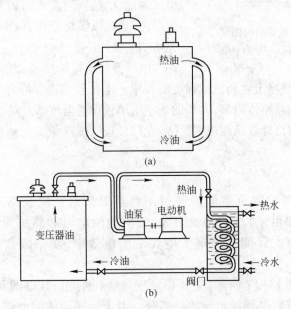

图 12-15 电弧炉变压器的冷却方式示意图
(a) 油浸自冷式;(b) 强迫油循环水冷式

    油浸自冷式的线圈和铁芯浸在油箱中,油受热上浮进入油管,被空气冷却,然后再从下部进入油箱。

    强迫油循环水冷式变压器的铁芯和线圈也浸在油箱中,用油泵将变压器热油抽至水冷却器的蛇形管内,强制冷却,然后再将油打入变压器油箱内。为了保证冷却水不致因油管破裂而渗入管内,油压必须大于水压。

12.5.3.2 电抗器

    电抗器串联在变压器的一次侧,其作用是使电路中感抗增加,以达到稳定电弧和限制短路电流的目的。

    在电弧炉炼钢的熔化期,经常由于塌料而引起电极间的短路,短路电流常超过变压器额定电流的许多倍,导致变压器寿命降低。串联电抗器后,短路电流限制在额定电流的3倍以下。在这个电流范围内,电极的自动调节装置能够保证提升电极、降低负载而不至于跳闸停电,也起到了稳定电弧的作用。

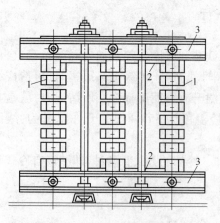

图 12-16　电抗器结构图

1—铁芯环；2—轭铁；3—轭铁的压梁

电抗器的导磁体不同于变压器的导磁体,它分成许多单独的铁芯环,这些铁芯环由轭铁互相联结起来,如图 12-16 所示。铁芯环用胶布板做的衬垫分隔开,这使电抗器的磁路不易饱和,在大电流下仍具有很大的感抗。

电抗器具有很小的电阻和很大的感抗,能在有功功率损失很小的情况下限制短路电流和稳定电弧。但是,因为它的电感量大,使无功功率消耗增加,降低了功率因数,从而影响了变压器的输出功率。因此,电抗器的接入时机和使用时间必须加以控制,一旦电弧燃烧稳定,就必须及时切除,以减少无功功率损耗。

电抗器与电弧炉变压器一样,同处在重负荷工作状态下,对它也有热稳定性和机械强度的要求。电抗器也需要冷却和维护。小炉子的电抗器可装在电炉变压器箱体内部,大些的炉子则单独设置电抗器。对 20 t 以上的电弧炉,则因主电路本身的电抗百分数已经很大,无需专门设置电抗器。

12.5.4　短网

短网是指从电弧炉变压器低压侧引出线至电极这一段线路。这段线路长 10 ~ 20 m,但导体截面很粗,通过的电流很大,短网中的电阻和感抗对电弧炉装置和工艺操作影响很大,在很大程度上决定了电弧炉的电效率、功率因数以及三相电功率的平衡。

短网的结构如图 12-17 所示,主要由硬铜母线(铜排)、软电缆和炉顶水冷导电铜管三部分组成。电极有时也算做短网的一部分。由于短网导体中电流大,特别是经常性的冲击性短路电流使导体之间存在很大的电动力,所以目前绝大多数电弧炉的短网采用铜来制造。

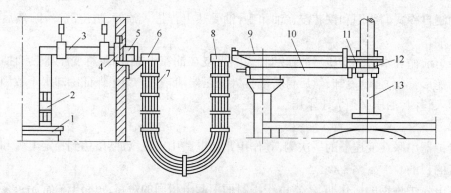

图 12-17　中、小型电弧炉短网结构

1—炉子变压器；2—补偿器；3—矩形母线束；4—电流互感器；5—分裂母线；6—固定集电环；

7—可绕软电缆；8—移动集电环；9—导电铜管；10—电极夹持器横臂；

11—供给电极夹板的软编线束；12—电极夹持器；13—电极

因为在短网中通过巨大的电流,所以减小短网中的电阻和感抗对减小电能损失具有重大意义。一般从隔离开关至电极这段主电路上的电能损失为7%~14%,短网上的电能损失占4.5%~9.5%,电极上的电能损失为2%~5%。为了减少短网的电阻和感抗,要尽量缩短短网的长度;各接头处要紧密连接,尤其是电极与夹头、电极与电极之间应该紧密连接,以减少接触电阻;导体要有足够大的截面,而且一般采用管状和板状导体,以减少电流的集肤效应;短网的各相导体之间的位置应尽可能互相靠近,但导体与粗大的钢结构应离得远一些;尽可能采用水冷电缆。

12.5.5 电极

电极的作用是把电流导入炉内并与炉料之间产生电弧,将电能转化为热能。电极要传导很大的电流,电极上的电能损失约占整个短网上电能损失的40%左右。电极工作时受到高温、炉气氧化及塌料撞击等作用,工作条件极为恶劣,所以对电极提出如下要求:

(1)导电性能良好,电阻系数小,以减少电能损失;

(2)在高温下具有足够的机械强度;

(3)具有良好的抗高温氧化能力;

(4)几何形状规整,且表面光滑,接触电阻小。

目前,绝大多数电弧炉均采用石墨电极,石墨电极通常又分为一般功率和高功率电极,其理化指标要求不一样。

电极的价格很贵,电极的消耗直接影响着钢的生产成本。国家规定的电极消耗指标为6 kg/t,但由于各厂情况不一样,所以电极消耗指标也相差很大。电极消耗的主要原因是折断、氧化、炉渣和炉气的侵蚀以及在电弧作用下的剥落和升华。为了降低电极消耗,主要应提高电极本身质量和加工质量,缩短冶炼时间,防止因设备和操作不当引起直接碰撞而损伤电极。降低电极消耗的具体措施是:

(1)减少由机械外力引起的折断和破损,避免因搬运和堆放、炉内塌料和操作不当引起的折断和破损,尤其重点保护螺纹孔和接头的螺纹。

(2)电极应存放在干燥处,谨防受潮。受潮电极在高温下易掉块和剥落。

(3)接电极时要拧紧、夹牢,以免松弛脱落。有的厂在电极连接端头打入电极销子加以固定。还有的厂在两根电极的缝间涂抹黏结剂,也可防止电极松动。另外,对接电极时,用力要平衡、均匀,连接处要保持清洁。

(4)减少电极周界的氧化消耗。电极周界的氧化消耗约占总消耗的55%~75%。石墨电极从550℃时开始氧化,在750℃以上急剧氧化。减少周界氧化的措施是:加强炉子的密封性,减少空气侵入炉内,尽量减少赤热电极在炉外的暴露时间,并可采取以下几种石墨电极保护技术:

1)浸渍电极。将普通的石墨电极放在数种无机物的混合液中,经过一定的工艺处理,可改善原石墨电极的性能,提高电极抗高温氧化能力。

2)涂层电极。其又分为导电涂层与非导电涂层两大类。导电涂层的涂料是铝和碳化硅的混合物,经过一定的工艺处理,电极的电阻率下降,表面形成一很强的隔氧层,可有效地防止炉气氧化。非导电涂层电极所用涂料一般为陶瓷化涂覆材料,在低温或高温下,能在电极表面形成良好的陶瓷膜,从而使石墨电极的氧化损耗大大降低。

3）水冷复合电极。该电极由上、下两部分组成,上部为钢制水冷电极柄,下部为普通石墨电极,上、下部之间由水冷钢质接头连接,见图 12-18。

4）水淋式电极。在电极夹头下方采用环形喷水器向电极表面喷水,使水沿电极表面下流,并在电极孔上方用环形管(风环)向电极表面吹压缩空气使水雾化(见图 12-19);在降低电极温度的同时,又能减少侧壁的氧化,从而降低了电极消耗。生产实践表明,水淋式电极结构简单,投资少;操作方便,易于维修;可节约电极 20%,且使炉盖中心部位耐火材料的寿命提高 3 倍。

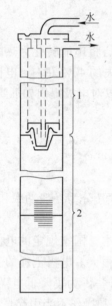

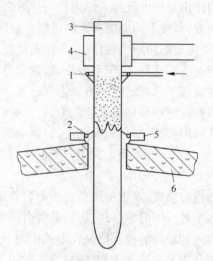

图 12-18　水冷复合电极　　　　　图 12-19　水淋式电极

1—水冷电极柄;2—石墨电极　　　　1—水环;2—风环;3—石墨电极;4—电极卡头;
　　　　　　　　　　　　　　　5—电极水冷密封圈;6—炉盖

近年发展起来的直流电弧炉技术,其中最大优越性之一就是降低石墨电极的消耗。国外直流电弧炉的运行结果表明,可降低石墨电极消耗 40% ~50%。

12.5.6　电极升降自动调节装置

电弧炉输入的功率在二次电压一定的情况下,是随电弧长度的变化而改变的。这是因为电弧长度与二次电流有关,电弧长则电流小,电弧短则电流大。冶炼过程中,由于炉料熔化塌料、钢水沸腾等原因,电极与炉料之间的电弧长度不断地发生变化;特别是在熔化期,电弧极不稳定,经常发生断弧和短路现象,不利于电弧炉的正常工作。

电极升降自动调节装置的作用就是快速调节电极的位置,保持恒定的电弧长度,以减少电流波动,维持电弧电压和电流比值的恒定,使输入功率稳定,从而缩短冶炼时间和减少电能消耗。

常用的电极升降自动调节器有电机放大机式、可控硅 – 直流电动机式、可控硅 – 交流力矩电动机式、可控硅 – 电磁转差离合器式、电液随动式等。近年来,又研制成功交流变频调速式和微机控制的调节器等新型调节器,表 12-9 列出常用电极自动调节器的性能指标。

表 12-9　常用电极自动调节器的性能指标

调节器形式	电极最大提升速度 /m·min⁻¹	不灵敏区/%	滞后时间/s
电机放大机式	0.5～1.2	±15	0.4～0.8
可控硅—直流电动机式	1.2～1.5	±10～15	0.3～0.4
可控硅—交流力矩电动机式	3～4	±10～15	0.1～0.2
可控硅—电磁转差离合器式	4	±9～15	0.2～0.3
电液随动式	4～6	±6～10	0.15～0.3
交流变频调速式	4	±1～3	

对于电极的提升速度有一定要求,尤其在塌料时以及提升电极旋开炉盖时更为重要,这时的提升速度,对于小炉子来说,一般要求为 4 m/min;而对大炉子,一般要求为 6 m/min。从表 12-9 中可知,电液随动式调节器性能比较好。

电液随动式调节器的构成如图 12-20 所示。电弧电压和电弧电流经测量比较后,其差值信号送入液压伺服阀线圈。当炉子在规定电弧长度工作时,差值信号为零,线圈中无电流,伺服阀不动作。当电弧长度小于给定值时,电流信号将大于给定值,送入线圈中的差值信号使阀杆向上运动,工作液流入升降液压缸,使电极上升,电极上升速度取决于阀孔开口大小,而阀孔开口大小取决于差值信号的大小。当电弧电流重新达到给定值时,差值信号为零,阀芯回到中间位置,电极停止运动。相反,如电流长度大于给定值,则差值信号使阀体向下运动,升降液压缸内的流体流回储液槽,电极便下降,直到差值信号为零,下降速度也取决于阀孔开口大小。

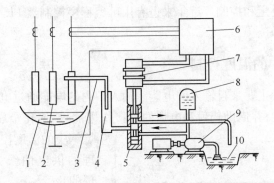

图 12-20　电液随动式调节器的构成及工作原理示意图
1—熔池;2—电极;3—电极升降装置;4—液压缸;5—伺服阀;6—电气控制系统;
7—伺服阀线圈;8—压力罐;9—液压泵;10—储液槽

电液随动式调节器的优点是电极传动系统不需要配重,使调节器特性大为改善,伺服阀和液体介质的惯性小,易于实现高精度、高速度的调节,它的非灵敏区小、滞后时间短、提升速度快。其缺点是液压管路复杂,维修量大,液体易泄漏,设备体积大。

随着计算机技术的不断开发和应用,电弧炉电极升降自动调节技术也取得了新成果。图 12-21 所示是电弧炉微机控制交流电动机变频无级调速电极自动控制系统,包括三个单元:(1)拖动电极升降的执行元件,即标准系列鼠笼型交流电动机;(2)应用微机控制变频装置给交流电动机供电;(3)自动调节器由微机调节器和电子调节器构成,两台机器具有相同的控制功能,互为备用。自动控制调节器采集三相电弧电流和短网电压作为反馈控制信号,按照冶炼工艺要求设计控制程序,根据各冶炼期的不同设定值进行程序运算,输出频率给定信号和电动机运转指令信号,独立地分相自动控制 3 台电动机拖动 3 根电极调节其与炉料之间的距离,实现系统恒流控制。

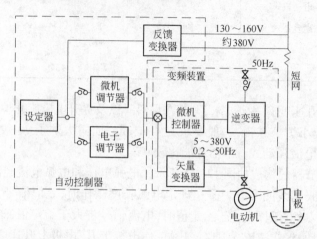

图 12-21　电弧炉微机控制交流电动机变频无级调速电极自动控制系统单相简化原理框图

　　该系统是一个直接数字控制、数字设定、数字显示、数字保护的交流电动机变频调速系统,具有故障少、控制精度高、结构紧凑、性能优越等优点。

　　随着人工智能技术的应用和发展,出现了智能电弧炉,实现了将人工智能技术应用于改善电极电流工作点的设定和控制。近年来也有用可编程序控制器 PIC 作为电极调节器的控制单元,使用效果也很好。

12.6　电弧炉炼钢中的温度控制

　　电弧炉炼钢的热量主要来自输入的电能。输入炉内的电能通过电极端部与炉料间放电产生电弧而转变为热能,并借助辐射和电弧的直接作用加热、熔化金属和炉渣。因此,电炉炼钢中的温度控制主要是通过制订合理的供电曲线、控制输入功率来实现的。

　　供电曲线也称电力曲线,它是表示一炉钢的各冶炼阶段与输入功率之间关系的曲线图,输入功率的大小用二次侧的电压与电流的乘积来表示,如图 12-22 所示。

　　目前,我国传统的中、小型三相交流电弧炉仍占有一定数量,而大型直流电弧炉已有较大发展。这两类炉子的温度控制各有特点,下面分别叙述。

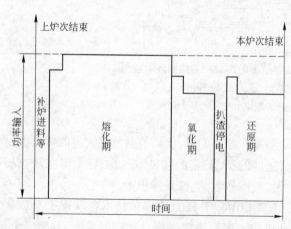

图 12-22　供电曲线示意图

12.6.1 普通三相交流电弧炉的温度控制

普通三相交流电弧炉常规冶炼一炉钢的生产过程分为熔化期、氧化期和还原期三个阶段。由于各个阶段的主要冶炼任务及炉况不同,因而温度控制的基本原则和方法也不尽相同,但控制手段主要是供电制度、吹氧及加矿氧化。

12.6.1.1 熔化期的温度控制

A 熔化期的耗电量

熔化期约占整个冶炼时间的一半以上,加之废钢和渣料的熔化主要靠输入的电能,其耗电量高达 330 kW·h/t,约占吨钢总电耗的 2/3 左右。熔化期耗电量的粗略计算过程如下,熔化 1 t 碳素废钢所需的热量及相当的电能数据列于表 12-10。

表 12-10 熔化 1 t 碳素废钢所需的热量及相当的电能

废钢的碳含量/%	0.5	1.0	1.5	2.0
熔化热能/kJ	1.3×10^6	1.29×10^6	1.27×10^6	1.24×10^6
所需电能/kW·h	363	359	354	344

为了加速钢-渣界面反应的进行,钢液应具有一定的流动性,因此钢液还要有一定的过热温度。若每吨钢液的过热度为 10℃,则所需的热量为:

$$1000 \times 0.8368 \times 10 = 8368 \text{ kJ}$$

相当于 2.3 kW·h 的电能。

熔化期每吨钢中加入 1% 的渣料所消耗的电能约为 5.8 kW·h。

根据上述各项数据可以估算出,当钢的碳含量为 1%、渣量为 3%、钢液过热 50℃ 时,熔化每吨钢所需的电能为:

$$359 + 2.3 \times 5 + 5.8 \times 3 = 388 \text{ kW·h}$$

考虑到炉料装入电弧炉后会从炉衬中吸收一部分热量,其值相当于 60 ~ 70 kW·h/t,所以,实际上熔化期所需的电能为 320 ~ 330 kW·h/t。

应该指出的是,这个数据没有考虑吹氧因素,如采用吹氧助熔,据统计可降低电耗约 100 kW·h/t。

B 熔化期温度的控制原则与方法

熔化期的主要任务是熔化炉料并使钢液升温,耗电量又如此之大,因此该期温度控制的基本原则是,充分发挥供电设备的能力并采取合理而有效的措施,在保证炉衬和炉盖不被严重损伤的前提下迅速地将固体炉料熔化并使熔池升温。

熔化期温度的控制方法主要是合理配电。通常,在通电开始的最初数分钟内和熔化后期,弧光外露,应采用中级电压和较大电流供电,以减轻电弧对炉盖和炉壁的热辐射;而其余时间则采用最高电压和最大电流供电,即输入最大功率以加速炉料熔化、缩短熔化时间,如图 12-23

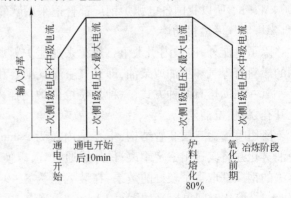

图 12-23 熔化期各阶段的供电制度

所示。

某厂 5000 kV·A 变压器熔化期的供电制度实例,如表 12–11 所示。

表 12–11　某厂 5000 kV·A 变压器熔化期的供电制度实例

通电约 10 min	10 min ~ 炉料熔化 80%	炉料熔化 80% ~ 熔化期结束
228 V×15000 A	250 V×15000 A	228~208 V×8000~15000 A

为了加速炉料熔化,除了合理供电外,生产中还常采用一些辅助措施。

a　快速补炉和装料

出钢后高温炉体散热很快,特别是采用炉顶装料时要打开炉盖,炉衬的温度会迅速下降,只需 3~5 min 就可由 1500℃ 左右(亮红色)急剧降至 800℃ 以下(暗红色)。为了减少这种热损失,出钢后炉前操作要分秒必争,尽量减少炉盖开启和升高电极的时间;补炉操作前,备好材料和用具,充分利用炉内的余热迅速补炉;装料时应先吊起料罐,做好一切准备工作后才打开炉盖,快速将炉料加入炉内,这对保持炉内高温、利用余热、降低电耗很有意义。

b　合理布料

废钢铁料在炉内的合理布置,对实现有效利用电弧热能有极重要的关系。电弧炉内加热的特点是中心区温度高,近炉衬区是低温区,尤其正对两个电极之间的炉衬处,炉料更难熔化。所以炉料应合理搭配,难熔料和大块料应装在高温区,易熔的小料应布在炉壁的四周及最上部,以确保熔化过程中电弧能够最大限度地、最长时间地埋在料堆里,最有效地利用电弧放出的热能,使得大功率供电时炉盖、炉壁不受电弧的强烈辐射。

所以,合理布料是保证炉料快速熔化、降低电耗的重要条件。

c　吹氧助熔

吹氧助熔的作用在于:一是吹入氧气与钢中元素氧化时放出大量热量,加热并熔化炉料;二是切割大块炉料,使其掉入熔池增加炉料的受热面积,当炉料出现搭桥时,利用氧气切割,处理极为方便;三是为炉内增加了一个活动的点热源,因此在一定程度上弥补了三个固定热源加热不均匀的缺点。

实践证明,吹氧助熔可以缩短熔化时间 20~30 min,每吨钢的电耗降低 80~100 kW·h,所以我国各电弧炉钢厂都普遍采用吹氧助熔工艺。

d　氧气–燃料助熔

除了电能外,向炉内引入第二热源来加速炉料熔化的措施越来越受到人们的重视。常用的燃料有煤气和重油或柴油,即氧气–煤气助熔和氧–油助熔。

氧–油助熔有两种方式,一种是喷枪由炉门插入;另一种是在炉壁渣线上方约 150 mm 处开孔,将喷枪插入。

所用喷嘴为三层套管结构,中心是内径为 2 mm 的喷油嘴;喷油嘴外层通压缩空气,以使油雾化并将其送出一定距离;最外层通氧气,以使油充分燃烧,提高火焰温度。许多采用本法的钢厂都取得了较好的效果,在装入量为 8~9 t 的电弧炉上,每吨钢的喷油量为 13~17 kg 时,熔化时间可以平均缩短 1 h。

氧气–煤气助熔所用的燃烧器为同心式,中心管通氧气,外层管通煤气。对于小于 10 t

的电弧炉,一般安装一台可以移动的燃烧器,由炉门喷入高温火焰;对于 10 t 以上的电弧炉,可在炉壁上安装三台燃烧器。据介绍,装料 18 t 的电弧炉,采用氧气 – 煤气助熔后熔化时间仅需 1 h 左右,可提高生产率 10% ~15%,节省电能 15% ~20%。

采用氧气 – 燃料助熔技术,虽然增加了燃料、氧气和冷却水的费用,但电耗的降低和产量的增加,使吨钢成本仍有所下降。

e　废钢预热

废钢预热是为了提高其入炉的温度,减少冶炼时所需的热量。有资料报道,如将废钢预热到 800 ~1100℃,可使炉料熔化时间缩短 10%、电耗降低 14%;如果再配以氧 – 煤助熔,可使熔化时间缩短 26%,电耗降低 24%。

通电前的废钢预热通常是在炉外进行的,普遍的方法是在料罐中预热,燃料可以采用重油、天然气、煤气等。如果能把炼钢炉的高温废气作为炉料预热的热源,则更为经济。为使炉料预热取得较好的效果,可以在料罐上加一个特殊的罩子,装上烧嘴及排气孔,这样可以缩短炉料预热的时间。

某些厂采用从炉门吹入天然气或煤气加热炉料。国外也有在电弧炉炉墙上安装三个烧嘴的,在通电熔化的同时辅以燃料加热炉料,使 50 t 电弧炉的熔化时间缩短到 45 min。

无论采用哪种方式预热炉料,设备的投资都不大,却能使电弧炉生产的技术经济指标得到明显的改善。

f　注余钢水和炉渣回炉(留钢留渣)

每炉钢浇注完毕后都有一定的注余钢水和炉渣。在有条件的车间里,将注余钢水和炉渣倒入已经装好炉料的炉内继续通电冶炼,可以充分利用余钢和熔渣的热量,提前进行吹氧助熔,从而可以缩短熔化期和降低电耗;但操作时必须注意以下四点:

(1)炉渣不能倒在三根电极的正下方,以防出现不导电现象;

(2)回炉的余钢中不能含有所炼钢种不允许的元素;

(3)钢水倒回炉时要防止钢、渣飞溅,避免发生安全事故;

(4)钢水倒回炉后必须准确估计钢水量,否则会影响成分控制。

12.6.1.2　氧化期的温度控制

根据氧化期的主要任务,即进一步脱磷至 0.015% 以下、脱碳 0.3% ~0.4% 以去除气体和夹杂、升温至扒渣温度,氧化过程中温度控制的基本原则是:兼顾脱磷和脱碳对温度的要求,前期加矿氧化并采用较大功率供电,控制温升速度以利于去磷;中、后期吹氧氧化,充分脱碳以去气、去夹杂,并结合元素氧化放热情况适当降低输入功率,使熔池温度在氧化结束时达到扒渣的要求。

为避免在还原期为升高熔池温度而采用大功率供电,通常在扒除氧化渣之前,熔池温度应达到高于出钢温度 10 ~20℃,这一温度称为扒渣温度。

目前,几乎所有的电弧炉炼钢生产都采用熔氧结合的操作工艺,在熔化期已提前脱磷,通常在炉料熔清时钢中磷含量已低于规格允许值,氧化期的冶炼任务以脱碳为主,所以一般仅采用吹氧氧化。

吹氧氧化时,由于元素的氧化放热,熔池升温速度较快,表 12-12 中列出了每吨炉料中氧化 0.1% 元素时所放出的热量、生成的渣量和所需的氧气量。

表 12-12　每吨炉料中氧化 0.1% 元素时所放出的热量、生成的渣量和需要的氧气量

元　素	C	Si	Mn	Fe	Cr	V	Al	P
氧化 0.1% 元素时放热量/kJ	8648	31966	6573	4255	4268	11380	28284	23430
相当于电能/kW·h	5.16	8.84	1.82	1.18	1.18	3.14	7.83	6.48
升温的度数/℃	22.30	38.30	7.8	5.12	5.13	13.65	34.10	28.20
生成的渣量/kg	0	2.14	1.30	1.28	1.46	1.47	1.59	2.29
需要的氧气量/m³	0.93	0.81	0.20	0.315	0.315	0.33	0.616	0.904

由表 12-12 可看出,元素氧化时会放出大量的热,可使熔池的温度升高。因此,吹氧氧化期间可以减少输入功率,甚至可以停电操作。

如果进入氧化期时钢中的磷含量偏高,则先加适量矿石进行氧化,控制温升速度,以利于脱磷。由于加矿氧化是一个吸热过程,故要求熔池温度必须在 1550℃ 以上时方能进行加矿操作,而且要分批多次加入,同时采用中级电压和中级偏高的电流供电。充分脱磷后,强化吹氧脱碳,同时调低电压、调小电流,降低输入功率。

总之,氧化期应采用合理的供电制度,控制好升温速度,以利于炉内的物化反应和节省电能。表 12-13 所示为某厂氧化期供电制度实例。

表 12-13　某厂氧化期供电制度实例

变压器容量/kV·A	5000	9000	15000
加矿、吹氧～扒渣	(208～144)V×(8000～10000)A	(233～144)V×(8000～10000)A	(256～150)V×(8000～20000)A

12.6.1.3　还原期的温度控制

还原期熔池内没有沸腾现象,熔池自上而下的传热十分困难,升温不易;同时,还原期渣面平静,弧光外露,大量的热会辐射给炉衬,严重影响炉衬的使用寿命。为此,进入还原期前(即氧化末期)钢液温度已高于出钢温度。因此,还原期温度控制的基本原则是:采用中、小功率供电,弥补炉子的正常散热损失,使熔池温度稳中有降,始终处在出钢所需要的温度范围内。

除了要求有合适的扒渣温度、保证还原期的工艺操作正常进行外,还原期的温度控制中还应注意以下问题:

(1) 采用合理的供电制度。迅速、彻底地扒除氧化渣并加入稀薄渣料后,使用中级电压与较大电流化渣。稀薄渣形成后加入炭粉进行扩散脱氧,由于下列反应是强烈的吸热反应,所以此时仍需输入中等功率。

$$3C + (CaO) \rightleftharpoons (CaC_2) + \{CO\} \qquad \Delta H^{\ominus} = 440.78 \text{ kJ/mol}$$

还原渣一旦形成,立即转换为低电压供电,并通过调整输入电流大小来改变输入功率。正常情况下,只需考虑弥补炉子的散热损失,因此输入功率通常较小。

(2) 要考虑加入合金的影响。电弧炉冶炼的钢种多是合金钢,在还原期要加入一定数量的铁合金进行合金化操作。铁合金的加入必然会影响熔池的温度,表 12-14 中列出了熔池中加入 1% 元素时对钢液温度的影响。

表 12-14 熔池中加入 1% 元素时对钢液温度的影响 (℃)

铁合金名称	加入 1% 元素时钢液温度升(+)降(-)值	
	当钢液温度为 1570℃时	当钢液温度为 1620℃时
硅铁(Si45%)	+0.5	+8.8
硅铁(Si75%)	+16.5	
钛铁(Ti25%)	+1.0	
钒铁(V40%)	-9.1	
锰铁(Mn75%)	-13.2	-10
铬铁(Cr60%)	-15.2	-12.5
钨铁		-7.2
硅锰(Si17%、Mn70%)	-7.8	-2.3
硅锰(Si20%、Mn70%)	-6.7	-0.6
钼铁		-12.1
镍		-12.6

由表 12-14 可知,在 1570℃和 1620℃温度下向熔池中加合金时,除硅铁和钛铁能使钢液温度升高外,其他铁合金都会降低钢液温度。

(3) 加强搅拌。由于还原期炉内钢液相对比较平静,传热条件较差,所以要加强熔池的搅拌,促进熔池内温度均匀,以利于成分的控制。

综上所述,普通电弧炉冶炼过程中的温度控制主要是采用合理的供电制度,即视炉内反应的需要正确控制输入功率。整个精炼过程中的温度控制要求由高到低,即高温氧化、中温还原、偏低温度浇注,因此供电制度必须符合这个原则。

图 12-24 所示为装入量为 10~20 t、变压器功率为 3000 kV·A 的电弧炉一炉钢冶炼过程的供电曲线控制实例,与上述三个冶炼阶段的供电规范分析基本吻合。图中还给出了钢液温度及液相线的变化情况,阴影区为电流的可调范围。

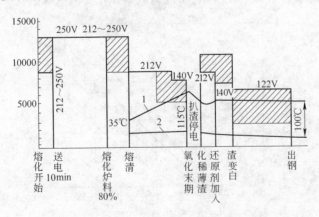

图 12-24 冶炼过程中供电曲线控制实例
1—熔池温度变化曲线;2—钢液液相线变化曲线

应指出的是,第一,为使电能发挥最大效率,供电制度中电流和电弧电压的关系要适当。变压器功率是电压和电流的乘积,即变压器功率一定时,电流和电压成反比,增大电流必使电压减小。变压器输入电弧炉的功率可分为无功功率(感抗损失)、短网电阻损失和电弧功

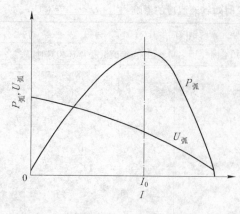

图 12-25　电弧功率、电弧电压和电流的关系

率,其中只有电弧功率是有功功率。电弧功率、电弧电压和电流三者之间的关系如图 12-25 所示。

可见,在电流增加的初期,由于电流增加的作用大于电压减小的作用,因此电弧功率增加;当电流增加超过某一定值后(如图中 I_0 所示),电弧电压的减小起了决定作用,电弧功率反而随电流的增加而减小。这是因为过分加大电流时,使电弧炉供电系统的电气特性变坏,无功功率和短网的电能损失大大增加,电效率、功率因数急剧降低,导致电弧功率不升反降。在配电操作中,尤其是在熔化期应注意这一问题。

第二,在控制输入功率时,输入电压的控制比较简单,只要正确掌握转换时机即可;而输入电流的控制则较为复杂,变动范围也较大,因此需经长期的实践才能正确运用电力曲线来控制熔池温度。

12.6.2　大型直流电弧炉的温度控制

大型直流电弧炉都是超高功率电弧炉,多与炉外精炼炉配套使用,起初炼炉的作用,其主要任务是熔化炉料及脱磷、脱碳。

大型直流电弧炉的温度控制与普通电弧炉基本一致,但在进行温度控制时应注意以下特点:

(1) 直流电无集肤效应和邻近效应。由于直流电无集肤效应和邻近效应,因而电流在导电电缆和石墨电极截面上的分布均匀一致,在截面积相同的条件下,电极所承受的电流比交流电大 20% ~30%,如图 12-26 所示,所以直流电弧比交流电弧的功率大。

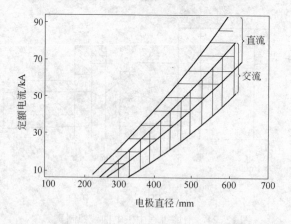

图 12-26　交流、直流电弧炉电极直径与定额电流的关系

(2) 直流电弧炉的热能利用率高。通常,电弧的功率以辐射、对流和阳极效应三种方式传递给炉子和炉料。由于在直流电弧炉中,石墨电极接阴极,金属炉料接阳极(底电极),其电弧所放出的热量与交流电弧相比,传递给炉料的更多,传给炉衬的较少。图 12-27 所示

为在电流、电压相同的条件下,直流电弧炉与交流电弧炉的电弧功率分配情况。

比较图 12-27 中交流、直流电弧炉的电弧功率分配情况可知,直流电弧炉所产生热量的 72% 传给了炉料、熔池,而交流电弧炉只有 65%;在热损失方面,直流电弧炉只有一支石墨电极,减少了炉盖上的电极孔、水冷电极夹持器及水冷圈的热损失,加上采用高电压操作、无感抗损失、功率因数高,因此,直流电弧炉的热能利用率比交流电弧炉要高。上述原因使得直流电弧炉内穿井快、金属熔池形成早、废钢熔化快;与交流电弧炉相比,其熔化时间可缩短 10% ~20%,电耗可降低 5% ~10%。

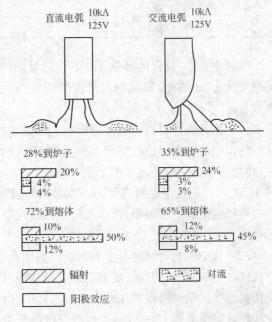

图 12-27 交流、直流电弧炉的电弧功率分配

(3) 直流电弧对钢液的搅拌作用更强。直流电弧炉的电弧电流所产生的电动力,能使电弧下的钢液沿炉底向外侧运动,然后沿钢液表面返回电弧下。这种电动力的运动方式,在钢液静压力下所产生的搅拌效果远比交流电弧炉强烈,这使得直流电弧炉中钢液的成分和温度比交流电弧炉更加均匀。

(4) 选用合适的供电曲线。通常,直流电弧炉都备有多组供电曲线,生产中可根据钢种、原料配比及冶炼的不同阶段通过自动转换装置进行选用。例如,在采用 100% 废钢冶炼时,料位较高,在熔化阶段可选用较高电压供电,实现长弧操作,达到快速熔化的目的;如采用直接还原铁冶炼,料位较低,则不能选用高压长弧供电曲线,否则会使炉衬寿命降低、炉子的热效率下降。

(5) 冶炼操作对温度控制有直接影响。熔炼过程中熔池温度的控制与冶炼操作密切相关,例如,熔炼过程中造泡沫渣是超高功率交流、直流电弧炉炼钢的一项重要的配套技术,即只有在足够厚的泡沫渣下才能采用长弧操作,以提高功率因数、减轻炉衬热负荷、提高热效率,达到缩短冶炼时间、降低电耗等目的,否则将会适得其反。

大型直流电弧炉的熔池温度可通过数学模型来估算,并通过计算机控制供电制度。

12.7 钢包精炼炉的温度控制

12.7.1 影响钢包精炼炉熔池温度的因素

初炼钢液倒入钢包精炼后,由于热量损失钢液的温度必然会逐渐降低。不过,其降温速率是不均衡的,刚出钢时由于钢包内衬的蓄热作用,降温速率较大,以后逐渐减小。降温速率的大小取决于钢包的容量、结构、包衬材质、钢包周转频率、钢包烘烤温度和液面渣层的保护情况,此外,与搅拌方法、搅拌强度也有一定的关系。表 12-15 中列出了几种不同容量钢包的平均降温速率。

表 12-15　炉外精炼时不同容量钢包的平均温降速率

钢包容量/t	30	100~200	250
平均温降速率/℃·min^{-1}	2.0~2.5	1.0~2.0	0.5~1.5

实际生产中,钢包的容量、结构、包衬材质已经确定,钢包烘烤温度和液面渣层的保护情况也变化不大,因此,影响钢包精炼炉熔池温度的因素主要是吹氩搅拌、真空脱气等工艺因素。

(1) 吹氩搅拌对熔池温度的影响。吹氩搅拌会加速钢液的降温。氩气是在室温状态下从精炼钢包底部通过透气塞吹入钢液的,吹入的氩气要从熔池吸收热量,当氩气从熔池逸出时,将把这部分热量带走。由于氩气的比热容为 0.5234 J/(kg·℃),只是氮气的 1/2、氢气的 1/28,所以氩气带走的热量并不算多;加速降温的主要原因是强烈的液面搅动增加了液面的热辐射。有资料表明,在单纯吹氩的情况下,精炼过程温降在 20~30℃ 之间。因此,如无补偿热源,就需要提高初炼钢液的温度。

(2) 真空脱气对熔池温度的影响。采用真空循环脱气法进行钢液真空处理时,钢液真空脱气过程的温度降低值,随着处理容量和脱气室预热温度的提高而减少,随着脱气时间的延长而增加。钢包精炼炉在真空处理过程中,熔池会出现激烈沸腾并使温度降低,30 t 的钢包炉如果真空处理 15~20 min,熔池温度降低 70~100℃;容量大的钢包炉真空处理时温降为 30~50℃。所以,真空处理前的钢水温度要足够高以补偿脱气时的温降,如脱气后温度偏低,则应对钢液再次加热,以满足浇注对温度的要求。

12.7.2　钢包精炼炉温度控制的基本原则

综上所述,在炉外精炼过程中钢液的温度会有不同程度的降低,所以钢包精炼炉冶炼过程中温度控制的基本原则是:

(1) 倒入精炼炉的初炼钢水温度要达到出钢的温度要求,以保证炉外精炼得以顺利进行,而精炼炉中加热的目的主要是用于补偿初炼钢水在出钢和钢包运送过程中的热损失,钢包炉衬吸热、精炼过程中的热损失及化渣。

(2) 如果真空精炼后钢液温度低于浇注所需的温度,必须再次进行加热。

12.7.3　钢包精炼炉的温度控制方法

对于真空处理、非真空电弧加热的钢包精炼炉,其温度控制方法体现在下面的加热过程中:

(1) 初炼钢液倒入精炼包后,运送到精炼炉的座包工位,进行测温并接通氩气开始吹氩搅拌。

(2) 根据测温结果及钢种的精炼工艺要求,可以先进行真空脱气处理后,再加入渣料进行非真空加热;也可以先加入渣料进行加热,然后再进行真空脱气处理。

(3) 非真空加热是把钢包开到加热工位,合上加热炉盖,根据所炼钢种的目标温度或真空脱气前要求达到的温度,确定合理的供电电压、电流及加热时间,然后下降电极通电,其操作与电弧炉加热基本相同;但是要求输入较低的电压,进行埋弧操作,使电弧热能最大限度地传给钢液。

（4）钢包精炼炉加热时的升温速度一般为 2 ~ 6 ℃/min，在刚开始加热时，钢包内衬的温度较低，升温速度较慢；当包衬吸热和散热达到平衡后，才能有效升温。

（5）在炉外精炼的各个阶段都必须对钢液进行测温，以确保钢液温度的准确性。

复习思考题

12-1　简要说明温度控制的内容及重要性。

12-2　如何确定出钢温度？

12-3　试述热电偶测温的特点、操作方法及测温产生偏差的原因。

12-4　简述光学测温计的工作原理及特点。

12-5　用样勺钢水结膜估温有什么要求，其准确性会受哪些因素的影响？

12-6　什么是"二次结膜"，哪些钢种会产生"二次结膜"现象？

12-7　转炉炼钢中的终点温度如何控制，加入冷却剂的用量如何确定？

12-8　什么是冷却剂的冷却效应，转炉炼钢中常用的冷却剂有哪些，它们的冷却效应如何？

12-9　哪些因素对吹炼终点的钢液温度有影响而需要调整冷却剂的用量？

12-10　转炉炼钢过程计算机控制的方法有几种，什么是静态控制，什么是动态控制？

12-11　副枪的结构是怎么样的？

12-12　电弧炉主电路由哪些设备构成？

12-13　电弧炉变压器的特点有哪些，其设备构成如何？

12-14　什么是短网？

12-15　三相交流电弧炉各冶炼时期温度控制的原则是什么？

12-16　缩短熔化期的措施有哪些？

12-17　影响钢包精炼炉冶炼过程温度的因素主要有哪些？

12-18　钢包精炼炉温度控制的基本原则是什么？

12-19　简述钢包精炼炉控制温度的方法。

13 钢液合金化

目前钢的牌号有好几百种,每个钢种都有确定的化学成分,不同钢种的区别就在于它们的成分有差异,由此也决定了不同钢种具有不同的性能。为了冶炼出具有所需性能的成品钢,在冶炼过程中加入各种合金,使钢液的化学成分符合钢种规格要求的工艺操作称为钢液合金化。出钢前及出钢过程中的合金化操作,常称为调整成分。

13.1 钢液合金化概述

钢液合金化是炼钢生产的主要任务之一,合金化操作的好坏将直接关系到生产成本高低、钢的质量好坏甚至成品钢是否合格。因此,操作者必须了解钢液合金化的具体任务、基本原则,合金元素在钢中的作用以及对合金剂的一般要求等内容。

13.1.1 钢液合金化的任务与原则

简单地讲,钢液合金化的任务是,依据钢种的要求精确计算合金的加入量,根据合金元素的性质选择适当的加入时机和合适的加入方法,使加入的合金尽量少烧损并均匀地溶入钢液之中,以获得较高且稳定的收得率、节省合金、降低成本并准确控制钢的成分。

钢的合金化过程是一个十分复杂的物理化学过程,包括升温与熔化、氧化与溶解等环节。钢液成分控制的准确程度取决于合金的加入量和合金元素的收得率,而合金元素收得率的高低又与钢液的脱氧程度、温度的高低、合金的加入方法以及合金元素本身的性质等因素有关。因此,钢液合金化的基本原则是:

(1) 在不影响钢材性能的前提下,按中、下限控制钢的成分以减少合金的用量;

(2) 合金的收得率要高;

(3) 溶在钢中的合金元素要均匀分布;

(4) 不能因为合金的加入使熔池温度产生大的波动。

钢的合金化过程又称为成分控制,由于各合金元素的性质存在较大的差异,成分控制贯穿于从配料到出钢的各个冶炼阶段,但是大多数合金元素的精确控制,主要还是在还原精炼阶段进行的。

13.1.2 钢的规格成分与控制成分

每个国家对本国钢铁产品的化学成分都有明确的规定,在国家标准中所规定的钢的化学成分称为钢的规格。生产中,钢的成分控制首先是要保证成品钢中各元素的含量全部符合标准要求。

对于大多数合金钢而言,标准中所规定的元素含量范围都比较宽,冶炼时较容易达到。然而,在钢的加工和使用过程中,经常发现若干炉化学成分都在标准范围内的相同钢种,其性能差异却很大,有的甚至会造成加工废品或达不到所要求的使用性能。出现这一现象的原因主要是钢中化学成分上存在差异,为此,各厂在冶炼过程中往往把化学成分更精确地控制在一个狭窄的范围内,以确保成品钢具有良好的加工性能和使用性能。这个在保证符合国家标准的前提下,由各厂自行制订或与用户协商制订的更精准的成分范围,称为控制成分。

13.1.3　合金元素在钢中的主要作用

随着现代科学技术的发展,合金钢的需求量越来越大,合金钢的种类越来越多,合金元素在钢中的应用也越来越广。但目前对合金元素在钢中的作用认识得还很不全面,尤其是对多种合金元素在钢中相互制约的综合作用掌握得更少,因此这里仅就常用的单一合金元素在钢中的作用做以简单介绍。

（1）碳。碳是钢中的基本元素之一。碳能与钢中包括铁在内的一些其他元素形成碳化物,它是决定钢的各种力学性能(如强度、塑性等)的最主要元素,同时对钢的工艺性能(如焊接性能和热处理性能)也有很大影响。

（2）硅。硅也是钢中的基本元素,通常是作为脱氧元素以硅铁合金的形式加入钢中,在一些合金钢的生产中则是作为合金剂使用的。硅能溶于铁素体或奥氏体中,即在钢中以固溶体的形态存在,从而可提高钢的强度;硅能在一定程度上提高钢的淬透性,但对提高钢的回火稳定性和抗腐蚀性有很大的作用;硅和锰、碳搭配,经调质处理后可大大提高钢的屈服极限和抗拉极限,可用于制作弹簧的材料;硅钢具有良好的磁导率,常用于生产硅钢片,硅也常用于不锈耐热钢的合金化。

（3）锰。锰也是钢中的基本元素,通常是作为脱氧剂和脱硫剂,以锰铁合金的形式加入钢中。锰的脱氧能力虽不强,但几乎所有的钢都用锰脱氧,同时它能消除和减弱钢因硫而引起的热脆性,从而改善钢的热加工性能;锰能溶于铁素体中,即与铁形成固溶体,可提高钢的强度和硬度;锰能强烈提高钢的淬透性,但锰含量高会使晶粒粗化并增加钢的回火脆性;另外,锰会降低钢的热导率,所以高锰钢的锭坯应缓慢加热和冷却,避免产生过大的内应力而导致开裂。

（4）铬。铬是常用的合金元素之一,溶解在钢中的铬能显著改善钢的抗氧化、抗腐蚀能力;加入钢中的铬也可以形成碳化物,从而显著提高钢的强度和硬度,其形成碳化物的能力大于铁和锰,而低于钨、钼、钛、钒等元素;铬还能显著提高钢的淬透性,但也会增加钢的回火脆性。

（5）镍。镍也是常用的合金元素,镍和其他元素配合使用时能提高钢的综合性能;镍具有形成和稳定奥氏体的作用,同时钢的镍含量高时具有很强的抗硫酸、盐酸、大气及海水的腐蚀能力,因而它是奥氏体不锈钢的主要合金元素之一;镍还能使钢强化、提高钢的淬透性、改善钢的低温韧性等。

（6）钨和钼。钨和钼的熔点高、密度大,而且是极强的碳化物形成元素,能提高钢的淬透性、回火稳定性、红硬性、热强性和耐磨性。但高钼钢在加热时表面易脱碳;含钨钢的热导率很低,锭、坯上易产生裂纹;含钨、钼高的钢,铸态组织中碳化物偏析严重。

（7）钒。钒和碳、氮、氧都有较强的亲和力,能与之形成相应的稳定化合物,不过钒在钢中主要是以碳化物的形态存在。钒在低合金钢中的作用主要是细化晶粒、增加钢的强度和抑制时效;在合金结构钢中的作用是细化晶粒、增加钢的强度和韧性;在弹簧钢中,常与铬、锰配合使用以增加钢的弹性极限;在工具钢中的主要作用则是细化晶粒、增加钢的回火稳定性、增强二次硬化作用、提高耐磨性、延长工具的使用寿命。

（8）铝。铝和氧、氮有极强的亲和力,是良好的脱氧固氮剂。铝作为合金元素,能提高钢的抗氧化能力、提高渗氮钢的耐磨性和疲劳强度等。

（9）钛。钛与氮、氧、碳均有极强的亲和力,与硫的亲和力也大于铁,因此,它是一种良好的脱氧、脱氮、脱硫剂。另外,钛是强碳化物形成元素,TiC 极为稳定,可细化钢的晶粒;还可以消除或减轻不锈钢的晶间腐蚀倾向,提高钢的抗腐蚀性能。

（10）硼。硼与氧、氮均有很强的亲和力,与碳也能形成碳化物。硼在钢中的突出作用是,微量的硼(0.001%)就可使中、低碳钢的淬透性成倍地增加;但钢中硼含量超过 0.007% 时将产生热脆现象,影响钢的热加工性能,因此,钢中的硼含量一般都规定在 0.001% ~ 0.005% 范围内。另外,在珠光体耐热钢中,微量的硼可以提高钢的高温强度;在高速工具钢中加入适量的硼,可以提高其红硬性,改善刀具的切削能力。

（11）稀土元素。稀土元素在钢中的作用有两个,一是净化钢液,二是合金化。稀土元素极活泼,它既能脱氧、脱硫、脱氢,同时也能和砷、铅、锑、铋、锡等元素形成化合物,因此它是纯洁钢液的良好净化剂。适量的稀土可提高钢的塑性和冲击韧性,改善钢在高温下的抗氧化、抗腐蚀、抗蠕变能力。稀土元素还能提高钢液的流动性,改善钢锭的表面质量,减少钢的热裂倾向;能有效地细化钢锭的结晶组织,并使碳化物均匀分布。

13.1.4　对合金剂的一般要求

如前所述,钢的合金化贯穿于整炉钢冶炼的各个阶段,而钢中各种成分的精确调整是在还原精炼期。为了保证钢的质量,入炉的合金材料应满足以下要求:

（1）合金元素含量高,有害元素含量低。合金元素含量高时,可以减少合金的加入量而不使熔池降温过多,这对于高合金钢的冶炼尤为重要;硫、磷等有害元素的含量低时,可以减轻冶炼中去除硫、磷的任务。

（2）成分明确稳定。明确可靠的化学成分是准确计算合金用量的重要依据,成分稳定则是准确控制钢液成分的必要前提。

（3）块度适当。块度的大小,由合金种类、熔点、密度、加入方法和炉容量等因素综合而定。一般来说,熔点高、密度大、用量多和炉子容量小时,合金的块度应小些;但除了作为扩散脱氧剂或喷吹材料外,块度过小或呈粉末状的合金不宜加入,否则合金元素的收得率不易控制。

（4）充分烘烤。加入炉内尤其是在还原期使用的铁合金必须进行烘烤,以去除其中的水分和气体;同时,又使合金易于熔化,吸收的热量少,从而缩短冶炼时间、减少电能的消耗。烘烤的温度和时间,应根据合金的熔点、化学性质、用量以及气体含量等具体因素而定,大致可分为退火处理、高温烘烤和低温烘烤三种情况:

1）氢含量较高的合金,如电解镍、电解锰等应进行退火处理;

2）对于熔点较高又不易氧化的合金,如钨铁、钼铁、铬铁、硅铁、锰铁等必须在 800℃ 以上的高温下烘烤 2 h 以上;

3）熔点较低或易氧化的合金,如铝块、钒铁、硼铁、钛铁、稀土等则应在 200℃ 左右的低温下烘烤,但时间应延长到 4 h 以上。

13.2　常用合金剂简介

炼钢生产中调整成分用的材料按成分不同,可分为纯金属和由两种以上元素组成的合金材料,而合金材料中主要是铁合金,如硅铁、锰铁、铬铁、钨铁等,还有硅钙、硅铬等其他合金;根据其形态不同,可分为块状和合金包芯线两种。

另外,为了降低成本,也有使用钨精矿粉、氧化钼、氧化镍等来代替价格昂贵的钨铁、钼铁、镍进行合金化操作的。

13.2.1 铁合金

铁合金是一种或一种以上的金属或非金属与铁组成的合金。炼钢常用的铁合金有硅铁、锰铁、铬铁、钨铁、钼铁、钒铁、钛铁、硼铁、铌铁等,某些铁合金(如硅铁、锰铁等)既可用于合金化,也可作为钢液的脱氧剂。

13.2.1.1 硅铁(Fe – Si)

硅铁合金既可作为合金剂,也能用于脱氧。其作为合金剂使用时常选择硅铁75,硅铁90的价格高且密度太小;而使用硅铁45合金化时加入量太大,会对温度控制和其他成分的调整带来不利的影响。

硅铁中的有害元素是磷,一般要求 $w[P] \leqslant 0.04\%$。

硅铁很容易吸收水分,所以使用前必须在500~800℃的高温下烘烤2 h以上,使用块度应为50~100 mm。

13.2.1.2 锰铁(Fe – Mn)

锰铁是炼钢生产中使用最多的一种铁合金,与硅铁一样,其既是脱氧剂又可作为合金化材料。锰铁合金有高碳锰铁、中碳锰铁和低碳锰铁之分,锰铁的锰含量视碳含量的不同而有较大的区别,一般在55%~85%之间。锰铁中的有害元素是磷,碳含量越高,磷含量也越高,价格也就越便宜。一般视所炼钢种及加入时间的早晚进行选用,生产一般钢种时应尽量采用高碳锰铁,冶炼低碳高锰钢时可使用中、低碳锰铁;冶炼中较早使用时可用高碳锰铁,而出钢前微调成分时则应使用中、低碳锰铁。

块度以30~80 mm为好,在500~800℃高温下烘烤2 h以上后使用。10 mm以下的粉粒状锰铁应回收,用于冶炼硅锰合金。

13.2.1.3 铬铁(Fe – Cr)

根据合金中的碳含量不同,铬铁可分为高碳铬铁(含碳6.0%~10%)、中碳铬铁(含碳1.0%~4.0%)、低碳铬铁(含碳0.25%~0.50%)和微碳铬铁(含碳0.01%~0.15%)四大类,含铬量均在50%~75%之间,铬铁合金的牌号及化学成分见表13-1。

表13-1 铬铁合金的牌号及化学成分

种 类	牌 号			化学成分/%						
	汉字	代号	Cr		C	Si		P	S	
			I	Ⅱ		I	Ⅱ			
			不小于			不大于				
微碳铬铁	微铬3	VCr3	60	50	0.03	1.5	1.5	0.04	0.03	
	微铬6	VCr6	60	50	0.06	1.5	2.0	0.06	0.03	
	微铬10	VCr10	60	50	0.10	1.5	2.0	0.06	0.03	
	微铬15	VCr15	60	50	0.15	1.5	2.0	0.06	0.03	

种　类	牌　号		化学成分/%						
	汉字	代号	Cr		C	Si		P	S
			I	II		I	II		
			不小于		不大于				
真空微碳铬铁	真铬 1	ZCr01	65		0.01	1.0	1.5	0.035	0.04
	真铬 3	ZCr03	65		0.03	1.0	1.5	0.035	0.04
	真铬 5	ZCr05	65		0.05	1.0	2.0	0.035	0.04
	真铬 10	ZCr10	65		0.10	1.0	2.0	0.035	0.04
低碳铬铁	低铬 25	DCr25	60	50	0.25	2.0	3.0	0.06	0.03
	低铬 50	DCr50	60	50	0.50	2.0	3.0	0.06	0.03
中碳铬铁	中铬 100	ZCr100	60	50	1.0	2.5	3.0	0.06	0.03
	中铬 200	ZCr200	60	50	2.0	2.5	3.0	0.06	0.03
	中铬 400	ZCr400	60	50	4.0	2.5	3.0	0.06	0.03
高碳铬铁	碳铬 600	TCr600	60	50	6.0	3.0	5.0	0.07	0.04
	碳铬 1000	TCr1000	60	50	10.0	3.0	5.0	0.07	0.04

　　铬铁中的碳含量越低,生产成本越高,成品的价格也就越贵。因此合金化操作中,在条件允许的情况下应尽量使用廉价的高碳铬铁或中碳铬铁。通常的情况是:

　　(1) 微碳铬铁中的 ZCr01 常用于冶炼 $w[C] \leqslant 0.03\%$ 的超低碳不锈钢及合金,VCr3、VCr6 用于冶炼 $w[C] \leqslant 0.08\%$ 的铬镍不锈钢及合金,其他微碳铬铁用于冶炼低碳铬不锈钢和铬镍不锈钢,但不适合于精密合金、高温合金的冶炼;

　　(2) 低碳铬铁主要用于冶炼中碳、低碳的铬不锈钢;

　　(3) 高碳铬铁主要用于冶炼高碳的合金工具钢、模具钢和轴承钢,有时兼作含铬钢的增碳剂。

　　铬铁的块度以 50~150 mm 为宜,由于铬铁表面有较多空隙,容易吸收水分和气体,所以使用前要在 500~800℃ 的高温下烘烤 2 h 以上,以充分脱氢。

13.2.1.4　钨铁(Fe-W)

　　钨铁合金的钨含量在 65%~85% 之间。钨铁主要用于冶炼铁基高温合金、精密合金及含钨的钢种(如高速工具钢、模具钢等)的合金化。钨铁密度大、熔点高,所以使用时块度不能太大,一般为 10~80 mm,而且要经过 500℃ 以上高温烘烤,烘烤时间为 2 h 以上。

　　工具钢中锰、硅的含量较低,而钨铁中的锰、硅含量较高。因此,在大量使用钨铁时,不仅要控制钢液中的锰、硅含量,计算合金加入量时也应考虑钨铁带入的锰和硅,以避免这两种元素的含量超出规格。

13.2.1.5　钼铁(Fe-Mo)

　　钼铁合金的钼含量在 55%~75% 之间,主要用于含钼钢种的合金化。与钨铁一样,钼铁合金的熔点高、密度大,所以使用时块度不能过大,一般为 10~100 mm。

　　钼铁合金极易生锈,保管时应注意干燥。钼在 400℃ 以下是稳定的,当温度高于 400℃ 时将被氧化,氧化物在 600℃ 以上时容易挥发。因此,钼铁不适于高温烘烤,通常在 400℃ 的温度下烘烤 2 h 以上。

13.2.1.6 钛铁(Fe－Ti)

钛铁合金中的钛含量在 25% ~45% 之间,用于含钛钢的合金化;钛铁也可用于脱氧固氮和细化晶粒。钛是极易氧化元素,所以钛铁应在出钢前或出钢时加入。钛铁密度较小,必须以 20 ~200 mm 的块状加入,如无特殊设备,严禁使用碎粒状及粉状钛铁。钛铁一般需要在 100 ~150℃的低温下烘烤 4 h 以上,充分干燥后再使用。

13.2.1.7 钒铁(Fe－V)

钒铁合金的钒含量在 40% 以上,用于含钒钢的合金化。钒铁中磷含量较高,冶炼高钒钢时应防止钢的磷含量出格。

钒铁的密度较小,使用时必须以 30 ~150 mm 的块状加入;钒也较易氧化,使用前应在 100 ~150℃的低温下烘烤 4 h 以上。

13.2.1.8 硼铁(Fe－B)

根据合金的碳含量和硼含量不同,硼铁可分为低碳硼铁(含碳 0.05% ~0.10%、含硼 9.0% ~25%)和中碳硼铁(含碳 2.5%、含硼 4.0% ~19%)两大类。硼铁合金用于冶炼含硼钢种的合金化。

硼是极易氧化元素,而且硼铁的熔点较低,合金化时用量又极少,所以硼铁合金一般在出钢过程中加入,以提高其收得率。

13.2.2 其他合金

合金化时使用的其他合金有硅锰合金、硅钙合金、硅铬合金和合金包芯线等。

硅锰合金(Mn－Si)的锰含量为 60% ~70%、硅含量为 10% ~28%、碳含量为 0.5% ~3.5%,主要作为复合脱氧剂使用,也可用于钢的合金化。硅锰合金的块度以 40 ~70 mm 为宜,使用前必须经过 500 ~800℃的高温烘烤 2 h 以上。

硅铬合金(Cr－Si)的硅含量大于 30%、铬含量大于 28%,主要用于不锈钢的合金化,兼有脱氧作用。硅铬合金的密度较小,其块度以 100 ~200 mm 为宜,使用前也须经过 500 ~800℃的高温烘烤 2 h 以上。

随着炼钢中喂丝技术的发展,各厂采用喂丝技术进行钢的脱氧和合金化已越来越多。喂丝所使用的丝料称为合金包芯线。合金包芯线是用厚度为 0.2 ~0.4 mm 的薄带钢卷成不同直径的细管状,中间包采用各种粉粒状合金,如铝芯线、钙芯线、钛铁芯线、碳芯线等,需要的时候用喂丝机将线料送入钢包内进行合金化。这种方法既可提高合金元素的收得率,又可充分利用粉末状的合金,用于易氧化元素合金化时的优势更为明显。

13.2.3 纯金属

在冶炼某些有高要求的钢时,为了避免铁合金中带入过多的杂质元素,需要使用一些纯度高的金属作为合金元素进行合金化,例如冶炼不锈钢时用的电解镍、金属锰等。

13.2.3.1 镍

纯镍熔点为 1453℃,颜色为浅灰色,生产中使用的镍有火冶镍块和电解镍两种。火冶镍块的纯度稍低,含镍 98% ~99%,用于冶炼含镍的低合金钢和普通不锈钢;电解镍的纯度较高,通常含镍 99.9% 以上,用于冶炼高温合金、精密合金及高镍合金钢。电解镍中含有氧和氢,表面结瘤的镍板气体含量高,应在 800℃下保温 4 h 或进行退火处理,也可在真空下加热到150℃并保温4 h,使氢含量下降。

13.2.3.2　金属铬

纯铬为银白色金属,熔点为1857℃,金属铬有三个牌号,铬含量分别为大于98%、98.5%、99%,碳含量分别为0.05%、0.03%、0.02%。金属铬主要用于冶炼高温合金、精密合金和电阻合金。

13.2.3.3　锰

生产中使用的纯锰有金属锰和电解锰两种。

金属锰有锰含量大于93%、95%、96%三个牌号,碳含量分别为0.2%、0.15%、0.10%,主要用于冶炼高锰合金钢。

电解锰的锰含量大于99.5%,碳含量有小于0.04%和0.08%的两种,主要用于冶炼精密合金、电阻合金和其他特种合金。

13.3　合金的加入方法

13.3.1　合金元素与氧反应的热力学分析

加入钢中的各种合金或多或少地要氧化掉一部分,这将会影响到合金元素的收得率。各种合金元素与氧反应能力的大小,可依据其氧化物的标准生成自由能 ΔG° 的大小来判断。通常,ΔG° 的负值越大,元素氧化后生成的氧化物越稳定,该元素与氧的亲和力就越大。在前面讨论元素的脱氧能力时已经知道,1600℃的炼钢温度下,元素在钢中含量为0.1%时钢液中一些元素与氧的亲和力由强到弱的顺序为:

Re→Zr→Ca→Al→Ti→B→Si→C→P→Nb→V→Mn→Cr→W,Fe,Mo→Co→Ni→Cu

由此可以得知:

(1)在炼钢温度范围内,铜、镍、钴、钼与氧的亲和力小于铁与氧的亲和力,所以这些元素在炼钢过程中基本不被氧化,称为不氧化元素。

(2)钨与氧的亲和力和铁与氧的亲和力差不多,所以当钢中含钨高或渣中氧化铁含量高时,可能发生钨的氧化反应。

(3)铬和锰与氧的亲和力略大于铁,在炼钢熔池中是弱氧化元素;钒、铌、硅是强氧化元素;而硼、钛、铝、钙、稀土等与氧的亲和力极大,是易氧化元素。

(4)氧化反应都是放热反应,钢液温度降低,有利于氧化反应进行。

13.3.2　合金的加入时间与加入方法

决定合金的加入时间时,首先要考虑合金元素的化学稳定性,即元素与氧亲和力的大小,这是确定合金化工艺的基本出发点;其次,还要考虑合金的熔点、密度、加入量等因素。通常,与氧亲和力小、熔点高或加入量多的合金应在熔炼前期加入;与氧亲和力较大的合金元素一般在还原期加入,加入的早晚视加入量及合金的熔点而定;而易氧化元素则需在钢液脱氧良好条件下或在出钢时加入钢包内。

13.3.2.1　镍、钴、铜、钼铁

镍、钴、铜、钼这四个元素与氧的亲和力都比铁与氧的亲和力小,所以加入炼钢熔池中都不会被氧化。

A　镍

镍在炼钢条件下实际上不氧化,所以可以随装料装入炉内,在氧化阶段就可以进行镍的调整,这样经过氧化沸腾能使镍带入的气体得以较好地排除。在电弧炉冶炼时,不能把镍装在电极下面,应装在远离电弧高温区靠近炉坡的位置,以避免镍的挥发损失;而加入量少时也可在还原期加入。加入的镍必须经过烘烤,以去除镍中的水分和气体。

B　钴和铜

在炼钢的条件下,钴和铜也属于不氧化元素,既可随炉料一起装入,也可在还原期随用随加。

C　钼铁

钼在炼钢条件下基本上不氧化,而且钼铁熔点高、密度大,所以一般随炉料一同装入炉内,也可在氧化前期或稀薄渣下加入,以利于熔化和均匀成分。钢中钼成分的调整一般是在氧化期进行的,如果必须在还原期调整,应选用小块钼铁在出钢前 15 min 加入;否则钼铁来不及熔化,可能造成钼成分不合格。

13.3.2.2　钨铁

钨和钼相比,与氧的亲和力稍大,当钨含量高或渣中 FeO 含量较高时,会有少量氧化,而且钨的氧化物在高温下易挥发(挥发温度约为850℃)。为了减少钨的损失,电弧炉氧化法冶炼含钨钢时,钨铁应在氧化末期或稀薄渣下加入;返回吹氧法或不氧化法冶炼含钨钢时,钨铁可随炉料一同装入,但吹氧助熔应在熔化后期熔池温度稍高时进行,以减少钨的氧化损失,然后在氧化末期或还原初期进行钨的调整。

由于钨铁熔点高、密度大,易沉积炉底,熔化慢,因此加入前要在500℃以上烘烤预热,还原期补加钨铁块度应小些,并要加入高温区,加入后和出钢前要充分搅拌。钨铁加入后,应过 20 min 后才能出钢,以保证钨铁充分熔化。

13.3.2.3　锰铁和铬铁

A　锰铁

锰与氧的亲和力大于铁,在炼钢过程中锰铁兼有合金化和脱氧的双重作用。

在电弧炉炼钢中,氧化末期净沸腾时,按钢液含 0.2% 的锰计算加入锰铁量;大部分的锰铁则是在还原初期、稀薄渣形成后按规格中限加入的,既可充分发挥锰的脱氧作用,又可使锰铁充分熔化、均匀;在出钢前 10 min 进行锰的最终调整。

在氧气顶吹转炉中,冶炼一般钢种时锰铁用量较少,均是在出钢时加入包中,但要避免下渣,以提高锰的收得率;如果冶炼高锰钢,也可以加入炉内。

B　铬铁

铬与氧的亲和力大于铁,在1600℃的炼钢温度下,铬比碳容易氧化,所以氧化法冶炼时,铬铁要在吹氧脱碳、对钢水进行了初还原后再加入炉内,以提高铬的收得率。铬铁加入后还必须加强脱氧还原操作,还原渣中的氧化铬。还原末期补加的铬铁应在出钢前 10 min 加入,如补加量大要相应延长冶炼时间,以利于铬铁的熔化与熔池的升温。

返回吹氧法冶炼时,铬铁可随炉料一同装入炉内,但不能装在电极下端的高温区。在用电弧炉或氧气转炉作为初炼炉冶炼不锈钢的初炼钢水时,可按规格的中、上限配入高碳铬铁。采用电弧炉时,高碳铬铁可随废钢一起装入;而氧气顶吹转炉则应在铁水脱碳、脱磷后出钢除渣,然后倒回炉内,同时加入高碳铬铁,再进行熔化和第二次脱碳。铬的成分在精炼炉(VOD 炉或 AOD 炉)内用微碳铬铁进行调整。

13.3.2.4　钒铁和硅铁

A　钒铁

钒易于氧化也易于还原,钒铁一般应在钢液和炉渣脱氧良好的情况下加入。

氧气顶吹转炉冶炼含钒钢时,在出钢过程中应先用强脱氧剂对钢水进行较彻底的脱氧后,把钒铁加入钢包内,即使如此,钒的收得率仍然波动很大。

电弧炉冶炼中,要根据钢中的钒含量来决定加入时间。冶炼低钒钢($w[V] <$ 0.30%)时,在出钢前 8 ~ 15 min 加入;冶炼中钒钢($w[V]$ = 0.30% ~ 0.50%)时,在出钢前 20 min 加入;冶炼高钒钢($w[V] >$ 0.50%)时,则应在出钢前 30 min 加入,出钢前再调整至钢种要求。

B　硅铁

硅与氧的亲和力较大,硅铁在电弧炉和氧气转炉中都可以作脱氧剂和合金剂。

在电弧炉冶炼的还原初期,硅铁可作为预脱氧剂和锰铁一起加入;作为合金剂时一般均在脱氧良好的情况下加入,如加入量不多,一般在出钢前 5 ~ 10 min 内按规格中、上限的计算量加入。冶炼硅钢、弹簧钢及耐热钢时,硅铁的加入量大,应在出钢前 10 ~ 20 min 内加入,同时要补加适量石灰,以保持炉渣碱度;同时,由于硅铁的密度较小,会有部分硅铁浮在炉渣中,需用大电流使硅铁及时熔化。冶炼含铝、钛、硼等元素的钢进行合金化时,回硅现象严重,因此硅成分调整时要留有充分余地,通常只能调整到比规格下限低 0.06% ~ 0.1%。

在氧气顶吹转炉中某些镇静钢需用硅铁作为脱氧剂时,硅铁通常是和锰铁一起加入钢包内对钢液脱氧的,也可在出钢前将其加入炉内脱氧。冶炼高硅钢时,通常将 1/3 的硅铁加在包底,其余放在料斗中随出钢过程加入钢包;也有的在出钢过程中边用铝芯线进行喂丝脱氧、边加硅铁,一般在钢水倒出 1/4 时开始加入,到出钢量达到 70% 之前加完,合金应加在钢流冲击的部位,以利于其熔化和均匀,如有条件进行包底吹氩搅拌,则效果更好。

13.3.2.5　钛铁、铝、硼铁

钛、铝、硼是易氧化元素,因此加入时要求钢液脱氧良好、炉渣碱度适当、炉内还原性气氛强。

A　钛铁

钛铁的价格较贵,加之钛极易氧化且与氮的结合力也较强,通常是在钢液脱氧良好的情况下于出钢前 5 ~ 10 min 内加入的;如果加入量较少,也可在出钢时加入钢包内。由于钛铁密度较小,炉内加入钛铁后要用铁耙子把钛铁压入钢液中,以提高钛的收得率。当加入大量钛铁时,如果温度高、炉渣稀、钢中硅含量高,应先扒除一部分熔渣后再加钛铁,这样可以提高钛的收得率,并防止钢液回硅过多而超出规格。

B　铝

铝是强脱氧剂,大多数镇静钢出钢前都用铝进行终脱氧。铝作为合金剂使用时,应在钢液脱氧良好的情况下,扒除大部分还原渣后加在钢液面上,并迅速加入占料重 2% ~ 3% 的石灰和萤石,输入较大功率化渣;同时,用铁耙子不断压打使铝锭下沉,以减少铝的烧损。加铝后 10 min 必须出钢,否则铝的收得率降低,并会使钢液回硅严重。

C　硼铁

硼也是极易氧化的元素,且很容易与氮结合。所以,加硼铁前必须进行充分的脱氧固氮操作,即加硼铁前先插铝脱氧,再加钛铁固氮,以提高硼的收得率。硼铁的加入方法有以下两种:

(1) 把硼铁用铝皮包好并扎牢在铁棒上,迅速插入脱氧固氮后的钢液内,插入后 3 ~ 5 min 内出钢;

(2) 先无渣出钢,当裸露的钢水倒入包内约 1/3 时,将硼铁随钢流投入或插入钢包内,然后钢、渣同出。

13.3.2.6　其他合金

A　稀土金属及稀土氧化物

稀土金属应在插铝终脱氧后加入炉内,加完后立即出钢,在炉内停留时间越短,收得率越高;稀土氧化物一般与硅钙混合后加入包中。

B　氮

氮作为合金元素易扩散逸出,所以不能在氧化期加入。当向钢液吹入氮气时,虽然也能增加氮含量,但收得率低且不稳定。炼钢中通常采用含氮锰铁和含氮铬铁,在还原期加入来调整钢液的氮含量。

C　磷和硫

冶炼高磷钢、高硫钢时,磷以磷铁的形式在还原初期或末期加入;硫则以硫黄或片状硫化亚铁的形式加入,硫黄在全扒渣后加入,片状硫化亚铁在出钢前加入。为了保证磷、硫的回收率,还原期应造中性炉渣。

13.3.3　合金元素的收得率及其影响因素

在炼钢过程中,合金加入炉内后,合金化和脱氧经常是同时进行的。有些合金同时起脱氧剂和合金化的作用,如锰铁、硅铁等;有些合金虽然是作为合金元素加入钢液内,但由于钢水中氧的作用,或多或少会被氧化而损失部分。一般把元素被钢水吸收的量与加入总量之比,称为合金元素的收得率,又称为回收率。准确判断和控制各种元素的收得率,是达到预期脱氧程度和准确控制成分的关键。下面分别叙述三类炼钢炉中合金元素的收得率及其影响因素。

13.3.3.1　转炉内合金元素的收得率及其影响因素

在氧气顶吹转炉炼钢中,合金元素的收得率受很多因素的影响,如脱氧前钢水氧含量、终渣的氧化性及元素与氧的亲和力等。

(1) 脱氧前钢水的氧含量。脱氧前钢水的氧含量越高,合金元素的烧损量越大,收得率越低。例如,用拉碳法吹炼中、高碳钢时,终点钢水的氧化性弱,合金元素烧损少、收得率高,如果钢水温度偏高,收得率就更高;反之,吹炼低碳钢时,终点钢水的氧化性强,合金的收得率低。

(2) 终渣的氧化性。终渣的氧化性越强,合金元素的收得率越低。因为终渣中的全 FeO 含量高时,钢水中的氧含量也高,使合金元素收得率降低;而且合金元素加入时,必然有一部分消耗于炉渣脱氧,使收得率更低。由于氧气转炉的合金化操作大多是在钢包中进行的,所以出钢时,出钢口或炉口下渣越早、下渣量越大,则合金元素的收得率降低越明显。

（3）钢水的成分。钢水的成分不同,合金元素的收得率也不同。表13-2所示为某厂转炉钢元素收得率的经验数据。成品钢规格中元素含量高,合金加入量多,烧损量所占比例就小,收得率就提高。例如,冶炼含硅钢用硅铁进行脱氧合金化时,硅的收得率可达85%,较一般钢种提高10%以上。同时使用几种合金脱氧和合金化时,强脱氧剂用量增多,则与氧亲和力小的合金元素的收得率就提高。例如,冶炼硅锰钢时由于硅铁的加入,使锰的收得率从一般钢种的80%~85%提高到90%。显然,加铝量增加时,硅、锰的收得率都将有所提高。

表13-2　某厂转炉钢元素的收得率

钢　种		元素收得率/%				
		Mn		Si		V
		Fe – Mn(68% Mn)	Mn – Si	Fe – Si(75% Si)	Mn – Si	Fe – V(45% V)
16Mn		85		80		
20g		78		66		
35		85		75		
20MnSi		85	85 ~ 90	75 ~ 80	80	
25MnSi		88		80		
45MnSiV		90		85		75
沸腾钢	终点碳 0.06% ~ 0.09%	70 ~ 75	85 ~ 90		80	
	终点碳 0.10% ~ 0.16%	75 ~ 82				
镇静钢	终点碳 0.06% ~ 0.09%	73 ~ 78	75 ~ 80	70 ~ 75	75	
	终点碳 0.10% ~ 0.16%	77 ~ 83	80 ~ 85	75 ~ 80	80	

（4）钢种。沸腾钢只有碳含量和锰含量的要求,硅含量越低越好,所以只用锰铁进行合金化操作,而且全部加在钢包内;镇静钢中碳、锰、硅是常存元素,所以需要加入锰铁、硅铁、硅锰合金等进行合金化操作。显然,沸腾钢调成分时合金元素的收得率与镇静钢不会相同,详见表13-2。

目前,氧气顶吹转炉正在逐步扩大合金钢的吹炼比。镍、钴、铜等不氧化元素在加料或吹炼前期加入,钼铁一般在初期渣形成后加入,这些元素的收得率在95%~100%之间;弱氧化元素钨、铬等铁合金一般在出钢前加入炉内,同时加入一定量的硅铁或铝,以提高其收得率,钨和铬的收得率波动在80%~90%之间;硅铁和锰铁以及易氧化元素的合金,如钛铁、硼铁、铝块、稀土等大多数在出钢过程中加入钢包内,它们的收得率波动范围很大,在20%~90%之间。在加入易氧化元素合金前,应尽量降低渣中全FeO含量,倒出大部分炉渣,出钢时尽量少下渣、晚下渣,对钢水用强脱氧剂彻底地脱氧后加入,以利于稳定和提高合金收得率。

13.3.3.2　电弧炉内合金元素的收得率及其影响因素

无论是传统的三相交流电弧炉冶炼工艺,还是超高功率交流和直流电弧炉配炉外精炼的新工艺,都可以冶炼包括碳素钢在内的各类钢种,所使用的合金种类最广、使用量也最多。

在合金化过程中,合金元素的收得率不是一个固定的值,而是在一定的范围内波动,表13-3
所示为各种常见合金的加入时间及其收得率。

表13-3　合金的加入时间及其收得率

合金名称	冶炼方法	加 入 时 间	元素收得率/%
镍		装料时加入	>95
		氧化期加入、还原期调整	95~98
钼 铁		装料或熔化末期加入、还原期调整	>95
钨 铁	氧化法 返回法	氧化末期或还原初期加入	90~95
		装料时加入	低钨钢85~90 高钨钢92~98
锰 铁		还原初期加入	95~97
		出钢前加入	约98
铬 铁	氧化法 返回法	还原初期加入	95~98
		装料加入、还原期调整	80~90
硅 铁		出钢前5~10 min加入	>95
钒 铁	单渣法	$w[V]<0.3\%$时,出钢前8~25 min加入	约95
		$w[V]=0.3\%~0.5\%$时,出钢前20 min加入	95~98
		$w[V]>1\%$时,还原初期加入、出钢调整	95~98
		熔化末期加入、出钢前调整	95~98
铌 铁		脱氧良好、出钢前20~40 min加入	95~100
钛 铁		出钢前加入	$w[Ti]\leqslant0.15\%$时,30~50 $w[Ti]\approx0.5\%$时,40~60 $w[Ti]\geqslant0.8\%$时,70~90
硼 铁		出钢前插入钢包中	30~50
铝	冶炼含铝钢	出钢前8~15 min扒渣加入	75~85
磷 铁	造中性渣	还原期加入	约100
硫 黄 硫化铁	造中性渣	扒渣后加硫黄	50~70
		出钢前加硫化铁	约100
稀土硅铁		出钢前插铝后加入炉内	20~40
稀土合金		出钢前插铝后加入炉内	30~40

影响收得率的因素主要有:

(1)钢液的温度。随着钢液温度的升高,溶于钢液中的合金元素的自由能降低,有利于
合金元素的溶解;同时,温度的升高不利于元素氧化反应的进行,合金元素在炉气和熔池中
的氧化损失减少,因而元素的收得率会随之提高。

(2)钢中的合金元素。钢中的其他元素也会对所加合金元素的收得率产生影响。例
如,高碳钢中硅、锰的收得率比低碳钢中硅、锰的收得率高;含钛、铝、硼的钢,硅的收得率高;
钢中所加合金元素本身的含量高时,合金元素的收得率也相应较高。

(3)渣况。炉渣的物化状态对合金元素的收得率影响较大,尤其是炉渣的黏度、碱度
和氧化性的影响更大。炉渣氧化性强则元素收得率低,炉渣脱氧良好时,加入的合金元

素收得率高;熔渣黏度过大,不利于合金尤其是密度比钢液小的合金在钢液中迅速溶入,会造成烧损增加;熔渣碱度主要影响易氧化元素和硅的收得率,碱度高低决定了渣中 SiO_2 活度的大小,在冶炼含易氧化元素的钢时,加入的铝、钛、硼等元素会被渣中 SiO_2 氧化而把硅还原出来,所以,为了减少铝、硼、钛等易氧化元素的烧损及控制回硅量,应造高碱度炉渣。

（4）合金的加入时间、块度及加入方法。合金加入太早,较活泼的易氧化元素烧损大、收得率低;加入块状合金比加入碎末状合金的收得率高;采用喷粉或喂丝技术加入易氧化元素的合金,元素收得率可大幅度提高,如钛的收得率可高达 80% 以上;合金加入钢液中或加在渣面上以及出钢时加入钢流与钢包中,收得率都有所不同。

13.3.3.3　钢包精炼炉内合金元素的收得率及其影响因素

钢包精炼炉中冶炼的钢水是由初炼炉提供的,通常除了易氧化元素外,大部分合金元素在初炼过程中已按规格加入。所以,钢包精炼过程中主要是易氧化元素的合金化操作,而其他元素只是进行成分微调。

钢包精炼炉内的钢液经真空处理和脱氧后,钢中的氧含量已降到很低的水平,所以加入各种合金,包括易氧化的合金被氧化的可能性相当小,其收得率均可按 100% 计算。但要注意,加入合金的块度不宜过大,一般要控制在 1 ~ 50 mm 的范围内,否则不易熔化;尤其是一些难熔的、密度大的合金更要注意,以免造成元素含量过低而出格。

在没有真空处理的钢包精炼炉中,精炼手段是包底吹氩、埋弧精炼。其精炼过程相当于电弧炉的还原精炼,所以合金元素的收得率可参照电弧炉的数据。

13.4　合金加入量的计算

合金加入量的计算是钢液合金化操作的主要任务之一,只有正确地计算出合金的加入量,才能准确地控制钢的化学成分。为此,操作者必须掌握合金加入量的计算方法。

13.4.1　钢液量的校核

在实际生产中,由于计量不准、炉料质量波动大或工艺操作的因素,如吹氧烧损、大沸腾跑钢、加矿增铁等,会出现钢液的实际质量与计划质量不相符的情况。因此,计算合金加入量前应对炉内的钢液量进行校核,以便准确控制成品钢的成分。

通常是向钢中加适量的、在合金钢中收得率比较稳定的元素,根据其增量的分析和计算来校核钢液量,校核公式为:

$$P\Delta M = P_0 \Delta M_0 \quad 或 \quad P = P_0(\Delta M_0 / \Delta M) \tag{13-1}$$

式中　P——钢液的实际质量,kg;

　　　P_0——计划的钢液质量,kg;

　　　ΔM——取样分析校核元素的增量,%;

　　　ΔM_0——按 P_0 计算的校核元素增量,%。

利用式(13-1)校核钢液量时,用镍和钼作为校核元素最为准确;对于不含镍和钼的钢种,也可以用锰元素来校核还原期的钢液量,由于锰受冶炼温度及钢中氧、硫含量的影响较大,所以在氧化过程中或还原初期校核的准确性较差,氧化期钢液量的校核主要凭借经验。

【例 13-1】 原计划钢液质量为 30 t,加钼前钢液的钼含量为 0.12%,加钼后计算钼的含量应为 0.26%,实际分析结果为 0.25 %。试求炉内钢液的实际质量。

解:

将有关数据代入式(13-1)可得:

$$P = P_0(\Delta M_0/\Delta M)$$
$$= 30000 \times (0.26\% - 0.12\%)/(0.25\% - 0.12\%)$$
$$= 32307 \text{ kg}$$

由【例 13-1】可以看出,钢中的钼含量仅差 0.01%,钢液的实际质量就与原计划的质量相差 2307 kg。然而,化学分析的偏差为 ±(0.01 ~ 0.03)%,显然这会给准确校核钢液质量带来困难。因此,式(13-1)只适用于理论研究,实际生产中钢液量的校核一般采用式(13-2)计算:

$$P = GC/\Delta M \tag{13-2}$$

式中　P——钢液的实际质量,kg;

　　　G——校核元素铁合金加入量,kg;

　　　C——校核元素在铁合金中的含量,%;

　　　ΔM——取样分析校核元素的增量,%。

【例 13-2】 往炉中加入钼铁 15 kg,钢液中的钼含量由 0.2% 增加到 0.25%。已知钼铁中钼的成分为 60%,求炉中钢液的实际质量。

解:

将已知数据代入式(13-2)可得:

$$P = GC/\Delta M$$
$$= 15 \times 60\%/(0.25\% - 1.20\%)$$
$$= 18000 \text{ kg}$$

【例 13-3】 冶炼 20CrNiA 钢,因电子秤临时出故障,装入的钢铁料没有称量,由装料工估算装料,试求炉中的钢液量。

解:

往炉中加入镍板 100 kg,钢液中的镍含量由 0.90% 增加到 1.20%,已知镍板的纯度为99%,则:

$$P = GC/\Delta M$$
$$= 100 \times 99\%/(1.20\% - 0.90\%)$$
$$= 3300 \text{ kg}$$

13.4.2 低合金钢和单元高合金钢的合金加入量计算

13.4.2.1 计算合金加入量的基本公式

设钢液的实际质量为 P kg,取样分析钢中某元素的含量为 b,铁合金中该元素的含量为C,合金元素的收得率为 η,合金的加入量为 G kg,则合金加入后该元素在所炼钢种中的含量a 可用式(13-3)表示:

$$a = (Pb + GC\eta)/(P + G\eta) \tag{13-3}$$

由式(13-3)可得

$$G = P(a-b)/[(C-a)\eta] \tag{13-4}$$

式(13-4)即为计算合金加入量的基本公式。

13.4.2.2 碳素钢和低合金钢合金加入量的计算

碳素钢和低合金钢的合金元素控制含量 a 很低,相对于其在铁合金中的含量 C 来说可以忽略不计,因此合金的加入量可采用式(13-5)计算:

$$G = P(a-b)/(C\eta) \tag{13-5}$$

【例13-4】 冶炼 45 钢,出钢量为 25800 kg,取样分析锰的含量为 0.15%,要求将锰配到 0.65%,试计算需加入多少含锰为 68% 的锰铁(锰的收得率按 98% 计算)?

解:

将已知数据代入式(13-5),则锰铁的加入量为:

$$\begin{aligned}
G &= P(a-b)/(C\eta)\\
&= 25800 \times (0.65\% - 0.15\%)/(68\% \times 98\%)\\
&= 193.6 \text{ kg}
\end{aligned}$$

验算:193.6 kg 的锰铁合金加入后,钢液的锰含量为:

$$w[\text{Mn}] = [(258000 \times 0.15\% + 193.6 \times 68\% \times 98\%)/(25800 + 193.6)] \times 100\% = 0.65\%$$

【例13-5】 电弧炉氧化法冶炼 20CrMnTi 钢,炉料装入量为 18.8 t,炉料综合收得率为 97%,有关数据如下,试计算锰铁(Fe-Mn)、硅铁(Fe-Si)、铬铁(Fe-Cr)、钛铁(Fe-Ti)的加入量。

元素名称	Mn	Si	Cr	Ti
钢种要求含量/%	0.95	0.27	1.15	0.07
钢液分析含量/%	0.60	0.10	0.50	
元素在合金中的含量/%	65	75	68	30
元素的收得率/%	95	95	95	60

解:

炉内的钢水量为:

$$P = 18800 \times 97\% = 18236 \text{ kg}$$

合金的加入量为:$G_{\text{Fe-Mn}} = 18236 \times (0.95\% - 0.60\%)/(65\% \times 95\%) = 103 \text{ kg}$

$$G_{\text{Fe-Si}} = 18236 \times (0.27\% - 0.10\%)/(75\% \times 95\%) = 44 \text{ kg}$$

$$G_{\text{Fe-Cr}} = 18236 \times (1.15\% - 0.50\%)/(68\% \times 95\%) = 183 \text{ kg}$$

$$G_{\text{Fe-Ti}} = 18236 \times 0.07\%/(30\% \times 60\%) = 71 \text{ kg}$$

验算:所有合金加入后钢水总量为 $P = 18236 + 103 + 44 + 183 + 71 = 18637 \text{ kg}$

钢液锰含量为:

$$w[\text{Mn}] = (18236 \times 0.60\% + 103 \times 65\% \times 95\%/18637) \times 100\% = 0.93\%$$

钢液硅含量为:

$$w[\text{Si}] = (18236 \times 0.10\% + 44 \times 75\% \times 95\%/18637) \times 100\% = 0.27\%$$

钢液铬含量为:

$$w[\text{Cr}] = (18236 \times 0.5\% + 183 \times 68\% \times 95\%/18637) \times 100\% = 1.12\%$$

钢液钛含量为：

$$w[\text{Ti}] = (71 \times 30\% \times 60\% / 18637) \times 100\% = 0.07\%$$

由【例13-4】和【例13-5】的计算结果可以看出,当加入的合金量不大时,计算结果与预定的控制含量完全相符;当合金的加入量大时,则稍有偏差。

根据铁合金的使用原则,实际生产中往往使用价格便宜的高碳铁合金调整钢液成分,通常是根据钢水的允许增碳量来计算合金的加入量。计算的方法与步骤如下：

(1) 根据允许增碳量来计算合金的加入量：

$$G = P\Delta w(\text{C}) C_\text{C} \tag{13-6}$$

式中　G——铁合金加入量,kg;

　　　P——钢液的实际质量,kg;

　$\Delta w(\text{C})$——允许增碳量,%;

　　C_C——铁合金中碳的含量,%。

(2) 根据铁合金的加入量计算合金元素的增量：

$$\Delta\omega(\text{M}) = [GC\eta / (P + G)] \times 100\% \tag{13-7}$$

式中　$\Delta\omega(\text{M})$——合金元素的增量,%;

　　　G——铁合金加入量,kg;

　　　C——铁合金中该元素的含量,%;

　　　η——合金元素的收得率,%;

　　　P——钢液的实际质量,%。

(3) 根据合金元素的增加量,求出合金加入后的钢液含量。

【例13-6】　冶炼45钢,钢液量为50 t,吹氧结束终点碳含量为0.39%、锰含量为0.05%,现用含锰68%、含碳7.0%的高碳锰铁调整成分,锰元素的收得率为97%,已知45钢锰的规格为0.50% ~ 0.80%,试计算高碳锰铁的用量。

解：

按钢种规格的中限控制碳含量,则需增碳：

$$\Delta w(\text{C}) = 0.45\% - 0.39\% = 0.06\%$$

按式(13-6)计算高碳锰铁(Fe - Mn)加入量为：

$$G_{\text{Fe-Mn}} = 50000 \times 0.06\% / 7.0\% = 428.6 \text{ kg}$$

按式(13-7)计算锰元素的增量为：

$$\Delta\omega(\text{Mn}) = [428.6 \times 68\% \times 97\% / (50000 + 428.6)] \times 100\% = 0.56\%$$

高碳锰铁加入后钢液的锰含量为0.56% + 0.05% = 0.61%,由于45钢中锰的规格含量为0.50% ~ 0.80%,所以符合要求。

应当指出,如果计算的钢液含量低于钢种的控制含量或规格含量,则需补加中、低碳合金,补加量按式(13-5)计算;如果计算的钢液含量超过钢种的控制含量或规格含量,说明钢液的碳含量过低,铁合金因增碳而加入过多,因此应先实施增碳操作,再进行计算。

13.4.2.3　单元高合金钢合金加入量的计算

对于高合金钢来说,由于其合金元素的控制含量 a 较高,相对于其在铁合金中的含量 C 不能忽略,应采用铁合金加入量的基本公式,即式(13-4)计算。

【例13-7】　返回吹氧法冶炼3Cr13不锈钢,已知装料量为25 t,炉料的综合收得率为

96%,炉内分析铬的含量为8.5%,铬的控制含量为13%,铬铁合金的铬含量为65%,铬的收得率为95%,试求铬铁合金的用量。

解:

将已知数据代入式(13-4)可得:

$$G_{Fe-Cr} = P(a-b)/[(c-a)\eta]$$
$$= 25000 \times 96\% \times (13\% - 8.5\%)/[(65\% - 13\%) \times 95\%]$$
$$= 2186 \text{ kg}$$

验算:合金加入后钢液的铬含量为:

$$w[Cr] = [(25000 \times 96\% \times 8.5\% + 2186 \times 65\% \times 95\%)/(25000 \times 96\% +$$
$$2186 \times 95\%)] \times 100\% = 12.99\%$$

由计算得出,铬铁的用量为2186 kg,通过验算,符合要求。

【例 13-8】 返回吹氧法冶炼 2Cr13 不锈钢,已知钢液量为 30 t,炉中分析碳含量为 0.15%、铬含量为 11.00%,要求碳含量控制为 0.19%、铬含量控制为 13.00%。如库存铬铁只有高碳铬铁和低碳铬铁两种,其中高碳铬铁的碳含量为 7.0%、铬含量为 63%,低碳铬铁的碳含量为 0.50%、铬含量为 67%,铬的收得率都是 95%。试求这两种铬铁各加多少。

解:设高碳铬铁的用量为 x kg,低碳铬铁的用量为 y kg。

碳的平衡式为:

$$0.19\% = (30000 \times 0.15\% + x \times 7.0\% + y \times 0.5\%)/[30000 + (x+y)]$$

铬的平衡式为:

$$13\% = (30000 \times 11\% + x \times 63\% \times 95\% + y \times 67\% \times 95\%)/[30000 + (x+y)]$$

整理两式得:

$$6.18x + 0.31y = 1200$$
$$46.85x + 50.65y = 60000$$

解联立方程得:

$$x = 128 \text{ kg}$$
$$y = 1067 \text{ kg}$$

由计算可知,加入高碳铬铁 128 kg 和低碳铬铁 1067 kg,可使钢中的碳含量达 0.19%、铬含量达 13%。

【例 13-9】 冶炼 Cr12 钢,钢液量为 15000 kg,其他数据如下:

元素	控制含量/%	炉中分析含量/%	微碳铬铁成分/%	软铁成分/%
C	2.15	2.35	0.06	0.06
Cr	12.0	10.0	67	

试求微碳铬铁和软铁的用量。

解:炉中分析的碳含量较控制含量高,合金化的同时还要进行降碳,因此选用碳含量极低且相同的微碳铬铁和软铁,其中碳的收得率通常按100%计算,铬的收得率为96%。

为了降碳,它们的总用量为:

$$G_1 + G_2 = P(a-b)/[(c-a)\eta]$$
$$= 15000 \times (2.15\% - 2.35\%)/[(0.06\% - 2.15\%) \times 100\%]$$
$$= 1435 \text{ kg}$$

为了增铬,微碳铬铁的用量为:

$$G_1 = [15000 \times (12\% - 10\%) + 1435 \times 12\%]/(67\% \times 96\%)$$
$$= 735 \text{ kg}$$

则软铁的用量为:

$$G_2 = 1435 - 735$$
$$= 700 \text{ kg}$$

通过计算可知,向炉内加入 735 kg 的微碳铬铁和 700 kg 的软铁,可将钢液的碳含量降至控制含量 2.15%,同时使钢液的铬含量增至控制含量 12.0%。

【例 13-10】 炉内的钢液量为 5000 kg,取样分析结果为含铜 0.25%,所炼钢种的规格要求铜含量不能超过 0.20%,若控制含量为 0.17%,试问应如何处理?

解: 由于在炼钢过程中铜是不氧化元素,可采用加入铜含量较低的本钢种废钢进行稀释。

设本钢种废钢的铜含量为 0.10%,则其用量为:

$$G = 5000 \times (0.17\% - 0.25\%)/[(0.10\% - 0.25\%) \times 100\%]$$
$$= 2667 \text{ kg}$$

应该指出,由于社会废钢的应用和废钢多次循环的结果,铜、砷、铅等有害元素在废钢中的积累是必然的;而冶炼中通过加入本钢种废钢来降低钢种限量元素含量的方法只是补救措施,而且会给生产带来诸多不便,严重时从实际上来讲是不可行的。因此,应在炉料中配用部分直接还原铁进行稀释,尽量避免此类现象的出现。

13.4.3 多元高合金钢的合金加入量计算

多元高合金钢的特点是钢中合金元素种类多,而且含量也较高,所以每一种合金的加入都会对其他元素的含量产生很大的影响,用上述合金加入量的基本公式简单地分别计算是达不到要求的。对于多元高合金钢合金加入量的计算有多种方法,但最常用的是补加系数法。

设 P 为钢液的实际质量,kg;G_i 为某种铁合金加入量,kg;G_0 为铁合金的总用量,$G_0 = \sum G_i$,kg;a_i 为某元素的控制含量,%;b_i 为某元素的炉内钢液含量,%;C_i 为某元素的合金含量,%;η_i 为某元素的收得率,%。则有:

$$a_i = \frac{b_i P + G_i C_i \eta_i}{P + G_0}$$

可变形为:

$$G_i = \frac{P(a_i - b_i)}{C_i \eta_i} + \frac{a_i G_0}{C_i \eta_i} \qquad (13-8)$$

可见,多元高合金钢调整成分时某种合金的用量由两部分构成,式(13-8)中的第一项是按单元高合金钢的计算公式求得的值,称为某合金的"初步用量";式中的第二项称为该合金的"补加量"。

由于"补加量"中的 G_0(即铁合金的总用量)尚为未知数,所以式(13-8)还不能直接使用。

对式(13-8)等号两边求和可得:

$$\sum G_i = \sum \frac{P(a_i - b_i)}{C_i \eta_i} + G_0 \sum \frac{a_i}{C_i \eta_i}$$

因为
$$G_0 = \sum G_i$$

所以
$$\sum G_i = \frac{\sum \dfrac{P(a_i - b_i)}{C_i \eta_i}}{1 - \sum \dfrac{a_i}{C_i \eta_i}} \qquad (13-9)$$

将式(13-9)代入式(13-8)可得：

$$G_i = \frac{P(a_i - b_i)}{C_i \eta_i} + \sum \frac{P(a_i - b_i)}{C_i \eta_i} \cdot \frac{\dfrac{a_i}{C_i \eta_i}}{1 - \sum \dfrac{a_i}{C_i \eta_i}} \qquad (13-10)$$

由式(13-10)可知,某合金的"补加量"为两数之积,前面的数显然是各种铁合金初步用量的总和;后面的数即是所谓的补加系数,其分子部分称为某种合金在钢液中所占的比分,分母部分则为纯钢液的比分。下面结合具体例子说明补加系数法的计算过程。

13.4.3.1　炉内钢液的分析含量低于钢种的规格或控制含量

【例13-11】　冶炼 W18Cr4V 钢,炉内钢液量为 13500 kg,铁合金的收得率分别为钨铁 93%、铬铁 95%、钒铁 94%,其他数据如下,求各种铁合金的用量。

元　素	控制含量/%	炉中分析含量/%	Fe－W 成分	Fe－Cr 成分	Fe－V 成分
W	18.5	16	75		
Cr	4.3	3.0		65	
V	1.2	0.7			43

解：

(1) 求各合金的补加系数。

1) 各合金在钢液中所占的比分：

　　　　Fe－W　18.5%/(75%×93%) = 0.265
　　　　Fe－Cr　4.3%/(65%×95%) = 0.070
　　　　Fe－V　1.2%/(43%×94%) = 0.030

2) 纯钢液所占的比分：

　　　　1 - (0.265 + 0.070 + 0.030) = 0.635

3) 各合金的补加系数为：

　　　　Fe－W　0.265/0.635 = 0.417
　　　　Fe－Cr　0.070/0.635 = 0.11
　　　　Fe－V　0.030/0.635 = 0.047

(2) 按单元高合金钢,即用基本公式(13-4)计算各合金的初步用量。

　　　　Fe－W　13500×(18.5% - 16%)/(75%×93%) = 484 kg
　　　　Fe－Cr　13500×(4.3% - 3.0%)/(65%×95%) = 284 kg
　　　　Fe－V　13500×(1.2% - 0.7%)/(43%×94%) = 167 kg

各种合金的初步总用量为：

　　　　484 + 284 + 167 = 935 kg

（3）计算各合金的总用量。

1）各合金的补加量为：

$$Fe - W \quad 935 \times 0.417 = 390 \text{ kg}$$
$$Fe - Cr \quad 935 \times 0.11 = 103 \text{ kg}$$
$$Fe - V \quad 935 \times 0.047 = 44 \text{ kg}$$

2）各合金的总用量为：

$$Fe - W \quad 484 + 390 = 874 \text{ kg}$$
$$Fe - Cr \quad 284 + 103 = 387 \text{ kg}$$
$$Fe - V \quad 167 + 44 = 211 \text{ kg}$$

总的钢水量为： $\quad 13500 + 874 + 387 + 211 = 14972 \text{ kg}$

验算：成品钢的成分为：

$$w[W] = [(13500 \times 16\% + 874 \times 75\% \times 93\%)/14972] \times 100\% = 18.5\%$$
$$w[Cr] = [(13500 \times 3\% + 387 \times 65\% \times 95\%)/14972] \times 100\% = 4.3\%$$
$$w[V] = [(13500 \times 0.7\% + 211 \times 43\% \times 94\%)/14972] \times 100\% = 1.2\%$$

经验算，成品钢的成分完全符合钢种控制含量的要求。

在实际生产中，冶炼钢种的控制成分和所使用的合金成分是已知的，所以补加系数在事先就已算好，炼钢工确定合金用量时只需进行（2）、（3）的计算即可。所以，补加系数法看起来复杂，实际计算时方便而精确，是十分有效的方法。

13.4.3.2 某元素的分析含量略高于控制含量

由于某元素的钢液分析含量与钢种的规格或控制含量相差不大，可以通过减少铁合金用量的方法使成品钢中该元素的含量符合要求，计算的方法和步骤与上例完全相同。

【例13-12】 已知条件同【例13-12】，但钨的炉中分析含量为19%，求各种铁合金的用量。

解：

各合金的初步用量为：

$$Fe - W \quad 13500 \times (18.5\% - 19\%)/(75\% \times 93\%) = -96.8 \text{ kg}$$
$$Fe - Cr \quad 284 \text{ kg}$$
$$Fe - V \quad 167 \text{ kg}$$

三种合金的初步总用量为：

$$-96.8 + 284 + 167 = 354.2 \text{ kg}$$

各合金的补加量为：

$$Fe - W \quad 354.2 \times 0.417 = 147.7 \text{ kg}$$
$$Fe - Cr \quad 354.2 \times 0.11 = 39.0 \text{ kg}$$
$$Fe - V \quad 354.2 \times 0.047 = 16.6 \text{ kg}$$

各合金的总用量为：

$$Fe - W \quad -96.8 + 147.7 = 50.9 \text{ kg}$$
$$Fe - Cr \quad 284 + 39.0 = 323 \text{ kg}$$
$$Fe - V \quad 167 + 16.6 = 183.6 \text{ kg}$$

最终的钢水量为：

$$13500 + 50.9 + 323 + 183.6 = 14057.5 \text{ kg}$$

验算:成品钢的成分为:

$$w[\text{W}] = [(13500 \times 19\% + 50.9 \times 75\% \times 93\%)/14057.5] \times 100\% = 18.5\%$$

$$w[\text{Cr}] = [(13500 \times 3\% + 323 \times 65\% \times 95\%)/14057.5] \times 100\% = 4.3\%$$

$$w[\text{V}] = [(13500 \times 0.7\% + 183.6 \times 43\% \times 94\%)/14057.5] \times 100\% = 1.2\%$$

经验算,成品钢的成分完全符合钢种控制含量的要求。

13.4.3.3　某元素的分析含量高于控制含量较多

【**例 13-13**】　已知条件同【例 13-12】,但钨的炉中分析含量为 19.5%,求各种铁合金的用量。

解:

各合金的初步用量为:

$$\text{Fe} - \text{W} \quad 13500 \times (18.5\% - 19.5\%)/(75\% \times 93\%) = -193.5 \text{ kg}$$

$$\text{Fe} - \text{Cr} \quad 284 \text{ kg}$$

$$\text{Fe} - \text{V} \quad 167 \text{ kg}$$

三种合金的初步总用量为:

$$-193.5 + 284 + 167 = 257.5 \text{ kg}$$

钨铁合金的补加量为:

$$257.5 \times 0.417 = 107.4 \text{ kg}$$

钨铁合金的总用量为:

$$-193.5 + 107.4 = -86.1 \text{ kg}$$

可见,当某元素钢液的分析含量与钢种的控制含量相差较多时,利用上述减少铁合金用量的方法并不能使钢液该元素的含量降低到钢种要求的程度。此时,可以选择下面两种方法之一进行处理。

【**方法一**】　加入不含该合金元素的金属料(如软铁)进行稀释,即用软铁代替含该元素的铁合金。

设将 b_1 降至 a_1 需要的总物量为 G_A,G_2、G_3 分别为其他合金的总用量,则:

$$a_1 = \frac{b_1 P}{P + G_A}, \qquad G_A = P\frac{b_1 - a_1}{a_1}$$

$$a_2 = \frac{b_2 P + G_2 C_2 \eta_2}{P + G_A}, \qquad G_2 = \frac{P(a_2 - b_2)}{C_2 \eta_2} + G_A \frac{a_2}{C_2 \eta_2}$$

$$a_3 = \frac{b_3 P + G_3 C_3 \eta_3}{P + G_A}, \qquad G_3 = \frac{P(a_3 - b_3)}{C_3 \eta_3} + G_A \frac{a_3}{C_3 \eta_3}$$

$$\cdots \qquad\qquad \cdots$$

可见,其他各合金的初步用量也没有变化,只是补加量变了。由已知得:

$$G_A = 13500 \times (19.5\% - 18.5\%)/18.5\% = 730 \text{ kg}$$

$$\text{Fe} - \text{Cr} \quad 284 + 730 \times 4.3\%/(65\% \times 95\%) = 335 \text{ kg}$$

$$\text{Fe} - \text{V} \quad 167 + 730 \times 1.2\%/(43\% \times 94\%) = 189 \text{ kg}$$

软铁　　　　　　　　　　$730 - 335 - 189 = 206 \text{ kg}$

最终的钢液量为:

$$13500 + 730 = 14230 \text{ kg}$$

验算:成品钢的成分为:

$$w[\text{W}] = [(13500 \times 19.5\%)/14230] \times 100\% = 18.5\%$$

$$w[\text{Cr}] = [(13500 \times 3\% + 335 \times 65\% \times 95\%)/14230] \times 100\% = 4.3\%$$

$$w[\text{V}] = [(13500 \times 0.7\% + 189 \times 43\% \times 94\%)/14230] \times 100\% = 1.2\%$$

经验算,成品钢的成分完全符合钢种控制含量的要求。

【方法二】 倒出部分钢液,再加入等量的软铁及其他合金。

设从炉内倒出 G_B kg 的钢液并换入等量的软铁及其他合金后,可将 b_1 降至 a_1,则:

$$a_1 = \frac{b_1(P - G_B)}{P}, \qquad G_B = P\frac{b_1 - a_1}{b_1}$$

$$a_2 = \frac{b_2(P - G_B) + G_2 C_2 \eta_2}{P}, \qquad G_2 = \frac{P(a_2 - b_2)}{C_2 \eta_2} + G_B \frac{b_2}{C_2 \eta_2}$$

$$a_3 = \frac{b_3(P - G_B) + G_3 C_3 \eta_3}{P}, \qquad G_3 = \frac{P(a_3 - b_3)}{C_3 \eta_3} + G_B \frac{b_3}{C_3 \eta_3}$$

$$\cdots \qquad\qquad \cdots$$

可见,也是其他各合金的初步用量不变,补加量变了。由已知得:

$$G_B = 13500 \times (19.5\% - 18.5\%)/19.5\% = 692 \text{ kg}$$

$$\text{Fe} - \text{Cr} \quad 284 + 692 \times 3.0\%/(65\% \times 95\%) = 317 \text{ kg}$$

$$\text{Fe} - \text{V} \quad 167 + 692 \times 0.7\%/(43\% \times 94\%) = 179 \text{ kg}$$

$$\text{软铁} \quad 692 - 317 - 179 = 196 \text{ kg}$$

验算:成品钢的成分为:

$$w[\text{W}] = [(13500 - 692) \times 19.5\%/13500] \times 100\% = 18.5\%$$

$$w[\text{Cr}] = \{[(13500 - 692) \times 3\% + 317 \times 65\% \times 95\%]/13500\} \times 100\% = 4.3\%$$

$$w[\text{V}] = \{[(13500 - 692) \times 0.7\% + 179 \times 43\% \times 94\%]/13500\} \times 100\% = 1.2\%$$

经验算,成品钢的成分完全符合钢种控制含量的要求。

应当指出,无论是方法一还是方法二,均会给生产造成困难,而且也并非万能。因此,应做好配料、取样、分析等各项工作,避免上述情况的发生。

13.5 成分出格及其防止措施

成品钢中某元素的含量高出或低于钢种规格要求的现象,称为成分出格或脱格。

本节所讨论的是由于工艺不合理或操作不当所造成的元素出格问题。至于电弧炉炼钢中由于配料不当,使炉料中不易氧化去除的元素(如铜、镍等)含量超出了计划冶炼钢种规格要求的情况,通常采取稀释法加以解决或改炼其他钢种,不属于本节讨论的范畴。

13.5.1 成分出格的一般原因及防止措施

严格按照工艺要求进行冶炼,钢的化学成分一般不会出格。但是,无论何种炼钢方法都有可能因操作不当而造成钢中某元素出格。一旦出现成分出格现象,轻则改钢号,重则判废,因而应尽量避免。各种炼钢方法和各个元素出格的原因不尽相同,但以下几点是造成成分出格的共同原因,应引起注意。

(1) 氧化终点控制不当。氧化终点的碳、磷含量控制过高或终点碳含量过低,对氧气转炉将直接造成钢的判废或改钢号;对电弧炉炼钢,将造成还原期的重氧化或增碳等不正常操作。

(2) 炉内的钢液量估计有误。炉内钢水量估多或估少,相应的铁合金就会多加或少加,势必造成钢液成分大幅变化甚至出格。转炉炼钢确定炉内的钢液量时,要充分考虑铁水的加入量、铁水的收得率、铁矿石的加入量、废钢的块度和质量、吹炼中的喷溅程度、渣量的大小等因素;在电弧炉炼钢中,还可用不氧化元素或锰对钢液量进行校核。

(3) 合金元素收得率估算不准。合金元素收得率选得是否正确将直接影响到铁合金加入量的多少,从而影响钢中元素含量的高低,甚至是否出格。

(4) 取样没有代表性或化学分析出错。若取样没有代表性或化学分析出错而造成判断错误,也会导致成分出格。所以,取样前,熔池应充分搅拌;取样时,样勺内钢液面上应覆盖熔渣,防止钢液中元素被氧化。对于某些高合金钢的某些元素,如高速工具钢中的钨、钼、碳等,必须取两个试样分析,当两个试样分析结果中钨和钼的含量相差 0.3% 以上,碳含量相差 0.03% 以上,应重新取样分析,确保分析结果的可靠性。

(5) 合金化操作失误。合金的加入量计算错误、称量不准或错加、漏加等,往往是造成成分出格的主要人为因素。所以,合金化操作要坚持"一算、二复、三核对"的原则,同时要加强合金料的管理,防止混杂。

13.5.2　电炉钢成分出格的原因及对策

传统电炉钢元素出格的可能性要比转炉钢大得多,因为电弧炉炼钢除了具有上述五方面的共性之外,还有其特殊性。下面对电弧炉炼钢中几种常见元素的出格原因及防止措施进行补充介绍。

(1) 碳。碳元素出格的主要原因是冶炼中操作不当而使钢液增碳过多,如灰白渣或电石渣下出钢;电极头落入熔池而未被发现;炉役后期炉体不良甚至炉底翻起,补炉材料中的沥青与钢液接触;出钢时未抬起电极或抬高不够,钢水冲刷电极等。防止碳元素出格的措施主要有:还原期炉渣必须均匀、渣色稳定,并严禁电石渣出钢,如出现电石渣,必须彻底破坏后再分析碳量;出钢前应检查电极是否升起足够高度;出钢前用合金调碳量不能太大,否则应取样分析;还原期加入炭粉及增碳生铁、合金时必须称量准确,熔化后进行充分搅拌,再取样分析;如发现电极头掉入熔池应立即取出,充分搅拌后取样分析碳含量。

(2) 硅。硅元素出格的原因主要是,用硅铁粉脱氧时加入量过多且过于集中、用强脱氧剂铝、钛、硼、稀土等合金化时未考虑渣中 SiO_2 的还原等,而使钢液增硅;冶炼高硅钢时,由于炉渣脱氧不良而使硅的收得率降低,后期又未配足。防止硅元素出格的措施主要有:整个还原期加入硅铁粉使钢液增硅量应心中有数(按 40% ~50% 回收计算),每批硅铁粉加入的数量不能过多,并应分散均匀地铺于渣面;加硅铁前炉内必须是流动性良好的白渣;冶炼含钛、硼、铝的钢种,加入相应的铁合金前钢液的硅含量应控制在规格下限;含硅钢取样分析时,样勺内不得插铝条或撒铝粉脱氧,否则试样没有代表性。

(3) 锰。锰元素在冶炼过程中比较稳定,很少发现出格;但在净沸腾或稀薄渣时,若用大量锰铁预脱氧而还原期分析其成分偏低,则应注意后期温度升高会造成大量回锰。所以一定要在白渣下取样分析,当分析结果与总加入量相差太多时,应再取样分析,并且距出钢时间不宜过长。

(4)硫。含硫较高而冒险出钢;炉渣碱度低,或流动性差、渣量太少,或出钢时混冲不好等,均可能导致硫元素出格。所以,还原期应控制有足够温度、高碱度和良好流动性的白渣;出钢时应先渣后钢、钢渣同出、混冲有力。如是炉底无渣出钢,可采取炉外脱硫技术。

(5)磷。磷元素出格的原因主要有,氧化末期钢液的磷含量控制得不够低;氧化渣没有扒净;还原期用大量生铁增碳,又未分析磷含量而心中无数等。为此,必须彻底扒除氧化渣,尤其是钢中磷含量偏高时;还原期必须分析钢液的磷含量,以控制补加合金中的增磷量。

(6)铬。造成铬元素出格的原因是:炉料中残余铬含量高,炉前未分析;前一炉冶炼高铬钢后,炉墙上的氧化铬在后一炉精炼期熔淌下来,造成大量回铬;大量补加其他合金后,没有相应补加铬铁;在黄渣或绿渣下取样分析铬合格,以后还原成白渣时又回铬;在黄渣或绿渣下出钢等。防止铬元素出格的措施有:炼任何钢种,都必须分析残余铬含量;炼高铬钢后,尽量安排冶炼含铬的钢种;必须在白渣下取样分析铬,并保持白渣出钢;返回吹氧法冶炼高铬钢时,必须充分搅拌、连续分析两次以上,在分析结果波动不大的情况下补加铬,补加合金量大时应在补加后再取样分析;加入大量合金后应补加适量的铬铁。

(7)镍。镍元素出格的原因主要是冶炼含镍高的钢后,炉内残钢未倒尽下一炉就冶炼不含镍的钢种,或炉料混杂使钢中残镍含量超出规格。所以,冶炼含镍高的钢后应安排冶炼含镍的结构钢,冶炼任何钢种都要分析残余镍含量。

(8)钛。钛元素出格的原因主要是:温度掌握不准或对钛的收得率估计错误;炉渣碱度和脱氧程度不稳定;加入钛铁后距出钢时间太长等。所以,要根据炉况选择较恰当的钛收得率,以及掌握钛铁的块度、加入时间和加入方法。

(9)钨和钼。钨和钼不易氧化,但熔点高、密度大,因此两者出格的原因主要是加入量过大且加入后距出钢时间太短,没有充分熔化或搅拌不足,沉积在炉底;取样缺乏代表性。为此,操作中应控制好冶炼温度和加入时间,并加强搅拌,使试样具有代表性。

复习思考题

13-1 什么是钢的合金化,其任务是什么?
13-2 什么是钢的规格,什么是钢的控制成分,为什么要有控制成分?
13-3 对入炉的合金材料有哪些要求?
13-4 合金元素加入炉内的先后顺序根据什么来确定,一般的规律是什么?
13-5 转炉炼钢中影响合金元素收得率的因素有哪些?
13-6 电弧炉炼钢中影响合金元素收得率的因素有哪些?
13-7 计算合金加入量前为什么要校核炉内的钢水量,如何校核?
13-8 单元高合金钢采用什么公式计算合金加入量,碳素钢和低合金钢计算合金用量时如何考虑调整钢中的碳含量?
13-9 多元高合金钢的合金加入量常用什么方法计算?写出计算公式并说明各项的含义。

14 出钢和分渣技术

出钢是炼钢过程中最后的一个环节。依照操作规程，合理地组织出钢对保证钢的质量、延长炉衬的使用寿命、提高炉子的生产率等都具有重要意义；由于转炉和现代电弧炉均实行钢液在线二次精炼，不希望氧化渣进入钢包，因此出钢时应注意钢液与炉渣的分离。

14.1 转炉出钢

14.1.1 转炉出钢的条件

装入转炉的铁水和废钢，经过吹氧、造渣等操作，发生了硅及锰的氧化、脱碳、脱磷、脱硫等一系列的物理化学反应，熔池内金属液体的成分和温度渐渐接近所炼钢种的终点要求。当满足下列条件时，便可组织出钢：

（1）钢液的碳含量达到了所炼钢种终点碳含量的要求；

（2）钢液的磷、硫含量已符合所炼钢种对终点磷、硫含量的要求；

（3）钢液的温度已进入所炼钢种要求的出钢温度范围。

14.1.2 出钢要求及挡渣出钢

14.1.2.1 出钢要求

转炉炼钢大多是在出钢的过程中向钢包内加铁合金进行钢液的脱氧和合金化，而转炉内的高氧化性炉渣流入钢包，会使合金元素的收得率降低，产生回磷和夹杂物增多；特别是在钢水进行二次精炼时，要求钢包中炉渣的 FeO 含量低于 2%，以提高精炼效果。因此，转炉的出钢操作除了要确保安全、合理地添加合金外，应严格控制"下渣量"。

所谓"下渣"，是指出钢过程中炉内熔渣流入钢包的情况。

实际生产中，由于受转炉倾动机构的灵敏性及手动操作的精确性所限，转炉出钢时极易出现下渣过量的现象。根据产生的原因不同，下渣可分为前期下渣、后期下渣和炉口下渣三种。

（1）前期下渣。转炉渣的密度一般为 $3.5\,g/cm^3$ 左右，钢液的密度则达 $7.0\,g/cm^3$，炉渣因密度较小而覆盖在钢液之上。倾炉出钢时，炉渣要比钢液先期到达出钢口的位置，这样总会有一部分炉渣流入钢包，生产上称为前期下渣。转炉继续向下倾动，当钢液埋没出钢孔而渣层处于出钢孔的上方位置时，前期下渣过程结束。

（2）后期下渣。出钢过程中，在出钢孔的周围会形成旋涡。如果钢液层过浅，钢液流股会将炉渣卷裹而下，造成钢、渣混出。因此，要求随着出钢的进行不断向下倾动转炉，压低炉口，始终保持出钢孔处有较深的钢液层，以免上述现象的发生。当出钢接近结束时，炉内钢液渐少，出钢孔处的钢液深度渐浅，此时钢液卷渣不可避免。尽管操作规程规定钢流见渣立即停止出钢，但是摇起炉子需要一定的时间，所以也必然有部分炉渣流入钢包，生产现场称该现象为后期下渣。

（3）炉口下渣。出钢过程中，如果操作不慎将炉口压得过低，以至于渣面超过炉口的高度，会使熔渣从炉口溢出而流入钢包，该现象被称为炉口下渣。

综上所述，对转炉出钢的要求是：出钢的开始及结束时，快速摇炉通过前期下渣区和后期下渣区，同时采用"挡渣出钢"技术，尽量减少下渣量；出钢过程中，在保证炉口不下渣的前提下，随着出钢的进行逐渐压低炉口，以避免钢流卷渣。

14.1.2.2 挡渣出钢

挡渣出钢是日本新日铁公司于1970年发明的一项新技术，其目的是为了减少甚至避免转炉出钢过程中的后期下渣，以满足钢液进行炉外精炼的要求。经过30多年的发展，该技术渐趋成熟。目前，配有炉外精炼的炼钢厂普遍采用挡渣出钢技术。就挡渣方法而言，有挡渣球法、挡渣料法、挡渣帽法、挡渣塞法、挡渣罐法、挡渣棒法、挡渣杆法、挡渣盖法等十几种，目前国内使用较多的是挡渣球法。

挡渣球也有好多种，目前国内使用最多的是用生铁铸成的空心球体，内装砂子，外涂高铝耐火水泥。其挡渣原理是：出钢过程中将挡渣球投入炉内，由于密度的关系挡渣球悬浮在钢液与炉渣之间，并随钢液的流动而移动；当炉内的钢液流尽时，挡渣球正好下落堵住出钢孔，避免后期下渣。投球的方式有人工投掷和机械投掷两种，目前各厂多采用机械投掷。

为了提高挡渣效果，实际生产中应注意以下几个问题：

（1）挡渣球的密度。根据挡渣球的挡渣原理，其密度应介于熔渣的密度（$3.5\ g/cm^3$）与钢液的密度（$7.0\ g/cm^3$）之间，以便它能悬浮在渣、钢之中。试验发现，密度为 $4.2\sim4.8\ g/cm^3$ 的挡渣球入炉后，球体的一半左右沉没在钢液中；而且，球体的移动受钢液的控制，钢液流尽时能及时封堵出钢孔，挡渣的效果最佳。挡渣球的密度可通过调整空心球内的装砂量来控制。

（2）挡渣球的直径。挡渣球的直径要与出钢孔的直径相适应，挡渣球过小时，易随钢液流出，起不到挡渣作用；反之，若挡渣球过大，在钢液中移动时所受的阻力大，命中率低。实践证明，挡渣球的直径为出钢孔直径的1.2倍左右时挡渣效果最好。

（3）投球地点。投球地点一般选在出钢孔的周围，若投入的挡渣球距出钢孔太远，随着出钢的进行，炉内温度下降，熔渣的黏度增加，挡渣球的游动阻力加大，钢液出净时其很难移动到位挡住炉渣。当然，也不希望投入炉内的挡渣球正好在出钢孔的正上方，因为该处钢液的负压较大，挡渣球会在此负压和自身重力的共同作用下立即下落堵住出钢孔，使炉内的钢液出不净而造成浪费。投球地点距出钢孔的最佳距离，与出钢孔的直径、终渣的黏度及投球时间等因素有关。因此，实际生产中应不断总结经验，寻求本厂生产条件下的最佳投球地点，以获得最佳的挡渣效果。

（4）投球时间。根据一些钢厂的经验，出钢2/3左右时向炉内投掷挡渣球，挡渣的效果较好。若投球过早，挡渣球要浸泡在熔池中较长时间，有被熔化的可能；反之，若投球过晚，炉内的钢液就要出完，而此时熔渣的黏度已较大，挡渣球的移动阻力增加，很难及时到位而使挡渣失败。

（5）出钢孔的形状。如果出钢孔已经变形或被侵蚀成不规则形状，即使投入的挡渣球及时到位下落在出钢孔上，也会因两者接触不严而下渣。因此，采用挡渣球挡渣出钢技术时，应加强出钢孔的维护工作，使其始终保持圆整且呈喇叭状，以提高挡渣效果。

另外,还应设置下渣监测装置,以便及时摇炉停止出钢。目前的下渣监测常用电磁法。

14.1.2.3　钢包渣改性和使用覆盖渣

前已述及,即使采用挡渣技术也不可能完全避免出钢时下渣,因此应考虑钢包内炉渣的变性问题,以消除氧化渣的诸多不利影响。通常的做法是,向包内加入适量的石灰 – 铝粉或石灰 – 电石粉混合物还原渣中的 FeO,使钢包渣变为白渣。

采用挡渣出钢后,为了使钢液保温,应在出完钢后向钢包内加适量的覆盖渣。配制的钢包覆盖渣应具有熔点低,保温性能良好,硫、磷含量不高的特点。如首钢使用的覆盖渣,由铝渣粉 30% ~ 35% ,处理木屑 15% ~ 20% ,膨胀石墨、珍珠岩、萤石粉 10% ~ 20% 组成,使用量为 1kg/t 左右。这种覆盖渣在浇完钢后仍呈液体状态,易于倒入渣罐。类似的覆盖渣还有多种,不过目前生产中广泛使用炭化稻壳作为覆盖渣。炭化稻壳因保温性能好、密度小、浇完钢后不粘挂钢包等优点而深受欢迎。

14.2　电弧炉出钢

14.2.1　电弧炉出钢的条件

电弧炉炼钢从废钢的装入开始,经过熔化期和氧化期的脱磷、脱碳、去气、去夹杂,在还原期又进行了脱氧、脱硫及合金化操作,一炉钢的冶炼任务已基本完成。满足下列条件时,便可组织出钢:

(1) 钢液的成分全部达到控制含量的要求;

(2) 钢液温度已进入所炼钢种的出钢温度范围;

(3) 钢液脱氧良好,其标志是倒入样模时液面平静、无火花,凝固后下缩;

(4) 炉渣为流动性良好的白渣;

(5) 炉子的设备,尤其是倾动机构正常。

14.2.2　出钢的方式与要求

就出钢方式而言,目前有传统电弧炉的出钢槽出钢和新型的偏心炉底出钢两种。出钢方式不同, 其要求也不尽相同。

14.2.2.1　传统电弧炉的出钢要求

传统电弧炉出钢槽出钢的基本要求是开大出钢口、放低钢包、钢渣混出。其目的在于:利用炉渣的保护作用,减少出钢时钢液的二次氧化和降温;借助钢包内的混冲,增加钢、渣的接触面积以进一步脱氧、脱硫;发挥炉渣的洗涤作用,减少钢中的夹杂物含量等。为此,必须做到:

(1) 出钢前要调好渣子的黏度,以防出现因炉渣流动性差而只有钢液流出的现象;

(2) 打开出钢口时,应保证其大小及形状正常;

(3) 维护好出钢槽,保证外形正常、槽内平整;

(4) 最大限度地放低钢包;

(5) 摇炉速度不能过快,以防出现先钢后渣的情况。

14.2.2.2　偏心炉底出钢

偏心炉底出钢法,简称 EBT。

A EBT 电弧炉的结构特点

EBT 电弧炉的结构如图 14-1 所示,它是将传统电弧炉的出钢槽改成出钢箱,出钢口在出钢箱底部垂直向下处。

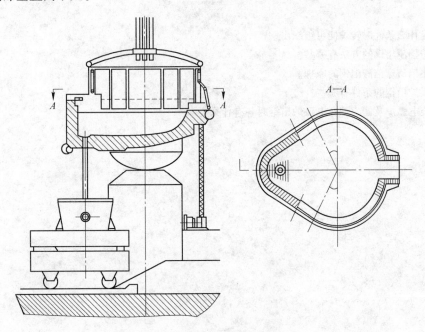

图 14-1 EBT 电弧炉的结构

出钢口下部设有出钢口开闭机构,以开闭出钢口;出钢箱顶部中央设有塞盖,以便于出钢口的填料与维护。

B EBT 电弧炉的优点

EBT 电弧炉实现了无渣出钢,增加了水冷炉壁使用面积,具体优点如下:

(1) 出钢倾动角度减少,可简化电弧炉倾动结构,降低短网的阻抗,增加水冷炉壁使用面积,提高炉体寿命。

(2) 留钢留渣操作,可无渣出钢,改善钢质,有利于精炼操作以及电弧炉的冶炼、节能。

(3) 炉底部出钢,可降低出钢温度,节约电耗,减少二次氧化以提高钢的质量,提高钢包寿命。

C EBT 电弧炉的出钢要求

EBT 电弧炉的生产流程是:装料→熔化→氧化→出钢→炉外精炼。很显然,EBT 电弧炉是在炉内为氧化渣的条件下进行出钢的。为了便于炉外进行还原精炼和防止回磷,应实现无渣出钢。为此,必须做到以下三点:

(1) 出钢前向后倾动炉子5°左右,保证出钢箱内有足够的钢液深度,防止出钢时液面产生旋涡而卷渣;

(2) 出钢过程中,渐渐后倾炉体达12°左右,以维持出钢口上面的钢液深度基本不变,避免卷渣现象的发生;

(3) 当出钢85%~90%时,立即回倾炉子停止出钢,其目的也是为了避免或减少卷渣。

复习思考题

14-1 满足什么条件时转炉便可组织出钢？

14-2 转炉挡渣出钢的方法有哪些？

14-3 简述挡渣球挡渣出钢的原理。

14-4 电弧炉出钢的条件有哪些？

14-5 传统电弧炉及偏心炉底电弧炉出钢时各有什么要求？

15 炉衬材料及其维护

自氧气顶吹转炉问世以来,炉衬的工作层都是用碱性耐火材料砌筑的。有人曾经用白云石质耐火材料制成焦油结合砖,炉龄一般为几百炉。直到 20 世纪 70 年代,兴起了以死烧或电熔镁砂和碳素材料为原料,用各种碳质结合剂制成镁炭砖。镁炭砖的抗渣性强、导热性能好,避免了镁砂颗粒产生热裂;同时,由于有结合剂固化后形成的碳网络,将氧化镁颗粒紧密牢固地连接在一起。用镁炭砖砌筑转炉内衬,可大幅度提高炉衬使用寿命,再配合适当的维护方式,炉衬寿命可达到万炉以上。

15.1 转炉炉衬用砖

15.1.1 转炉内衬用砖

氧气顶吹转炉的内衬是由绝热层、永久层和工作层组成的。绝热层一般用石棉板或耐火纤维砌筑;永久层用焦油白云石砖或者低档镁炭砖砌筑;工作层都是用镁炭砖砌筑。转炉的工作层与高温钢水和熔渣直接接触,受高温熔渣的化学侵蚀以及钢水、熔渣和炉气的冲刷,还受到加废钢时的机械冲撞等,工作环境十分恶劣。在冶炼过程中,由于各个部位工作条件不同,因而工作层各部位的蚀损情况也不一样。针对这一情况,视其损坏程度的不同应砌筑不同的耐火砖。镁炭砖性能与使用部位如表 15-1 所示。

表 15-1 炉衬材质性能及使用部位

炭砖种类	孔隙率/%	体积密度/$g \cdot cm^{-3}$	常温耐压强度/MPa	高温抗折强度/MPa	使用部位
优质镁炭砖	2	2.82	38	10.5	耳轴、渣线
普通镁炭砖	4	2.76	23	5.6	耳轴、炉帽液面以上
复吹供气砖	2	2.85	46	14	复吹供气砖及保护砖
高强度镁炭砖	10~15	2.85~3.0	>40		炉底及钢液面以下
合成高钙镁砖	10~15	2.85~3.1	>50		装料侧
高纯镁砖	10~15	2.95	>60		装料侧
镁质白云石烧成砖	2.8	2.8	38.4		装料侧

转炉内衬砌砖的情况如下:

(1)炉口部位。这个部位温度变化剧烈,熔渣和高温废气的冲刷比较厉害,在加料和清理残钢、残渣时,炉口受到撞击。因此,用于炉口的耐火砖必须是具有较高的抗热震性和抗渣性、耐熔渣和高温废气的冲刷且不易粘钢,即便粘钢也易于清理的镁炭砖。

(2)炉帽部位。这个部位是受熔渣侵蚀最严重的部位,同时还受温度急变的影响和含尘废气的冲刷,故必须使用抗渣性强和抗热震性好的镁炭砖。此外,当炉帽部位不便砌筑绝热层时,可在永久层与炉壳钢板之间填筑镁砂树脂打结层。

（3）炉衬的装料侧。这个部位除受吹炼过程熔渣和钢水喷溅的冲刷、化学侵蚀外，还受到装入废钢和兑入铁水时的直接撞击与冲蚀，给炉衬带来严重的机械性损伤，因此应砌筑具有高抗渣性、高强度、高抗热震性的镁炭砖。

（4）炉衬出钢侧。此部位基本上不受装料时的机械冲撞损伤，受热震影响也小，主要是受出钢时钢水的热冲击和冲刷作用，损坏速度低于装料侧。若与装料侧砌筑同样材质的镁炭砖，其砌筑厚度可稍薄些。

（5）渣线部位。这个部位是在吹炼过程中，炉衬与熔渣长期接触受到严重侵蚀而形成的。在出钢侧，渣线的位置随出钢时间的长短而变化，大多情况下并不明显；但在排渣侧就不同了，其受到熔渣的强烈侵蚀，再加上吹炼过程其他作用的共同影响，衬砖损毁较为严重，需要砌筑抗渣性能良好的镁炭砖。

（6）两侧耳轴部位。这个部位炉衬除受吹炼过程的蚀损外，其表面又无保护渣层覆盖，砖体中的碳素极易被氧化，并难于修补，因而损坏严重。所以，此部位应砌筑抗渣性能良好、抗氧化性能强的高级镁炭砖。

（7）熔池和炉底部位。该部位炉衬在吹炼过程中受钢水强烈的冲蚀，但与其他部位相比损坏较轻，可以砌筑碳含量较低的镁碳砖或者砌筑焦油白云石砖。当采用顶底复合吹炼工艺时，炉底中心部位容易损毁，可以与装料侧砌筑相同材质的镁炭砖。

综合砌炉可以达到使炉衬蚀损均衡、提高转炉内衬整体使用寿命的目的，有利于改善转炉的技术经济指标。表15-2为日本某厂家转炉不同部位综合砌筑所采用的炉衬材料性能及主要化学成分。

表 15-2　各种材质的性能及化学成分

成分及性能		材质编号 1	2	3	4①	5	供气砖①
化学成分（质量分数）/%	MgO	65.8	70.8	75.5	72.5	74.5	
	CaO	13.3	0.9	1.0	0.2	1.5	
	固定碳	19.2	14.2	20.2	20.2	20.5	25
	主要添加物			金属粉	金属粉	金属粉	金属粉 BN
体积密度/g·cm⁻³		2.82	2.86	2.84	2.87	2.85	2.88
显孔隙率/%		4.7	3.7	3.7	3.0	3.0	1.0
抗折强度(1400℃)/MPa		4.8	4.4	12.9	15.2	14.6	17.7
回转抗渣试验蚀损指数（1700℃）		100	117	98	59	79	81

① 使用了部分电熔镁砂为原料。

15.1.2　转炉出钢口用砖

转炉的出钢口除了受高温钢水的冲刷外，还受温度急变的影响，蚀损严重，其使用寿命与炉衬砖不能同步，经常需要热修理或更换，影响冶炼时间。改用等静压成型的整体镁炭砖出钢口，由于是整体结构，更换方便多了。材质改用镁炭砖后，出钢口的寿命得到大幅度提高，但仍不能与炉衬寿命同步，只是更换次数少了而已。出钢口用镁炭砖性能如表 15-3 所示。

表 15-3 出钢口用镁炭砖性能

成分\类型	化学成分(质量分数)/%		显孔隙率/%	体积密度/g·cm⁻³	常温耐压强度/MPa	常温抗折强度/MPa	抗折强度(1400℃)/MPa	加热至1000℃后		加热至1500℃后	
	MgO	固定碳						显孔隙率/%	体积密度/g·cm⁻³	显孔隙率/%	体积密度/g·cm⁻³
日本品川公司改进的镁炭砖	73.20	19.2	3.20	2.92	39.2	17.7	21.6	7.9	2.89	9.9	2.80
武汉钢铁学院整体出钢口砖	76.83	12.9	5.03	2.93							

15.1.3 炉衬损坏的规律

炉衬损坏的规律有以下两点:

(1) 不同的部位,工作条件不同,损坏的程度也不同。一般来说,出钢口四周损坏较为严重(出钢时冲刷);熔池液面的一周(即渣线)损坏得最为严重(炉渣侵蚀厉害),尤其是耳轴处(承受扭矩,易裂而加速炉渣侵蚀);其余的地方则损坏较轻。

(2) 一炉钢冶炼过程中的不同时期,侵蚀速度不同。吹炼的前 2 min 侵蚀速度最快(碱度低),2~8 min 稍慢,8~9 min 再次加快(脱碳速度快,冲刷厉害),9~12 min 很慢,而后至终点侵蚀速度又略微加大(温度高)。

15.1.4 炉衬损坏的原因

根据上述规律,结合炼钢生产特点,一般认为炉衬损坏有以下四方面的原因:

(1) 化学侵蚀。渣中的 SiO_2、FeO 等,可与碱性炉衬作用生成低熔点的盐类。

(2) 高温热流的作用。来自炉内的高温钢液和炉渣,尤其是一次反应区的高温热流,有可能使炉衬表面软化或处于熔融状态。

(3) 机械破坏。如熔池内环流的冲刷、装料时的撞击和冲刷等;

(4) 热震的作用。终点前温度很高,出钢后温度急降,装完料开吹后温度又急升。炼钢生产的这一特点会使炉衬表面出现裂缝,从而加速了炉衬的损坏过程。

应该指出,上述各作用不是孤立的,炉衬的损坏是它们共同作用的综合结果,不过各处炉衬的损坏都有其主要原因。

15.1.5 炉衬砖蚀损机理

高温下衬砖中的碳被渣中的 FeO 及炉气中的 O_2 氧化,使得熔渣对炉衬的润湿程度增加,渣中的 FeO、Fe_2O_3、SiO_2 便侵入砖中与 MgO 及 CaO 作用生成低熔点的盐,如 $CaO·MgO·SiO_2$(1390℃)、$2CaO·MgO·2SiO_2$(1450℃)等,使衬砖的耐火性能和高温强度下降,在炼钢温度下呈熔融的薄膜状态,在钢液、炉渣及炉气的冲刷下脱落下来,"氧化脱碳→化学侵蚀→机械冲刷"这一过程往复进行,炉衬便渐被侵蚀。

应该指出的是,熔渣的化学侵蚀作用在冶炼的前几分钟主要是来自 SiO_2,而后则主要是来自 FeO;而且 SiO_2 的侵蚀作用远不如 FeO,这是因为:

（1）FeO 可增大熔渣对炉衬润湿的程度；

（2）Fe^{2+}、Fe^{3+}、O^{2-} 的半径最小，传质系数最大；

（3）FeO 还具有氧化脱碳作用；

（4）FeO 可与 CaO、MgO 生成更多的低熔点化合物。

15.1.6　提高炉龄的措施

生产实践表明，提高炉龄应从以下几方面入手。

15.1.6.1　提高衬砖的质量

提高衬砖质量的措施主要是采用高质量的制砖原料，生产镁炭砖的材料主要有镁砂、石墨和结合剂三种。

（1）镁砂。镁砂是生产镁炭砖的主要原料，目前使用的有电熔镁砂和烧结镁砂两类。前者的 MgO 含量高、体积密度大、烧损率低，因而砖的高温强度和抗渣强度较高，当然价格也较贵，见表 15-4。

表 15-4　各类镁砂性能

性　能	电熔镁砂 A	电熔镁砂 B	烧结镁砂 A	烧结镁砂 B
MgO 含量/%	98.24	95.60	95.94	91.39
体积密度/g·cm⁻³	3.44	3.39	3.16	3.13
孔隙率/%	3.93	4.67	7.50	9.21
烧损率/%	0.24	0.26	0.30	0.29

另外，镁砂中的 $w(CaO)/w(SiO_2)$ 尽量高，起码要大于 2，可生成高熔点的 C_2S，否则将出现低熔点物质 CMS 而影响砖的高温性能。镁砂的颗粒以 1~5 mm 为宜。

（2）石墨。原料中配加石墨是为了降低炉渣对衬砖的润湿性和提高抗渣性（延缓熔渣的侵蚀）。石墨的用量以 10%~20% 为宜，若过多，不仅制砖时成型困难，而且会使砖的抗氧化性能和强度有所降低，同时溅渣护炉时炉渣也不易粘附其上。对石墨的要求一般是固定碳含量要大于 95%，而灰分含量要低。因为灰分的主要组成是 SiO_2，灰分含量高会使原料中的 $w(CaO)/w(SiO_2)$ 降低，减少耐火相 C_2S，而转成低熔点的 CMS。另外，还希望石墨的鳞片要大、厚度要小。

（3）结合剂。结合剂的作用是为了衬砖的成型，同时炭化后在镁砂周围形成连续的碳网络，有利于提高衬砖的强度和抗蚀性。结合剂的用量通常为 5% 左右。镁炭砖结合剂的种类很多，如煤焦油、石油沥青和酚醛树脂等。比较而言，酚醛树脂的残碳率高，而且与镁砂和石墨有良好的润湿性，易于均匀分布，但价格也相对较高。

除了上述三种材料外，新型的镁炭砖加入了抗氧化添加剂，如 Ca、Mg、Al 等金属粉，目的在于延缓衬砖中碳的氧化（它们与氧的亲和力更大）。

15.1.6.2　综合砌炉

根据炉衬各部位的工作条件不同，生产中侵蚀程度不同的特点，在同一转炉上应搭配不同质量的衬砖砌筑，使炉衬均衡破损、炉龄延长的砌炉方法，称为综合砌炉。

比如，日本大分厂复吹转炉均衡炉衬的砌砖方案为：炉口采用 $Al_2O_3 - SiC - C$ 砖（热稳定性好且不宜粘钢），炉帽及炉膛采用不烧镁炭砖（主要抗氧化，含碳 18%，高纯度石墨,烧结镁砂,添加金属粉),熔池采用烧成镁炭砖(主要抗渣,含碳20%,普通石墨,烧结镁砂),底吹供气砖采用烧成镁炭砖(主要抗冲刷,含碳25%,高纯度石墨,电熔镁砂)。

15.1.6.3 系统优化生产工艺

可从以下三方面入手:

(1)采用铁水预处理－少渣冶炼工艺,不仅可以缩短冶炼时间,更重要的是减轻了酸性炉渣对炉衬的侵蚀。

(2)实现冶炼过程自动控制,可以提高终点命中率,避免炉衬长时间承受高温、高氧化铁炉渣的侵蚀及反复倒炉时的机械冲刷。

(3)应用复吹技术和活性石灰,不仅能加快成渣速度、缩短冶炼时间,还可使渣中的FeO总含量降低,从而减轻炉衬的侵蚀。

15.1.6.4 及时喷补侵蚀严重部位

喷补是通过专门设备,利用高压气体将耐火材料喷射到红热的炉衬表面,进而烧结成一体,使损坏严重的渣线、耳轴等部位得到修复,从而延长炉衬的使用寿命。喷补的方法有湿法、半干法和火焰喷补三种。湿法与半干法喷补材料的成分与粒度见表15-5。

表15-5 喷补材料的成分与粒度

喷补方法	喷补料成分/%			粒度分度/%		水分/%
	MgO	CaO	SiO$_2$	>1.0 mm	<1.0 mm	
湿 法	91	1	3	10	90	15 ~ 17
半干法	90	5	2.5	25	75	10 ~ 17

(1)湿法喷补。湿法喷补是将以镁砂为主的喷补材料装入喷补罐内,加水15% ~ 17%调成糊状,用压缩空气喷向炉衬的侵蚀部位。该法操作灵活,可以喷补转炉的任何部位;喷补层厚度可达20 ~ 30 mm,使用寿命为3炉次。

(2)半干法喷补。半干法喷补是将喷补料放于压力罐内,并压送到喷嘴处与10% ~ 12%的水混合,呈半湿状喷向炉衬的侵蚀部位。该法的特点是喷补料加水少、耐侵蚀性能好,喷补层也可达20 ~ 30 mm,而且粉状喷补物不易堵塞喷嘴,因而应用较多。

半干法喷补存在的问题是,喷补物的附着率不及湿法高。为此,目前多在喷补料中配加黏结剂。不少企业采用多聚磷酸盐($Na_5P_3O_{11}$),取得了不错的效果。

(3)火焰喷补。火焰喷补是将喷补料送入水冷喷枪内,与燃料和氧气混合燃烧成熔融状后喷向侵蚀严重的部位,并与炉衬烧结在一起的补炉方法。喷补料可用镁砂或高镁白云石,粒度应小于0.1 mm,其中小于0.09 mm的占60%以上;燃料可用煤粉或铝粉等。另外,为提高附着率,还配有增塑烧结剂(如软质黏土或膨润土等)。火焰喷补层的厚度可达100 ~ 150 mm,且耐蚀能力很强,适合于渣线及大坑的修补。

需要指出的是,通过喷补可以显著提高炉龄。但并非炉龄越高越好,因为喷补也要消耗一定的耐火材料,而且占用生产时间。于是日本最先提出了最佳炉龄的概念——耐火材料的总消耗最少、生产率最高、生产成本最低的炉龄。不同的厂家生产条件不同,其最佳炉龄也不相同,需在实际生产中摸索。

15.2　溅渣护炉

15.2.1　溅渣护炉的机理

溅渣护炉的基本原理是：利用 MgO 含量达到饱和或过饱和的炼钢终点渣，通过高压氮气的吹溅，在炉衬表面形成一层高熔点的溅渣层，并与炉衬很好地烧结附着。这个溅渣层耐蚀性较好，从而保护了炉衬砖，减缓其损坏程度，炉衬寿命得到提高。

20 世纪 90 年代继白云石造渣之后，美国开发了溅渣护炉技术，其工艺过程主要是：在吹炼终点钢水出净后，留部分 MgO 含量达到饱和或过饱和的终点熔渣，通过喷枪在熔池理论液面以上 0.8~2.0 m 处吹入高压氮气，熔渣飞溅黏附在炉衬表面，形成熔渣保护层。通过喷枪上下移动可以调整溅渣的部位，溅渣时间一般在 3~4 min 之间。

美国 LTV 钢公司印第安那钢厂两座 252 t 顶底复合吹炼转炉，自 1991 年采用了溅渣护炉技术及相关辅助设施维护炉衬，提高了转炉炉龄和利用系数，并降低了钢的成本，效果十分明显。其曾于 1994 年创造了 15658 炉次/炉役的纪录，连续运行 1 年零 5 个月；到 1996 年，炉龄达到 19126 炉次/炉役。

我国 1994 年开始立项开发溅渣护炉技术，并于 1996 年 11 月将其确定为国家重点科技开发项目。通过研究和实践，在国内各钢厂已广泛应用了溅渣护炉技术，并取得了明显的成果。

溅渣护炉用终点熔渣成分、留渣量、溅渣层与炉衬砖烧结、溅渣层的蚀损、氮气压力及供氮强度等，都是溅渣护炉技术的重要内容。

15.2.1.1　熔渣的性质

A　熔渣的成分

溅渣用熔渣的成分关键是碱度、TFe 含量和 MgO 含量，终点渣碱度一般在 3 以上。

TFe 的含量决定了渣中低熔点相的数量，对熔渣的熔化温度有明显的影响。当渣中低熔点相的数量达 30% 时，熔渣的黏度急剧下降；随温度的升高，低熔点相的数量也会增加，只是熔渣黏度变化较为缓慢而已。

终点渣 TFe 含量的高低，取决于终点碳含量高低及是否后吹。若终点碳含量低，渣中 TFe 含量相应就高，尤其是出钢温度高于 1700℃ 时会影响溅渣效果。

熔渣成分不同，MgO 的饱和溶解度也不一样。可以通过有关相图查出其溶解度的大小，也可以通过计算得出。实验研究表明，随着熔渣碱度的提高，MgO 的饱和溶解度有所降低。碱度 $R \leqslant 1.5$ 时，MgO 的饱和溶解度高达 40%；随渣中 TFe 含量的增加，MgO 的饱和溶解度也有所变化。

B　熔渣的黏度

溅渣护炉对终点熔渣的黏度有特殊的要求，要达到"溅得起，黏得住，耐侵蚀"。因此，黏度不能过高，以利于熔渣在高压氮气的冲击下，渣滴能够飞溅起来并黏附到炉衬表面；黏度也不能过低，否则溅射到炉衬表面的熔渣容易滴淌，不能很好地与炉衬黏附形成溅渣层。正常冶炼的熔渣黏度值最好在 0.02~0.1 Pa·s 范围内，相当于轻机油的流动性，比熔池金属的黏度高 10 倍左右。

溅渣护炉用终点渣的黏度要高于正常冶炼的黏度，并希望随温度变化其黏度的变化更敏感些,以使溅射到炉衬表面的熔渣能够随温度降低而迅速变黏,溅渣层可牢固地附着在炉衬表面上。

熔渣的黏度与矿物组成和温度有关。熔渣组成一定时,提高过热度可使黏度降低。一般而言,在同一温度下,熔化温度低的熔渣黏度也低。熔渣中固体悬浮颗粒的尺寸和数量是影响熔渣黏度的重要因素。CaO 和 MgO 具有较高的熔点,当其含量达到过饱和时,会以固体微粒的形态析出,使熔渣内摩擦力增大,导致熔渣变黏。其黏稠的程度视微粒的数量而定。

当 $w(MgO)$ 在 4%~12% 范围内变动时,随着 MgO 含量增加,初始流动温度下降;MgO 含量继续升高并大于 12% 以后,随 MgO 含量的提高,初始流动温度又开始上升。TFe 含量越低,MgO 的影响越大。

15.2.1.2 溅渣层的分熔现象

实践与研究结果表明,附着于炉衬表面的溅渣层其矿物组成不均匀,当温度升高时,溅渣层中低熔点物首先熔化,与高熔点相相分离,并缓慢地从溅渣层流淌下来;而残留于炉衬表面的溅渣层为高熔点矿物,这样反而提高了溅渣层的耐高温性能。这种现象就是炉渣的分熔现象,也称为选择性熔化或异相分流。

在反复溅渣过程中,溅渣层存在着选择性熔化,使溅渣层中 MgO 结晶和 C_2S 等高熔点矿物逐渐富集,从而提高了溅渣层的抗高温性能,使炉衬得到保护。

15.2.1.3 溅渣层的组成

溅渣层是熔渣与炉衬砖之间在较长时间内发生化学反应而逐渐形成的,即经过多次的溅渣—熔化—溅渣的往复循环。由于溅渣层表面的分熔现象,低熔点矿物被下一炉次高温熔渣所熔化而流失,从而形成高熔点矿物富集的溅渣层。

终点渣 TFe 含量的控制对溅渣层的矿物组成有明显影响。采用高铁渣溅渣工艺时,终点渣 $w(TFe) > 15\%$,由于渣中 TFe 含量高,溶解了炉衬砖上大颗粒 MgO,使之脱离炉衬砖体进入溅渣层。此时,溅渣层的矿物组成是以 MgO 结晶为主相,占 50%~60%;其次是镁铁矿物 $MF(MgO \cdot Fe_2O_3)$,为胶合相,约占 25%;还有少量的 $C_2S(2CaO \cdot SiO_2)$、$C_3S(3CaO \cdot SiO_2)$ 和 $C_2F(2CaO \cdot Fe_2O_3)$ 等矿物均匀地分布于基体中,或填充于大颗粒 MgO 或 MF 晶团之间,因而,溅渣层中 MgO 结晶含量远远大于终点熔渣成分。随着终渣 TFe 含量的增加,溅渣层中 MgO 相的数量将会减少,而 MF 相的数量将会增加,导致溅渣层熔化温度的降低,不利于炉衬的维护。因此,要求终点渣 $w(TFe)$ 以控制在 18%~22% 之间为宜。若采用低铁渣溅渣工艺,终点渣 $w(TFe) < 12\%$,溅渣层的主要矿物组成是以 C_2S 和 C_3S 为主相,占 65%~75%;其次是少量的小颗粒 MgO 结晶,$C_2F(2CaO \cdot SiO_2)$、$C_3F(3CaO \cdot Fe_2O_3)$ 为结合相生长于 C_2S 和 C_3S 之间;仅有微量的 MF 存在。与终点渣相比,溅渣层的碱度有所提高,而低熔点矿物成分有所降低。

15.2.1.4 溅渣层与炉衬砖黏结机理

熔渣是多种成分的组合体。溅渣初始,流动性良好的高铁低熔点熔渣首先被喷射到炉衬表面,熔渣中 TFe 和 C_2F 沿着炉衬表面显微气孔与裂纹的缝隙,向镁炭砖表面脱碳层内部渗透与扩散,并与周围 MgO 结晶颗粒反应而烧结固溶在一起,形成了以 MgO 结晶主相、以 MF 为胶合相的烧结层。

继续溅渣操作,高熔点颗粒状矿物 C_2S、C_3S 和 MgO 结晶被高速气流喷射到炉衬粗糙表面上,并镶嵌于间隙内,形成了以镶嵌为主的机械结合层;同时,富铁熔渣包裹在炉衬砖表面凸起的 MgO 结晶颗粒表面,或填充在已脱离砖体的 MgO 结晶颗粒的周围,形成以烧结为主的化学结合层。

15.2.1.5　溅渣层保护炉衬的机理

根据溅渣层物相结构分析了溅渣层的形成,推断出溅渣层对炉衬的保护作用有以下几方面。

(1) 对镁炭砖表面脱碳层具有固化作用。吹炼过程中,镁炭砖表面层的碳被氧化,使 MgO 颗粒失去结合能力,在熔渣和钢液的冲刷下大颗粒 MgO 松动→脱落→流失,炉衬被蚀损。溅渣后,熔渣渗入并充填于衬砖表面脱碳层的孔隙内,或与周围的 MgO 颗粒反应,或以镶嵌固溶的方式形成致密的烧结层。由于烧结层的作用,衬砖表面大颗粒的镁砂不再会松动→脱落→流失,从而防止了炉衬砖进一步被蚀损。

(2) 减轻了熔渣对衬砖表面的直接冲刷蚀损。溅渣后在炉衬砖表面形成了以 MgO 结晶或 C_2S、C_3S 为主体的致密烧结层,这些矿物的熔点明显地高于转炉终点渣,即使在吹炼后期高温下也不易软熔、不易剥落,因而有效地抵抗了高温熔渣的冲刷,大大减轻了对镁炭砖炉衬表面的侵蚀。

(3) 抑制了镁炭砖表面的氧化,防止炉衬砖体再受到严重的蚀损。溅渣后在炉衬砖表面所形成的烧结层和结合层,其质地均比炉衬砖脱碳层致密且熔点高,这就有效地抑制了高温氧化渣、氧化性炉气向砖体内的渗透与扩散,防止镁炭砖体内部碳被进一步氧化,从而起到保护炉衬的作用。

(4) 新溅渣层有效地保护了炉衬 – 溅渣层的结合界面。新溅渣层在每炉的吹炼过程中都会不同程度地被熔损,但在下一炉溅渣时又会重新修补起来,如此循环地运行,所形成的溅渣层对炉衬起到了保护作用。

15.2.1.6　溅渣层的蚀损机理

溅渣层渣面处的 TFe 是以 Fe_2O_3 存在的,并形成 C_2F 矿物;在溅渣层与镁炭砖结合处,Fe 以 FeO 形式固溶于 MgO 中,同时存在的矿物还有 C_2S, C_2F 已基本消失;由此推断,喷溅到衬砖表面的熔渣与镁炭砖发生如下反应:

$$(FeO) + C \Longrightarrow Fe + \{CO\}$$
$$(FeO) + CO\uparrow \Longrightarrow Fe + \{CO_2\}$$
$$2CaO \cdot Fe_2O_3 + \{CO\} \Longrightarrow 2CaO + 2FeO + \{CO_2\}$$
$$\{CO_2\} + C \Longrightarrow 2\{CO\}$$

由于 CO 从溅渣层向衬砖表面扩散,C_2F 中的 Fe_2O_3 逐渐被还原成 FeO,而 FeO 又能固溶于 MgO 之中,大大提高了衬砖表面结合渣层的熔化温度;倘若吹炼终点温度不过高,溅渣层不会被熔损,所以在吹炼后期仍然能起到保护炉衬的作用。

在开吹 3~5 min 的冶炼初期,熔池温度较低(1450~1500℃),碱度值也低($R \leqslant 2$),当 $w(MgO) = 6\% \sim 7\%$、接近或达到饱和值时,熔渣主要矿物组成几乎全部为硅酸盐,即镁硅石 C_3MS_2($3CaO \cdot MgO \cdot 2SiO_2$) 和橄榄石 CMS(CaO · (Mg,Fe,Mn)O · SiO_2) 等,有时还有少量的铁浮氏体。若溅渣层的碱度高约 3.5,则主要矿物为硅酸盐 C_3S,熔化温度较高,因此初期熔渣对溅渣层不会有明显的化学侵蚀。

吹炼终点的熔渣碱度值一般在 3.0~4.0 之间,渣中 $w(TFe)$ 在 13%~25% 之间,MgO

含量波动较大,多数控制在 10% 左右,已超过饱和溶解度,其主要矿物组成是粗大的板条状 C_3S 和少量点球状或针状 C_2S,结合相为 C_2F 和 RO 等,占总量的 15% ~ 40%,MgO 结晶包裹于 C_2S 晶体中或游离于 C_2F 结合相中。终点是整个吹炼过程中炉温最高的阶段,虽然熔渣碱度较高,但 TFe 含量也高,所以吹炼后期溅渣层被蚀损,主要是由于高温熔化和高铁渣的化学侵蚀。因此,控制好终点熔渣成分和出钢温度才能充分发挥溅渣层保护炉衬的作用,这也是提高炉龄的关键所在。

15.2.2 溅渣护炉工艺

15.2.2.1 熔渣成分的调整

转炉采用溅渣护炉技术后,吹炼过程更要注意调整熔渣成分,要做到"初期渣早化,过程渣化透,终点渣做黏";出钢后,熔渣能"溅得起,黏得住,耐侵蚀"。为此,应控制合理的 MgO 含量,使终点渣适合于溅渣护炉的要求。

终点渣的成分决定了熔渣的耐火度和黏度。影响终点渣耐火度的主要因素是 MgO 含量、TFe 含量和碱度($w(CaO)/w(SiO_2)$)。其中,TFe 含量波动较大,一般在 10% ~ 30% 范围内。为了溅渣层有足够的耐火度,主要应调整熔渣的 MgO 含量。终点渣 MgO 含量的推荐值见表 15-6。

表 15-6 终点渣 MgO 含量的推荐值 (%)

终渣 $w(TFe)$	8 ~ 11	15 ~ 22	23 ~ 30
终渣 $w(MgO)$	7 ~ 8	9 ~ 10	11 ~ 13

溅渣护炉对终点渣 TFe 含量并无特殊要求,只要把溅渣前熔渣中 MgO 含量调整到合适的范围,无论 TFe 含量高低都可以取得溅渣护炉的效果。例如,美国 LTV 公司、内陆钢公司以及我国的宝钢公司等,转炉炼钢的终点渣 $w(TFe)$ 均在 18% ~ 27% 范围内,溅渣护炉的效果都不错。如果终点渣 TFe 含量较低,渣中 C_2F 量少,RO 相的熔化温度就高。在保证足够耐火度的情况下,渣中 MgO 含量可以降低些。终点渣 TFe 含量低的转炉,溅渣护炉的成本低,也容易获得高炉龄。

调整熔渣成分有两种方式:一种是转炉开吹时将调渣剂随同造渣材料一起加入炉内,控制终点渣成分,尤其是 MgO 含量以达到目标要求,出钢后不必再加调渣剂;倘若终点熔渣成分达不到溅渣护炉要求,则采用另一种方式,即出钢后加入调渣剂,调整 $w(MgO)$ 达到溅渣护炉要求的范围。

调渣剂的作用主要是提高渣中 MgO 含量,因此,调渣剂中 MgO 含量的高低应是选择调渣剂的重要物性参数。调渣剂中的 CaO 可以取代石灰中的 CaO,保证炼钢终渣碱度,减少石灰加入量;而调渣剂中的 SiO_2 则需要消耗石灰。综合考虑提出 MgO 质量分数的概念,用以比较调渣剂中 MgO 含量的高低。MgO 的质量分数定义如下:

$$MgO \text{ 的质量分数} = w(MgO)_实/(1 - w(CaO)_实 + R \cdot w(SiO_2)_实) \times 100\%$$

式中 $w(MgO)_实$,$w(CaO)_实$,$w(SiO_2)_实$——分别为调渣剂中 MgO、CaO、SiO_2 的实际含量;

R——炉渣碱度。

不同调渣剂的 MgO 质量分数列于表 15-7。从表中可以看出,不同调渣剂中 MgO 的质量分数按从大到小排列的顺序为:冶金镁砂、轻烧菱镁球、轻烧白云石、含 MgO 石灰、菱镁矿渣粒、生白云石。根据 MgO 含量选择调渣剂,应以冶金镁砂、轻烧菱镁球、轻烧白云石和含镁石灰为宜(MgO 质量分数大于 50%)。当然,价格也是选择调渣剂的重要因素,因为调渣剂价格的高低直接影响到溅渣护炉的经济效益。如果从成本考虑,调渣剂应选择价格便宜的。从以上这些材料的对比来看,生白云石成本最低,轻烧白云石和菱镁矿渣粒价格比较适中;含 MgO 石灰、冶金镁砂、轻烧菱镁球的价格偏高。

表 15-7　常用调渣剂成分　　　　　　　　(%)

调渣剂名称　　　调渣剂成分	CaO	SiO₂	MgO	烧 减	MgO 的质量分数
生白云石	30.3	1.95	21.7	44.48	28.4
轻烧白云石	51.0	5.5	37.9	5.6	55.5
菱镁矿渣粒	0.8	1.2	45.9	50.7	44.4
轻烧菱镁球	1.5	5.8	67.4	22.5	56.7
冶金镁砂	8	5	83	0.8	75.8
含 MgO 石灰	8.1	3.2	15	0.8	49.7

此外,还应充分注意到加入调渣剂后对吹炼过程热平衡的影响。

$$调渣剂与废钢的热当量置换比 = \left[\Delta H_i / (w(MgO)_i \cdot \Delta H_s) \right] \times 100\%$$

式中　ΔH_i——i 种调渣剂的焓,MJ/kg;

　　　ΔH_s——废钢的焓,MJ/kg;

　$w(MgO)_i$——i 种调渣剂 MgO 的含量。

各钢厂可根据自己的情况选择一种调渣剂,也可以多种调渣剂配合使用。

用生白云石调渣,耗热量很大,相当于熔化 11 kg 废钢所消耗的热量。而轻烧白云石和冶金镁砂的耗热量较小,适用于废钢比较高、炼钢热源较短缺的钢铁厂。

综上所述,正确选择调渣剂的原则如下:

(1) 因地制宜。要结合本厂炼钢的实际情况和当地资源条件,尽可能选择 MgO 含量高、价格便宜和热量消耗少的调渣剂。

(2) 综合考虑各种调渣剂的价格、成分和热耗量,推荐轻烧白云石作为首选的调渣剂。

(3) 根据各厂生产条件,最好选择几种调渣剂搭配使用,以达到最佳的效果和较高的经济效益。

调渣剂的粒度应根据调渣剂的种类、转炉终点温度、终渣成分和加入方式确定。通常,生白云石的粒度应为 5 ~ 15 mm,轻烧镁球和轻烧白云石粒度可以大一些,但不应大于25 mm。从炉顶料仓加入的调渣剂最小粒度不应小于 5 mm。

15.2.2.2　合适的留渣量

合适的留渣量就是指可确保炉衬内表面形成足够厚度溅渣层,并可在溅渣后对装料侧和出钢侧进行摇炉挂渣的渣量。

形成溅渣层的渣量可以根据炉衬的内表面面积、溅渣层厚度及炉渣密度计算。溅渣护炉所需实际渣量可按溅渣理论渣量的 1.1 ~ 1.3 倍进行估算。炉渣密度可取 3.5 g/cm³。公称吨位在 200 t 以上的大型转炉,溅渣层厚度可取 25 ~ 30 mm;公称吨位在 100 t 以下的小型转炉,溅渣层的厚度可取 15 ~ 20 mm。留渣量的计算公式如下:

$$W = K \cdot A \cdot B \cdot C$$

式中　W——留渣量,t;

　　　K——溅渣层厚度,m;

　　　A——炉衬的内表面面积,m^2;

　　　B——炉渣密度,g/cm^3;

　　　C——系数,一般取 $1.1 \sim 1.3$。

不同公称吨位转炉的溅渣层重量如表 15-8 所示。

表 15-8　不同公称吨位转炉的溅渣层重量

溅渣层重量/t 转炉吨位/t	溅渣层厚度/mm				
	10	15	20	25	30
40	1.8	2.7	3.6		
80		4.41	5.98		
140		8.08	10.78	13.48	
250			13.11	16.39	19.7
300			17.12	21.4	25.7

上述计算值可作为溅渣护炉开始时的参考值。经过一段试验之后,应根据本厂的实际情况确定合适的留渣量。

留渣量过大,将增加调渣剂的消耗,提高溅渣护炉的成本;留渣量过小,不能形成足够厚度的溅渣层,不能有效地进行摇炉挂渣。根据经验,转炉的吨钢留渣量应在 $90 \sim 100$ kg/t 之间。我国多数转炉钢厂吨钢炉渣的总量为 $90 \sim 140$ kg/t。有些钢厂在吹炼后期多次倒渣,使出钢前的渣量低于 80 kg/t,正常溅渣护炉变得困难。因此,应不断规范炼钢操作,减少倒渣次数和减少倒炉时的倒渣量。

15.2.2.3　溅渣工艺

A　直接溅渣工艺

直接溅渣工艺适用于大型转炉。要求铁水等原材料条件比较稳定,吹炼平稳,终点控制准确,出钢温度较低。其操作程序是:

(1) 吹炼开始,在加入第一批造渣材料的同时,加入大部分所需的调渣剂;控制初期渣 $w(MgO) \approx 8\%$,可以降低炉渣熔点,并促进初期渣早化。

(2) 在炉渣返干期之后,根据化渣情况再分批加入剩余的调渣剂,以确保终点渣 MgO 含量达到目标值。

(3) 出钢时,通过炉口观察炉内熔渣情况,确定是否需要补加少量的调渣剂;在终点碳含量、温度控制准确的情况下,一般不需再补加调渣剂。

(4) 根据炉衬实际蚀损情况进行溅渣操作。

如美国 LTV 钢公司和内陆钢公司主要生产低碳钢,渣中 $w(TFe)$ 波动在 $18\% \sim 30\%$ 的范围内,终点渣中 $w(MgO)$ 含量在 $12\% \sim 15\%$ 范围内,出钢温度较低,为 $1620 \sim 1640℃$,出钢后熔渣较黏,可以直接吹氮溅渣。

B　出钢后调渣工艺

出钢后调渣工艺适用于中、小型转炉。由于中、小型转炉的出钢温度偏高,因此熔渣的过热度也高。再加上原材料条件不够稳定,往往终点后吹,多次倒炉,致使终点渣 TFe 含量较高,熔渣较稀,MgO 含量也达不到溅渣的要求,不适于直接溅渣。只得在出钢后加入调渣剂,改善熔渣的性态,以达到溅渣的要求。用于出钢后的调渣剂,应具有良好的熔化性和高温反应活性、较高的 MgO 含量以及较大的焓,熔化后能明显、迅速地提高渣中 MgO 含量和降低熔渣温度。其吹炼过程与直接溅渣操作工艺相同。出钢后的调渣操作程序如下:

（1）终点渣 $w(MgO)$ 控制在 8% ~ 10% 范围内。

（2）出钢时,根据出钢温度和观察的炉渣状况决定调渣剂加入的数量,并进行出钢后的调渣操作。

（3）调渣后进行溅渣操作。

出钢后调渣的目的是使熔渣 MgO 含量达到饱和值,提高其熔化温度;同时,由于加入调渣冷料吸热,从而降低了熔渣的过热度,提高了黏度,以达到溅渣的要求。

若单纯调整终点渣 MgO 含量,只加调渣剂调整 MgO 含量达到过饱和值,同时吸热降温以稠化熔渣,达到溅渣要求。如果同时调整终点渣 MgO 和 TFe 含量,除了加入适量的含氧化镁调渣剂外,还要加一定数量的含碳材料,以降低渣中 TFe 含量,也利于 MgO 含量达到饱和。例如,首钢三炼钢厂就曾进行过加煤粉降低渣中 TFe 含量的试验。

　　C　溅渣工艺参数

溅渣工艺要求在较短的时间内将熔渣能均匀地溅射涂敷在整个炉衬表面,并在易于蚀损而又不易修补的耳轴、渣线等部位形成厚而致密的溅渣层,使其得以修补。因此,必须确定合理的溅渣工艺参数,主要包括:合理地确定喷吹氮气的工作压力与流量,确定最佳喷吹枪位,设计溅渣喷枪结构与尺寸参数。

炉内溅渣效果的好坏,可从通过溅粘在炉衬表面的总渣量和在炉内不同高度上的溅渣量是否均匀来衡量。水力学模型试验与生产实践都表明,溅渣喷吹的枪位对溅渣总量有明显的影响,在同一氮压条件下,有一个最佳喷吹枪位。当实际喷吹枪位高于或低于最佳枪位时,溅渣总量都会降低;熔渣黏度对溅渣总量也有影响,随熔渣黏度的增加,溅渣量明显减少。研究与实践还表明,在炉内不同高度上溅渣量的分布是很不均匀的,转炉耳轴以下部位的溅渣量较多,而耳轴以上部位随高度的增加溅渣量明显减少。

溅渣的时间要求为 3 min 左右,要在炉衬的各部位形成一定厚度的溅渣层,最好采用溅渣专用喷枪。溅渣专用喷枪的出口马赫数应稍高一些,这样可以提高氮射流的出口速度,使其具有更高的能量,在氮气低消耗的情况下达到溅渣要求。

通常,在确定溅渣工艺参数时,往往先根据实际转炉炉型参数及其水力学模型试验的结果,初步确定溅渣工艺参数;再通过溅渣过程中炉内的实际情况不断地总结、比较、修正后,确定溅渣的最佳枪位、氮压与氮气流量;再针对溅渣中出现的问题,修改溅渣的参数,逐步达到溅渣的最佳结果。

15.3　电弧炉炉衬

炉衬指电弧炉熔炼室的内衬,包括炉底、炉壁和炉盖三部分。炉衬的质量和寿命直接影响电弧炉的生产率、钢的质量和成本。

电弧炉对耐火材料的一般要求有:

（1）高耐火度。电弧温度在 4000℃ 以上,炼钢温度常为 1500 ~ 1750℃,有时甚至高达 2000℃,因此,要求耐火材料必须有高的耐火度。

（2）高荷重软化温度。电弧炉炼钢过程是在高温载荷条件下工作的，并且炉体要经受钢水的冲刷，因此耐火材料必须有高的荷重软化温度。

（3）良好的热稳定性。电弧炉炼钢从出钢到装料的几分钟时间内温度急剧变化，温度由原来的1600℃左右骤然下降到900℃以下，因此要求耐火材料具有良好的热稳定性。

（4）良好的抗渣性。在炼钢过程中，炉渣、炉气、钢液对耐火材料有强烈的化学侵蚀作用，因此耐火材料应有良好的抗渣性。

（5）高耐压强度。电弧炉炉衬在装料时受炉料冲击，冶炼时受钢液的静压，出钢时受钢流的冲刷，操作时又受机械振动，因此耐火材料必须有高的耐压强度。

（6）低导热性。为了减少电弧炉的热损失、降低电能消耗，要求耐火材料的导热性要差，即导热系数要小。

炉衬所用的耐火材料有碱性和酸性两种，目前绝大多数电弧炉采用碱性炉衬。

15.3.1 炉底的结构和砌筑

炉底炉坡除经受弧光、高温、热震的作用或渣钢侵蚀与冲刷外，还承受熔渣和钢液的全部重量、顶装料的振动与冲击、氧化沸腾或还原精炼各种物化反应的作用以及吹氧、造渣、搅拌等操作不当的影响。

炉底自下而上由绝热层、砌砖层和工作层三部分构成。

绝热层的作用是减少通过炉底的热损失。在炉底钢板上先铺一层10~15mm的石棉板，其上平砌轻质黏土砖或硅藻土砖（65mm），有些厂在石棉板和轻质黏土砖之间铺一层硅藻土（厚度小于20mm）。

砌砖层的作用是保证熔池的坚固性，防止漏钢。一般2~4层用镁砖砌筑，砌筑方法有平砌和侧砌两种。镁砖必须干砌。相邻两层的砖缝应互成45°或60°角，以避免砖缝重合。砖缝不大于1.5mm，砌后应用不大于0.5mm的镁砂粉填缝，用木槌敲打砖面使其充填密实。

工作层直接与钢液和炉渣接触，化学侵蚀严重，机械冲刷强烈，热负荷高，故应充分保证其质量。工作层砌筑一般采用砖砌或打结成型两种方法。因打结成型存在劳动条件恶劣、效率低、密度小、质量不稳定等缺点，故目前普遍推广砖砌炉底工作层。

砌筑用的机制沥青镁砂砖，是采用经加热后的沥青和镁砂按一定比例和粒度均匀混合后，用压砖机机构制成的小砖。镁砂粒度为5~10mm者占60%，1~5mm者占10%，0~1mm者占30%。加入8%~10%的沥青作结合剂。沥青加热到150~200℃，镁砂加热到100~140℃，搅拌混匀后在100~120℃的温度下压砖成型。

用机制沥青镁砂砖砌筑时，砖的外形要完整，不能有缺角、缺棱。砌砖时砖缝要错开，不能重叠。砖缝应不大于2mm，并用填料塞紧，再用木槌敲打充实。在炉坡处以均等阶梯距离环砌熔池深度，熔池各圈直径误差必须保证不大于20mm。

值得注意的是，熔池底部直径应大于电极极心圆300~500mm，以免电极穿井到底时电弧直接烧坏炉坡。炉底工作层厚度一般为200~300mm。

采用打结成型的炉底时，沥青镁砂的加工制作工艺参数基本上与机械小砖相同，打结使用风锤压力为0.6~0.7MPa，打结要分层进行，每层厚度以20~30mm为宜，炉底打结总厚度为250~300mm。

冶炼低碳钢需用无炭炉衬,此时采用卤水镁砂砖砌筑或卤水镁砂打结炉底。

15.3.2　炉壁的结构和砌筑

炉壁除承受高温、热震作用外,还受气、烟尘、弧光辐射作用或料罐的碰撞与振动等,又由于渣线部位与熔渣和钢液直接接触,化学侵蚀、渣钢的冲刷相当严重。因此,要求炉壁在高温下具有足够的强度、耐蚀性和抗热震性。炉壁的结构分为绝热层和工作层。

绝热层紧靠炉壳,用石棉板和黏土砖砌筑,通常在炉壳钢板处铺一层 10 ~ 15 mm 厚的石棉板,再竖砌一层 65 mm 的黏土砖,砖缝不大于 1.5 mm。黏土砖层的砌制可用卤水混合黏土为泥料抹缝,待干燥后再进行工作层的砌筑或打结。

炉壁的工作层常见的砌筑方法有砖砌法、大块镁砂砖装配法、整体打结三种。

砖砌碱性炉壁多用镁砖、镁铬砖、镁铝砖,目前国内普遍采用沥青镁砂砖、卤水镁砂砖、烧结镁砖和镁炭砖。其中,镁炭砖主要用于渣线部位。整体打结炉壁则使用镁砂,上部炉壁可用一部分或全部废镁砂或白云石。

炉壁工作层一般采用机制楔形小砖砌筑,小砖的大、小头应与炉壁直径相吻合,这样才能使砖缝相互挤紧。炉壁砌砖从出钢孔中心开始,然后向两侧平砌,收砖位置尽可能摆在低温区部位。炉内出钢孔与炉外出钢槽之间的连接应特别仔细,避免砍砖,砖缝应填紧。出钢槽底面与出钢孔下沿应齐平,并上斜 1° ~ 3°。出钢孔内侧一般是用方砖侧砌成矩形。有的厂采用钢包水口座砖(一级高铝砖)代替出钢孔内侧砌砖,取得了好的效果。

大块镁砂砖一般是用焦油(沥青)混合镁砂打结成砖,打结操作及要求与炉底炉坡的打结相同,只不过该种砖的预制是在钢模的胎具中分层打结成块,每层厚度以 300 ~ 350 mm 为宜。为了提高渣线寿命,该部位可掺入 15% 的电极粉。当打结到离顶部还有 1/4 时,应插入铁环以便吊运。大块镁砂砖不能砍磨,因此设计的砖形和尺寸要准确。为了便于装配,一般常设计成三大块和一小块(用于炉门框上)。大块镁砂砖的运输和存放应注意防潮,存放时间不宜过长,以免强度降低。装配时也是干砌,先在炉坡平台上垫铺一层 30 mm 厚的镁砂,然后座上大块镁砂砖并尽量靠近炉壳,面向炉膛处要对齐,背向炉膛处和其他缝隙用沥青镁砂混合物充填。

整体打结的材料,配比与炉底相同,技术操作和质量要求也与炉底相同。为了节省镁砂,在不同高度上可以采用不同质地的材料,在炉壁的上部可采用一部分或全部废镁砂或白云石。打结用专用的铁胎具,使用前应预热,条件允许时还采用蒸气保温。

15.3.3　炉盖的结构和砌筑

电弧炉炉盖的工作条件十分恶劣,长期处于高温状态,并且受到温度激变的影响,受到炉气和粉末造渣材料的化学侵蚀以及炉盖升降的机械振动作用。近年来,随着炼钢电弧炉容量的扩大与单位功率水平的提高,炉盖的使用条件变得更加苛刻,炉盖用耐火材料也随之发生变化。

目前,国内电弧炉炉盖普遍采用一级或二级高铝砖砌筑。

炉盖的砌筑在拱形模子上进行。砌好的炉盖中心必须与电极极心圆的中心对准,砖缝要小。可干砌,也可湿砌。砌筑方法有树枝形砌法、环形砌法和人字形砌法(见图 15-1),目前采用人字形砌法较普遍。

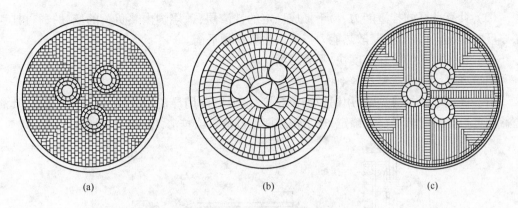

图 15-1 炉盖砌筑形式示意图

（a）树枝形砌法；（b）环形砌法；（c）人字形砌法

炉盖也可以用耐火混凝土整体打结制作。

15.3.4 水冷炉衬

电弧炉使用耐火材料砌筑,其使用寿命受到限制。由于电弧炉单位功率水平的提高,导致电弧炉内热负荷的急剧增加、炉内温度分布的不平衡加剧,从而大幅度地降低了电弧炉炉衬的使用寿命。因此,采用水冷挂渣炉壁和水冷炉盖已成为提高超高功率电弧炉炉衬使用寿命、促进超高功率电弧炉技术发展的关键技术。

电弧炉水冷挂渣炉壁的结构分为铸管式、板式或管式、喷淋式等。各种形式的水冷挂渣炉壁和水冷炉盖都具有一定的散热能力和相应的挂渣能力,其可以成倍地提高电弧炉炉衬和炉盖的使用寿命,大幅度地降低耐火材料消耗,而且运行安全可靠。

15.3.4.1 铸管式水冷挂渣炉壁

铸管式水冷挂渣炉壁的结构如图 15-2 所示,内部铸有无缝钢管的水冷却管,炉壁热工作面附设耐火材料打结槽或镶耐火砖槽。

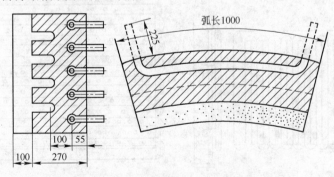

图 15-2 铸管式水冷挂渣炉壁

该结构的特点有:

（1）具有与炉壁所在部位的热负荷相适应的冷却能力,适用于炉壁热流为 55.5 kW/m² 的条件。

（2）结构坚固,具有较大热容量,能抗击炉料撞击和因搭料打弧以及吹氧不当所造成的过热。

（3）具有良好的挂渣能力,易于形成稳定的挂渣层,适应炉内热负荷的变动;通过挂渣层厚度的变化,可调节炉壁散热能力与炉内热负荷相平衡。

（4）管式冷却的冷却速度快,不易结垢。

15.3.4.2　板式或管式水冷挂渣炉壁

（1）板式水冷挂渣炉壁,用锅炉钢板焊接,水冷壁内用导流板分隔为冷却水流道,其流道截面可根据炉壁热负荷来确定,热工作表面镶挂渣钉或挂渣的凹形槽(见图 15-3)。

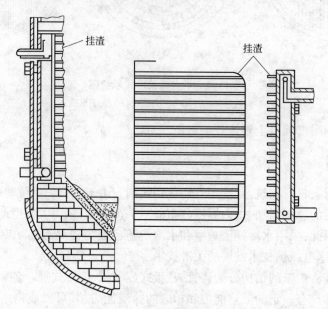

图 15-3　板式水冷挂渣炉壁

（2）管式水冷挂渣炉壁,采用锅炉钢管,两端为锅炉钢管弯头或锅炉钢铸造弯头,由多支冷却管组合而成水冷挂渣炉壁(见图 15-4)。

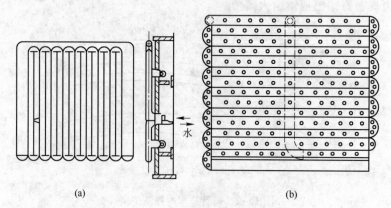

(a)　　　　　　　　　　　　　　　(b)

图 15-4　管式水冷挂渣炉壁

（a）密排垂直管;（b）密排水平管

板式或管式水冷挂渣炉壁结构的特点有:

（1）适用于炉壁热流为 $0.22 \sim 1.26 \ MW/m^2$ 的高热负荷,适用于高功率和超高功率电弧炉。

（2）具有一定厚度的钢结构的板式或管式水冷壁，其结构坚固，能承受炉料撞击或炉料搭接打弧以及吹氧不当造成的过热。

（3）具有良好的挂渣能力，通过挂渣厚度调节炉壁的热负荷。

（4）采用分离炉壳，利于水冷壁的更换，同时可将漏水引出炉外，以保证水冷挂渣炉壁的安全操作。

电弧炉冷却板的典型安置方式见图15-5。

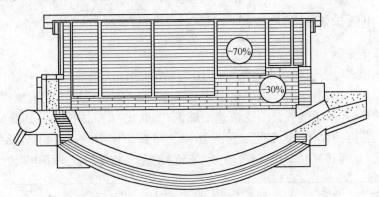

图 15-5　电弧炉冷却板的典型安置方式

15.3.4.3　水冷炉盖

电弧炉水冷炉盖的结构主要是管状的，见图 15-6。根据水冷却管的布置，将其结构分为管式环状、管式套圈和外环组合式、管式环状水冷与耐火材料组成式等。

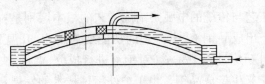

图 15-6　水冷炉盖

水冷炉盖根据需要开设若干孔，包括 3 个电极孔、装辅助料孔、气体排放孔等。三相交流电弧炉需 3 个电极孔，直接电弧炉可以有 1 个或 3 个电极孔。由于电极自身被加热，电极孔应由具有良好导热性的水冷却管组成的金属环构成。

复习思考题

15-1　何谓综合砌炉？

15-2　简述炉衬损坏的原因有哪些方面。

15-3　什么是转炉溅渣护炉技术，溅渣护炉的基本原理是什么？

15-4　如何正确选择调渣剂？

15-5　溅渣护炉对炉渣的组成与性质有哪些要求？

15-6　提高炉龄的措施有哪些？

15-7　电弧炉对耐火材料的一般要求有哪些？

15-8　通常电弧炉哪些部位是水冷的？

16 现代电弧炉炼钢工艺

16.1 现代电弧炉炼钢工艺流程

现代电弧炉炼钢工艺流程是：

废钢预热（SPH）→超高功率电弧炉（UHP - EAF）→二次精炼（SR）→连铸（CC）

与传统工艺相比较，相当于把熔化期的一部分任务分出去，采用废钢预热，再把还原期的任务移到炉外，并采用熔氧合一的快速冶炼工艺，取代"老三期"一统到底的落后冶炼工艺，形成高效、节能的优化"短流程"，见图16-1。电弧炉作用的改变，日本人称之为"电弧炉的功能分化"。而超高功率电弧炉（交流/直流）的完善和发展促进了电弧炉流程的进步。

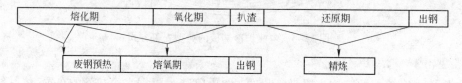

图 16-1 电弧炉的功能分化图

现代电弧炉冶炼工艺与传统的电弧炉冶炼工艺的根本区别是：前者必须将电弧炉与炉外精炼相结合才能生产出成品钢液，电弧炉的功能变为熔化、升温和必要的精炼（脱磷、脱碳），还原期任务在炉外精炼过程中完成（对钢液进行成分、温度、夹杂物、气体含量等的严格控制）；后者用电弧炉来生产成品钢。由于炉外精炼技术的发展和成熟，使电弧炉冶炼周期缩短，使之与连铸匹配成为可能，同时精炼工序也作为炼钢与连铸间的一个缓冲环节。

综上所述，现代电弧炉出钢到出钢时间的研究是从两个方面进行的，首先是强化电弧炉本身的冶炼能力，从能量平衡的角度来缩短电弧炉冶炼周期；其次是从冶炼工艺流程上考虑，将传统电弧炉工艺分别由电弧炉与炉外精炼两者完成。

16.2 废钢预热

20世纪末，人们全面开发了电弧炉炼钢节能技术，电弧炉在采用强化冶炼技术（用氧及矿物燃料）增加辅助能源后，排出炉外的烟气温度大幅度上升。测量数据表明，常规电弧炉用氧及增加辅助能源以后，烟气的热量可占到电弧炉热量总收入的20%左右。1979年，日本东申制钢与日本钢管（NKK）公司开始联合开发电弧炉炼钢节能技术；1980年，在一座50tEAF上安装了世界上第一套废钢预热装置（称为料篮预热法）。其工作原理是，电弧炉产生的高温废气（1200~1400℃）由第四孔水冷烟道，经燃烧室后进入装有废钢的预热室内进行预热。废气进入预热室的温度一般为700~800℃，排出时为150~200℃，每篮料预热30~40 min，可使废钢预热至200~250℃。操作结果表明，该装置可回收废气显热30%，吨钢电耗可降低35~50 kW·h/t，冶炼时间缩短约8 min。该法存在的问题是，废钢预热过程产生白烟、臭气,高温废气使料篮局部过热,降低了料篮的使用寿命,且预热温度低。

1981年底,德国巴登钢厂(BSW)安装了欧洲第一套废钢预热装置;1985年,该厂改造,在两座60t电炉上都装上废钢预热装置,见图16-2。预热后废钢温度达到450℃,相当于节电60kW·h/t,同时降低了电极消耗与耐材消耗。进入20世纪90年代中期,由于欧洲严格的环保立法,传统的废钢预热方式在欧洲逐渐被禁止,或者被迫将预热废钢以后的电弧炉废气用烧嘴重新加热至900℃以上再进行急冷、除尘,以避免剧毒气体二噁英的生成与排放。这又是以新的能量输入为代价。目前来说,这是节能与环保关系中的一大矛盾。因此,冶金工作者不得不寻求新的废钢预热方式。

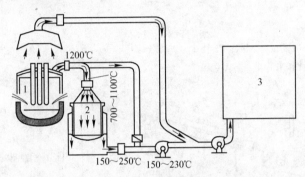

图16-2 巴登钢厂废钢预热装置
1—电弧炉;2—废钢预热;3—除尘器

目前工业应用较为普遍的新型废钢预热的方式主要有以下三种。

16.2.1 炉料连续预热电弧炉

Consteel电弧炉可实现炉料连续预热,也称为炉料连续预热电弧炉(见图16-3)。该型电炉炉于20世纪80年代由意大利德兴(Techint)公司开发,1987年最先在美国的纽柯公司达林顿钢厂(Nucor-Darlington)进行试生产,获得成功后在美国、日本、意大利等推广使用。到目前为止,世界上已投产的Consteel电弧炉近20台,其中近半数在中国。

炉料连续预热电弧炉由炉料连续输送系统、废钢预热系统、电弧炉熔炼系统,燃烧室及余热回收系统等组成。炉料连续预热电弧炉的工作原理与预热效果为:炉料连续预热电弧炉是在连续加料的同时,利用炉子产生的高温废气对行进的炉料进行连续预热,可使废钢入炉前的温度高达500~600℃,而预热后的废气经燃烧室进入余热回收系统。

炉料连续预热电弧炉由于实现了废钢连续预热、连续加料、连续熔化,因而具有如下优点:

(1)提高了生产率,降低电耗(80~100kW·h/t)、电极消耗;

(2)减少了渣中的氧化铁含量,提高了钢水的收得率等;

(3)由于废钢炉料在预热过程中碳氢化合物全部烧掉,冶炼过程中熔池始终保持沸腾,降低了钢中气体含量,提高了钢的质量;

(4)变压器利用率高,高达90%以上,因而可以降低功率水平;

(5)容易与连铸相配合,实现多炉连浇;

(6)由于电弧加热钢水,钢水加热废钢,故电弧特别稳定,电网干扰大大减少,不需要用

"SVC"装置等。

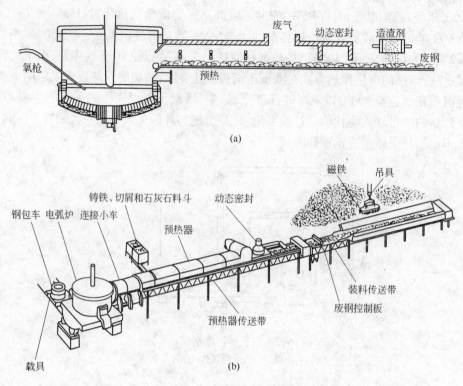

图 16-3　Consteel 电弧炉的结构简图
(a) 连续投料示意图；(b) 废钢处理系统

　　Consteel 电弧炉的技术经济指标为：节约电耗 100 kW·h/t，节约电极 0.75 kg/t，增加收得率 1%，增加炭粉 11 kg/t，增加吹氧量 8.5 m³/t。Consteel 电弧炉分交流、直流两种，不使用氧-燃烧嘴，废钢预热不用燃料，并且实现了 100% 连装废钢。

16.2.2　双壳电弧炉

　　双壳电弧炉是 20 世纪 70 年代出现的炉体形式，今天仍受到重视，并且被赋予了新的内容。双壳电弧炉具有一套供电系统、两个炉体，即"一电双炉"，采用一套电极升降装置交替对两个炉体进行供热以熔化废钢，如图 16-4 所示。

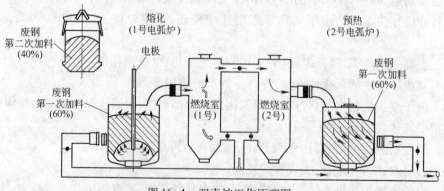

图 16-4　双壳炉工作原理图

双壳炉的工作原理为:当熔化炉(1号)进行熔化时,所产生的高温废气由炉顶排烟孔经燃烧室后,进入预热炉(2号)进行预热废钢,预热(热交换)后的废气由出钢箱顶部排出、冷却与除尘。每炉钢的第一篮(相当于60%)废钢可以得到预热。双壳炉的主要特点有:

(1) 提高变压器的时间利用率,由70%提高到80%以上,降低功率水平;

(2) 缩短冶炼时间,提高生产率15%~20%;

(3) 节电40~50 kW·h/t。

新式双壳炉自1992年由日本首先开发第一座,到1997年已有20多座投产,其中大部分为直流双壳炉。为了增加预热废钢的比例,日本钢管公司(现并入JEF)采取增加电弧炉熔化室高度并采用氧-燃烧嘴预热助熔的方法,以进一步降低能耗、提高生产率。

16.2.3 竖井式电弧炉

进入20世纪90年代,德国的Fuchs公司研制出新一代电弧炉——竖井式电弧炉(简称竖炉)。从1992年首座竖炉在英国的希尔内斯钢厂(Sheerness)投产到目前为止,Fuchs公司投产和待投产的竖炉达30多座。竖炉的结构、工作原理(见图16-5)及预热效果为:竖炉炉体为椭圆形,在炉体相当于炉顶第四孔(直流炉为第二孔)的位置配置一竖井烟道,并与熔化室连通。装料时,先将大约60%的废钢直接加入炉中,余下的(约40%)由竖窑加入,并堆在炉内废钢上面。送电熔化时,炉中产生的高温废气(1400~1600℃)直接对竖井中废钢料进行预热。随着炉膛中的废钢熔化、塌料,竖井中的废钢下落,进入炉膛中的废钢温度高达600~700℃。出钢时,炉盖与竖井一起提升800 mm左右、炉体倾动,由偏心炉底出钢口出钢。

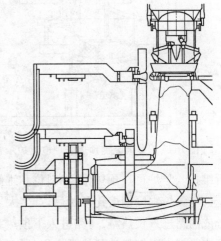

图16-5 单竖井电弧炉

为了实现100%废钢预热,Fuchs竖炉又发展了第二代竖炉(手指式竖炉),如图16-6所示。它是在竖井的下部与熔化室之间增加一水

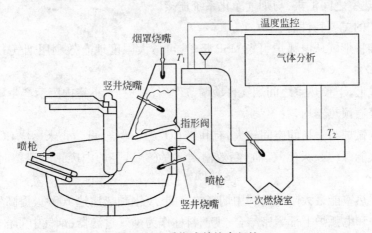

图16-6 手指式单炉壳竖炉

冷活动托架(也称指形阀),将竖炉与熔化室隔开,废钢分批加入竖井中。废钢经预热后,打开托架加入炉中,实现100%废钢预热。手指式竖炉不但可以实现100%废钢预热,而且可以在不停电的情况下,由炉盖上部直接连续加入多达55%的直接还原铁(DRI)或多达35%的铁水,实现不停电加料,进一步减少热停工时间。

竖炉的主要优点是:(1)节能效果明显,可回收废气带走热量的60%~70%以上,节电60~80 kW·h/t以上;(2)提高生产率15%以上;(3)减少环境污染;(4)与其他预热法相比,还具有占地面积小、投资省等优点。

多级废钢预热(multi stage preheating)技术代表着当代废钢预热技术发展方向,具有较高的技术水平。多级废钢预热竖炉电弧炉主要结构见图16-7。

多级废钢预热(MSP)是将整个竖炉分上、下两层预热室。上、下两层预热室均可用手指状的箅子独立开闭,在废钢进入电弧炉前,可单独分批预热废钢。竖炉位于电弧炉炉盖上方,设有三个工位,即预热位、加料位和维修位。预热位主要是接受废钢和预热废钢;加料位是把预热后的废钢从竖炉加入电弧炉;而维修位是对竖炉及有关部件进行维护。竖炉可在预热位、加料位和维修位往返运行。

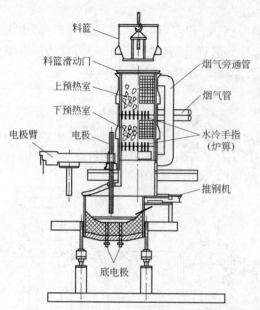

图16-7　多级废钢预热竖炉电弧炉示意图

电弧炉内废钢熔化开始后,产生大量高温烟气在电弧炉上方进行二次燃烧。高温烟气分成两路进入预热室,一路进入下预热室,另一路通过旁通管进入上预热室。这种方式可以解决竖炉内废钢料柱预热不均匀、局部废钢过热而粘"手指"(炉箅)的问题,从而增强了废钢预热效果。当该系统上预热室不预热废钢时,允许废气直接从下预热室进入预热废钢,废气在上、下预热室之间汇集,与烟气净化系统连接。

MSP竖炉的主要特性有:

(1)直接将烟气从电弧炉引入MSP竖炉,可最大限度地有效利用烟气的能量,节省电耗100 kW·h/t;

(2)通过上、下预热室之间烟气自动调节作用,避免上、下室内废钢产生局部过热,废钢预热温度较普通预热器均匀;

(3)因电弧炉与手指间空间较大,有利于CO完全燃烧,可防止未燃烧CO造成的爆炸;

(4)一次能源(煤、天然气、油)高效输入,烟气穿过竖炉内废钢时滞留时间较长,改善热交换效率;

(5)双预热室能最大限度地利用烟气的潜能,废钢预热比达100%,提高生产率20%;

(6)竖炉和电弧炉上部紧密结合,废钢料柱作为烟气过滤器,烟气中的含尘量比标准低30%左右。

16.3 超高功率电弧炉

超高功率电弧炉这一概念是 1964 年由美国联合碳化物公司的 W. E. Schwabe 与西北钢线材公司的 C. G. Robinson 两个人提出的,并且首先在美国的 135 t 电弧炉上进行了提高变压器功率、增加导线截面等一系列改造,目的是提高生产率,发展电弧炉炼钢。超高功率简称"UHP"(Ultra High Power)。20 世纪 70 年代以来,全世界都大力发展 UHP 电弧炉,几乎不再建普通功率电弧炉。

UHP 一般指电弧炉变压器的功率是同吨位普通电弧炉功率的 2~3 倍。UHP 电弧炉的主要优点有:缩短熔化时间,提高生产率;提高电热效率,降低电耗;易于与炉外精炼、连铸相配合,实现高产、优质、低耗的目标。对于 150 t UHP 电弧炉,生产率不低于 100 t/h,电耗可达 450 kW·h/t 以下,即生产节奏转炉化。表 16-1 为当时一座 70 t 电弧炉改造实施超高功率化后的效果情况。

表 16-1 70 t 电弧炉超高功率化的效果

电弧炉	额定功率 /MV·A	熔化时间 /min	冶炼时间 /min	熔化电耗 /kW·h·t^{-1}	总电耗 /kW·h·t^{-1}	生产率 /t·h^{-1}
普通功率(RP)	20	129	156	538	595	27
超高功率(UHP)	50	40	70	417	465	62

16.3.1 UHP 电弧炉的主要技术特征

UHP 电弧炉的主要技术特征如下:

(1) 具备较高的单位功率水平。功率水平(kV·A/t)是超高功率电弧炉的主要技术特征,它表示每吨钢占有的变压器额定容量,即:

$$功率水平 = \frac{变压器额定容量(kV·A)}{公称容量或实际出钢量(t)} \tag{16-1}$$

并以此区分普通功率(RP)、高功率(HP)和超高功率(UHP)。

在 UHP 电弧炉的发展过程中,曾出现过许多分类方法,目前许多国家均采用功率水平表示方法。1981 年,国际钢铁协会(IISI)在巴西会议上提出了具体的分类方法,对于 50 t 以上的电弧炉:功率水平小于 400 kV·A/t 的为 RP 电弧炉,功率水平在 400~700 kV·A/t 范围内的为 HP 电弧炉,功率水平大于 700 kV·A/t 的为 UHP 电弧炉。对于大容量电弧炉,可取下限。但前几年国内电弧炉的功率水平普遍低下,由 1994 年中国钢铁年鉴的统计结果可知,85% 电弧炉的功率水平在 300 kV·A/t 左右(按出钢量)。近年引进的一些高水平电弧炉,其功率水平较高,如南京钢铁联合公司的 70 t/60 MV·A 电弧炉,苏州苏兴特钢公司与江阴兴澄钢铁公司的 100 t/100 MV·A 电弧炉等。

(2) 具备高的电弧炉变压器功率利用率和时间利用率。电弧炉变压器功率利用率与时间利用率,反映了电弧炉车间的生产组织、管理、操作及技术水平。功率利用率是指一炉钢实际输入能量与变压器额定能量的比值,或指一炉钢总的有功能耗与变压器额定有功能耗的比值,用 C_2 表示。时间利用率是指一炉钢总通电时间与总冶炼时间之比,用 T_u 表示。

$$C_2 = \frac{\overline{P_2}t_2 + \overline{P_3}t_3}{P_n(t_2 + t_3)} \tag{16-2}$$

$$T_u = \frac{t_2 + t_3}{t_1 + t_2 + t_3 + t_4} = \frac{t'}{t' + t''} = \frac{t'}{t} \qquad (16-3)$$

式中　t——冶炼周期,min;

　　t_2, t_3——分别为熔化与精炼期通电时间,即总通电时间 t',min;

　　t_1, t_4——分别为出钢间隔与热停工时间,即非通电时间 t'',min;

　　$\overline{P_2}, \overline{P_3}$——分别为熔化与精炼期平均输入功率,kW;

　　P_n——变压器的额定功率,kW。

超高功率电弧炉要求 C_2 与 T_u 均大于 0.7,把电弧炉真正作为高速熔炼器。

（3）具有较高的电效率和热效率。电弧炉的平均电效率应不小于 0.9,平均热效率应不小于 0.7。

（4）具有较低的电弧炉短网电阻和电抗,且短网电抗平衡。50 t 以下的炉子,其短网电阻和电抗应分别不大于 0.9 mΩ 和 2.6 mΩ,短网电抗不平衡度应不大于 10%;大于 75 t 的电弧炉,其短网电阻和电抗应分别不大于 0.8 mΩ 和 2.7 mΩ,短网电抗不平衡度应不大于 7%。

16.3.2　工艺操作要点

16.3.2.1　工艺流程模式

在生产工艺上,根据冶炼品种或客户对质量的不同要求可采用不同的工艺,如图 16-8 所示。主要有以下几种:

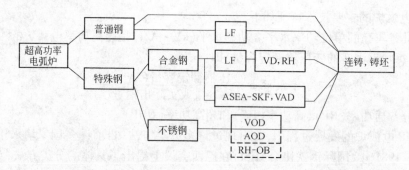

图 16-8　常见的 UHP 电弧炉 – 炉外精炼 – 连铸流程模式

（1）废钢预热 – 电弧炉熔炼 – EBT 氧化性钢水无渣出钢工艺。其工艺流程为:废钢预热—装料—进料—通电熔化—脱磷、脱碳、升温—净沸腾—无渣出钢—钢包内吹氩、合金化、脱硫剂脱硫—浇注。此工艺因采用氧化性出钢,碳和硅含量等波动较大。碳含量的波动与终点碳到出钢时间内钢水的稳定性有关,使用的电功率严重影响碳的稳定。硅的回收率与钢水碳含量有关。低碳时,硅的回收率低,中、高碳时,硅的回收率高。

（2）废钢预热 – 电弧炉熔炼 – EBT 半还原钢水无渣出钢工艺。其工艺流程为:废钢预热—装料—进料—通电熔化—脱磷、脱碳、升温—净沸腾—拉渣—半还原、炉内合金化—无渣出钢—钢包内吹氩、合金微调、脱硫剂脱硫—浇注。此工艺可用于低合金钢的生产。

（3）废钢预热 – 电弧炉熔炼 – EBT 无渣出钢 – 钢包精炼短流程工艺。用 LF 作为炉外精炼设备时,其工艺流程为:废钢预热—装料—进料—通电熔化—脱磷、脱碳、升温—取样—无渣出钢—钢包内吹氩、初调合金、脱硫剂脱硫—取样—LF 升温、微调合金—浇注。通过

LF 精炼,钢水成分稳定,钢锭或铸坯的内在质量和表面质量均可得到进一步的改善。此工艺可用于对质量要求高的钢类的生产。

如前所述,电炉钢成本较转炉钢高。电弧炉如果只生产转炉也能生产的产品,肯定竞争不过转炉。电弧炉炼钢的优势在于能够冶炼转炉难以冶炼的高质量合金钢,特别是高合金钢。因此,电弧炉只有采用现代冶炼工艺、提高钢的质量、增加电炉钢品种、多生产高附加值产品,才能提高自身的竞争力。

16.3.2.2 熔氧期

UHP 电弧炉采用熔、氧结合的方式,完成熔化、升温和必要的精炼任务(脱磷、脱碳)。把那些只需要较低功率的工艺操作转移到钢包精炼炉内进行。钢包精炼炉完全可以为初炼钢液提供各种最佳精炼条件,可对钢液进行成分、温度、夹杂物、气体含量等的严格控制,以满足用户对钢材质量越来越严格的要求。

操作要点有:在装料前炉底先垫上适量石灰和增碳剂,炉料按正确布料方式装入,炉料熔化至 1/3 ~1/2 时开始吹氧助熔,在熔化中、后期不断补充新渣料,使熔化期总渣量达到 3% ~5% ,以便熔清时可脱去原料中 50% ~70% 的磷,使全熔分析的磷含量进入规格含量,在熔清后采用自动流渣和扒渣以放出大部分炉渣,重新造渣、吹氧升温降碳。

A 快速熔化与升温操作

快速熔化和升温是超高功率电弧炉最重要的功能,将第一篮预热废钢加入炉后,此过程即开始进行。超高功率电弧炉以最大的功率供电,采用氧 - 燃烧嘴助熔、吹氧助熔和搅拌、底吹搅拌、泡沫渣以及其他强化冶炼和升温的技术,为二次精炼提供成分、温度都符合要求的初炼钢液。

B 脱磷操作

脱磷操作的三要素,即磷在渣 - 钢间分配的关键因素有:炉渣的氧化性、炉渣碱度和温度。随着渣中 $w(\text{FeO})$、$w(\text{CaO})$ 的升高和温度的降低,磷在渣、钢间的分配比($w(\text{P})/w[\text{P}]$)明显提高。采取的主要工艺有:强化吹氧和氧 - 燃助熔,提高初渣的氧化性;提前造成氧化性强、氧化钙含量较高的泡沫渣,并充分利用熔化期温度较低的有利条件,提高炉渣脱磷的能力,及时放掉磷含量高的初渣,并补充新渣,防止温度升高后和出钢时下渣回磷;采用氧气将石灰与萤石粉直接吹入熔池,脱磷率一般可达 80% ,脱硫率低于 50% ;采用无渣(或少渣)出钢技术,严格控制下渣量,把出钢后磷含量降至最低。一般下渣量可控制为 2 kg/t,对于 $w(\text{P}_2\text{O}_5) =1\%$ 的炉渣,其回磷量不高于 0.001% 。

出钢磷含量的控制应根据产品规格、合金化等情况综合考虑,一般 $w[\text{P}] <0.02\%$ 。

C 泡沫渣操作

采用熔、氧结合工艺后,熔池在全熔时磷就可能进入规格含量,随后的任务就是升温和脱碳。在温度很低时,尽管采用吹氧操作,但由于碳氧反应的温度条件不好,因而反应不良,氧气利用也较差,钢液升温依然主要依靠电弧的加热。若能在这段时间里增大供电功率并采用埋弧操作,既能保证钢液有效地吸收热量,又能避免强烈弧光的反射对炉衬造成损坏。

a 泡沫渣的控制

良好的泡沫渣是通过控制 CO 气体发生量、渣中 FeO 含量和炉渣碱度来实现的。足够的 CO 气体量是形成一定高度泡沫渣的首要条件。形成泡沫渣的气体不仅可以在金属熔池中产生,也可以在炉渣中产生。熔池中产生的气泡主要来自溶解碳和气体氧、溶解氧的反应,其前提是熔池中有足够的碳含量。渣中 CO 主要是由碳和气体氧、氧化铁等一系列反应产生的,其中碳可以颗粒形式加入,也可以粉状形式直接喷入。事实证明,喷入细粉可以更快、更有效地形成泡沫渣,产生泡沫渣的气体中 80% 来自渣中、20% 来自熔池。熔池产生的细小分散气泡,既有利于熔池金属流动,促进冶金反应,又有利于泡沫渣形成;而渣中产生的气体则不会造成熔池金属流动。研究表明,增加炉渣的黏度、降低表面张力、使炉渣的碱度 $R = 2.0 \sim 2.5$、控制 $w(FeO) = 15\% \sim 20\%$ 等,均有利于炉渣的泡沫化。

　　b　造泡沫渣的方式

　　(1) DRI 造泡沫渣。从 DRI 的化学成分看,除了金属铁之外,一般还会有相当数量的氧化铁(质量分数为 $7\% \sim 10\%$)和碳(质量分数为 $1.0\% \sim 3.0\%$)。除此之外,DRI 不管是以球团形式、块矿形式、还是以 HBI 形式供货,一般块度不大(HBI 的块度最大,一般为 30 mm × 60 mm × 90 mm),可以从电弧炉炉顶连续加入炉内。DRI 中的氧化铁多以 FeO_n 形式存在,在炉内与碳产生化学反应:$FeO + C = Fe + CO$(吸热)。粒状或块状的 DRI 因其密度介于炉渣与钢水之间($4 \sim 6$ g/cm³),加入炉内后多在钢 – 渣界面停留,使渣 – 钢表面积增大,有利于上述反应向正方向进行。因为碳还原氧化铁反应大量吸热,所以不宜过早地向炉内加入DRI。一般在熔池温度高于 1500℃ 以上加入为宜。高温下 DRI 从炉盖开口处以一定速度连续加入,使其熔化和冶炼反应同时进行,电极电弧稳定。

　　(2)碳氧喷枪造泡沫渣。向电弧炉炉内供氧与喷碳一般有两种不同的方式,即超声速水冷喷枪与消耗式喷枪。使用消耗式喷枪造泡沫渣有以下三种机理:

　　1)第一种情况,向含碳钢水中吹氧。向钢水中吹氧,发生反应:$[C] + \frac{1}{2}O_2 = CO$,CO气泡上升到渣层形成泡沫渣,这种 CO 气泡称为第一代气泡,采用这种吹氧操作为保证氧气利用效率,要求钢水中 $w[C]$ 保持在 0.2% 以上。

　　2)第二种情况,向炉渣中喷炭粉。当钢水中碳含量不断降低时,再向钢水中吹氧会加速铁元素氧化,使得渣中氧化铁含量急剧上升,高氧化铁炉渣对炉衬侵蚀加剧,同时也会影响钢水收得率,更会加大脱氧的难度。通过向渣中喷入炭粉,可还原渣中氧化铁,同时生成CO 气泡,其反应式为:$(FeO) + C_{(s)} = [Fe] + CO_{(g)}$,反应结果不仅有利于形成泡沫渣,而且还会因为将渣中的一部分铁还原于钢水之中而提高冶炼金属收得率。炭粉与炉渣反应生成的 CO 气泡称为第二代气泡。

　　3)第三种情况,向喷入炭粉的炉渣中吹氧。一般现代电弧炉使用消耗式碳氧枪,共有三只喷管,其中两只吹氧、一只喷炭粉。向炉渣喷入炭粉的同时,用另一只氧枪插入炉渣,在渣中进行炭粉的氧化反应,反应式为:$C_{(喷入)} + \frac{1}{2}O_{2(渣中)} = CO$,这种 CO 气泡称为第三代气泡。三只喷枪同时使用造泡沫渣的机理示于图 16-9,使用超声速水冷氧枪时,从喷枪口出来的氧气与炭粉 – 压缩空气射流也会有以上三方面的多相(固体炭粉颗粒、氧气、CO 气体、渣、钢)反应。

　　使用水冷喷枪造泡沫渣的机理与使用消耗式喷枪类似,只不过水冷喷枪不能插入钢水熔池操作,但从喷头出来的高速射流可以将氧气与炭粉带入钢水熔池与渣层中,反应机理基本相同。

　　D　脱碳操作

　　配碳可以用高碳废钢和生铁,也可以用焦炭或煤等含碳材料。后者可以和废钢同时加入炉内,也可以粉状喷入。配碳量与碳的加入形式、吹氧方式、供氧强度及炉子配备的功率(决定周期时间)关系很大,需根据实际情况确定。

电弧炉配料采用高配碳,其目的主要是:熔化期吹氧助熔时,碳先于铁氧化,从而减少了铁的烧损;渗碳作用可使废钢熔点降低,加速熔化;碳氧反应造成熔池搅拌,促进了钢－渣反应,有利于早期脱磷;在精炼升温期,活跃的碳氧反应扩大了钢－渣界面,有利于进一步脱磷、钢液成分和温度的均匀化以及气体、夹杂物的上浮;活跃的碳氧反应有助于泡沫渣的形成,提高传热效率,加速升温过程。

E 温度控制

良好的温度控制是顺利完成冶金过程的保证,例如,脱磷不但需要高氧化性和高碱度的炉渣,更需要有良好的温度相配合,这就是强调应在早期脱磷的原因,因为那时温度较低有利于脱磷;而在氧化精炼期,为造成活跃的碳氧沸腾,要求有较高的温度(高于1550℃);为使炉后处理和浇注正常进行,根据所采用的工艺要求电弧炉初炼钢水有一定的过热度,以补偿出钢过程、钢包精炼以及钢液输送等过程中的温度损失。

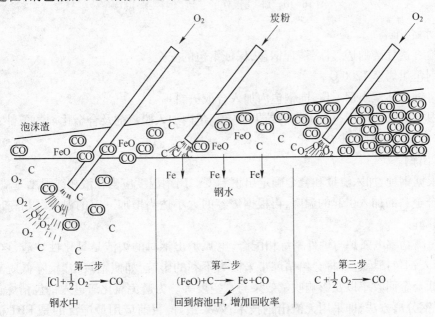

图 16-9 炭粉枪与氧枪同时使用造泡沫渣的机理

出钢温度应根据不同钢种,充分考虑以上各因素后确定。出钢温度过低,钢水流动性差,浇注后造成短尺或包中凝钢;出钢温度过高,使钢清洁度变坏,铸坯(或锭)缺陷增加,消耗量增大。总之,出钢温度应在能顺利完成浇注的前提下尽量控制低些。

16.3.2.3 出钢与精炼

电弧炉(无渣)出钢后,对质量要求高的钢类的生产应采用相应的精炼方法。精炼工艺制度与操作因各钢厂及钢种的不同而多种多样。

LF法使用较多,LF法精炼过程的主要操作有:全程吹氩操作、造渣操作、供电加热操作、脱氧及成分调整(合金化)操作等,图16-10所示为LF法常见的一例操作。

要达到好的精炼效果,应当从各个工艺环节着手,主要抓好以下几个环节:

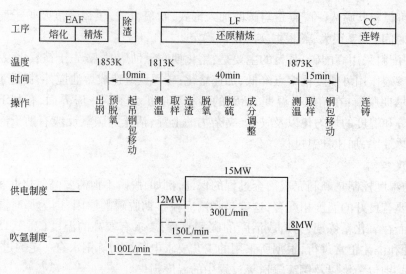

图 16-10　LF 法操作的一例(钢种:SS400)

（1）钢包准备。

1）检查透气砖的透气性,清理钢包,保证钢包的安全。

2）钢包烘烤至1200℃。

3）将钢包移至出钢工位,向钢包内加入合成渣料。

4）根据电弧炉最后一个钢样的结果确定钢包内加入脱氧剂及合金化剂的条件,以便使钢水初步脱氧并进行初步合金化。

（2）出钢。

1）根据钢种、加入渣量和合金确定出钢温度。出钢温度应当在液相线温度基础上减去因渣料、合金料的加入引起的温降,再根据炉容的大小适当增加一定的温度,以备补偿运输过程的温降。

2）超高功率电弧炉与炉外精炼相配合,电弧炉出钢时的炉渣是氧化性炉渣,这种氧化性炉渣带入钢包精炼过程将会给精炼带来极为不利的影响,如使钢液增磷,降低脱氧、脱硫能力,降低合金回收率以及影响吹氩效果与真空度等。为避免氧化渣进入钢包精炼过程,必须采用渣钢分离方法,即采用无渣出钢技术;效果最好、目前应用最广泛的是 EBT 法,同时采用留钢留渣操作,控制下渣量不高于 5 kg/t。

3）需要深脱硫的钢种在出钢过程中,可以向出钢钢流中加入合成渣料。

4）当钢水出至1/3 时,开始吹氩搅拌。一般 50t 以上钢包的氩气流量可以控制在 200 L/t 左右(钢水面裸露 1 m 左右),使钢水、合成渣、合金充分混合。

5）当钢水出至3/4 时,将氩气流量降至 100 L/min 左右(钢水面裸露 0.5 m 左右),以防过度降温。

（3）合金化。现代电弧炉合金化一般是在出钢过程中于钢包内完成的,那些不易氧化、熔点又较高的合金,如 Ni、W、Mo 等铁合金可在废钢熔化后加入炉内,但采用留钢操作时应充分考虑前炉留钢对下一炉钢液所造成的成分影响。出钢时要根据所加合金量的多少来适当调整出钢温度,再加上良好的钢包烘烤和钢包中热补偿,可以做到既提高合金收得率又不造成低温。出钢时钢包中脱氧合金化为预脱氧与预合金化(粗合金化),终脱氧(深度脱氧)

与精确的合金成分调整最终是在精炼炉内完成的。为使精炼过程中成分调整顺利进行,要求预合金化时被调成分不超过规格中限。

轴承钢、弹簧钢和齿轮钢属于生产量大、质量要求严格的钢种,而且代表了不同的碳含量水平。根据不同钢种对钢液清洁度的要求和各种脱氧剂对钢液清洁度的影响,对于这三种钢,有文献建议选择表16-2中所示的脱氧工艺(用钡合金,供参考)。

表16-2 不同钢种脱氧剂及工艺的选择

钢 种	预脱氧剂	终脱氧剂及夹杂物变性剂	备 注
轴承钢	铝	硅钡	低碱度、低氧化铝渣
弹簧钢	硅铁或硅锰	硅钡或硅钡钙	大方坯可采用预脱氧
齿轮钢	铝	硅铝钡、硅钙(铝)钡	根据初炼炉出钢加足预脱氧铝

研究表明,含钡复合合金脱氧剂用于钢液脱氧(从常用的脱氧元素的热力学数据可知,钡的脱氧能力仅次于钙而远强于铝),可获得较低的氧含量,其脱氧产物易于上浮且速度很快,钢中的夹杂物形态改善成球形,而且均匀分布于钢中。从脱氧夹杂物来看,脱氧效果较好的脱氧剂为SiAlBaCa和SiAlBaCaSr,其脱氧夹杂物基本呈球形;同时,夹杂物的分布比较均匀、数量较少,并且夹杂物的尺寸相对较小。

16.3.3 UHP电弧炉相关技术

16.3.3.1 氧-燃烧嘴

A 类型与特点

炉壁采用水冷后,"热点"问题得到基本解决,但"冷点"问题突出了。大功率供电使废钢熔化迅速,热点区很快暴露给电弧,而此时冷点区的废钢还没有熔化,炉内温度分布极为不均。为了减少电弧对热点区炉衬的高温辐射、防止钢液局部过烧,被迫降低功率,"等待"冷点区废钢的熔化。

超高功率电炉为了解决冷点区废钢的熔化问题,采用氧-燃烧嘴,插入炉内冷点区进行助熔,实现废钢的同步熔化,解决炉内温度分布不均的问题。氧-燃烧嘴主要包括氧-油烧嘴、氧-煤烧嘴和氧-天然气烧嘴。所用燃料有柴油、重油、天然气和煤粉等。各种类型烧嘴的特点和氧燃理想配比列于表16-3。

表16-3 各种类型烧嘴的特点和氧燃理想配比

烧嘴类型	特 点	氧燃理想配比
氧-油烧嘴	需配置油处理及汽化装置,氧、油量通过节流阀调节,自动控制水平较高;从设备投资、使用和维护方面比较,轻柴油优势更明显	一般氧油比为2;为使烧嘴达到最佳供热量,应注意根据投入电量来改变均匀熔化时所需的最佳烧嘴油量
氧-煤烧嘴	需配置煤粉制备装置;虽然煤资源丰富、价格低,但装备复杂、投资大;其热效率可达到60%~70%	氧煤比控制在2.5左右时,吨钢电耗最低
氧-天然气烧嘴	天然气发热值高、易控制、污染小,是良好的气体燃料;而且设备投资少、操作控制简便、安全性能高	配比为2时,火焰温度及操作效率最高;配比小于2时,火焰温度降低,废气温度提高;配比大于2时,碳及合金氧化显著,电极消耗量增加,化学成分可控性降低

在使用三种不同燃料的氧－燃烧嘴助熔技术中,氧－煤烧嘴助熔技术总吨钢成本降得最多,氧－天然气烧嘴助熔技术次之,氧－油烧嘴助熔技术降得最少。但实际采用哪种氧－燃助熔技术,需要综合各方面的因素后决定。

B　结构与布置

依使用燃料种类的不同,氧－燃烧嘴的结构也会有所不同,但基本结构还是一致的。通常采用铜铸的烧嘴头,最外层一般都是冷却水保护,使烧嘴免受高温辐射以及溅渣等侵蚀。里面依次是氧气和燃料的喷嘴;假如使用液体或粉状材料,则燃料喷嘴内还要考虑有载气输送。

图 16-11 所示是一种典型的氧－油烧嘴。氧－油枪将已雾化的燃油同氧气进行燃烧放热,达到熔化、切割废钢的目的。雾化气体一般为干燥压缩空气或 N_2。电弧炉新型氧－油助熔技术的设备操作及维护简单,可实现仪表或计算机控制。因此,在我国的绝大多数中、大型高功率、超高功率电弧炉上,使用的是氧－油助熔技术。

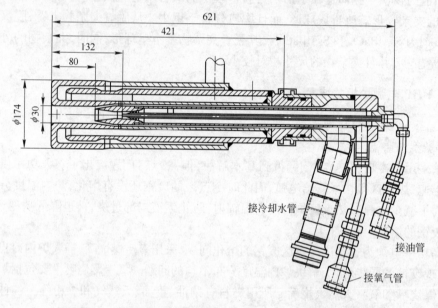

图 16-11　沙钢润忠厂 90t 福克斯(Fuchs)电弧炉用氧－油烧嘴

北京科技大学研制的氧－煤烧嘴,是中心管以空气(或 N_2)为载气输送煤粉、内外管之间分为旋流和直流输送氧气的双氧道烧嘴(见图 16-12),这种烧嘴既能保证在烧嘴出口处形成回流区以利于点火,又能在其外部形成约束火焰的直流氧气射流,以增加火焰出口动量、提高其穿透能力。

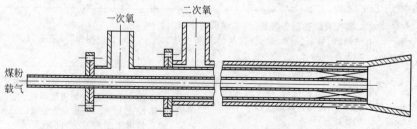

图 16-12　氧－煤(粉)烧嘴的结构简图

氧－天然气烧嘴的燃烧效率主要取决于氧气与天然气进行充分混合的预混合室的长度,预混合室存在一个最佳长度,可使烧嘴燃烧效率最高。

烧嘴的大小和多少依据电弧炉容量(即电弧炉炉壳尺寸)以及电弧炉冶炼工艺条件(如废钢种类、DRI 使用数量、是否有废钢预热或热装铁水等)而定。一般来说,使用废钢预热或有铁水热装的电弧炉,氧－燃烧嘴的个数与功率都可适当减小;而使用重型废钢或 DRI 比例大的电弧炉,烧嘴配置应适当多些或功率需适当大些。氧－燃烧嘴的供热能力一般用功率大小来衡量,单只烧嘴的功率大多在 2~4 MV·A 之间。每座电弧炉所配氧－燃烧嘴的总功率,一般为变压器额定功率的 15%~30%,每吨钢功率为 100~200 kV·A/t。氧－燃烧嘴通常布置在熔池上方 0.8~1.2 m 高度处,一般安装在电弧炉水冷壁上,3~6 只烧嘴对准冷点区(见图 16-13,如交流电弧炉在电极之间共有 3 个冷区,EBT 电弧炉的留钢区域也是冷区),便于加速废钢熔化。

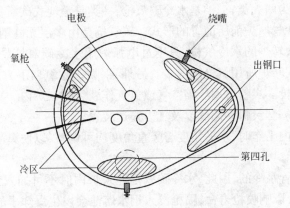

图 16-13　氧－燃烧嘴在电弧炉炉体上的布置

较小的电弧炉可以在炉门上安装烧嘴,单个烧嘴安装在一支撑小车上可使烧嘴灵活对准炉内某个区域,使烧嘴火焰有效地达到炉内冷区。也有个别的电弧炉,氧－燃烧嘴被设计安装在炉盖之上,这对于炉盖旋转或平移的操作很不方便;但对于使用大量泡沫渣的电弧炉,炉盖烧嘴可以避免炉壁烧嘴出现的灌渣现象。

C　供热制度

对流传热是氧－燃烧嘴主要的热量传输方式。保证氧气与燃料的充分混合和迅速点燃,将有利于提供最高的火焰温度和氧气出口速度,从而增大对流传热系数。但为实现均匀熔化(减少高温区的吸热损失),应根据炉中状态和供电量来改变所需的燃油量。

在熔化开始阶段,火焰与废钢之间的温差最大,此时使氧气和燃料以理想配比进行完全燃烧,对熔化废钢很有利,烧嘴的传热效率也最大。随着废钢温度升高,炉料会因熔化而下沉并被压缩,高热燃气穿过炉料的距离缩短,使热交换效率值降低,烧嘴的传热效率下降。当炉料上部的废钢熔化掉 1/2 以上时,大部分热量将从熔池表面反射出去传给废气。因此,氧－燃烧嘴合理的使用时间应该是废气温度突然升高之前的这段时间。

D　应用效果

氧－燃助熔技术是 20 世纪 70 年代由日本首先开发采用的。目前,日本、西欧、北美等大多数的电弧炉都采用氧－燃烧嘴强化冶炼;在我国,天津钢管公司采用氧－油烧嘴,攀钢集团、成都钢管公司采用氧－天然气烧嘴,抚钢采用氧－煤烧嘴。采用氧－燃烧嘴一般可降低电耗 10% ~ 15% ,生产率提高值大于 10% 。

烧嘴助熔比废钢预热更为优越,因为它无需在炉外配置设备和占用场地,在日本的电弧炉上已普遍采用。由于使用烧嘴的供氧量一般都大于理论计算值,炉内呈氧化性气氛,熔化期炉料中碳的烧损较多,为了保证氧化期的正常操作,炉料的配碳量应适当偏高。另外,由于燃烧中有机物的裂解,熔毕时 $w[H]$ 有可能偏高,应做好氧化期的沸腾去气工作。

16.3.3.2　炉门碳氧枪

为加速炉内废钢熔化,传统电弧炉操作是采用人工吹氧的办法,即操作工手持吹氧管从炉门切割废钢;或将吹氧管插入熔池加速废钢熔化,并可加速熔池脱碳。现代电弧炉炼钢取消了人工操作而代之以氧枪机械手,在电弧炉主控室内遥控吹氧。由于造泡沫渣的需要,在向炉内吹氧的同时,用另一只喷枪向炉内喷入炭粉。

炉门碳氧枪可分为两大类,一类是水冷碳氧枪,一类是消耗式碳氧枪。水冷碳氧枪即为沙钢永新、润忠以及沙景厂炉前所配置的形式。碳氧枪是由多层无缝钢管制造,端头为紫铜喷头,类似于氧气顶吹转炉的水冷氧枪,只不过电弧炉用水冷碳氧枪是在炉门前(渣门)水平放置,且长度比顶吹转炉所用氧枪短得多。另外,铜喷头吹氧口下方放置喷炭粉出口,或另外附加水冷炭粉喷枪。炭粉可用压缩空气或氮气作载气喷入炉内。当然,为了喷炭粉,炉前操作平台还需放置一套炭粉存储罐以及气力输送装置。

水冷碳氧枪在炉内工作时,水平角度与竖直角度均可调整,以便灵活地实现助熔废钢与造泡沫渣的功能。

由于喷枪是用套管水冷的,因此,水冷碳氧枪伸入炉内时不可插入钢水熔池,也不能与炉内废钢接触,否则会影响喷枪寿命,喷枪浸入钢水熔池会发生爆炸事故。为了保证氧气流股吹入熔池,水冷氧枪喷嘴设计成拉瓦尔式,气体出口速度超过声速。水冷碳氧枪在使用时,枪头距熔池液面距离应在 100 mm 以上。

消耗式碳氧枪以德国巴登钢厂为代表,将机械手驱动的三根外层涂料的钢管(ϕ25 ~ 30 mm)伸入炉内,其中两根管吹氧,一根管喷炭粉。喷枪没有水冷,可直接插入炉内钢水熔池,也可直接用于切割废钢助熔,喷枪一边工作一边消耗。喷枪机械手由电弧炉主控室遥控,将喷枪头部对准炉内所需要的位置,水平角度与竖直角度均可调整,且在炉内活动范围比水冷喷枪大,见图 16-14。

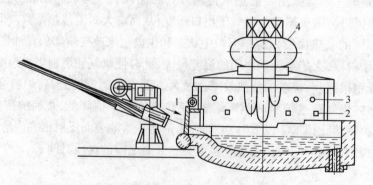

图 16-14　消耗式碳氧枪与喷枪机械手
1—炉门碳氧喷枪;2—氧－天然气烧嘴;3—二次燃烧喷嘴;4—废气处理系统

两种碳氧枪各有特点、各有利弊。水冷氧枪一次性投资大些,且操作中不能接触钢水与红热废钢,有一定的局限性;但操作成本低,且操作工无需更换喷管。消耗式碳氧枪在炉内可更早地开始切割废钢,在炉内活动空间大,且不用担心水冷碳氧枪会发生漏水事故;但操作过程中隔一段时间需要接吹氧管,增加了一些麻烦。

炉门碳氧枪仅能进行局部的供氧脱碳和泡沫渣操作,现在许多电弧炉钢厂使用炉壁氧枪与碳枪,选择了新的氧枪系统,如德国、意大利开发的碳－氧－燃复合式。

16.3.3.3 集束射流氧枪

A 技术原理与特点

集束射流氧枪(coherent jet oxygen lance)技术是一种新型的氧气喷吹技术,能够弥补传统超声速氧枪喷射距离短、冲击力小、氧气利用率低的缺点。该技术由美国 Praxair 公司开发,已在意大利、美国、德国等国家40多个电炉厂应用,取得了良好的效果。

集束射流氧枪(也称聚合射流氧枪)是应用气体力学的原理来设计的。集束射流是在传统的氧气射流周围设置环状伴随流后产生的。伴随流由燃气产生,燃气可以是煤气,也可以是天然气或液化气。由于伴随流的存在,实际上是在射流周围构成了等压圈,使燃气流对主氧气流起封套作用,所以集束射流可以保持较长距离的不衰减。一般集束射流核心段长度是传统射流的3～5倍。核心段是指射流超声速的部分。传统射流与集束射流的比较见图16-15。集束射流氧枪可直接安装在炉壁,实现助熔脱碳等功能。

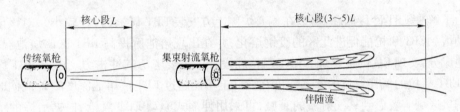

图 16-15 传统射流与集束射流的比较

集束射流氧枪技术的关键是设计专用喷嘴,该喷嘴能够以超声速的速率向电弧炉内输入氧气。集束射流氧枪的出口马赫数可以达到2.0,对金属熔池具有较高的冲击能,其射流凝聚距离能够达到1.2～2.1 m。由于集束射流能量集中,具有极强的穿透金属熔池的能力,增加了氧气对钢水的搅拌强度(见图16-16)。因此,对促进钢－渣反应、均匀成分与温度、减少喷溅、提高氧气利用率、提高金属收得率和生产率都有好处;同时,随着穿透能力的增强,枪位可适当提高,使氧枪寿命提高。

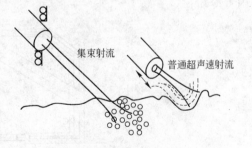

图 16-16 集束射流与普通超声速
射流对熔池的作用

根据电弧炉冶炼要求,可沿炉壁四周安装多个集束射流氧枪喷头。系统由氧气与天然气(常用)管道、喷头、控制计量仪表等构成,可设定不同的喷吹模式进行加热和熔化原料。开始加热时,使用长火焰加热和熔化废钢,熔化后期使用穿透性火焰,废钢熔化完毕,自动转入喷吹脱碳模式。

B　炉壁碳氧喷吹模块系统

北京科技大学朱荣教授等人近年开发了一种炉壁碳氧喷吹模块系统,已在石钢、莱钢、无锡新三洲钢业公司等企业得到应用,图 16-17 为其设备布置图。

常规电弧炉系统一般采用 3~5 个喷吹模块,每个模块上装有 1 支炉壁集束氧枪(或氧-燃枪)、1 支喷炭枪。抚顺特钢公司 1 号 EBT 电炉(50 tUHP)系统,采用 2 支具有脱碳及助熔的集束氧枪(布置在炉门两侧的冷区)、1 支助熔及二次燃烧氧枪(布置在 EBT 区域)。

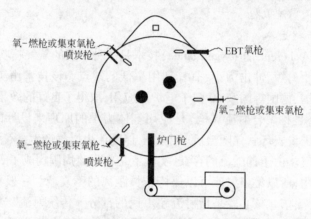

图 16-17　炉壁碳氧喷吹模块系统设备布置图

为了解决 EBT 冷区问题,可以在偏心炉侧上方安装 EBT 氧枪(口径较小),对该区进行吹氧助熔。EBT 氧枪能促进此区的废钢熔化,并在出现熔池后提高 EBT 区的熔池温度、均匀熔池成分,实现 CO 的再燃烧。EBT 氧枪在设计中需要考虑其冲击力。由于 EBT 区的熔池浅,EBT 氧枪的氧气射流的穿透深度在设计上不能超过 EBT 区熔池深度的 2/3,同时应避开出钢口区域。考虑到氧气射流的衰减,可采用伸缩式驱动 EBT 氧枪,根据冶炼的情况调整枪的位置。

集束射流氧枪具有助熔、脱碳等功能,喷炭枪具有喷炭造泡沫渣的功能。EBT 氧枪的主要功能是助熔废钢及二次燃烧。氧枪喷头采用拉瓦尔孔型设计、不锈钢枪体、铜制枪头、内置冷却。

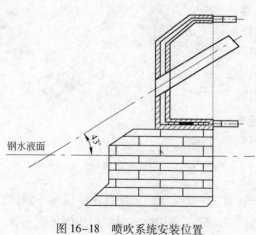

图 16-18　喷吹系统安装位置

为了更有效地脱碳,炉壁集束射流氧枪更靠近熔池,安装角度与熔化的钢液面成 42°~45°,氧枪射流距液面 400~450 mm(莱钢 50 t 电弧炉)。该系统在冶炼过程中可以较早地进行喷吹,且有效地避免了射流对耐火材料的直接冲击,铜质的水冷箱也有助于降低耐火材料的热负荷。如图 16-18 所示。

供氧采用炉壁集束射流技术,额定工作氧流量为三种(助熔、脱碳、二次燃烧),单支集束射流氧枪的供氧能力为 800~3000 m³/h,使用流量的大小取决于各阶段冶炼工艺的要求。抚顺特钢 1 号电弧炉炉壁集束射流氧枪的流量设置为:助熔 400 ~ 800 m³/h,脱碳 1200 ~ 1500 m³/h;EBT 氧枪助熔流量为 300 ~ 800 m³/h。

(1)助熔工艺。射流分主氧和次氧两种。按全废钢和铁水的比例不同,熔化期供氧模式不同。一般废钢熔化要求氧枪的火焰达到更大面积,通过软件设置和流量调节灵活控制两种方式的流量大小,根据熔化不同阶段始终保持最大、最有效的加热面积,还可避免由不恰当的吹氧形成的炉料搭桥和折断电极现象。氧 - 燃枪燃烧可采用轻柴油和燃气。使用轻柴油时需采用雾化方式,使柴油达到最大的燃烧效率;使用燃气需采用高热值燃气,且具有一定工作压力。

(2)二次燃烧工艺。二次燃烧的难点在于工作点的界定,开发的模块化技术可协助操作系统进行调整,并在控制程序上体现出来,通过对废钢区域的软吹及硬吹相调节,利用二次燃烧来进一步节能降耗并不断优化。

(3)全程泡沫渣埋弧冶炼。利用模块化技术,结合 PLC 计量控制喷粉量及实现炉中多点喷炭,可形成并维持很好的泡沫渣。而且,由于多点喷炭、采用预留钢水或兑铁水操作,可在冶炼过程的早期形成泡沫渣。

(4)钢水脱碳及升温

1)在氧化期脱碳时,由于在炉内多个反应区域进行脱碳,射流还有一定角度的偏心,推动了钢水的循环,这保证了温度的均匀性以及促进了渣 - 金属之间的物质传递。

2)集束射流条件下,平均脱碳速度可达 0.06%/min。在钢水温度、渣况合适时,最大脱碳速度可达(0.10 ~ 0.12)%/min,这有利于铁水或生铁比例较高或冶炼低碳钢种的情况。

16.3.3.4　二次燃烧技术

A　二次燃烧的意义

由于超高功率电弧炉冶炼过程的氧 - 燃烧嘴助熔、强化吹氧脱碳及泡沫渣操作产生大量富含 CO 的高温废气,其中只有少量的 CO 被燃烧成 CO_2,而大部分由第四孔排出后与空气中的氧燃烧成 CO_2。这一方面会增加废气处理系统的负担(在系统内燃烧,存在爆炸的危险),另一方面造成大量的能量(化学能)浪费。

废钢预热可利用排出废气的物理热,而二次燃烧是利用炉内的化学热。CO 燃烧成 CO_2 产生的热量(20880 kJ/kg)是碳燃烧成 CO 产生热量(5040 kJ/kg)的 4 倍,这对电弧炉来说是一个巨大的潜在能源。为此,在熔池上方采取适当供氧,使生成的 CO 再燃烧成 CO_2,即后燃烧或二次燃烧(postcombustion),产生的热量直接在炉内得到回收,同时也减轻了废气处理系统的负担。

B　二次燃烧技术的发展

1993 年,德国巴顿钢厂(BSW)与美国纽柯公司(Nucor)将二次燃烧技术分别用在 80 t 和 60 t 电弧炉上,并取得成功。之后此技术发展很快,美国、德国、法国、意大利等均达到工业应用水平。我国的宝钢为 150 t 双壳炉的每一个炉体配备了一支用于二次燃烧的水冷氧枪,由炉门插入,向熔池面吹氧。

二次燃烧采用特制的烧嘴,称为二次燃烧氧枪或 PC 枪,一般由炉壁或由炉门插入至钢液面。用于炉门的二次燃烧氧枪常与炉门水冷氧枪结合,形成"一杆二枪"。为了提高燃烧效率,将 PC 枪插入泡沫渣中,使生成的 CO 燃烧成 CO_2,其热量直接被熔池吸收。当然,吹入的氧气也会有一部分参与脱碳和用于铁的氧化。

电弧炉中二次燃烧反应进行的程度(即二次燃烧率)用式(16-4)表示:

$$PCR = \frac{\varphi(CO_2)}{\varphi(CO) + \varphi(CO_2)} \times 100\% \qquad (16-4)$$

PCR 值越大,说明二次燃烧反应越充分,化学能利用率越高。

C　二次燃烧技术的效果

(1)高的二次燃烧比,可达80%以上,废气中CO含量从20%~30%降到5%~10%,CO_2含量从10%~20%增加到30%~35%,且大大降低NO_x有害气体的排放量。

(2)较高的传热效率,最高可达65%。

(3)节电(标态)3~4 kW·h/m³。德国BCW用于二次燃烧的供氧量(标态)为16.8 m³/t,节电62 kW·h/t。

(4)缩短冶炼时间(标态)0.43~0.50 min/m³,从而提高了生产率。一般可缩短冶炼时间8%~15%。

16.3.3.5　电弧炉底吹搅拌技术

目前大多数电弧炉搅拌都采用气体(主要是Ar或N_2,少数也用天然气和CO_2)作为搅拌介质,气体从埋于炉底的接触式或非接触式多孔塞进入电弧炉内。少数情况下也采用风口形式。在出钢槽出钢的交流电弧炉内,多孔塞布置在电极圆对应的炉底圆周上,并与电极孔错开布置,如图16-19所示。偏心炉底出钢电弧炉,因在出钢口区域存在熔池搅拌的死

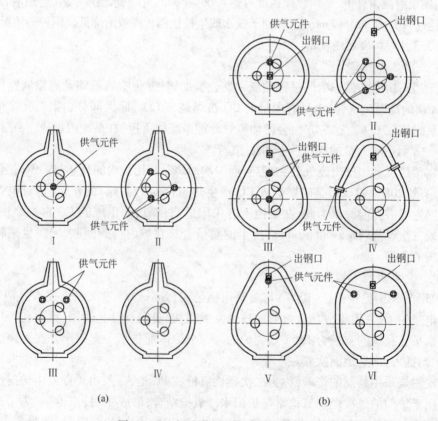

图16-19　电弧炉底吹供气元件的布置

(a)出钢槽出钢;(b)偏心炉底出钢

区,除按传统电弧炉内的方法布置外,还在电极圆圆心到出钢口的直线上约中心处设置一多孔塞。对于小炉子,一般采用一个多孔塞并布置在炉子的中心。对于普通钢类,接触式多孔塞底吹气体量(标态)为 0.028 ~ 0.17 m³/min,总耗量(标态)为 0.085 ~ 0.566 m³/t;非接触式多孔塞底吹气量可大些。通常,熔化期可强烈搅拌,在废钢完全熔化后,为抑制因电极的摆动所引起的输入功率不稳定和钢水引起的电极熔损,宜将搅拌气体流量减少到 1/3 ~ 1/2。也有从均匀搅拌的角度出发,采用在熔清后并不减流量而继续操作的方法,这对提高钢水收得率、降低电耗稍有利。

对于电弧炉底吹搅拌技术而言,供气元件是其关键。供气元件有单孔透气塞、多孔透气塞及埋入式透气塞多种,常用后两种。供气元件寿命低、炉底维护及风口更换困难,都限制了其推广应用。接触式多孔塞底吹系统的使用寿命为 300 ~ 500 炉,而某些非接触式多孔塞底吹系统的使用寿命已超过 4000 炉。

电弧炉底吹搅拌技术的优越性主要有:

(1) 减少大沸腾和"炉底冷"的现象;

(2) 金属收得率提高 0.5% ~ 1%;

(3) 缩短冶炼时间 1 ~ 16 min(典型值为 5 min);

(4) 节电最大可达 43 kW·h/t(典型值为 10 ~ 20 kW·h/t);

(5) 提高合金收得率;

(6) 提高脱硫率和脱磷率;

(7) 降低电极消耗。

16.3.3.6 电弧炉产生的公害及其抑制

A 烟尘与噪声

电弧炉炼钢产生的烟尘大于 20 g/m³,占出钢量的 1% ~ 2%,即 10 ~ 20 kg/t,超高功率电弧炉取上限(由于强化吹氧等)。因此,电弧炉必须配备排烟除尘装置,使排放粉尘含量达到标准(小于 150 mg/m³)。目前,普遍采用炉顶第四孔排烟法。

超高功率电弧炉产生的噪声高达 110 dB,采用电弧炉全封闭罩可使罩外的噪声强度减为 80 ~ 90 dB。

国外已研制了整体密闭罩来解决消声与除尘问题,取得了明显的经济效益,与"第四孔 + 屋顶排烟罩"相比,投资低 40%、电耗低 50%、噪声降低了 10 ~ 30 dB。

B 电网公害

电弧炉炼钢产生的电网公害主要包括电压闪烁与高次谐波。电压闪烁实质上是一种快速的电压波动,它是由较大的交变电流冲击而引起的电网扰动。

超高功率电弧炉加剧了闪烁的发生,当闪烁超过一定值(限度),如 0.1 ~ 30 Hz,特别是当 1 ~ 10 Hz 时,会使人感到烦躁。解决的办法有两种:

(1) 要有足够大的电网,即电弧炉变压器要与有足够大的电压、短路容量的电网相连。德国规定:$P_{短网} \geq 80P_n \sqrt[4]{n} = 80P_n$(当电弧炉为 1 座,即 $n = 1$ 时)。一般认为,若供电电网的短路容量达变压器额定容量的 80 倍以上,就可视为足够大。

(2) 采取无功补偿装置进行抑制,如采用晶体管控制的电抗器(TCR)。

由于电弧电阻的非线性特性等原因,使电弧电流波形产生严重畸变,除基波电流外,还包含各种高次谐波。产生的高次谐波电流注入电网,将危害共网电气设备的正常运行,使发电机过热,仪器、仪表、电器误操作等。抑制的措施是:采取并联谐波滤波器,即采取 L-C 串联电路。

实际上,电网公害的抑制常采取闪烁、谐波综合抑制,即采用静止式动态无功补偿装置——SVC 装置,如图 16-20 所示。但 SVC 装置价格昂贵,投资成本高。

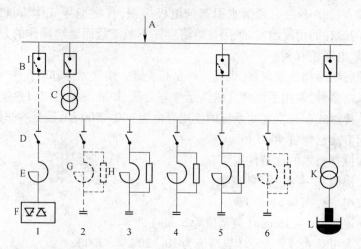

图 16-20　静止式动态无功补偿装置(SVC 装置)

A—电源母线;B—隔离开关;C—变压器;D—闸刀开关;E—动态补偿的电抗器;
F—晶闸管装置;G—抑制谐波的电抗器;H—电阻;K—电路变压器;L—电弧炉
1—动态补偿回路;2~6—抑制谐波的回路

16.4　直流电弧炉

20 世纪 60 年代以后,由于大功率的电源可控硅整流技术的发展,引起了人们研究以直流电弧作为冶炼热源的兴趣。德国的 MAN – GHH – BBC 公司于 1982 年 6 月联合开发和建造了世界上第一台用于工业生产的 12 t 直流电弧炉,并在施罗曼 – 西马克公司的克劳茨塔尔·布什钢厂正式投产,用于铸钢生产。随后,这两家公司又将美国的大林顿钢厂的 30 t 交流电弧炉改造成直流电弧炉,这是第一座用来炼钢的直流电弧炉。同时,瑞典、法国、前苏联、日本等国也积极开发,如 1985 年底,当时世界上最大的 75 t/48MV · A 直流电弧炉在法国埃斯科钢厂投产;1989 年,日本钢管公司制造了当时世界上容量最大的 130 t 直流电弧炉,在东京制铁公司九州工厂投产。迄今为止,全世界已经投产的 50 t 以上的直流电弧炉有 100 多台。

16.4.1　直流电弧炉设备特点

直流电弧炉通常是高功率或超高功率直流电弧炉。在世界各地新投产的直流电弧炉的比功率(单位炉容量占有变压器功率)大多在 700 ~ 1000 kV · A/t 范围内,最高达 1100 kV · A/t。此外,变压器超载是直流电弧炉的优势之一。通常,变压器的工作容量比额定容量高 20%。

从设备方面看,直流电弧炉与超高功率交流电弧炉具有许多相同之处。例如,废钢预热设备、氧 – 燃烧嘴、水冷氧枪、水冷炉壁及炉盖、加料设备、电极升降机构、底吹氩装置、除尘设备、偏心炉底出钢装置等,两者是相同的。直流电弧炉设备布置见图16-21,直流电弧炉基本回路见图16-22。

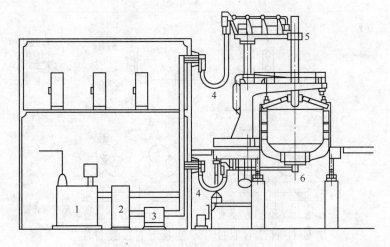

图16-21 直流电弧炉设备布置

1—整流变压器;2—整流器;3—直流电抗器;4—水冷电缆;

5—石墨电极;6—炉底电极

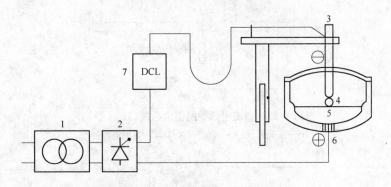

图16-22 直流电弧炉基本回路

1—炉子整流变压器;2—整流器;3—石墨电极;4—电弧;

5—熔池;6—炉底电极;7—直流电抗器

16.4.1.1 电源及供电控制

直流电弧炉电源是指将高压交流电经变压、整流后,转变成稳定的200~500 V的直流电的设备。电源与直流电弧炉短网连接,形成主电路系统。图16-23所示是直流电弧炉供电系统,主要设备包括:整流用变压器、整流器、电抗器和图上未画出的高频滤波器。

直流电弧炉的整流用变压器与交流电弧炉的炉用变压器不同,它采用双次级输出,即两组次级线圈中一组按星形连接,另一组按三角形连接,两个线圈的相位角相差30°,各自的谐波电流按傅里叶级数展开后,其中的5、7、17、19次谐波电流数量相等、符号相反而相互抵消。电网中只剩下11、13、23、25次谐波。三相六脉冲和六相十二脉冲可控硅整流的谐波分量示于图16-24和图16-25。以12倍数为脉冲数的整流用变压器,仅需一组高频滤波器便可吸收这些高次谐波。

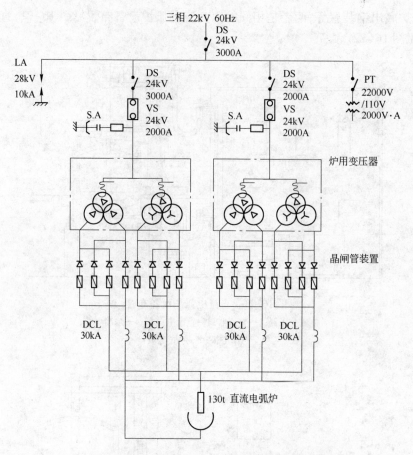

图 16-23　直流电弧炉的供电系统(130 t 炉)

DS—隔离开关；VS—真空开关；DCL—直流电抗器

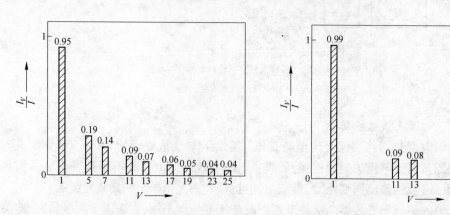

图 16-24　三相六脉冲整流谐波电流分量

I_V—谐波电流；I—基波电流

图 16-25　六相十二脉冲整流谐波电流分量

I_V—谐波电流；I—基波电流

　　整流器大多采用可控硅晶闸管。二极管整流器需将电抗器加在一次侧，从而增加了电路中的无功损耗。

　　可控硅整流器无级调压，使直流电弧炉工作电压范围较宽，冶炼过程各阶段均可通过调压达到最佳运行状态。直流电弧炉用变压器的抽头较交流电弧炉少,从而使结构简化。

根据直流电弧炉多相整流的特点,在新建直流电弧炉或将原有交流电弧炉改造成直流电弧炉时,可采用两台或多台变压器。对于后者,可利用已有的一台变压器,再增加一台变压器以增加电源功率。

可控硅整流电路中采用的直流电抗器,通常具有空心结构,其作用是稳定电弧,避免冶炼时短路所造成的可控硅管过载。交流电路中串入的电抗器会使输出功率及功率因数大大下降,直流电抗器仅有电阻存在,功率损耗低,功率因数也不会降低很多。

滤波器并联在变压器的一次侧,高频滤波器可保证电流、电压波形畸变系数小于1%。

直流电弧炉的控制电路包括以电极定位装置为控制单元的电压控制回路,以及以可控硅整流器为控制单元的电流控制回路。

采用电流、电压互感器以测量线路中实际的电流、电压,并用于整流器和电极升降的自动控制,形成直流电弧炉功率输入控制系统,如图16-26所示。弧流控制通过改变晶闸管的触发角满足设定要求,弧压控制则通过电极升降调节弧长而使弧压满足设定值要求。对直流电弧炉来说,弧功率即为弧流和弧压的乘积,因此,如果弧压和弧流都满足了设定要求,输入到电弧炉中的电功率自然能满足熔炼要求。

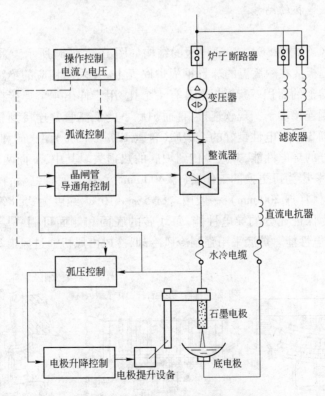

图16-26 直流电弧炉功率控制系统

(1)弧流控制。当弧长增加时,电流控制器必须相应地增大电压,调节整流器导通角以保持弧流恒定,只要整流器输出电压有余量,这一点是能够做到的。电流控制回路中,电阻在5~10 mΩ之间。直流电抗器以及DC线路中的电抗构成了直流系统中的总电抗,因而电流控制有很高的动态调节特性。弧流的设定值可由控制台上的选择开关来设定。由于电网电压的余量有限,弧流值不可能一直维持恒定,实际电流的平均值要低于设定参考值,特别是在熔化期弧长发生显著变化的时候。

(2)弧压控制。弧压(弧长)通过电极调节系统来保持恒定,通过阀放大器、比例阀或伺服阀、液压缸来实现。在熔化期,电极不断地进行升降运动,由调节系统的输出确定电极升降的速度。废钢密度和废钢质量的不同,会导致参考值和实际值之间有相当大的误差。为解决这一问题,可以采用一积分环节,以上述差值作为输入来确定电极的上下运动,根据炉子的操作情况对此信号进行修正。当熔化轻料时,电极下降速度相对高一些;当电极触到大块废钢时,此值迅速设定为零。由轻料迅速熔化引起的短时间短路,对电极移动没有影响。

此外,还应有一些联锁逻辑控制,以保障供电回路各设备的安全正常运行。

16.4.1.2　短网结构

单电极直流电弧炉只有一相短网。由于短网不存在集肤效应和临近效应,在铜排、铜管、水冷电缆、电极上电损失较小,周围不需要采用非磁性材料。

石墨电极的窜动减小。由于没有集肤效应,石墨电极的电流密度比交流电弧炉高很多,一般情况下,可以用一根相同容量的交流电弧炉用电极来供电。

16.4.1.3　底电极的结构

A　导电炉底式

炉底导电板风冷式(ASEA 式)底电极的结构如图 16-27(a)所示。采用一整块厚 15 ~ 20 mm 的圆形紫铜板放在耐高温的球形钢板炉底壳上,并采用相应的绝缘措施。铜板的面积接近于渣线处熔池的面积。紫铜板上开有 4 个孔,用于伸出 4 个焊接在铜板上的铜连接端子。通过 4 个铜连接端子实现软连接,直通炉底下的汇流管并连接到整流器的阳极。在紫铜板上面一般砌 3 层导电性良好的镁碳质(含碳 12% ~15%)耐火砖和保温砖,按一定比例组合以满足充分的导电性能,并减少传到炉底的热损失。其中,下面两层为永久层(每层厚 200 mm),上面一层为可更换的工作层(厚 400 mm)。在炉底砌好后,再在上面覆盖一层导电的捣打耐火材料(厚 200 mm),一般用含碳 5% ~10%、纯度为 95.8% ~99% 的镁砂混合料捣打而成。为保证充分的导电性能,每块砖的底面和侧面可用一层 L 形薄钢片包起来,增加炉底的导电性能。炉底采用强制冷风冷却,冷风由风机通过风道和安装在炉底下面

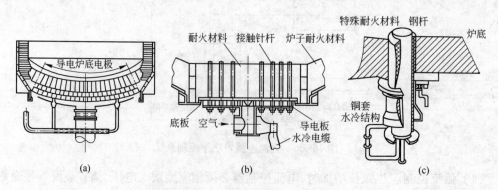

图 16-27　直流电弧炉的炉底电极
(a)导电板风冷式;(b)触针风冷式;(c)水冷钢棒式

的通风分流罩提供。炉底还装有 12 支热电偶以监控炉底温度。

导电炉底的电阻值很低,炉壳直径为 5 m 的炉子其电阻为 0.5 mΩ。当电流为 40 kA 时,熔池和底电极的电压降总共只有 6 V,损耗功率为 240 kW,炉底外层衬的温度只升高 60℃,炉壳外侧温度只升高 25℃。

B　金属触针式

多极触针风冷式(GHH-BBC 式)底电极的结构如图 16-27(b)所示。在炉壳底部中央有按一定的圆周布置的 40～200 根(其数量根据炉容量确定)直径为 25～50 mm 的低碳钢棒(称为触针)。它们由两块平行的圆形钢板(图 16-27(b)中所示的底板、导电板)固定位置。触针的底端垂直固定在与整流器的阳极连接并固定在底部炉壳的法兰板上。触针向上垂直穿过上面的一块钢板,并延伸到炉腔内直到金属熔池。伸入炉腔内的触针间用镁砂充填打结,或采用一整块的镁碳质耐材,甚至用高密度的镁炭砖砌筑。在两块平行钢板焊成的空腔内装有导向叶片结构,冷却空气从空腔的底部中心轴向流入,并顺着导向叶片方向沿径向向外逸出,从而对触针进行冷却。在近 30 根触针的中、下部直到一定高度穿孔,并安装热电偶以监测炉底电极的烧熔情况。底电极与炉壳钢板间的接触部分要进行绝缘。底电极的直径为炉顶石墨电极的 2.5～5 倍。炉容越大,底电极直径也越大。

C　水冷钢棒式

法国克莱西姆(IRSID-CLECIM)公司首先开发了单极水冷钢棒式底电极,其结构如图 16-27(c)所示。在炉底耐材中埋入 1～4 根直径为 125～250 mm 的钢棒(其数量根据炉容量确定),作为炉底导电电极。底电极钢棒下部内采用水冷。30 t 以下的炉子采用 1 根钢棒作为底电极,30 t 以上的炉子可采用 3 根钢棒作为底电极。钢棒内插入热电偶以监测炉底工况。后来进行了改进,采用铜钢复合的水冷电极。上半部为钢,与金属熔池接触,为消耗部分;下半部为内有 4 个圆形冷却空腔的铜棒,为永久性非消耗部分。两者间通过焊接而成一体,钢和铜之间的焊接是技术的关键。冷却系统进水总管上有 4 根喷头分别伸进冷却空腔,对底电极进行水冷。每根铜棒中有 2 根热电偶测温。通过绝缘材料将炉底钢板和水冷铜套绝缘开。缓冲器的作用是吸收废钢炉料的冲击。

由于铜钢复合水冷电极具有寿命长、更换方便及可根据不同的炉子容量采用 1～4 根底电极等优点,除了 GHH-BBC、ABB 和 VAI 等公司外,其他直流电弧炉制造商基本上都采用铜钢复合水冷棒式底电极。

D　触片式

奥钢联(VAI)开发的触片式底电极采用 12 块厚度为 1.7～3 mm 的矩形薄钢片围成 12 边形直筒,以十几个直径不同的直筒外筒套内筒地形成“蜂窝状结构”,并垂直焊接在可重复使用的集电板上,从而形成蜂窝状结构形式的炉底导电电极,如图 16-28 所示。各圈导电片间距约为 90 mm,用镁质捣打料填充,并用捣打机捣打。炉壳底部和导体的过渡部分采用风冷。冷却空气引自炉子跨的外部,通过可调节的风叶阀提供冷却空气,经风道到达炉底并由导管均匀分配其对炉底的冷却。据称,该形式电极不用风冷和水冷仍有很高的底电极寿命,因而可确保高度的安全性。

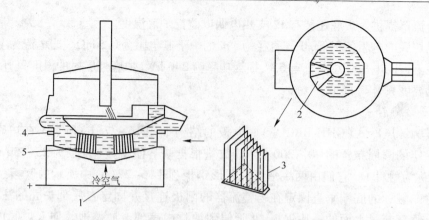

图 16-28 奥钢联的触片式炉底电极结构示意图

1—DC 电缆;2—扇形阳极;3—触片;4—底壳绝缘;
5—普通不导电整体耐火材料

表 16-4 给出了不同形式炉底电极的综合比较与评价。

表 16-4 不同形式炉底电极的综合比较与评价

评价项目	评价角度	炉底电极形式			
		水冷钢棒式	多触针式	多触片式	导电炉底式
安全性	漏钢的可能性	无	无	无	无
导电性	导电的保证	金属棒导电	金属触针导电	金属触片导电	耐火材料导电
绝缘问题	铅对策	铅可通过设在炉壳与炉底之间的沟槽流出,绝缘材料不与铅接触	采用隔板阻止铅对绝缘材料的破坏,同时在炉底增加排铅小孔	绝缘材料设在炉壳的中下部,铅无法与之接触	绝缘材料设在靠近炉壳处,铅会向炉底中心聚积,不与绝缘材料接触
耐火材料	炉底用耐火材料	镁碳质或镁钙碳质捣打料、镁钙铁质捣打料与镁炭砖	干式镁质捣打料或镁炭砖	镁碳质或镁钙碳质捣打料、镁钙铁质捣打料等	镁碳质导电耐火材料,常用的有镁炭砖、捣打料、接缝料和修补料
搅拌	熔池搅拌	较 好	较 好	较 好	最 好
电弧偏弧	偏弧对策	不同二次导体供给不同的电流(最有效)	改变二次导体的布线方式(较有效)	不同二次导体供给不同的电流(较有效)	改变二次导体的布线方式(较有效)
炉容	最大吨位/t	160	150	120	100
冷却	冷却方式	强制水冷	强制风冷	强制风冷	强制风冷
电流密度	允许电流密度 /A·mm⁻²	50	100	100	0.5~1.8
砌筑与维修	复杂程度	简 单	复 杂	复 杂	简 单
	维修难易程度	易	难	难	易
	电极更换难易程度	容 易	较 易	较 易	较 易
启动方式	冷(重新)启动方式	金属棒接在底阳极上,使之突出于耐火材料	金属细屑(碎废钢)铺在底阳极上	新炉使金属触片突出于耐火材料,金属细屑铺在底阳极上	倒入其他炉子的钢水,先用烧嘴熔化废钢

评价项目	评价角度	炉底电极形式			
		水冷钢棒式	多触针式	多触片式	导电炉底式
寿命	消耗速度 /mm·炉$^{-1}$	1.0	0.5~1.5	0.3~0.6	1.0
	最高寿命/炉	2760	2000	1200	4000
炉底电极费用	成本	适中	适中	适中	较高
	维修费用 /元·t^{-1}	2.00	1~1.33	1.67	4.00~10.00

16.4.1.4 启动电极

石墨电极起弧有三种方式:第一种方式是采用留钢操作;第二种方式与交流电弧炉起弧方式相同,即提高工作电压,这必须增加电源功率,降低其利用率;第三种方式是采用启动电极。启动电极与阳极相连,与阴极形成回路。起弧后再切断起弧电极通路,使直流电流过底阳极,进行正常熔炼。很多大容量直流电弧炉采用了启动电极,如图16-29所示。启动电极的电源是单独的,电流很小,但需要足以起弧的电压。为了防止噪声和粉尘,启动电极工作和移出都需要注意密封。

16.4.1.5 偏弧现象及控制

随着直流电弧炉变压器容量的增大,当电流大到一定程度,会出现原来在炉子中心垂直燃烧的电弧偏离石墨电极的轴线,而向远离变压器房的方向明显偏斜的所谓电弧磁偏吹现象,简称为直流电弧炉的偏弧现象。随着变压器容量的增大,偏弧现象越加明显、越加严重,并给直流电弧炉的运行带来许多不利的影响,如废钢

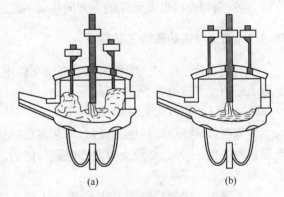

图16-29 直流电弧炉启动电极
(a)启动电极与废钢接触;(b)形成熔池后

熔化不均匀;热损失增大;重新出现炉壁热点,造成炉壁局部损伤,加快炉壁的损坏;出现熔渣局部堆积;电极端消耗不均(包括端部和侧面消耗)而增加电极消耗;严重影响氧枪吹氧操作、氧-燃烧嘴的布置和使用及炉内气流流动模式等。一般50 t以上的直流电弧炉需考虑偏弧的影响。

偏弧的产生是由于作用在直流电弧上的所有力的合力不为零,存在朝着远离变压器方向的合力,如图16-30所示。这主要和现有直流电弧炉的二次导体的布置和电流大小有关。根据电磁学原理,通电导体在其周围能产生磁场,置于其中的通电导体又会受到该磁场所产生的电磁力的作用。因此,直流电弧将受到整个电弧炉通电回路中各部件引起的电磁力,最终在直流电弧上产生一个垂直于石墨电极、远离变压器方向的合力。电磁力是产生偏弧的根本原因。显然,随着所用电流的增大,该电磁力不断增大。因此,炉子容积小时,所用的电流不会很大,产生的电磁力不足以产生严重的偏弧,偏弧的不利影响可忽略。炉容和功率越大,越会引起严重的偏弧,并导致直流电弧炉的操作恶化,则应采取相应的措施来改善和消除其不利的影响。

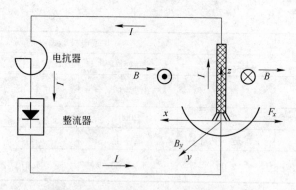

图 16-30　直流电弧炉产生偏弧的原理

改善和控制偏弧的措施可由产生偏弧的因素,即电流和二次导体两方面着手,使电弧垂直向下燃烧。在控制电流在钢水中的流动路径方面,水冷钢棒式底电极(Clecim、MDH、Danieli 等)具有较大的优势,但由于电弧炉是三维的,冶炼过程和影响因素又极其复杂,需要有强大而有效的控制模型才可能办到。目前比较实际的办法是改变炉底阳极二次导体的空间布置、将电极向电弧偏弧的反方向移动一段距离等。

16.4.2　直流电弧炉炼钢工艺特点

大型的直流电弧炉一般均采用超高功率供电,所以超高功率交流电弧炉的炼钢工艺在原则上适用于直流电弧炉。

16.4.2.1　原料及装料制度

直流电弧炉炼钢原料也是废钢,与超高功率交流电弧炉一样,直流电弧炉的任务主要是金属料的熔化。为此,必须充分发挥电源的能力,实现快速熔化,缩短冶炼时间。对废钢及其装料制度有如下要求:

(1)采用一定的废钢加工技术,改善入炉条件;

(2)限制重废钢装入量,合理布料;

(3)确定合理的装料次数;

(4)原料中有害元素(如硫等)的含量应尽量低。

直流电弧炉多采用单根顶电极结构,因此输入电能集中于炉子的中心部位,加之输入功率较高,所以穿井很快,炉料呈轴对称熔化,极少塌料。直流电弧炉废钢的熔化过程如图 16-31 所示。

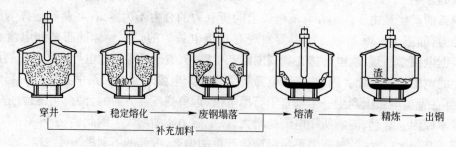

图 16-31　直流电弧炉废钢的熔化过程

现代直流电弧炉也可使用直接还原铁(DRI)作为原料,其要求和交流电弧炉相同。

16.4.2.2 造渣制度

现代直流电弧炉也采用偏心炉底出钢技术、留钢留渣操作。在考虑造渣制度时，必须考虑留渣的量和成分。

造泡沫渣是超高功率电弧炉和直流电弧炉炼钢的一项重要配套技术，它能够实现高压长弧操作、提高功率因数、减小炉衬热负荷、提高热效率、缩短冶炼时间、降低电能消耗、减少电极表面直接氧化、降低电极消耗、改善脱磷的动力学条件、加速脱磷过程。

为保证泡沫渣覆盖住电弧，渣层厚度 Z 应满足：$Z \geqslant 2L$（L 为弧长）。弧长是电弧电压的函数，电压高则弧长。在相同输入功率下，直流电弧炉电弧电压比交流电弧炉高（见图16-32）。因此，为使泡沫渣能埋住电弧，直流电弧炉泡沫渣厚度应比交流电弧炉高。

16.4.2.3 供电制度

直流电弧炉与交流超高功率电弧炉一样，一般均具有多组供电曲线和阻抗曲线，它们与不同的电压、电流、功率因数及阻抗对应。根据不同的钢种、原料配比及冶炼阶段，通过自动转换装置，选用不同的供电曲线和阻抗曲线。

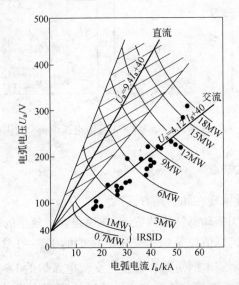

图16-32 直流电弧炉与交流电弧炉的电弧电压对比

熔炼过程的熔池温度控制与冶炼操作（包括海绵铁的加入、出钢等）密切相关。熔池温度可以通过数学模型来估算，并通过过程计算机控制供电制度。

图16-33所示为法国85 t/83 MV·A三电极直流电弧炉典型的熔化期供电曲线。法国85 t/83 MV·A直流电弧炉的参数为：实际出钢量为75 t，最大熔化功率为76 MW，最大电极电流为40 kA，石墨电极直径为550 mm×3，极心圆直径为2700 mm，底电极直径为125 mm×3，底电极极心圆直径为2200 mm，二次电压为0～660 V，炉壳直径为5800 mm。

图16-34所示为日本35 t/15 MV·A直流电弧炉典型的供电曲线。日本35 t/15 MV·A直流电弧炉的参数：实际出钢量为30～35 t，最大熔化功率为15 MW，最大电极电流为41.8 kA，最大二次电压为359 V，石墨电极直径为457.2 mm（18 in）×1，底电极触针数为80根。

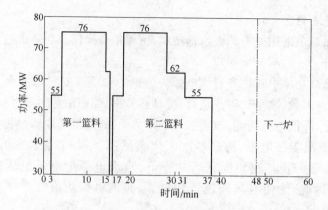

图 16-33　法国 85 t/83 MV·A 三电极直流电弧炉典型的熔化期供电曲线

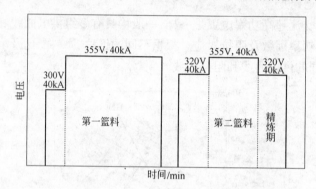

图 16-34　日本 35 t/15 MV·A 直流电弧炉典型的供电曲线

16.4.3　直流电弧炉的优缺点

直流电弧炉的优越性体现在如下几方面：

（1）对电网冲击小，无需动态补偿装置，可在短路容量较小的电网中使用。采用直流电弧炉虽然也会有闪烁，但闪烁值仅是三相交流电弧炉的 1/3 ~ 1/2，可省去昂贵的动态补偿装置。此外，直流电弧炉所需电网短路容量仅为交流电弧炉的 $1/\sqrt{10}$。

（2）石墨电极消耗低。直流电弧炉能够大量减少石墨电极的消耗。从绝对消耗量看，当交流电弧炉的 3 根石墨电极被直流电弧炉的一根石墨电极代替时，侧面消耗将减少近 2/3；直流操作时，作为阴极的石墨顶电极端部平均温度比交流时低，而且作用于端部的电动力小，可使由于氧化及开裂剥落造成的端部消耗降低。在相同条件（废钢、钢种、单位变压器功率、炉子容量等）下，直流电弧炉的电极消耗可比交流电弧炉降低 50% 以上，一般为 1.1 ~ 2.0 kg/t。

（3）缩短冶炼时间，降低电耗。直流电弧炉用电极由于无集肤效应，电极截面上的电流负载均匀，电极所承受的电流可比交流时增大 20% ~ 30%（见图 16-35），直流电弧比交流电弧功率大。直流电弧炉石墨电极接阴极，金属料接阳极，由于阳极效应，直流电弧传给熔体的热量在相同的输入功率下，比交流电弧大 1/3。在热损失方面，直流电弧炉只有一支石墨电极，减少了电极孔、水冷电极夹持器及水冷电极圈的热损失；加上采用高电压操作、无感抗损失、功率因数高，与交流电弧炉相比，其电能利用率高。两者的电弧功率分布示于图 16-36。

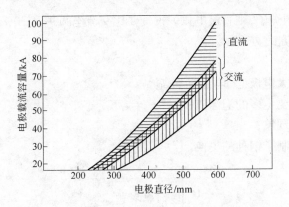

图 16-35 交流电弧炉和直流电弧炉用石墨电极的载流容量

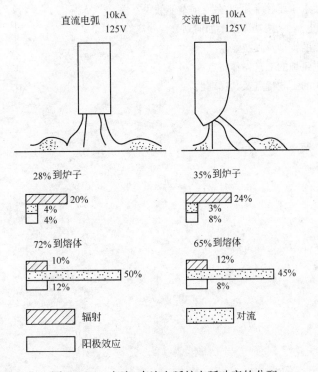

图 16-36 交流、直流电弧炉电弧功率的分配

直流电弧炉与交流电弧炉相比,熔化时间可缩短 10% ~20%、电耗可降低 5% 左右。

(4) 减少环境污染。直流电弧炉发出的噪声比交流电弧炉小,噪声降低 10 ~15 dB。此外,烟尘污染也小得多。

(5) 降低耐火材料消耗。直流电弧炉无热点且电弧距炉壁远,因此炉壁特别是渣线处热负荷小且分布均匀,从而降低了耐火材料的消耗。

(6) 降低金属消耗。直流电弧炉由于只有 1 根电极(一般情况下),只有 1 个高温电弧区和 1 个与大气相通的电极孔,从而降低了合金元素的挥发与氧化损失,也使合金料及废钢的消耗降低。

(7) 投资回收周期短。对于容量较小的炉子,直流电弧炉和交流电弧炉的投资费用相差不大;对于大容量的炉子,则直流电弧炉投资要比交流电弧炉高 30% ~50% 。

　　直流电弧炉的不足之处有:

　　(1) 需要底电极;

　　(2) 大电流需要大电极(大电极成本高);

　　(3) 长弧操作需要更多的泡沫渣;

　　(4) 易引起偏弧现象;

　　(5) 留钢操作限制了钢种的更换。

复习思考题

16-1　废钢预热节能技术主要有哪几种,各有何节能效果?

16-2　RP、HP 及 UHP 电弧炉,按功率水平如何划分?

16-3　试述氧 – 燃烧嘴的类型及其特点。

16-4　试述超高功率电弧炉的工艺操作要点。

16-5　试述直流电弧炉的工艺特点及其优越性。

参 考 文 献

[1]　刘根来.炼钢原理与工艺[M].北京:冶金工业出版社,2008.

[2]　王庆义.冶金技术概论[M].北京:冶金工业出版社,2006.

[3]　王庆春.冶金通用机械与冶炼设备[M].北京:冶金工业出版社,2004.

[4]　冯聚和.炼钢设计原理[M].北京:化学工业出版社,2005.

[5]　郑金星.转炉炼钢工[M].北京:化学工业出版社,2010.

[6]　张芳.转炉炼钢500问[M].北京:化学工业出版社,2010.

[7]　中国冶金百科全书总编辑委员会《钢铁冶金》卷编辑委员会.中国冶金百科全书[M]·钢铁冶金.北京:冶金工业出版社,2001.

[8]　雷亚,杨治立,任正德,等.炼钢学[M].北京:冶金工业出版社,2010.

[9]　张岩,张红文.氧气转炉炼钢工艺与设备[M].北京:化学工业出版社,2008.

[10]　潘贻芳,王振峰.转炉炼钢功能性辅助材料[M].北京:冶金工业出版社,2007.

[11]　陈家祥.钢铁冶金学(炼钢部分)[M].北京:冶金工业出版社,2007.

[12]　李光强,朱诚意.钢铁冶金的环保与节能(第2版)[M].北京:冶金工业出版社,2010.

[13]　高泽平.炼钢工艺学[M].北京:冶金工业出版社,2008.

[14]　王令福.炼钢设备及车间设计(第2版)[M].北京:冶金工业出版社,2007.

[15]　沈才芳,孙社成,陈建斌.电弧炉炼钢工艺与设备(第2版)[M].北京:冶金工业出版社,2002.

[16]　张承武.炼钢学[M].北京:冶金工业出版社,1991.

冶金工业出版社部分图书推荐

书　名	作　者	定价(元)
物理化学(第3版)(国规教材)	王淑兰　主编	35.00
相图分析及应用(本科教材)	陈树江　等编	20.00
热工测量仪表(本科国规教材)	张　华　等编	38.00
传热学(本科教材)	任世铮　编著	20.00
冶金原理(本科教材)	韩明荣　主编	40.00
传输原理(本科教材)	朱光俊　主编	42.00
冶金热工基础(本科教材)	朱光俊　主编	36.00
钢铁冶金学教程(本科教材)	包燕平　等编	49.00
钢铁冶金原燃料及辅助材料(本科教材)	储满生　主编	59.00
冶金过程数值模拟基础(本科教材)	陈建斌　编著	28.00
炼铁学(本科教材)	梁中渝　主编	45.00
炼钢学(本科教材)	雷　亚　等编	42.00
炉外处理(本科教材)	陈建斌　主编	39.00
连续铸钢(本科教材)	贺道中　主编	30.00
冶金设备(本科教材)	朱　云　主编	49.80
冶金设备课程设计(本科教材)	朱　云　主编	19.00
冶金过程数学模型与人工智能应用(本科教材)	龙红明　编	28.00
炼铁厂设计原理(本科教材)	万　新　主编	38.00
炼钢厂设计原理(本科教材)	王令福　主编	29.00
物理化学(高职高专规划教材)	邓基芹　主编	28.00
物理化学实验(高职高专规划教材)	邓基芹　主编	19.00
冶金专业英语(高职高专国规教材)	侯向东　主编	28.00
烧结矿与球团矿生产(高职高专规划教材)	王悦祥　主编	29.00
冶金原理(高职高专规划教材)	卢宇飞　主编	36.00
金属材料及热处理(高职高专规划教材)	王悦祥　等编	35.00
冶金技术概论(高职高专规划教材)	王庆义　主编	28.00
高炉炼铁工艺及设备(高职高专规划教材)	郑金星　等编	49.00
高炉炼铁设备(高职高专规划教材)	王宏启　主编	36.00
铁合金生产工艺与设备(高职高专规划教材)	刘　卫　主编	39.00
矿热炉控制与操作(高职高专规划教材)	石　富　主编	37.00
稀土冶金技术(高职高专规划教材)	石　富　主编	36.00
稀土永磁材料制备技术(高职高专规划教材)	石　富　主编	29.00
火法冶金——粗金属精炼技术(高职高专规划教材)	刘自力　等编	18.00
湿法冶金——净化技术(高职高专规划教材)	黄　卉　主编	15.00
湿法冶金——浸出技术(高职高专规划教材)	刘洪萍　主编	18.00
氧化铝制取(高职高专规划教材)	刘自力　等编	18.00
氧化铝生产仿真实训(高职高专规划教材)	徐　征　等编	20.00
金属铝熔盐电解(高职高专规划教材)	陈利生　等编	18.00
冶金过程检测与控制(第2版)(职业技术学院教材)	郭爱民　主编	30.00
干熄焦生产操作与设备维护(职业技能培训教材)	罗时政　等编	70.00
高炉炼铁基础知识(第2版)(职业技能培训教材)	贾　艳　主编	40.00
炼铁计算辨析	那树人　编著	40.00

双峰检